应用型本科信息大类专业"十三五"规划教材

# Oracle 11g
# 数据库教程

主　编　高翠芬　王立平

副主编　赵永霞　黄　薇　范桂龄

刘小洋　王维虎　姜　尚

U0278744

华中科技大学出版社

http://www.hustp.com

中国·武汉

# 内 容 简 介

Oracle 数据库技术是当今社会主流的一门数据库应用技术,数据库的主要任务是研究如何存储、使用和管理数据。

本书以教务管理系统中的成绩管理子系统的开发与管理为主线,深入浅出地介绍 Oracle 11g 数据库系统开发与管理的基础知识。本书共 13 章。其中,第 1~5 章为 Oracle 数据库基础知识篇,内容包括数据库概述、Oracle 11g 介绍、Oracle 的常用管理工具、Oracle 数据库体系结构、Oracle 网络管理。第 6~10 章为应用开发篇,以项目开发中数据库编程部分的所有内容为依托,完整地介绍了 Oracle 数据库的应用与开发中需要的各个环节的内容,包括 Oracle 数据库创建、表空间管理、Oracle 模式对象、基本的 SQL 语言查询和高级查询、DML 操作、PL/SQL 编程基础、游标与异常、存储过程与函数的创建、触发器和包的创建与应用等。第 11~13 章为 Oracle 数据库管理与维护篇,内容包括 Oracle 系统安全管理、数据库闪回技术、数据库备份和恢复。

本书内容翔实、结构合理、示例丰富、语言简洁流畅。读者可以从 Oracle 知识零起点开始逐渐全面地了解 Oracle 数据库的基本原理和相关基础管理与应用开发,为将来深入学习 Oracle 数据库奠定基础。书中所有的案例既使用 SQL 语句或各种命令来完成,同时又提供了 SQL Developer 或 OEM 等工具来实现案例的全过程,这样不同程度的读者都可以从本书获取相关的知识。所以本书面向 Oracle 数据库初学者,尤其适合作为高等院校计算机相关专业、信息系统等相关专业的 Oracle 数据库课程教材和教学参考书,同时也适合作为 Oracle 数据库开发人员的参考资料。

为了方便教学,本书还配有电子课件等教学资源包,任课教师和学生可以登录"我们爱读书"网(www.ibook4us.com)免费注册并浏览,或者发邮件至 hustpeiit@163.com 索取。

**图书在版编目(CIP)数据**

Oracle 11g 数据库教程/高翠芬,王立平主编.—武汉:华中科技大学出版社,2018.12 (2020.8 重印)
应用型本科信息大类专业"十三五"规划教材
ISBN 978-7-5680-3107-3

Ⅰ.①O… Ⅱ.①高… ②王… Ⅲ.①关系数据库系统-高等学校-教材 Ⅳ.①TP311.138

中国版本图书馆 CIP 数据核字(2017)第 169426 号

---

**Oracle 11g 数据库教程**                                         高翠芬　王立平　主编
Oracle 11g Shujuku Jiaocheng

策划编辑:康　序
责任编辑:段雅婷　柯丁梦
责任监印:朱　玢
出版发行:华中科技大学出版社(中国•武汉)      电话:(027)81321913
　　　　　武汉市东湖新技术开发区华工科技园      邮编:430223
录　排:武汉楚海文化传播有限公司
印　刷:武汉科源印刷设计有限公司
开　本:787mm×1092mm　1/16
印　张:26.75
字　数:718 千字
版　次:2020 年 8 月第 1 版第 2 次印刷
定　价:58.00 元

---

# 前言 PREFACE

在计算机技术高速发展的今天,数据库管理系统(DBMS)已经成为大型信息系统的重要支撑。在相关的数据库产品中,Oracle 数据库产品以其卓越的性能获得了广泛的应用,已经成为当今世界上最流行的大型关系型数据库管理系统,世界上很多重要的工业或商业领域里都可以看到 Oracle 数据库的应用。当前各种公司对于 Oracle 的相关人才的需求量相当大,很多高校都开设了 Oracle 的相关课程。而 Oracle 11g 作为市场上应用率相当高的产品,目前关于其的图书虽然比较多,但是偏重于技术的深度,很多读者希望有一本难易适度、快速入门又能够比较全面地了解 Oracle 11g 相关知识的书。正是基于以上情况,作者根据多年的开发和教学经验,根据教学和自学的相关规律,编写了《Oracle 11g 数据库教程》。本书内容丰富,注重实践和应用,实用性强。从实用的角度出发,采用理论与实践相结合的方式全面介绍了 Oracle 数据库应用开发与管理技术。该书内容中既包括企业 Oracle 11g 的应用和管理中常用的各种知识点,又包括 Oracle 认证中的相关内容。全书以案例驱动法进行组织,书中通过大量的示例代码和案例分析,由浅入深地介绍 Oracle 数据库系统的使用方法、技术原理、SQL 操作、PL/SQL 应用、数据备份等内容,并配以习题和上机练习,强化基本概念,着重训练学生的动手能力,力求让不同层次的 Oracle 学习人员尽快掌握 Oracle 数据库的相关知识。通过阅读本书,读者能够快速掌握 Oracle 应用与开发和管理的各种知识。

本书的主要特点如下。

(1)每个知识点都使用案例驱动法进行编写,通过丰富的案例分析,提高读者学习的效率。

为了便于读者理解本书内容、提高学习的效率,每章的相关知识点都有详细的案例介绍,大部分的案例都结合实际应用。本书以一个完整的教务管理系统中的成绩管理子系统为依托案例,结合课本理论知识点,进行案例驱动讲解,将每章的理论知识结合实践开发加以灵活运用,力求让应用开发人员将这些知识点尽快应用到实际的开发过程中。

(2)本书内容全面,涵盖 Oracle 11g 的各方面的技术点,并涉及 Oracle 认证考试的相关内容。

本书内容涵盖 Oracle 11g 的体系结构、系统安全、常用工具、SQL 应用及

PL/SQL 语言在实际项目中需要重点掌握的相关技术,同时还提供了 Oracle 认证考试相关内容,课后习题中也有与 Oracle 认证知识点相关的习题。这些可指导并帮助读者在掌握 Oracle 理论与应用的基础上,获得高含金量的 Oracle 认证证书。

(3)提供 Oracle 使用过程中的常用技巧。

本书对 Oracle 使用过程中经常出现的问题和一些常用技巧进行了介绍,另外还对初学者经常出现的一些问题进行了总结归纳,让读者能尽快上手。

(4)提供完善的技术支持和售后服务。

为了方便教学,本书配有电子课件等教学资源包,任课教师和学生可以登录"我们爱读书"网(www.ibook4us.com)免费注册并浏览,或者发邮件至 hustpei-it@163.com 索取。

本书中的案例数据库为学生管理数据库(XSGL),其中的管理员用户 SYS 的密码为 XG501Oracle,XSGL 数据库中的 XSGLADMIN 用户的密码为 manager,样例数据库中的用户 SCOTT 的密码为 tiger,用户 HR 的密码为 hr。

在实际教学中,建议本书按 64 学时安排教学,也可安排 48 学时进行重要内容的讲授,同时要安排至少一半的实验学时进行上机实验。实验环境建议每台计算机都要安装 Oracle 11G R2 的企业版,以便于学生能够全面、深入地了解 Oracle 11g 的全部内容,并建议在分布式网络环境中进行实验练习。

本书由武昌理工学院高翠芬、萍乡学院王立平担任主编,由武汉东湖学院赵永霞、武昌理工学院黄薇、西京学院范桂龄、文华学院刘小洋、湖北工程学院王维虎、大连科技学院姜尚担任副主编。其中,第 1 章由赵永霞编写,第 2 章由黄薇编写,第 3 章至第 8 章由高翠芬编写,第 9 章由王立平编写,第 10 章由刘小洋编写,第 11 章由王维虎编写,第 12 章由姜尚编写,第 13 章由范桂龄编写,最后由高翠芬审稿并统稿。

本书在编写过程中得到了武昌理工学院的各级领导、多位同事和许多同行的大力协助与支持,使编者获益良多,在此表示衷心的感谢。同时感谢 Oracle 教育工程和 OracleWDP 俱乐部给编者多次提供的 OCP、OCM 的培训,本书中的部分案例的思路也源自培训过程中的案例和练习。最后感谢肖鸣老师对本书的校对和指导。

作者在从事 Oracle 11g 基础教程的教研实践中得到了 2015 年度江西省高校人文社会科学研究项目(TQ1516)、2017 年度高校人文社会科学重点研究基地项目(JD17127)、2017 年度江西省教育科学规划课题(17YB276、17YB273)、2017 年度江西省重点研发计划项目(20071BBE50049)的资助。在本书的撰写过程中,我们也得到了萍乡学院的支持。华中科技大学出版社负责本书编辑出版工作的同志为本书付出了大量的劳动,他们严格细致、一丝不苟的工作精神,使得本书的质量得以进一步提升。在此谨向每一位关心本书编写工作的各界人士表示由衷的感谢。尽管我们认真撰写、力求完美,但书中难免存在不足,恳请广大读者和专家批评指正。

由于作者水平有限,加之时间匆促,书中错误在所难免,敬请广大读者和专家批评指正。

编　者

2018 年 2 月

# 目录

第1章　数据库基础 ……………………………………………………………………………… (1)

1.1　数据库管理系统概述 ………………………………………………………………… (1)

1.2　关系数据库基础 ……………………………………………………………………… (2)

1.3　数据库设计 …………………………………………………………………………… (6)

第2章　Oracle 11g 数据库概述 …………………………………………………………… (15)

2.1　Oracle 11g 概述 ……………………………………………………………………… (15)

2.2　Oracle 11g 的安装 …………………………………………………………………… (18)

2.3　Oracle 11g 的卸载 …………………………………………………………………… (23)

第3章　Oracle 11g 数据库常用工具 ……………………………………………………… (26)

3.1　SQL＊Plus …………………………………………………………………………… (26)

3.2　Oracle 企业管理器 …………………………………………………………………… (38)

3.3　SQL Developer ………………………………………………………………………… (42)

第4章　Oracle 11g 体系结构 ……………………………………………………………… (47)

4.1　Oracle 11g 体系结构概述 …………………………………………………………… (47)

4.2　Oracle 的内存结构 …………………………………………………………………… (48)

4.3　Oracle 服务器的进程结构 …………………………………………………………… (51)

4.4　Oracle 数据库的存储结构 …………………………………………………………… (55)

4.5　数据字典 ……………………………………………………………………………… (63)

第5章　Oracle 11g 网络管理 ……………………………………………………………… (67)

5.1　Oracle Net 概述 ……………………………………………………………………… (67)

5.2　本地 Net 服务名的配置与管理 ……………………………………………………… (70)

5.3　监听程序的配置与管理 ……………………………………………………………… (78)

第6章　Oracle 数据库创建 ………………………………………………………………… (86)

6.1　创建 Oracle 数据库 …………………………………………………………………… (86)

6.2　Oracle 数据库的启动与关闭 ………………………………………………………… (98)

**第 7 章 Oracle 11g 表空间的管理** ·········································· (106)

7.1 Oracle 表空间概述 ·············································· (106)

7.2 创建表空间 ·················································· (108)

7.3 管理表空间 ·················································· (114)

7.4 删除表空间 ·················································· (122)

7.5 数据文件的管理 ·············································· (122)

**第 8 章 数据库常用对象创建与管理** ·········································· (130)

8.1 Oracle 11g 数据库常用对象概述 ································ (130)

8.2 表 ·························································· (130)

8.3 约束 ························································ (162)

8.4 索引 ························································ (180)

8.5 视图 ························································ (191)

8.6 序列 ························································ (197)

8.7 数据库链接 ·················································· (200)

8.8 同义词 ······················································ (202)

**第 9 章 Oracle 数据库 DML 操作和数据查询** ·································· (210)

9.1 Oracle 数据 DML 操作 ········································ (210)

9.2 Oracle 中的常用查询 ·········································· (221)

9.3 连接查询 ···················································· (231)

9.4 子查询 ······················································ (240)

9.5 集合运算 ···················································· (246)

9.6 Oracle 支持的 SQL 函数 ······································ (247)

9.7 Oracle 复杂查询 ·············································· (259)

**第 10 章 PL/SQL 程序设计** ················································ (270)

10.1 PL/SQL 基础 ················································ (270)

10.2 数据类型 ··················································· (273)

10.3 PL/SQL 中的 SELECT 语句 ··································· (281)

10.4 PL/SQL 基本程序结构和语句 ·································· (286)

10.5 异常 ······················································· (290)

10.6 游标 ······················································· (294)

10.7 存储过程和函数 ············································· (300)

10.8 包 ························································· (310)

10.9 触发器 ····················································· (319)

**第 11 章 Oracle 11g 系统安全管理** ········································· (336)

11.1 Oracle 11g 数据库安全性 ····································· (336)

11.2 权限管理 ··················································· (340)

11.3 用户管理 ··················································· (348)

11.4　角色 ……………………………………………………………………（354）

11.5　概要文件 ………………………………………………………………（358）

11.6　审计 ……………………………………………………………………（363）

**第 12 章　闪回技术** ………………………………………………………（369）

12.1　闪回技术概述 …………………………………………………………（369）

12.2　闪回查询 ………………………………………………………………（370）

12.3　闪回版本查询 …………………………………………………………（373）

12.4　闪回事务查询 …………………………………………………………（375）

12.5　闪回表 …………………………………………………………………（376）

12.6　闪回删除 ………………………………………………………………（378）

12.7　闪回数据库 ……………………………………………………………（381）

12.8　闪回数据归档 …………………………………………………………（385）

**第 13 章　Oracle 11g 数据库备份和恢复** ……………………………（389）

13.1　备份和恢复概述 ………………………………………………………（389）

13.2　物理备份 ………………………………………………………………（391）

13.3　物理恢复 ………………………………………………………………（394）

13.4　RMAN ……………………………………………………………………（398）

13.5　逻辑备份和恢复 ………………………………………………………（403）

13.6　数据泵 …………………………………………………………………（410）

**参考文献** …………………………………………………………………（420）

# 第 1 章　数据库基础

## 1.1　数据库管理系统概述

数据库技术的产生使计算机应用进入了一个新的时期,社会的各个领域都与计算机发生了联系。数据库技术聚集了数据处理最精华的思想,是管理信息最先进的工具。

数据库在我们的生活中已经无处不在,对事物的描述,充满了信息与数据的概念。因此在介绍数据库技术之前,先简单介绍数据、信息与数据处理三个重要的概念。

### 1.1.1　数据、信息与数据处理

数据就是对客观事物的一种反映或描述,它是用一定方式记录下来的客观事物的特征。数据是数据库中存储的基本对象。例如,某学生的学号、姓名、性别、出生日期、地址、成绩等,就是反映该学生基本状况的数据,它们是学生信息数据库的基本对象。数据的形式可以是文字、数值、图形、声音、视频等。

信息是人围绕某个目的从相关数据中提取的有价值的意义。例如,从成绩这个数据,可以得到该学生是否可以获得奖学金等信息。数据是承载信息的物理符号或称之为载体,而信息是数据的内涵。二者的区别是:数据可以表示信息,但不是任何数据都能表示信息,同一数据也可以有不同的解释。信息是抽象的,同一信息可以有不同的数据表示方式。

数据处理是将数据转换成信息的过程。这个过程主要是指对所输入的数据进行加工整理,包括对数据的收集、存储加工、分类、检索、传播等一系列活动。其目的就是从大量的、已知的数据出发,根据事物之间的固有联系和运动规律,采用分析、推理、归纳等手段,提取对人们有价值、有意义的信息,作为某种决策的依据。

我们可以用图 1-1 简单地表示出数据和信息的关系。从图 1-1 中我们可以看到,只有经过了数据处理的数据才有可能成为信息。注意数据与信息的概念是相对的,而不是绝对的。

**图 1-1　数据和信息的关系**

### 1.1.2　数据库系统的有关概念

数据库系统(database system,DBS)是指一个完整的、能为用户提供信息服务的系统。数据库系统是引进数据库技术后的计算机系统,它实现了有组织地、动态地存储大量相关数据的功能,提供了数据处理和信息资源共享的便利手段。而数据库技术是一门研究数据库

结构、存储、管理和使用的软件学科。下面介绍几个相关概念。

数据库(database,DB)是以一定的数据模型组织和存储的、能为多个用户共享的、独立于应用程序的、相互关联的数据集合,或者可以理解为它是一个存放数据的"仓库"。数据库本身不是独立存在的,它是数据库系统的一部分,在实际应用中,人们常面对的是数据库系统。

数据库管理系统(database management system,DBMS)是处理数据库访问的软件,可以把它看成是操作系统的一个特殊用户,它向操作系统申请所需的软硬件资源,并接受操作系统的控制和调度。DBMS 提供数据库的用户接口。目前常用的数据库管理系统有FoxPro、SQL Server、Oracle 和 Infomix 等。只有在计算机上配置了 DBMS,才能建立所需要的数据库。DBMS 是数据库系统的核心部分。DBMS 主要用于提供一个可以方便、有效地存取数据库信息的环境。

数据库应用系统是指系统开发人员利用数据库资源开发出来的、面向某一类信息处理问题而建立的软件系统,例如学生信息管理系统和人事管理系统等。

 ## 1.2 关系数据库基础

关系数据库应用数学方法来处理数据库中的数据。美国 IBM 公司的 E. F. Codd 系统而严格地提出了关系模型的概念,他从 1970 年起连续发表了多篇论文,奠定了关系数据库的理论基础。在 20 世纪 70 年代末,关系方法的理论研究和软件系统的研制取得了较好的成果,其中,美国 IBM 公司的 System R 和美国加州大学 Berkeley 分校的 Ingres 的关系数据库实验系统在功能和技术上最有代表性。1981 年 IBM 公司在 System R 的基础上先后推出了两个商品化的 RDBMS(关系数据库管理系统):SQL/DS 和 DB2。同时,Berkeley 分校也研制出了商品化的 Ingres 系统,使数据库走向了实用化和商品化。20 世纪 80 年代,关系数据库管理系统成为发展的主流,越来越多地用到微机上。随着计算机技术与网络技术的发展,数据库管理系统向着分布式和面向对象式数据库系统发展,产生了网络数据库、多媒体数据库和对象-关系数据库及其他扩充的关系数据库系统。这些年来,关系数据库管理系统的研究取得了辉煌的成就,涌现出许多性能良好的商品化的 RDBMS,如 DB2、Oracle、SQL Server、Informix 等,进入了关系数据库的鼎盛时代,并在此基础上向新一代数据库系统发展。

关系数据库是以关系模型为基础的数据库。在数据库技术发展初期,人们普遍使用的是层次数据库管理系统和网状数据库管理系统,它们分别以层次模型和网状模型为基础。现在用得比较成熟的数据库管理系统则是关系数据库管理系统,它有很好的用户界面,并具有简单灵活的数据模型、较高的数据独立性、良好的语言接口和坚实的理论基础。

关系模型是关系数据库的数据模型,它有严格的数学基础,抽象级别比较高,简单清晰,便于理解和使用,也是目前用的较为成熟的数据模型。所谓关系模型就是用二维表结构来表示实体及其联系的模型。关系模型是建立在集合代数的基础上的。

### 1.2.1 关系的基本概念

**1. 域**

在关系数据模型中,每个属性都有一个取值范围。域是用来描述这个属性取值范围的,或者说域是一组具有相同数据类型的值集合。如,{若干整数集合},{男,女},{0,1},{A,B,C,D,E}等,都可以看作域。域有如下特点:

(1)域必须命名。命名后的域如下所示:

$D_1$={张三,李四,王五,赵六},表示某些姓名的集合,域名为 $D_1$。

$D_2$={男,女},表示性别的集合,域名为 $D_2$。

$D_3$={18,19,20},表示年龄的集合,域名为 $D_3$。

(2)域中数据的个数称为域的基数。

例如上述命名后的域,$D_1$ 的基数为 4,$D_2$ 的基数为 2,$D_3$ 的基数为 3。

**2. 笛卡儿积**

设 $D_1,D_2,\cdots,D_n$ 为给定的域,则 $D_1,D_2,\cdots,D_n$ 的笛卡儿积为:

$$D_1 \times D_2 \times \cdots \times D_n = \{(d_1,d_2,\cdots,d_n) \mid d_i \in D_i, i=1,2,\cdots,n\}$$

其中,每一个元素$(d_1,d_2,\cdots,d_n)$称为一个 $n$ 元组,简称元组,元组中的每一个 $d_i$ 称为元组的一个分量,$d_i$ 必须是 $D_i$ 中的一个值。

这里注意元组与集合的区别。元组不是 $d_i$ 的集合,因为元组中的分量是按序排列的;集合是一组相关数据的组合,集合中的数据是无序的。二者的表示方法不同。

例如,元组:(a,b,c)≠(b,a,c)≠(c,b,a);

(a,a,a)≠(a,a)≠(a)。

集合:{a,b,c}={b,a,c}={c,b,a}。

**例 1-1** 求笛卡儿积 $D_1 \times D_2$。

设 $D_1$={0,1},$D_2$={a,b,c},则:

$D_1 \times D_2$={(0, a),(0, b),(0, c),(1, a),(1, b),(1, c)}。

可以把笛卡儿积看成是一张二维表。上述 $D_1 \times D_2$ 的结果还可以画成表格形式,如表 1-1 所示。

表 1-1 中的第一个分量来自 $D_1$,第二个分量来自 $D_2$。笛卡儿积就是由所有这样的元组组成的集合。

**3. 关系**

笛卡儿积 $D_1 \times D_2 \times \cdots \times D_n$ 的任意一个子集称为集合{$D_1,D_2,\cdots,D_n$}上的一个 $n$ 元关系。关系中属性个数称为元数,元组个数称为基数。在实际应用中,关系往往是从笛卡儿积中选取的有意义的子集。在计算机里,一个关系可以存储为一个文件。

**例 1-2** 设 $D_1$={张强,李林,王孝文}是一个学生集合,$D_2$={高等数学,英语,C语言,电子技术}是一个课程集合,则 $R = D_1 \times D_2$ 如表 1-2 所示。

关系 $R_1$ 是从 $R$ 中提取的一个有意义的子集。

$R_1 \subseteq R$,$R_1$ 如表 1-3 所示。

| 表 1-1 | $D_1 \times D_2$ 的结果 |
| --- | --- |
| $D_1$ | $D_2$ |
| 0 | a |
| 0 | b |
| 0 | c |
| 1 | a |
| 1 | b |
| 1 | c |

| 表 1-2 | 关系 R |
| --- | --- |
| $D_1$ | $D_2$ |
| 张强 | 高等数学 |
| 张强 | 英语 |
| 张强 | C 语言 |
| 张强 | 电子技术 |
| 李林 | 高等数学 |
| 李林 | 英语 |
| 李林 | C 语言 |
| 李林 | 电子技术 |
| 王孝文 | 高等数学 |
| 王孝文 | 英语 |
| 王孝文 | C 语言 |
| 王孝文 | 电子技术 |

| 表 1-3 | 关系 $R_1$ |
| --- | --- |
| $D_1$ | $D_2$ |
| 张强 | 高等数学 |
| 张强 | 电子技术 |
| 李林 | 英语 |
| 李林 | C 语言 |
| 王孝文 | 高等数学 |
| 王孝文 | 英语 |
| 王孝文 | C 语言 |

笛卡儿积 $D_1 \times D_2$ 的结果集 R 本身是无意义的,而关系 $R_1$ 是从 $D_1 \times D_2$ 中选取出来的有意义的子集,它表示了学生与课程之间存在的一种选修关系。所以说,关系是从笛卡儿积中选出的有意义的子集。

### 4. 属性

属性对应于关系中的列,也称为字段。关系中的属性名称必须是互不相同的。

### 5. 关键字

如果一个属性(集)的值能唯一标识一个关系的元组,则称该属性(集)为候选关键字(关键字),简称为键。

关键字有以下特点:

(1)一个关系中可以有多个候选关键字。

(2)在对关系进行插入、删除或检索的时候,可以选取其中一个候选关键字作为主关键字(简称关键字或主键)。每个关系都有一个并且只有一个主关键字。

(3)凡可作为候选关键字的属性称为主属性,否则,称为非主属性。

(4)当关系中的某个属性集并非主键,但却是另一个关系的主键时,则称该属性集为外部键,简称为外键。

### 6. 元组

元组对应于关系中的行,也称为记录。一个元组对应一个实体,一个关系可由一个或多个元组构成,一个关系中的元组必须互不相同。

### 7. 关系模式

一个关系的属性名表称为关系模式,一个关系模式描述了一个实体,是对关系的描述。它包括关系名、组成关系的属性名、属性间的数据依赖关系等。关系模式实际上就是关系框架,即二维表的表结构。如，设关系名为 REL，其属性为 A1，A2，…，An，则关系模式可表示为：

REL(A1, A2,…, An)

### 8. 关系模型

关系模型是所有的关系模式、属性名和关键字的汇集，是模式描述的对象。一个关系模型描述了若干个实体及其相互联系，反映了客观世界的逻辑抽象。

### 9. 关系数据库

关系数据库是对应于一个关系模型的所有关系的集合。关系数据库可以用型和值去描述。关系数据库的型是指数据库的结构描述，它包括关系数据库名、若干属性的定义以及这些属性上的若干关系模式。关系数据库的值是指符合这些关系模式的多个关系在某一时刻各自所取的值。

### 10. 关系的性质

关系就是一个二维表，可以用二维表来理解关系的性质。

(1)关系的每一列属性必须具有不同的名字。

(2)关系的每一列属性是同一类型的域值，不同属性的域值可以相同。

(3)关系的任意两行不能完全相同，即不可能出现两个完全相同的元组。

(4)关系的每一分量都是不可再分的最小数据单位，即所有的属性值都是原子的。

(5)关系中行的顺序、列的顺序可以任意互换，不会改变关系的意义。

(6)每个关系都有一个主关键字唯一标识它的各个元组。

## 1.2.2 关系的完整性规则

### 1. 实体完整性规则

实体完整性是指关系中元组在组成主键的属性上不允许出现空值(NULL)。空值就是"不知道"或"无意义"。关系中的每一行都代表一个实体，而任何实体都应是可以区分的，主键的值正是区分实体的唯一标识。如果出现空值，那么主键值就起不到唯一标识元组的作用。

例如，关系 STUDENT(sno，sname，sex，birthday)中的主键是 sno，它在任何时候都不能取空值。

例如，学生选课关系 SC(sno，cno，grade)，属性组学号 sno 和课程号 cno 构成了选课关系的主键，所以 sno 和 cno 这两个属性在任何时候都不能取空值。

实体完整性的意义在于，如果主键中的属性取空值，就说明存在某个不可标识实体，即存在不可区分的实体，这与关键字的意义相矛盾。

### 2. 参照完整性规则

所谓参照完整性规则是指表的外键必须是另一个表主键的有效值，或者是空值。如果外键存在一个值，则这个值必须是另一个表中主键的有效值，也就是说，外键可以没有值，即空值，但不允许是一个无效值。

例如，除了上述学生关系 STUDENT(sno，sname，sex，birthday)，选课关系 SC(sno，cno，grade)，还有课程关系 COURSE(cno，cname，credit)，每个关系中有下画线的属性表示主键。可知，选课关系 SC 中的属性学号 sno 是一个外键，课程号 cno 也是一个外键，它们分别是关系 STUDENT 和 COURSE 的主键。所以，选课关系 SC 中的学号值必须是实际存在的学号，即学生关系 STUDENT 中有这个学生的记录；选课关系 SC 中的课程号的值也必须是确实存在的课程的课程号，即课程关系 COURSE 中有该课程的记录。也就是说，选课关系 SC 中某些属性的取值需要参照其他关系的取值。

### 3. 用户定义完整性

任何关系数据库系统都应该支持实体完整性和参照完整性。除此之外,不同的关系数据库根据它的应用环境不同,还需要一些特殊的约束条件。用户定义的完整性就是针对某一具体关系数据库的约束条件的,是用户按照实际数据库运行环境的要求对关系中的数据所定义的约束条件,反映的是某一具体应用所涉及的数据必须要满足的条件。系统提供定义和检验这类完整性的机制,以便用统一的方法处理它们,而不再由应用程序承担这项工作。例如,将学生的性别定义为字符型数据,范围太大,我们可以写一个规则,把性别限制为男或女。

## 1.3 数据库设计

数据库的应用非常广泛,它是现代各种计算机信息系统的基础和核心,也是信息资源开发、管理和服务的最有效手段。因此,数据库的设计显得尤为重要,因为数据库中存储的信息能否正确地反映现实世界,以及在实际应用中能否及时、准确地为各应用程序提供所需要的数据,达到各种目标和处理要求,关键的问题在于数据库的设计和构造。

### 1.3.1 信息系统

信息系统是提供信息、辅助人们对环境进行控制和决策的系统,当今社会有 80％的软件系统是信息系统,这些信息系统遍布在人们的生产和生活的各个环节,也极大地提高了人们的工作效率,加快了人们的生活节奏。

数据库是信息系统的一部分,它是信息系统的核心和基础。数据库把信息系统中大量的数据按一定的模型组织起来,提供数据存储、数据维护和数据检索等功能,使信息系统可以方便、及时和准确地从数据库中获得所需的信息。数据库是信息系统各个部分能够紧密结合的关键。只有对数据库进行合理的设计才能开发出高效而完美的信息系统。因此,数据库设计是信息系统开发和建设的核心技术。数据库及其相关信息处理功能是作为一个完整的信息系统开发项目的一个重要部分而被开发的。

### 1.3.2 数据库设计概述

#### 1. 数据库设计的内容

数据库设计是指相对于一个给定的应用环境,提供一个确定最优数据模型与处理模式的逻辑设计,以及一个确定数据库存储结构与存储方法的物理设计,建立起能反映现实世界的信息和联系,满足用户的数据要求和加工要求,又能被某个数据库管理系统所接受,同时能实现系统目标,并有效存取数据的数据库。

数据库设计包括以下几个方面的内容:

1)静态特性设计

静态特性设计又称结构特性设计,也就是根据给定的功能环境,设计数据库的数据模型或数据库模式,它包含数据库的概念结构设计和逻辑结构设计两个方面。

2)动态特性设计

动态特性设计又称数据库行为特性设计,主要包括数据库查询、事务处理和报表处理等应用程序设计。

3）物理设计

根据动态特性，即应用处理要求，在选定的数据库管理系统环境下，把静态设计得到的数据库模式加以物理实现，即设计数据库的存储模式和存取方法。

显然，从使用方便和改善性能的角度考虑，结构特性必须适应行为特性。目前建立数据模型的方法并没有给行为特性的设计提供有效的工具和技巧，所以结构设计和行为设计不得不分离进行，但是它们又必须相互参照。

**2. 数据库设计的特点**

（1）数据库设计是一项综合性技术。"三分技术，七分管理，十二分基础数据"是数据库建设的基本规律。

（2）结构（数据）设计和行为（处理）设计相结合，数据库设计应该与应用系统相结合，在整个设计过程中把结构设计和行为设计密切结合起来。也就是说，整个设计过程中要把数据库结构设计和对数据的处理设计密切结合起来，是一种"反复探寻，逐步求精的过程"。首先从数据模型开始设计，以数据模型为核心进行展开，将数据库设计和应用设计相结合，建立一个完整、独立、共享、冗余小和安全有效的数据库系统。

设计与应用系统相结合，就要求设计者不仅仅具备计算机专业知识，诸如程序设计、数据库设计技术、软件工程、算法等，还要有相应应用对象的专业知识，如设计图书数据库需要图书管理方面的知识，设计人事档案数据库需要人事管理方面的知识。在这里可以要求用户协助，因为用户是数据库应用系统的提出者，也是最终的使用者，所以用户参与数据库设计的全部过程是满足用户要求的关键，设计者和用户合作的程度直接影响数据库设计的质量和进度。

数据库的静态结构设计与动态行为设计是分离进行的。静态结构设计侧重数据库的模式框架设计，而动态行为设计侧重应用程序设计。这就导致数据库应用系统的设计表现出分离设计、相互参照、反复探寻的特点。

除上述特点外，要求设计人员还要有战略眼光，要求其设计好的系统应该有生命力。因为事物是在不断发展变化的，设计好的系统不仅应能满足用户目前的需求，也应满足近期的需求，对远期需求也应有相应的处理方案，即设计人员应充分考虑到系统可能的扩充与改变，这样系统才有生命力。

**3. 数据库设计的方法**

数据库设计是一项工程技术，应有科学的理论和方法做指导，否则工程的质量难以保证，常常是数据库运行了一段时间后会不同程度地发生各种问题，增加了系统维护的代价。数据库设计有许多方法，主要分为四类：直观设计法、规范设计法、计算机辅助设计法和自动化设计法。

直观设计法与设计人员的技巧、经验和水平直接相关，但往往缺乏科学理论和工程原则的支持，很难保证设计质量。

为改变这种设计人员直观、手工试凑的状况，人们提出了运用软件工程的思想来设计数据库的方法，提出了各种设计准则和规程，这些都属于规范设计法。目前常用的规范设计法大多起源于新奥尔良方法。1978 年 10 月，来自欧美国家的 30 多个主要数据库专家在美国的新奥尔良市讨论了数据库的设计问题，提出了相应的工作规范，并取名为新奥尔良方法。它将数据库设计分为四个阶段：需求分析、概念设计、逻辑设计和物理设计。

这些规范设计方法中基于 E-R 模型的数据库设计方法、基于 3NF 的数据库设计方法、基于抽象语法规范的设计方法等,是在数据库设计的不同阶段上支持实现的具体技术和方法。从本质上看,规范设计法仍然是手工设计方法,其基本思想是过程迭代,逐步求精。就目前的技术条件,这种按照一定设计规程,用工程化方法设计数据库是一种很实用的选择。

计算机辅助设计是指数据库设计的某些过程模拟某一规范设计方法,通过人机交互的方式实现设计中的某些部分,这要求设计者有一定的相关知识和经验。

用来帮助设计数据库或数据库应用软件的工具称为自动化设计工具,它可以自动并加速完成设计数据库系统的任务。用自动化设计工具(如 Oracle Designer,PowerDesigner 等)设计数据库的方法称为自动化设计法。。

总之,一个好的数据库设计方法应该能在合理的期限内,以合理的工作量产生一个有合理利用价值的数据结构。

**4. 数据库设计的基本步骤**

成功的数据库设计最重要的是基于终端用户的要求。设计者的工作基于与终端用户的交互,但是支配设计结构的技术必须由设计者做出。就像如果你希望设计出成功的汽车,就必须花费大量的时间与该汽车的预期购买者和驾驶者进行交流,但是你不能希望驾驶员来确定活塞的点火顺序或发动机组的最佳铸造方法。

所以在做数据库设计时,要充分地和企业中的用户进行交流。了解企业现有系统的运行情况,了解当前系统不适用的地方(尤其要了解是否有数据方面的问题),了解他们的数据需求,了解他们的操作方式。在具体进行设计之前,要充分地研究企业现状,包括企业现有的工作流程、企业中出现的问题、企业想要利用新的系统实现的目标,了解这些后,才能开始数据库设计工作。

在数据库的设计过程中把数据库的设计和对数据库中数据处理的设计紧密结合起来,将这两个方面的需求分析、抽象、设计和实现在各个阶段同时进行,相互参照,相互补充,以完善两个方面的设计。事实上,如果不了解应用环境对数据的处理要求,或没有考虑如何去实现这些处理要求,是不可能设计出一个良好的数据库结构的。数据库设计的过程就是将现实世界的信息经过人为的选择、加工进入计算机存储处理又回到现实世界中去的过程。可以把它分为三大部分、六个阶段,如图 1-2 所示。

1)数据库结构设计

(1)需求分析。在设计数据库时,必须首先准确了解与分析用户需求(包括数据与处理)。需求分析做得是否充分和准确,会影响整个数据库的设计,所以需求分析是整个设计过程的基础,其设计结果将直接影响后面各个阶段的设计,并影响设计结果的合理性。若需求分析做得不好,可能会导致整个数据库设计返工重做。所以,它是最困难、最耗费时间的一步。

(2)概念设计。概念设计是整个数据库设计的关键,它对用户需求进行综合、归纳与抽象,形成一个独立于具体 DBMS 的概念模型。

E-R 模型是用来描述现实世界的概念模型。描述概念模型的方法有很多种,E-R 数据模型是最为著名也最为常用的数据模型,即由美籍华人陈平山(P. P. S. Chen)于 1976 年提出的实体-联系模型(entity-relationship model,E-R 模型)。用来表示 E-R 模型的图称为实体-联系图,简称 E-R 图,它主要用于描述概念世界。E-R 图提供了表示实体、属性和联系的方法。

E-R 图的三个要素如下。

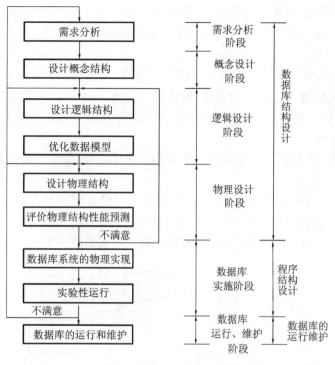

图 1-2 数据库设计步骤

● 实体：用矩形表示实体，矩形内标注实体名称。
● 属性：用椭圆表示属性，椭圆内标注属性名称，并用连线与实体连接起来。
● 实体之间的联系：用菱形表示，菱形内注明联系名称，并用连线将菱形分别与相关实体相连，同时在连线上注明联系类型（$1:1,1:n$ 或 $m:n$）。

在画 E-R 图时，在实体与属性的连线上画线段，用此表示该属性是关键属性。学生的 E-R 图如图 1-3 所示。

若一个联系具有属性，则这个属性也要用连线与该联系连接起来。如图 1-4 所示，销售量是销售的属性。在后续图中，如果不加特殊说明，都表示此含义。

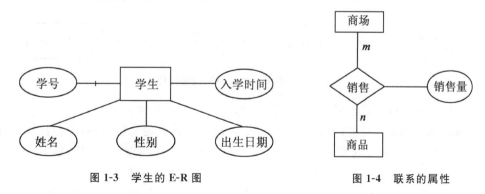

图 1-3 学生的 E-R 图　　　　图 1-4 联系的属性

实体之间的联系如下。

① 一对一联系：如果对于实体集 $A$ 中的每个实体，实体集 $B$ 中至多有一个（可以没有）与之相对应，反之亦然，则称实体集 $A$ 与实体集 $B$ 具有一对一联系，记作：$1:1$。如班长和班级之间的联系就是一对一联系，如图 1-5(a)所示。

② 一对多联系：如果对于实体集 $A$ 中的每个实体，实体集 $B$ 中有 $n(n\geqslant 0)$ 个实体与之

相对应；反过来，实体集 $B$ 中的每个实体，实体集 $A$ 中至多只有一个实体与之相对应，则称实体集 $A$ 与实体集 $B$ 具有一对多联系，记作：1∶$n$。如班级和学生之间的联系就是一对多联系，如图 1-5(b)所示。

③ 多对多联系：如果对于实体集 $A$ 中的每个实体，实体集 $B$ 中有 $n(n \geqslant 0)$ 个实体与之相对应；反过来，实体集 $B$ 中的每个实体，实体集 $A$ 中有 $m(m \geqslant 0)$ 个实体与之相对应，则称实体集 $A$ 与实体集 $B$ 具有多对多联系，记作：$m∶n$。如学生和课程之间的联系就是多对多联系，如图 1-5(c)所示。

(3)逻辑设计。逻辑设计将概念结构转换为某个 DBMS 所支持的数据模型，并对其进行优化。

E-R 模型对最初的高级数据库设计非常方便，但是没有哪个数据库产品直接支持该模型，它只是一个工具而已，是连接实际对象与数据库间的桥梁。例如，学生和学院之间的E-R图可表示为图 1-6 所示。E-R 模型到关系模型的转化过程如图 1-7 所示。

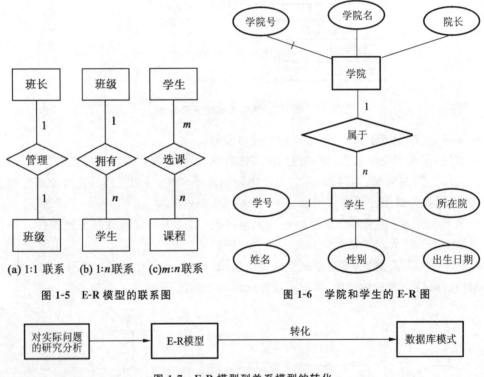

图 1-5　E-R 模型的联系图　　　　图 1-6　学院和学生的 E-R 图

图 1-7　E-R 模型到关系模型的转化

关于 E-R 模型到关系模型的转化，可以从以下几个方面分别讲述。

① 独立实体到关系模式的转化：将实体码转化为关系表的关键属性，其他属性转化为关系表的属性即可。图 1-8 所示的独立实体转化为关系模式为学生(学号，姓名，性别，籍贯)，其中有下画线的学号为关键属性，在图中用画有小线段的连线来表示。

② 1∶1联系到关系模式的转化：一个 1∶1联系可以转化为一个独立的关系模式，此时与该联系相连的各实体的码以及联系本身的属性均转化为该联系的关系模式的属性；1∶1联系还可以与任意一端对应的关系模式合并，此时需要在该关系模式的属性中加入另一个关系模式的码和联系本身的属性即可。

经理和公司间存在着 1∶1联系，其 E-R 图如图 1-9 所示。将其转化为关系模式的方

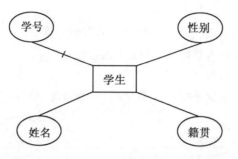

**图 1-8　独立实体到关系模式的转化**

法有：

- 将联系转化成一个关系模式,转化后的关系模式为：

经理(<u>经理号</u>,姓名,年龄,电话,民族,住址)

公司(<u>公司编号</u>,名称,电话,类型,注册地)

领导(<u>经理号</u>,<u>公司编号</u>,任期)

- 将联系与"公司"关系模式合并,增加"经理号"和"任期"属性,即

公司(<u>公司编号</u>,名称,电话,类型,注册地,经理号,任期)

经理(<u>经理号</u>,姓名,年龄,电话,民族,住址)

- 将联系与"经理"关系模式合并,增加"公司编号"和"任期"属性,即

公司(<u>公司编号</u>,名称,电话,类型,注册地)

经理(<u>经理号</u>,姓名,年龄,电话,民族,住址,公司编号,任期)

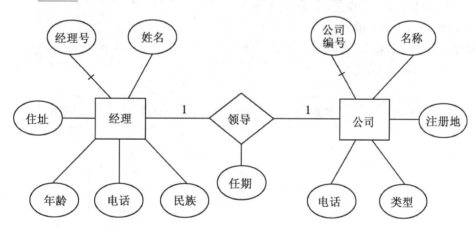

**图 1-9　1:1联系到关系模式的转化**

③ 1:$n$ 联系到关系模式的转化:一个 1:$n$ 联系可以转化为一个独立的关系模式,此时与该联系相连的各实体的码以及联系本身的属性均转化为该联系的关系模式的属性;1:$n$ 联系还可以与 $n$ 端对应的关系模式合并,此时需要在 $n$ 端关系模式的属性中加入单方关系模式的码和联系本身的属性即可。

班级和学生间存在着 1:$n$ 联系,其 E-R 图如图 1-10 所示。将其转化为关系模式的方法有：

- 将联系转化成一个关系模式,转化后的关系模式为：

学生(<u>学号</u>,姓名,年龄,入学时间,民族,电话)

班级(<u>班号</u>,名称,年级,系,专业)

属于(<u>学号</u>,<u>班号</u>)

● 将联系与"学生"关系模式合并,增加"班号"属性,即

学生(<u>学号</u>,姓名,年龄,入学时间,民族,电话,班号)

班级(<u>班号</u>,名称,年级,系,专业)

由于第二种方法可以减少系统中关系个数,一般情况下更倾向于采用这种方法。

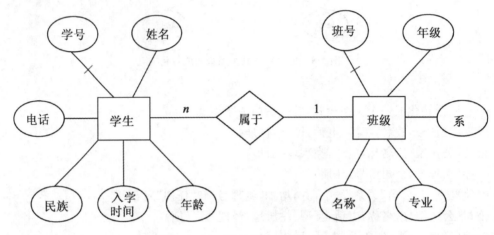

图 1-10 1∶n 联系到关系模式的转化

④ 两个实体 m∶n 联系到关系模式的转化:原有的实体关系表不变,再单独建立一个关系表,分别用两个实体的关键属性作为外键即可,并且如果联系有属性,也要归入这个关系中。m∶n 联系转化为关系模式,如图 1-11 所示。

学生(<u>学号</u>,姓名,年龄,电话)

课程(<u>课程号</u>,课程名,课时数)

学习(<u>学号</u>,<u>课程号</u>,成绩)

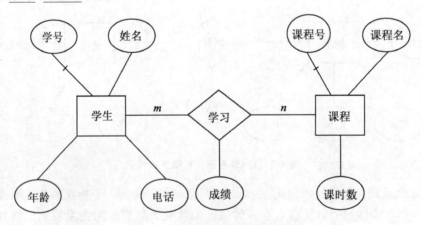

图 1-11 m∶n 联系到关系模式的转化

⑤ 两个以上实体 m∶n 的多元联系到关系模式的转化:两个以上实体 m∶n 的多元联系到关系模式的转化,也需要为联系单独建立一个关系,该关系中最少应包括它所联系的各个实体关键字,若是联系有属性,也要归入这个新增关系中。

**例 1-3** 某医院病房计算机管理中心需要如下信息。

科室:科室号、科室名、科室地址、医生姓名。

病房:病房号、病房名、所属科室名。

医生:医生编号、医生姓名、职称、所属科室名、年龄。

病人:病历号、病人姓名、性别、诊治、主管医生、病房号。

其中,一个科室有多个病房、多个医生,一个病房只能属于一个科室,一个医生只属于一个科室,但一个医生可负责多个病人的诊治,一个病人的主管医生只有一个。

完成如下设计:

① 设计该计算机管理系统的E-R图。

② 将该E-R图转换为关系模式结构。

**解** ①根据题意画出该系统的E-R图,如图1-12所示。

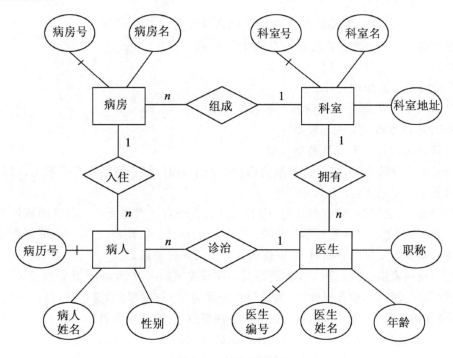

图1-12 例1-3E-R图

② 对应的关系模式结构如下:

科室(科室号,科室名,科室地址)

病房(病房号,病房名,科室号)

医生(医生编号,医生姓名,职称,年龄,科室号)

病人(病历号,病人姓名,性别,医生编号,病房号)

(4)物理设计。物理设计为逻辑数据模型选取一个最适合应用环境的物理结构,包括存储结构和存取方法。

2)程序结构设计

程序结构设计就是数据库实施阶段,设计人员运用DBMS提供的数据语言及其宿主语言,根据逻辑设计和物理设计的结果建立数据库,编制与调试应用程序,组织数据入库,并进行试运行。

3)数据库的运行维护

数据库的运行维护阶段包括数据库的使用和维护,对数据库系统进行评价、调整与修改。数据库应用系统经过试运行后即可投入正式运行。在数据库系统运行的过程中必须不断地对其进行评价、调整与修改。

设计一个完善的数据库应用系统是不可能一蹴而就的,它往往是上述六个阶段的不断反复。

# 习 题 1

## 一、问答题

1. 什么是数据,什么是信息,它们之间的联系是什么?

2. 解释 DB、DBMS 和 DBS 三个概念。

3. 什么是笛卡儿积,什么是关系,它们之间的联系是什么?

4. 什么是数据库设计? 它的内容和特点是什么?

5. 什么是概念模型设计,它包括哪些内容?

6. 数据库设计的一般步骤是什么?

7. 什么是 E-R 图? 构成 E-R 图的基本要素是什么?

8. 如何将 E-R 模型转化为关系模型?

9. 为某百货公司设计一个 E-R 数据模型。

百货公司管辖若干连锁商店,每家商店经营若干商品,每家商店有若干职工,但每个职工只能服务于一家商店。

实体类型"商店"的属性有商店号、店名、店址、店经理。实体类型"商品"的属性有商品号、品名、单价、产地。实体类型"职工"的属性有职工号、姓名、性别、工资。在联系中应反映出职工参加某商店工作的开始时间、商店销售商品的月销售量。

试绘出反映商店、商品、职工实体类型及其联系类型的 E-R 图,并将其转换成关系模式。

10. 设有"产品"实体集,包含属性"产品号"和"产品名",还有"零件"实体集,包含属性"零件号"和"规格型号"。每一产品可能由多种零件组成,有的通用零件用于多种产品,有的产品需要一定数量的同类零件,因此存在产品的组织联系。

(1)试绘出 E-R 图,并指出其联系类型是 $1:1$、$1:n$ 还是 $m:n$。

(2)将 E-R 图转换为关系模式,并给出各关系模式中的主码。

11. 在著书工作中,一位作者可以编写多本图书,一本书也可以由多位作者合写。设作者的属性有作者号、姓名、单位、电话;书的属性有书号、书名、出版社、日期。试完成以下两题:

(1)根据这段话的意思,试绘出其 E-R 图。

(2)将这个 E-R 图转换为关系模式,并给出各关系模式中的主码。

# 第❷章 Oracle 11g 数据库概述

## 2.1 Oracle 11g 概述

Oracle(中文翻译"甲骨文")公司目前是全球最大的信息管理软件及服务供应商之一，其产品和服务包括操作系统、数据库、中间件、应用软件、咨询服务等。Oracle 的技术几乎遍及各个行业，全球 500 强企业有 98％在使用 Oracle 技术；《财富》100 强中的 98 家公司都采用 Oracle 技术；全球 10 大银行均采用 Oracle 应用系统；在通信领域，全球 20 家顶级通信公司都在使用 Oracle 应用产品；在中国，排名前 20 位的银行都在使用 Oracle 技术；所有的电信营运商包括中国移动、中国电信、中国联通都在使用 Oracle 技术；前 100 大 IT 公司，都有 Oracle 技术的应用。

### 2.1.1 Oracle 数据库管理系统的发展史

1970 年 6 月，IBM 公司的研究员埃德加·考特 (Edgar Frank Codd) 在 *Communications of ACM* 上发表了著名的论文《大型共享数据库数据的关系模型》(*A Relational Model of Data for Large Shared Data Banks*)。这篇论文的发表是数据库发展史上的一个转折。

1977 年 6 月，Larry Ellison 与 Bob Miner 和 Ed Oates 在硅谷共同创办了一家名为软件开发实验室(Software Development Laboratories，SDL)的计算机公司(Oracle 公司的前身)。他们看到了埃德加·考特的那篇著名的论文连同其他几篇相关的文章，预见到数据库软件的巨大潜力，于是 SDL 开始策划构建可商用的关系型数据库管理系统(RDBMS)。很快他们编写出来一个产品，他们把这个产品命名为 Oracle。因为他们相信，Oracle("神谕，预言")是一切智慧的源泉。1979 年，SDL 更名为关系软件有限公司(Relational Software，Inc.，RSI)，1983 年，为了突出公司的核心产品，RSI 再次更名为 Oracle。

1979 年，Oracle 公司推出了世界上第一个基于 SQL 标准的关系数据库管理系统 Oracle 2，可用于 DEC 公司的 PDP-11 计算机上的商用 Oracle 产品。1980 年左右，Oracle 公司推出 Oracle 3。1983 年 3 月，RSI 发布了用 C 语言重新写的 Oracle 第 3 版，这是第一款在 PC 机、小型机及大型机上运行的便携式关系型数据库。1984 年 10 月，Oracle 发布了第 4 版产品，产品的稳定性得到了一定的增强，这一版增加了读一致性(read consistency)。1986 年，Oracle 公司推出了 Oracle 数据库的可以在 Client/Server 模式下运行的 RDBMS 产品——PC 版 Oracle 5。1988 年，Oracle 公司推出了 Oracle 6，这一版引入了行级锁(row-level locking)这个重要的特性。1992 年，Oracle 公司推出了基于 UNIX 版本的 Oracle 7，该版本增加了许多新的特性，比如分布式事务处理功能、增强的管理功能、用于应用程序开发的新工具以及安全性方法等。1997 年，Oracle 公司推出了基于 Java 语言的 Oracle 8，这一版本支持面向对象的开发及新的多媒体应用，这个版本也为支持 Internet、网络计算等奠定了基础。1999 年，Oracle 公司推出了以 Oracle 8i 为核心的因特网解决方案。2001 年，Oracle 公司推出了新一代基于互联网电子商务架构的网络数据库解决方案 Oracle 9i。2004 年，在网格(grid)计算的潮流中，Oracle 公司推出了 Oracle 10g。2007 年 7 月，Oracle 11g 正式发布，其开发工作量达到了 3.6 万人/月,相当于 1000 名员工连续研发 3 年。Oracle 11g 是甲骨文公司 30 年来发布的最重要的数据库版本。Oracle 11g 能更方便地在由低成本服务器和存储设备组成的网格上运行,它在继承了 Oracle 10g 的基础上又增加了 400 多项新特性,如改进本地 Java 和 PL/SQL 编译器、数据库修复向导,根据用户的需求实现了信息生命周期管理等。2013 年 7 月新一代数据库 Oracle 12c 正式上市,"c"明确了这是一款针对云计算(Cloud)而设计的数据库。Oracle 12c 增加了 500 多项新功能,比如云端数据库整合的全新多租户架构、数据自动优化、深度安全防护、面向数据库云的最大可用性、高效的数据库管理以及简化大数据分析等。这些特性可以在高速度、高可扩展性、高可靠性和高安全性的数据库平台之上,为客户提供一个全新的多租户架构,用户数据库向云端迁移后可提升企业应用的质量和应用性能,还能降数百个数据库作为一个进行管理,帮助企业迈向云的过程中提高整体运营的灵活性和有效性。

## 2.1.2  Oracle 11g 新特性

Oracle Database 11g(可简称 Oracle 11g 或 11g)使数据库基础架构更加高效、灵活且易于管理。该版本数据库增强了 Oracle 数据库独特的数据库集群、数据中心自动化和工作量管理功能。利用全新的高级数据压缩技术降低了数据存储的支出,明显缩短了应用程序测试环境部署及分析测试结果所花费的时间,增加了 RFID Tag、DICOM 医学图像、3D 空间等重要数据类型的支持,加强了对 Binary XML 的支持和性能优化。甲骨文客户可以在安全的、高度可用和可扩展的、由低成本服务器和存储设备组成的网格上满足最苛刻的交易处理、数据仓库和内容管理应用。其主要特性有以下几点:

**1. 分区**

分区(partition)一直是 Oracle 数据库引以为傲的一项技术,正是分区的存在让 Oracle 高效地处理海量数据成为可能。

(1)11g 的新类型系统分区,用户不需要指定任何分区键,数据会进入哪个分区完全由应用程序决定,实际上也就是由 SQL 来决定。

(2)11g 可对逻辑对象进行分区,并且可以自动创建分区以方便管理超大数据库。

**2. 自动内存管理**

自动内存管理在一定程度上简化了 Oracle 数据库管理员对于内存的管理工作。Oracle 数据库根据当前的工作负载来自动设定 Oracle 内存区域中的 PGA 和 SGA 的大小。这种间接的内存转换依赖于操作系统的共享内存的释放机制来获得内部实例的调优。

(1)使用数据库的自动检查点调整,数据库会自动在其比较空闲的时候,把脏缓冲区中的内容写入到数据文件中,从而降低对数据库吞吐量所产生的影响,数据库的查询性能,特别是查询大量数据的性能,得到了比较显著的改善。

(2)使用自我调整系统全局区,Oracle 数据库会智能地对数据库服务器的内存进行合理的分配,提高内存的使用效率,提高数据库的性能。

**3. 数据压缩技术**

Oracle 11g 专门推出了一个叫作 Advance Compression 的组件,全面支持普通表压缩、非结构化数据压缩、Data Pump 数据压缩及 RMAN 备份压缩。

(1)数据块压缩:所有数据压缩以后的大小是原来的 70% 左右。Oracle Database 11g 将压缩扩展到 OLTP,可支持 DML 操作。新算法大大降低写操作的性能损耗,进行批量压缩。

由于存储相同数据使用的数据块减少了,则磁盘 I/O 也至少减少 40%。

(2)SecureFiles 压缩:该特性专门针对 lob 类型的字段进行压缩。企业的许多应用同时访问文件/关系数据,SecureFiles 消除了在数据库中存储文件的性能问题。它类似 LOB,但性能更快,功能更强,保持了数据库的安全性、可靠性和扩展性。

(3)数据泵压缩:11g 的数据泵导出的压缩率比 10g 提高很多,压缩率接近 50%,建议 DBA 或应用开发人员在数据泵导出时都指定压缩选项,以大幅节省存储空间的使用。

(4)RMAN 备份压缩:指定 RMAN 备份采用压缩方式备份出的备份集比不采用压缩备份出的备份集小得多,但备份时间也会相应增加,对于数据量 1TB 以上的数据库备份建议采用压缩方式。RMAN 备份可使用的压缩级别有四个:BASIC、LOW、MEDIUM、HIGH。

**4. 执行计划管理**

SQL 语句的性能在很大程度上依赖于 SQL 语句的执行计划。从 11g 开始,Oracle 引入了 SQL 执行计划管理(SQL Plan Management)这个新特性,从而可以让系统自动地控制 SQL 语句执行计划,进而防止由于执行计划发生变化而导致的性能下降。

通过启用该特性,某条语句如果产生了一个新的执行计划,只有在它的性能比原来的执行计划好的情况下,才会被使用。为了实现执行计划管理,优化器会为所有执行次数超过一次的 SQL 语句维护该 SQL 语句的每个执行计划的历史列表(plan history)。计划历史里包含了优化器能够用于重新生成执行计划的所有信息,这些信息包括 SQL 文本、存储大纲、绑定变量以及解析环境等。

**5. 自动存储管理(ASM)**

在 10g 的 ASM 中如果因为某些硬件(比如接口线、光纤卡、电源等)故障导致磁盘组中的某些磁盘无法正常读取,这些磁盘将处于离线(offline)状态,在离线之后不久 ASM 就会把这些磁盘从磁盘组中删除,并且尝试利用冗余的区(extent)来重新在其他磁盘中构建数据,这是一个比较耗时且耗资源的操作。当修复了磁盘,再将它们重新加回磁盘组中,又将是另外一次的数据重整操作。如果仅仅是例行的维护硬件,因为磁盘中的数据并没有真正损坏,而只是将磁盘取出来过一会儿再加回去,那么这样的两次数据重整操作无疑是没有必要的。在 11g 中 ASM 的 Fast Mirror Resync 功能允许我们设置磁盘的修复时间,在修复时间内 ASM 将不会尝试在磁盘间重新分配区。

**6. 数据安全**

Oracle 11g 提供端到端的安全保护措施,比如提供身份认证、虚拟私有数据库、行安全标签等功能,提供网络传输加密、数据的透明存储加密等,并提供了两个全新的数据安全功能。

1)Database Vault

实现职责分离,加强内部控制,限制 DBA 和超级用户对业务数据的访问,保护数据库和应用不被非授权的操作进行修改。Database Vault 使数据免遭特权用户损坏,同时又允许他们维护 Oracle 数据库。

定制和强制实施个性化的安全规则,控制应用程序的访问,规定应用由什么人、在什么时候、在哪里进行访问,并提供各种详细的安全报告用于法规审计。

2)Audit Vault

可以将 Oracle,SQL Server,Sybase,DB2 等数据库上的审计数据统一到一个安全的集中库中,从而实现数据库操作的集中安全审计,这样就可以对有效的数据库活动进行检测,监视数据库的可疑操作,以便于发现系统的安全隐患、认定安全责任并及时进行事件预警。

## 2.2 Oracle 11g 的安装

虽然 12c 发布了,但是现在在企业应用中用得最多的还是 2009 年 9 月发布的 Oracle 11g R2 这一版本。Oracle 11g 提供了高性能与高稳定性的企业级数据存储方案,也对 Windows 操作系统提供了更好的支持。借助 Windows 操作系统以线程为基础的服务模式,Oracle 11g 可以提供更高的执行性能、更稳定的执行环境及更具扩展性的平台。

### 2.2.1 安装准备工作

**1. 安装包下载**

Windows 平台下用户需登录(应先注册)甲骨文官方网站:http://www.oracle.com/technetwork/database/enterprise-edition/downloads/index.html。根据操作系统的位数,免费下载 Oracle 11g 的安装包(共两个文件,大小约合 2.1GB)。Oracle 提供了 32 位和 64 位两种 Windows 的安装包 win32_11gR2_database_1of2.zip 和 win32_11gR2_database_2of2.zip 及 win64_11gR2_database_1of2.zip 和 win64_11gR2_database_2of2.zip。其他操作系统的安装包也可以下载。

**2. 安装环境要求**

为了能正确地安装 Oracle 数据库,系统必须满足以下要求。

(1)CPU:最小为 550 MHz。

(2)内存(RAM):最低为 1GB。

(3)空间(NTFS 格式):完全安装为 4.76GB,高级安装为 5GB。

(4)虚拟内存:最小为 RAM 的 2 倍。

(5)监视器:256 色。

(6)网络协议:TCP/IP,支持 SSL 的 TCP/IP、Named Pipes。

(7)浏览器:IE7,IE8,IE9。

**3. 安装准备与注意事项**

为了保证 Oracle 11g 数据库的正常安装与运行,还应注意以下事项:

(1)启动操作系统,以管理员身份登录。

(2)检查服务器系统是否满足软、硬件要求。若要为系统添加一个 CPU,则必须在安装数据库服务器之前进行,否则数据库服务器无法识别新的 CPU。

(3)对服务器进行正确的网络配置,并记录 IP 地址、域名等网络配置信息。

(4)如果服务器上运行有其他 Oracle 服务,必须在安装前将它们全部停止。

(5)如果服务器上运行有以前版本的 Oracle 数据库,则必须对其数据进行备份。

### 2.2.2 Oracle 11g 数据库的典型安装

(1)将文件 win32_11gR2_database_1of2.zip 和 win32_11gR2_database_2of2.zip 解压。在 Windows 7 系统中要注意:这两个文件解压到同一个目录下,即将 Components 目录合并到一起。

(2)双击"setup.exe",系统就会弹出自检画面,根据"install \oraparam.int"文件中的参

数进行系统软硬件先决条件检查。然后弹出安装向导，如图 2-1 所示，取消勾选"我希望通过 My Oracle Support 接收安全更新"复选框，单击"下一步"按钮。

（3）在图 2-2 所示的对话框中，单击"是"按钮，不希望收到有关配置中的严重安全问题的通知。

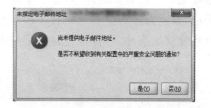

图 2-1 安装向导 　　　　　　　　图 2-2 "未指定电子邮件地址"对话框

（4）在图 2-3 所示的"安装选项"中有三个选项，其中"创建和配置数据库"选项选择后会安装数据库软件，即 RDBMS，然后是通过 DBCA 并根据用户设置创建一个新的数据库；"仅安装数据库软件"选项选择后只安装数据库软件，如果想要创建数据库，只能后面再通过工具或者人工方式创建数据库。"升级现有的数据库"选项选择后会根据当前版本进行升级设置。一般用户初装 Oracle 11g 时，在安装对话框中选择"创建和配置数据库"，单击"下一步"按钮。

（5）在图 2-4 所示的"系统类"界面中，如果是一般的台式机、笔记本等，选择"桌面类"就可以。选择"桌面类"将进行典型安装，典型安装用户只需要进行 Oracle 主目录位置、安装类型、全局数据库名、数据库口令等的设置，其他的系统会默认安装，安装比较简单方便。

如果选择"服务器类"可以进行高级安装，高级安装中，除了典型安装可以做的设置外，用户可以根据自己的要求进行个性设置，安装数据库服务器。比如设置不同的账户口令，选择产品语言和数据库版本，进行自动备份设置等。

图 2-3 "选择安装选项"界面 　　　　　图 2-4 "系统类"界面

（6）在图 2-5 所示的配置页面上，可以配置数据库的安装目录、软件位置、数据库文件位置、数据库版本、字符集、全局数据库名、管理员的密码等。

其中安装程序会自动选择系统中磁盘空间大的作为数据库的安装目录,用户也可以根据自己的需求更改各项路径(初次学习建议采用默认值)。"全局数据库名"输入用户想要建立的数据库的名字,默认为"orcl"。"管理口令"输入管理员口令,具体要求为口令长度必须介于 4 至 30 个字符;口令必须来自数据库字符集,可以包含下划线_、美元符号 $ 及井号♯;口令不能以数字开头;口令不得与用户名相同;口令不得使用 Oracle 的保留字。

需要注意的是,该版 Oracle 强制输入的口令必须为至少包含大小写和数字的复杂密码形式,否则 Oracle 会给出提示。输入完毕后单击"下一步"按钮。

(7)安装程序会进行安装的先决条件检查,检查系统的配置,如内存大小、环境变量等,如图 2-6 所示。如果电脑的配置低的话,就会提示检查结果为失败,用户最好根据提示调整系统配置使之满足条件,以免后期运行时出现响应时间太长等问题。当然,也可以忽略掉该提示,该页面运行中右上角有一个"忽略全部"的选择框,选上此框,就可以继续安装了。如果系统满足条件,等待检查完毕后进入下一步。

图 2-5  配置页面 图 2-6  "执行先决条件检查"界面

(8)先决条件检查后,就会出现图 2-7 所示的"概要"界面,此界面中显示数据库的一些基本信息,包括全局设置、产品语言、空间要求和新安装组件等,分类显示安装信息。用户可以在这里确认前面各个步骤的选择,如有不合适,可以选择"上一步"进行修改。界面右边有一个"保存响应文件"按钮,如果需要此信息的话,单击该按钮,可以保存响应文件。完成操作后,单击"完成"按钮,这样配置信息过程就完成了,并开始安装程序。

(9)如图 2-8 所示,正式开始安装数据库程序,进行相关配置。安装时间根据电脑配置而定,等待安装完成。

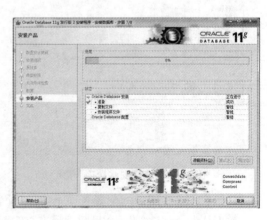

图 2-7  "概要"界面 图 2-8  安装产品

（10）如图 2-9 所示，安装完成后，开始创建数据库实例，等待完成。

（11）安装 Oracle 数据库，等待完成。安装完成后，会在图 2-10 所示的对话框中显示已经安装成功的 Oracle 数据库的各种信息。此时注意，在安装时，数据库的账户默认都是锁着的，要使用的话，需要解锁用户并更改口令，方法是单击对话框中的"口令管理"按钮。

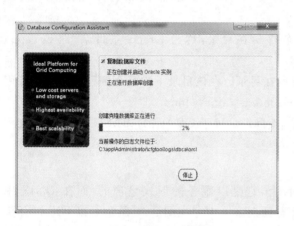

图 2-9　创建数据库实例　　　　　　　　图 2-10　数据库创建完成

（12）在弹出的图 2-11 所示的"口令管理"对话框中选择需要解锁的账户，设置好密码就可以了。初学 Oracle，会常常用到两个用户 SCOTT 和 HR，解锁这两个用户时，找到 HR 和 SCOTT 用户，取消勾选"是否锁定账户"，并赋予新的密码，单击"确定"按钮。

（13）口令修改完毕后，会出现图 2-12 所示的"完成"界面。

图 2-11　"口令管理"对话框　　　　　　图 2-12　"完成"界面

（14）单击"关闭"按钮，完成安装。安装过程中，Oracle Universal Installer 会在安装记录文件中记录下所有的操作。

## 2.2.3　Oracle 11g 安装结果测试

Oracle 11g 安装完毕后，一般情况下都可以正常使用，但是还是要检查一下安装的结果，特别是机器上原来装有其他版本的 Oracle 数据库，或者是原来卸载过 Oracle 数据库的用户。一般从以下两个方面去检查安装的结果情况。

**1. 文件系统**

Oracle 11g 中软件和数据库文件及目录的命名约定和存储位置规则,可使用户很容易地找到与 Oracle 数据库相关的文件集合,这个就是最佳灵活体系结构(OFA)。当 Oracle 安装成功后,就可以在系统中看到各种相关的目录和文件。其中有几个重要的目录:

(1)ORACLE_BASE:Oracle 数据库根目录 c:\app\Administrator\。ORACLE_BASE 下有两个重要的子目录。

①ORACLE_HOME:Oracle 数据库软件所在目录,称为 Oracle 主目录,即 c:\app\Administrator\product\11.2.0\dbhome_1。

②admin:数据库例程的进程日志文件所在目录。在该目录下为每个例程建立一个专用目录以管理它的进程日志文件,即 c:\app\Administrator\admin。

(2)oradata:数据库物理文件所在目录,该目录可位于 ORACLE_BASE 下,也可以放到别的磁盘上。c:\app\Administrator\oradata。

**2. Oracle 服务**

Oracle 安装成功后,在 Windows 平台上,它是以服务的形式呈现的,而在 UNIX 中 Oracle 是以进程形式运行的。所以我们会看到在系统中存在图 2-13 所示的以 Oracle 开头的相关服务,这些服务是一个在 Windows 注册表中注册并由 Windows 管理的可执行进程。注册表自动跟踪并记录每个所创建服务的安全信息。

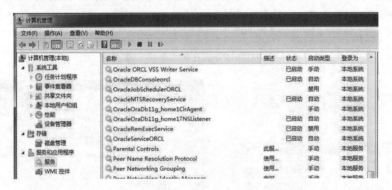

图 2-13　Oracle 服务

(1)Oracle ORCL VSS Writer Service。Oracle 卷映射复制写入服务,VSS 能够让存储基础设备创建高保真的时间点映像,即映射复制。它可以在多卷或者单个卷上创建映射复制,同时不会影响到系统的性能。它支持日志、复制、全数据备份、增量数据库备份和差别数据库备份操作。(非必须启动)

(2)OracleDBConsoleorcl。Oracle 数据库控制台服务,即企业管理器(OEM)。OEM 是 Oracle 提供的一个基于 Web 的图形化数据库管理工具。非必须启动,但在运行 Enterprise Manager 11g 时,需要启动此服务。其中 orcl 是 Oracle 例程标识。

(3)OracleJobSchedulerORCL。Oracle 作业调度进行,ORCL 是 Oracle 例程标识。此服务被默认设置为禁用。

(4)OracleMTSRecoveryService。该服务允许数据库充当一个微软事务服务器 MTS、COM/COM+对象和分布式环境下的事务资源管理器。(非必须启动)

(5)OracleOraDb11g_home1ClrAgent。Oracle 数据库.NET 扩展服务的一部分。(非必须启动)

(6)OracleOraDb11g_home1TNSListener。监听器服务,服务只有在数据库需要远程访问时才需要,它的默认启动类型为自动。服务进程为 TNSLSNR. EXE,参数文件 Listener. ora,日志文件 listener. log,控制台 LSNRCTL. EXE,默认端口 1521。(必须启动)

(7)OracleRemExecService。这个 Windows 服务只是被 OUI 暂时使用,当 OUI 完成它的工作后,该服务会被去掉。该服务的启动类型为已禁用。

(8)OracleServiceORCL。数据库实例服务,这个服务会自动地启动和停止数据库。如果安装了一个数据库,它的默认启动类型为自动。

Oracle Database 11g 服务的启动有三种方式。

①通过"控制面板"启动 Oracle 服务。选择"开始"→"控制面板"→"管理工具"→"服务"或 services. msc。找到要启动的 Oracle 服务,单击鼠标右键,单击"启动"命令。

②通过 MS-DOS 命令启动 Oracle 服务。在"附件"中打开 MS-DOS 命令提示符窗口或 cmd。在窗口中输入:net start Oracle<Service_Name>。

③通过 Oracle Administration Assistant for Windows 启动 Oracle 服务。选择"开始"→"程序"→"Oracle-OraDb11g_home1"→"配置和移植工具"→"Administration Assistant for Windows"。在主机名中找到要启动的数据库 SID 并用右键单击"Oracle<SID>",选择"启动服务"即可。

Oracle 服务的停止与启动的操作步骤类似。

 ## 2.3 Oracle 11g 的卸载

Oracle 11g R2 中提供了专门的卸载工具,使用该工具可以快速方便地干净卸载 Oracle 11g。其卸载步骤如下:

(1)首先关闭所有 Oracle 服务。打开控制面板中的服务,将其中以 Oracle 开头的服务全部关闭。

(2)使用 Win+R 打开运行界面,输入 CMD,打开 CMD,然后输入"C:\app\Administrator\product\11. 2. 0\dbhome_1\deinstall\deinstall",回车运行。或者直接进入 C:\app\Administrator\product\11. 2. 0\dbhome_1\deinstall 目录,双击 deinstall. bat 批处理文件开始运行,如图 2-14 所示。注意:这里的 C:\app\Administrator\product\11. 2. 0\dbhome_1 是指 ORACLE_HOME。

(3)如图 2-15 所示,指定要取消配置的所有单实例监听程序【LISTENER】:可以直接按回车键,也可以输入 LISTENER,然后按回车键。

图 2-14　deinstall. bat 批处理文件运行界面

图 2-15　指定监听程序

(4)如图 2-16 所示,指定在此 Oracle 主目录中配置的数据库名列表【ORCL,XSCJ】:

图 2-16　设置数据库名

若没有新增数据库,则仅有 ORCL 数据库名;若有新增,将显示所有数据库名。

用户可以直接按回车键,也可以输入 ORCL,XSCJ 后按回车键。系统会自动指定此数据库的类型,指定数据库诊断目标位置,指定数据库 ASM:FS 使用的储存类型:输入 FS,指定数据库 spfile 的位置,直接按回车键即可。

(5)如图 2-17 所示数据库配置结束后,系统会提示是否继续,输入 y。然后按回车键。

(6)如图 2-18 所示,卸载程序会按照要求,将前面选择的 ORCL 和 XSCJ 数据库成功删除掉。

图 2-17　是否继续配置

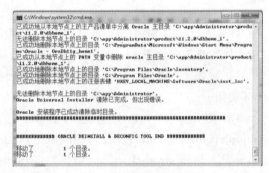

图 2-18　删除数据库目录

(7)CMD 工作完成,一般情况下 Oracle 就卸载完毕了。为了确认是否卸载干净,可以查看注册表中的相关内容。Win+R 打开运行界面,输入 regedit,回车进入注册表编辑器。如果还有残留的相关信息,可以手动删除。

①进入 HKEY_LOCAL_MACHINE\SYSTEM\CurrentControlSet\Services\ 目录,删除该路径下的所有 Oracle 开始的服务名称,这些服务是 Oracle 在 Windows 下注册的各种服务。

②进入 HKEY_LOCAL_MACHINE\SYSTEM\CurrentControlSet\Services\Eventlog\Application 删除注册表的以 Oracle 开头的所有项目。这些都是 Oracle 事件日志。

③进入 HKEY_LOCAL_MACHINE\SOFTWARE\ORACLE 目录,删除该 Oracle 目录。这个目录中的信息是 Oracle 数据库的软件安装信息。

④查看环境变量中是否存在 Oracle 相关的设置,若有,删除即可。

⑤重启电脑,将安装磁盘中的软件残留目录 app 文件夹删除。

# 习 题 2

## 一、选择题

1. Oracle 11g 中的"g"代表(  )。

A. 网络　　　　　　　B. 网格　　　　　　　C. 节点　　　　　　　D. 站点

2. Oracle 数据库文件默认的安装位置是(  )。

A. admin 目录下　　　B. oradata 目录下　　C. bin 目录下　　　　D. database 目录下

3. 在数据库服务器的安装过程中,不是默认创建的账户是(  )。

A. SYS　　　　　　　B. DBA　　　　　　　C. SYSTEM　　　　　　D. SCOTT

4. 可以在 Oracle 服务器的安装目录的(  )文件中查看 Oracle 的各种端口的使用情况。

A. spfile. ora　　　　B. initorcl. ora　　　　C. portlist. ini　　　　D. tnsname. ora

5. 完全卸载 Oracle 11g 时,需要进行的第一步操作是(  )。

A. 停止所有的 Oracle 服务　　　　　　　B. 启动 Oracle 的卸载向导

C. 删除磁盘上的 Oracle 文件　　　　　　D. 删除数据库 Orcl

## 二、问答题

1. Oracle 11g 的新特性中的数据压缩有哪几种不同的类型,分别有什么特点?

2. Oracle 安装的环境要求有哪些?

3. Oracle 11g 的桌面安装和服务器安装有什么异同?

4. Oracle 11g 数据库有哪几个版本,每个版本有什么特点?

5. Oracle 11g 安装过程中管理员的口令有什么要求?

6. 全局数据库名是什么,命名有什么要求?

7. 在建立数据库时,什么情况下使用"数据仓库"类型,什么情况下使用"事务处理"类型?

8. 建立数据库时,"专用服务器模式"和"共享服务器模式"的区别是什么?

## 3.1 SQL * Plus

SQL * Plus 是 Oracle 数据库的一个基本工具,允许用户使用 SQL 命令交互式地访问数据库。SQL * Plus 是 DBA 和开发人员都必须掌握的一个工具。

利用 SQL * Plus 可以实现以下操作:①启动/关闭数据库;②输入、编辑、存储、提取、运行和调试 SQL 语句和 PL/SQL 程序;③开发、执行批处理脚本;④执行各种 SQL * Plus 命令;⑤创建和运行各种查询,并生成报表,存储、打印、格式化查询结果;⑥检查数据库的各种对象定义并执行各种数据库管理。

### 3.1.1 SQL * Plus 的启动与退出

要想启动 Oracle 中的常用工具包括 SQL * Plus、OEM、SQL Developer 等,必须启动两个服务,即 Oracle Service<SID>数据库服务和 Oracle<HOME_NAME>TNSListener 监听器服务。

(1)Oracle Service<SID>数据库服务。Oracle Service<SID>数据库服务是为数据库实例系统标识符 SID 而创建的,SID 是 Oracle 安装期间输入的数据库服务名字(如 ORCL)。该服务是强制性的,它担负着启动数据库实例的任务。如果没有启动该服务,则当使用任何 Oracle 工具如 SQL□Plus 时,将出现错误信息提示"ORA-12560 TNS: protocol adapter error"。这也意味着数据库管理系统的管理对象没有启动,即数据库没有工作。当系统中安装了多个数据库时,会有多个 Oracle Service<SID>,SID 会因数据库不同而不同。一般将服务的启动类型设置为"自动",这样当计算机系统启动后该服务自动启动。

(2)Oracle<HOME_NAME>TNSListener 监听器服务。Oracle 11g 安装后默认的监听器服务为 OracleOraDb11g_home1TNSListener,其承担着监听并接受来自客户端应用程序的连接请求的任务。当 Windows 计算机重新启动后,该服务将自动启动。如果该服务没有启动,那么当使用 Oracle 企业管理器控制台或一些图形化的工具如 SQL□Plus 进行连接时,将出现错误信息"ORA-12541 TNS: no listener"。所以一般将该服务的启动类型设置为"自动",这样当计算机系统启动后该服务自动启动。当然也可通过手动方式启动该服务,即在命令行里输入"C:\>net start OracleOraDb11g_home1TNSListener"。

> **注意**:在连接上出现的问题,多数都与监听器有关。

#### 1. 使用 SQL * Plus 登录 Oracle 数据库

在桌面依次单击"开始"→"所有程序"→"Oracle OraDb11g_home1"→"应用程序开发"→"SQL Plus",进入 SQL * Plus 命令窗口,输入用户名"scott",按回车键输入口令(输入的口令不在光标处显示）。如果用户名和口令正确，再次按回车键后则提示连接到 Oracle 11g。SQL＊Plus 启动后显示的提示信息、连接数据库的版本信息、安装的数据库选件、NLS 设置（中文、英文）如图 3-1 所示。

**2. 使用命令行 SQL＊Plus 登录 Oracle 数据库**

传统的 SQL＊Plus 是一个命令行客户端程序，在命令行窗口中输入命令进行测试。用程序组启动的 SQL＊Plus 有个缺陷：不支持鼠标右键单击界面使用剪切、粘贴功能。此举乃 Oracle 11g 系统采取的安全措施，但这对普通用户来说操作（尤其在需要输入比较长的 SQL 语句代码时）十分不方便，而改由 Windows 的命令提示符窗口启动 SQL＊Plus 则可以使用这些功能。

依次单击"开始"→"所有程序"→"附件"→"命令提示符"，进入"命令提示符"窗口。在该窗口中输入命令"sqlplus"后按回车键，之后会提示输入用户名和口令，或者直接输入连接命令连接到 Oracle 11g 后的界面，如图 3-2 所示。

图 3-1　使用 SQL＊Plus 登录 Oracle 数据库　　图 3-2　使用命令行 SQL＊Plus 登录 Oracle 数据库

使用命令行登录的连接命令格式为：

```
sqlplus<username>/<password>@net_service_name
```

其中 username 为用户名，password 为口令，net_service_name 为主机字符串名。一般情况下，安装好 Oracle 数据库后，系统默认会有一个和数据库名一样的主机字符串名，比如数据库名为 ORCL，系统则会默认有一个名为 ORCL 的主机字符串。

**3. 退出 SQL＊Plus**

退出 SQL＊Plus 有两种方法：单击 SQL＊Plus 主窗口标题栏的"关闭"按钮，在 SQL＊Plus 命令行执行 exit 命令或 quit 命令。为养成一个良好的习惯，应使用命令退出 SQL＊Plus，因为用单击"关闭"按钮退出时，Oracle 会认为用户没有正常退出 SQL＊Plus，就不会在退出时隐式地执行提交（commit）命令，这样就可能导致某些没有提交的事务自动执行回滚（rollback）操作，而使前面执行的操作无效。而使用命令退出的操作，Oracle 会自动提交所有的操作，使得操作生效。

## 3.1.2　SQL＊Plus 命令

SQL＊Plus 中可以输入两种命令：SQL 命令和 SQL＊Plus 命令。SQL 命令用于对数据库进行操作；SQL＊Plus 命令主要用来设置查询结果的显示格式，设置环境选项和提供帮助信息等。

（1）SQL 命令：SQL 命令不可以简写，以"/"开始运行，以";"结束，存放于 SQL 缓冲区中，可以调出进行编辑，可以被反复运行。

（2）SQL＊Plus 命令：SQL＊Plus 命令可以简写，不必输入";"表示结束。

注意：SQL 命令、SQL＊Plus 命令均不区分大小写，SQL＊Plus 命令不被保存在 SQL 缓冲区中。

### 1. 常用基本命令

1）连接数据库与断开数据库连接命令

用户登录到 SQL＊Plus，可以使用 CONNECT 命令，使用其他用户身份连接到数据库。使用 DISCONNECT 命令可以断开当前用户与数据库的连接，但是不退出 SQL＊Plus。

连接数据库的命令格式为：CONNECT 用户名/口令@主机字符串。其中 CONNECT 可简写为 CONN。

断开连接使用 DISCONNECT 命令，其中 DISCONNECT 可简写为 DISC。

**例 3-1** HR 用户连接数据库、断开数据库连接。

使用该命令连接数据库与断开数据库连接，Oracle 给出的提示如图 3-3 所示。

注意：如果用户以 SYSDBA 的身份连接数据库，比如 SYS 用户连接，那么在连接命令后面必须要加"as SYSDBA"，否则 Oracle 会提示报错，如图 3-4 所示。

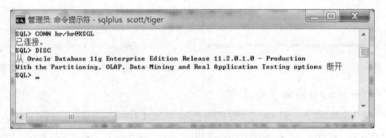

**图 3-3　HR 用户连接数据库与断开数据库连接命令**

由于 Oracle 在服务器操作系统中建立 Oracle DBA 用户组，只要属于该组的用户均可执行 Oracle DBA 操作。所以当登录操作系统的用户是 Oracle DBA 用户组的用户时，比如常见的 Administrator 用户登录操作系统后，连接 Oracle 数据库成功后，在 SQL＊Plus 里，任何以 SYSDBA 身份连接的用户，都将被视为 SYS 用户（无论用户存不存在，密码对不对，或都没有）。可以通过 show user 命令查看当前连接到数据库的用户，如图 3-5 所示。

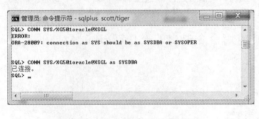

**图 3-4　SYS 用户连接数据库**

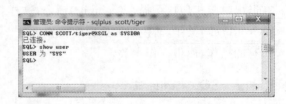

**图 3-5　普通用户以 SYS 用户身份连接数据库**

2）查看表结构命令

在 SQL＊Plus 的许多命令中，用户使用最频繁的命令可能是 DESC［RIBE］命令。

DESC[RIBE]命令可以返回数据库中所存储的对象的描述。对于表、视图等对象而言，DESC[RIBE]命令可以列出其各个列的名称以及各个列的属性。除此之外，DESC[RIBE]命令还会输出过程、函数和程序包的规范。查看表结构命令格式如下：

```
DESC[RIBE] 表名
```

3）show 命令

show 命令可以查看例程参数、系统变量、编译错误等，其中用户比较常见的 show 命令如表 3-1 所示。

表 3-1　常用的 show 命令

| 命　令　语　法 | 功　能　描　述 |
| --- | --- |
| show user | 查看当前用户名 |
| show all | 显示当前环境变量的值 |
| show PARAMETERS [parameter_name] | 显示初始化参数的值 |
| show REL[EASE] | 显示数据库的版本 |
| show SGA | 显示 SGA 的大小 |
| show error | 显示当前在创建函数、存储过程、触发器、包等对象的错误信息 |
| show recyclebin | 显示回收站中的内容 |

**2. 编辑命令**

SQL＊Plus 窗口是一个行编辑环境，为了实现对键入命令或程序的编辑，SQL＊Plus 提供了一组编辑命令表达式，用来查看、编辑和运行 SQL＊Plus 缓冲区内容。SQL＊Plus 提供的编辑命令及其功能如表 3-2 所示，表中命令表达式方括号中的内容可以省略。

表 3-2　SQL＊Plus 提供的编辑命令及其功能

| 组　　别 | 命　令　语　法 | 功　能　描　述 |
| --- | --- | --- |
| 查看缓冲区 | L[IST] | 列出缓冲区中所有的行 |
|  | L[IST] n | 列出第 n 行 |
| 编辑缓冲区 | A[PPEND] text | 将 text 附加到当前行之后 |
|  | C[HANGE] /old/new | 将当前行中的 old 替换为 new |
|  | C[HANGE] /text/ | 删除当前行中指定的 text 文本 |
|  | I[NPUT] | 插入不定数量的命令行 |
|  | I[NPUT] text | 插入指定的文本 text |
|  | DEL | 删除当前行 |
|  | DEL n | 删除第 n 行（行号从 1 开始） |
|  | DEL m n | 删除从第 m 行到第 n 行之间的命令行 |
|  | n | 将第 n 行作为缓冲区中的当前行 |
| 运行缓冲区 | R[UN]或/ | 显示缓冲区中保存的语句，并运行这些语句 |

注意:在 SQL * Plus 输入 SQL 语句过程中,初学者常常因为是否输入分号而出错,或者混淆。除了前面介绍的规则外,可以遵循以下几点:

● 在语句最后加分号,并按回车键,则立即执行该语句;

● 语句输入最后加空格并按回车键,换行后再按回车键,则结束 SQL 语句输入但不执行该语句;

● 语句输入结束后按回车键,换行后按斜杠(/),立即执行该语句。

以下编辑命令的案例都是以 SCOTT 用户下的几张表作为案例进行说明,在 SQL * Plus 窗口中首先用 SCOTT 连接数据库。

```
SQL> CONN SCOTT/tiger@orcl
已连接。
```

**例 3-2** 查询 SCOTT 用户下的 emp 表(雇员表)中第 7782 号用户的个人信息,要求在 SQL 缓冲区中分三行输入以下查询语句,并显示缓冲区中的第三行的信息。

**解** 输入命令后输入分号按回车键执行命令会显示查询结果,然后输入 L 3 命令,按回车键,具体执行结果如图 3-6 所示,注意图中加"*"号表示此行为当前行。

**例 3-3** 查询 SCOTT 用户下的 emp(雇员)表中的用户信息,在当前缓冲区中输入命令"SELECT empno,ename,job,sal,deptno FROM emp",不执行,再在上述查询语句后添加另外的查询条件,查询 job 为 MANAGER 的雇员信息。添加完毕后,显示缓冲区中信息,并执行该语句。

**解** 输入命令后不输入分号,直接按回车键,系统会显示行号 2,提示用户可以继续输入相关语句,由于题目要求不执行该命令,这里不输入分号,再次按回车键。然后使用 L 命令查看缓冲区中的内容,接着输入"I WHERE job='MANAGER'"命令,在当前缓冲区后面添加相应的文本信息。

注意:这里的 job 后面的具体值一定要大写。Oracle 不区分大小写,所有的信息如果不做特别设置,存到数据库中的都是大写的。但是在查询语句中,字符串是区分大小写的,所以具体的工种 job 里面存放的字符信息一定要区分开大小写。

最后再次输入 L,查看缓冲区追加文本后的内容,确认后输入执行符号/执行命令。具体执行结果如图 3-7 所示。

图 3-6 LIST 命令案例执行结果

图 3-7 INPUT 命令案例执行结果

**例 3-4** 查询 SCOTT 用户下的 dept(部门)表中的部门信息,在当前缓冲区中执行命令"SELECT * FROM dept;"。要求追加排序,按 loc(部门所在地)排序,然后执行追加排序要求后的查询。

**解** 根据题目输入查询语句后，系统会查出所有部门的信息，然后输入 APPEND 命令"A order by loc"。接着按回车键，系统显示修改后的缓冲区的命令。最后输入执行命令"/"，就可以看到排序后的结果。执行结果如图 3-8(a)所示。

**注意：** 这里的 A 命令后面跟两个空格。第一个空格是用来区分 APPEND 命令和后面的追加文本 text，第二个空格是用来追加排序命令到原有的 SQL 语句。如果只输入一个空格，系统会提示错误，如图 3-8(b)所示。

**例 3-5** 查询 SCOTT 用户下的 dept(部门)表中的部门信息，在当前缓冲区中执行命令"SELECT * FROM dept;"。要求更改查询，只查询部门表中的部门编号(deptno)信息。

**解** 这里可以直接用 deptno 替代当前查询语句行的" * "，只需要输入"C/ * / deptno"，就可以看到查看缓冲区命令已经更改，输入执行命令"/"就可以查看查询结果。执行结果如图 3-9 所示。

(a) 输入正确　　　　(b) 输入错误

**图 3-8　APPEND 命令案例执行结果**　　　　**图 3-9　CHANGE 命令案例执行结果**

### 3. 脚本文件操作命令

在实际项目中，会有非常多的 SQL 和 PL/SQL 命令，用户没有必要在每次使用时都编写常用的 SQL 语句和 PL/SQL 程序块，而可以将它们保存在被称为脚本的文件中。这些脚本文件为各种反复执行的任务而设计。

SQL * Plus 提供的文件操作命令及其功能如表 3-3 所示。

**表 3-3　SQL * Plus 提供的文件操作命令及其功能**

| 组　别 | 命　令　语　法 | 功　能　描　述 |
| --- | --- | --- |
| 文件的创建 | SAV[E] filename [CREATE]\| [APPEND]\|[REPLACE] | 将当前缓冲区的内容保存到文件中，默认扩展名为.sql |
|  | 参数：<br>● CREATE：表示创建一个 filename 文件，并将缓冲区中的内容保存到该文件。该选项为默认值。<br>● APPEND：如果 filename 文件已经存在，则将缓冲区中的内容追加到 file_name 文件的内容之后；如果该文件不存在，则创建该文件。<br>● REPLACE：如果 filename 文件已经存在，则覆盖 file_name 文件的内容；如果该文件不存在，则创建该文件 | |

续表

| 组　别 | 命令语法 | 功能描述 |
|---|---|---|
| 文件的装载 | GET filename LIST\|NOLIST<br>参数：<br>● LIST：列出缓冲区中的语句。（默认值）<br>● NOLIST：不列出缓冲区中的语句 | 读取文件内容到缓冲区 |
| 文件的编辑 | ED[IT] filename | 编辑缓冲区内容或文件内容 |
| 文件的执行 | STA[RT] filename | 读取并运行文件内容，可以在命令行中传递脚本需要使用的任何参数 |
| | @filename | |

**例 3-6** 查询 SCOTT 用户下的 emp（雇员）表中 sal（薪水）高于 1000 的雇员的 empno（雇员编号）、job（工种）、sal（薪水）、deptno（部门编号）信息，并将该查询脚本保存到文件中。

**解** 输入查询命令：

然后利用 SAVE 语句指定保存路径存盘，以便以后使用或进一步编辑。

```
SQL>SAVE  D:\orasql\examplsal.sql
```

注意：存盘时如果指定的文件目录不存在，Oracle 会提示报错——SP2-0540：文件 "D:\orasql\examplsal.sql"已经存在。此时用户要么在指定路径中建好文件夹，要么更改保存文件的路径。

如果保存路径下的文件已存在，输入"SAVE filename[.ext] REPLACE"，原有文件将被替换。具体执行过程如图 3-10 所示。

**例 3-7** 将例 3-6 中保存在磁盘上的文件 D:\orasql\examplsal.sql 调入缓冲区。

**解** 使用 GET 命令将文件读到缓冲区。

```
SQL>GET D:\orasql\examplsal.sql
```

命令输入结束后，系统会显示调入到缓冲区中的命令，执行结果如图 3-11 所示。

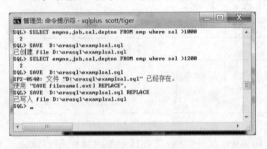

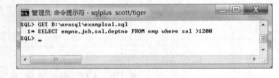

图 3-10　SAVE 命令案例替换保存执行结果　　　　图 3-11　GET 命令案例执行结果

注意：使用 GET 命令将文件的内容读入到缓冲区后，就可以使用编辑命令对这些内容进行操作了。

**例 3-8** 读取例 3-6 中保存在磁盘上的文件 D:\orasql\examplsal.sql 中的内容到缓冲区中并直接执行。

```
SQL> START D:\orasql\examplsal.sql
```

或者

```
SQL> @ D:\orasql\examplsal.sql
```

具体执行结果如图 3-12 所示。

当调用脚本文件时,如果该脚本文件不在用户当前的工作目录中,用户必须使用指定的目录名称。

**例 3-9**　将例 3-6 中保存在磁盘上的文件 D:\orasql\examplsal.sql 打开并进行编辑,更改查询语句为查询薪水在 2000 以上的相关用户信息。

**解**　使用 EDIT 命令,可以将 SQL * Plus 缓冲区的内容复制到一个名为 afiedt.buf 的文件中,然后启动操作系统中默认的编辑器打开这个文件,并且对文件内容能够进行编辑。在 Windows 操作系统中,默认的编辑器是 Notepad(记事本)。本案例使用 EDIT 语句打开指定路径的文件,并在记事本中进行编辑,编辑后保存。

```
SQL> EDIT D:\orasql\examplsal.sql;
```

具体执行结果如图 3-13 所示。

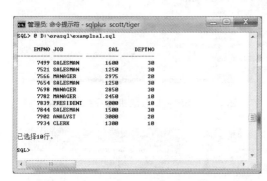

图 3-12　START 命令案例执行结果

图 3-13　EDIT 命令修改查询

如果输入的 EDIT 命令后面的目录下不存在 example.sql 文件,则系统自动生成 example.sql 文件,这样用户就可以输入和编辑 SQL 命令了。例如用户输入以下命令:

```
SQL> EDIT D:\ orasql\example.sql;
```

当前目录下不存在 example.sql 文件,则系统会提示找不到执行路径,单击确定按钮后,系统自动生成 example.sql 文件,这样就可以输入和编辑 SQL 命令了。

**4. SPOOL 假脱机命令**

Oracle 的 SPOOL 假脱机命令可以将屏幕所出现的一切信息记录到操作系统的文件中,直到执行到 SPOOL OFF 为止,即设置后,在之后的各种操作及执行结果"假脱机"(即存盘到磁盘文件上)。SPOOL 命令的语法如下:

```
SPO[OL] [file_name [CRE[ATE] | REP[LACE] | APP[END]] | OFF | OUT]
```

参数说明:

- file_name:指定一个操作系统文件。
- CRE[ATE]:创建一个指定的 file_name 文件。
- REP[LACE]:如果指定的文件已经存在,则替换该文件。
- APP[END]:将内容附加到一个已经存在的文件中。

● OFF：停止将 SQL＊Plus 中的输出结果复制到 file_name 文件中，并关闭该文件。

● OUT：SPOOL OUT 比 SPOOL OFF 多了一个把文件发送到标准打印输出的动作。

**例 3-10** 使用假脱机命令，以 SCOTT 用户登录数据库，将查询雇员表结构的整个步骤信息记录到文件中，然后追加 SCOTT 用户下的部门表的结构信息到该假脱机文件中去。

**解** 在记录相关的信息之前，首先要先建立假脱机文件，在 SQL＊Plus 中输入假脱机命令，但是注意，如果输入的信息不对，比如路径错误、文件名错误等，Oracle 会给出提示，如图 3-14 所示。

**注意**：可以在文件名和路径名中包含空格，例如 SPOOL 'output　File．TXT'。

如果输入的信息合乎规则 SPOOL D:\orasql\spool1．TXT，则用户可以开始输入各种命令，所有命令输入完成后，输入 SPOOL OFF 结束整个假脱机操作。具体执行过程如图 3-15 所示，此时对应的文件夹中也会有相应的假脱机文件。

图 3-14　SPOOL 假脱机命令错误

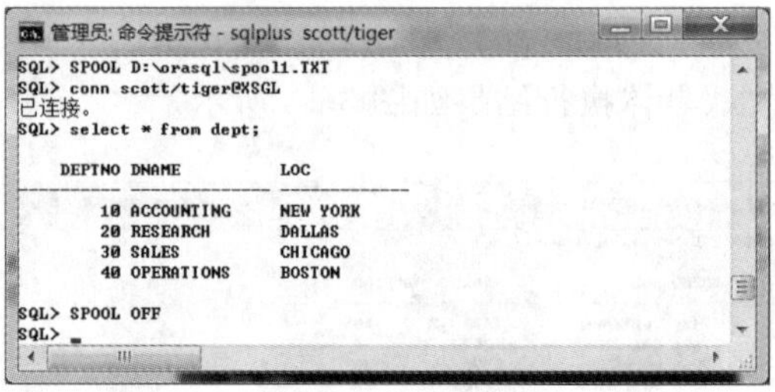

图 3-15　SPOOL 假脱机命令执行过程

11g 中 SQL＊Plus 命令中的 SPOOL 假脱机命令得到了增强，用户可以使用 SPOOL append 命令把假脱机内容附加在一个已经存到的假脱机文件中。

如例 3-10 要求，可以输入"SPOOL D:\orasql\spool1．TXT append"命令开始追加假脱机文件信息，输入"spool off"结束。注意追加命令的格式，格式错误 Oracle 会直接报错，具体执行过程如 3-16 所示。

图 3-16　SPOOL append 命令执行过程

整个命令输入完毕后，在对应的文件夹中可以看到，原来假脱机文件中的内容已经增加了。

**注意**：初学者在使用 SPOOL 假脱机命令的过程中常常容易犯两个错误。一是所有命令输入完毕后没有输入 SPOOL OFF 命令结束假脱机操作，就开始其他的操作，这样导致假脱机文件是空的；另外一个是很多初学者喜欢只输入假脱机文件名而不输入路径，比如输入 spool1．TXT，可以正常开始假脱机操作，但是整个假脱机操作结束了后，用户不知道这个假脱机文件存放到哪里去了。实际上，没有输入完整路径的文件，Oracle 将默认保存到登录用户的文件夹下，如果你是 Administrator 用户登录，Win 7 系统里会默认保存到 C:\Users\Administrator 目录下。

**5. 环境维护命令**

SQL＊Plus 提供了大量用于环境会话中的各种命令，包括 column、pause、pagesize、linesize、feedback、numformat、long 等。使用这些命令可以实现重新设置列的标题、重新定义列的值的显示格式和显示宽度、为报表增加头部标题和底部标题、在报表中显示当前日期和页码等功能，也可以为报表添加新的统计数据等。

1) 会话环境设置命令

使用 SET 命令可以设置 SQL＊Plus 的环境参数，命令格式为：SET 环境变量名值。常用的会话设置命令和其功能说明如表 3-4 所示。

表 3-4　SQL＊Plus 环境会话设置命令

| 命令语法 | 功能描述 |
| --- | --- |
| SET arraysize〈15\|n〉 | 设置 SQL＊Plus 从数据库中一次取出的行数，其取值范围为任意正整数 |
| SET linesize〈80\|n〉 | 设置 SQL＊Plus 在一行中能够显示的总字符数，默认值为80，取值可以为任意正整数 |
| SET pagesize〈14\|n〉 | 设置每页打印的行数，该值包括 newpage 设置的空行数 |
| SET space〈1\|n〉 | 设置输出结果中列与列之间的空格数，默认值为10 |
| SET newpage〈1\|n\|none〉 | 设置每页打印标题前的空行数，默认值为1 |
| SET hea[ding]〈on\|off〉 | 是否显示列标题。当设置 SET heading off 时，每页的上面不显示列标题，而是以空白行代替 |
| SET time〈off\|on〉 | 控制当前时间的显示。取值为 on 时，表示在每个命令提示符前显示系统当前时间；取值为 off 则不显示系统当前时间 |
| SET timing〈off\|on〉 | 控制是否统计每个 SQL 命令的运行时间。取值为 on 表示为统计，取值为 off 则不统计 |
| SET pause〈off\|on\|text〉 | 设置 SQL＊Plus 输出结果时是否滚动显示。当取值为 on 时表示输出结果的每一页都暂停，用户按下回车键后继续显示；取值为字符串时，每次暂停都将显示该字符串 |
| SET auto[commit]〈on\|off\|imm[ediate]\|n〉 | 设置当前 session 是否对修改的数据进行自动提交 |
| SET echo〈on\|off〉 | 在用 START 命令执行一个 SQL 脚本文件时，是否显示脚本文件中正在执行的 SQL 语句 |
| SET autotrace〈on\|off\|trace[only]〉[explain][statistics] | 对正常执行完毕的 SQL DML 语句自动生成报表信息 |

**例 3-11**　查询 SCOTT 用户下的 emp 表中所有员工的信息，要求在一行中显示一位用户的所有信息，并且所有用户的信息在一页上显示。

**解**　由于 SQL＊Plus 在显示查询结果时默认的效果常常会分行显示，用户觉得数据很乱，因此有效设置行、列参数是非常有必要的。如果不做任何设置，查询的效果如图 3-17 所示。

为了使一个员工信息在一行中全部显示，那么就要调整一行显示的总字符数 linesize，默认 80，这里改成 200。要所有用户在一页上显示，就要调整每页打印的行数 pagesize，这里改成 50。然后适当地使用 SPACE 调整空格数，使得整个显示清晰明了。具体代码如下，执行结果如图 3-18 所示。

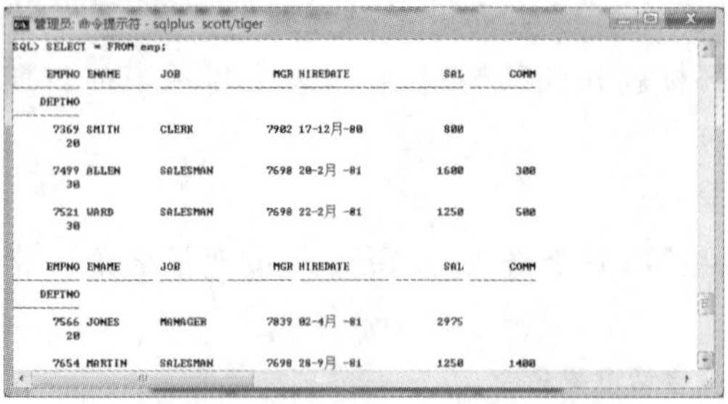

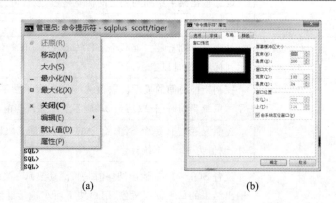

图 3-17 未格式化之前的 emp 表查询效果 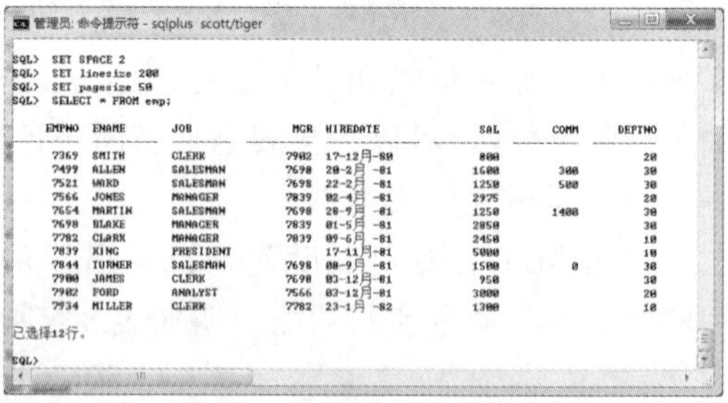　　　图 3-18 设置行、列参数之后的 emp 表查询效果

**注意**：初学者在使用这些命令时，有时候会发现没有达到具体的效果，这时候就要注意查看一下 CMD 命令窗口的默认设置。左键单击 CMD 窗口左上角的小图标，如图 3-19(a) 所示，在弹出的快捷菜单中选择"属性"选项，然后在打开的"'命令提示符'属性"对话框中可以查看默认的高度和宽度，如图 3-19(b) 所示。宽度默认为 80，如果不够显示，可以适当地调整该值。

（a）　　　　　　　　　　　　（b）

图 3-19 查看并修改 CMD 命令窗口的默认设置

2）设置表头和表尾

SQL ＊ Plus 的显示结果通常包括头部标题（一个）、列标题、查询结果和底部标题（一个）。如果输出结果需要打印多页，则每页都可以拥有自己的页标题和列标题。每页可以打印的数量由用户设置的页的大小决定，前面已经介绍，用户可以设置系统参数 newpage 决定头部标题之前的空行数，pagesize 参数则规定每页打印的行数，而每行可打印的字符数则由 linesize 参数决定。

TTITLE 和 BTITLE 命令可以自动地在每页的顶部和底部显示日期和页码。如果需要两行头标，则需要使用竖字符（｜）。用户可以使用 LEFT 或 RIGHT 关键字将文字放到相应的位置（默认为行中央位置）。

**例 3-12** 设置雇员表查询结果的表头和表尾（SCOTT 用户）。

**解** 具体代码如下，执行结果如图 3-20 所示。

3）设置列格式

COL［UMN］命令用于制定输出列的标题、格式和处理的设置。语法格式如下：

```
COL[UMN] [{column|expr} [ option ...]]
```

其中的 option 选项可以是很多子句,可使用 HELP 命名查看。常用的子句有以下三种:

(1)改变默认的列标题。语法形式如下:

```
COL[UMN] column_name HEADING column_heading
```

(2)改变列数据的显示格式。语法形式如下:

```
COL[UMN] column_name FOR[MAT] format
```

格式化时也要区分被格式化的字段的类型,具体如表3-5所示。

表3-5  FOR[MAT]命令参数说明

| 参　　数 | 参 数 说 明 |
|---|---|
| An | 设置字符型数据显示宽度 |
| 9 | 数字(超过长度显示♯) |
| 0 | 数字(超过长度显示♯,长度不足补0) |
| . | 小数点位置 |
| , | 千位分隔符 |
| L | 本地货币符号 |

(3)设置列标题的对齐方式。语法形式如下:

```
COL[UMN] column_name JUS[TIFY] {L[EFT]|C[ENTER]|C[ENTRE]|R[IGHT]}
```

注意:对于 NUMBER 型的列,列标题默认在右边,其他类型的列标题默认在左边。

例3-13　设置 SCOTT 用户下的 emp 表(雇员表)的列标题及显示格式。要求:empno(雇员编号)中文显示标题并且格式化为 4 位数字;ename(雇员姓名)中文显示标题并且格式化为 15 位字符;sal (薪水)中文显示标题并且格式化为 7 位数字,保留到小数点后两位,居右显示;comm(红利)中文显示标题并且格式化为 7 位数字,保留到小数点后两位;hiredate(聘用日期)中文显示标题。

解　具体代码如下,执行结果如图 3-21 所示。

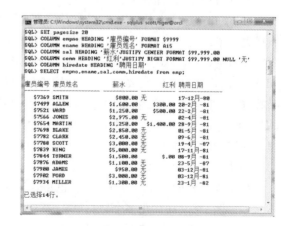

图 3-20　emp 表列标题格式化效果(一)　　　　图 3-21　emp 表列标题格式化效果(二)

**6. 数据复制命令**

COPY 命令用来将数据从指定的数据库复制到另一个数据库，可以实现下面的几个功能：

- 从一个本地数据库将一个或多个表或整个模式复制到一个远程数据库或另一个本地数据库。
- 将一个表中指定的记录（基于查询）复制到远程数据库或本地数据库的其他表中。
- 将包含 LONG 类型数据列的表的内容复制到其他表。
- 从一个 Oracle 数据库向一个非 Oracle 数据库复制表。

语法如下：

```
COPY {FROM database | TO database | FROM database TO database}
{APPEND|CREATE|INSERT|REPLACE}
destination_table [(column, column, column, ...)]
USING query
```

**7. 内置的 SQL * Plus HELP 命令**

SQL * Plus 有许多命令，而且每个命令都有大量的选项，且 SQL * Plus 提供了内建的帮助系统，用户可以在需要的时候，随时使用 HELP 命令查询相关的命令信息。

通过使用 HELP index 命令或者? index 命令，可以查看 SQL * Plus 提供的一些命令清单。

如果希望查看某一个命令的详细使用方法，例如 COLUMN 命令，那么执行 HELP COLUMN 命令即可。SQL * Plus 帮助系统可以向用户提供的信息包括命令的标题、命令的文本、命令的缩写形式、命令中使用的强制参数和可选参数等。

## 3.2 Oracle 企业管理器

Oracle 企业管理器 11g（Oracle enterprise manager 11g，简称 OEM 11g）作为甲骨文公司主推的系统管理解决方案，是以业务为驱动的解决方案，并针对客户提供全面的 IT 管理功能，通过集成式的 IT 管理方法最大限度地提高了企业的敏捷度与效率。其可以对整个企业 IT 架构进行集成管理，包括从底端的存储设备、服务器、操作系统到数据库、中间件，再到上层的应用程序、管理软件。

OEM 11g 是一个基于 Java 的框架系统，该系统集成了多个组件，为 DBA 提供了一个功能强大的图形用户界面。通过 OEM 11g，用户可以完成几乎所有的原来只能通过命令行方式完成的工作。OEM 11g 分为网格控制 OEM 和数据库控制 OEM 两种。其中：网格控制 OEM 可以管理包括本地数据库实例、网络环境数据库实例、RAC 环境数据库实例等多个目标数据库、中间件和管理软件等，如果要使用它，需要单独安装相关的软件；数据库控制 OEM 可以实现对数据库的本地管理，包括数据库对象、用户权限、数据文件、定时任务的管理，数据库参数的配置，备份与恢复，性能的检查与调优等。

OEM 11g 的功能如下：

- 管理完整的 Oracle 11g 环境，包括数据库、应用程序和服务等。
- 诊断、修改和优化多个数据库。
- 在多个系统上，按不同的时间间隔调度服务。
- 管理来自不同位置的多个网络节点和服务。

- 将相关的服务组合在一起，便于对任务进行管理，并且能和其他管理员共享任务。
- 启动集成的 Oracle 11g 第三方工具。

### 3.2.1　登录 OEM

数据库控制 OEM 是随着 Oracle 11g 数据库一起安装的一个 Web 管理器。如果要使用它，首先需要启动 Windows 控制面板服务的三个服务：

- OracleService＜SID＞
- OracleOraDb11g_home1TNSListener
- OracleDBConsole＜SID＞

其中 OracleDBConsoleorcl 就是数据库控制台服务，这里的 orcl 就是安装数据库时的 SID 的名称。不同的数据库在控制面板的服务里的 SID 名称会不一样，如果有多个数据库，用户可以通过 SID 名称来区分不同的数据库服务，控制台服务。

除了在控制面板里设置 Oracle 的数据库控制 OEM 服务外，用户还可以用命令来控制该服务。正常情况下，安装好 Oracle 数据库后，会在安装路径的 ORACLE_HOME 下的 BIN 目录里发现有一个 emctl.bat 文件。而 emctl 命令可以用来控制 OEM 里的 dbconsole 服务，针对 dbconsole 服务，其命令方式常见的有如下三个。

①查看 dbconsole 服务状态：emctl status dbconsole。

②关闭 dbconsole 服务：emctl stop dbconsole。

③重新打开 dbconsole 服务：emctl restart dbconsole。

操作时，用户可以在 Windows 中打开 CMD 方式，即"开始"→"运行"→"CMD"，然后设置环境变量 oracle_sid，再执行为 emctl 命令，具体如下：

（1）设置环境变量 oracle_sid＝orcl(orcl 为数据库 SID)，指明后面的操作是针对哪一个数据库。

```
C:\Users\Administrator> set oracle_sid=orcl
```

（2）执行 emctl start dbconsole。

OEM 所需服务全部启动完毕后，就可以登录数据库 OEM 了。Oracle 11g 数据库 OEM 只有 B/S 模式，不再是 Oracle 9 那样的 UI 界面。在安装过程中，OUI 会在 ORACLE_HOME\install 下创建两个文件：readme.txt 和 Portlist.ini。其中，readme.txt 用来记录各种 Oracle 应用程序的 URL 与端口，Portlist.ini 用来记录 Oracle 应用程序所使用的端口。

用户可以复制 readme.txt 文件中 OEM 的地址，打开 Web 浏览器，或者直接在 Web 浏览器中输入——https://＜Oracle 服务器名称＞:端口号/em，就会出现 OEM 的登录界面。如图 3-22 所示输入 https://localhost:1158/em，登录 OEM。如果数据库是第一次装，默认的端口号 port 一般为 1158。一般情况下我们会以 SYS 用户的身份登录，密码为安装时输入的管理员密码，连接身份为 SYSDBA。单击"登录"按钮，若是第一次登录，则先进入 Oracle 11g 版权页，接受 license，单击"I agree"按钮，以后就不用了。如果在服务器本地，可以选择"开始"→"所有程序"→"Oracle-OraDb11g_home1"→"Database Control-orcl"，启动 Oracle 数据库的 OEM。

### 3.2.2　OEM 功能界面

Oracle 11g 的数据库 OEM 将数据库的管理和控制分门别类，通过七个选项卡（划分为七页，每页各显示一个子部分）访问数据库环境的性能、管理和维护。登录 OEM 后，默认进入"主目录"属性页,如果要进行其他的操作,可以单击页面上的"性能""可用性""服务器"
"方案""数据移动"及"软件和支持"按钮,进入相应的操作页面。

**1."主目录"属性页**

如图 3-23 所示,在该页面中可以查看数据库状态、实例名、开始运行时间、主机 CPU、活
动会话数、SQL 响应时间、诊断概要、空间概要、高可用性等信息。单击"查看数据"旁的三
角按钮可以更改页面的自动刷新时间,手动刷新页面数据可单击"刷新"按钮。

图 3-22　OEM 登录界面

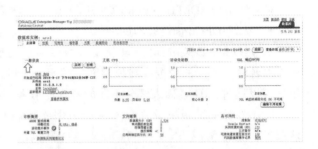

图 3-23　"主目录"属性页

**2."性能"属性页**

在图 3-24 所示的 Oracle 企业管理器"性能"属性页里,可以查看 Oracle 数据库的实时或
历史性能信息。该页面会以图表的形式实时刷新显示数据库在当前一段时间内的性能数
据,包括主机、平均活动会话数、吞吐量、I/O、并行执行及服务等。用户也可以单击页面下方
的"其他监视链接"表格中的链接查看其他的性能指标。如果要查看历史性能数据,可在"查
看数据"下拉列表框中选择"历史"选项。

DBA 可以使用"性能"属性页快速了解属于更大的 EM 环境部分数据库的性能统计信
息,使用此信息可以确定是否需要增加或重新分配资源。"性能"属性页可以执行如下一些
任务。

- 查看当前数据库内部和外部的潜在问题。
- 确定任何瓶颈的原因。
- 访问顶级 SQL、顶级会话、顶级文件和顶级对象的信息。
- 运行自动数据库诊断监视器(ADDM)以便进行性能分析。
- 基于会话采样数据生成性能诊断报告。
- 将较慢或挂起的系统切换到"内存访问"模式。
- 访问其他监视链接。

**3."可用性"属性页**

在图 3-25 所示的 Oracle 企业管理器"可用性"属性页里,可以执行以下操作:

图 3-24　"性能"属性页

图 3-25　"可用性"属性页

- 管理备份和恢复设置。
- 调度和实施备份。
- 执行恢复操作的所有方面。
- 管理 Oracle Secure Backup 操作。
- 浏览 Logminer 事务处理。
- 显示"高可用性控制台"页。

**4."服务器"属性页**

在图 3-26 所示的数据库"服务器"属性页可以执行以下操作：

- 管理存储结构，如控制文件、表空间、数据文件和归档日志。
- 查看和管理内存参数、初始化参数和数据库功能使用情况。
- 管理 Oracle Scheduler。
- 使用自动工作量资料档案库和相关联的基线，管理并优化程序统计信息。
- 将数据库移植到自动存储管理。
- 查看和管理资源组、使用者组和资源计划。
- 管理用户、角色和权限。
- 管理安全功能，如虚拟专用数据库策略和透明数据加密。

**5."方案"属性页**

在图 3-27 所示的"方案"属性页可以执行以下操作：

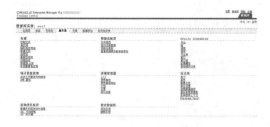

图 3-26　数据库"服务器"属性页　　　　　图 3-27　"方案"属性页

- 查看和管理数据库对象，如表、索引和视图。
- 管理程序包、过程、函数、触发器、Java 类及 Java 源等。
- 配置和管理 XML DB 组件。
- 创建和管理实体化视图和用户定义类型，如数组类型、对象类型和表类型。
- 创建字典基线，以在特定时间点捕获数据库对象为定义。使用"字典比较"可以比较数据库对象的定义。
- 构建文本查询应用程序和文档分类应用程序。Oracle Text 提供了对文本的索引、文字搜索和主题搜索及查看功能。
- 使用工作区管理器可以为应用程序创建基础结构，使其得以创建工作区，并对不同工作区内的不同版本的表行值进行分组。

**6."数据移动"属性页**

在图 3-28 所示的"数据移动"属性页可以执行以下任务：将数据导出到文件中或从文件中导入数据，将数据从文件加载到 Oracle 数据库中，收集、估计和删除统计信息，同时提高对数据库对象进行 SQL 查询的性能。

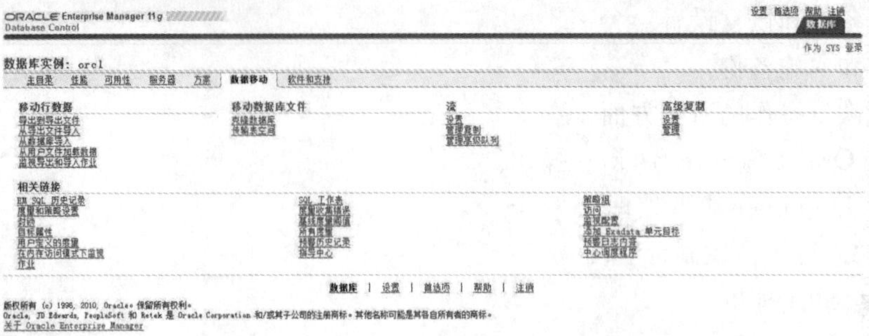

图 3-28 "数据移动"属性页

使用数据库"数据移动"属性页上的功能可以执行以下任务：

● 导出到导出文件——使用"导出"向导可以导出数据库、用户方案中的对象及表的内容。

● 从导出文件导入——使用"导入"向导可以导入对象和表的内容。

● 从数据库导入——使用"从数据库导入"向导可以导入数据库的内容。

● 从用户文件加载数据——使用"从用户文件加载数据"向导可以将非 Oracle 数据库数据加载到 Oracle 数据库中。

● 监视导入和导出作业——使用此功能可以监视当前或已完成的导入及导出作业的状态。

**7. 数据库"软件和支持"属性页**

在图 3-29 所示的数据库"软件和支持"属性页可以执行以下操作：

● 管理软件补丁。

● 创建、运行和管理部署过程。

● 克隆 Oracle 主目录。

● 管理主机配置。

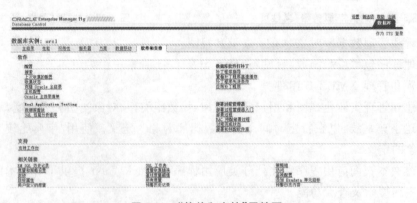

图 3-29 "软件和支持"属性页

## 3.3 SQL Developer

SQL Developer 是一个免费的、图形化的、集成的数据库开发工具。使用 SQL Developer，用户可以浏览数据库对象，运行 SQL 语句和 SQL 脚本，并且还可以编辑和调试

PL/SQL 程序。SQL Developer 还提供了许多 Application Express 报表供用户使用，用户也可以创建和保存自己的报表。

　　SQL Developer 用 Java 编写而成，能够提供跨平台工具。使用 Java 意味着同一工具可以运行在 Windows、Linux 和 MAC OS X 系统上，这就提供了一个跨平台的统一界面。SQL Developer 与数据库的默认连接使用的是 JDBC 瘦驱动程序。默认使用 JDBC 瘦驱动程序意味着无须安装 Oracle 客户端，从而将配置降至最低、将占用空间大小降至最小。

　　安装完 Oracle Database 11g Release 2 数据库，在操作系统菜单的"所有程序"中找到 SQL Developer，如图3-30所示，并单击。

　　初次启动的时候，系统可能会提示需给出 java.exe 文件路径。这是由于本机还没有安装 JDK，而 Oracle SQL Developer 需要 Java 环境，所以若用户没有安装 JDK，需先安装 JDK 环境。一般安装好 Oracle 后，它的文件目录中是有相关的文件的，如图 3-31(a)所示，根据提示要求输入 java.exe 文件，在 dbhome_1\jdk\bin 目录下可以找到该文件，如图 3-31(b)所示。双击 java.exe 打开后，在图 3-32(a)所示的窗口会显示文件路径，单击"确定"按钮后，SQL Developer 会提示配置文件类型关联。如图 3-32(b)所示，选择相应的源，单击"确定"按钮完成 JDK 安装，重新启动 sql developer.exe，登录成功！

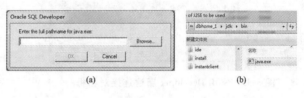

图 3-31　SQL Developer 添加 java.exe 文件

图 3-30　所有程序中的 SQL Developer 菜单

图 3-32　SQL Developer 配置文件类型

## 3.3.1　SQL Developer 创建数据库连接

　　SQL Developer 完全支持与 Oracle 9i 及更高版本的连接。它可以与 Oracle 8 连接，但是不支持该版本，并且在该版本中的功能也不齐全。通过数据库连接，命令处理可用来访问非 Oracle 数据库中的数据。

　　用户还可以为非 Oracle 数据库（如 MySQL、SQL Server 和 MS Access）创建数据库连接，以便浏览对象和数据。这些数据库还可以使用有限的工作表功能。

　　SQL Developer 打开后，在连接窗口中右键单击"连接"并选择"新建连接"命令。

　　在弹出的新建连接对话框中输入连接信息，如图 3-33 所示。其中连接名可任意命名，用户名为 Oracle 数据库的全局用户名，口令为全局口令，主机名默认为 localhost。注意，主机名最好用默认值，而不要用本机的IP，因为这个主机名是由 Net Manager 工具设置的，而且一些计算机的 IP 地址并不固定，每次是自动分配的，这样每次建立新连接的时候都要变化。端口如果没有做其他的设置，默认为 1521，SID 为 orcl。所有的内容设置好后，可以单

43

击"测试"按钮,如果符合规则测试通过,用户就可以连接数据库。如果要经常使用该连接,可以将该连接保存。

### 3.3.2 SQL Developer 基本操作

利用 SQL Developer,用户可以浏览数据库对象,进行数据的 DML 操作,执行 DDL 操作,运行 SQL 语句和 SQL 脚本,编辑和调试 PL/SQL 语句,还可以运行所提供的任何数量的报表,以及创建和保存自己的报表。SQL Developer 可以提高工作效率并简化数据库开发任务。如图 3-34 所示,在打开的 SQL 窗口中,输入查询语句,单击"执行"按钮,在下方的结果栏里会有表格形式的数据显示。这个报表效果比 SQL＊Plus 里面的好很多。

图 3-33　SQL Developer 新建连接对话框

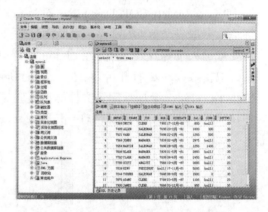

图 3-34　查询语句执行后的表格形式数据显示

## 习　题　3

### 一、选择题

1. 命令行方式的管理工具是(　　　)。

　　A. SQL＊Plus　　　　　　　　　　　　B. Oracle 企业管理控制台

　　C. iSQL＊Plus　　　　　　　　　　　　D. SQL＊Plus 工作表

2. 在登录 OEM 时,下列哪一项不属于连接身份?(　　　)

　　A. Administrator　　B. Normal　　　　C. SYSDBA　　　　D. SYSOPER

3. SQL Developer 软件不可以用于(　　　)。

　　A. 创建表　　　　　B. 创建存储过程　　C. 录入表的数据　　D. 创建数据库

4. 登录 SQL Developer 软件时,主机名要写(　　　)。

　　A. 主机的名字　　　B. 数据库的名字　　C. Administrator　　D. SYS

5. 在 DOS 命令行输入以下哪一命令,不能正确地连接 SQL＊Plus?(　　　)

　　A. sqlplus sys/oracle　　　　　　　　　B. sqlplus system/oracle@orcl

　　C. sqlplus sys/o123 as sysdba　　　　　D. sqlplus system/o123

6. 关于 SQL＊Plus 的叙述正确的是(　　　)。

　　A. SQL＊Plus 是 Oracle 数据库的专用访问工具

　　B. SQL＊Plus 是标准的 SQL 访问工具,可以访问各类关系型数据库

　　C. SQL＊Plus 是所有 Oracle 应用程序的底层 API

　　D. SQL＊Plus 是访问 Oracle 数据库的唯一对外接口

7. 命令 sqlplus/nolog 的作用是（　　　）。

　　A. 仅创建一个 Oracle 实例，但并不打开数据库

　　B. 仅创建一个 Oracle 实例，但并不登录数据库

　　C. 启动 SQL * Plus，但并不登录数据库

　　D. 以 nolog 用户身份启动 SQL * Plus

8. SQL * Plus 中显示 emp 表结构的命令是（　　　）。

　　A. LIST emp　　　　　　　　　　　　B. DESC emp

　　C. show desc emp　　　　　　　　　　D. STRUCTURE emp

9. 在 SQL * Plus 环境中可以利用 DBMS_OUTPUT 包中的 PUT_LINE 方法来回显服务器端变量的值，但在此之前要利用一个命令打开服务器的回显功能，这一命令是（　　　）。

　　A. SET server on　　　　　　　　　　B. SET serverecho on

　　C. SET servershow on　　　　　　　　D. SET serveroutput on

10. 将 SQL * Plus 的显示结果输出到 D:"data1. txt 文件中的命令是（　　　）。

　　A. write to D:"data1. txt　　　　　　B. output to D:"data1. txt

　　C. spool to D:data1. txt　　　　　　D. spool D:data1. txt

11. 在 SQL * Plus 中，显示执行时长的命令是（　　　）。

　　A. SET time on　　　　　　　　　　　B. SET timing on

　　C. SET long　　　　　　　　　　　　　D. SET timelong on

12. 在 SQL * Plus 中执行刚输入的一条命令用（　　　）。

　　A. 正斜杠(/)　　　B. 反斜杠(\)　　　C. 感叹号(!)　　　　D. 句号(.)

13. 在 SQL * Plus 中显示当前用户的命令是（　　　）。

　　A. show account　　　　　　　　　　B. show accountname

　　C. show user　　　　　　　　　　　　D. show username

14. 如何设置 SQL * Plus 操作界面的行宽可以容纳 1000 个字符？（　　　）

　　A. SET long 1000　　　　　　　　　　B. SET line 1000

　　C. SET numformat 1000　　　　　　　D. SET page 1000

15. 当用 SQL * Plus 已经登录到某一数据库，此时想登录到另一数据库，应该用命令（　　　）。

　　A. CONN　　　　B. DISC　　　　　　C. GOTO　　　　　D. LOGIN

## 二、问答题

1. 用 SQL * Plus 连接数据库时，为什么会出现 Oracle not available 错误？

2. Oracle 11g OEM 的功能有哪些？

3. 设置首选身份的好处有哪些？

4. Oracle SQL Developer 有什么功能？优势在哪里？

## 三、实训题

以下实训题，在 SCOTT 用户连接数据库后完成。

1. 在缓冲区中按以下格式输入如下命令，要求显示缓冲区中的第三行信息。

```
SQL>  SELECT ENAME, DEPTNO, JOB
2 FROM EMP
3 WHERE JOB= 'CLERK'
4*  ORDER BY DEPTNO
```

2. 当前缓冲区中执行命令：SELECT ＊ FROM tab；(该命令为查询当前用户所拥有的表和

视图信息）。要求追加排序要求（按 ename 排序），然后执行追加排序要求后的查询。

3. 当前缓冲区执行命令为：SELECT ＊ FROM tab order by ename；。要求用 ename 替代当前行的"＊"。

4. 当前缓冲区中执行命令"SQL＞SELECT ＊ FROM emp；"，并将语句存盘到 D:\orasql\example.sql，以便以后使用或进一步编辑。

5. 将保存在磁盘上的文件"D:\orasql\example.sql"调入缓冲区。

6. 运行磁盘上的"D:\orasql\example.sql"命令文件。

7. 编辑磁盘上的"D:\orasql\example.sql"命令文件，并且修改为如下查询语句。

```
SELECT *   FROM emp order by deptno;
```

8. 将"SELECT ＊ FROM tab；"命令和其查询结果假脱机到文件中去。

9. 将 emp 表的列名 ENAME 改为新列名 EMPLOYEE NAME，并将新列名放两行。

# 第④章 Oracle 11g 体系结构

## 4.1 Oracle 11g 体系结构概述

Oracle 数据库是一个关系型数据库管理系统,主要是为了实现数据存储和管理,为了让数据库的速度变得更快,尽可能让 90％以上的工作都在内存完成。数据库中最稀缺的资源就是内存,其次是磁盘 I/O,所以数据库管理系统要做好内存和 I/O 的管理。如图 4-1 所示,Oracle 体系结构包含进程结构、内存结构、存储结构。进程结构包含用户进程、服务器进程、后台进程。内存结构指 SGA 和 PGA。存储结构是指数据库部分,包括数据文件、控制文件、重做日志文件、归档日志文件等。

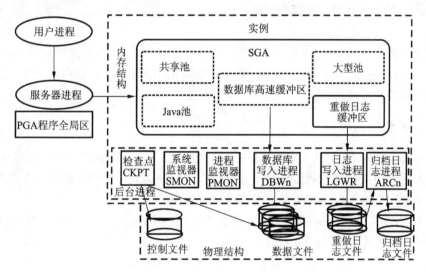

图 4-1 Oracle 体系结构

Oracle 数据库是存放在磁盘上的一组文件,文件一般分为控制文件、重做日志文件、数据文件等。Oracle 数据库实例也称例程,是存在于 CPU 上和服务器节点与内存中,用来访问数据库文件集的存储结构(SGA)及后台进程的集合。

数据库服务器是指管理数据库的各种软件工具(如 SQL＊Plus、OEM 等)、实例及数据库三个部分。从实例与数据库之间的辩证关系来讲,实例用于管理和控制数据库,而数据库为实例提供数据。一个数据库可以被多个实例装载和打开,而一个实例在其生存期内只能装载和打开一个数据库。用户通过实例建立会话,由实例管理数据库的所有访问。实例分为单实例体系与分布式体系。单实例体系结构表示只用一个实例打开对应磁盘上存储的数据库,实例和数据库文件应在同一台机器上。

客户端的用户会话是连接到服务器进程的用户进程。例如,用户进程中包含了一个 SELECT 语句,当用户进程连接到 Oracle 服务器时,Oracle 便创建一个服务器进程与之交互,并代表该用户进程完成与 Oracle 数据库间的交互,向数据库实例传递 SELECT 语句。由实例中的 SGA 和 PGA 进行协调工作,完成该 SELECT 语句的执行。当查询结构产生后,由服务器进程将结构返回用户进程。该服务器进程在此会话创建时启动,会话结束时销毁。Oracle 用户环境如图 4-2 所示。

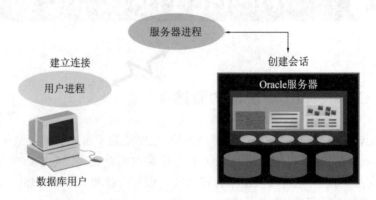

图 4-2　Oracle 用户环境

 ## 4.2　Oracle 的内存结构

在启动数据库时,Oracle 首先要在内存中获取、划分、保留各种用途的区域,运行各种用途的后台进程,即创建一个实例,然后由该实例装载、打开数据库,最后由这个实例来访问和控制数据库的各种物理结构。

### 4.2.1　系统全局区

系统全局区(system global area,SGA)为一组由 Oracle 分配的共享的内存结构,可包含一个数据库例程的数据或控制信息。当多个用户同时连接同一个实例时,SGA 区数据供多个用户共享,所以 SGA 区又称为共享全局区。

SGA 区的各组成部分有:数据库高速缓冲区(database buffer cache)、共享池(shared pool)、重做日志缓冲区(redo log buffer)、Java 池(Java pool)、大型池(large pool)、空池(the "null" pool)。SGA 总容量为所有部分的总和,如图 4-3 所示。

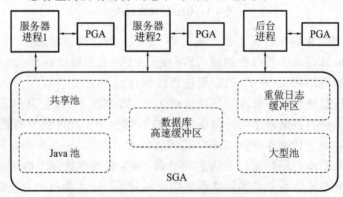

图 4-3　系统全局区(system global area)

**1. 数据库高速缓冲区**

数据库高速缓冲区为 SGA 的主要成员,用来存放读取自数据文件的数据块复本,或是使用者曾经处理过的数据。数据库高速缓冲区又称用户数据高速缓冲区,为所有与该实例相连接的用户进程所共享。Oracle 采用最近最少使用(LRU)算法来管理数据库高速缓冲区的可用空间,其大小由初始化参数定义如下。

(1)DB_BLOCK_SIZE:确定数据块的大小,一般为 2 KB 或 4 KB;对于大数据块的数据库,此参数值为物理块的倍数。

(2)DB_BLOCK_BUFFERS:确定数据块的数目。

(3)DB_CACHE_SIZE:直接以 KB 或 MB 为单位来设置数据库高速缓冲区的大小。

Oracle 的数据库高速缓冲区主要可分为如下 3 种类型。

(1)脏缓存块(dirty buffers):脏缓存块中保存的是已经被修改过的数据。

(2)空闲缓存块(free buffers):当 Oracle 从数据文件中读取数据时,将会寻找空闲缓存块,以便将数据写入其中。

(3)命中缓存块(pinned buffers):正被使用或被显式地声明为保留的缓存块。这些缓存块始终保留在数据库高速缓冲区中,不会被换出内存。

数据库高速缓冲区是用来执行 SQL 语句等的工作区域,其工作过程如图 4-4 所示。由于用户会话对数据的操作不是直接操作磁盘数据文件上的数据,因此 Oracle 将 SQL 语句中使用到的关键数据的数据块首先复制到数据库高速缓冲区缓存,然后进行更改、插入等操作。缓冲区的数据将保存一定时间或有新的数据进入后由进程(DBWn)写入磁盘数据文件中,实现实例缓存与数据库文件的同步。所以,如果数据库高速缓冲区大小设置得当,将提高语句的执行效率,否则会导致磁盘文件频繁地被读写到缓冲区,降低了效率。当然,缓冲区也不可设置得太大,将经常不用的块放在缓冲区中也会降低 SQL 操作效率;过小则更加不行,这样将会频繁交替"脏缓存块"与"干净缓存块"。

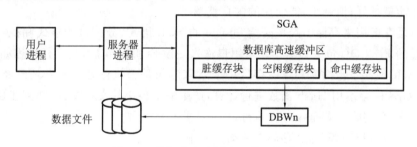

图 4-4　数据库高速缓冲区的工作过程

**2. 重做日志缓冲区**

重做日志缓冲区用于在内存中存储已经被修改的数据库信息。重做日志缓冲区的工作过程如图 4-5 所示,SGA 中的重做日志缓冲区是被循环使用的,也就是说,日志写入进程(LGWR)会将数据从重做日志缓冲区的始端写到末端,然后返回缓冲区的始端。当整个重做日志缓冲区被填满时,将全部内容写入联机重做日志文件。

Oracle 使用快速提交机制,当用户发出 COMMIT 语句时,一个 COMMIT 记录立即放入重做日志缓冲区,但相应的数据库高速缓冲区的改变是延迟的,直到在更有效时才将它们写入数据文件。当一事务提交时,其被赋予一个系统修改号(SCN),同事务日志项一起记录在日志中。由于 SCN 记录在日志中,因此在并行服务器选项配置情况下,恢复操作可以同步。

例如,当用户执行 DML 操作更改了数据库高速缓冲区的数据块后,Oracle 会将缓冲区更改前的数据保存至重做日志缓冲区,最终保存至重做日志文件,这样就确保了变更数据永不丢失,这也是关系型数据库不丢失数据的原理。当用户需要还原数据时,就可以通过重做日志做到。但需要注意的是,如果不开启归档日志模式,变更数据还是会丢失的,因为联机重做日志文件写满后也会进行新旧替换。

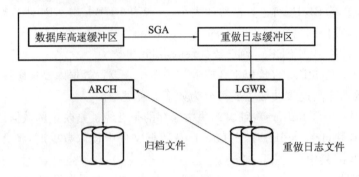

图 4-5　重做日志缓冲区的工作过程

重做日志缓冲区的大小由 LOG_BUFFER 初始化参数决定,它决定了在内存中保留多大空间存储重做日志信息。如果重做日志缓冲区设置得太小,进程之间的竞争将会加剧,进而造成系统性能的下降。

**3. 共享池**

共享池主要用来存放 SQL 语句、PL/SQL 块、过程和包、数据字典锁和字符设置信息、安全属性、共享游标等。共享池主要包括库高速缓存区(library cache)和数据字典高速缓存区(data dictionary cache)。共享池的大小主要由参数 SHARED_POOL_SIZE 来决定,必须把它设置得足够大,以确保有足够的空间来存储 SQL 语句和 PL/SQL 块。该值越大,多用户系统的性能就越好;值越小,能使用的内存就越小。

库高速缓存区用来存储已经提交给 Oracle 的 SQL 语句、分析过的格式和执行计划,以及被执行过的 PL/SQL 包头等信息。当用户输入一段 SQL 语句后,其执行过程如下:

(1)Oracle 在共享池的库高速缓存区中搜索该语句是否执行过。如果是已经执行过的 SQL 语句,Oracle 会使用 Hash 函数进行计算,产生一个很小的文本文件,跳到步骤(4)找到编译后的代码直接执行;若是第一次执行,则进入步骤(2)。

(2)检查语法、权限等信息(存储在数据字典中)。

(3)分析过程中,对访问到的表进行锁操作,以保护表的结构不被修改。

(4)Oracle 的优化器会根据数据的存储结构统计信息,计算各种读取的代价,选择一条最优路径,生成执行计划,同时编译并存储在共享池的库高速缓冲区中,以便共享。

例如:输入语句"select * from emp where deptno=20;",Oracle 编译和解析过程如下。

系统首先会确定 from 关键字后面的 emp 是什么对象,是表,是同义词,还是视图? 它是否存在? 如果 * 表示查看所有列,那么该用户对应的权限又是什么? Oracle 服务器必须通过数据字典查询出它们,然后将其翻译成对应的执行代码,存放到库高速缓存区,且基于 ASCII 原则,select 与 SELECT 也意味着要重新分析。因此,对于经库高速缓存分析过一次的语句,之后的反复调用就会节省大量的分析时间(对数据字典的反复查询时间)。

但是用户需要注意,编写完全相同的语句是指:语句文本相同,大小写相同,赋值变量相同。

数据字典高速缓存区用于存储分析 SQL 语句的数据字典行,包括数据文件名、用户账号、表说明权限等。它将各种定义信息存储在 SGA 内存的数据字典高速缓存区中供所有会话访问,从而省去对磁盘数据文件中数据字典的重复读取,提高了分析性能。数据字典高速缓存区也通过最近最少使用(LRU)算法来管理,其大小由数据库内部管理。

**4. Java 池**

在 Oracle 中,系统明显加强了对 Java 的支持。Java 池用于存放 Java 代码、Java 语句的语法分析表、Java 语句的执行方案和支持 Java 程序开发,其大小由初始化参数 JAVA_POOL_SIZE 定义。

**5. 大型池**

大型池用于为大的内存需求提供内存空间。共享服务器将大型池的分配堆用作会话内存,通过并行执行将它用作消息缓冲区,通过备份将它用作磁盘 I/O 缓冲区。大型池的大小由初始化参数 LARGE_POOL_SIZE 定义。如果使用 RMAN(恢复管理器)执行备份、转储和恢复操作,或者需要执行并行复制操作,或者需要使用 I/O Slaves 提高 I/O 性能,则应该配置大型池。

### 4.2.2 进程全局区

进程全局区(process global area,PGA)又称程序全局区是为每一个与 Oracle 数据库连接的用户保留的内存区。它是一个单一的操作系统进程或线程的特定内存区,存放着单个进程的数据和控制信息。这个内存不可以被系统中其他的进程或线程所访问,只有服务进程本身才能访问它自己的 PGA 区。PGA 主要包括排序区、用户私人会话信息、堆栈空间等部分。PGA 不会在 Oracle 的 SGA 之外被分配,它总是由进程或线程在本地进行分配。

对 PGA 大小影响最大的因素是 init.ora 或会话级参数 SORT_AREA_SIZE 和 SQRT_AREA_RETAINED_SIZE。这两个参数控制在写盘之前 Oracle 用来进行数据排序的空间数量,以及在排序完成之后将保留多少内存段。可以通过查询 v $statname 和 v $pgastat 来查询 PGA 的信息。

##  4.3 Oracle 服务器的进程结构

进程是操作系统中的一种机制,它可执行一系列的操作步骤。一个进程通常有自己的专用存储区。Oracle 进程的体系结构设计可以使 Oracle 的性能最优化。如图 4-6 所示,Oracle 例程中有两类进程:

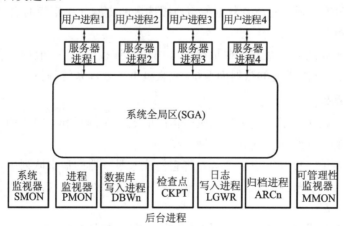

图 4-6 Oracle 服务器的进程结构

（1）服务器进程（server process）：这些进程基于客户端的请求来执行工作。

（2）后台进程（background process）：这些进程随着数据库的启动而启动，并执行各种维护工作。

### 4.3.1　服务器进程

服务器进程用于处理连接到该例程的用户进程的请求，是客户端到服务端的代表。当客户端应用（由用户会话和用户进程构成）和 Oracle 在同一台机器上运行，它一般将用户进程和与之相应的服务器进程组合成单个的进程，以降低系统开销。然而当客户端应用和 Oracle 在不同的机器上运行，需要通过网络通信时，用户进程须经过一个分离服务器进程与 Oracle 通信。分离服务器进程对应用所发出的 SQL 语句进行语法分析和执行，然后从磁盘（数据文件）中读必要的数据块到 SGA 的共享数据缓冲区（当该块不在缓冲区时），最后将结果返回给应用程序处理。

服务器进程由 Oracle 自身创建，用于处理连接到数据库实例的用户进程所提出的请求。服务器进程主要完成以下任务：

（1）解析并执行用户提交的 SQL 语句和 PL/SQL 程序。

（2）在 SGA 的数据库高速缓冲区中搜索用户进程所要访问的数据。

（3）将用户改变数据库的操作信息写入重做日志缓冲区中。

（4）将查询或执行后的结果数据返回给用户进程。

Oracle 服务器进程模式有两种：一种是专用服务器模式，一种是共享服务器模式。

**1. 专用服务器模式**

Oracle 为每一个连接到例程的用户进程启动一个专用的前台服务器进程。一个专用服务器进程响应用户程序的大致过程如下：

（1）客户端应用程序向 Oracle 例程发出一个连接请求。

（2）服务器上的监听程序探测到此请求并生产一个专用服务器进程来对用户登录信息加以确认。

（3）用户执行查询操作。

（4）专用服务器进程执行用户查询操作中的所有源代码程序。

服务器进程执行 SQL 语句并决定此 SQL 语句的动作，如 SQL 语句含 SELECT 则执行查询操作，含 INSERT 则首先改变数据库高速缓冲区的内容并决定何时启动 DBWn 进程对数据文件进行写操作。

专用服务器模式适合于查询数据量比较大的用户连接方式，一般用于预期客户机连接总数较少，或为数据仓库搭建的数据库系统，或联机事务处理系统等情况。

**2. 共享服务器模式**

共享服务器进程执行了大量客户端应用程序的数据访问操作，很小的进程开销就可以满足大量的用户群。其组件包括如下几种。

（1）调度进程：用来接收客户端请求并将它们放入服务器的请求队列中。

（2）共享服务器进程：执行在服务器请求队列中的请求并将相应结果返回给服务器响应队列。

（3）队列：包括请求队列和响应队列，用来处理用户进程的排队和跳读问题。

共享服务器模式适用于预期客户机连接总数较多、服务器内存限制较大的具体应用。

### 4.3.2 后台进程

系统为了优化性能并且协调多个用户,服务器进程在执行用户请求的过程中,将调用后台进程来实现对数据库的操作。后台进程为所有数据库用户异步完成各种任务,如在内存和外存之间建立 I/O 操作,监视各个进程的状态,协调各个进程的任务,维护系统的性能。大部分后台进程在例程启动时自动建立。可以使用数据字典 v$byprocess 查看后台进程情况。在 Linux、UNIX 系统中,Oracle 进程是独立的,具有各自的编号。但在 Windows 系统上,只有一个进程,就是 Oracle. exe,Oracle 进程作为此 Oracle. exe 进程对应的线程存在。一个 Oracle 例程可以有许多后台进程,但它们不一直存在。后台进程可以分为以下几种。

**1. DBWR 进程**

DBWR(又称 DBWn,数据库写入)进程主要将数据库高速缓冲区缓存中的脏数据块写入对应的数据文件中,是负责数据库高速缓冲区管理的一个 Oracle 后台进程。当数据库高速缓冲区中的一缓冲区被修改,它被标志为“弄脏”,DBWR 的主要任务是将“弄脏”的缓冲区写入磁盘,使数据库高速缓冲区保持“干净”。由于数据库高速缓冲区中的缓冲区填入数据库或被用户进程“弄脏”,未用的缓冲的数目减少。当未用的缓冲区下降到很少,以致用户进程要从磁盘读取块到内存存储区时无法找到未用的缓冲区时,DBWR 进程将管理数据库高速缓冲区,使用户进程总可得到未用的缓冲区。

DBWR 进程会尽可能地减少操作,因为对数据文件的写入会涉及磁盘 I/O 大量操作。Oracle 采用 LRU 算法(最近最少使用算法)保持内存中的数据块是最近使用的,使 I/O 使用最小化。在下列情况下,DBWR 进程要将“弄脏”的缓冲区写入磁盘:

(1)当服务器进程将一缓冲区移入脏缓冲区时,如果数据缓存的 LRU 列表的长度达到初始化设置的脏缓冲区列表的临界长度(一般是 DB_BLOCK_WRITE_BATCH 指定值的一半),服务器进程将通知 DBWR 进程进行写操作。

(2)当服务器进程在 LRU 表中查找时间太长时,如果没有查到可用的缓冲区,它就停止查找并通知 DBWR 进程进行写操作。

(3)出现超时(每次 3 s)时,DBWR 进程将通知其本身对脏缓冲区清理一次。

(4)当检查点发生时,将启动 DBWR 进程。

> **注意:** 通常 DBWR 进程的写操作不是将所有脏块全部写入数据文件,而是追寻 LRU 算法,将最久、最不适用的数据存入缓存中,如 10 万个脏块其中有数百个脏块许久没有人问津,一次 DBWR 进程的写入就只会写入这数百个脏块,但是遇到完全检查点(如有序关闭实例),DBWR 进程就会将所有脏块,全部写入数据文件中。

**2. LGWR 进程**

LGWR(日志写入)进程是一个负责管理缓冲区的 Oracle 后台进程。LGWR 进程将日志缓冲区的内容接近实时写入联机重做日志文件,该过程称为“日志缓冲区转储”。当会话对数据缓冲区中的数据进行 DML 操作时,在更改应用块前,服务器进程会将未更改的块保存到该事务的撤销段中,然后服务器进程还将该事物影响到的数据段(可能还有索引段、撤销段),按照一定的方式转储到日志缓冲区,再由 LGWR 进程几乎实时写入联机重做日志文件中进行保护。

在下列情况下,LGWR 进程要将重做日志缓冲区的内容写入磁盘上的日志文件:

（1）当用户进程提交一事务时写入一个提交记录。

（2）每 3 s 将重做日志缓冲区输出。

（3）当重做日志缓冲区的 1/3 已满时，将重做日志缓冲区输出。

（4）当 DBWR 进程将修改缓冲区写入磁盘时将重做日志缓冲区输出。

**注意：** 当需要更多的重做日志缓冲区时，LWGR 进程在一个事务提交前就将日志项写出，而这些日志项仅在事务提交后才永久化。

### 3. CKPT 进程

CKPT（检查点）进程在检查点出现时，产生一个 checkpoint 事件对数据文件的头信息进行修改。DBWR 进程把数据库高速缓冲区中的脏缓存块写入数据文件中，同时 Oracle 将对数据库控制文件和数据文件头部的同步序号进行更新，以记录当前的数据库结构和状态，保证数据的同步，其确保缓冲区内经常被变动的数据定期被写入数据文件。在 checkpoint 之后，万一需要恢复，不再需要写检查点之前的记录。

### 4. SMON 进程

SMON（系统监视器）进程是 Oracle 数据库至关重要的一个后台进程。该进程实例启动时执行实例恢复，还负责清理不再使用的临时段，回收不再使用的临时表空间，合并空间碎片并释放临时段等，是一种用于库的"垃圾收集者"。在具有并行服务器选项的环境下，SMON 进程对有故障的 CPU 或实例进行实例恢复。SMON 进程有规律地被唤醒，检查是否需要，或者发现其他进程需要时可以被调用。

SMON 进程在数据库例程启动时执行恢复，其首先查找和验证数据库控制文件来安装数据库，之后查找和验证数据文件和联机重做日志文件打开数据库，最后负责执行数据库内部的各种管理。

### 5. PMON 进程

PMON（进程监视器）进程是用于恢复失败的数据库用户的强制性进程。它负责监视实例中的所有服务器进程并做出相应处理，先获取失败用户的标识，再释放该用户占有的所有数据库资源。PMON 进程有规律地被唤醒，检查是否需要，或者发现其他进程需要时可以被调用。

### 6. MMON 进程

MMON（可管理性能监视器）进程为 Oracle 10g 版本引入的进程，负责数据库的自我监视进程和自我调整功能。数据库的性能与活动信息会被收集到 SGA 中，然后 MMON 进程从 SGA 定期捕获（默认每小时捕获一次）统计数据，并将其写入数据字典中，在数据字典中的存放时间（默认为存放 8 天）可以调整。MMON 进程收集到的一组统计数据称为快照，然后启动 ADDM 工具（可进行分析数据库活动），ADDM 工具观察当前快照与先前快照，然后给出观察结果与建议。

### 7. ARCh 进程

ARCh（或称 ARCH，归档日志）进程为可选进程，主要负责将联机重做日志文件读取后转移到归档重做日志文件做指定时间段保存。这对数据严格管控的大型企业来说是必须要开启的，因为联机重做日志文件的数量和大小固定不变，变满后 LGWR 进程将用新的重做数据将其覆盖，所以说联机重做日志文件一般存放的只是最近的 DML 产生的变更向量。

当数据库运行在归档状态下,在线重做日志文件在被重写之前被复制到另一路径,这些归档日志主要是用来恢复数据库。默认情况下只有两个归档日志进程(ARC0 和 ARC1),设置 LOG_ARCHIVE_MAX_PROCESSES 初始化参数最多可定义 30 个归档日志进程。每个归档日志进程都分配了 0~9 或 a~t 的编号,在 ARCHIVELOG 模式下,进行日志切换时会自动生成归档日志文件。只有当初始化参数 LOG_ARCHIVE_START＝TRUE,ARCH 进程才会自动启动。

**8. RECO 进程**

RECO(分布式数据库恢复)进程是分布式应用当中所使用的一个进程,自动地解决在分布式事务中的故障。在两个或多个数据库更新时,负责对两个数据库进行协调,如果一个更新成功,另一个更新失败,那么对于整体来说数据是不一致的,因此 RECO 进程负责在两个或者多个数据库的更新阶段发生错误时,取消最终提交并回滚所有数据库中的更新状态。

 ## 4.4　Oracle 数据库的存储结构

Oracle 数据库的存储结构包括物理存储结构和逻辑存储结构。物理存储结构主要用于描述 Oracle 数据库外部数据的存储,即在操作系统中如何组织和管理数据,与具体的操作系统有关。物理存储结构作为存放在操作系统上的文件呈现给系统管理员。逻辑存储结构主要描述 Oracle 数据库内部数据的组织和管理方式,与操作系统没有关系,目标用户看到的是诸如表状的逻辑结构。

### 4.4.1　Oracle 数据库的物理存储结构

物理存储结构是逻辑存储结构在物理上的、可见的、可操作的、具体的体现形式,Oracle 数据库的物理存储结构如图 4-7 所示。Oracle 数据库中必需的文件有控制文件(control file)、重做日志文件(redo log file)和数据文件(data file)。还有一些文件也是必需的,包括初始化参数文件、口令文件、归档重做日志文件和跟踪文件等,但严格来说,它们也可不属于 Oracle 数据文件。

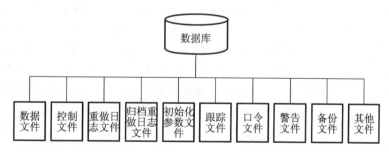

**图 4-7　Oracle 数据库的物理存储结构**

**1. 数据文件**

数据文件包含表或索引等形式逻辑表示所对应的实际数据库数据,是数据的存储仓库。数据文件大小和数量在理论上不受限制(实际限制于硬件)。Oracle 10g 之后在创建数据库后至少有两个数据文件,一个(用于存放数据字典)用于 SYSTEM 表空间,另一个(存储数据字典辅助数据)用于 SYSAUX 表空间,实际使用中我们可能更需要根据实际应用需求创建多个数据文件。

Oracle 中的数据文件包括系统数据(数据字典)、用户数据(表、索引、簇等)、撤销数据、临时数据等。其中：

(1)系统数据是用来管理用户数据和数据库本身的数据。

(2)用户数据是用于应用软件的数据,带有应用软件的所有信息,是用户存放在数据库中的信息。

(3)撤销数据包含事务的回退信息。

(4)临时数据是排序、分组、游标操作等生成的中间过程数据,一般由系统自动管理。

在 Oracle 数据库中,数据库逻辑上由一个或多个表空间(tablespace)组成,而表空间物理上则由一个或多个数据文件组成,如图 4-8 所示。一个数据文件包括多个 OS 物理磁盘块。

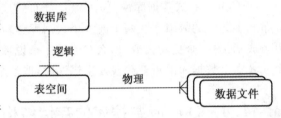

图 4-8　数据库与表空间和数据文件的关系

可以使用以下数据字典查询数据文件信息：

(1)DBA_DATA_FILES:包含数据库中所有数据文件的信息,包括数据文件所属的表空间、数据文件编号等。

```
SELECT TABLESPACE_NAME,FILE_NAME FROM DBA_DATA_FILES;
```

(2)V＄DATAFILE:包含从控制文件中获取的数据文件信息。

```
SELECT NAME,FILE#,STATUS,CHECKPOINT_CHANGE#  FROM V$DATAFILE ;
```

### 2. 重做日志文件

重做日志文件,保存了用户对数据库所做的更新操作(DDL、DML),其记录了事务的开始和结束、事务中每项操作的对象和类型、更新操作前后的数据值等信息。

当发生数据库或实例受损时,则可使用这些信息使其恢复至受损前的状态。每个数据库至少有两个联机重做日志文件,为了安全起见,可对它们创建多个副本。联机重做日志包含多组联机重做日志文件,文件可称为成员。数据库至少需要两个重做日志文件组,一个组接受当前更改,是当前组,另一个组进行归档,每组至少一个成员在运行。对数据库进行修改的事务在记录到重做日志文件之前都必须首先放到重做日志缓冲区(redo log buffer)中。重做日志缓冲区中的内容将被 LGWR 进程写入当前组重做日志文件中。由于重做日志文件大小固定,因此,当前组中文件最终会被写满,此时,LGWR 进程将执行"日志切换"操作,将第二个组作为当前组进行写入,而第一个组将会被 ARCn 进程进行归档,当第二个组满了再做循环切换。当有多个成员时,LGWR 进程能够确保对所有成员并行写操作。重做日志文件在任意时间都能够移动、添加或删除。

如图 4-9 所示,有 3 个重做日志文件,LGWR 进程首先写第一个,当第一个满时,开始写第二个,然后是第三个,最后返回至第一个。重做日志文件包含了所有的重做记录。

可以使用如下数据字典查看重做日志文件信息：

(1)V＄LOG:包含从控制文件中获取的所有重做日志文件组的基本信息。

```
SELECT GROUP#,SEQUENCE#,MEMBERS,STATUS,ARCHIVED  FROM V$LOG;
```

(2)V＄LOGFILE:包含重做日志文件组及其成员文件的信息。

```
SELECT GROUP#,TYPE,MEMBER FROM V$ LOGFILE ORDER BY GROUP#;
```

### 3. 控制文件

控制文件是用来存储数据库的物理存储结构相关信息的一个二进制文件,在数据库建

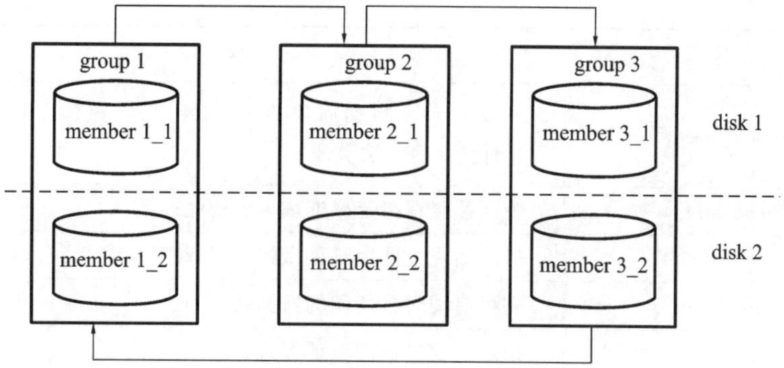

图 4-9　重做日志文件循环写入

立时生成。控制文件虽小,但作用重大,它包含指向数据库其他文件部分的指针位置,存储着维护数据库完整性所需的信息。当启动数据库时,Oracle 使用控制文件来辨别数据文件和重做日志文件,然后将其打开。当数据库的任何物理改变或增加、重命名一个数据文件时,控制文件都将被更新。

　　一个数据库只有一个控制文件,但该文件可有多个副本,称为"多路复用控制文件"。副本最多有八个。Oracle 建议最少有两个控制文件,通常设置三个,并通过多路技术或操作系统镜像技术将控制文件分散到不同的磁盘。但若副本受损,数据库实例也将立即终止。

　　查询控制文件信息的数据字典有以下两个:

　　(1)V＄DATABASE:从控制文件中获取的数据库信息。

```
SELECT DBID,NAME,CONTROLFILE_TYPE,CONTROLFILE_CREATED,CONTROLFILE_SEQUENCE#,
CONTROLFILE_CHANGE#,CONTROLFILE_TIME,OPEN_MODE FROM V$DATABASE;
```

　　(2)V＄CONTROLFILE:包含所有控制文件名称与状态信息。

```
SELECT * FROM V$CONTROLFILE;
```

### 4. 初始化参数文件

　　初始化参数文件主要用来记录数据库的配置文件。在数据库启动时,Oracle 读取初始化参数文件,并根据初始化参数文件中的参数设置来配置数据库。SGA 结构据此设置内存,后台进程会据此启动。初始化参数文件中有数百个参数,很多参数都有默认值,所以该参数文件可能很小,但必须存在。表 4-1 中所示为 Oracle 一些常见的初始化参数及其含义。

表 4-1　Oracle 常见初始化参数

| 参　　数 | 含　　义 |
| --- | --- |
| db_name | 设置数据库的名字,此参数为强制性参数 |
| db_domain | 指定数据库的完全限定名(或称为域名) |
| instance_name | 指定实例的名称,在单一实例中,instance_name 与 db_name 具有相同的值。在 RAC 中,可以给单个数据库服务分配多个实例 |
| control_files | 指定一个或多个控制文件名,多个控件文件时用逗号分开。值范围:1～8 个文件名(带路径名) |
| memory_target | 自动内存管理给 Oracle 实例分配内存 |

续表

| 参　数 | 含　义 |
| --- | --- |
| db_block_size | 一个 Oracle 数据库块的大小（字节）。该值在创建数据库时设置，而且此后无法更改 |
| db_cache_size | 为高速缓存指定标准块大小的缓冲区 |
| undo_management | 指定系统应使用哪种撤销空间管理模式 |
| undo_tablespace | 例程启动时将使用的撤销表空间名 |
| remote_login_passwordfile | 指定特权用户的验证方式。<br>(1)NONE:Oracle 将忽略口令文件。<br>(2)EXCLUSIVE:将使用数据库的口令文件对每个具有权限的用户进行验证。<br>(3)SHARED:多个数据库将共享一个口令文件 |
| processes | 可同时连接到一个 Oracle Server 上的操作系统用户进程的最大数量 |
| db_block_size | 标准的 Oracle 块的大小 |
| shared_pool_size | 以字节为单位，指定共享池的大小 |
| large_pool_size | 指定大型池的分配堆的大小 |
| java_pool_size | 以字节为单位，指定 Java 池的大小 |
| audit_trail | 打开或关闭数据库的审计功能。<br>(1)none 或 false:不打开审计功能。<br>(2)os:将审计记录写入一个操作系统文件。<br>(3)db:将审计信息记录到 sys 下的 aud＄表中。<br>(4)xml:允许将审计信息以 xml 的形式写到 os 文件中 |
| audit_file_dest | 设置审计信息的目录位置 |
| diagnostic_dest | 指定自动诊断信息库目录位置 |
| open_cursor | 设置单个会话在给定时间内可具有的打开游标的数目限制 |
| db_recovery_file_dest | 闪回恢复区路径 |
| db_recovery_file_dest_size | 限制闪回恢复区可存放文件总大小 |

Oracle 从 10g 开始有如下两种初始化参数文件。

(1)pfile:文本文件的初始化参数文件，可以使用编辑器修改，文件名通常为 init＜sid＞. ora。pfile 参数文件的路径为 ORALCE_HOME/dbs/initORALCE_SID. ora。

(2)spfile:二进制的初始化参数文件，不能直接修改，只能存放在 Oracle 服务器端，文件名通常为 spfile＜sid＞. ora，其支持 RMAN 备份。spfile 参数文件的路径:ORACLE_HOME/database/spfileORACLE_SID. ora。

Oracle 建议创建一个服务器初始化参数文件(spfile)作为维护初始化参数的动态定义手段。一个服务器初始化参数文件允许在服务器端磁盘上保存和管理初始化参数。Oracle 启动读取初始化参数文件的顺序为 spfile＜sid＞. ora→spfile. ora→init＜sid＞. ora，如果一个文件都不存在，则 Oracle 会报错。

**5.口令文件**

正常情况下用户通过用户名与密码建立会话,提交到数据字典进行身份口令验证,验证成功后可以登入实例。还有一种情况是实例没有打开时,启动数据库等情况需要使用高级管理员用户身份登入,这时外部口令文件就是可以完成的一种方式。它里面存放了少量重要的用户信息,如具有 SYSDBA 或 SYSOPER 权限的用户信息。初始特权用户为 SYS,如果有初学者忘了 SYS 用户的口令,可以通过 orapwd 重新创建口令文件。口令文件名称格式为 PWD<SID>.ora,其默认位置是 ORACLE_HOME\database。orapwd 命令格式如下:

```
orapwd file= filename password= password entries= max_users
```

**注意**:如果用户想要重新创建口令文件,必须将原来的口令文件删除掉,否则 Oracle 会报错。

**6.警告文件**

警告文件和警告日志是特殊的跟踪文件。数据库的警告日志按时间记录消息和错误记录。查看 Oracle 内部错误也可以监视特权用户的操作,名称格式为 alert _<SID>.log。其文件位置由初始化参数 background_dump_dest 确定,一般为 ORACLE_BASE\admin\[SID]/bdump/的 alert_[SID]。

## 4.4.2　Oracle 数据库的逻辑存储结构

数据库的逻辑存储结构是面向用户的,描述了数据库在逻辑上是如何组织和存储数据的。Oracle 数据库使用表空间、段、区间(盘区)、数据块等逻辑结构管理对象空间,Oracle 的逻辑存储结构由一个或多个表空间组成,如图 4-10 所示。

Oracle 逻辑存储结构中常用"段"描述数据的结构,如表段、索引段、撤销段。数据文件就是段的存储库。Oracle 通过表空间的方式,将逻辑存储从物理存储中抽出来,表空间在逻辑上是一个或多个段的集合,在物理上是一个或多个数据文件的集合。段和数据文件的关系是可以为多对多的关系,也就是说,一个表段的信息可能存放在多个数据文件中,一个数据文件也可能存放多个表。每个段中包含有多个区间,每个区间包含有多个块。

**注意**:Oracle 的最小存储单位和操作系统一样,也称为"块",但是两者没有任何的联系。从性能上考虑,操作系统的块要比 Oracle 的块小。

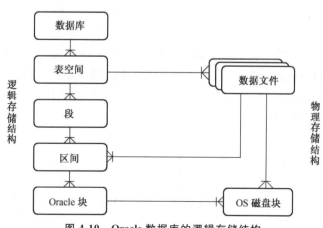

**图 4-10　Oracle 数据库的逻辑存储结构**

**1. 表空间**

表空间是数据库中物理编组的数据仓库。一个数据库由一个或多个表空间构成,不同表空间用于存放不同应用的数据,表空间的大小决定了数据库的大小。一个表空间只属于一个数据库。表空间是存储模式对象的容器,一个数据库对象只能存储在一个表空间中(分区表和分区索引除外),但可以存储在该表空间所对应的一个或多个数据文件中。

Oracle 安装成功后,默认创建如下的表空间:

(1)SYSTEM 表空间。Oracle 在 SYSTEM 表空间中存储数据库的数据字典,存储全部 PL/SQL 的源代码和编译后的代码,SYSTEM 表空间被保留用于存放系统信息,用户数据对象不应保存在 SYSTEM 表空间中。

(2)SYSAUX 表空间。SYSAUX 表空间是 Oracle 10g 新增加的辅助系统表空间,数据库组件将 SYSAUX 表空间作为存储数据的默认位置,Oracle 系统内部的常用样例用户的对象也存放在该表空间。

(3)回滚表空间。回滚表空间是存储撤销信息的表空间,不可存放表和索引等需要持久保存的数据对象。

(4)USERS 表空间。USERS 表空间是 Oracle 系统建议用户使用的表空间。

(5)TEMPORARY 表空间。在 Oracle 数据库中,临时表空间主要供用户临时使用。

常见表空间与数据文件的对应关系如表 4-2 所示。

**表 4-2　常见表空间与数据文件的对应关系**

| 表 空 间 | 数 据 文 件 |
|---|---|
| EXAMPLE | ORACLE_BASE\oradata\orcl\EXAMPLE01.DBF |
| SYSAUX | ORACLE_BASE\oradata\orcl\SYSAUX01.DBF |
| SYSTEM | ORACLE_BASE\oradata\orcl\SYSTEM01.DBF |
| TEMPORARY | ORACLE_BASE\oradata\orcl\TEMP01.DBF |
| UNDOTBS | ORACLE_BASE\oradata\orcl\UNDOTBS01.DBF |
| USERS | ORACLE_BASEoradata\orcl\USERS01.DBF |

用户可以通过数据字典 dba_tablespaces 查看表空间情况:

```
SELECT tablespace_name,block_size,status,
segment_space_management FROM dba_tablespaces;
```

**2. 段**

段是由一个或多个扩展区组成的逻辑存储单元,每个数据库对象指派一个段来存储数据,如一个未分区的表就是一个段,段中所有扩展区大小的总和即此段的大小。段不可以跨表空间,一个段只能从属于一个表空间,它可以覆盖多个数据文件。段的类型共有 4 种:数据段、索引段、临时段和回滚段。

1)数据段

数据段是用来存储表、聚簇的数据,包含的是信息行。

2)索引段

索引段用于快速访问特定行的机制算法。索引段存储 ROWID 和索引键,在索引生成时用户可以指定存储参数。

3）临时段

当用户进行排序查询时，如果在指定的内存无法完成排序，Oracle 将自动从用户默认的临时空间中指派空间进行排序。指派的段称为临时段，当会话结束时，数据将从临时空间中自动删除，临时段信息可通过视图 DBA_SEGMENTS 来查询。

4）回滚段

回滚段用于存放数据修改之前的信息（包括数据修改之前的位置和值）。当数据库进行更新、插入、删除等操作的时候，新的数据被更新到原来的数据文件，而旧的数据就被放到回滚段中，如果数据需要回滚，那么可以从回滚段中将数据再复制到数据文件，来完成数据的回滚。在系统恢复的时候，回滚段可以用来回滚没有被提交的数据，解决系统的一致性问题。

**3. 盘区**

盘区（或称区间）由一系列连续的数据块组成，当一个段生成时，首先指派盘区，当此盘区数据已满时，新的盘区将被指派到此段，可用以下参数实现对盘区的控制。

（1）INTIAL：指定表空间的第一扩展区的大小。

（2）NEXT：用来指定下一扩展区的大小。

（3）PCTINCREASE：指定第三扩展区及随后扩展区增长的参数，默认值是 50，即下一扩展区比前一扩展区大 50%。

（4）MINEXTENTS：指定在段生成时向段指派的扩展区的最小数目。

（5）MAXEXTENTS：指定在段生成时向段指派的扩展区的最大数目。

盘区是 Oracle 进行空间分配的逻辑存储单元，是 Oracle 数据库的最小存储分配单元。一个区间一定属于某个段，属于段的区间在段删除时才成为自由空间。Oracle 根据段的存储特性确定区间的大小，区间不可以跨数据文件，只能存在于某一个数据文件中。

**4. 数据块**

数据块是 Oracle 存储体系中在数据文件上执行 I/O 操作最小的单元。数据块的大小在数据库生成时被指定，且不可更改。所有的数据块都是完全相同的，不管它是用来做存储表、索引还是聚族，其尺寸一般为 OS 磁盘块大小的整数倍。

数据块的结构为头部分、数据区域和空闲空间。头部分包含诸如行目录的信息（行目录列出块中行数据区域中的位置），还包含 DML 操作过程中产生的行锁定信息。数据区域包含行本身，如行（表段）或索引键（索引段）。

（1）数据块头：主要包含块的类型和地址信息，通常占 24 个字节。块可以是数据、索引或回滚类型。

（2）表路径：包含本数据块所对应的表信息。

（3）行数据：存储在块中实际的行。

（4）自由空间：用来存放新的行或用来更新已存在的行。

当向表插入数据时，如果表格的行的长度大于块的大小，行的信息无法完全存放在一个块中，此时行链接发生，Oracle 将使用多个块来存放行信息。当表数据被更新时，如果更新后的数据长度大于块的长度，Oracle 将把整行的数据从原数据块中迁移到新的数据块中，只在原数据块中留下一个指针指向新数据块，这就是行迁移。行迁移和行链接都将影响系统查询性能，因为查询此行时，Oracle 将读取多个数据块。

DBA 可用以下存储参数实现对数据块的设置。

（1）PCTFREE:当数据块的自由空间百分率低于 PCTFREE 的值时,此数据块将被标志为 USED,其相关信息被移出 FREELIST。此参数默认值为 10。

（2）PCTUSED:当数据块的使用空间低于 PCTUSED 的值时,此数据块将标志为 FREE,其相关信息被加入到 FREELIST 当中。此参数默认值为 10。

（3）INTRANS:用来指定当外部事务进入数据块时,可同时对此数据块进行 DML 操作的事务个数。通常表数据块的此参数默认值为 1,索引块的此参数默认值为 2。

（4）MAXTRANS:同 INTRANS,用来指定当外部事务进入数据块时,可同时对此数据块进行 DML 操作的最多事务个数,最大值可达 255。

（5）INTRANS:和 MAXTRANS 通常在创建表、索引或是聚族时使用,如果系统用来进行联机事务处理,通常为 INTRANS 设置一个较高的值。

（6）ROWID:用来指定每一行的物理存储位置。它由 18 位 64 进制的数字组成,包括 0～9,a～z,A～Z 以及符号＋、－共 64 个。它包含了行所在的数据块地址信息、数据文件地址信息和行地址信息。每一行的 ROWID 在此数据库中唯一。ROWID 以列的形式存在于每个表中。由于它是伪例,在通常的查询中是看不到的,可以选用 SELECT ROWID、[COLUMN]FROM[TABLE]来查看它。COLUMN 可为此表中任意一列,TABLE 为某一表格。

综上所述,数据库基本结构及其关系如图 4-11 所示。用户视图中 Oracle 数据库有多个用户,每一个用户都对应一个默认以它的名字命名的模式,也就是数据库对象的集合,其中包含有表、索引、视图、存储过程的各种对象。数据库的逻辑存储结构中每一个数据库包含有多个表空间,而用户视图中的表就存放在逻辑上的表空间中,逻辑上的表空间包含有一个或多个段,每个段包含有多个盘区,每个盘区包含有多个 Oracle 数据块。而在数据库的物理存储结构中,Oracle 的物理存储文件主要包括数据文件、控制文件和重做日志文件。逻辑上的表空间物理上实际对应的就是数据文件,每一个数据文件都是存放在 OS 中的物理磁盘块上,而逻辑上的 Oracle 数据块物理上也是对应一个或多个 OS 磁盘块。

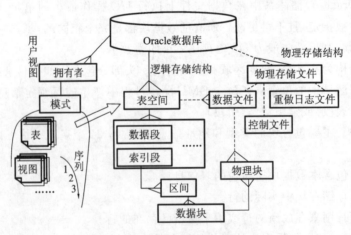

**图 4-11　数据库基本结构及其关系**

用户进程、Oracle 进程、物理存储文件之间的关系如图 4-12 所示。

用户进程提交请求时,如果系统是专用服务器模式,则即刻产生服务器进程;如果系统是共享服务器模式,则在共享服务器进程中排队,由调度进程进行调度,将其加入请求队列,如果处理机时间到了,各种执行条件满足,就将其加入响应队列。当用户会话需要对数据进

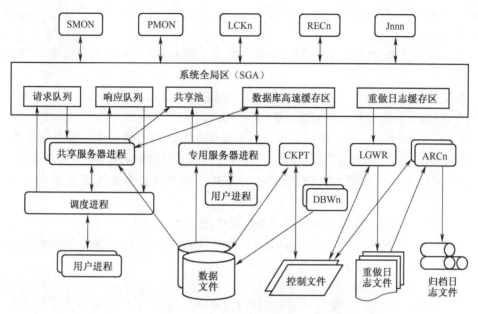

**图 4-12 用户进程、Oracle 进程、物理存储文件之间的关系**

行使用时,服务器进程允许会话找到对应的相关块,由服务器进程将数据块读取到缓存区,缓存数据"变脏"后,由 DBWn 进程将块写回到磁盘数据文件。注意:DBWn 进程是不确定时间增量检查,所以写入的脏数据并不代表一定是提交后的数据,将未提交的数据写入也是有可能的。如果是进行 DML 操作,则变更信息被复制到循环的重做日志缓冲器中,再由日志写入进程(LGWR)实时写入联机重做日志文件中,如配置了归档模式,ARCN 进程就会将联机重做日志文件复制到归档位置的归档文件,最后由 DBWn 进程将脏块写入某个数据文件实现实例缓存与数据库同步。需要注意的是,数据文件不能进行多路复用保护,受损后只能从联机重做日志文件与归档重做日志文件中提取相应的变更向量进行恢复。

## 4.5 数据字典

数据字典是 Oracle 数据库的核心组件,它对用户来说由只读类型的表和视图组成,其中保存着关于数据库系统本身及存储的所有对象的基本信息。

一般在创建数据库时运行 catalog. sql 创建数据字典、动态性能监视视图及同义词。catalog. sql 文件在 ORACLE_HOME\RDBMS 目录下。

### 4.5.1 数据字典的结构

数据字典是 Oracle 存放有关数据库信息的地方,其用途是描述数据,如一个表的创建者信息、创建时间信息、所属表空间信息、用户访问权限信息等。当用户对数据库中的数据进行操作遇到困难时就可以访问数据字典来查看详细的信息。

Oracle 中的数据字典有静态和动态之分。静态数据字典在用户访问时是不会发生改变的,但动态数据字典是依赖数据库运行性能的,反映数据库运行的一些内在信息,所以这类数据字典往往不是一成不变的。

#### 1. 静态数据字典

静态数据字典主要是由表和视图组成,数据字典中的表是不能直接被访问的,但是可以访问数据字典中的视图。静态数据字典中的视图分为三类,分别由三个前缀构成:user_*,all_*,dba_*。

(1)user_*:该视图存储了关于当前用户所拥有的对象(即在该用户模式下的所有对象)的信息。

(2)all_*:该视图存储了当前用户能够访问的对象的信息。与 user_* 相比,all_* 并不需要拥有该对象,只需要具有访问该对象的权限即可。

(3)dba_*:该视图存储了数据库中所有对象的信息。对于带有 dba 前缀的视图,显示了整个数据库的情况。因此,只有当前用户具有访问这些数据库的权限,一般来说具有管理员权限,或者授予系统权限 SELECT ANY TABLE 的用户都能查询带有 dba_* 前缀的视图。

下面以 user_为例介绍几个常用的静态性能视图。

(1)user_users 视图:主要描述当前用户的信息,包括当前用户名、账户 ID、账户状态、表空间名、创建时间等。例如执行下列命令即可返回这些信息:

```
select *  from user_users
```

(2)user_tables 视图:主要描述当前用户拥有的所有表的信息,包括表名、表空间名、簇名等。通过此视图可以清楚地了解当前用户可以操作的表有哪些。执行命令为:

```
select *  from user_tables
```

(3)user_objects 视图:主要描述当前用户拥有的所有对象的信息,包括表、视图、存储过程、触发器、包、索引、序列等。该视图比 user_tables 视图更加全面。例如,为获取一个名为"packagetest"的对象类型和其状态的信息,可以执行以下命令:

```
select object_type,status
from user_objects
where object_name= upper('packagetest');
```

> **注意**:关于 upper 的使用,数据字典里所有的对象均为大写形式,而 PL/SQL 里大小写不敏感,所以在实际操作中一定要注意大小写匹配。

(4)user_tab_privs 视图:该视图主要是存储当前用户对所有表的权限信息。比如,为了了解当前用户对 tabletest 的权限信息,可以执行如下命令:

```
select *  from user_tab_privs where table_name= upper('tabletest')
```

了解了当前用户对该表的权限之后就可以清楚地知道哪些操作可以执行,哪些操作不能执行。

前面的视图均为以 user_开头的,其实以 all_开头的也是完全一样的,只是列出来的信息是当前用户可以访问的对象而不是当前用户拥有的对象。对于以 dba_开头的需要管理员权限,其他用法也完全一样。但是注意在使用以 all_开头和以 dba_开头的数据字典时,尽量不要直接输入 select* from dba_tables 这样的语句,因为这些数据字典里所包含的数据列比较多,内容也多,在 SQL * Plus 里直接运行的话,会换行刷屏,用户反而看不清楚具体的内容。

**2.动态性能视图**

Oracle 包含了一些潜在的由系统管理员(如 SYS)维护的表和视图,这是由于数据库运行时它们会不断更新。在操作过程中,Oracle 维护了一种"虚拟"表的集合,记录当前数据库的活动,称为动态性能视图(dynamic performance view)。这些视图提供了关于内存和磁盘的运行情况,所以只能对其只读访问而不能修改它们。SYS 拥有动态性能视图,Oracle 中这些动态性能视图都是以 v＄开头的视图,比如 v＄access。以下为几种主要的动态性能视图。

(1)v＄access:该视图显示数据库中锁定的数据库对象,以及访问这些对象的会话对象。

(2)v＄session:该视图列出当前会话的详细信息。为了解详细信息,可以直接在 SQL＊Plus 命令行下键入:desc v＄session。

(3)v＄active_instance:该视图主要描述当前数据库下活动的实例信息。

(4)v＄context:该视图列出当前会话的属性信息,如命名空间、属性值等。

### 4.5.2 数据字典的用途

对于 Oracle 系统本身而言,当数据库实例运行时,需要使用数据字典基础表中的信息,Oracle 从基础表中读取信息,来判断用户要求访问的对象是否存在。同时,当用户对数据库结构、对象结构做出修改时,Oracle 向基础表中写入相应的修改信息。

# 习 题 4

**一、选择题**

1. Oracle 数据库物理存储结构是指(　　)。
    A. 控制文件　　　　　B. 重做日志文件　　　　C. 数据文件　　　　　D. 以上都是

2. 数据库的实例是指(　　)。
    A. SGA ＋后台进程　　　　　　　　　　B. Oracle I/O 结构
    C. Oracle 后台进程　　　　　　　　　　D. Oracle 物理存储结构和逻辑存储结构

3. 以下哪项不是 Oracle 数据库的逻辑存储组件的类型?(　　)
    A. 表空间　　　　　B. 段　　　　　C. 扩展区　　　　　D. 重做日志文件

4. 以下(　　)内存区不属于 SGA。
    A. PGA　　　　　B. 重做日志缓冲区　　C. 数据库高速缓冲区　D. 共享池

5. (　　)模式存储数据库中数据字典的表和视图。
    A. DBA　　　　　B. SCOTT　　　　　C. SYSTEM　　　　　D. SYS

6. 段是表空间中一种逻辑存储结构,以下(　　)不是 Oracle 数据库使用的段类型。
    A 索引段　　　　　B. 临时段　　　　　C. 回滚段　　　　　D. 代码段

7. 下列视图可用来查询控制文件信息的是(　　)。
    A. v＄controlfiles　　B. v＄database　　C. v＄controlfile　　D. v＄control

8. 下列叙述中正确的是(　　)。
    A. 数据库是一个独立的系统,不需要操作系统的支持
    B. 数据库设计是指设计数据库管理系统
    C. 数据库技术的根本目标是解决数据共享的问题
    D. 数据库系统中,数据的物理存储结构必须与逻辑存储结构一致

9. 下列组件不是 Oracle 实例的组成部分的是(　　)。
    A. 系统全局区　　　　　　　　　　　　B. PMON 进程
    C. 控制文件　　　　　　　　　　　　　D. 调度程序

10. 系统全局区中的缓冲区以循环方式写入的是（　　　）。

    A. 数据库高速缓冲区　　　　　　　　　　B. 重做日志缓冲区

    C. 大型池　　　　　　　　　　　　　　　D. 共享池

11. 有关段的说法，错误的是（　　　）。

    A. 段有多种类型，用于存储不同的数据

    B. 段的大小在创建时决定，不能改变

    C. 段由多个区组成，区可以连续，也可以不连续

    D. 用来存储回滚数据，要专门创建回滚段

12. 下面对 LGWR 进程的描述正确的是（　　　）。

    A. 负责对实例进行恢复　　　　　　　　　B. 进程失败后进行清理

    C. 记录数据库的变化，以便进行数据恢复　D. 将脏缓冲区写入数据文件

13. 下面内存区域中用来缓存数据字典信息的是（　　　）。

    A. 数据库高速缓存区　　　　　　　　　　B. 程序全局区

    C. 重做日志缓存区　　　　　　　　　　　D. 共享池

14. 下列情况下，LGWR 进程写重做日志缓冲区到重做日志文件的是（　　　）。

    A. 每 3 秒　　　　　　　　　　　　　　　B. 当重做日志缓冲区的已满时

    C. 执行 COMMIT 语句时　　　　　　　　 D. 以上选项都正确

15. 下面数据库文件用来记录应用程序对数据库进行改变的是（　　　）。

    A. 数据文件　　　　B. 控制文件　　　　C. 重做日志文件　　　D. 初始化参数文件

16. 下面内存区域使用 LRU 机制进行管理的是（　　　）。

    A. Java 池　　　　　B. 重做日志缓冲区　　C. 数据库高速缓冲区　　D. 大型池

17. 下面后台进程可实现对重做日志文件进行归档的是（　　　）。

    A. PMON 进程　　　B. CKPT 进程　　　　C. LCKn 进程　　　　　D. ARCn 进程

18. 如果一个服务进程中止，下列进程中可以用来释放它所占有的资源的是（　　　）。

    A. DBWn 进程　　　B. LGWR 进程　　　　C. SMON 进程　　　　　D. PMON 进程

19. 以下情况会记录检查点的是（　　　）。

    A. SCN 的值会发生变化　　　　　　　　　B. 切换日志

    C. 脏缓冲区个数达到指定阈值　　　　　　D. 执行 COMMIT 命令

20. 如果一个数据缓冲区变为脏缓冲区，正确的说法是（　　　）。

    A. 该缓冲区的数据与数据文件不一致　　　B. 该缓冲区的数据与数据文件一致

    C. 该缓冲区的数据正在被使用　　　　　　D. 该缓冲区的数据包含有错误

## 二、问答题

1. 简述 Oracle 数据库服务器的基本组成并说明它们之间有什么关系。

2. 简述 SGA 主要组成结构和用途。

3. 什么是表空间？如何查询表空间的信息？

4. 数据库切换日志的时候，为什么一定要发生检查点？这个检查点有什么意义？

5. 简要说明 Oracle 服务器服务的过程。

6. 什么是数据字典？写出数据字典的三种前缀，并写出其中一个数据字典的应用。

# 第⑤章　Oracle 11g 网络管理

## 5.1　Oracle Net 概述

每个数据库所在的网络环境的复杂程度都不一样。小型数据库网络环境相对简单,如网络可能分布在一个公司内部甚至是一个机房内部。但是有些大型数据库的网络环境非常复杂,一般会涉及更大范围内的网络环境,其涉及的技术和设备有 SAN、光纤交换机、高端存储、负载均衡器、防火墙、应用服务器,甚至卫星设备等。对于现在日益庞大的数据库系统,涉及了大量的分布式系统、高可用性的系统,就要进行有效的 Oracle 网络管理。

Oracle 使用 Oracle Net 解决网络环境下的数据库应用。Oracle Net 是 Oracle 网络管理中的核心软件组件,其驻留在 Oracle 客户端和数据库服务端。它支持 Oracle 客户端与数据库服务器之间的网络连接,当客户端发起连接请求时,利用网络协议(如 TCP 等)发送请求到数据库服务器,数据库服务器端则对收到的来自网络上各个客户端的请求进行处理。Oracle Net 提供了建立客户端和服务器端网络会话的功能,一旦这个网络会话成功建立,Oracle Net 将持续提供客户端和服务器端的数据传送功能,如果服务器端的服务器进程对于客户端的请求产生处理结果,那么 Oracle Net 会按照同样的处理机制将结果发送给各个客户端。

Oracle Net 由两个软件组件组成,分别是 Oracle Net 基础层软件(Oracle Net foundation layer)和 Oracle Net 协议支持软件(Oracle Net protocol support)。其中,Oracle Net 基础层软件用于管理和维护客户端和服务器端的通信,连接它在客户端和服务器端的通信。在客户端,它的责任是向指定的服务器端发出请求,确定与服务器端的连接所使用的网络协议,处理网络连接中出现的异常和中断。服务器端能够从监听器进程中接收连接请求。而 Oracle Net 协议支持软件主要负责将 Oracle 中的数据按特定协议,包括 TCP/IP、Names Pipes、SDL 等协议进行转换,并在客户端和服务器端进行数据传输。

### 5.1.1　Oracle Net 连接类型

客户和服务器都是指通信中所涉及的两个应用进程,客户机/服务器方式描述的是进程之间服务和被服务的关系。如图 5-1 所示,主机 A 运行客户程序,主机 B 运行服务器程序。客户是服务请求方,服务器是服务提供方。在实际应用中,客户程序和服务器程序分别有以下特点。

客户程序:被用户调用后运行,在打算通信时主动向远地服务器发起通信(请求服务)。因此,客户机必须知道服务器程序的地址。

服务器程序:一种专门用来提供某种服务的程序,可以同时处理多个远地或本地客

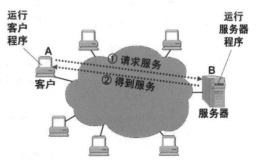

**图 5-1　客户机/服务器工作方式**

67

户端的请求。系统启动后即自动调用并一直不断地运行着。被动地等待并接受来自各地客户端的请求,所以服务器程序不需要知道客户程序的地址。

网络环境下的 Oracle 数据库应用常用于客户机/服务器体系结构,包括普通客户机/服务器模式(简称 C/S 模式,也叫胖客户机体系结构)和一种特殊的客户机/服务器模式——浏览器/服务器体系结构(简称 B/S 模式,也叫瘦客户机体系结构)。

**1. 客户机/服务器连接**

客户机/服务器(C/S)体系结构包含客户机和服务器。这种结构及 Oracle 实现原理如图 5-2 所示。在该结构下,客户端使用特定的通信协议经过网络跟服务器相连。由于客户机和服务器要互连,所以在 C/S 模式下客户端和服务器端使用的是相同的协议。Oracle Net 是在网络协议的顶层,所以 Oracle Net 必须同时安装在客户端和服务器端。其中,客户机支持发出数据请求的应用程序,数据库则驻留在服务器中;客户机负责表现数据,而数据库服务器则专用于支持数据库各种操作。当客户机向服务器发出数据库请求时,服务器接收并执行传送给它的 SQL 语句,然后把 SQL 语句的执行结果和要返回的信息返回客户机。由于客户机/服务器模式所需的资源较多,因此这种客户机/服务器配置有时被称为胖客户机体系结构。

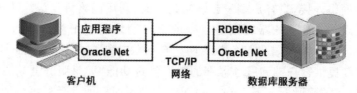

图 5-2　客户机/服务器应用程序连接

**2. 浏览器/服务器连接**

浏览器/服务器(B/S)体系结构是一种使用更为广泛的特殊的 C/S 体系结构。它包含带有浏览器的客户机、应用程序 Web 服务器和数据库服务器,是一种三层体系结构。这种结构对客户机的资源需求很小,价格显著降低,应用程序也独立于数据库,所以也称为瘦客户机体系结构。B/S 体系结构及 Oracle 实现原理如图 5-3 所示。在这种配置中,应用程序被放置在与数据库服务器分开的 Web 服务器上,如 WebSphere、Oracle Application Server、WebLogic、Tomcat 等。在 Oracle Net 支持下,客户机通过浏览器发送 HTTP 等请求,通过 TCP/IP 等协议进行网络信息传输,到达部署了 Oracle Net 的 Web 服务器,然后经过中间的应用程序 Web 服务器最后访问到数据库。实际业务中用户可以把科学计算等非数据敏感的业务工作放置到中间的 Web 服务器层,以减轻数据库服务器的负担,起到了负载均衡的作用,也就是把重要的数据的应用写成 PL/SQL 块放到数据库服务器端,把非数据相关或者关联性偏低的业务的应用部署到 Web 服务器上。

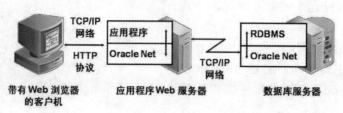

图 5-3　浏览器/服务器应用程序连接

## 5.1.2　Oracle Net 工作原理

Oracle 客户端与服务器端的连接是通过客户端发出连接请求,由服务器端监听器对客户端连接请求进行合法检查,如果连接请求有效,则进行连接,否则拒绝该连接。Oracle Net 是一个软件层,支持不同网络协议之间的转换。不同的物理机器可以借助这个软件层实现相互间的通信,具体而言就是实现对 Oracle 的远程访问。Oracle Net 配置文件包括 ORACLE_CLIENT_HOME/network/admin/目录下的三个文件:tnsnames.ora,listener.ora,sqlnet.ora。其中:

(1)tnsnames.ora 文件在客户端上,记录每个 Oracle Net 别名对应的主机信息和 Oracle 实例;

(2)listener.ora 文件在数据库服务器端,负责监听希望通过网络访问 Oracle 数据库的客户端连接请求;

(3)sqlnet.ora 文件指定命名方法,Oracle Net 支持的命名服务有主机命名、本地命名、目录命名、外部命名。

Oracle Net 工作原理如图 5-4 所示。访问数据库的过程由客户端进程和服务器进程组成。首先由客户端提供服务名,当客户端进程发起请求,Oracle Net 会读取在客户端上的 tnsnames.ora 文件,该文件记录每个 Oracle Net 别名所对应的主机和 Oracle 实例。接着 Oracle Net 会将用户指定的服务名称解析为对应服务器主机和数据库实例,然后通过网络协议连接到数据库服务器。当服务器端接收到客户端发来的请求后,服务器端的监听器根据配置文件 listener.ora 上的信息判定是否能进行正确的连接。如果客户端发出的请求有效,那么监听器将作为桥梁负责为客户端进程和数据器进程搭桥牵线。服务器端会根据参数配置产生对应的服务器进程,负责读写数据库,完成用户提交的各种命令。因服务器进程与数据库实例运行在同一台机器上,所以服务器进程又叫影子进程。一旦连接请求成功,该连接就是有效的,除非用户被强行切换连接或者自己退出连接。

例如,在 SQL＊Plus 中,客户端程序发出请求串"用户名/密码@本地 NET 服务名"后,Oracle Net 组件首先在本地查找 sqlnet.ora 文件确定命名方法,这里假设为本地命名,则 sqlnet.ora 中内容为:NAMES. DIRECTORY ＿ PATH ＝ (TNSNAMES)。这就是说当客户端解析连接字符串的顺序中有 TNSNAMES 时,Oracle Net 才会尝试使用 tnsnames.ora 这个文件。Oracle Net 会查找 tnsnames.ora 文件,读取该文件中的信息并匹配本地 NET 服务名。如果找不到该本地 NET 服务名,则匹配失败,提示错误。如果成功则

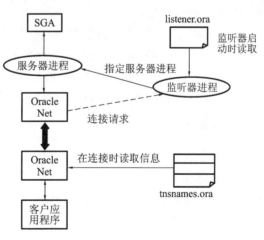

图 5-4　Oracle Net 工作原理图

根据连接描述符中的连接协议、主机、端口号信息发给正确的服务器端的监听器。监听器再将连接描述符中的数据库服务名与向它注册了的 Oracle 服务进行比对,如果比对成功,则建立连接,否则提示错误。

### 5.2 本地 Net 服务名的配置与管理

#### 5.2.1 本地 Net 服务名

　　客户机想要连接数据库服务器,就必须要指明想要连接的数据库服务器的信息。而在客户端里,本地 Net 服务名(主机字符串)就是这样的一个描述符,其描述了要连接的 Oracle 服务器和其中的 Oracle 数据库例程。配置文件 tnsnames. ora 位于 ORACLE_HOME/ network/admin/目录下,当安装了 ORCL 数据库后,Oracle 会默认在该文件中添加一个与数据库同名(假设数据库名字叫 ORCL,这也是 Oracle 默认的名字)的 ORCL 本地 Net 服务名。

　　tnsnames. ora 中 ORCL 本地 Net 服务名的具体细节如下:

```
orcl =
  (DESCRIPTION =
   (ADDRESS_LIST =
    (ADDRESS = (PROTOCOL =TCP)(HOST = localhost) (PORT =1521))
   )
   (CONNECT_DATA =
    (SERVER =DEDICATED)
    (SERVICE_NAME =orcl)
   )  )
```

　　● PROTOCOL:客户端与服务器端通信的协议,一般为 TCP,该内容一般不用改。

　　● HOST:数据库服务器所在机器的机器名或 IP 地址,数据库监听器一般与数据库在同一个机器上。

　　● PORT:数据库监听器正在监听的端口,必须与数据库服务器上 listener. ora 中定义的 PORT 一致。

　　● SERVER:服务器进程的工作模式,包含有专用服务器模式和共享服务器模式。

　　● SERVICE_NAME:在服务器端的数据库服务名。默认情况下和创建数据库时定义的数据库全局名一致。如果用户不知道,可以使用 SYSTEM 用户身份登录后,在 SQL * Plus 中输入 show parameter service_name 命令查看。

#### 5.2.2 tnsping 命令

　　tnsping 命令是 Oracle Net 提供的一个 OSI 会话层的工具。它是用来检查客户端输入的连接字符串能否正确连接到监听程序上的一个可执行程序,通俗地说,该命令可以检查网络是否连通,判断服务器上的监听是否已开启。Oracle 网络接口支持不同的网络与传输协议,其中我们最熟悉的就是 TCP/IP。

　　在命令行中发出 tnsping 命令后,会执行 Oracle 本地 Net 服务名(即网络服务名,主机连接字符串)的解析工作。这个解析工作会在本地的 tnsnames. ora 文件或 Oracle 的命令服务器或 Oracle LDAP(目录服务)中进行。解析的目的是得到目标监听器所在的机器名(IP 地址)和监听器监听的端口号。

　　tnsping 命令只需要用户在控制台下输入即可,其命令格式如下:

　　● tnsping IP 地址:端口号/数据库服务名。

- tnsping 网络服务名。

例如：用户想使用连接字符串 ORCL 连接远程服务器，可以先使用该命令查看是否可以成功连接数据库服务器。用户可以使用如下两种方式测试。

(1)输入 tnsping localhost:1521/orcl，运行结果如图 5-5 所示。

如果可以成功连接，Oracle 会给出提示。使用的参数文件是 C:\app\Administrator\product\11.2.0\dbhome_1\network\admin\sqlnet.ora，该文件里默认别名解析方式如下：

```
NAMES.DIRECTORY_PATH= (EZCONNECT, TNSNAMES)
```

- EZCONNECT 是指发出简易连接。EZCONNECT 适配器程序主要用来解释输入的信息(IP 地址:端口号/数据库服务名)为连接描述符，即用这些输入的信息初始化客户端连接程序里相应变量的值。如果用户输入信息不是直接的 IP 地址，如主机名或 localhost，则先将主机名或 localhost 解析为 IP 地址，再在将它们初始化为连接程序里相应变量的值。

- TNSNAMES 是指使用本地 TNSNAMES 文件进行解析连接的方法。Oracle 会读取该文件的信息，找到服务器的主机信息、传输协议信息、端口信息等，然后使用该信息进行连接。

Oracle 解析别名就和 sqlnet.ora 中这个参数的设置相关。除了上述两个默认的参数外，还可以有 hostname、onames、ldap 等参数。

图 5-5 中提示已使用 EZCONNECT 适配器来解析，所以当用户输入 tnsping localhost:1521/orcl 时，这里的本地标识符 orcl 就是服务器上的监听器进程中的静态注册或者动态注册的服务名。当发出以上的测试连接命令时，Oracle 首先读取 sqlnet.ora 里的解析方法 EZCONNECT，如果存在就可以解析。然后向主机 IP 地址为 127.0.0.1(也就是本机的 IP)的 1521 端口发起连接，数据库实例名为 orcl。

(2)输入 tnsping orcl，运行结果如图 5-6 所示。

图 5-5 tnsping 命令(一)

图 5-6 tnsping 命令(二)

图 5-6 中提示已使用 TNSNAMES 适配器来解析别名。Oracle Net 都会给出具体的测试命令的说明，如果选择通过 TNSNAMES 文件进行解析，Oracle 会将该文件的配置信息显示出来。

需要注意的是，tnsping 命令如果能够连通，则说明客户端能解析服务器端监听器所在的机器名，而且该监听器也已经启动，但是并不能说明数据库已经打开，而且 tsnping 的过程与真正客户端连接的过程也不一致。但是如果不能用 tnsping 连通，则肯定连接不到数据库。

## 5.2.3 本地 Net 服务名的配置

Oracle 为初学者提供了网络图形化的配置工具，可使用 Oracle Net Configuration Assistant 或 Oracle Net Manager 执行命名方法的配置。

### 1. Oracle Net Configuration Assistant 配置本地 Net 服务名

Oracle 11g 使用 Oracle Net Configuration Assistant 可以进行以下配置：

①监听程序配置。创建、修改、删除或重命名监听程序。

②命名方法配置。当终端用户连接数据库服务时，要通过"连接标识符"来完成。

③本地网络服务名配置。创建、修改、删除、重命名或测试存储在本地 tnsnames. ora 文件中的连接描述符的连接。

④目录服务使用配置。用来配置对符合轻型目录访问协议（lightweight directory access protocol，简称 LDAP）的目录服务器的访问。

添加本地网络服务名的步骤如下。

（1）依次单击"开始"→"程序"→"Oracle-OraDb11g_home1"→"配置和移植工具"→"Oracle Net Configuration Assistant"，启动欢迎窗口，如图 5-7 所示。选择"本地网络服务名配置"进行配置，单击"下一步"按钮。

（2）进入"网络服务名配置"窗口，如图 5-8 所示。选择"添加"以添加新的服务名，单击"下一步"按钮。

图 5-7　Oracle Net Configuration Assistant 欢迎窗口

图 5-8　"网络服务名配置"窗口

（3）进入"服务名"窗口，如图 5-9 所示。在"服务名"文本框输入数据库服务名 orcl，注意："全局数据库名"在安装数据库时指定，默认为 name. domain（即数据库名＋数据库域名），如果安装时没有输入数据库域名，数据库服务名一般填写安装数据库时填写的数据库名字。然后单击"下一步"按钮。

（4）进入"请选择协议"窗口，如图 5-10 所示。选择网络与数据库的通信协议，可选择的协议包括 TCP、TCPS、IPC 和 NMP。默认为 TCP 协议，单击"下一步"按钮。

图 5-9　"服务名"窗口

图 5-10　"请选择协议"窗口

(5)进入"TCP/IP 协议"窗口,如图 5-11 所示。

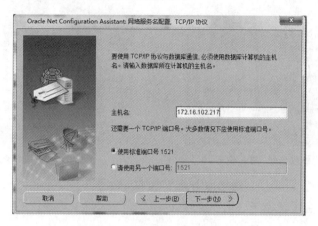

图 5-11　"TCP/IP 协议"窗口

由于前面选择的网络协议是 TCP,所以使用 TCP/IP 协议与数据库进行通信时,必须要输入数据库所在计算机的主机名。这里要选择如下两项:

①主机名。监听程序驻留的计算机主机名。

②端口号。确定监听程序的端口号。

如果访问本地的数据库,直接输入主机名或者输入 127.0.0.1 或 localhost 即可。如果访问远程数据库服务器,则输入数据库所在计算机的 IP,这里我们要访问远程数据库,IP 地址为:172.16.102.217。另外选择要访问的数据库的监听端口,Oracle 默认的监听端口是 1521,如果不确定端口,可以通过"tnsping 数据库所在计算机的 IP"或在服务器端通过"lsnrctl status"查看相关信息。注意:这里的地址最好和服务器端的有效监听程序地址匹配。设置完毕后,单击"下一步"按钮。

(6)进入"测试"窗口,如图 5-12 所示。用户可以选择测试也可以选择不测试直接转向下一步。如果选择"是,进行测试",单击"下一步"按钮进入图 5-13 所示的"正在连接"窗口,注意默认 Oracle 测试窗口上填写的 system 用户和 Oracle 设置默认的密码。一般都不能通过测试,因为用户在安装 Oracle 时都会设置自己的管理员密码。这时要么输入正确的system 用户的密码,要么更改一个用户,这里输入 SCOTT,测试成功,如图 5-14 和图 5-15 所示。当然如果用户选择不进行测试,就可以跳过该窗口,单击"下一步"按钮。

(7)进入"网络服务名"窗口,如图 5-16 所示。为网络服务名命名,即为该远程连接配置命名,默认采用与前面数据库的服务名一样的名字。网络服务名是本地登录远程数据库时必须使用的,所以一般命比较好辨认或识记的名字,此时输入 orclstu,单击"下一步"按钮。

图 5-12　"测试"窗口

图 5-13　"正在连接"窗口

**图 5-14 "更改登录"对话框**　　　　　　　**图 5-15 "测试成功"页面**

(8)进入"是否配置另一个网络服务名?"窗口,如图 5-17 所示。选择"否",单击"下一步"按钮,网络服务名配置完毕。

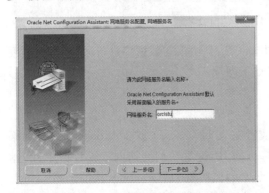　　　　

**图 5-16 "网络服务名"窗口**　　　　**图 5-17 "是否配置另一个网络服务名?"窗口**

配置完成后,此时查看 tnsnames.ora 文件,里面添加了刚刚配置的信息。用户也可以手动添加如下信息,并保存该文件,完成配置工作。

```
ORCLSTU =
  (DESCRIPTION =
    (ADDRESS_LIST =
      (ADDRESS = (PROTOCOL = TCP)(HOST = localhost)(PORT = 1521))
    )
    (CONNECT_DATA =
      (SERVICE_NAME = orcl)
    )
  )
```

再次使用 tnsping 命令查看主机字符串为"orclstu"的数据库能够成功连接,如图 5-18 所示,此时就可以用"orclstu"服务名登录服务器上的 ORCL 数据库了。

**图 5-18 使用 tnsping 命令查看主机字符串为"orclstu"的数据库**

当建立好本地 Net 服务名后,可以使用该名称登录数据库。如利用 SQL＊Plus 远程登录数据库,则在 CMD 终端输入"sqlplus 用户名/口令@网络服务名",或者在 SQL＊Plus 中输入"connect 用户名/口令@网络服务名"。

例如,Oracle 普通用户输入 sqlplus scott/tiger@orclstu,如图 5-19 所示,拥有 dba 权限的用户则输入 sqlplus sys/密码@orclstu as sysdba。

图 5-19　利用新标识符 orclstu 连接数据库

> **注意**:连接时,"@"后面的名字可以是用户配置的本地 Net 服务名,如图 5-19 所示,也可以直接输入连接描述符的信息,格式如下:
>
> connectusername/passwd@ host[:port][/service_name]
>
> 如输入 sqlplus scott/tiger@127.0.0.1：1521/orcl,如图 5-20 所示。

需要注意的是,如果用图 5-20 的这种方法进行连接,最后面的参数"orcl"是数据库的 service_name,即数据库服务名,而不是本地标识符。如果用户输入 sqlplus scott/tiger@127.0.0.1：1521/orclstu,Oracle 则会报错,如图 5-21 所示。

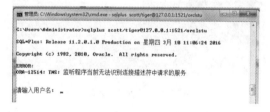

图 5-20　直接输入连接标识符信息连接数据库　　图 5-21　直接输入连接标识符信息连接,数据库报错

### 2. Oracle Net Manager 配置本地 Net 服务名

1)添加本地 Net 服务名

(1)依次选择"开始"→"程序"→"Oracle-OraDb11g_home1"→"配置和移植工具"→"Oracle Net Manager",进入"Oracle Net Manager"配置窗口,如图 5-22 所示。在该窗口中单击左侧窗格树形菜单中的"本地",展开该项目,然后选择子菜单中的"服务命名",再单击左上方的"＋"图标来添加网络服务。也可通过"编辑"菜单中的"创建"命令来添加网络服务。

(2)在"欢迎使用"窗口(见图 5-23)中输入网络服务名,这里的网络服务名为本次将要配置的远程连接命名,这里输入 orclstu。需要注意的是,Oracle Net Manager 在配置时是先输入本地 Net 服务名,而在 Net Configuration Assistant 中是首先输入全局数据库名。在配置过程中,用户需要仔细阅读窗口上的提示信息。接着,单击"下一步"按钮。

(3)进入"协议"窗口,如图 5-24 所示。在该窗口中选择通过网络与数据库通信的网络协议,这里有四个选项,分别是 TCP/IP(Internet 协议)、使用 SSL 的 TCP/IP(安全的网络协议）、命名管道（Microsoft 网络连接）和 IPC（本地数据库），默认选中 TCP/IP（Internet 协议），单击"下一步"按钮。

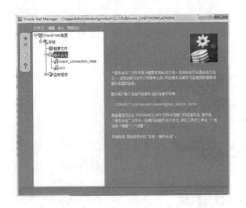

图 5-22 "Oracle Net Manager"配置窗口

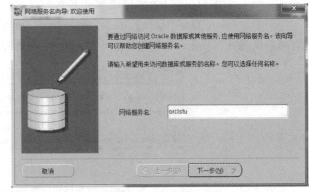

图 5-23 "欢迎使用"窗口

（4）进入"协议设置"窗口，如图 5-25 所示。在该窗口中输入要远程连接的数据库所在计算机的 IP 主机名和监听器端口号，这里分别输入 localhost 和 1521。注意，这里的主机名与端口号必须与数据库服务器端监听器配置的主机名和端口号相同。然后单击"下一步"按钮。

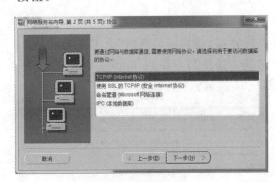

图 5-24 "协议"窗口

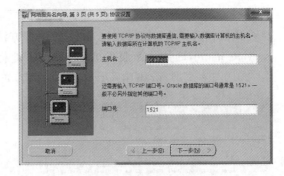

图 5-25 "协议设置"窗口

（5）进入"服务"窗口，如图 5-26 所示。在该窗口中输入要连接的数据库的服务名，通常是全局数据库名。初学者一定要注意数据库服务名和网络服务名两个名字的区别。如果输入错误，配置好的本地服务名将不能连接成功。然后选择连接类型，可以用默认的"数据库默认设置"，也可以选择"共享服务器""专用服务器"或"池中服务器"。这里选择"数据库默认设置"，单击"下一步"按钮。

（6）进入"测试"窗口，如图 5-27 所示。用户同样可以进行连接测试，单击"测试"按钮，进入图 5-28 所示的"连接测试"窗口。注意，该工具默认的测试用户为 scott，密码为 tiger，也就是 Oracle 的样例数据库中的用户方案。如果安装时没有装样例数据库，就需要重新对当前数据库中的用户名和密码进行测试。当然用户也可以不测试，直接单击"完成"按钮完成整个配置。

完成后回到"Oracle Net Manager"配置窗口，如图 5-29 所示。单击"服务命名"会发现名字为 orclstu 的本地 Net 服务名已经出现在树形菜单中，右侧窗格中为该标识符的具体信息。

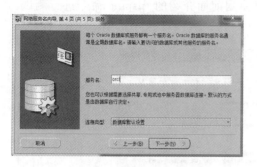

图 5-26　"服务"窗口

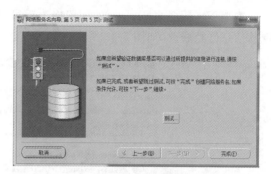

图 5-27　"测试"窗口

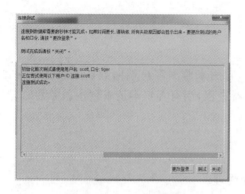

图 5-28　"连接测试"窗口

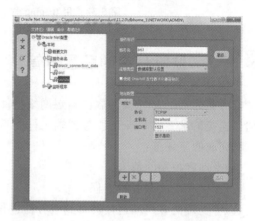

图 5-29　"Oracle Net Manager"配置窗口—orclstu

**注意**：所有的网络设置必须保存才会有效。完成配置后，单击文件菜单中的保存网络配置选项，此时，用户会发现，对应的 tnsnames.ora 文件中也会添加相应的内容。

2）管理本地 Net 服务名

在图 5-30 所示"Oracle Net Manager"配置窗口中，用户选定需要配置的本地 Net 服务名，可以修改本地 Net 服务名相关配置，如将 orclstu 本地标识符的主机名改为机器名"416-T"。修改后如图 5-31 所示，通过"文件"→"保存网络配置"命令保存设置。对应的 tnsnames.ora 文件中也会发生对应的修改。

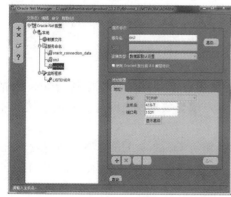

图 5-30　"Oracle Net Manager"配置窗口—配置本地 Net 服务名

图 5-31　"保存网络配置"菜单

本地 Net 服务名 orclstu 的配置修改后可以使用前面介绍的 tnsping 命令进行测试,发现其信息已经修改,如图 5-32 所示。

图 5-32    用 tnsping 命令测试修改后的 orclstu

 **5.3    监听程序的配置与管理**

监听器为 Oracle 主要的服务器端网络组件,它用来监测客户端向数据库服务器端提出的初始连接请求。在 Oracle 服务器端运行监听器进程,当有客户端请求到达服务器时,监听器进程完成如下任务:

(1)受理客户端的请求。

(2)产生相应的服务器进程。

(3)将受理的客户端连接转移到服务器进程受理。

Oracle Net 监听程序就像是网络中的耳朵一样,如图 5-33 所示,其职责是监听入网的客户机连接请求和管理转移到服务器的通信量。每当客户机请求与服务器进行网络会话,监听程序就会接收到实际请求。如果客户机的信息与监听程序的信息相匹配,监听程序就授权连接服务器。整个监听器进程如图 5-33 所示。

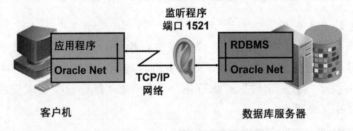

图 5-33    监听器进程

### 5.3.1    网络监听器

Oracle 网络监听器进程是一个重要的服务,该服务必须在用户连接到 Oracle 数据库之前启动运行。该进程关闭与否并不影响已经在客户端与数据库之间建立起的连接和用户对数据库的使用。

以 SQL * Plus 为例,当 Oracle 网络监听器的服务 Oracle<Home_Name>TNSListener 启动之前,启动 SQL * Plus 并连接至数据库,系统出现错误信息"ORA-12541:TNS:no listener",原因是没有启动监听服务或者监听器损坏。当 Oracle 网络监听器的服务启动,并且 SQL * Plus 连接至数据库后,若停止 Oracle<Home_Name>TNSListener 服务,则对 SQL * Plus 没有任何影响,只要没有断开连接,SQL * Plus 仍可与数据库进行数据交互。

Oracle Net 中的监听程序的默认名称是 LISTENER,每个 listener. ora 文件中的监听程序的名称必须唯一。网络上的每一个数据库服务器都必须包含一个 listener. ora 文件,该文件列出机器中所有监听进程的名字和地址以及它们所支持的实例。监听程序接收来自 Oracle Net 客户机的连接。服务器端的 listener. ora 文件位于 ORACLE_HOME/network/ admin/目录下,默认安装好了 Oracle 数据库后的内容如下:

```
SID_LIST_LISTENER=
 (SID_LIST=          --要连接的数据库实例列表
  (SID_DESC=         --实例描述
   (SID_NAME=CLRExtProc) --oracle 的 .net 扩展使用 CLRExtProc 作为全局数
据库名(SID_NAME)
   (ORACLE_HOME=C:\app\Administrator\product\11.2.0\dbhome_1) --Oracle 主目
录位置,监听程序能够根据此信息确定 Oracle 可执行文件的位置
   (PROGRAM=extproc) --监听器产生 extproc 进程,是处理外部调用的接口
   (ENVS='EXTPROC_DLLS=ONLY: C:\app\Administrator\product\11.2.0\
dbhome_1\bin\oraclr11.dll') --调用外部动态库
   )
  )
LISTENER=
(DESCRIPTION_LIST=  --监听地址列表
  (DESCRIPTION =
(ADDRESS= (PROTOCOL=IPC)(KEY=EXTPROC1521)) --extproc 进程请求的地址
   (ADDRESS= (PROTOCOL=TCP)(HOST=localhost)(PORT=1521)) --TCP 连接请求的主机和
端口信息
   )
  )
```

● PROTOCOL:客户端与服务器端通信的协议,一般为 TCP,表示从网络上的客户机传入的 TCP 连接。

● HOST:数据库服务器所在机器的机器名或 IP 地址,数据库监听器一般与数据库在同一个机器上。

● PORT:数据库监听器正在监听的端口。它必须与数据库服务器上 listener. ora 中定义的 PORT 一致。

## 5.3.2　监听程序控制

### 1. lsnrctl 命令管理监听程序

在 Oracle Net 的实用程序中有一个监听程序控制实用程序 lsnrctl,其用来控制各种监听程序,如启动监听程序、停止监听程序以及获取监听程序的状态。

lsnrctl 命令只需要用户在控制台下输入如下相关命令即可:

```
lsnrctl command [listener_name]
```

listener_name 是在 listener. ora 文件定义的监听程序名。如果是使用默认的监听程序名 listener,则不必标识监听程序名。通常状况下,服务器需要有多个监听器来监听,这样可以平衡单个监听器的工作负载,降低单个监听器失败对工作的影响,从而提高服务器的可靠性。

lsnrctl 命令管理监听程序有如下三个常见的命令：

启动监听程序：lsnrctl START listener_name。

停止监听程序：lsnrctl STOP listener_name。

查看监听程序状态：lsnrctl status listener_name。

如图 5-34 所示，如果不知道有哪些操作可以使用，可以输入 help 命令，Oracle 会显示所有可以使用的命令。

### 2. Windows 服务管理监听程序

除了可以使用命令进行监听器的管理之外，在 Windows 中，用户还可以使用计算机管理中的服务管理来进行监听程序的修改。右键单击"我的电脑"图标，然后在快捷菜单上单击"管理"命令，或者是在控制面板中打开计算机管理窗口。展开左侧窗格的"计算机管理（本地）"树形菜单，单击"服务和应用程序"菜单，然后单击"服务"菜单。在右侧窗格中就会显示系统中的各种服务，可以看到 Oracle 开头的各种服务，如图 5-35 所示，其中 OracleOraDb11g_home1TNSListener 服务为监听服务。

图 5-34　lsnrctl 控制台　　　　　　　图 5-35　计算机管理中的 Oracle 监听服务

如果要更改该监听服务的各种状态，首先在图 5-35 所示的右侧窗格中选中该监听服务，然后单击鼠标右键，在右键菜单上选择用户想要进行的服务操作，比如停止监听服务，如图 5-36 所示。当然，用户也可以进行其他的相关操作。

单击停止命令后，Oracle 的监听服务就会被手动停止，此时双击该监听服务或者在该监听服务的右键菜单上选择"属性"，就可以打开该监听服务的属性对话框，查看监听服务的基本信息，如图 5-37 所示。注意，Oracle 数据库系统安装好后，默认这些服务都是开机自动启动的，如果平时不使用，可以停止相关的服务，或者在"启动类型"中选择"手动"启动，以节约系统资源。

图 5-36　Oracle 监听服务快捷菜单　　　　　图 5-37　Oracle 监听服务属性

### 5.3.3　监听程序配置

监听程序配置可以通过 Oracle Net Configuration Assistant 来进行配置，也可以通过 Oracle Net Manager 进行配置。

**1. Oracle Net Configuration Assistant 配置监听程序**

Oracle 11g 使用 Oracle Net Configuration Assistant 配置监听程序，步骤如下。

（1）依次选择"开始"→"程序"→"Oracle-OraDb11g_home1"→"配置和移植工具"→"Oracle Net Configuration Assistant"，启动欢迎窗口。然后选择"监听程序配置"，如图 5-38 所示，单击"下一步"按钮。

（2）在"网络服务名配置"窗口中"请选择要做的工作"中选择"添加"，如图 5-39 所示，单击"下一步"按钮。

图 5-38　Oracle Net Configuration Assistant 欢迎窗口　　　图 5-39　"网络服务名配置"窗口

（3）在"监听程序名"窗口中的"监听程序名"处输入监听器名称，如图 5-40 所示。注意，所输入的监听器名称不能与已经存在的监听器名称相同，这里选择输入"LISTENER1"。单击"下一步"按钮。

（4）在"选择协议"窗口中的"可用协议"中选择"TCP"到"选定的协议"选项，此为默认选项，如图 5-41 所示。也可以选择其他协议，如"TCPS""IPC""NMP"。单击"下一步"按钮。

图 5-40　"监听程序名"窗口　　　　　　　　图 5-41　"选择协议"窗口

（5）在"TCP/IP 协议"窗口中选中"请使用另一个端口号"，并填入端口值，但要注意所填的端口值不能与已经存在的端口相同，这里选择输入 1421，如图 5-42 所示。单击"下一步"按钮。

（6）在"更多的监听程序"窗口中选择"否"，如图 5-43 所示。单击"下一步"按钮。

图 5-42 "TCP/IP 协议"窗口　　　　　图 5-43 "更多的监听程序"窗口

（7）在"选择监听程序"窗口中选中刚刚配置的 LISTENER1，如图 5-44 所示。配置完毕，单击下一步按钮进入监听程序配置完成对话框，然后再单击"下一步"按钮就会回到欢迎窗口。

配置完成后，用户打开 Windows 中的服务就会发现刚刚建立的新的监听服务已经启动。

此时用户打开 listener.ora 文件，会发现刚刚建立的新的监听文件的配置信息已经添加到了文件中，具体内容如下：

```
LISTENER1 =
  (DESCRIPTION_LIST =
    (DESCRIPTION =
      (ADDRESS = (PROTOCOL = TCP) (HOST = 416- T) (PORT = 1421))
    )
  )
```

### 2. Oracle Net Manager 配置监听程序

用户依次选择"开始"→"程序"→"Oracle-OraDb11g_home1"→"配置和移植工具"→"Oracle Net Manager"，进入"Oracle Net Manager"配置窗口。

1）添加监听程序

（1）选中树形目录中"监听程序"项，再单击左侧"＋"按钮添加监听程序，在出现的"选择监听程序名称"窗口输入新的监听程序的名称。系统安装时默认会建立一个名称为 LISTENER 的监听器，新加的监听器默认名称是 LISTENER1（该名称也可以由任意合法字符组成），如图 5-45 所示。单击"确定"按钮，LISTENER1 就出现在树形窗格中。

（2）添加地址信息。选中 LISTENER1，然后单击下方添加地址按钮，在出现的网络地址栏中输入相关监听器信息。如图 5-46 所示，在协议下拉选项中选中"TCP/IP"，主机文本框中输入主机名称或 IP 地址（如果主机既用作服务器端也作为客户端，输入两项均有效；如果主机作为服务器端并需要通过网络连接，建议输入 IP 地址），端口文本框中输入数字端口，默认是 1521，也可以自定义为任意有效数字端口，这里设置为 1421。除了地址信息外，还可以在窗口右侧栏上方的下拉选项中选择"一般参数""监听位置""数据库服务""其他服务"四个选项进行相关信息的配置。

（3）所有配置设置好后，可以单击菜单"文件"→"保存网络配置"命令，这样一个新的监听器就配置完毕。成功添加地址信息后，在安装目录 C:\app\Administrator\product\11.2.0\dbhome_1\NETWORK\ADMIN\listener.ora 文件中出现了新的内容 LISTENER1，其配置如下：

```
LISTENER1=
(DESCRIPTION=
(ADDRESS= (PROTOCOL=TCP)(HOST= localhost)(PORT=1421))
)
```

图 5-44　"选择监听程序"窗口　　　　图 5-45　Oracle Net Manager 新建监听程序

注意：一旦监听器的各种配置发生更改，就要重新启动监听设置才能生效。

2）管理监听程序

选中需要修改的监听器的名称，可以更改网络地址信息或数据库服务等其他配置的信息。如图 5-47 所示，将 LISTENER 的主机名改为 416-T。

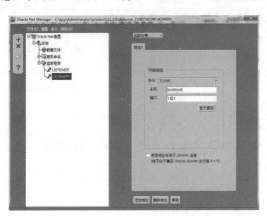

图 5-46　LISTENER1 监听位置信息配置　　　图 5-47　LISTENER 监听器主机名修改

对所有的修改保存网络配置后，首先利用命令查看监听器 LISTENER 的状态，如图 5-48所示，该监听器可以正常使用，并且图中给出了监听器的概要信息。从信息中可发现该监听器的 HOST 是 127.0.0.1。

监听程序的所有修改，都必须要重新启动监听器才能生效。此时停掉该监听器 LISTENER，如图 5-49 所示，再重新启动监听器 LISTENER，发现监听器的概要信息中的主机地址已经变为机器名 416-T，如图 5-50 所示。

图 5-48　修改保存后的 LISTENER 状态

图 5-49　停止 LISTENER

图 5-50　重启后的 LISTENER 状态

# 习　题　5

## 一、选择题

1.（　　）服务监听并接受来自客户端应用程序的连接请求。

   A. OracleHOME_NAMETNSListener       B. OracleServiceSID

   C. OracleHOME_NAMEAgent               D. OracleHOME_NAMEHTTPServer

2. 如果使用 Oracle 服务器端的网络配置工具 Oracle Net Manager 配置了一个网络服务名 StuClient，则可以在下列（　　）文件中找到关于该服务的定义语句。

   A. Db_1\NETWORK\ADMIN\Listener. ora

   B. Db_1\NETWORK\ADMIN\tnsnames. ora

   C. Client_1\NETWORK\ADMIN\Listener. ora

   D. Client_1\NETWORK\ADMIN\tnsnames. ora

3. 为了通过网络连接数据库，需要在客户端建立（　　）。

   A. 监听程序       B. 实例服务       C. 网络连接服务       D. HTTP 服务

4. 保护监听程序配置信息的位置和名称分别是（　　）。

   A. 客户端，listener. ora             B. 客户端，tnsnames. ora

   C. 服务器端，listener. ora           D. 服务器端，tnsnames. ora

5. Oracle 网络配置需要配置服务器端和客户端，下列说法错误的是（　　）。

   A. 服务器端配置的目的就是要配置监听程序的配置文件 listener. ora

   B. 客户端配置的目的就是要配置网络服务名的配置文件 tnsnames. ora

   C. listener. ora 和 tnsnames. ora 不可以在同一台机器上

   D. 网络服务名的命名方式有多种，采用何种方式命名都需要文件 sqlnet. ora

6. 在 Windows 操作系统中，Oracle 的（　　）服务监听并接受来自客户端应用程序的连接请求。

   A. OracleHOME_NAMETNSListener

B. OracleServiceSID

C. OracleHOME_NAMEAgent

D. OracleHOME_NAMEHTTPServer

7. 通过 SQL＊Plus 等数据库访问工具登录数据库服务器时，所需的数据库连接串是在以下哪个文件中定义的？（　　　）

A. tnsnames. ora

B. sqlnet. ora

C. listener. ora

D. init. ora

8. 假定某非本机数据库的全局数据库名为 ORCL. COM，数据库实例的 SID 为 ORCL，定义这个数据库的连接串为 ORCLDB，数据库的用户名为 scott，口令为 tiger，那么用以下哪个命令可以登录这个数据库？（　　　）

A. sqlplus scott/tiger

B. sqlplus scott/tiger@ORCL. COM

C. sqlplus scott/tiger@ORCL

D. sqlplus scott/tiger@ORCLDB

9. Oracle 客户端定义与服务器连接的配置文件的路径通常为（　　　）。

A. ORACLE_HOME/bin/

B. ORACLE_HOME/admin/

C. ORACLE_HOME/network/

D. ORACLE_HOME/network/admin/

10. Oracle 网络监听器位于（　　　）。

A. Oracle 客户端

B. Oracle 服务器端

C. Oracle 客户端和服务器端

D. Oracle 的中间层服务器端

**二、问答题**

1. Oracle Net 的两种配置方式分别是什么？

2. 配置和修改监听程序和数据库的网络服务名的工具是什么？

3. 本地标识符的作用是什么？

4. 什么是监听器？它的作用是什么？

5. tnsping 命令的作用是什么？

6. 动态服务注册和静态服务注册的异同是什么？

# 第 6 章　Oracle 数据库创建

## 6.1　创建 Oracle 数据库

创建数据库的用户必须是系统管理员,或是被授权使用 CREATE DATABASE 语句的用户。创建数据库必须要确定全局数据库名、SID、所有者(即创建数据库的用户)、数据库大小(数据文件最初的大小、最大的大小、是否允许增长及增长方式)、重做日志文件和控制文件等。

### 6.1.1　使用 DBCA 创建数据库

Oracle 数据库配置助手(DBCA),是一个图形用户界面(GUI)工具。它既可与 Oracle 通用安装程序进行交互,也可以单独使用,它的主要作用是简化数据库的创建过程。

DBCA 操作简单、灵活而强大。安装 Oracle 数据库软件后,可以使用 DBCA 来创建和配置数据库,DBCA 能够知道用户是否完成创建新数据库、更改现有数据库的配置或删除数据库。通过 DBCA 选择数据库选项后,许多通常需要手动执行的数据库创建任务会自动执行。使用 DBCA 可以从预定义的数据库模板列表中进行选择,也可以使用现有数据库作为创建模板的样本。

#### 1.创建数据库

(1)在 Windows 环境中依次选择"开始"→"所有程序"→"OracleOraDb11ghome1"→"配置和移植工具"→"Database Configuration Assistant"启动 DBCA,DBCA 激活并初始化。DBCA 初始化完成后自动进入欢迎窗口,如图 6-1 所示。

(2)单击"下一步"按钮,进入数据库"操作"窗口。选择"创建数据库",如图 6-2 所示。

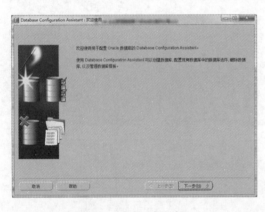
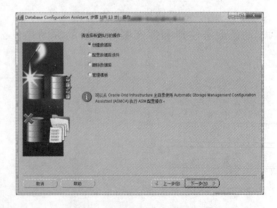

图 6-1　DBCA 欢迎窗口　　　　　　　　　图 6-2　选择"创建数据库"操作

(3)单击"下一步"按钮,进入"数据库模板"窗口,如图 6-3 所示。如果想要查看模板的详细资料,可以单击窗口右下角的"显示详细资料…"按钮,就会显示模板的详细内容,如图 6-4 所示。

图 6-3　"数据库模板"窗口

图 6-4　"模板详细资料"窗口

（4）单击"下一步"按钮，出现"数据库标识"窗口，并输入全局数据库名 XSGL，SID 为 XSGL，如图 6-5 所示。

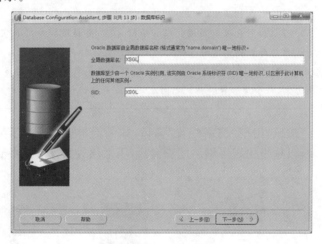

图 6-5　"数据库标识"窗口

（5）单击"下一步"按钮，出现"管理选项"窗口，如图 6-6 所示。

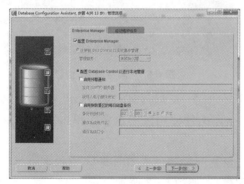

图 6-6　"管理选项"窗口

（6）单击"下一步"按钮，出现"数据库身份证明"窗口，选择"所有账户使用同一管理口令"，并输入"口令"和"确认口令"，如图 6-7 所示。当然用户也可以为不同的管理用户设置不同的口令。

> **注意：**要输入的全局数据库名与 SID 这两个概念的区别如下。
>
> （1）全局数据库名：全局数据库名是将数据库与其他任何数据库唯一标识出来的数据库全称，包含数据库名和数据库域名。参数文件中数据名为 DB_NAME，数据库域名为 DB_DOMAIN，则全局数据库名格式为"DB_NAME.DB_DOMAIN"。比如 student.cs.hubei 是一个典型的全局数据库名，数据库名部分（如 student）是数据库的简单名称，数据库域部分（如 cs.hubei）指定数据库所在的域，它通常和企业内的网络域相同。全局数据库名的数据库名部分不能超过 30 个字符，以字母开头，并且只能包含字母、数字字符和句点（.）字符。数据库域名不能超过 128 个字符。
>
> 在分布式数据库系统中，全局数据库名用来区分不同的数据库的使用，如北京有一个数据库名为 dbstudent，武汉也有一个同名数据库，怎么区分它们呢？在此可以使用"数据库名.域名"的形式，这样即使数据库名相同也可以区分开。
>
> （2）Oracle 服务标识符（SID）：SID 是 Oracle 数据库例程的唯一标识符，最多只能有 12 个字母或数字字符。SID 是用于和操作系统进行联系的标识，就是说数据库和操作系统之间的交互用的是 SID，主要是用来区分同一台计算机上的不同数据库。SID 也被写入参数文件中，该参数为 instance_name，在 winnt 平台中，实例名同时也被写入注册表。
>
> 全局数据库名和 SID 可以相同也可以不同。在一般情况下，全局数据库名和实例名是一对一的关系。比如系统安装中默认的全局数据库名为"ORCL"，则 SID 默认和全局数据库名一样为"ORCL"。但在 Oracle 并行服务器架构（即 Oracle 实时应用集群）中，数据库名和实例名是一对多的关系，也就是一个 Oracle 中创建多个库的时候，每个库和操作系统之间通信的身份标识和用户没有关系。

（7）单击"下一步"按钮，出现"网络配置"窗口，如图 6-8 所示。由于第 5 章配置网络时配置了多个监听器，所以这里出现了网络配置窗口，用来注册数据库服务到监听程序。

图 6-7 "数据库身份证明"窗口　　　　图 6-8 "网络配置"窗口

（8）单击"下一步"按钮，出现"数据库文件所在位置"窗口，如图 6-9 所示。如果想要设置文件的位置，可以选中存储位置中的"所有数据库文件使用公用位置"，单击"浏览"按钮，然后弹出如图 6-10 所示的"目录浏览"对话框。

（9）选择好目录后单击"下一步"按钮，出现"恢复配置"窗口，如图 6-11 所示。

（10）单击"下一步"按钮，出现"数据库内容"窗口，如图 6-12 所示。

（11）单击"下一步"按钮，出现"初始化参数"窗口，其中包含有 4 个选项卡，分别是内存选项卡（见图 6-13）、调整大小选项卡（见图 6-14）、字符集选项卡（见图 6-15）和连接模式选项卡（见图 6-16）。

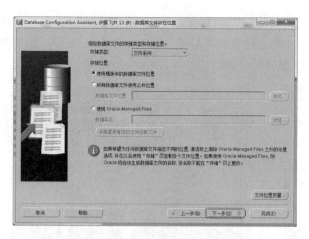

图 6-9 "数据库文件所在位置"窗口　　　　图 6-10 "目录浏览"对话框

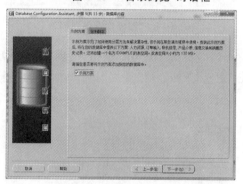

图 6-11 "恢复配置"窗口　　　　图 6-12 "数据库内容"窗口

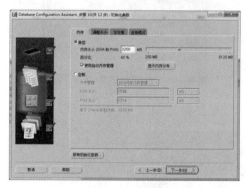

图 6-13 内存选项卡　　　　图 6-14 调整大小选项卡

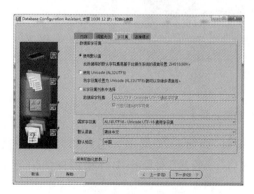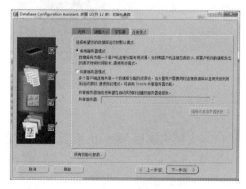

图 6-15 字符集选项卡　　　　图 6-16 连接模式选项卡

(12)单击"下一步"按钮,出现"数据库存储"窗口,如图 6-17 所示。如果想详细设置控制文件、参数文件和日志文件组信息,可以单击相应的树形菜单项,如图 6-18 所示。如果需要添加或者修改日志组的信息,可以在该窗口中设置。

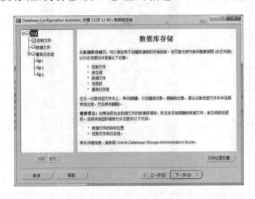

图 6-17　"数据库存储"窗口

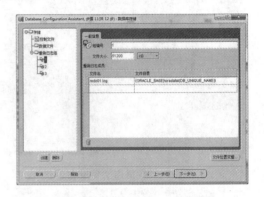

图 6-18　设置重做日志组

(13)单击"下一步"按钮,出现"创建选项"窗口,如图 6-19 所示。勾选"创建数据库",单击"完成"按钮,就出现如图 6-20 所示的"创建数据库-概要"界面。

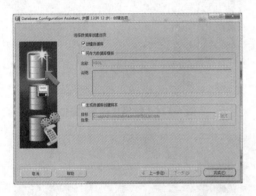

图 6-19　"创建选项"窗口

图 6-20　"创建数据库-概要"界面

(14)单击"确定"按钮,出现自动创建数据库的过程界面,如图 6-21 所示。

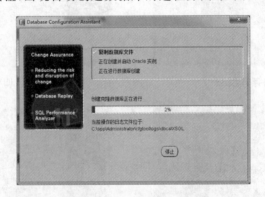

图 6-21　数据库创建界面

(15)安装完成后,最后出现数据库创建完成窗口,如图 6-22 所示。用户如果想要进行口令管理,可以单击"口令管理"按钮,在弹出来的"口令管理"对话框中解锁需要使用的用户,如图 6-23 所示。

图 6-22 数据库创建完成窗口

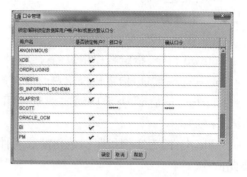

图 6-23 "口令管理"对话框

当所有的操作步骤完成后,打开 Oracle 安装目录,发现出现了和 XSGL 数据库相关的各种目录,其中在 ORADATA 目录下有数据库的各种文件信息。

**2. 删除数据库**

删除数据库时,同样操作打开 DBCA,然后在"操作"窗口上选择"删除数据库",如图 6-24 所示。然后单击"下一步"按钮,进入"数据库"窗口,如图 6-25 所示。该窗口上会显示当前机器上已经存在的数据库实例,选择"XSGL",然后输入管理员的用户名和口令,单击"完成"按钮,在弹出的确认窗口单击"是"按钮就可以删除用户选择的 XSGL 数据库了。

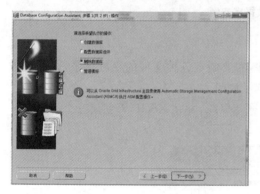

图 6-24 数据库"操作"窗口删除数据库

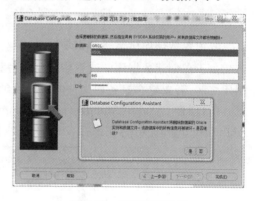

图 6-25 "数据库"窗口

## 6.1.2 手工创建 Oracle 数据库

**1. 确定数据库名称与实例名称**

在操作系统中,Oracle 实例是使用环境变量 ORACLE_SID 来唯一标识的。在"命令提示符"界面中执行下列命令设置操作系统环境变量 ORACLE_SID:

```
C:\Users\Administrator> SET ORACLE_SID= XSGL
```

**2. 创建数据库实例,设置管理员密码**

Windows 平台上,在使用新的实例时,首先必须建立与该实例对应的实例服务,并启动该服务。oradim 工具是 Oracle 在 Windows 上的一个命令行工具,用于进行 Oracle 服务的创建、修改、删除等工作。oradim 工具创建数据库实例的语法命令如下:

```
oradim - new - sid | - srvc 服务 [-intpwd 口令] [-maxusers 数量] [- startmode a|m] [- pfile 文件] [-timeout 秒]
```

参数说明:

Oracle 11g 数据库教程

-new:新建实例。

-sid:指定要启动的实例名称。

-srvc 服务:指定要启动的服务名称。

-intpwd 口令:指定特权用户的口令。

-maxusers 数量:指定特权用户的最大数量。

-startmode a|m:表示启动实例所使用的模式。a——auto 方式(自动),m——manual 方式(手动)。

-pfile 文件:为实例指明初始化参数文件。如果参数文件在 Oracle 的默认位置,则不需要此命令。

-timeout 秒:最大的等待时间(秒)。

第一步设置环境变量后,接着建立数据库实例 XSGL,并创建密码文件。在控制台下输入以下代码:

```
oradim -new -sid XSGL -intpwd XG501oracle
```

运行结果如图 6-26 所示,同时在操作系统上的 oracle_home 目录下的 database 目录里会生成对应的名叫 PWDXSGL.ora 的密码文件。

```
C:\Users\Administrator>oradim -new -sid XSGL -intpwd XG501oracle
实例已创建。
```

图 6-26　创建数据库实例

### 3.创建数据库所需各种目录

由于在创建数据库的过程中会生成各种文件,需要制定各种文件的存放目录,在创建数据库之前,需要建立好各种文件的存放目录,并赋予权限。

(1)创建 C:\app\Administrator\admin 下目录 XSGL,并在 XSGL 下创建三个目录——adump、dpdump、pfile,用来存放跟踪文件,如图 6-27 所示。

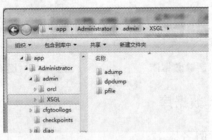

图 6-27　admin\xsGj 目录

(2)创建 C:\app\Administrator\ oradata\XSGL 目录用来存放数据库的各种文件,如数据文件、控制文件、日志文件等。

(3)创建 C:\app\Administrator\flash_recovery_area\XSGL 目录存放闪回数据。

当然,用户也可以在控制台下输入如下代码创建各种目录:

```
mkdir C:\app\Administrator\admin\XSGL\adump

mkdir C:\app\Administrator\admin\XSGL\dpdump

mkdir C:\app\Administrator\admin\XSGL\pfile

mkdir C:\app\Administrator\oradata\XSGL

mkdir C:\app\Administrator\flash_recovery_area\XSGL
```

#### 4. 创建初始化参数文件

要启动实例必须有参数文件。如果机器上没有任何被启动的实例,那么需要手动编辑文本参数文件,如果机器上有已启动的实例,那么可以使用该实例的参数文件来构造新的参数文件。Windows 平台下参数文件默认放在％oracle_home％\database 目录下,pfile 文件名字为 initSID. ora,spfile 名字为 spfileSID. ora。

创建数据库 XSGL 的参数文件,把 C:\app\Administrator\product\11. 2. 0\dbhome_1\dbs 目录中的 init. ora 文件复制到 C:\app\Administrator\product\11. 2. 0\dbhome_1\database 目录中,并取名 initXSGL. ora。注意:该文件的路径不一定非要放到该目录,也可以放到其他地方,但是以后在启动数据库实例时需要添加相关的文件路径。initXSGL. ora 文件中的具体信息修改如下:

```
db_name='XSGL'
memory_target=1G
processes =150
audit_file_dest=C:\app\Administrator\admin\XSGL\adump
audit_trail ='db'
db_block_size=8192
db_domain=''
db_recovery_file_dest=C:\app\Administrator\flash_recovery_area
db_recovery_file_dest_size=2G
diagnostic_dest=C:\app\Administrator
dispatchers='(PROTOCOL=TCP) (SERVICE=ORCLXDB)'
open_cursors=300
remote_login_passwordfile='EXCLUSIVE'
undo_tablespace='UNDOTBS1'
control_files = (ora_control1, ora_control2)
compatible ='11.2.0'
```

#### 5. 连接 Oracle 实例

建立数据库之前,必须要先启动实例,由于建立数据库时要求用户具有 SYSDBA 身份,所以应该以 SYSDBA 身份连接并启动实例。前面已经设置好了环境变量,这里只需要 SYSDBA 身份登录即可。

执行结果如图 6-28 所示。

**图 6-28  SYSDBA 身份连接实例**

#### 6. 启动实例

利用的参数文件 F:\app\Administrator\product\11. 2. 0\dbhome_1\dbs 目录中里的

参数文件 initXSGL.ora,将数据库启动到 NOMOUNT 状态。

```
SQL> STARTUP NOMOUNT
```

执行结果如图 6-29 所示。

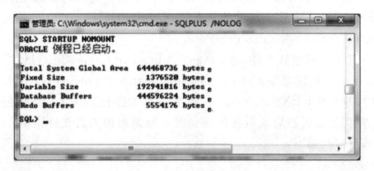

图 6-29 启动数据库实例

### 7. 使用 create database 语句创建数据库

发布 create database 语句创建新的数据库,可以使用 create database 语句指定的子句或者设置的初始化参数来执行其操作,语法格式如下:

```
create database database_name——数据库名字
[ controlfile reuse ]——设置控制文件信息
[ logfile [ group integer ]('path\filename') [ size integer [ K | M ] [ REUSE ]],…n]
      ——日志组的中的日志文件信息(路径、大小等)
[ maxlogefiles integer ]——最大的日志组数
[ maxlogmembers integer ]——每个日志组的最大日志成员个数
[ maxloghistory integer ]——最大日志历史个数
[ maxinstances integer ]——最大数据文件个数
[ maxinstances integer ]——可访问数据库的最大实例个数
[ archivelog | no archivelog ]——开启归档模式|不开启归档模式
[ character set charset ]——设置数据库字符集
[ national character set charset ]——设置民族字符集
[ datafile 'path\filename' [size integer [ K | M ] [ REUSE ]]
[ Autoextend [ off | on [ next integer [ K | M ] maxsize [ unlimited | integer [ K | M
]]]]]——设置数据文件的信息,第一个数据文件为 SYSTEM 表空间对应的数据文件
```

脚本内容如图 6-30 所示。

```
create database XSGL
    maxinstances 8
    maxloghistory 1
    maxlogfiles 16
    maxlogmembers 3
    maxdatafiles 10
    logfile
      group 1 'C:\app\Administrator\oradata\XSGL\redo01.log' size 30M,
      group 2 'C:\app\Administrator\oradata\XSGL\redo02.log' size 30M
    datafile 'C:\app\Administrator\oradata\XSGL\system01.dbf' size 500M Autoextend on next 10M extent management local
    SysAux datafile 'C:\app\Administrator\oradata\XSGL\sysaux01.dbf' size 300M Autoextend on next 10M
    Default temporary tablespace temp tempfile 'C:\app\Administrator\oradata\XSGL\temp01.dbf' size 30M Autoextend on next 10M
    Undo tablespace UNDOTBS1 datafile 'C:\app\Administrator\oradata\XSGL\undotbs01.dbf' size 150M
    character set ZHS16GBK
    national character set AL16UTF16
    user sys identified by XG50loracle
    user system identified by XG50loracle
;
```

图 6-30 创建数据库 XSGL 脚本

创建数据库脚本中除了各种参数的设置外,还建立了两个日志组,每个日志组里各有一个日志文件信息。同时,在 datafile 关键字后,建立了 SYSTEM 表空间、SYSTUX 表空间、临时表空间、回滚表空间对应的文件信息,最后两行用来改变特权 SYS 和 SYSTEM 的口令。当然对于两个用户口令设置的语句也可以不写,但是在后面运行各种包时需要这两个用户,如果这里不写的话,后面在使用两个用户时,SYS 用户密码为在创建实例时已经定义的初始密码,SYSTEM 用户则需 SYS 用户登录数据库,然后手动解锁 SYSTEM 用户并重新设置密码。

用户创建好建立数据库 XSGL 的脚本,存放到 C 盘的根目录下,然后执行该脚本,输入如下语句:

```
SQL>@c:\create data base XSGL.sql
```

执行过程需要等待一段时间,Orale 会根据创建数据库的代码,在不同的目录里建立相应的文件。如图 6-31 所示,在 C:\app\Administrator\oradata\XSGL 目录下创建了日志文件和数据文件。如图 6-32 所示,根据参数文件中的设定,在 C:\app\Administrator\product\11.2.0\dbhome_1\database 目录下会生成两个控制文件。

用户在实际操作中需要注意,要保证建立文件的目录都存在,且对应的目录中不存在同名的文件,保证目录所在磁盘的空间足够,否则 Oracle 都会报错。

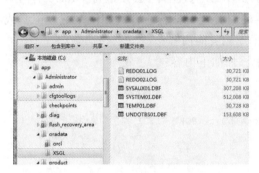

图 6-31　日志文件、数据库文件目录

图 6-32　控制文件目录

**8. 运行脚本创建数据字典视图**

创建数据库成功后,用户还需要安装数据字典和系统中的各种包。在安装各种系统包的过程中要注意安装时的用户身份,大部分需要管理员 SYSDBA 身份,有一部分需要 SYSTEM 用户身份。

1)安装数据字典(SYSDBA 身份)

Oracle 中的数据字典中存放着 Oracle 数据库中的基本信息,它是 Oracle 数据库中最早建立的数据库对象。为了获得数据库的系统信息,用户可以查询各种数据字典。以 SYDBA 身份连接数据库后,运行 catalog.sql 脚本,就可以创建数据字典。输入代码如下:

```
SQL>@C:\app\Administrator\product\11.2.0\dbhome_1\RDBMS\ADMIN\catalog.sql;
```

2)安装 Oracle 系统包(SYSDBA 身份)

(1)创建 Oracle 中一些存储过程和包。

为了扩展 Oracle 数据库的功能,Oracle 提供了大量的 PL/SQL 系统包,在编写应用程序时,用户就可以直接使用这些包了。以 SYDBA 身份连接数据库后,运行 catproc.sql 脚本,就可以创建这些系统包了。输入代码如下:

```
SQL>@C:\app\Administrator\product\11.2.0\dbhome_1\RDBMS\ADMIN\catproc.sql;
```

（2）创建 Oracle 中一些锁机制相关的视图。

```
SQL>@C:\app\Administrator\product\11.2.0\dbhome_1\RDBMS\ADMIN\catblock.sql
```

（3）创建需要使用 PL/SQL 加密工具的接口，建立密码工具包 dbms_crypto_toolkit。

```
SQL>@C:\app\Administrator\product\11.2.0\dbhome_1\RDBMS\ADMIN\catoctk.sql
```

（4）建工作空间管理相关视图，如 dbms_wm。

```
SQL>@C:\app\Administrator\product\11.2.0\dbhome_1\RDBMS\ADMIN\owminst.plb
```

（5）创建 Oracle 中样例数据 SCOTT 用户下的各种对象。

```
SQL>@C:\app\Administrator\product\11.2.0\dbhome_1\RDBMS\ADMIN\scott.sql
```

3）安装 Oracle 系统包（必须使用 SYSTEM 登录）

控制数据库的安全性时，特权用户和 DBA 可以使用授权语句进行权限操作。作为用户级别的安全补充，特权用户和 DBA 还可以控制应用产品的安全性。以 SYSTEM 用户连接数据库后，运行 pupbld. sql 脚本，就可以安装相应的表和视图。如果没有安装该表，运行 SQL * Plus 时，普通用户无法登录以 SYSTEM 用户连接数据库后，输入如下代码：

```
SQL>@C:\app\Administrator\product\11.2.0\dbhome_1\sqlplus\admin\pupbld.sql;
```

**9. 网络配置（Dracle Net Manager 工具）**

建立好数据库后，为了使客户端应用可以访问 Oracle 数据库，必须进行 Oracle 的网络配置。在客户端配置本地 Net 服务名，在服务器端配置监听器信息。利用网络配置工具或者是在 TNS 文件和 LISTENER 文件中配置数据库相关的内容。

（1）本地 Net 服务名的 tnsnames. ora 文件中添加如下内容：

```
XSGL =
  (DESCRIPTION =
    (ADDRESS = (PROTOCOL = TCP)(HOST = localhost)(PORT = 1521))
    (CONNECT_DATA =
      (SERVER = DEDICATED)
      (SERVICE_NAME = XSGL)
    )
  )
```

保存后，可以发现本地的 tnsnames. ora 文件中的信息有所改变，如图 6-33 所示。

添加完成后，可以利用 tnsping 命令来查看这个服务名的连接情况，如图 6-34 所示。

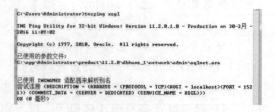

图 6-33　添加 XSGL 本地 Net 服务名　　　　图 6-34　测试本地 Net 服务名——XSGL

（2）在默认监听器中注册数据库 XSGL 的静态服务，在监听文件中的 SID_LIST 添加以下内容：

```
(SID_DESC =
    (GLOBAL_DBNAME =XSGL)
    (ORACLE_HOME =C:\app\Administrator\product\11.2.0\dbhome_1)
    (SID_NAME =XSCJ)
)
```

保存后可以发现本地的 listener.ora 文件中的信息有所改变，如图 6-35 所示。

由于监听的重新配置需要重启才能生效，所以保存后先停止默认监听．输入代码如下：

```
C:\Users\Administrator>lsnrctl stop
```

执行结果如图 6-36 所示。

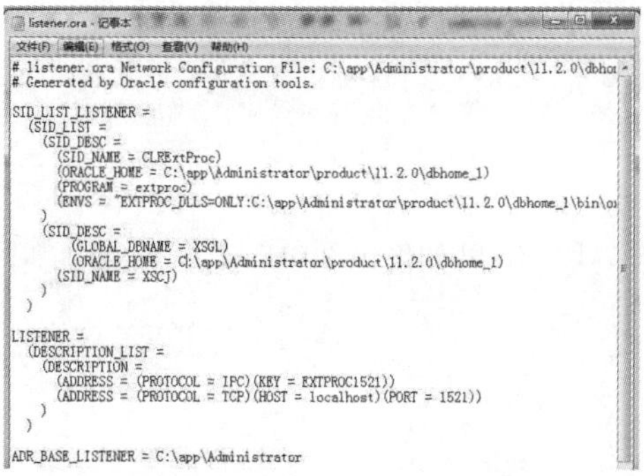

图 6-35 监听程序中添加 XSGL 数据库服务 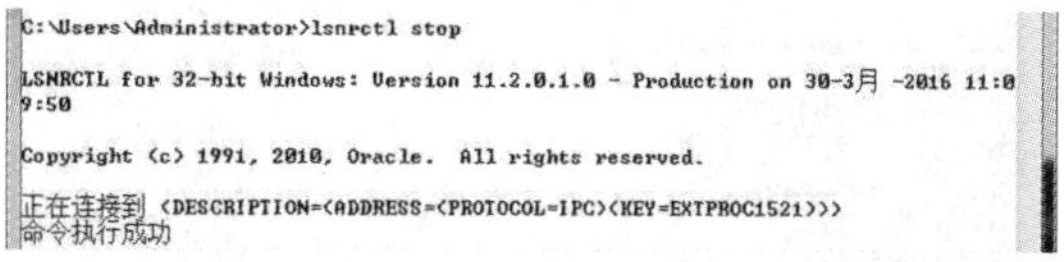    图 6-36 停止默认监听程序 LISTENER

接着启动监听，输入如下代码：

```
C:\Users\Administrator> lsnrctl start
```

执行结果如图 6-37 所示，执行成功后发现，前面新建立的数据库 XSGL 的数据库服务已经注册到监听器中。

图 6-37 启动默认监听程序 LISTENER

**10. 创建服务器初始化参数文件**

在 Oracle 10g 里已经开始引入服务器参数文件（spfile）。spfile 改正了 pfile 管理混乱的问题，使用 spfile 后所有参数改变都写到 spfile 里面，该文件可以简化初始化参数的管理。

spfile 文件是一个二进制文件,不能使用文本编辑器,否则可能造成 Oracle 无法识别 spfile 文件。

要创建 spfile 文件,可以使用 create spfile 命令直接从已经存在的 pfile 建立。首先以管理员身份连接数据库,输入如下代码:

```
SQL>conn sys/XG501oracle as sysdba
```

然后通过现有的文本参数文件,创建服务器端的参数文件 spfile,输入如下代码:

```
SQL> create spfile from pfile='C:\app\Administrator\product\11.2.0\dbhome_1\
database\initXSGL.ora';
```

需要注意的是,要重新启动数据库,spfile 的设置才有效,所以应先关闭数据库,再启动数据库。在 SQL＊Plus 中输入如下代码:

```
SQL> shutdown immediate
SQL> startup
```

执行结果如图 6-38 所示。

### 11. 测试数据库是否可以正常使用

用命令 show parameter db_name 查看数据库名,执行结果如图 6-39 所示。

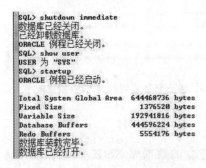

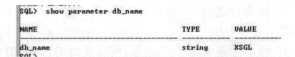

图 6-38　重启数据库 XSGL　　　　　　　图 6-39　查看数据库 XSGL 的数据库名

## 6.2　Oracle 数据库的启动与关闭

### 6.2.1　数据库启动

数据库启动过程可以分为 3 个过程(见图 6-40):创建并启动实例、装载数据库和打开数据库。

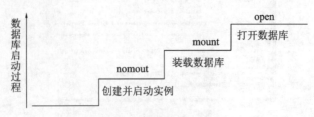

图 6-40　数据库启动过程

(1)创建并启动与数据库对应的实例。(nomount 状态)

在启动实例时,将为实例创建一系列后台进程和服务进程,并且在内存中创建 SGA 区等内存结构。在实例启动的过程中只会使用到初始化参数文件,数据库是否存在对实例的启动没有影响。如果初化参数设置有误,实例将无法启动。

(2)为实例加载数据库。(mount 状态)

加载数据库时实例将打开数据库的控制文件,从控制文件中获取数据库名称、数据文件的位置和名称等有关数据库物理结构的信息,为打开数据库做好准备。如果控制文件损坏,则实例将无法加载数据库。在加载数据库阶段,实例并不会打开数据库的物理文件——数据文件和重做日志文件。

(3)将数据库设置为打开状态。(open 状态)

打开数据库时,实例将打开所有处于联机状态的数据文件和重做日志文件。若控制文件中的任何一个数据文件或重做日志文件无法正常打开,数据库都将返回错误信息,这时需要进行数据库恢复。

只有将数据库设置为打开状态,数据库才处于正常状态,这时普通用户才能够访问数据库。在很多情况下,启动数据库时并不是直接完成上述 3 个步骤,而是逐步完成的,然后执行必要的管理操作,最后才使数据库进入正常运行状态,所以才有了各种不同的启动模式用于不同的数据库维护操作。

启动数据库可以使用 startup 命令,语法格式如下:

```
startup [force] [restrict] [pfile=filename] [quiet] [mount [dbname] | [open [open_
options] [dbname] ] | nomount]
```

**1. startup nomount**

当数据库关闭时,如果要启动数据库实例,可以选择 nomount 选项,其仅仅创建一个 Oracle 实例。输入 startup nomount 后,Oracle 会读取 init. ora 初始化参数文件、启动后台进程、初始化系统全局区(SGA)。init. ora 文件定义了实例的配置,包括内存结构的大小和启动后台进程的数量和类型等。实例名是根据 Oracle_SID 设置,不一定要与打开的数据库名称相同。

Oracle 中有两种参数文件,一个是 pfile(文本型初始化参数文件 init<SID>. ora ),另外一个是 spfile(服务器参数文件 spfile<SID>. ora)。其中 pfile 存放在 databsae 目录下,11g 里在 admin 目录下也有一个 pfile,spfile 存放在 databsae 目录下。Oracle 在启动过程中如果不指明启动参数文件的路径,默认是读取放在 databsae 目录下的 init<SID>. ora 参数文件。

当实例打开后,系统将显示一个 SGA 内存结构和大小的列表:

```
SQL>  startup nomount
ORACLE 例程已经启动。
Total System Global Area   612368384 bytes
Fixed Size                  1250428 bytes
Variable Size             171969412 bytes
Database Buffers          432013312 bytes
```

在 nomount 模式下可以创建一个新的数据库,重建数据库的控制文件,且这种模式常用于数据库控制文件全部损坏,需要重新创建数据库控制文件或创建数据库的情况。

如果采用 startup nomount 打开命令方式,虽然实例已经创建,但是数据库没有安装和打开,用户必须采用 alter database 命令来执行打开数据库的操作。命令如下:

```
SQL>alter database mount;
SQL>alter database open;
```

具体执行过程如下：

```
SQL> startup nomount
ORACLE 例程已经启动。
Total System Global Area   612368384 bytes
Fixed Size                   1250428 bytes
Variable Size              184552324 bytes
Database Buffers           419430400 bytes
Redo Buffers                 7135232 bytes
SQL> alter database mount;
数据库已更改。
SQL> alter database open;
数据库已更改。
```

**2. startup mount**

startup mount 命令可以创建实例并且安装数据库，但没有打开数据库。Oracle 系统读取控制文件中关于数据文件和重作日志文件的内容，但并不打开该文件，只实现数据库的装载。

在 mount 模式下可以执行下列操作：

- 重命名数据文件。
- 添加、删除或重命名重做日志文件。
- 改变数据库的归档模式。
- 执行数据库完全恢复操作。

这种打开方式常在数据库维护操作中使用，如对数据文件的更名、改变重作日志，以及打开归档方式等。在这种打开方式下，除了可以看到 SGA 系统列表以外，系统还会给出"数据库装载完毕"的提示：

```
SQL> startup mount
ORACLE 例程已经启动。
Total System Global Area   612368384 bytes
Fixed Size                   1250428 bytes
Variable Size              171969412 bytes
Database Buffers           432013312 bytes
Redo Buffers                 7135232 bytes
数据库装载完毕。
```

在该模式下，DBA 常见的一个操作是改变数据库的归档方式。

例如，数据库由归档方式改为非归档方式，数据库命令执行如下所示：

```
SQL> alter database archivelog;
数据库已更改。
```

例如，监测数据库的运行模式，Oracle 会显示当前数据库的日志状态，数据库命令执行如下所示：

```
SQL> archivelog list;
数据库日志模式存档模式
自动存档启用
存档终点 USE_DB_RECOVERY_FILE_DEST
最早的联机日志序列 1
下一个存档日志序列 3
当前日志序列 3
```

如果当前控制文件损坏,数据库是不能启动到装载状态(mount)。如图 6-41 所示,当前系统控制文件损坏,当启动数据库到装载状态时,可以创建实例,但是系统报出"ORA-00205"提示控制文件出错,此时用户可使用备份的控制文件来解决问题。

```
SQL> startup mount
ORACLE 例程已经启动。

Total System Global Area   612368384 bytes
Fixed Size                   1250428 bytes
Variable Size              188746628 bytes
Database Buffers           415236096 bytes
Redo Buffers                 7135232 bytes
ORA-00205: ?????????, ??????, ???????
```

**图 6-41　数据库启动到装载过程**

如果以 startup mount 方式启动数据库,只需要运行以下命令即可以打开数据库:

```
SQL>alter database open;
```

### 3. startup [open]

startup [open]命令可以完成创建实例、安装实例和打开数据库的所有三个步骤,数据库使数据文件和重作日志文件在线,通常还会请求一个或者是多个回滚段。这时,系统除了可以看到前面 startup mount 方式下的所有提示外,还会给出"数据库已经打开"的提示。此时,数据库系统处于正常工作状态,可以接受用户请求。

```
SQL>startup
ORACLE 例程已经启动。

Total System Global Area   612368384 bytes
Fixed Size                   1250428 bytes
Variable Size              171969412 bytes
Database Buffers           432013312 bytes
Redo Buffers                 7135232 bytes
数据库装载完毕。
数据库已经打开。
```

对于那些仅仅提供查询功能的产品,数据库可以采用在创建实例及安装数据库后,以只读方式打开数据库。

```
alter database open read only;
```

### 4. 其他打开方式

除了前面介绍的三种数据库打开方式外,还有其他的一些方式。

1) startup restrict

在 startup restrict 打开方式下,数据库将被成功打开,但仅仅允许一些特权用户(具有 DBA 角色的用户)使用数据库。这种方式常用在对数据库进行维护时,不希望有其他用户连接到数据库操作数据的情况。

下列操作需要使用 startup restrict 方式启动数据库:

- 执行数据库数据的导出或导入操作。
- 执行数据装载操作。
- 暂时阻止普通用户连接数据库。
- 进行数据库移植或升级操作。

2) startup force

startup force 命令其实是强行关闭数据库(shutdown abort)和启动数据库(startup)两

条命令的综合。该命令仅在关闭数据库遇到问题不能关闭数据库时采用,例如:

● 无法使用 shutdown normal,shutdown immediate 或 shutdown transaction 语句关闭数据库实例。

● 在启动实例时出现无法恢复的错误。

3)startup pfile

```
startup pfile[=path\filename]
```

● 默认服务器端初始化参数文件。

● 默认文本文件。

● 使用非默认的初始化参数文件。

```
startup pfile= \%oracle_home%\database\initorcl.ora
```

### 6.2.2  数据库关闭

数据库的关闭和启动是一个相反的过程,执行过程如图 6-42 所示。

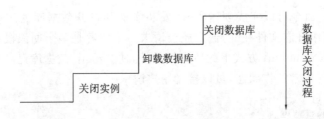

**图 6-42  数据库关闭过程**

数据库关闭的语法格式如下:

```
shutdown [normal | immediate|transactional | abort]
```

参数说明:

● normal:正常关闭。(一般对数据库的关闭时间没有限制)

● immediate:立即关闭。

● transactional:尽量少影响客户端,避免客户丢失信息。

● abort:放弃一切事务,立即关闭。(出现紧急情况时使用)

**1. shutdown normal**

shutdown normal 是数据库关闭 shutdown 命令的默认选项。发出该命令后,任何新的连接都将再不允许连接到数据库,也不允许当前连接用户启动任何新的事务,回滚所有当前未提交的事务,在数据库关闭之前,Oracle 将等待目前连接的所有用户都从数据库中退出后才开始关闭数据库。采用这种方式关闭数据库,在下一次启动时不需要进行任何的实例恢复。但需要注意的是:采用这种方式,关闭一个数据库需要几天时间,也许更长;如果数据库中存在死进程,这种方式将关不了数据库。

如果用一个商店来比喻 Oracle 数据库,用商店关门来比喻数据库的关闭,那么这种商店关门方式如下:

(1)顾客出了门就不让再进来了。

(2)不撵商店里面的顾客,等他们自愿全部走完,商店才关门。

**2. shutdown immediate**

用户如果想很快地关闭数据库,但又想让数据库干净的关闭,常采用 shutdown immediate 方式。

在这种方式下,Oracle 数据库会阻止所有用户建立新的连接,也不允许当前连接用户启动任何新的事务;当前正在被 Oracle 处理的 SQL 语句立即中断,系统中任何没有提交的事务全部回滚。如果系统中存在一个很长的未提交的事务,采用这种方式关闭数据库也需要一段时间(该事务的回滚时间)。系统不等待连接到数据库的所有用户退出系统,强行回滚当前所有的活动事务,然后断开所有的连接用户。数据库下一次启动时不需要任何实例的恢复过程。

如果用一个商店来比喻 Oracle 数据库,用商店关门来比喻数据库的关闭,那么这种商店关门方式如下:

(1)出去的顾客就不让再进来了。

(2)在商店里的顾客,买完正在选购的商品后,不能再买其他商品,即离开商店。

(3)待商店的顾客都离开后,商店才关门。

```
SQL>shutdown immediate
数据库已经关闭。
已经卸载数据库。
ORACLE 例程已经关闭。
```

### 3. shutdown transactional

shutdown transactional 选项仅在 Oracle 8i 后才可以使用,该命令常用来计划关闭数据库。发出该命令后,Oracle 阻止所有用户建立新的连接,也不允许当前连接用户启动任何新的事务;它等待用户回滚或提交任何当前未提交的事务,然后立即断开用户连接;在所有活动的事务完成后,数据库将以和 shutdown immediate 同样的方式关闭数据库。数据库下一次启动时不需要任何实例的恢复过程。

如果用一个商店来比喻 Oracle 数据库,用商店关门来比喻数据库的关闭,那么这种商店关门方式如下:

(1)出去的顾客就不让再进来了。

(2)在店里的顾客,买完已经选购了的商品后,不能再买其他商品,即离开商店。

(3)待商店的顾客都离开后,商店才关门。

### 4. shutdown abort

shutdown abort 是关闭数据库的最后一招,也是在没有任何办法关闭数据库的情况下才不得不采用的方式,一般不要采用。如果出现下列情况时可以考虑采用这种方式关闭数据库:

(1)数据库处于一种非正常工作状态,不能用 shutdown normal 或者 shutdown immediate 这样的命令关闭数据库;

(2)需要立即关闭数据库;

(3)在启动数据库实例时遇到问题。

发出该命令后,所有正在运行的 SQL 语句都将立即中止,所有未提交的事务将不回滚,Oracle 也不等待目前连接到数据库的用户退出系统。下一次启动数据库时需要实例恢复,因此,下一次启动可能比平时需要更多的时间。

如果用一个商店来比喻 Oracle 数据库,用商店关门来比喻数据库的关闭,那么这种商店关门方式为:商店的顾客将商品扔掉立刻离开,可能有的顾客还没离开商店就关门。

如表 6-1 所示可以清楚地看到上述四种不同关闭数据库的区别和联系。

**表 6-1　shutdown 数据库不同方式对比表**

| 关 闭 方 式 | abort | immediate | transactional | normal |
|---|---|---|---|---|
| 允许新的连接 | × | × | × | × |
| 等待直到当前会话中止 | × | × | × | √ |
| 等待直到当前事务中止 | × | × | √ | √ |
| 强制生成检查点并关闭所有文件 | × | √ | √ | √ |
| 下次启动需要实例恢复 | √ | × | × | × |

# 习　题　6

## 一、选择题

1. 创建数据库时命令格式的关键字是(　　)。

　　A. create database　　　　　　　　　　B. alter database

　　C. create tablespace　　　　　　　　　　D. alter tablespace

2. 关闭 Oracle 数据库的命令是(　　)。

　　A. close　　　　B. exit　　　　C. shutdown　　　　D. stop

3. 要创建新的 Oracle 数据库,可以采用的工具是(　　)。

　　A. Oracle Universal Installer

　　B. Oracle Datebase Configuration Assistant

　　C. Oracle Enterprise Management Console

　　D. Oracle Net Manager

4. 下面不属于 Oracle 数据库状态的是 (　　)。

　　A. open　　　　B. mount　　　　C. close　　　　D. ready

5. 如果用户需要在安装好 Oracle 的系统上创建、修改和删除数据库,就需要使用(　　)。

　　A. 通用安装器　　B. 数据库配置助手　　C. 企业管理器　　D. 网络配置助手

6. Oracle 数据库启动时需要经历三个步骤和状态变换,以下顺序正确的是(　　)。

　　A. mount→open→nomount　　　　　　B. mount→open→close

　　C. close→open→mount　　　　　　　　D. nomount→mount→open

7. 要重新启动 Oracle 数据库服务器,首先要以哪种身份登录数据库?(　　)

　　A. SYSDBA(B)　　B. SYSOPER　　　　C. SYSMAN　　　　D. SUPERMAN

8. 实例是在哪个阶段启动的?(　　)

　　A. mount　　　　B. open　　　　C. nomount　　　　D. 以上都不对

9. 关闭数据库最快的是(　　)。

　　A. shutdown immediate　　　　　　　　B. shutdown abort

　　C. shutdown normal　　　　　　　　　　D. shutdown transaction

10. 下段程序:

```
SQL> startup ___(___)___
ORACLE 例程已经启动。
Total System Global Area    289406976 bytes
Fixed Size                    1248576 bytes
Variable Size                83886784 bytes
Database Buffers            197132288 bytes
Redo Buffers                  7139328 bytes
数据库装载完毕。
SQL>
```

请问这时数据库启动到的状态是( )。

A. nomount          B. mount          C. open          D. 无法判断

11. 关闭数据库的各种方式中,会出现数据不一致的情况(即需要恢复数据库)的是( )。

A. normal          B. transactional          C. immediate          D. abort

12. 当在 Windows 平台上安装并运行 Oracle 服务器后,可通过 Windows 服务窗口来查看其服务情况,以下哪一个是数据库服务项?(假定服务器的 SID 为 ORA2)( )

A. OracleORA2ManagementServer          B. OracleORA2Agent

C. OracleORA2HTTP                      D. OracleServiceORA2

13. 要重新启动 Oracle 数据库服务器,首先要以哪种身份登录数据库?( )

A. SYSDBA          B. SYSOPER          C. SYSMAN          D. SUPERMAN

14. 根据不同的需要,可对数据库服务器进行相应的启动方式,当以 startup mount 方式启动时,以下说法正确的是( )。

A. 仅仅创建一个数据库实例

B. 创建了数据库实例并且挂载了数据库

C. 创建了数据库实例,同时也创建了数据库

D. 打开了数据库,但只能供系统用户访问

15. 在关闭数据库时,要求当前尚未处理完成的事务立即停止处理,未完成事务进行回滚,可采用下列哪种方式?( )

A. shutdown                    B. shutdown abort

C. shutdown immediate          D. shutdown normal

## 二、问答题

1. 简述 Oracle 11g 启动数据库的步骤。

2. 使用什么工具可以创建和删除数据库?

3. 启动数据库到装载状态,然后将数据库切换到打开状态的命令是什么?

4. 简述 Oracle 数据库启动过程。简述 Oracle 数据库启动和关闭数据库实例的方法。

# 第7章 Oracle 11g 表空间的管理

## 7.1 Oracle 表空间概述

一个 Oracle 由一个或多个逻辑存储单位组成,这些单位叫作表空间,表空间负责保存数据库中所有的数据,是 Oracle 数据库的最大逻辑容器。Oracle 数据库的每个表空间由一个或多个数据文件组成,数据文件是 Oracle 所运行的操作系统上的文件。一个数据库的数据存储在构成数据库中表空间的数据文件上。数据库容量在物理上由数据文件的大小与数量决定,在逻辑上由表空间的大小与数量决定。

Oracle 数据库中包含多个表空间,表空间中有一个或多个数据文件,但是一个数据文件只能属于一个表空间。当用户创建对象时,数据库对象可以存放在一个数据文件中,也可以跨数据文件存放。每一个对象分配一个段,它包括一个或多个扩展区(如果对象被分区,如表分区等,每一个区可分配一个段),每一个区里又包含一系列连续的数据库块,如图 7-1 所示。

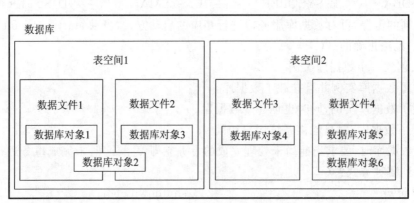

图 7-1 数据库与表空间、数据文件、数据库对象的关系

### 7.1.1 表空间的分类

Oracle 表空间按使用类型分类如下:

1)永久表空间

永久表空间(permanent tablespace)中存储数据库需要永久化存储的对象,比如二维表、视图、存储过程、索引。永久表空间中按存储内容方式可分为两类,即系统表空间和非系统表空间。

(1)系统表空间。

系统表空间指的是数据库系统创建时需要的表空间,这些表空间在数据库创建时自动创建,是每个数据库必需的表空间,满足数据库系统运行的最低要求,如系统表空间中存放的数据字典、还原段。在用户没有创建非系统表空间时,系统表空间可以存放用户数据或索引等,但是这样做会增加系统表空间的 I/O,影响系统效率。从 Oracle 10g 开始,创建数据库时会有两个系统表空间：

①系统表空间 SYSTEM　每个 Oracle 数据库创建时都会自动创建一个 SYSTEM 表空间。SYSTEM 表空间在数据库打开时总是在线。SYSTEM 表空间包含着整个数据库的所有数据字典表。数据字典表保存在编号为 1 的数据文件上。

②辅助表空间 SYSAUX　从 Oracle 10g 开始，出现了 SYSAUX 表空间。它是 SYSTEM 表空间的辅助表空间，用来存放各种 Oracle 产品和特征的信息。许多数据库组件使用 SYSAUX 表空间作为它们的默认位置来保存数据，因为在数据库创建或者升级时总会创建 SYSAUX 表空间。

SYSAUX 表空间集中存储不包含在 SYSTEM 表空间中的数据库元数据。它减少了默认需要创建的表空间数量，不论在标准数据库还是在用户自定义的数据库中都是如此。

在通常的数据库操作中，Oracle 数据库服务器不允许删除或重命名 SYSAUX 表空间，也不支持 SYSAUX 表空间的传送。

(2)非系统表空间。

非系统表空间是用户根据业务需求而创建的表空间，可以按照数据多少、使用频度、需求数量等灵活设置，可以存储还原段或者临时段，有效地提高系统的效率。

创建数据库时，一般会默认创建一个 Users 表空间，也就是默认用户表空间。在创建一个用户并没有指定是此用户使用的表空间时，用户的所有信息都会放入 Users 表空间中。

2)临时表空间

临时表空间（temporary tablespace）用来存放各种临时数据（排序数据和索引数据等）。临时表空间不能包含任何持久模式对象。临时表空间里不存放实际的数据，所以即使出了问题，也不需要恢复和备份，因此也不需要记录日志。

比如应用中执行排序命令时，服务器进程会把这些临时数据首先放到 PGA 中去，但是 PGA 的空间有限，当 PGA 工作区不足以存放临时数据时，服务器进程会建立临时段，并将这些临时数据存放到临时段。

可以通过指定一个或多个专门用来排序的临时表空间来更好地有效管理排序操作，这样会有效改善包括排序空间的分配和释放的串行化空间的管理。单一的 SQL 操作可以使用多个临时表空间来排序。例如，可以在很大的表上创建索引，索引创建时的排序操作可以分布在多个表空间上。

排序操作包含连接、索引创建、排序、聚集计算（GROUP BY）和收集优化统计等。在真正的应用集群中这种性能的提高会体现得更充分。

3)回滚表空间

回滚表空间（undo tablespace）是用来存储 UNDO 信息（数据修改前的副本、事务所修改的旧地址等）的表空间。不能在回滚表空间上创建任何其他段类型（如表、索引等），每个数据库可以包含多个回滚表空间。在自动 UNDO 管理模式下，每个 Oracle 实例会分配一个回滚表空间。UNDO 数据在回滚表空间的 UNDO 段中管理，UNDO 段由 Oracle 自动创建和管理。

当事务中的 DML 操作运行时，事务会在当前回滚表空间中分配到一个 UNDO 段。极少情况下实例没有分配到一个指定的回滚表空间，此时事务会绑定到 system UNDO 段上。

每个回滚表空间由一系列 UNDO 文件组成，采取本地管理方式。和其他类型的表空间一样，UNDO 块组成区段，区段的状态在位图中体现。在任何时间点上，一个区段或者空闲，或者分配给一个事务表。

### 7.1.2 表空间的优势

(1)能够将数据字典信息与用户数据分离开来,避免由于字典对象和用户对象保存在同一个数据文件中而产生的磁盘 I/O 冲突。

(2)能够将回滚数据与用户数据分离开来,避免由于硬盘损坏而导致永久性的数据丢失。

(3)能够将表空间的数据文件分散保存到不同的硬盘上,控制磁盘空间分配,平均分布物理 I/O 操作。

(4)能够将某个表空间设置为脱机状态或联机状态,在线控制数据的可见性,并对数据库的一部分数据进行备份和恢复操作。

(5)能够将某个表空间设置为只读状态,从而将数据库的一部分设置为只读状态。

(6)能够为某种特殊用途专门设置一个表空间,比如临时表空间等,以提高表空间的使用效率。

(7)能够更加灵活地为用户设置表空间限额。

### 7.1.3 表空间的应用原则

表空间在实际工程中应用时,遵循分散(separate)存储原则,避免磁盘 I/O 冲突。一般有以下建议:

(1)SYSTEM 表空间应该只包含系统数据(如数据字典)。

(2)表空间对应的数据文件分开存储到不同的物理磁盘上。

(3)系统中的日志文件和数据文件放置在不同的存储磁盘上。

(4)将不同类型的数据部署到不同的表空间中,包括专用的数据表空间(可能需要建立多个)、索引表空间(可能需要建立多个)和临时表空间,以提高数据访问性能,便于数据管理、备份、恢复等操作。

(5)对于数据量特别大、并发访问频繁的表、索引,应考虑单独存放在一个表空间中。

 ## 7.2 创建表空间

Oracle 推荐用户至少创建一个额外的表空间来单独保存用户数据,这样用户数据和数据字典信息是分离的。这样做可以让用户在管理不同的数据库操作时有更大的灵活性,并且降低了保存在同一个数据文件上字典对象和模式对象的争用。

创建表空间的用户必须拥有 CREATE TABLESPACE 系统权限。在创建表空间前,必须先创建包含表空间的数据库。表空间是 Oracle 四层逻辑结构中唯一与特定物理文件对应的层次。一个表空间可以对应不同硬盘上的多个文件,而一个文件只能属于一个表空间。在建立表空间的时候,都会至少生成一个数据文件作为表空间信息保存的地方。

语法格式:

```
CREATE[BIGFILE | SMALLFILE] [PERMANENT | TEMPORARY | UNDO ] TABLESPACE
tablespace_name
    [DATAFILE | TEMPFILE]'path/filename'[SIZE integer[K | M ]]
    [ REUSE ]
    [ AUTOEXTEND [ OFF | ON [ NEXT integer  [ K | M ]]]
    [ MAXSIZE [ UNLIMITED | integer [ K | M ] ]
    [ ONLINE | OFFLINE ]
```

```
        [ LOGGING │ NOLOGGING ]
    SEGMENT SPACE MANAGEMENT[AUTO|MANUAL ]
        [ EXTENT MANAGEMENT [ DICTIONARY │ LOCAL [ AUTOALLOCATE │ UNIFORM [ SIZE integer [
K │ M] ] ] ] ]
        [ DEFAULT STORAGE storage_clause ]
```

参数说明：

● BIGFILE：大文件表空间。

● SMALLFILE：小文件表空间，默认值，一般不设置该参数。

● PERMANENT：指定表空间是否用来生成永久性对象，如表、索引等；创建永久表空间，Oracle 默认设置。

● TEMPORARY：指定表空间是否用来生成临时对象，创建临时表空间。

● UNDO：指定表空间是否用来做回滚表空间。

● tablespace_name：指定表空间名称，Oracle 要求不能超过 30 个字符，必须以字母开头，可以包含字母、数字以及一些特殊字符（如♯、_、＄ 等）。

● DATAFILE │ TEMPFILE：包括表空间对应数据文件或临时文件的名称、初始大小和可变化规则。

● path/filename：文件路径和文件名，路径可以是相对路径，也可以是绝对路径。

● 指定生成数据文件的初始大小，单位为 KB 或 MB。

● REUSE：表示数据文件是否被重用。

● AUTOEXTEND：表明数据文件是否自动扩展。

● OFF │ ON：表示数据文件自动扩展是否被关闭，OFF 为关闭，ON 为打开。

● NEXT：表示当数据文件自动扩展打开后，数据文件满了以后，扩展的大小。

● MAXSIZE [ UNLIMITED │ integer [ K │ M ] ]：表示数据文件的最大值。UNLIMITED 表示无限的表空间。

● ONLINE │ OFFLINE：指定表空间生成以后的状态，ONLINE 为立即处于联机状态，OFFLINE 为立即处于脱机状态。

● LOGGING │ NOLOGGING：指定在 DDL 操作和直接装载插入状态下的重做日志的处理。LOGGING 在重做日志下保存记录，NOLOGGING 不保存记录。

● SEGMENT SPACE MANAGEMENT：表明段空间管理的方式。

◆ AUTO：自动段空间管理，是默认值。Oracle 用位图来管理段内的空闲空间，位图描述段内每一个数据块的可用空间信息。随着块中增大或减小可用空间，位图会自动刷新它的状态。

◆ MANUAL：手动段空间管理。Oracle 用空闲列表（free lists）来管理段内的空闲空间。

● EXTENT MANAGEMENT：此参数用来指定表空间是采用数据字典表空间管理方式还是采用本地管理表空间方式。DICTIONARY 为数据字典管理表空间方式。LOCAL 关键字，即表明这是一个采用本地管理表空间方式的表空间。本地管理中的参数如下。

◆ AUTOALLOCATE：说明表空间自动分配范围，用户不能指定范围的大小。分配区不断增大，会减少分配次数，并产生碎片。

◆ UNIFORM：说明表空间范围的大小是固定的。分配区的大小始终相同，不能减少分配次数，但是可以很大限度地避免碎片问题。

◆ DEFAULT STORAGE storage_clause：为对该表空间进行数据字典表空间管理时创建的全部对象指定默认的存储参数。

storage_clause 的语法格式如下：

```
STORAGE
(    INITIAL integer [ K | M ]
     NEXT integer [ K | M ]
     MINEXTENTS integer | UNLIMITED
     MAXEXTENTS integer
     PCTINCREASE integer
     FREELISTS integer
     FREELIST GROUPS integer
     OPTIMAL [ integer [ K | M ] | NULL ]
)
```

数据字典管理表空间的创建中各个参数的含义如下。

- INITIAL：指定表空间第一扩展区的大小。
- NEXT：用来指定下一扩展区的大小。
- MINEXTENTS：指定在段生成时向段指派的扩展区的最小数目。
- MAXEXTENTS：指定在段生成时向段指派的扩展区的最大数目。
- PCTINCREASE：指定每个区相对于上一个区的增长百分比。
- FREELISTS：指定表、簇或索引的每个空闲列表组的空闲列表量。
- FREELIST GROUPS：指定表、簇或索引的空闲列表组的数量。
- OPTIMAL：指定回滚段的大小，默认为 NULL。

## 7.2.1  创建永久表空间

一个 Oracle 数据库可以同时包含大文件永久表空间和小文件永久表空间。不同类型的表空间对于执行没有明确指定数据文件的 SQL 语句来说是没有多大区别的。

Oracle 系统默认在创建表空间时，如果不指明表空间的类型，默认是小文件永久表空间。但是用户请注意，最好不要使用 CREATE SMALLFILE TABLESPACE，这样会限制所创建 Oracle 数据文件的大小。直接使用 CREATE TABLESPACE 命令，可以创建系统能够接受的最大数据文件。数据块为 8 KB 时，一般最大可以创建 32 GB 的数据文件。

**例 7-1**　建立名称为 XSGLdataspace 的数据表空间，大小为 500 MB，可重用。

```
CREATE TABLESPACE XSGLdataspace
DATAFILE '%ORACLE_HOME%\database\XSGLDS1.dbf '
SIZE 500M REUSE
;
```

用户需注意，在创建表空间时要保证表空间的数据文件在指定路径下，该路径上的存储空间足够，并且没有同名的文件，否则 Oracle 会报错。

如果项目中的数据量大，DBA 在设计表空间时既要考虑数据容量，又要考虑数据的负载均衡，可以在一个表空间中设置多个数据文件，可用逗号分隔开不同的数据文件。

**例 7-2**　创建数据表空间 XSGLDATA，表空间中包含两个数据文件，分别为 XSGLDS2.dbf(大小为 50 MB)和 XSGLDS3.dbf(大小为 40 MB)，并允许自动扩展数据文件,每次扩展 10 MB,最大为 200 MB。

```
CREATE TABLESPACE XSGLDATA
DATAFILE '%oracle_home%\database\XSGLDS2.dbf ' SIZE 50M REUSE,
'%oracle_home% \database \XSGLDS3.dbf ' SIZE 40M REUSE AUTOEXTEND ON NEXT 10M
MAXSIZE 200M;
```

**例 7-3**　创建数据表空间 XSGLDATA2,大小为 100 MB。

```
CREATE TABLESPACE XSGLDATA2
DATAFILE '%oracle_home%\database\XSGLDS4.dbf ' SIZE 100M REUSE;
```

## 7.2.2　创建临时表空间

临时表空间是 Oracle 体系结构中比较特殊的结构。通常情况下,数据库使用者只需要设置对应的临时表空间给用户,临时段的分配等工作都是系统自动完成的。当不需要临时数据时,Oracle 后台进程 SMON 会负责将临时段回收。在 Oracle 的备份与恢复体系中,临时文件的地位比较低。在进行备份操作时,RMAN 不会进行临时文件的恢复。在恢复启动的过程中,如果发现临时文件不存在,通常 Oracle 也会自动将临时文件创建出来。

如果应用系统中有临时表空间,用户在执行内存无法容纳的多个排序时,就能利用表空间提高性能。给定临时表空间的排序段在第一个排序操作执行时创建,排序段会自动扩展区段,直到大于或等于数据库实例所有活动排序所需的存储为止。

在创建数据库的语句 CREATE DATABASE 中用 TEMPORARY TABLESPACE 来指定默认临时表空间。

**例 7-4**　建立名称为 XSGLtempspace 的临时表空间,使用 XSGLTS1. dbf 文件存放临时数据。

```
CREATE TEMPORARY TABLESPACE XSGLtempspace
TEMPFILE '%ORACLE_HOME%\database\XSGLTS1.dbf '
SIZE 200M REUSE
UNIFORM SIZE 128K;
```

**注意:**临时表空间中区的分配方式只能是 UNIFORM,而不能是 AUTOALLOCATE,因为这样才能保证不会在临时段中产生过多的存储碎片。

Oracle 创建临时文件和创建数据文件不同,创建临时文件之后是不直接占满空间的。创建一个很大的数据表空间,CREATE 过程依据不同的系统 I/O 情况,是很消耗时间的。但是临时文件不是,一个十几 GB 的临时文件可以很快地创建成功。但是,这个过程其实是“障眼法”。Oracle 虽然创建了临时文件,文件系统中也显示文件大小,但是空间却没有真正得到分配。这在一些文献中称为“稀疏文件”,文件架构范围都在,但是没有实际写入过程。这就告诉系统部署人员,要注意临时文件的这个特性,不要以为磁盘上有很多的空间。

由于临时表空间是不会持久地保存数据的,所以很多被“胀大”的表空间都存在一个收缩问题。从 11g 开始,Oracle 支持临时表空间和临时文件的搜索。

## 7.2.3　创建回滚表空间

UNDO 数据也称为回滚(ROLLBACK)数据,用于确保数据的一致性。当执行 DML 操作时,事务操作前的数据被称为 UNDO 记录。UNDO 段用于保存事务所修改的数据的旧值,其中存储着被修改数据块的位置以及修改前的数据。UNDO 数据的作用有以下几个。

1)回退事务

当执行 DML 操作修改数据时,UNDO 数据被存放到 UNDO 段,而新数据则被存放到数据段中,如果事务操作存在问题,就需要回退事务,以取消事务变化。

例如:SCOTT 用户连接数据库,执行了语句"UPDATE emp SET sal=1000 WHERE empno=7369;"后发现,应该修改编号为 7900 的雇员的工资,而不是编号为 7369 的雇员的工资,那么通过执行 ROLLBACK 语句可以取消事务变化。当执行 ROLLBACK 命令时,Oracle 会将 UNDO 段的 UNDO 数据即编号为 7369 的雇员原来的工资 800 写回到数据段中。

2)读一致性

用户检索数据库数据时,Oracle 总是使用户只能看到被提交过的数据(读取提交)或特定时间点的数据(SELECT 语句时间点)。这样可以确保数据的一致性。例如,当 SCOTT 用户执行语句"UPDATE emp SET sal=1000 WHERE empno=7369;"时,UNDO 记录会被存放到回滚段中,而新数据则会被存放到 EMP 段中。假定此时该数据尚未提交,并且有一个新的用户执行"SELECT sal FROM emp WHERE empno=7369;",此时该用户将取得 UNDO 数据 800,而该数据正是在 UNDO 记录中取得的。

3)事务恢复

事务恢复是例程恢复的一部分,它是由数据库服务自动完成的。如果在数据库运行过程中出现例程失败(如断电、内存故障、后台进程故障等),那么当重启数据库服务时,后台进程 SMON 会自动执行例程恢复。执行例程恢复时,Oracle 会重新恢复所有未应用的记录,回退未提交事务。

4)闪回查询

闪回查询用于取得特定时间点的数据库数据。假定当前时间为上午 11:00,某用户在上午 10:00 执行"UPDATE emp SET sal=3500 WHERE empno=7369;"语句,修改并提交了事务(雇员原工资为 800),为了取得 10:00 之前的雇员工资,用户可以使用闪回查询。

数据库管理员可以使用 CREATE UNDO TABLESPACE 语句来创建回滚表空间,也可以在使用 CREATE DATABASE 创建数据库时创建回滚表空间。新创建的回滚表空间会包含一系列的文件。和通常的表空间一样,可以通过 ALTER TABLESPACE 和 DROP TABLESPACE 来调整和删除回滚表空间。

> 注意:UNDO TABLESPACE 子句不是必需的,如果使用自动 UNDO 管理模式,并且没有指定该子句,那么建立数据库时会自动生成名为 UNDOTBS1 的回滚表空间。

**例 7-5** 建立名称为 XSGLundospace 的回滚表空间,使用 XSGLUDTS1.dbf 文件存放回滚段的数据。

```
CREATE UNDO TABLESPACE XSGLundospace
    DATAFILE '%ORACLE_HOME%\database\XSGLUDTS1.dbf' SIZE 200M REUSE;
```

用户可以通过两种方式给一个实例分配一个回滚表空间:

(1)实例启动时,可以在初始化文件中指定回滚表空间或者让系统选择一个可用的回滚表空间。

(2)当实例运行时，使用 ALTER SYSTEM SET 语句来分配另外一个回滚表空间来代替活动的回滚表空间。

例如，要设置 XSGL 数据库的回滚表空间为刚建立的 XSGLundospace 表空间，实现代码如下：

```
ALTER SYSTEM SET undo_tablespace = XSGLundospace;
```

用户可以使用 ALTER TABLESPACE 语句来给回滚表空间增加更多的数据文件，从而扩展回滚表空间的容量；也可以拥有多个回滚表空间，在它们中间切换。使用数据库资源管理器来设置每个用户回滚表空间的限额，用户可以指定回退信息的持续周期。

### 7.2.4 查询表空间信息

常用的查询表空间信息(数据字典)如下：

- DBA_TABLESPACES：数据库中所有表空间的信息。
- DBA_FREE_SPACE：所有表空间中空闲区的信息。
- DBA_DATA_FILES：数据文件及其所属表空间的信息。
- DBA_TEMP_FILES：临时文件及其所属表空间的信息。
- V$TABLESPACE：从控制文件得到的所有的表空间的名称和数量。
- V$DATAFILE：所有的数据文件的信息，包括拥有表空间的数量。
- V$TEMPFILE：所有的临时文件的信息，包括拥有表空间的数量。

**1. 查看数据库中的表空间的信息**

初学者需要注意，尽量不要使用 SELECT * FROM DD 这样的语句，否则很容易被 SQL * Plus 刷屏，反而看不清楚真正想要查找的信息，一般都是需要什么信息就查看什么信息。具体参看第 3 章的内容。在 SQL * Plus 中，由于格式化效果不太好，所以在查询数据字典信息的时候，可以先设置系统的环境变量和格式化数据字典中的不同列，以便于查看信息。

```
SQL> SET PAGESIZE 30
SQL> COL tablespace_name FORMAT A15
SQL> SELECT tablespace_name,block_size,
  2         segment_space_management,status,
  3         contents,allocation_type,bigfile
  4    FROM dba_tablespaces;

TABLESPACE_NAME BLOCK_SIZE SEGMEN STATUS    CONTENTS  ALLOCATIO BIG
--------------- ---------- ------ --------- --------- --------- ---
SYSTEM                8192 MANUAL ONLINE    PERMANENT SYSTEM    NO
SYSAUX                8192 AUTO   ONLINE    PERMANENT SYSTEM    NO
UNDOTBS1              8192 MANUAL ONLINE    UNDO      SYSTEM    NO
TEMP                  8192 MANUAL ONLINE    TEMPORARY UNIFORM   NO
USERS                 8192 AUTO   ONLINE    PERMANENT SYSTEM    NO
EXAMPLE               8192 AUTO   ONLINE    PERMANENT SYSTEM    NO
XSGLDATASPACE         8192 AUTO   ONLINE    PERMANENT SYSTEM    NO
XSGLDATA              8192 AUTO   ONLINE    PERMANENT SYSTEM    NO
XSGLDATA2             8192 AUTO   ONLINE    PERMANENT SYSTEM    NO
XSGLTEMPSPACE         8192 MANUAL ONLINE    TEMPORARY UNIFORM   NO
XSGLUNDOSPACE         8192 MANUAL ONLINE    UNDO      SYSTEM    NO

已选择11行。
```

图 7-2　查看数据库中的表空间的信息

执行结果如图 7-2 所示。

**2. 查看数据库中数据文件的分布情况**

```
SELECT file_id, file_name,tablespace_name
FROM dba_data_files
ORDER BY file_id;
```

**3. 查看数据库中数据文件的大小和扩展情况**

执行结果如图 7-3 所示。

**4. 查询表空间空闲空间的大小**

```
SELECT TABLESPACE_NAME,SUM(BYTES)
FREE_SPACES FROM DBA_FREE_SPACE
GROUP BY TABLESPACE_NAME;
```

**5. 查看默认表空间的设置情况**

在 Oracle 11g 中，如果不指定默认永久表空间，则默认是 Users 表空间。默认临时表空间为 TEMP 表空间。Oracle 允许使用自定义的表空间作为默认永久表空间,可以用下面 SQL 查看数据库的默认永久表空间和默认临时表空间。

1)查看默认临时表空间的信息

执行结果如图 7-4 所示。

图 7-3 查看数据文件大小和扩展情况

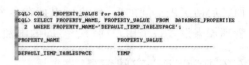

图 7-4 查询默认临时表空间的信息

2)查看默认永久表空间的信息

执行结果如图 7-5 所示。

3)查看默认表空间的类型信息

执行结果如图 7-6 所示。

图 7-5 查询默认永久表空间的信息

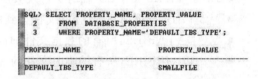

图 7-6 查询默认表空间的类型信息

## 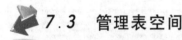 7.3 管理表空间

数据库管理员为产品数据库规划了各种表空间后,还需要经常维护表空间。比如某些情况下可能需要对表空间进行修改,如使它处于脱机状态或进行数据库的联机备份等操作,可以使用 ALTER TABLESPACE 命令对表空间进行修改。操作者必须具有 ALTER TABLESPACE 系统特权。

语法格式:

```
ALTER TABLESPACE tablespace_name
    [ ADD │ DROP ] [DATAFILE │ TEMPFILE 'path/filename'[SIZE integer[K │ M ]]
        [ REUSE ]
        [ AUTOEXTEND [ OFF │ ON [ NEXT integer  [ K │ M ] ]
    [ MAXSIZE [ UNLIMITED │ integer [ K │ M ] ] ]
    [ RENAME DATAFILE 'path/oldfilename',…n TO 'path/newfilename',…n ]
    [ DEFAULT STORAGE<存储参数>]
    [ ONLINE │ OFFLINE [ NORMAL │ TEMPORARY │ IMMEDIATE ] ]
    [ LOGGING │ NOLOGGING ]
    [ READ ONLY │ WRITE ]
```

参数说明:

● ADD │ DROP:添加或删除文件。

● RENAME DATAFILE:重命名。

其他的参数和创建表空间的参数一样,不再重复说明。

## 7.3.1　修改表空间的容量

当发现原来的表空间不能满足数据库增长的需要时,数据库管理员必须知道如何增加表空间的大小,以满足不断增长的数据库空间需求。但是一般建议预先估计表空间所需的存储空间大小,然后为它建立若干适当大小的数据文件。

### 1. 为表空间增加数据文件

可以通过增加数据文件的个数来增加表空间,增加了一个数据文件到一个现存的表空间中,就增加了分配给对应表空间的磁盘空间大小。

```
ALTER TABLESPACE tablespace_name
  ADD [DATAFILE|TEMPF I LE] 'path/filename'[SIZE integer[K M ]] … ;
```

**注意:** *在添加新的数据文件时,如果操作系统对应路径中已经存在同名的数据文件,ALTER TABLESPACE 语句将执行失败。如果要覆盖同名的操作系统文件,则必须在后面显示指定 REUSE 子句。*

 **例 7-6**　　为数据库表空间 XSGLdataspace 添加一个大小为 100 MB 的新数据文件。

```
ALTER TABLESPACE XSGLdataspace
ADD DATAFILE
'%ORACLE_HOME% \database\XSGLDS5.dbf'
SIZE 100M;
```

添加数据文件后,可以通过数据字典 dba_data_files 查看数据文件的具体情况。如图7-7所示,可发现刚创建的数据文件为 11 号数据文件。

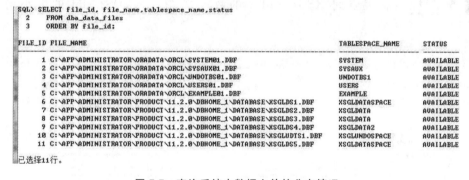

图 7-7　查询系统中数据文件的分布情况

**例 7-7**　　为临时表空间 XSGLtempspace 添加一个大小为 50 MB 的临时数据文件。

```
ALTER TABLESPACE XSGLtempspace
ADD TEMPFILE
'%ORACLE_HOME% \database\XSGLTS2.dbf'
SIZE 50M;
```

添加临时数据文件后,可以通过数据字典 dba_temp_files 查看当前临时数据文件的信息。如图 7-8 所示,可发现刚创建的临时数据文件为 3 号临时数据文件。

注意:新加入临时数据文件到临时表空间,由于文件采用稀疏文件结构,所以 allocated_space 没有增加,而 free_space 有增加,磁盘空间不会变化。

查询数据字典 dba_temp_free_space 查看临时空间的使用情况。查询结果如图 7-9 所示。

```
SQL> select * from dba_temp_free_space;
```

图 7-8 查询系统中临时数据文件的分布情况　　图 7-9 查询系统中临时空间的使用情况

### 2. 改变数据文件的大小

可以通过增加已有数据文件的大小来增加表空间的大小。改变数据文件的大小,可通过以下命令来实现。

```
ALTER DATABASE [database]
    DATAFILE 'path/filename'
    RESIZE integer [K | M];
```

注意:由于数据库在物理存储结构上是以文件的形式存放的,所以改变数据文件大小的关键字是 ALTER DATABASE 而不是 ALTER TABLESPACE。

**例 7-8**　　将表空间 XSGLDATA 的数据文件 XSGLDS2.dbf 的大小增加到 80 MB。

```
ALTER DATABASE
DATAFILE '%oracle_home%\database\XSGLDS2.dbf '
RESIZE 80M;
```

更改之后,再次查询数据字典发现,6 号数据文件大小发生改变,如图 7-10 所示。

图 7-10 查询系统中数据文件的大小

### 3. 管理数据文件的自动增长

在管理数据文件时,用户可以指定文件的大小,这样数据库数据的增长就不会超出预期范围。但是当已指派的扩展区被写满时,向扩展区插入数据的命令将终止,而且 Oracle 将返回一个错误信息,这时用户可以手动指派数据文件根据需求自动增长,这将节约 DBA 不少的时间。

允许现存的表空间数据文件在有足够空间的情况下根据需要动态增长,可以通过为文件增加自动扩展属性来达到上述目的。数据文件根据需求自动增长的打开和关闭,通过以下命令来实现。

```
ALTER DATABASE
DATAFILE'path/filename'
[ AUTOEXTEND [ OFF │ ON [ NEXT integer [ K │ M ]]]]
[ MAXSIZE [ UMLIMITED │ integer [ K │ M ] ] ] ;
```

注意:尽管可以设置 MAXSIZE UNLIMITED,但应总是规定文件的最大尺寸值。否则,使用磁盘设备上全部可用空间的事务将造成数据库故障。

**例 7-9**　　将表空间 XSGLDATA2 的数据文件 XSGLDS4.dbf 设置为自动扩展,每次扩展 5 MB 空间,文件最大为 200 MB。输入如下代码:

```
ALTER DATABASE
DATAFILE '% ORACLE_HOME% \database\XSGLDS4.dbf'
    AUTOEXTEND ON NEXT 5M MAXSIZE 200M;
```

更改之后,再次查询数据字典发现,4 号数据文件的扩展方式发生改变,由 NO 变成了YES,如图 7-11 所示。

```
SQL> SELECT file_id, file_name,bytes, autoextensible,tablespace_name
  2    FROM dba_data_files
  3    ORDER BY file_id;

FILE_ID FILE_NAME                                                      BYTES AUT TABLESPACE_NAME

      1 C:\APP\ADMINISTRATOR\ORADATA\ORCL\SYSTEM01.DBF              723517440 YES SYSTEM
      2 C:\APP\ADMINISTRATOR\ORADATA\ORCL\SYSAUX01.DBF              534773760 YES SYSAUX
      3 C:\APP\ADMINISTRATOR\ORADATA\ORCL\UNDOTBS01.DBF             104857600 YES UNDOTBS1
      4 C:\APP\ADMINISTRATOR\ORADATA\ORCL\USERS01.DBF                 5242880 YES USERS
      5 C:\APP\ADMINISTRATOR\ORADATA\ORCL\EXAMPLE01.DBF             104857600 YES EXAMPLE
      6 C:\APP\ADMINISTRATOR\PRODUCT\11.2.0\DBHOME_1\DATABASE\XSGLDS1.DBF  524288000 NO  XSGLDATASPACE
      7 C:\APP\ADMINISTRATOR\PRODUCT\11.2.0\DBHOME_1\DATABASE\XSGLDS2.DBF   83886080 NO  XSGLDATA
      8 C:\APP\ADMINISTRATOR\PRODUCT\11.2.0\DBHOME_1\DATABASE\XSGLDS3.DBF   41943040 YES XSGLDATA
      9 C:\APP\ADMINISTRATOR\PRODUCT\11.2.0\DBHOME_1\DATABASE\XSGLDS4.DBF  104857600 YES XSGLDATA2
     10 C:\APP\ADMINISTRATOR\PRODUCT\11.2.0\DBHOME_1\DATABASE\XSGLUDTS1.DBF 209715200 NO  XSGLUNDOSPACE
     11 C:\APP\ADMINISTRATOR\PRODUCT\11.2.0\DBHOME_1\DATABASE\XSGLDS5.DBF  104857600 NO  XSGLDATASPACE
已选择11行。
```

**图 7-11　查询系统中数据文件的扩展方式**

注意:Oracle 支持的数据文件的大小是由它的 db_block_size 和 db_block 的数量决定的。数据文件的容量＝块数量×块大小,如果 MAXSIZE 超过了最大文件的大小,Oracle 就会报错。

**例 7-10**　　将 XSGLDS3.dbf 文件设置为自动扩展,每次扩展 5 MB 空间,文件最大为 200G,输入如下代码:

```
ALTER DATABASE
DATAFILE '%ORACLE_HOME% \database\XSGLDS3.dbf'
    AUTOEXTEND ON NEXT 5M MAXSIZE 200G;
```

执行后的结果如图 7-12 所示。Oracle 提示报错"ORA-03206:AUTOEXTEND 子句中(26214400)块的最大文件大小超出范围"。

从 Oracle 10g 开始,Oracle 中引进了大文件表空间,它充分利用了 64 位 CPU 的寻址能力,使 Oracle 可以管理的数据文件总量达到 8 EB。单个数据文件的大小达到 128 TB,即使默认 8 KB 的 db_block_size 也达到了 32 TB。但需要注意的是,使用大文件表空间只能支持一个数据文件,也就是说这个文件的最大大小就是表空间的最大大小,不可能通过增加数据文件来扩大该表空间。

**4. 在表空间中删除数据文件**

如果表空间中有些数据文件不需要了,可以删除这些数据文件。删除数据文件通过以下命令来实现:

```
ALTER TABLESPACE tablespace_name
DROP DATAFILE'path/filename';
```

**注意**:不能删除表空间中的第一个数据文件,将第一个数据文件删除相当于删除了整个表空间。

**例 7-11** 修改表空间 XSGLDATASPACE,删除掉表空间的第一个数据文件 XSGLDS1.dbf。

执行结果如图 7-13 所示。

**例 7-12** 修改表空间 XSGLDATASPACE,删除表空间中的第二个数据文件 XSGLDS5.dbf。

执行结果如图 7-14 所示。

```
SQL> ALTER DATABASE
  2   DATAFILE '%ORACLE_HOME%\database\XSGLDS3.dbf'
  3      AUTOEXTEND ON NEXT 5M MAXSIZE 200G;
ALTER DATABASE
*
第 1 行出现错误:
ORA-03206: AUTOEXTEND 子句中 (26214400) 块的最大文件大小超出范围
```

图 7-12 超出文件大小范围

```
SQL> ALTER TABLESPACE XSGLDATASPACE
  2   DROP DATAFILE '%ORACLE_HOME%\database\XSGLDS1.dbf';
ALTER TABLESPACE XSGLDATASPACE
*
第 1 行出现错误:
ORA-03263: 无法删除表空间 XSGLDATASPACE 的第一个文件
```

图 7-13 删除表空间中的第一个数据文件

```
SQL> ALTER TABLESPACE XSGLDATASPACE
  2   DROP DATAFILE '%ORACLE_HOME%\database\XSGLDS5.dbf';
表空间已更改。
```

图 7-14 删除表空间中的第二个数据文件

## 7.3.2 修改表空间的可用性

表空间的可用性是指表空间处于脱机操作状态或联机操作状态。一个表空间通常是处于联机状态的,所以其中的数据对于数据库用户是可用的。虽然如此,数据库管理员可以将一个表空间离线,这样就可以进行维护、备份以及恢复操作。表空间的脱机或者联机都会在 SYSTEM 表空间的数据字典中记录。

当一个表空间脱机时,Oracle 不允许任何指向这个表空间内的对象的 SQL 运行。指向这个表空间数据的活动事务的完成的 SQL 语句在事务级别上是不受影响的。Oracle 保存这些完成的语句的回滚数据到 SYSTEM 表空间的回滚段上。当表空间重新联机时,如果需要的话,Oracle 会在表空间上应用这个回滚数据。

除了 SYSTEM 表空间、存放在线回退信息的回滚表空间和临时表空间不可以脱机外,其他的表空间都可以设置为脱机状态。将某个表空间设置为脱机状态时,属于该表空间的所有数据文件都处于脱机状态。

表空间脱机和联机可以通过以下命令来实现:

```
ALTER TABLESPACE tablespace_name
ONLINE | OFFLINE [NORMAL | TEMPORARY | IMMEDIATE | FOR RECOVER]
```

参数说明：

● NORMAL：将表空间以正常方式切换到脱机状态。在进入脱机状态过程中，Oracle会执行一次检查点，以便将 SGA 中与该表空间相关的脏缓存块写入数据文件中，然后再关闭表空间的所有数据文件。如果在这一过程中没有发生任何错误，则可以使用 NORMAL 参数，这也是默认的方式。

● TEMPORARY：将表空间以临时方式切换到脱机状态。这时 Oracle 在执行检查点时并不会检查各个数据文件的状态，即使某些数据文件处于不可用状态，Oracle 也会忽略这些错误。在将表空间设置为联机状态时，可能需要进行数据恢复。

● IMMEDIATE：将表空间以立即方式切换到脱机状态。这时 Oracle 不会执行检查点，也不会检查数据文件是否可用，而是直接将属于表空间的数据文件设置为脱机状态。下一次将表空间恢复为联机状态时，必须进行数据库恢复。

● FOR RECOVER：将表空间以恢复方式切换到脱机状态，如果要对表空间进行基于时间的恢复，可以使用这个参数将表空间切换到脱机状态。

**案例分析**　　现有学生管理系统中的新建用户 student，要求该用户默认的表空间为 XSGLdataspace，用来存放 student 的各种应用数据。在应用中由于特殊情况，XSGLdataspace 表空间脱机了，现要求 student 用户创建表对象 test，指定表的默认表空间为 XSGLdataspace 并插入数据。

实施步骤如下：

（1）创建用户 student，密码 stu，指定该用户的数据表空间为 XSGLdataspace。输入如下代码：

```
create user student identified by stu
default tablespace XSGLdataspace;
```

（2）授予 student 用户连接会话和创建表的权限（授权操作具体查看第 11 章内容），输入如下代码：

```
grant create session,create table to student;
```

（3）将表空间 XSGLdataspace 脱机，输入如下代码：

```
alter tablespace XSGLdataspace offline;
```

执行结果如图 7-15 所示，脱机后可以通过查询数据字典查看表空间当前的状态。

（4）以 student 用户的身份连接会话并创建表 test，并指定表的默认表空间为 XSGLdataspace。创建一张表 test，字段为 testname，类型为字符型，并向表中插入数据。执行结果如图 7-16 所示。

从图中，发现我们当前表空间 XSGLdataspace 处于脱机状态，但是可以成功地创建表，原因是 Oracle 11g 有一个新特性：参数 deferred_segment_creation 默认为 true。这个参数使得创建表的时候，并不会使用任何的段（segment），当真正有数据插入的时候才会使用相关段，所以导致在任何表空间里都可以建立表的假象，但插入数据时，会占用空间，Oracle 会报错。如图 7-16 所示，插入数据时就提示表空间已经脱机，无法分配空间。当然，如果想解决此问题，可以使用如下代码进行设置：

```
alter system set deferred_segment_creation= false;
```

```
SQL> alter tablespace XSGLdataspace offline;

表空间已更改。

SQL> SELECT tablespace_name,block_size,
  2         segment_space_management,status,
  3         contents,allocation_type,bigfile
  4    FROM dba_tablespaces;

TABLESPACE_NAME      BLOCK_SIZE SEGMEN STATUS   CONTENTS  ALLOCATIO BIG

SYSTEM                     8192 MANUAL ONLINE   PERMANENT SYSTEM    NO
SYSAUX                     8192 AUTO   ONLINE   PERMANENT SYSTEM    NO
UNDOTBS1                   8192 MANUAL ONLINE   UNDO      SYSTEM    NO
TEMP                       8192 MANUAL ONLINE   TEMPORARY UNIFORM   NO
USERS                      8192 AUTO   ONLINE   PERMANENT SYSTEM    NO
EXAMPLE                    8192 AUTO   ONLINE   PERMANENT SYSTEM    NO
XSGLdataspace              8192 AUTO   OFFLINE  PERMANENT SYSTEM    NO
XSGLDATA                   8192 AUTO   ONLINE   PERMANENT SYSTEM    NO
XSGLDATA2                  8192 AUTO   ONLINE   PERMANENT SYSTEM    NO
XSGLTEMPSPACE              8192 MANUAL ONLINE   TEMPORARY UNIFORM   NO
XSGLUNDOSPACE              8192 MANUAL ONLINE   UNDO      SYSTEM    NO

已选择11行。
```

图 7-15　将表空间 XSGLdataspace 脱机

```
SQL> conn student/stu
已连接。
SQL> create table test
  2  (testname char(10)
  3  )
  4  tablespace XSGLdataspace;

表已创建。

SQL> insert into test values('test');
insert into test values('test')
             *
第 1 行出现错误:
ORA-01542: 表空间 'XSGLDATASPACE' 脱机, 无法在其中分配空间
```

图 7-16　脱机表空间中创建对象

（5）使用管理员身份连接会话，将表空间联机，输入如下代码：

```
alter tablespace XSGLdataspace online;
```

执行结果如图 7-17 所示。

（6）表空间联机后，以 student 用户的身份连接会话后再次插入数据。执行结果如图 7-18所示。

```
SQL> conn sys/XG501oracle as sysdba
已连接。
SQL>
SQL> alter tablespace XSGLdataspace online;

表空间已更改。
```

图 7-17　表空间联机

```
SQL> conn student/stu
已连接。
SQL> insert into test values('test');
insert into test values('test')
             *
第 1 行出现错误:
ORA-01950: 对表空间 'XSGLDATASPACE' 无权限
```

图 7-18　表空间联机后插入数据失败

表空间联机后，理论上，数据 DML 操作应该成功，但是这里提示执行失败，对表空间无权限。原因是使用 SQL 语句创建的用户，虽然指定了默认表空间，但是在表空间上操作的空间配额为 0，这也是 Oracle 的一种安全策略。如果想要插入数据成功，必须修改该用户在表空间 XSGLdataspace 上的配额（配额修改操作具体查看第 11 章内容）。

（7）以管理员的身份连接会话，将 student 用户在表空间 XSGLdataspace 上的配额改为50 MB，输入如下代码：

```
alter user student quota 50M on XSGLdataspace;
```

修改成功后，以 student 用户的身份连接会话后再次插入数据，数据插入成功。执行过程如图 7-19 所示。

```
SQL> conn sys/XG501oracle as sysdba
已连接。
SQL> alter user student quota 50M on XSGLdataspace;

用户已更改。

SQL> conn student/stu
已连接。
SQL> insert into test values('test');

已创建 1 行。
```

图 7-19　修改用户默认表空间配额信息

### 7.3.3　修改表空间的读写性

一个新的表空间是一个可读写表空间。当一个表空间的数据（如用于数据仓库应用的历史数据）不能被改变时，可以将其设置为只读表空间。

将新的表空间设置为只读表空间的主要目的是降低备份和恢复数据库的较大的静态部分的工作量。由于只读表空间不能被修改,而且在任何时间点都不会被读写,所以它们不需要重复备份。而且,如果需要恢复数据库时,不需要恢复任何只读表空间,因为它们从来没有改变过。

表空间只有满足下列要求才可以转换为只读状态:

● 表空间必须处于联机状态。

● 表空间中不能包含任何活动的回退段。

系统表空间 SYSTEM、辅助系统表空间 SYSAUX、当前使用的回滚表空间 UNDO 和当前使用的临时表空间 TEMP 不能设置为只读状态。

如果表空间正在进行联机数据备份,则不能将该表空间设置为只读状态。因为联机备份结束时,Oracle 会更新表空间数据文件的头部信息。

修改表空间读写性的命令如下:

```
ALTER TABLESPACE tablespace_name   READ ONLY|READ WRITE
```

**例 7-13** 将表空间 XSGLDATA 设置为只读状态。

```
ALTER TABLESPACE XSGLDATA READ ONLY;
```

**例 7-14** 将表空间 XSGLDATA 设置为读写状态。

```
ALTER TABLESPACE XSGLDATA READ WRITE;
```

**案例分析** 学生管理系统中,前面已经创建的用户 student,拥有 create session 和 create table 的权限。现将表空间 XSGLdataspace 设置为只读状态,创建一个表 test,并向表中插入数据。

实施步骤如下:

(1)对表空间进行只读设置操作,使用管理员身份进行用户登录,然后输入如下代码:

```
alter tablespace XSGLdataspace read only;
```

表空间设置为只读后,使用 student 用户连接会话,然后创建表 test2。创建成功后,插入数据,Oracle 报错提示表空间只读,不能分配空间。执行过程如图 7-20 所示。

(2)只读表空间不能修改。用户要想更新一个只读表空间,首先必须使表空间可以读写。更新表空间之后,可以重新设置它为只读。输入如下代码:

```
alter tablespace XSGLdataspace read write;
```

再次以 student 用户的身份连接会话,然后插入数据,则插入数据成功。执行过程如图 7-21 所示。

```
SQL> alter tablespace XSGLdataspace read only;

表空间已更改。

SQL> conn student/stu
已连接。
SQL> create table test2
  2  (testname char(10))
  3    tablespace XSGLdataspace;

表已创建。

SQL> insert into test2 values('test');
insert into test2 values('test')
              *
第 1 行出现错误:
ORA-01647: 表空间 'XSGLDATASPACE' 是只读的,无法在其中分配空间
```

```
SQL> conn sys/XG501oracle as sysdba
已连接。
SQL> alter tablespace XSGLdataspace read write;

表空间已更改。

SQL> conn student/stu
已连接。
SQL> insert into test2 values('test');

已创建 1 行。
```

图 7-20　向只读表空间中插入数据失败　　　图 7-21　向读写表空间中插入数据成功

## 7.4  删除表空间

删除表空间时,Oracle 仅仅是在控制文件和数据字典中删除与表空间和数据文件相关的信息。默认情况下,Oracle 并不会在操作系统中删除相应的数据文件,因此在成功执行删除表空间的操作后,需要手动删除该表空间在操作系统中对应的数据文件。

DROP TABLESPACE 的基本语法如下:

```
DROP TABLESPACE tablespace_name
    [INCLUDING CONTENTS[AND DATAFILES]
[CASCADE CONSTRAINTS]
```

如果表空间在删除时为非空,应该使用 INCLUDING CONTENTS 语句;如果在删除表空间的同时要删除对应的数据文件,则必须显示指定 INCLUDING CONTENTS AND DATAFILES 子句。

**例 7-15**  删除 XSGLDATA 表空间。

```
DROP TABLESPACE XSGLDATA
    INCLUDING CONTENTS AND DATAFILES
    CASCADE CONSTRAINTS;
```

> **注意**:当前的数据库级的默认表空间不能删除,用户级的可以删除。否则 Oracle 会报错:"ORA-12919:不能删除默认永久表空间"。

## 7.5  数据文件的管理

逻辑上的表空间在物理上实际体现为数据文件,所以在表空间的管理和维护中很大一部分涉及数据文件的管理和设置。

### 7.5.1  改变数据文件的可用性

通过将数据文件联机或脱机来改变数据文件的可用性,一般在下面几种情况下需要改变数据文件的可用性:

- 要进行数据文件的脱机备份时,需要先将数据文件脱机。
- 需要重命名数据文件或改变数据文件的位置时,需要先将数据文件脱机。
- 如果 Oracle 在写入某个数据文件时发生错误,会自动将该数据文件设置为脱机状态,并且记录在警告文件中。排除故障后,需要以手动方式重新将该数据文件恢复为联机状态。
- 数据文件丢失或损坏,需要在启动数据库之前将数据文件脱机。

数据文件可用性的改变命令如下:

```
ALTER DATABASE DATAFILE 'path/filename' ONLINE|OFFLINE
```

临时数据文件可用性的改变命令如下:

```
ALTER DATABASE TEMPFILE 'path/filename' ONLINE|OFFLINE
```

**案例分析** XSGLdataspace 表空间的数据文件 XSGLDS4. DBF 发生故障,需要将表空间中的数据文件脱机,进行介质恢复数据操作。

实施步骤如下:

(1)在表空间脱机前,利用数据字典 dba_data_files 查看当前数据库中各个数据文件的分布情况。执行结果如图 7-22 所示。

```
SQL> COL file_name FORMAT A70
SQL> COL file_id FORMAT 99
SQL> COL tablespace_name FORMAT A20
SQL> SELECT file_id, file_name,tablespace_name,bytes
  2    FROM dba_data_files
  3    ORDER BY file_id;


FILE_ID FILE_NAME                                                        TABLESPACE_NAME        BYTES
------- ---------------------------------------------------------------  --------------------  ----------
      1 C:\APP\ADMINISTRATOR\ORADATA\ORCL\SYSTEM01.DBF                    SYSTEM                723517440
      2 C:\APP\ADMINISTRATOR\ORADATA\ORCL\SYSAUX01.DBF                    SYSAUX                534773760
      3 C:\APP\ADMINISTRATOR\ORADATA\ORCL\UNDOTBS01.DBF                   UNDOTBS1              104857600
      4 C:\APP\ADMINISTRATOR\ORADATA\ORCL\USERS01.DBF                     USERS                   5242880
      5 C:\APP\ADMINISTRATOR\ORADATA\ORCL\EXAMPLE01.DBF                   EXAMPLE               104857600
      6 C:\APP\ADMINISTRATOR\PRODUCT\11.2.0\DBHOME_1\DATABASE\XSGLDS1.DBF XSGLDATASPACE         524288000
      7 C:\APP\ADMINISTRATOR\PRODUCT\11.2.0\DBHOME_1\DATABASE\XSGLDS2.DBF XSGLDATA               83886080
      9 C:\APP\ADMINISTRATOR\PRODUCT\11.2.0\DBHOME_1\DATABASE\XSGLDS4.DBF XSGLDATA2             104857600
     10 C:\APP\ADMINISTRATOR\PRODUCT\11.2.0\DBHOME_1\DATABASE\XSGLUDTS1.DBF XSGLUNDOSPACE       209715200
     11 C:\APP\ADMINISTRATOR\PRODUCT\11.2.0\DBHOME_1\DATABASE\XSGLDS5.DBF XSGLDATASPACE         104857600
```

**图 7-22 查询数据文件的分布情况**

(2)将发生故障的数据文件 XSGLDS4. DBF 脱机,输入如下代码:

```
ALTER DATABASE DATAFILE
  'C:\APP\ADMINISTRATOR\PRODUCT\11.2.0\DBHOME_1\DATABASE\XSGLDS4.DBF' OFFLINE;
```

如果当前数据库在非归档模式下,Oracle 会提示用户错误,执行结果如图 7-23 所示。

```
SQL> ALTER DATABASE DATAFILE
  2  'C:\APP\ADMINISTRATOR\PRODUCT\11.2.0\DBHOME_1\DATABASE\XSGLDS4.DBF' OFFLINE;
ALTER DATABASE DATAFILE
*
第 1 行出现错误:
ORA-01145: 除非启用了介质恢复,否则不允许立即脱机
```

**图 7-23 非归档模式下数据文件脱机失败**

此时,必须先将数据库切换到归档模式下,执行过程如图 7-24 所示。先关闭数据库,启动数据库到装载状态;然后更改数据的归档模式,修改成功后,打开数据库。

修改成功后,输入数据文件脱机的代码,提示数据库已更改。直接结果如图 7-25 所示。

(3)对数据文件进行介质恢复数据操作,并将数据文件联机。输入如下代码:

```
ALTER DATABASE DATAFILE
  'C:\APP\ADMINISTRATOR\PRODUCT\11.2.0\DBHOME_1\DATABASE\XSGLDS4.DBF' ONLINE;
```

初学者请注意,在归档模式下,将数据文件联机之前需要使用 RECOVER DATAFILE 语句对数据文件进行恢复;否则 Oracle 会报错,如图 7-26 所示。

先对 XSGLdataspace 表空间中的 9 号数据文件进行介质恢复数据操作,由于该文件是 9 号数据文件,所以输入"recover datafile 9"进行数据文件的介质恢复操作;然后将数据文件 XSGLDS4. DBF 联机。输入如下代码:

```
ALTER DATABASE DATAFILE
    'C:\APP\ADMINISTRATOR\PRODUCT\11.2.0\DBHOME_1\DATABASE\XSGLDS4.DBF' ONLINE;
```

执行结果如图 7-27 所示。

```
SQL> shutdown immediate
数据库已经关闭。
已经卸载数据库。
ORACLE 例程已经关闭。
SQL> startup mount
ORACLE 例程已经启动。

Total System Global Area  778387456 bytes
Fixed Size                  1374808 bytes
Variable Size             268436904 bytes
Database Buffers          503316480 bytes
Redo Buffers                5259264 bytes
数据库装载完毕。
SQL> alter database archivelog;

数据库已更改。

SQL> Archive log list;
数据库日志模式              存档模式
自动存档                    启用
存档终点                    USE_DB_RECOVERY_FILE_DEST
最早的联机日志序列             6
下一个存档日志序列             8
当前日志序列                  8
SQL> alter database open;

数据库已更改。
```

**图 7-24　切换数据库到归档模式下**

```
SQL> ALTER DATABASE DATAFILE
  2  'C:\APP\ADMINISTRATOR\PRODUCT\11.2.0\DBHOME_1\DATABASE\XSGLDS4.DBF' OFFLINE;

数据库已更改。
```

**图 7-25　归档模式下数据文件脱机**

```
SQL> ALTER DATABASE DATAFILE
  2  'C:\APP\ADMINISTRATOR\PRODUCT\11.2.0\DBHOME_1\DATABASE\XSGLDS4.DBF' ONLINE;
ALTER DATABASE DATAFILE
*
第 1 行出现错误:
ORA-01113: 文件 9 需要介质恢复
ORA-01110: 数据文件 9: 'C:\APP\ADMINISTRATOR\PRODUCT\11.2.0\DBHOME_1\DATABASE\XSGLDS4.DBF'
```

**图 7-26　数据文件联机错误**

```
SQL> recover datafile 9
完成介质恢复。
SQL> ALTER DATABASE DATAFILE
  2  'C:\APP\ADMINISTRATOR\PRODUCT\11.2.0\DBHOME_1\DATABASE\XSGLDS4.DBF' ONLINE;

数据库已更改。
```

**图 7-27　数据文件联机成功**

## 7.5.2　数据文件的移动

"数据文件的移动"是将 Oracle 数据文件(系统数据文件或用户数据文件)移动至新的存储路径下,并修改 Oracle 相关配置,使之可以重新正常启动。

比如应用系统数据库服务器经过长时间的运行后,存放数据文件的磁盘空间容量有可能变得比较小了,后来申请了一个新的大容量磁盘,现在需要为原数据文件所在磁盘腾出一些空间,即可以移动一些大的数据文件到新的磁盘上。这种应用常见于系统扩容后的 Oracle 数据存储路径的调整。

(1)改变同一个表空间中数据文件的名称或位置的语法如下:

```
ALTER TABLESPACE tablespace_name
RENAME DATAFILE'oldpath/filename'TO'newpath/filename'
```

(2)改变多个表空间中数据文件的名称或位置的语法如下:

```
ALTER DATABASE RENAME FILE
'oldpath/filename1',… 'oldpath/filenamen' TO 'newpath/filename1',… 'newpath/
filenamen'
```

> **注意:**改变数据文件的名称或位置时,Oracle 只是改变记录在控制文件和数据字典中的数据文件信息,并没有改变操作系统中数据文件的名称和位置,因此需要 DBA 手动更改操作系统中数据文件的名称和位置。

### 1. 改变同一个表空间中的数据文件的名称或位置

重新部署数据文件的步骤如下:

(1)执行"ALTER TABLESPACE tablespace OFFLINE"命令将对应的表空间脱机;

(2)将数据文件复制到分离的目标盘位置;

(3)根据需要,执行"ALTER TABLESPACE…RENAME DATAFILE…"命令重命名表空间数据文件,将其定义为新位置的文件;

（4）执行"ALTER TABLESPACE tablespace ONLINE"命令将对应的表空间联机。

**案例分析**　将学生管理数据库中 XSGLdataspace 表空间的数据文件 XSGLDS5.
DBF 移动到 D:\ORADATA\XSGL 目录中。

（1）通过查询数据字典 dba_data_files 查看当前数据库中数据文件的分布情况，具体执行结果如图 7-28 所示。

```
SQL> COL file_name FORMAT A70
SQL> COL file_id FORMAT 99
SQL> COL tablespace_name FORMAT A20
SQL> SELECT file_id, file_name,tablespace_name,bytes
  2    FROM dba_data_files
  3    ORDER BY file_id;

FILE_ID FILE_NAME                                                  TABLESPACE_NAME    BYTES
      1 C:\APP\ADMINISTRATOR\ORADATA\ORCL\SYSTEM01.DBF             SYSTEM          723517440
      2 C:\APP\ADMINISTRATOR\ORADATA\ORCL\SYSAUX01.DBF             SYSAUX          534773760
      3 C:\APP\ADMINISTRATOR\ORADATA\ORCL\UNDOTBS1.DBF             UNDOTBS1        104857600
      4 C:\APP\ADMINISTRATOR\ORADATA\ORCL\USERS01.DBF              USERS             5242880
      5 C:\APP\ADMINISTRATOR\ORADATA\ORCL\EXAMPLE01.DBF            EXAMPLE         104857600
      6 C:\APP\ADMINISTRATOR\PRODUCT\11.2.0\DBHOME_1\DATABASE\XSGLDS1.DBF  XSGLDATASPACE  524288000
      7 C:\APP\ADMINISTRATOR\PRODUCT\11.2.0\DBHOME_1\DATABASE\XSGLDS2.DBF  XSGLDATA        83886080
      9 C:\APP\ADMINISTRATOR\PRODUCT\11.2.0\DBHOME_1\DATABASE\XSGLDS4.DBF  XSGLDATA2      104857600
     10 C:\APP\ADMINISTRATOR\PRODUCT\11.2.0\DBHOME_1\DATABASE\XSGLUDTS1.DBF  XSGLUNDOSPACE 209715200
     11 C:\APP\ADMINISTRATOR\PRODUCT\11.2.0\DBHOME_1\DATABASE\XSGLDS5.DBF  XSGLDATASPACE  104857600

已选择10行。
```

**图 7-28　查看数据文件分布**

（2）将数据文件所在的表空间 XSGLdataspace 脱机，输入如下代码：

```
ALTER TABLESPACE XSGLdataspace OFFLINE;
```

（3）在操作系统上将数据文件复制移动到新的路径下，或者输入 HOST COPY 命令复制文件，输入如下代码：

```
HOST COPY C:\app\Administrator\product\11.2.0\dbhome_1\database\XSGLDS5.dbf  D:\
ORADATA\XSGL\XSGLDS5.dbf;
```

（4）修改表空间 XSGLdataspace，将表空间中的数据文件指向新的存放路径，输入如下代码：

```
ALTER TABLESPACE XSGLdataspace RENAME DATAFILE
'C:\app\Administrator\product\11.2.0\dbhome_1\database\XSGLDS5.dbf'
  TO 'D:\ORADATA\XSGL\XSGLDS5.dbf ';
```

（5）将数据文件所在表空间联机，输入如下代码：

```
ALTER TABLESPACE XSGLdataspace ONLINE;
```

联机后，利用数据字典查看表空间中数据文件的信息发现，XSGLdataspace 表空间的数据文件 XSGLDS5.dbf 指向了新的路径上的文件，如图 7-29 所示。

```
SQL> SELECT file_id, file_name,tablespace_name,bytes
  2    FROM dba_data_files
  3    ORDER BY file_id;

FILE_ID FILE_NAME                                                  TABLESPACE_NAME    BYTES
      1 C:\APP\ADMINISTRATOR\ORADATA\ORCL\SYSTEM01.DBF             SYSTEM          723517440
      2 C:\APP\ADMINISTRATOR\ORADATA\ORCL\SYSAUX01.DBF             SYSAUX          534773760
      3 C:\APP\ADMINISTRATOR\ORADATA\ORCL\UNDOTBS01.DBF            UNDOTBS1        104857600
      4 C:\APP\ADMINISTRATOR\ORADATA\ORCL\USERS01.DBF              USERS             5242880
      5 C:\APP\ADMINISTRATOR\ORADATA\ORCL\EXAMPLE01.DBF            EXAMPLE         104857600
      6 C:\APP\ADMINISTRATOR\PRODUCT\11.2.0\DBHOME_1\DATABASE\XSGLDS1.DBF  XSGLDATASPACE  524288000
      7 C:\APP\ADMINISTRATOR\PRODUCT\11.2.0\DBHOME_1\DATABASE\XSGLDS2.DBF  XSGLDATA        83886080
      9 C:\APP\ADMINISTRATOR\PRODUCT\11.2.0\DBHOME_1\DATABASE\XSGLDS4.DBF  XSGLDATA2      104857600
     10 C:\APP\ADMINISTRATOR\PRODUCT\11.2.0\DBHOME_1\DATABASE\XSGLUDTS1.DBF  XSGLUNDOSPACE 209715200
     11 D:\ORADATA\XSGL\XSGLDS5.DBF                                XSGLDATASPACE  104857600

已选择10行。
```

**图 7-29　查询表空间 XSGLdataspace 数据文件**

如果数据库的表空间中有多个数据文件需要迁移，可以一个一个地进行重命名，然后进行移动。

**2. 改变多个表空间中的数据文件的名称或位置**

如要要在数据库级别一次性完成多个数据文件名称或位置的修改,必须先关闭数据库,然后将数据库启动到加载状态下进行。

重新部署数据文件的步骤为:

(1)关闭数据库;

(2)启动数据库到加载状态(MOUNT);

(3)在操作系统中将数据文件复制到分离的目标盘位置;

(4)执行 ALTER DATABASE…RENAME FILE…TO 语句,修改数据字典和控制文件中与这些数据文件相关的信息;

(5)打开数据库。

**案例分析** 将 XSGLDATA 表空间中的 XSGLDS2.dbf 文件和 XSGLtempspace 表空间中的 XSGLTS2.dbf 文件移动到 D:\ORADATA\XSGL 目录中。

(1)在进行数据文件的移动操作之前,先要查看当前是数据库中的各种数据文件的分布情况。查询数据字典 dba_data_files 和 dba_temp_files,具体执行结果分别如图 7-30 和图 7-31所示。

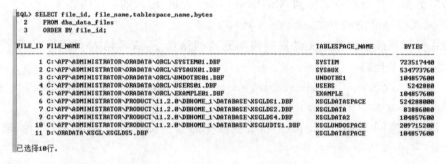

**图 7-30  查看数据文件的分布情况**

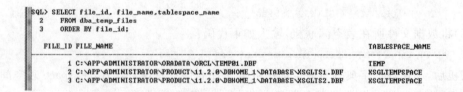

**图 7-31  查看临时数据文件的分布情况**

(2)由于要移动不同表空间下的数据文件,这种操作是在数据库一级的操作,所以需要关闭数据库。输入如下代码:

```
SHUTDOWN IMMEDIATE;
```

具体执行结果如图 7-32 所示。

(3)在操作系统上将数据文件复制移动到新的路径下,或者输入 HOST COPY 命令复制文件,输入如下代码:

```
HOST COPY C:\app\Administrator\product\11.2.0\dbhome_1\database\XSGLDS2.dbf  D:\
ORADATA\XSGL\XSGLDS2.dbf

HOST COPY C:\app\Administrator\product\11.2.0\dbhome_1\database\XSGLTS2.dbf  D:\
ORADATA\XSGL\XSGLTS2.dbf
```

(4) 启动数据库到加载状态下，输入如下代码：

```
STARTUP MOUNT;
```

具体执行结果如图 7-33 所示。

```
SQL> SHUTDOWN IMMEDIATE;
数据库已经关闭。
已经卸载数据库。
ORACLE 例程已经关闭。
```

图 7-32　关闭数据库

```
SQL> STARTUP MOUNT;
ORACLE 例程已经启动。

Total System Global Area 778387456 bytes
Fixed Size                  1374808 bytes
Variable Size             268436904 bytes
Database Buffers          503316480 bytes
Redo Buffers                5259264 bytes
数据库装载完毕。
SQL>
```

图 7-33　启动数据库到 mount

(5) 在数据库一级重新指向数据文件的路径。将 XSGLdataspace 表空间中的 XSGLDS2. dbf 文件和 XSGLtempspace 表空间中的 XSGLTS2. dbf 文件移动到 D：\ ORADATA\XSGL 目录中。输入如下代码：

```
ALTER DATABASE RENAME FILE
'C:\APP\ADMINISTRATOR\PRODUCT\11.2.0\DBHOME_1\DATABASE\XSGLDS2.DBF',
'C:\APP\ADMINISTRATOR\PRODUCT\11.2.0\DBHOME_1\DATABASE\XSGLTS2.DBF'
TO 'D:\ORADATA\XSGL\XSGLDS2.DBF','D:\ORADATA\XSGL\XSGLTS2.DBF';
```

注意应在数据库更改后，再打开数据库。输入如下代码：

```
ALTER DATABASE OPEN;
```

打开数据库后，可以查询数据字典，确认数据库中表空间数据文件的对应关系。具体执行结果如图 7-34 所示，发现 XSGLDS2. dbf 文件和 XSGLTS2. dbf 文件的路径已经指向新的路径了。

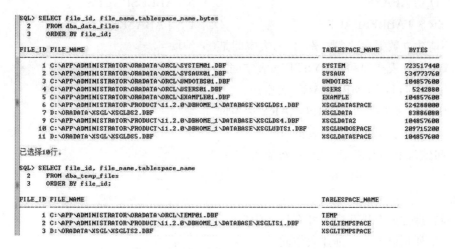

图 7-34　查询数据字典确认数据文件的位置

# 习　题　7

## 一、选择题

1. 以下关于表空间的叙述正确的是（　　　）。

　A. 表是表空间的基础，表空间是所有相关表所占空间的总和

B. 表空间是由一个或多个数据文件构成的,每个表占用一个数据文件

C. 一张表可以占用多个表空间,一个表空间也可以容纳多张表

D. 一个表空间可以容纳多张表,但一张表只能归属于一个表空间

2. 表空间和数据文件的关系是(　　)。

　A. 一个表空间只能对应一个数据文件　　　　B. 一个表空间可对应多个数据文件

　C. 一个数据文件可对应多个表空间　　　　　D. 数据文件和表空间可以交叉对应

3. 在 Oracle 中创建用户时,若未提及 DEFAULT TABLESPACE 关键字,则 Oracle 就将 (　　)表空间分配给用户作为默认表空间。

　A. HR　　　　　　B. SCOTT　　　　　　C. SYSTEM　　　　　　D. SYS

4. 增加数据文件的关键字是(　　)。

　A. ALTER　　　　　　B. ADD　　　　　　C. DROP　　　　　　D. INCLUDING

5. 以下不能脱机的表空间是(　　)。

　A. SYSAUX 表空间　　　　　　　　　B. SYSTEM 表空间

　C. TEMPORARY 表空间　　　　　　　D. 以上任意一个都不可以

6. PCTFREE 与 PCTUSED 参数加起来不能超过(　　)。

　A. 100　　　　　B. 50　　　　　C. 25　　　　　D. 10

7. 下列可以被设置为脱机状态的表空间是(　　)。

　A. 系统表空间　　　　　　　　　　B. 用户表空间

　C. 临时表空间　　　　　　　　　　D. 撤销表空间

8. 用于显示所有表空间描述信息的视图是(　　)。

　A. V $ DATABASE　　　　　　　　　B. V $ TABLESPACES

　C. USER $ TABLESPACES　　　　　　D. $ DATABASE

9. 以下不能建立数据对象(表,索引)的表空间是(　　)。

　A. SYSTEM 表空间和非 SYSTEM 表空间

　B. 回滚表空间和 TEMPORARY 表空间

　C. SYSTEM 表空间和 TEMPORARY 表空间

　D. SYSTEM 表空间和回滚表空间

10. 表空间默认 PCTINCREASE 参数值为(　　)。

　A. 100　　　　　B. 50　　　　　C. 0　　　　　D. 10

## 二、问答题

1. 表空间管理方式有哪几种?各有什么优劣?

2. Oracle 中使用以下命令创建表空间:

```
CREATE TABLESPACE sales DATAFILE 'E:\ORACLE\PRODUCT\10.2.0\ORADATA\YGGL\sales
01' SIZE 100M,
    'E:\ORACLE\PRODUCT\10.2.0\ORADATA\YGGL\sales 02' SIZE 100M
    AUTOEXTEND ON NEXT 100M MAXSIZE UNLIMITED
    EXTENT MANAGEMENT LOCAL;
```

该表空间是什么类型的表空间?数据文件的扩展方式是什么?参数的含义是什么?区是管理系统自动管理还是统一大小的?

3. DBA 在创建临时表空间时出现以下错误,请指出以下存在何种错误,以及如何修改语法。

```
CREATE TEMPORARY TABLESPACE temp1
    TEMPFILE '% ORACLE_HOME% \database\temp01.dbf'
    SIZE500M REUSE
EXTENT MANAGEMENT LOCALAUTOALLOCATE ;;
```

4.说明表空间概念是什么,并写出一种建立表空间的方法。

5.扩大数据库的容量方式有哪些?

**三、实训题**

1.创建表空间 tabs11,包含一个数据文件 ygbxfile1.dbf,路径为"D:\oracle\product\10.1.0\oradata\ygbx",大小为 10 MB。如果数据文件已经存在,则被覆盖。数据文件具有自动扩展属性,每次增量为 128 KB,最大值为 100 MB。

2.编写代码完成以下任务:

(1)为 ORCL 数据库创建一个永久表空间 ORCLTBS1,区自动扩展,段采用手动管理方式,大小为 50 MB。

(2)为 ORCL 数据库的永久表空间 ORCLTBS1 添加一个大小为 10 MB 的新数据文件 ORCLTBS1_2.dbf。

(3)将 ORCL 数据库的永久表空间 ORCLTBS1 的数据文件 ORCLTBS1_2.dbf 的容量增加到 20 MB。

(4)将 ORCL 数据库的 ORCLTBS1 的数据文件 ORCLTBS1_2.dbf 设置为自动扩展,每次扩展 5 MB 空间,文件最大为 100 MB。

# 第8章 数据库常用对象创建与管理

## 8.1 Oracle 11g 数据库常用对象概述

Oracle 数据库中的数据对象是以用户模式的形式进行管理的,所谓模式,就是指一系列逻辑数据结构或对象的集合。在 Oracle 数据库中,每新建一个用户,Oracle 数据库就会创建一个同名的模式,存放该用户创建的所有对象。比如 SCOTT 用户的各种对象,就存放在名叫 SCOTT 的模式中。模式与用户既相互联系,又有区别。

- 模式与用户相对应,一个模式只能被一个数据库用户拥有,并且模式的名称与这个用户的名称相同。
- 通常情况下,用户所创建的数据库对象都保存在与自己同名的模式中。
- 同一模式中数据库对象的名称必须唯一,而不同模式中的数据库对象可以同名。
- 默认情况下,用户引用的对象是与自己同名模式中的对象,如果要引用其他模式中的对象,需要在该对象名之前指明对象所属模式。

Oracle 数据库可以包含许多不同类型的对象,主要的数据库对象类型包括表、索引、约束条件、视图、序列、同义词、数据库链接等。其中有些对象类型可以独立存在,有些则不能。有些对象类型会占用数据库空间(即存储),有些则不会。数据库对象占用的存储空间称为段。

## 8.2 表

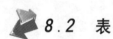

表是 Oracle 中最基本的对象,是真正存储各种各样数据的对象,由行和列组成。行有时也称为记录,列有时也称为字段或域。设计数据库时,表是对现实世界中对象的描述。要进行概念模型的设计,先绘制 E-R 图等,然后将 E-R 图转化成逻辑模型,并进行规范化,最终转化成物理模型。在实际的数据库比如 Oracle 中,要确定表的列和每列的数据类型等。

在应用系统中,DBA 将创建"生产"表(存储真实的业务数据的表),而应用程序开发人员可能需要创建他们自己的"测试"表,以存储较小的用来测试应用程序代码的数据样本。

对于表和其他数据库对象,最好使用描述性的名称。如果一个表用于存储学生信息,则可以将其命名为 STUDENTS 或者 TXS,而不是 AA。另外,表的名称是不区分大小写的。例如,STUDENTS 与 STuDents 和 students 被视为同一名称。用户可以使用 SQL 的数据定义语言(DDL)来创建表。其他 DDL 语句(包括 ALTER、DROP、RENAME 和 TRUNCATE)可以用来设置、更改以及删除表的数据结构。

本书中的案例以高校的学生管理中的成绩管理为蓝本进行分析设计。由于实际业务中的教学管理比较复杂,流程较多,本案例为了帮助初学者学习,只拿出了教学管理中的一部分环节进行说明,并进行了适当的修改和调整,如表 8-1 到表 8-8 所示。

表 8-1 学生表(TXS)

| 字 段 名 | 类 型 | 长度/字符 | 说 明 |
| --- | --- | --- | --- |
| XSBH | VARCHAR2 | 20 | 学生编号(主键) |
| XSM | VARCHAR2 | 40 | 学生姓名(不为空) |
| XB | VARCHAR2 | 20 | 性别(男,女) |
| CSRQ | DATE | | 出生日期(不为空) |
| LXDH | VARCHAR2 | 20 | 联系电话 |
| TC | VARCHAR2 | 200 | 特长 |
| BJH | VARCHAR2 | 20 | 班级号(外键) |
| BZ | VARCHAR2 | 200 | 备注 |

说明:学生表的班级号(BJH)要参照引用班级表的班级号(BJH)。在实际数据设计中,学生表的学生编号(XSBH)的实际数据长度为 13 位字符,其中前 4 位为入学年份,第 5 位和第 6 位为学院号,第 7 位和第 8 位为系号,第 9 位为专业号,第 10 位和第 11 位为班级号,第 12 位和第 13 位为学生的顺序编号。例如:"2015100110101"为"信息工程学院下属"(10)的"计算机科学与技术系"(01)里的"计算机科学与技术专业"(1)里 2015 年入学的 1 班的 01号学生"李强"。

表 8-2 课程表(TKC)

| 字 段 名 | 类 型 | 长度/字符 | 说 明 |
| --- | --- | --- | --- |
| KCBH | VARCHAR2 | 20 | 课程编号(主键) |
| KCM | VARCHAR2 | 30 | 课程名(不为空) |
| XF | NUMBER(2) | | 学分(1～10)(不为空) |
| XS | NUMBER(2) | | 学时(不为空) |
| NRJJ | VARCHAR2 | 200 | 内容简介 |
| BZ | VARCHAR2 | 200 | 备注 |
| KCLBH | VARCHAR2 | 20 | 课程类别号(外键) |

说明:课程表的课程类别号(KCLBH)要参照引用课程类别表的课程类别号(KCLBH)。在实际数据设计中,课程表的主键课程编号(KCBH)实际数据长度为 8 位字符,其中第 1 位和第 2 位为学院号,第 3 和第 4 位为系号,第 5 位为专业号,第 6～8 位为课程的顺序编号。例如:"10011001"为"信息工程学院"(10)下属的"计算机科学与技术系"(01)里的"计算机科学与技术专业"(1)里的"程序设计语言"课(001)。

表 8-3 课程类别表(TKCLB)

| 字 段 名 | 类 型 | 长度/字符 | 说 明 |
| --- | --- | --- | --- |
| KCLBH | VARCHAR2 | 20 | 课程类别号(主键) |
| KCLBM | VARCHAR2 | 30 | 课程类别名(不为空,唯一) |
| KCLBSM | VARCHAR2 | 200 | 课程类别说明 |

说明:在实际数据设计中,课程类别表的主键课程类别号(KCLBH)实际数据长度为3位字符,例如"001"为公共课。

表 8-4    成绩表(TCJ)

| 字 段 名 | 类 型 | 长度/字符 | 说 明 |
|---|---|---|---|
| XSBH | VARCHAR2 | 20 | 学生编号(不为空)组合关键字 |
| KCBH | VARCHAR2 | 20 | 课程编号(不为空)组合关键字 |
| ZCJ | NUMBER(5,2) | | 总成绩(0～100) |
| BZ | VARCHAR2 | 200 | 备注 |

说明:学生编号和课程编号为成绩表的组合关键字。成绩表的课程编号(KCBH)要参照引用课程表的课程编号(KCBH),成绩表的学生编号(XSBH)要参照引用学生表的学生编号(XSBH)。

表 8-5    班级表(TBJ)

| 字 段 名 | 类 型 | 长度/字符 | 说 明 |
|---|---|---|---|
| BJH | VARCHAR2 | 20 | 班级号(主键) |
| BJM | VARCHAR2 | 30 | 班级名(不为空,唯一) |
| RS | NUMBER(3) | | 人数 |
| BZ | VARCHAR2 | 200 | 备注 |
| BZXH | VARCHAR2 | 20 | 班长学号 |
| ZYH | VARHAR2 | 10 | 专业号(外键) |

说明:班级表的专业号(ZYH)要参照引用专业表的主键专业号(ZYH)。在实际数据设计中,班级表的主键班级号(BJH)实际数据长度为 11 位字符,其中第 1 位和第 2 位为学院号,第 3 位和第 4 位为系号,第 5 位为专业号,第 6～9 位为 4 位入学年份,第 10 位和第 11 位为班级的顺序编号。例如:"10011201501"为"信息工程学院下属"(10)的"计算机科学与技术系"(01)里的"计算机科学与技术专业"(1)里 2015 年入学的 1 班。

表 8-6    专业表(TZY)

| 字 段 名 | 类 型 | 长度/字符 | 说 明 |
|---|---|---|---|
| ZYH | VARCHAR2 | 10 | 专业号(主键) |
| ZYM | VARCHAR2 | 30 | 专业名(不为空) |
| ZYFZR | VARCHAR2 | 30 | 专业负责人 |
| BZ | VARCHAR2 | 200 | 备注 |
| XH | VARCHAR2 | 10 | 系号(外键) |

说明:专业表的系号(XH)要参照引用系表的主键系号(XH)。在实际数据设计中,专业表的主键专业号(ZYH)实际数据长度为 5 位字符,其中第 1 位和第 2 位为学院号,第 3 位和第 4 位为系号,第 5 位为专业的顺序号。例如:"10011"为"信息工程学院"(10)下属的"计算

机科学与技术系"(01)里的"计算机科学与技术专业"(1)。

**表 8-7 系表(TX)**

| 字 段 名 | 类 型 | 长度/字符 | 说 明 |
|---|---|---|---|
| XH | VARCHAR2 | 10 | 系号(主键) |
| XM | VARCHAR2 | 30 | 系名(不为空) |
| XZR | VARCHAR2 | 30 | 系主任 |
| LXDH | VARCHAR2 | 20 | 联系电话 |
| BZ | VARCHAR2 | 200 | 备注 |
| XYH | VARCHAR2 | 10 | 学院号(外键) |

说明:系表的学院号(XYH)要参照引用学院表的主键学院号(XYH)。在实际数据设计中,系表的主键系号(XH)实际数据长度为 4 位字符,其中第 1 位和第 2 位为学院号,第 3 位和第 4 位为系号。例如:"1001"为"信息工程学院"(10)下属的"计算机科学与技术系"(01)。

**表 8-8 学院表(TXY)**

| 字 段 名 | 类 型 | 长度/字符 | 说 明 |
|---|---|---|---|
| XYH | VARCHAR2 | 10 | 学院号(主键) |
| XYM | VARCHAR2 | 30 | 学院名(不为空) |
| XYJJ | VARCHAR2 | 300 | 学院简介 |
| YZ | VARCHAR2 | 30 | 院长 |
| LXDH | VARCHAR2 | 20 | 联系电话 |
| BZ | VARCHAR2 | 200 | 备注 |

说明:学院表的主键学院号(XYH)实际数据长度为 2 位字符。例如:"10"为"信息工程学院"。

### 8.2.1 数据类型

不同的数据类型具有不同的特征,其目的是有效地存储数据。Oracle 所处理的每个值都有一个数据类型。在表中创建列时,必须为其指定数据类型,列的数据类型决定了数据的取值、范围和存储格式。根据这些属性,数据库会对不同数据类型的值做不同的处理。

Oracle 中常用的数据类型如表 8-9 所示。

**表 8-9 Oracle 中常用的数据类型**

| 数 据 类 型 | 说 明 |
|---|---|
| CHAR(n) | 固定长度字符型,n 为字节长,最多 2000 个字节。如果不指定长度,默认为 1 字节(1 个汉字为 2 字节) |
| VARCHAR2(n) | 可变长度字符型,n 为字节长,最多 4000 个字节。具体定义时指明最大长度 n,这种数据类型可以放数字、字母以及 ASCII 码字符集(或者 EBCDIC 等数据库系统接受的字符集标准)中的所有符号 |

| 数 据 类 型 | 说　明 |
|---|---|
| LONG | 变长字符串,最多达 2 GB 的字符数据(2 GB 是指 2048 兆字节,而不是 2048 兆字符),与 VARCHAR2 或 CHAR 类型一样,存储在 LONG 类型中的文本要进行字符集转换。建表时不建议使用,只是为了保持向后的兼容性 |
| CLOB | 字符大对象,它存储单字节和多字节字符数据,支持固定宽度和可变宽度的字符集,支持事务处理 |
| NCLOB | 字符大对象,包含 Unicode 字符。支持固定宽度和可变宽度的字符集,同时使用数据库国家字符集 |
| NUMBER(p,s) | 可变长的数值列,占 22 字节。允许 0、正值及负值,p 是所有有效数字的位数,s 是小数点以后的位数。p 的取值范围为 1 到 38,s 的取值范围为 -84 到 127。s 为正数,表示从小数点到最低有效数字的位数;s 为负数,表示从最大有效数字到小数点的位数 |
| DATE | 日期数据类型,存储日期和时间信息,即从公元前 4712 年 1 月 1 日到公元 4712 年 12 月 31 日的所有合法日期。Oracle 存储以下信息:世纪、年、月、日、小时、分钟和秒,但不能存储小数形式的秒值。一般占用 7 字节的存储空间。默认格式为 DD-MM-YY,表示日、月、年 |
| TIMESTAMP(n) | 时间戳,是 DATE 的扩展。存储年、月、日、小时、分钟和秒的时间值。n 指定秒的计量精度至小数点后 n 位,默认值为 6。没有时区 |
| BLOB | 存储非结构化的二进制数据大对象(二进制文件、图片文件、音频文件、视频文件等),它可以被认为是没有字符集语义的比特流,最大容量为 128 TB |
| BFILE | 将一个大的二进制文件存储在数据库以外的位置。该二进制文件存储在数据库外的操作系统中,最大容量为 128 TB |
| ROWID | 代表记录的物理地址。用于定位数据库中一行记录的一个相对唯一地址值 |

关于数据类型有以下说明:

1)字符类型

固定长度字符型中虽然输入的字段值小于该字段的限制长度,但是实际存储数据时,会先自动向右补足空格后,才将字段值的内容存储到数据块中。这种方式虽然比较浪费空间,但是存储效率较可变长度型要好,同时还能减少数据行迁移情况的发生。

对于可变长度字符型,当输入的字段值小于该字段的限制长度时,直接将字段值的内容存储到数据块中,而不会补上空白,这样可以节省数据块空间。应用中不需要做字符串搜索的长串数据可以使用 LONG 类型,但是建议用 CLOB 来代替 LONG,以减少约束性,如果要进行字符搜索就要用 VARCHAR2(n)类型。

2)数字类型

数字类型中最常见的是 NUMBER(p,s)。定义了该类型,如果数值超出了位数限制就会被截取多余的位数。定义 NUMBER(5,2)表示这个字段的最大值是 99999,输入 515.316,则真正保存到字段中的数值是 515.32。如果定义 NUMBER(3,0),输入 515.316,真正保存的数据是 515。如果定义 NUMBER(3,-2),输入 515.316,真正保存的数据是 500。

3）DATE 日期类型

默认格式为 DD-MON-YY,中文字符集里如 09-11-16 表示 2016 年 11 月 9 日。英文字符集中如 09-NOV-16 表示 2016 年 11 月 9 日。

4）TIMESTAMP 数据类型

● TIMESTAMP［(n)］WITH TIME ZONE：通过存储一个时区偏差来扩展 TIMESTAMP 类型。存储日期时直接转换为数据库时区日期,且不随用户所在时区的变化而变化。

● TIMESTAMP［(n)］WITH LOCAL TIME ZONE：存储日期时直接转换为数据库时区日期,而读取日期时将数据库时区日期转换为用户会话时区日期。

5）ROWID 类型

存储了数据行在数据文件中的具体位置,数据对象编号 32 位(6 个字符)、文件编号 10 位(3 个字符)、块编号 22 位(6 个字符)、行编号 16 位(3 个字符)。通常情况下,该值在该行数据插入到数据库表时即被确定且唯一。

比如：AAAR3sAAEAAAACXAAC

● AAAR3s：数据对象编号,对应数据字典的列为 objects_id 和 data_object_id。

● AAE：文件编号＃,对应数据字典的列为 v＄datafile.file＃。

● AAAACX：块编号。

● AAC：行编号。

以 SCOTT 用户身份连接数据库,查询雇员表中 10 号部门的雇员信息。要求显示每一行的物理地址,如图 8-1 所示。

```
SQL> select rowid,empno,ename,deptno from emp where deptno=10;

ROWID                 EMPNO ENAME          DEPTNO
------------------ --------- ---------- ----------
AAAR3sAAEAAAACXAAG     7782 CLARK            10
AAAR3sAAEAAAACXAAI     7839 KING             10
AAAR3sAAEAAAACXAAN     7934 MILLER           10
```

图 8-1 EMP 表数据行 ROWID 信息

## 8.2.2 表的分类

Oracle 中有如下几种类型的表：

(1)二元关系表:常用的表类型,以堆的方式管理,当增加数据时,将使用段中第一个适合数据大小的空闲空间;当删除数据时,留下的空间允许以后的 DML 操作重用。

(2)临时表:存储事务或会话中的临时数据,用以进行中间结果的计算,分配临时段作为存储区域。

(3)分区表:将一个表或索引物理地分解为多个更小、更方便管理的部分。就访问数据库的应用而言,将表分区后,逻辑上只有一个表或一个索引,但在物理上这个表或索引会被放到多个表空间(物理文件)上。

(4)索引组织表:表存储在索引结构中,利用行本身排序进行存储。在堆中,数据可能被填入任何适合的地方,在索引组织表中,根据主关键字,以排序顺序来存储数据。

(5)聚簇表:几张表物理存储在一块,通常在同一个数据块上。包含相同聚簇码值的所有数据在物理上存储在一起,数据"聚集"在聚簇码周围,聚簇码用 B＊Tree 索引构建。

（6）散列聚簇表：和聚簇表相似，但不是用 B＊Tree 索引聚簇码定位数据，散列聚簇把码散列到簇中，来到达数据所在的数据库块。在散列聚簇中，数据可以比作索引。这适用于经常通过码等式来读取的数据。

（7）嵌套表：OOP 扩展的一部分，由系统产生，以父子关系维持子表。

（8）对象表：根据对象类型创建，有特殊属性并且和非对象表不关联。

一张表最多有 1000 列；理论上一张表有无限多行；能有和列的排列一样多的索引，且一次能够使用 32 个；拥有表的数量没有限制。

### 8.2.3　二元关系表

#### 1. 创建表

创建表的实质就是定义表的结构及约束条件等属性。可以在 OEM 中创建表和利用 PL/SQL 语句创建表。表的生成可以使用 CREAT TABLE 命令来实现。在自己模式中创建表时，必须拥有 CREATE TABLE 系统权限。在其他用户模式中创建表，必须拥有 CREATE ANY TABLE 系统权限。

关系数据库的所有数据都存储在表中。Oracle 中创建新表时要遵循下列有关表名和列名的规则：

（1）以字母开头，长度为 1～30 个字符；

（2）可使用 A～Z、a～z、0～9、_、$ 和 ♯ 字符；

（3）不能与已存在的当前用户的其他数据库对象同名；

（4）不能使用 Oracle 的保留字作为表名；

（5）表名不区分大小写。

语法格式：

```
CREATE TABLE [schema.] table_name
    (column_name datatype [DEFAULT expression]    [column_constraint],…n)
[PCTFREE integer]
[PCTUSED integer]
[INITRANS integer]
[MAXTRANS integer]
[TABLESPACE tablespace_name]
[STORGE storage_clause]
[CLUSTER  cluster_name(cluster_column,…n)]
[ENABLE | DISABLE ]
[AS subquery]
```

参数说明：

- table_name：表名称。
- schema：新表所属的用户方案。
- column_name：指定表的一个列的名字。
- datatype：该列的数据类型。
- column_constraint：定义一个完整的约束作为列定义的一部分。

column_constraint 子句的基本语法格式为：

```
CONSTRAINT constraint_name
        [NOT] NULL
        [UNIQUE]
    [PRIMARY KEY]
  [REFERENCES [schema.] table_name(column_name)]
  [CHECK(condition)]
```

- PCTFREE:指定表或者分区的每一个数据块为将来更新表行所保留的空间百分比。
- PCTUSED:指定 Oracle 维持表的每个数据块已用空间的最小百分比。
- INITRANS:指定分配给表的每一数据块中的事务条目的初值。
- MAXTRANS:指定可更新分配给表的数据块的最大并发事务数。
- TABLESPACE:指定新表存储在由 tablespace_name 指定的表空间中。
- STORGE:指定表的存储特征,用来控制分配给表的存储空间大小,以及当需要增长时如何使用空间。
- CLUSTER:指定该表是命名为 cluster_name 的簇的一部分。
- AS subquery:表示将由子查询返回的行插入所创建的表中。

表的这些参数和数据库的体系结构的设计分不开,在第 4 章中介绍 Oracle 的逻辑结构的盘区和块时已经介绍了其中一部分相关的参数,这里结合表和用户今后对表的相关操作对部分重要的参数进行进一步详细的说明:

1)高水位标记

高水位标记开始在新创建的表的第一个块上。随着数据不断被放入表中,使用了更多的块,从而高水位标记上升。如果删除表中的一些行,高水位标记仍不下移,即 count( * )100 000行和 delete 全部行后 count( * )所需时间一样(全扫描情况下),需要对表进行重建。

2)FREELISTS

在 Oracle 中 FREELISTS(自由列表)用来跟踪高水位标记以下有空闲空间的块对象。每个对象至少有一个 FREELISTS 和它相关。当块被使用时,Oracle 将根据需要放置或取走 FREELISTS。只有一个对象在高水位标记以下的块才能在 FREELISTS 上被发现。保留在高水位标记以上的块,只有 FREELISTS 为空时才能被用到。此时 Oracle 提高高水位标记并把这些块增加到 FREELISTS 中。用这种方式,Oracle 对一个对象推迟提高高水位标记,直到必要时才提高。一个对象可能不只有一个 FREELISTS,如果预料会有许多并行用户对一个对象进行大量的 INSERT 或 UPDATE,配置多个 FREELISTS 能够提高整体性能(可能的代价就是增加存储空间)。

3)PCTFREE 和 PCTUSED

如果将 PCTFREE 设置为 15,将 PCTUSED 设置为 40,那么块在用完 85% 以前,都会使用 FREELISTS。一旦达到 85%,将从 FREELISTS 中移除,直到块上空闲空间超过 60% 以后再使用。注意这两个值的不同设置对系统会有不同的影响:

(1)当 PCTFREE 设置得过小,而经常更新时,容易出现行迁移。

(2)高 PCTFREE、低 PCTUSED 的设置用于应用系统中,未来需要插入很多将要更新的数据,并且更新操作经常会增加行。这样在执行插入操作后,在块上保留了许多空间(高 PCTFREE),以便于今后的更新操作。在块返回到自由列表之前,块必须几乎是空的(低 PCTUSED)。

（3）低 PCTFREE、高 PCTUSED 的设置用于系统中，未来对表只使用插入（INSERT）或删除（DELETE）操作，或者就算是要 UPDATE 更新操作，该操作也只是会使行变少。

4）INITRANS 和 MAXTRANS

对象中的每一块都有一个块头，块头的一部分是事务表，事务表中的条目描述哪一个事务块上的行/元素被锁定了。事务表的最初大小由对象的 INITRANS 设置确定，对于表默认为 1 字节，对于索引则默认为 2 字节，当需要时，事务表可以动态地增加，大小最多到 MAXTRANS（前提是数据块上有足够的空闲空间），每一个分配的事务条目在块头上占用 23 字节的存储空间。

**例 8-1** 学生管理系统中的学生表和课程表运用 SQL 语句创建，方法（不包含约束）如下。

（1）学生表（不带参数）：

```
CREATE TABLE TXS
(
XSBH   VARCHAR2 (20)NOT NULL,
XSM   VARCHAR2 (40)NOT NULL,
XB    VARCHAR2 (20),
CSRQ   DATE NOT NULL,
LXDH   VARCHAR2 (20),
TC   VARCHAR2(200),
BZ    VARCHAR2(200),
BJH   VARCHAR2(20)
);
```

（2）课程表（带参数）：

```
CREATE TABLE TKC
(
  KCBH VARCHAR2(20) NOT NULL,
  KCM VARCHAR2(30) NOT NULL,
  XF NUMBER(2, 0) NOT NULL,
  XS NUMBER(2, 0) NOT NULL,
  NRJJ VARCHAR2(200),
  BZ VARCHAR2(200),
  KCLBH VARCHAR2(20),
CONSTRAINT TKC_PK PRIMARY KEY ( KCBH )  ENABLE
)
  TABLESPACE XSGLDATA
  LOGGING
  PCTFREE 10
  PCTUSED 40
  INITRANS 1
  MAXTRANS 255
  STORAGE
  (
```

```
        INITIAL 64K
        NEXT 1K
        MINEXTENTS 1
        MAXEXTENTS UNLIMITED
        PCTINCREASE 30
        FREELISTS 1
        FREELIST GROUPS 1
        BUFFER_POOL DEFAULT
    )
;
```

Oracle 中为了保存原始数据以便于恢复或得到一个与源表一样结构的表,可通过子查询创建表,这样创建的新表的列必须已经在原图或视图中存在,列属性和数据类型不能改变,但列名可以改变。

利用子查询创建表的具体语法如下:

```
CREATE TABLE table_name
(column_name [column_level_constraint]
[,column_name [column_level_constraint]…]
[,table_level_constraint])
[parameter_list]
AS  subquery;
```

**例 8-2**　为计科 1501 班的学生创建一个备份表 XS_JK1501。

```
CREATE TABLE XS_JK1501
    AS SELECT XSBH,XSM,XB,CSRQ,TXS.BJH,BJM FROM TXS,TBJ
        WHERE TXS.BJH=TBJ.BJH AND BJM='计科 1501' ;
```

用户需要注意:

- 通过该方法创建表时,可以修改表中列的名称,但是不能修改列的数据类型和长度;
- 通过子查询创建的表自动继承源表的存储参数;
- 源表中的约束条件和列的默认值都不会复制到新表中;
- 子查询中不能包含 LOB 类型和 LONG 类型列;
- 当子查询条件为真时,新表中包含查询到的数据;当查询条件为假时,则创建一个空表。

**2. 修改表**

数据库是一个动态的实体,在数据库使用过程中,根据需要有时候要更改已经建立好的表。如果不能对数据库进行更改,那这样的数据库可能对用户来说就不是很有用。常见的对表的修改有以下几种:

1)添加新列

添加新列的语法命令为:

```
ALTER TABLE <table_name >ADD (<column define> [,<column define>]...);
```

**注意**:使用单个 ALTER 语句可以添加两个或更多列,不同列之间用逗号分隔。

**例 8-3** 为学生表增加一列奖励 JL。

```
ALTER TABLE TXS ADD (JL VARCHAR2(200));
```

修改后，可以查看 TXS 表的信息，查询结果如图 8-2 所示。

2）修改现有的列

列的修改可以包括对列的数据类型、大小和默认值进行的更改。修改列必须遵循以下规则：

- 可以增加列的宽度或提高数字的精度。
- 可以增大字符列的宽度。
- 调整列宽时，列宽的值要不小于该列中已经存在的数据的最大宽度，或者当列中仅包含 NULL 值或者表中没有数据行时，才能减小列的宽度。
- 只有当列中仅包含 NULL 值时，才能更改数据类型。
- 只有当列中仅包含 NULL 值或者不更改大小时，才能将 CHAR 列转换为 VARCHAR2 列或者将 VARCHAR2 列转换为 CHAR 列。
- 更改列的默认值只会影响表的后续插入行。

修改列的语法命令为：

```
ALTER TABLE <table_name>
MODIFY (<column_name>[<data_type> ][NULL | NOT NULL]
[,<column name>[<data type>][NULL | NOT NULL]]...);
```

**例 8-4** 修改学生表新增加的列，奖励 JL 的默认值为"奖金 1000 元"。

```
ALTER TABLE TXS MODIFY (JL  DEFAULT '奖金 1000 元');
```

如果添加新列同时要带默认值，也可以在 SQL * Plus 中输入如下代码：

```
ALTER TABLE  TXS  ADD (JL VARCHAR2(200) DEFAULT '奖金 1000 元');
```

3）禁用列

从大型表中删除列可能要花费很长的时间。一个较快的替代方法是将该列标记为不可用。列值虽然仍保留在数据库中，但不能以任何方式访问，因此其效果与删除列是相同的。事实上，向数据库添加新列时，新列可以与"不使用"的列同名。那些不使用的列仍在原位置，但不可见。

禁用列的语法命令如下：

```
ALTER TABLE<table_name>SET UNUSED (column1, …… );
ALTER TABLE<table_name>SET UNUSED COLUMN column;
```

此命令不会对表进行重写，也不会回收空间。在语句执行之后，列只是会被简单忽略。一旦将该列设置为不使用，它就不再可见，因此也不能以任何方式引用其（以前的）列名。

**例 8-5** 禁用 TXS 表 JL 列。

```
ALTER TABLE TXS SET UNUSED (JL);
```

禁用列后系统会提示表已修改，用户可以查询数据字典 USER_UNUSED_COL_TABS 来查看当前模式下的列的禁用情况。查询结果如图 8-3 所示。

为了避免在数据库使用的高峰期间由于删除列操作而占用过多的资源，可以暂时将列设置为禁用状态。

4）删除列

```
ALTER TABLE <table_name>DROP COLUMN <column_name>
```

如果此列存在索引或约束，必须使用附加功能 CASCADE CONSTRAINTS。

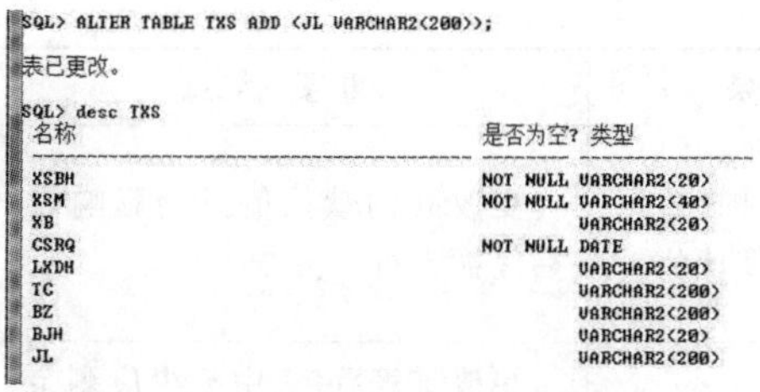

```
SQL> ALTER TABLE TXS ADD (JL VARCHAR2(200));

表已更改。

SQL> desc TXS
 名称                                      是否为空? 类型
 ------                                    -------- ------
 XSBH                                      NOT NULL VARCHAR2(20)
 XSM                                       NOT NULL VARCHAR2(40)
 XB                                                 VARCHAR2(20)
 CSRQ                                      NOT NULL DATE
 LXDH                                               VARCHAR2(20)
 TC                                                 VARCHAR2(200)
 BZ                                                 VARCHAR2(200)
 BJH                                                VARCHAR2(20)
 JL                                                 VARCHAR2(200)
```

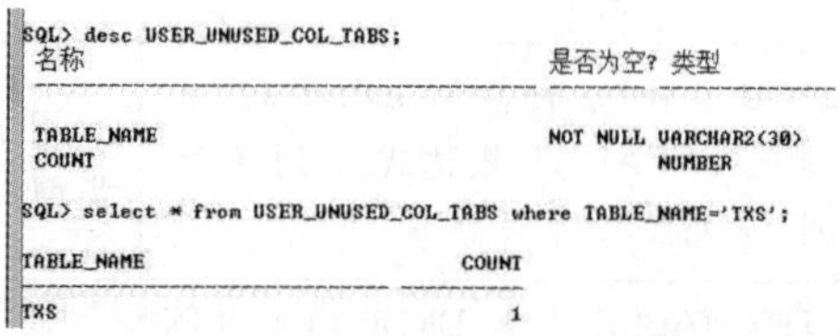

```
SQL> desc USER_UNUSED_COL_TABS;
 名称                                      是否为空? 类型
 ------                                    -------- ------
 TABLE_NAME                                NOT NULL VARCHAR2(30)
 COUNT                                              NUMBER

SQL> select * from USER_UNUSED_COL_TABS where TABLE_NAME='TXS';

 TABLE_NAME                        COUNT
 ----------                        -----
 TXS                                   1
```

图 8-2　TXS 表添加列后的表结构信息　　图 8-3　USER_UNUSED_COL_TABS 查询禁用列的信息

**例 8-6**　删除学生表的特长 TC 列。

```
ALTER TABLE TXS DROP COLUMN TC;
```

对于已经禁用的列,如果需要删除,回收存储空间,可以使用以下代码进行删除:

```
ALTER TABLE <table_name> DROP UNUSED COLUMNS;
```

其中 DROP UNUSED COLUMNS 会删除当前已标记为"不使用"的所有列。

**例 8-7**　删除学生表奖励 JL 列。

```
ALTER TABLE TXS DROP UNUSED COLUMNS;
```

**注意:**以先禁用、后删除的方式删除多个列比直接删除各个列的执行效率高。

5)重命名表名和列名

使用 RENAME 命令可以对表重命名。此命令对视图和私有同义词也有效。当对一个表格重命名后,Oracle 将自动更新相应的约束、索引和与此表相关的权限,而且 Oracle 将标志那些以此表为参考的视图、同义词、存储过程和函数为非法。

(1)重命名表语法。

```
ALTER TABLE tablename RENAME TO new_tablename;
```

或者是

```
RENAME old_tablename TO new_tablename;
```

(2)重命名列语法。

```
ALTER TABLE tablename RENAME COLUMN old_name TO new_name;
```

**例 8-8**　学生表中的联系电话在后期进行维护时,还可以是 QQ、微信等其他联系方式,故需要修改 TXS 表的联系电话 LXDH 列名为联系方式 LXFS。

```
ALTER TABLE TXS RENAME COLUMN LXDH TO LXFS;
```

**例 8-9**　修改 TXS 表名为 student。

```
ALTER TABLE TXS RENAME TO student;
```

或者是

```
RENAME TXS TO student;
```

表 8-10 总结了 ALTER TABLE 命令的用法。

表 8-10　ALTER TABLE 命令的用法

| 语　法 | 结　果 | 重要信息 |
| --- | --- | --- |
| ALTER TABLE 表名 ADD(列名 数据类型[DEFAULT 表达式],列名 数据类型[DEFAULT 表达式],…); | 向表中添加新列 | 无法指定列在表中的显示位置,它将成为最后一列 |

141

| 语　法 | 结　　果 | 重　要　信　息 |
|---|---|---|
| ALTER TABLE 表名 MODIFY（列名 数据类型［DEFAULT 表达式］，列名 数据类型，…）； | 用于更改列的数据类型、大小和默认值 | 更改列的默认值只会影响表的后续插入行 |
| ALTER TABLE 表名 DROP COLUMN 列名； | 用于删除表中的列 | 更改了表后，表中至少应剩余一列。列一旦删除将不可恢复 |
| ALTER TABLE 表名 SET UNUSED 列名； | 用来标记一个或多个列，以后再将其删除 | 并未释放磁盘空间，列就好像被删除了一样 |
| ALTER TABLE 表名 DROP UNUSED COLUMNS； | 从表中删除当前标记为"不使用"的所有列 | 一旦将列设置为"不使用"，则不能访问此列，也不能用 DESCRIBE 语句显示其数据。永久删除，不能回退 |

**3. 删除表**

当表或视图不需要时，可以用 DROP 语句删除，其格式为：

```
DROP TABLE <table_name> [CASCADE CONSTRAINTS];
```

**例 8-10**　删除表 TXS。

```
DROP TABLE TXS;
```

当表被删除时，系统自动地删除表中的数据和在此表上建立的各种索引，也删除了在该表上授予的操作权限和触发器。删除表并未删除在该表上定义的视图和别名，但这些视图和别名已被标志为非法并不能应用，用户应使用其他方法删除它们。当此表格存在约束时，必须使用附加功能 CASCADE CONSTRAINTS。

```
DROP TABLE TXS CASCADE CONSTRAINTS;
```

从 Oracle 10g 开始，使用 DROP TABLE 语句删除一个表时，并不立即回收该表的空间，而只是将表及其关联对象的信息写入一个称为"回收站"（RECYCLEBIN）的逻辑容器中，从而可以实现闪回删除表操作。如果要回收该表空间，可以采用清空"回收站"（PURGE RECYCLEBIN）或在 DROP TABLE 语句中使用 PURGE 语句。

**4. SQL Developer 管理二元关系表**

1）创建无参数表

创建无参数表是指学生管理系统中的无参数的学生表和课程表在 SQL Developer 中的创建。

（1）建立学生管理系统中的操作用户 XSGLADMIN 的连接会话，该用户的相关信息，请读者查看本书 11.3 节的相关内容。无论读者选择以何种用户身份创建表，都必须保证当前用户有创建表（CREATE TABLE）的权限。

（2）以 XSGLadmin 用户的身份连接数据库，然后展开 XSGLadmin，选中"表"，单击右键，在快捷菜单上选择"新建表"，如图 8-4 所示，然后会弹出创建表的对话框。

（3）如图 8-5 所示，在弹出的创建表对话框中输入表名和表所在的方案名，在下方的表格中输入第一列的名字、类型、大小、标注是否非空（用来检查该列未来的数据是否能为空），标注是否为主键（主键是数据表中用来唯一确定一行数据的标识符，要求非空）。在类型下拉列表中选择用户想要的数据类型。

如果要添加多列,就单击下方的"添加列"按钮,输入后面的列。如果已添加的列不需要了,选中要删除的列,然后单击"删除列"按钮。所有都设置好了以后,如果不做高级设置,就单击"确定"按钮,表就创建成功了。

表创建成功后,展开该连接里的表选项,就可以看到刚创建的学生表的信息,如图 8-6 所示。

图 8-4　新建表菜单

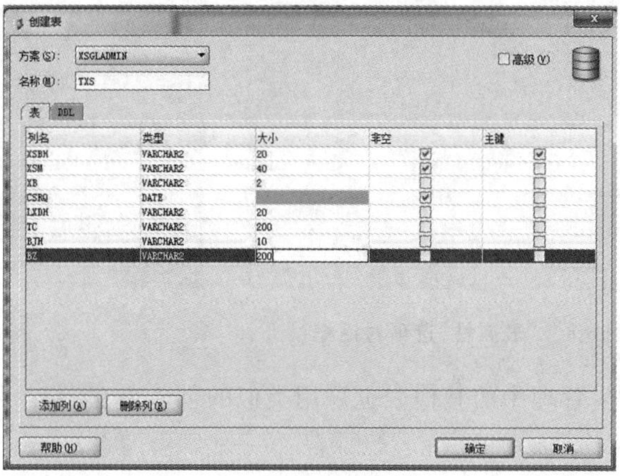

图 8-5　新建表 TXS

2)创建带参数表

创建带参数表是指学生管理系统中的有参数的课程表在 SQL Developer 中的创建。如果要设置存储参数等,则要在创建表对话框中选中"高级"选项,以下以课程表的创建为例进行说明。

(1)用上述方法新建表,然后输入课程表的列的信息。

(2)所有列设置完毕后,选中右上角的"高级"选项,然后弹出如图 8-7 所示的高级对话框。该对话框中的最左边窗格中显示了如主键、唯一约束条件等选项,中间窗格显示了左边窗格选中菜单对应的设置项,图中默认是选中"列",中间窗格中是已经定义的所有的列。在最右边窗格中显示的为中间窗格中选中的对象的属性,比如列的名称、数据类型等,用户需要时也可以在这里进行修改。

图 8-6　新建表 TXS 的结构

图 8-7　新建表 TKC2 高级对话框

(3)如果要设置表的默认参数,则选中表属性,如图 8-8 所示。然后单击对话框中的"存储选项"按钮,则会弹出"表存储选项"对话框,如图 8-9 所示。在这里可以设置表的参数,如表空间为 XSGLDATA,空闲百分比为 10％,已用百分比 40％等。设置完毕后,单击"确定"按钮返回创建表对话框,单击"确定"按钮就可以创建带参数的课程表,然后用户在表选项中右键单击,选中"刷新",即可看到新创建的表。

图 8-8　"表属性"选项对话框　　　　图 8-9　"表存储选项"对话框

学生管理中的其他表也采用类似的创建方法,留给用户自己学习后操作,这里不再一一介绍。

3)修改表,添加列和列的默认值

修改学生表,在表中增加一列奖金 JL,并设置默认值为"奖金 1000 元"。

(1)在 SQL Developer 中选中已经建立好的学生表 TXS,然后右键单击 TXS,在弹出的右键菜单中选择"编辑"选项,如图 8-10 所示。

(2)在如图 8-11 所示的"编辑表"对话框中,会显示当前未修改的表的各种信息。其中表所属的方案和表的类型不允许修改。如果要添加列,首先在左侧窗格中选中"列"标签,然后单击对话框中的"＋"按钮,就会在中间窗格出现默认名字为 COLUMN1 的新列。然后在右侧窗格中输入新列的名字、数据类型、长度、默认值等信息。输入完毕后单击"确定"按钮。

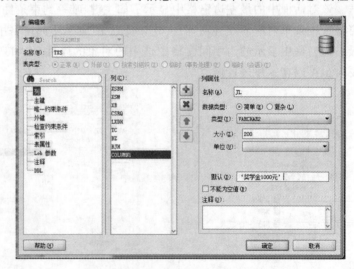

图 8-10　表编辑菜单　　　　图 8-11　在编辑表对话框中修改表

用户需要注意,这里默认值类型为可变长度字符型,所以一定要用引号,否则 SQL Developer 会报错。

4）删除表

SQL Developer 中删除表的操作为，如图 8-12 所示，在 SQL Developer 中展开"表"菜单项，然后选中要修改名字的表 TXS，右键单击该表。然后在弹出的右键菜单中选择"表"—"删除"。如图 8-13 所示，在弹出的"删除"对话框中单击"应用"按钮，就可以删除成功。然后用户在图 8-12 所示的界面中，选中"表"菜单项，单击鼠标右键，在右键菜单中单击"刷新"按钮，就看不到已经删除的表了。

图 8-12 表删除菜单

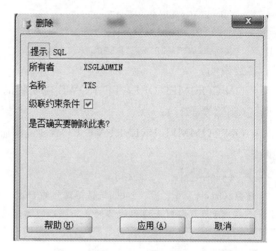

图 8-13 "删除"对话框

## 8.2.4 临时表

Oracle 数据库除了可以保存永久表外，还可以建立临时表。这些临时表用来保存一个会话的数据，或者保存在一个事务中需要的数据。当会话退出或者用户提交和回滚事务的时候，临时表的数据自动清空，但是临时表的结构以及元数据还存储在用户的数据字典中。业务系统中，在临时表完成它的使命后，最好删除临时表，否则数据库会残留很多临时表的表结构和元数据。

临时表分为两种：

（1）基于事务的临时表：临时表中的数据只在事务生命周期中存在，当事务提交时会清空表中数据。

（2）基于会话的临时表：临时表中的数据只在会话生命周期中存在，当用户退出、会话结束的时候，Oracle 自动清除临时表中的数据。

临时表的特点如下：

（1）多用户操作的独立性：对于使用同一张临时表的不同用户，Oracle 都会分配一个独立的临时表，这样就避免了多个用户在对同一张临时表操作时发生交叉，从而保证了多个用户操作的并发性和独立性。

（2）数据的临时性：存放在该表中的数据是临时性的。Oracle 根据用户创建临时表时指定的参数，自动将数据清空。

例如：当用户在电子商务网站中购物时，每一个用户有一个独立的会话，当用户在选购商品时，可能把心仪的商品放进购物车中，然后去选购其他的商品，在整个会话期间，系统都要保存购物车中的信息，但是如果用户什么都不买，这些数据就不需要了。同时，还有些用户，从购物车中下单，但是最终结账时放弃购买商品。此时如果直接将用户的选购信息放到永久的订单数据表中,存储量则会太大,此时可以采用创建临时表的方法来解决。数据只在会话期间有效,对于结算成功的有效数据,转移到最终永久的订单表中之后,Oracle 自动删除临时数据;对于放弃结算的数据,Oracle 同样自动删除,而无须编码控制,并且最终表只处理有效订单,减轻了频繁的 DML 操作的压力。

创建临时表的语法如下:

```
CREATE [GLOBAL TEMPORARY] TABLE   table_name
    physical_properties
    table_properties;
[ON COMMIT {DELETE | PRESERVE} ROWS];
```

参数说明:

● ON COMMIT DELETE ROWS 说明临时表是事务型的,每次提交数据后 Oracle 将截断表(删除全部行);

● ON COMMIT PRESERVE ROWS 说明临时表是会话型的,当结束会话时 Oracle 将截断表。

**注意**:Oracle 11g 之后,Oracle 提供了这样的自由,当数据库中有多个临时表空间时,用户可以创建出一个不属于默认临时表空间的临时表。此后的临时段分配,都是在非默认的临时表空间上进行的。

**例 8-11**　　以 SCOTT 用户身份登录数据库,然后创建一个雇员表(EMP)的测试信息临时表,要求当事务结束、提交数据时清空数据。

创建表的语法如下:

```
create global temporary table emptemp
(empno varchar2(30),
ename varchar2(20)
)
On commit delete rows;
```

向表中插入 10 号部门的信息,插入成功后查询数据,发现表中有数据。然后手动提交数据,提交成功后,再次查询,发现临时表中的数据已经删除了;如图 8-14 所示。

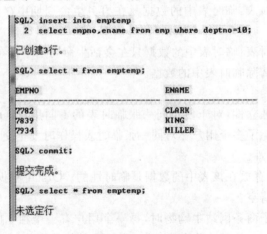

**图 8-14　事务型临时表数据变化**

**例 8-12**　　以 SCOTT 用户身份登录数据库,然后创建一个部门表(DEPT)的测试信息临时表,要求当会话结束时清空数据。

```
create global temporary table depttemp
(deptno varchar2(30),
dname varchar2(20)
)
On commit preserve rows;
```

如图 8-15 所示,向表中插入 40 号部门的信息,插入成功后查询数据,发现表中有数据。然后手动提交数据,提交成功后,再次查询发现表中的数据仍然还在,这是因为事务结束了,但是会话还没有结束。

特别要注意的是,Oracle 中是有多个会话的,如果当前会话结束,或者新建一个命令窗口(相当于开启了一个新的会话),这个时候表中的数据就会被删除,就查询不到表内的数据了。如图 8-16 所示,比如当前切换用户到 HR 用户,然后用 SCOTT 用户身份登录,此时再去查询 depttemp 表发现,表中数据没有了。

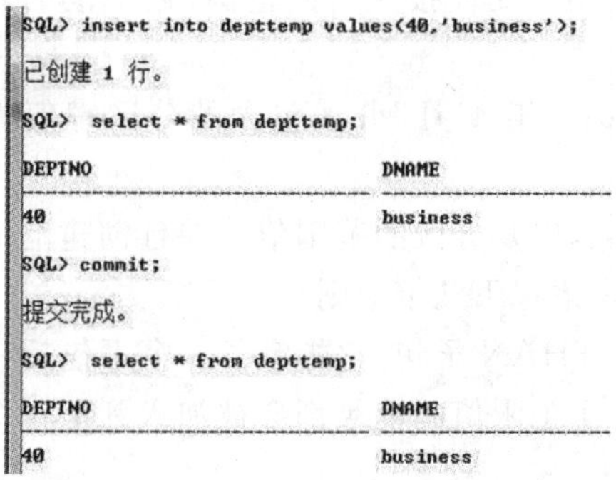

图 8-15 会话型临时表提交数据后的数据变化 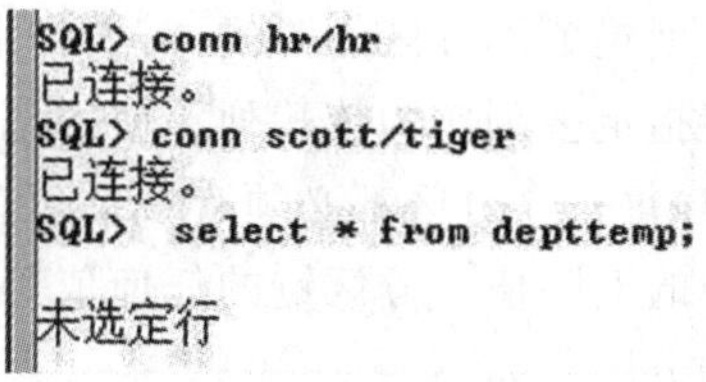   图 8-16 会话型临时会话结束后的数据变化

## 8.2.5 分区表

分区(partitioning)的概念最早在 Oracle 8.0 中引入,分区是 Oracle 数据库引以为傲的一项技术。分区的过程是将一个表或索引物理地分解为多个更小、更方便管理的部分。就访问数据库的应用而言,表分区后,逻辑上只有一个表或一个索引,但在物理上这个表或索引会放到多个表空间(物理文件)上,而一个普通表格就是一个段存储。正是分区的存在让 Oracle 高效地处理海量数据成为可能,在 Oracle 11g 中,分区技术在易用性和可扩展性上再次得到了增强。

应用系统中,当表中的数据量不断增大,查询数据的速度就会变慢,应用程序的性能就会下降。一般一张表大小超过 2 GB,Oracle 推荐对其进行分区。Oracle 的分区表可以包括多个分区,每个分区都是一个独立的段(segment),可以存放到不同的表空间中。每个分区有自己的名称,还可以选择自己的存储特性。分区表通过对分区列的判断,把分区列不同的记录放到不同的分区中。

分区表的优点如下。

1)提高数据的可用性

如果表的一个分区由于系统故障而不能使用,表其余的分区仍可以使用。这个特点对任何类型的系统都适用,而不论系统本质上是 OLTP 还是仓库系统。

2)维护轻松

由于从数据库中去除了大段,相应地减轻了管理的负担。在一个 100 GB 的表上执行管

147

理操作(如通过重组来删除移植的行等),与在各个 10 GB 的表分区上执行 10 次同样的操作相比,负担要大得多。

3)改善性能

对大表的查询、增加、修改等操作可以分解到表的不同分区来并行执行,这样可使运行速度更快。在大型仓库环境中,通过分区技术,可以消除大的数据区间。对不需要处理的数据,可以通过分区技术,相应地设置为根本不去访问这些数据。但这在事务型系统中并不适用,因为这种系统本身就只访问少量的数据。

4)IO 竞争优化

可以把修改分布到多个单独的分区上,从而减少大容量 OLTP 上的竞争:如果一个段遭遇激烈的竞争,可以把它分为多个段,这就成比例地减少了竞争。

**1. 范围分区**

范围分区(range)分区是应用范围比较广的表分区方式,它是以列的值的范围作为分区的划分条件,将记录存放到列值所在的 Range 分区中。比如按照时间范围、数字范围划分等,每个分区都有一个分区键值的范围。

例如,对于一个以日期列作为分区键的表,"2016 年 1 月"分区包含的分区键值为从"2016 年 1 月 1 日"到"2016 年 1 月 31 日"的行。

在创建范围分区的时候,需要指定范围基于的列,以及分区的范围值。并且创建范围分区支持指定多列作为依赖列。使用范围分区时,要考虑以下几个原则:

(1)每一个分区都必须有一个 VALUES LESS THAN 子句,它指定了一个不包括在该分区中的上限值。分区键的任何值等于或者大于这个上限值的记录都会被加入到下一个高一些的分区中。

(2)所有分区,除了第一个,都会有一个隐式的下限值,这个值就是此分区的前一个分区的上限值。

(3)在最高的分区中,MAXVALUE 被定义。MAXVALUE 代表了一个不确定的值,所有不在指定范围内的记录都会被存储到 MAXVALUE 所在分区中。

创建范围分区表的基本语法为:

```
CREATE TABLE [schema.] table_name
    (column_name datatype [DEFAULT expression]  [column_constraint],
...
)
PARTITION BY RANGE(partition_column)
(
PARTITION partition _name1 VALUES LESS THAN(value[,maxvalue])
[TABLESPACE tablespace_name]
...
PARTITION partition _namen VALUES LESS THAN(value[,maxvalue])
[TABLESPACE tablespace_name]
);
```

参数说明:

- PARTITION BY RANGE:指定根据范围进行分区。
- partition_column:分区依赖列(如果有多个,以逗号分隔)。
- PARTITION:每个分区的开头关键字。

- partition_name[1,…,n]：分区名称。
- VALUES LESS THAN：后跟分区范围值（如果依赖列有多个，范围对应值也应有多个，中间以逗号分隔）。
- tablespace_name：分区的存储属性，如所在表空间等属性（可为空），默认继承基表所在表空间的属性。

**例 8-13**　创建学生管理系统成绩分区表（数字范围），成绩在 60 分以下为不及格，60～90 分为及格，90 分以上为优秀。不及格的放在 XSGLDATA 表空间，及格的放在 XSGLdataspace 表空间，优秀的放在 XSGLDATA2 表空间。

```
CREATE TABLE TCJpartition
(XSBH    VARCHAR2(20) not null ,
  KCBH   VARCHAR2(20) not null,
  ZCJ    NUMBER(5,2) not null,
  XF     NUMBER(3,1)
  )
  partition by range(ZCJ) --按照总成绩列进行范围分区
(
   partition CJ_BJG values less than (60) tablespace XSGLDATA,--不及格分区
   partition CJ_JG values less than (90) tablespace XSGLdataspace,--及格分区
   partition CJ_YX values less than (maxvalue) tablespace XSGLDATA2--优秀分区
);
```

分区表创建成功后，在插入学生成绩的时候，系统将根据指定的字段 ZCJ 的值来自动将记录存储到指定的分区（表空间）中。插入 10 行软件 1502 班学生的成绩测试数据，如下所示：

```
insert into TCJpartition (XSBH,KCBH,ZCJ) VALUES ('20151002102102','1011002',82);
insert into TCJpartition (XSBH,KCBH,ZCJ) VALUES ('20151002102102','1011003',55);
insert into TCJpartition (XSBH,KCBH,ZCJ) VALUES ('20151002102102','1021001',80);
insert into TCJpartition (XSBH,KCBH,ZCJ) VALUES ('20151002102102','1021002',70);
insert into TCJpartition (XSBH,KCBH,ZCJ) VALUES ('20151002102102','1021003',88);
insert into TCJpartition (XSBH,KCBH,ZCJ) VALUES ('20151002102103','1011002',91);
insert into TCJpartition (XSBH,KCBH,ZCJ) VALUES ('20151002102103','1011003',86);
insert into TCJpartition (XSBH,KCBH,ZCJ) VALUES ('20151002102103','1021001',85);
insert into TCJpartition (XSBH,KCBH,ZCJ) VALUES ('20151002102103','1021002',90);
insert into TCJpartition (XSBH,KCBH,ZCJ) VALUES ('20151002102103','1021003',85);
```

插入测试数据后，用户可以通过查询表中的值来查看数据的分区信息，如图 8-17 所示。

**2. 间隔分区**

间隔（interval）分区是传统的范围分区的一种延伸，与范围分区相比，功能增强了。传统的范围分区，设置了范围值后，如果在业务系统的发展中出现了其他的值，比如说数值范围里更大的值，时间范围里更新的时间，通常是由 DBA 或者开发人员手动进行分区或者直接定义 MAXVALUE，将数据完全放入了 MAXVALUE 中。这样确实是一种解决办法，数据库也不会报错，但是这样就改变了分区的初衷。分

**图 8-17　通过查询表中的值来查看数据的分区信息**

区的目的是让各个部分的数据均衡,以加快查询。

Oracle 11g 的新增特性间隔分区可以解决上述问题。通过间隔分区,可以实现在需要的时候自动添加新的间隔分区,从而避免了用户不断地 ADD 或者 SPLIT 新的分区。间隔分区减少了 DBA 对分区的操作,保证了分区的准确性、安全性。但是为了使用间隔分区,那么在分区表上必须至少含有一个分区。

间隔分区的特点:

- 由 range 分区派生而来,必须至少指定一个 range 分区;
- 分区字段必须是 number 或 date 类型,以定长宽度创建分区(比如年、月、具体的数字(比如 100、500 等));
- 当有记录插入时,系统根据需要自动创建新的分区和本地索引;
- 在 interval partitioning 表上不能创建 domain index,而且不支持索引组织表;
- 已有的范围分区可被转换成间隔分区(ALTER TABLE SET INTERVAL(规则))。

创建间隔分区表的基本语法为:

```
CREATE TABLE [schema.] table_name
    (column_name datatype [DEFAULT expression]  [column_constraint],
...
)
(
PARTITION BY RANGE(partition_column)
INTERVAL (partition_rule)[STORE IN (tablespace1,...,tablespacen)]
PARTITION  partition _name1 VSLUES LESS THAN(value[,maxvalue])
...
PARTITION  partition _namen VSLUES LESS THAN(value[,maxvalue])
)
```

参数说明:

- 大部分和 range 分区一样。
- INTERVAL (partition_rule):自动添加新分区时的规则。
- STORE IN (tablespace1,…,tablespacen):新创建出的分区会依次循环地均匀存放在(tablespace1,…,tablespacen)各个分区上。

注意:这种分区表目前还是有其局限性的,要求所有的表空间都是一致的,不能给单独的分区指定单独的表空间。

**例 8-14** 某销售管理系统中,每天各个省份都会有不同的订单,日常业务中常常要按月来统计销售额。所以建立一个按月分区的分区表,用以统计新的业务数据,并按此规则进行分区。

```
CREATE TABLE ORDERpartition
(ORDER_ID NUMBER NOT NULL,--订单编号
ORDER_DATE DATE NOT NULL,--订单时间
ORDER_AMOUNT NUMBER NOT NULL,--订单金额
REGION  VARCHAR2(40)--订单所在地区
)
```

```
PARTITION BY RANGE (ORDER_DATE) --按订单时间进行分区
INTERVAL (NUMTOYMINTERVAL(1,'month'))--按一个月分区
(
PARTITION p1  VALUES LESS THAN (TO_DATE ('2016-02-01', 'YYYY-MM-DD')),
PARTITION p2  VALUES LESS THAN (TO_DATE ('2016-03-01', 'YYYY-MM-DD'))
);
```

在定制新分区的规则时,常常用到以下计算时间的几个函数:

● numtodsinterval(<x>,<c>):把 x 转为 interval day to second 数据类型。x 是一个数字;c 是一个字符串,表明 x 的单位。常用的单位有'day'、'hour'、'minute'、'second')。例如(1,'month')表示一个月。

● numtoyminterval(<x>,<c>):将 x 转为 interval year to month 数据类型,常用的单位有('year'、'month'),例如 ( 1,'YEAR') 表示一年。

创建好间隔分区表后,可以通过查询数据字典查看分区表的定义,如图 8-18 所示。

```
SQL> set linesize 200
SQL> col  partition_name for a10
SQL> col  high_value for a80
SQL> SELECT  partition_name, high_value
  2    FROM user_tab_partitions
  3    WHERE table_name =upper( 'ORDERpartition');

PARTITION_ HIGH_VALUE
------------------------------------------------------------------------------
P1          TO_DATE(' 2016-02-01 00:00:00', 'SYYYY-MM-DD HH24:MI:SS', 'NLS_CALENDAR=GREGORIA
P2          TO_DATE(' 2016-03-01 00:00:00', 'SYYYY-MM-DD HH24:MI:SS', 'NLS_CALENDAR=GREGORIA
```

图 8-18  通过查询数据字典查看分区表的定义

这个时候查看表结构发现只有定义时的两个分区,接下来向表中插入 10 条测试数据,语法如下:

```
insert into  ORDERpartition VALUES ('20161000000001','05-1月-16',282,'湖北');
insert into  ORDERpartition VALUES ('20161000000002','21-1月-16',155.5,'湖北');
insert into  ORDERpartition VALUES ('20162000000003','15-2月-16',801,'湖北');
insert into  ORDERpartition VALUES ('20162000000004','18-2月-16',703.5,'湖北');
insert into  ORDERpartition VALUES ('20163000000005','04-3月-16',818,'湖北');
insert into  ORDERpartition VALUES ('20163000000006','20-3月-16',191.4,'湖北');
insert into  ORDERpartition VALUES ('20163000000007','30-3月-16',86.5,'湖北');
insert into  ORDERpartition VALUES ('20164000000008','11-4月-16',850,'湖北');
insert into  ORDERpartition VALUES ('20164000000009','24-4月-16',90.9,'湖北');
insert into  ORDERpartition VALUES ('20164000000010','28-4月-16',81.5,'湖北');
```

插入数据后,再次查看该分区表的分区情况。如图 8-19 所示,用户会发现除了创建表时的两个分区外,由于插入的数据中还有 1、4 两个月份的数据,所以该间隔分区表按照设置的规则每一个月一个分区,系统自动创建了两个分区。

151

```
SQL> SELECT  partition_name, high_value
  2    FROM user_tab_partitions
  3    WHERE table_name =upper( 'ORDERpartition');

PARTITION_ HIGH_VALUE
------------------------------------------------------------------------------
P1          TO_DATE(' 2016-02-01 00:00:00', 'SYYYY-MM-DD HH24:MI:SS', 'NLS_CALENDAR=GREGORIA
P2          TO_DATE(' 2016-03-01 00:00:00', 'SYYYY-MM-DD HH24:MI:SS', 'NLS_CALENDAR=GREGORIA
SYS_P24     TO_DATE(' 2016-04-01 00:00:00', 'SYYYY-MM-DD HH24:MI:SS', 'NLS_CALENDAR=GREGORIA
SYS_P25     TO_DATE(' 2016-05-01 00:00:00', 'SYYYY-MM-DD HH24:MI:SS', 'NLS_CALENDAR=GREGORIA
```

图 8-19  查看间隔分区自动创建的分区值

查看插入的数据的分区情况如图 8-20 所示。

```
SQL> --查询数据分区情况
SQL> col ORDER_ID for 99999999999999
SQL> select * from ORDERpartition partition(p1);

       ORDER_ID ORDER_DATE      ORDER_AMOUNT REGION
--------------- ------------    ------------ ------
 2016100000001 05-1月 -16                282 湖北
 2016100000002 21-1月 -16              155.5 湖北

SQL> select * from ORDERpartition partition(p2);

       ORDER_ID ORDER_DATE      ORDER_AMOUNT REGION
--------------- ------------    ------------ ------
 2016200000003 15-2月 -16                801 湖北
 2016200000004 18-2月 -16              703.5 湖北

SQL> select * from ORDERpartition partition(SYS_p24);

       ORDER_ID ORDER_DATE      ORDER_AMOUNT REGION
--------------- ------------    ------------ ------
 2016300000005 04-3月 -16                818 湖北
 2016300000006 20-3月 -16              191.4 湖北
 2016300000007 30-3月 -16               86.5 湖北

SQL> select * from ORDERpartition partition(SYS_p25);

       ORDER_ID ORDER_DATE      ORDER_AMOUNT REGION
--------------- ------------    ------------ ------
 2016400000008 11-4月 -16                850 湖北
 2016400000009 24-4月 -16               90.9 湖北
 2016400000010 28-4月 -16               81.5 湖北
```

图 8-20  查看间隔分区数据存放信息

如果用户在实际业务系统中,考虑到 IO 的均衡问题,可以在分区规则后加上存放要求:

```
INTERVAL (NUMTOYMINTERVAL(1,'month'))STORE IN (XSGLDATA,XSGLdataspace);
```

这样设置后,数据可以均衡地放在 XSGLDATA 和 XSGLdataspace 这两个不同的表空间中。

**3. 列表分区**

如果分区列的值并不能划分范围(非数值类型或日期类型),同时分区列的取值范围只是一个包含少量数值的集合,则可以对表进行列表(list)分区,如按地区、性别等分区。

列表(list)分区需要指定列的值,其分区值必须明确指定,该分区列只能有一个,不能像 range 或者 hash 分区那样同时指定多个列作为分区依赖列,但它的单个分区对应值可以是多个。

进行列表分区时,必须确定分区列可能存在的值,一旦插入的列值不在分区范围内,则插入/更新就会失败。因此通常建议使用 ist 分区时,要创建一个 default 分区存储那些不在指定范围内的记录,类似 range 分区中的 maxvalue 分区。

创建列表分区表的基本语法为:

```
CREATE TABLE [schema.] table_name
    (column_name datatype [DEFAULT expression]  [column_constraint],
...
)
PARTITION BY LIST(partition_column)
(
PARTITION partition _name1 VSLUES (value1) [TABLESPACE tablespace_name]
...
PARTITION partition _namen VSLUES (valuen)[TABLESPACE tablespace_name]
)
```

参数说明：
- PARTITION BY LIST：指定根据列表进行分区。
- partition_column：分区依赖列。
- PARTITION：每个分区的开头关键字。
- partition _name[1,…,n]：分区名称。
- partition：分区名称。
- tablespace_name：分区的存储属性，如所在表空间（可为空）的属性，默认继承基表所在表空间的属性。

**例 8-15**　在学生管理系统中，为了了解学生的性别比例情况，创建一个分区表，将学生信息按性别不同进行分区，男学生的信息保存在表 XSGLdataspace 中，而女学生的信息保存在 XSGLDATA 中，如：

```
CREATE TABLE TXS_list
(XSBH VARCHAR2 (20) PRIMARY KEY ,
XSM   VARCHAR2 (40) NOT NULL,
XB   VARCHAR2 (20) CHECK (XB IN('男','女')),--约束该列只能有男和女两个值
CSRQ   DATE   NOT NULL
)
PARTITION BY LIST(XB)
(   PARTITION TXS_nan VALUES('男') TABLESPACE XSGLdataspace,
    PARTITION TXS_nv VALUES('女') TABLESPACE XSGLDATA
);
```

利用数据字典查看该列表分区表的分区情况，如图 8-21 所示。

插入测试数据 8 组，如下所示：

```
    insert into TXS_list VALUES ('2015100110101','李强','男',TO_DATE ('19960213','
yyyymmdd'));
    insert into TXS_list VALUES ('2015100110102','王平','女',TO_DATE ('19970902','
yyyymmdd'));
    insert into TXS_list VALUES ('2015100110103','李小燕','女',TO_DATE ('19971016','
yyyymmdd'));
    insert into TXS_list VALUES ('2015100110104','严力','男',TO_DATE ('19970806','
yyyymmdd'));
    insert into TXS_list VALUES ('2015100110201','吴红','女',TO_DATE ('19970213','
yyyymmdd'));
    insert into TXS_list VALUES ('2015100110202','刘芳','女',TO_DATE ('19971020','
yyyymmdd'));
    insert into TXS_list VALUES ('2015100110203','李明','男',TO_DATE ('19980101','
yyyymmdd'));
    insert into TXS_list VALUES ('2015100110204','赵萱萱','女',TO_DATE ('19970605','
yyyymmdd'));
```

查询数据分区存放情况，如图 8-22 所示。

**4. 散列分区**

在进行范围分区或列表分区时，由于无法对各个分区中可能具有的记录数量进行预测，可能导致数据在各个分区中分布不均衡。某些分区中数据很多，而某些分区中数据很少。

此时可以采用散列(hash)分区的方法,在指定数量的分区中均等地分配数据。

```
SQL> set linesize 200
SQL> col  high_value for a80
SQL> SELECT  partition_name, high_value
  2    FROM user_tab_partitions
  3    WHERE table_name =upper('TXS_list');

PARTITION_NAME                    HIGH_VALUE
-------------------------------- ----------------
TXS_NAN                           '男'
TXS_NV                            '女'
```

图 8-21  查看列表分区表的分区值

```
SQL> select * from TXS_list partition(TXS_nan);

XSBH             XSM                  XB         CSRQ
---------------- -------------------- ---------- ----------
2015100110101    李强                 男         13-2月 -96
2015100110104    严力                 男         06-8月 -97
2015100110203    李明                 男         01-1月 -98

SQL> select * from TXS_list partition(TXS_nv);

XSBH             XSM                  XB         CSRQ
---------------- -------------------- ---------- ----------
2015100110102    王平                 女         02-9月 -97
2015100110201    吴红                 女         13-2月 -97
2015100110202    刘芳                 女         20-10月-97
2015100110204    赵薹薹               女         05-6月 -97
2015100110103    李小燕               女         16-10月-97
```

图 8-22  查看列表分区数据存放信息

hash 分区时,数据库根据 hash 算法映射行到用户指定的分区键中。行的存放目的地由数据库的内部 hash 函数来决定。hash 算法的目的是在设备上均匀分布行,以便每个分区包含相同数量的行。因此用户不能控制也不知道哪条记录会被放到哪个分区中,散列分区也支持多个依赖列。

创建散列分区表的基本语法为:

```
CREATE TABLE [schema.] table_name
   (column_name datatype [DEFAULT expression]  [column_constraint],
…
)
PARTITION BY HASH(partition_column)
)
   [
     [PARTITION partition _name1 [TABLESPACE tablespace_name]
…
PARTITION partition _namen [TABLESPACE tablespace_name]
  ]
|[PARTITIONS numbers STORE IN(tablespace_name1,...,tablespace_namen)]
]
)
```

参数说明:

- PARTITION BY HASH:指定根据列表进行分区。
- partition_column:分区依赖列。
- PARTITION:每个分区的开头关键字。
- partition _name[1,…,n]:分区名称。
- PARTITIONS:分区的数量开头关键字。
- numbers:表空间数目。
- tablespace_name:分区的存储属性,如所在表空间等属性(可为空),默认继承基表所在表空间的属性。



**例 8-16** 学生管理系统中,创建一个分区表,根据学号将学生信息均匀分布到 XSGLdataspace、XSGLDATA 和 XSGLDATA2 三个表空间中。

```
CREATE TABLE TXS_hash
(XSBH  VARCHAR2 (20) PRIMARY KEY ,
XSM   VARCHAR2 (40) NOT NULL,
XB    VARCHAR2 (20) CHECK (XB IN('男','女')),
```

```
    CSRQ  DATE  NOT NULL
)
PARTITION BY HASH(XSBH)
(   PARTITION XSBH1 TABLESPACE XSGLdataspace,
    PARTITION XSBH2 TABLESPACE XSGLDATA,
    PARTITION XSBH3 TABLESPACE XSGLDATA2
);
```

或者可以使用如下代码创建：

```
CREATE TABLE TXS_hash2
(XSBH  VARCHAR2 (20) PRIMARY KEY ,
XSM    VARCHAR2 (40) NOT NULL,
XB     VARCHAR2 (20) CHECK (XB IN('男','女')),
CSRQ   DATE  NOT NULL
)
PARTITION BY HASH(XSBH)
PARTITIONS 3 STORE IN(XSGLdataspace,XSGLDATA,XSGLDATA2);
```

通过查询数据字典查看该表的分区情况，如图 8-23 所示。

查询列表分区数据存放情况，如图 8-24 所示。

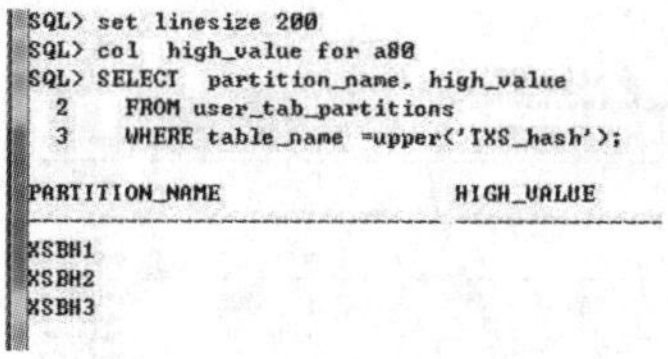

图 8-23　散列分区表的分区值　　　　图 8-24　散列分区数据存放信息

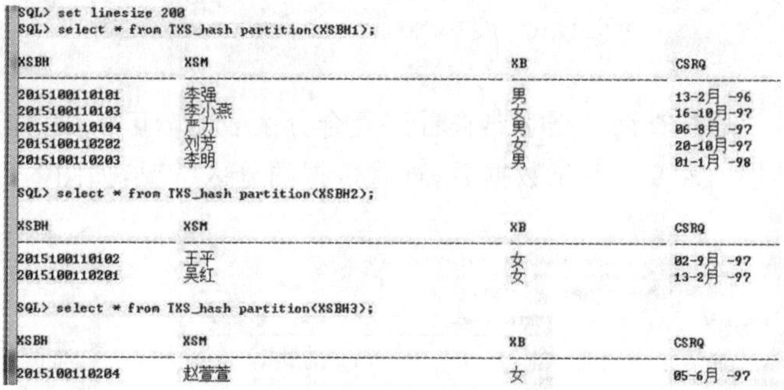

当用户决定使用 hash 表之前，需要确定所选择的分区列值是连续分布的，或者接近连续分区。由于 hash 函数的特点，一般会建议分区的个数需要是 2 的整数幂，比如 2,4,8,…这样用户分区表的各个分区所包含的数据量才会比较平均。

**5. 复合分区**

如果某表按照某列分区之后，仍然较大，或者有一些其他的需求，还可以通过分区内再建子分区的方式对分区再分区，即采用复合分区的方式。Oracle 11g 在 10g 的范围-散列（range-hash）分区和范围-列表（range-list）分区的基础上新增加了 4 种复合分区，范围-范围（range-range）分区、列表-范围（list-range）分区、列表-散列（list-hash）分区和列表-列表（list-list）分区，一共是 6 种复合分区。

创建复合分区时，一样要指定分区方法和分区列。同时还要指定子分区的分区方法（SUBPARTITION BY［Hash|List|Range］），在子分区中要详细定义子分区列以及每个子分区数量或子分区的描述。

1）范围-散列分区

范围-散列分区先对表进行范围分区，然后对每个分区进行散列分区，即在一个范围分区中创建多个散列子分区。

**例 8-17** 在学生管理系统中，创建一个范围-散列分区表。

创建一个范围-散列分区表，首先按学生的出生日期进行范围分区，划分 1997 年 1 月 1 日前出生的学生信息、在 1997 年 1 月 1 日到 1998 年 1 月 1 日出生的学生信息以及其他时间段出生的学生信息。然后在范围分区的基础上，根据学号创建子分区，将学生信息均匀分布到 XSGLdataspace、XSGLDATA 和 XSGLDATA2 三个表空间中。

```
CREATE TABLE TXS_range_hash
(XSBH  VARCHAR2 (20) PRIMARY KEY ,
XSM   VARCHAR2 (40) NOT NULL,
XB    VARCHAR2 (20) ,
CSRQ  DATE  NOT NULL
)
PARTITION BY RANGE(CSRQ)--主分区为学生的出生日期列进行范围分区
SUBPARTITION BY HASH(XSBH)--子分区为学生的学号做散列子分区
SUBPARTITIONS 3 STORE IN(XSGLdataspace,XSGLDATA,XSGLDATA2)--子分区数据均匀分布在
3个表空间上
  (PARTITION RQ1 VALUES LESS THAN(TO_DATE('1997-1-1', 'YYYY-MM-DD')),
   PARTITION RQ2 VALUES LESS THAN(TO_DATE('1998-1-1', 'YYYY-MM-DD')),
   PARTITION RQ3 VALUES LESS THAN(MAXVALUE)
);
```

通过查询数据字典查看该复合分区表的分区情况，如图 8-25 所示。

插入 8 条测试数据后，查看数据的分区情况，如图 8-26 所示。

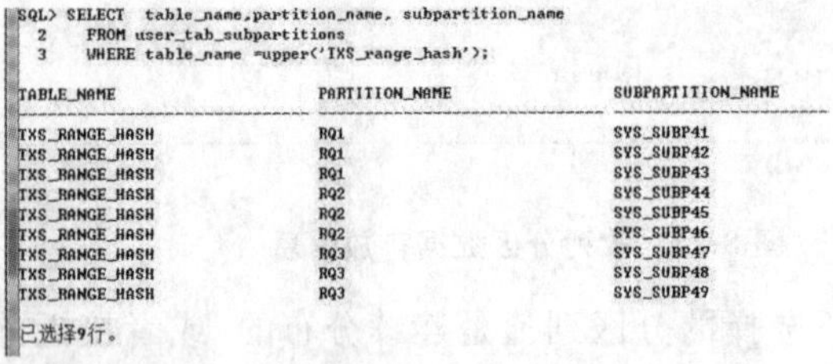

```
SQL> SELECT  table_name,partition_name, subpartition_name
  2    FROM user_tab_subpartitions
  3    WHERE table_name =upper('IXS_range_hash');

TABLE_NAME                PARTITION_NAME            SUBPARTITION_NAME
------------------------- ------------------------- ------------------
TXS_RANGE_HASH            RQ1                       SYS_SUBP41
TXS_RANGE_HASH            RQ1                       SYS_SUBP42
TXS_RANGE_HASH            RQ1                       SYS_SUBP43
TXS_RANGE_HASH            RQ2                       SYS_SUBP44
TXS_RANGE_HASH            RQ2                       SYS_SUBP45
TXS_RANGE_HASH            RQ2                       SYS_SUBP46
TXS_RANGE_HASH            RQ3                       SYS_SUBP47
TXS_RANGE_HASH            RQ3                       SYS_SUBP48
TXS_RANGE_HASH            RQ3                       SYS_SUBP49

已选择9行。
```

图 8-25 查看范围-散列分区表的分区值

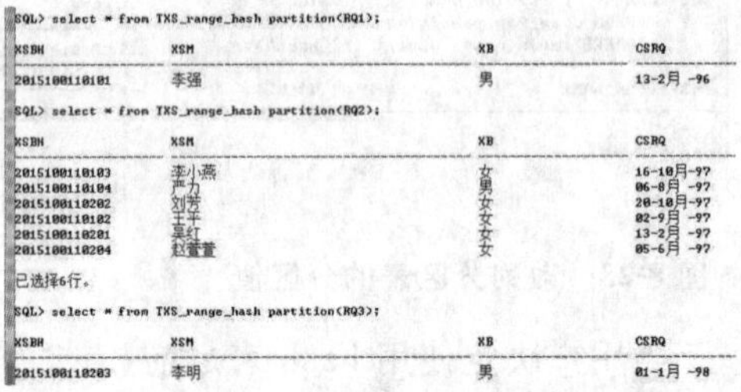

```
SQL> select * from TXS_range_hash partition(RQ1);

XSBH            XSM                       XB             CSRQ
--------------- ------------------------- -------------- ----------
2015100110101   李强                      男             13-2月 -96

SQL> select * from TXS_range_hash partition(RQ2);

XSBH            XSM                       XB             CSRQ
--------------- ------------------------- -------------- ----------
2015100110103   李小燕                    女             16-10月-97
2015100110104   严力                      男             06-8月 -97
2015100110202   刘芳                      女             20-10月-97
2015100110102   王平                      女             02-9月 -97
2015100110201   吴红                      女             13-2月 -97
2015100110204   赵蕾蕾                    女             05-6月 -97

已选择6行。

SQL> select * from TXS_range_hash partition(RQ3);

XSBH            XSM                       XB             CSRQ
--------------- ------------------------- -------------- ----------
2015100110203   李明                      男             01-1月 -98
```

图 8-26 查看范围-散列分区表数据存放信息

2）范围-列表分区

范围-列表分区先对表进行范围分区，然后对每个分区进行列表分区，即在一个范围分区中创建多个列表子分区。



**例 8-18** 在学生管理系统中，创建一个范围-列表分区表。

创建一个范围-列表分区表，将 1997 年 1 月 1 日前出生的男、女学生的信息保存在 XSGLDATA 表空间中，将在 1997 年 1 月 1 日到 1998 年 1 月 1 日出生的男、女学生的信息分别保存在 XSGLdataspace 和 XSGLDATA2 表空间中，其他学生的信息保存在 XSGLDATA 表空间中。

```
CREATE TABLE TXS_range_list
(XSBH  VARCHAR2 (20) PRIMARY KEY ,
XSM   VARCHAR2 (40) NOT NULL,
XB    VARCHAR2 (20) CHECK (XB IN('男','女')),
```

```
   CSRQ   DATE   NOT NULL
)
PARTITION BY RANGE(CSRQ)--主分区为学生的出生日期列进行范围分区
SUBPARTITION BY LIST(XB) --子分区为性别列进行列表分区
  (PARTITION RQ1 VALUES LESS THAN(TO_DATE('1997-1-1', 'YYYY-MM-DD'))
    (SUBPARTITION RQ1_nan VALUES('男') TABLESPACE XSGLDATA,
      SUBPARTITION RQ1_nv VALUES('女') TABLESPACE XSGLDATA),
    PARTITION RQ2 VALUES LESS THAN(TO_DATE('1998-1-1', 'YYYY-MM-DD'))
    (SUBPARTITION RQ2_nan VALUES('男') TABLESPACE XSGLdataspace,
      SUBPARTITION RQ2_nv VALUES('女') TABLESPACE XSGLDATA2),
    PARTITION RQ3 VALUES LESS THAN(MAXVALUE)
    (SUBPARTITION RQ3_nan VALUES('男') TABLESPACE XSGLDATA,
      SUBPARTITION RQ3_nv VALUES('女') TABLESPACE XSGLDATA)
);
```

通过查询数据字典查看该复合分区表的分区情况,如图 8-27 所示。

图 8-27　查看范围-列表分区表的分区值

3)范围-范围分区

范围-范围分区先对表进行范围分区,然后对每个分区按范围进行子分区,即在一个范围分区中创建多个子范围分区。

**例 8-19** 在销售管理系统中,创建一个范围-范围分区表。

某销售管理系统中,日常业务中常常要按季度来统计销售额。建立一个按季度进行范围分区,在同一季度范围内再按照订单金额进行范围分区划分的复合分区表。

```
CREATE TABLE ORDERpartition
(ORDER_ID NUMBER NOT NULL,--订单编号
ORDER_DATE DATE NOT NULL,--订单时间
ORDER_AMOUNT NUMBER NOT NULL,--订单金额
REGION   VARCHAR2(40)--订单所在地区
)
PARTITION BY RANGE (ORDER_DATE) --按订单时间进行主范围分区
SUBPARTITION BY RANGE (ORDER_AMOUNT) --按订单金额进行子范围分区
(PARTITION p1 VALUES LESS THAN (TO_DATE ('2016-04-01', 'YYYY-MM-DD'))
  ( SUBPARTITION P1_1 VALUES LESS THAN (200), --200 以内金额子分区
    SUBPARTITION P1_2 VALUES LESS THAN (600), --200~600 金额子分区
    SUBPARTITION P1_3 VALUES LESS THAN (MAXVALUE)--其他金额子分区
  ),
  PARTITION p2 VALUES LESS THAN (TO_DATE ('2016-07-01', 'YYYY-MM-DD'))
  ( SUBPARTITION P2_1 VALUES LESS THAN (200),
```

```
        SUBPARTITION P2_2 VALUES LESS THAN (600),
        SUBPARTITION P2_3 VALUES LESS THAN (MAXVALUE)
          ),
      PARTITION p3 VALUES LESS THAN (TO_DATE ('2016-10-01', 'YYYY-MM-DD'))
        ( SUBPARTITION P3_1 VALUES LESS THAN (200),
          SUBPARTITION P3_2 VALUES LESS THAN (600),
          SUBPARTITION P3_3 VALUES LESS THAN (MAXVALUE)
          ),
      PARTITION p4 VALUES LESS THAN (MAXVALUE)
        ( SUBPARTITION P4_1 VALUES LESS THAN (200),
          SUBPARTITION P4_2 VALUES LESS THAN (600),
          SUBPARTITION P4_3 VALUES LESS THAN (MAXVALUE)
          )
    );
```

通过查询数据字典查看该复合分区表的分区情况,如图 8-28 所示。

插入实验数据后,数据信息和例 8-13 一样,查询数据的分区情况,如图 8-29 所示。

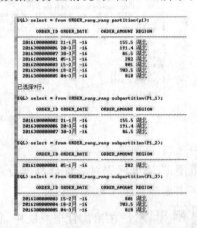

图 8-28　查看范围-范围分区表的分区值　　图 8-29　查看范围-范围分区表数据存放信息

4)列表-范围分区

列表-范围分区先对表进行列表分区,然后再对每个分区进行范围分区,即在一个列表分区中创建多个子范围分区。

5)列表-散列分区

列表-散列分区先对表进行列表分区,然后对每个分区进行散列分区,即在一个列表分区中创建多个子散列分区。

6)列表-列表分区

列表-列表分区先对表进行列表分区,然后对每个分区进行列表分区,即在一个列表分区中创建多个子列表分区。

后面几种复合分区就不再一一举例说明,留给读者自己进行实践练习。

**6. 虚拟列分区**

Oracle 11g 新增了虚拟列功能,虚拟列的值从其他的列推导而来,虚拟列是一个表达式,在运行时计算,不存储在数据库中,不能更新虚拟列的值。虚拟列其中一个引申功能就是虚拟列分区功能。11g 增加对虚拟列的支持,这使得分区更加灵活。

**例 8-20** 销售管理系统中,客户在购买商品时,一个商品可能要购买多件,结算时,会根据商品的单价和数量计算某种商品的总金额。在 Oracle 10g 上,只能再加一个字段存放总金额,而 Oracle 11g 可以定义一个虚拟列,来计算每种商品的总金额。

由于在统计购物信息时,常常会统计不同用户的单笔订单中不同金额的商品的情况,所以建立一个商品销售的购物明细表。

```
CREATE TABLE ORDERLIST_Virtual
(GOODS_ID  VARCHAR2(20) NOT NULL,--商品编号
GOODS_NUM NUMBER NOT NULL,--商品数量
GOODS_SAL NUMBER(10,2) NOT NULL,--商品单价
TOTAL_SAL NUMBER(10,2) GENERATED ALWAYS AS (GOODS_SAL* GOODS_NUM)--商品总金额虚拟
列
)
PARTITION BY RANGE ( TOTAL_SAL)--按商品总金额虚拟列进行范围分区
   (PARTITION p1 VALUES LESS THAN (100),
    PARTITION p2 VALUES LESS THAN (500),
    PARTITION p3 VALUES LESS THAN (MAXVALUE)
);
```

通过查询数据字典查看该虚拟分区表的分区情况,如图 8-30 所示。

```
SQL> SELECT   table_name,partition_name
  2    FROM user_tab_partitions
  3    WHERE table_name =upper('ORDERLIST_Virtual');

TABLE_NAME                      PARTITION_
------------------------------  ----------
ORDERLIST_VIRTUAL               P1
ORDERLIST_VIRTUAL               P2
ORDERLIST_VIRTUAL               P3
```

**图 8-30  查看虚拟列分区表的分区值**

插入 10 条测试数据,如下所示:

```
insert into   ORDERLIST _Virtual (GOODS _ID, GOODS _NUM, GOODS _SAL) VALUES ('
20161000000001',3,15.8);
    insert into   ORDERLIST _Virtual (GOODS _ID, GOODS _NUM, GOODS _SAL) VALUES ('
20161000000002',1,45);
    insert into   ORDERLIST _Virtual (GOODS _ID, GOODS _NUM, GOODS _SAL) VALUES ('
20162000000003',1,89);
    insert into   ORDERLIST _Virtual (GOODS _ID, GOODS _NUM, GOODS _SAL) VALUES ('
20162000000004',3,39.9);
    insert into   ORDERLIST _Virtual (GOODS _ID, GOODS _NUM, GOODS _SAL) VALUES ('
20163000000005',2,68);
    insert into   ORDERLIST _Virtual (GOODS _ID, GOODS _NUM, GOODS _SAL) VALUES ('
20163000000006',3,99);
    insert into   ORDERLIST _Virtual (GOODS _ID, GOODS _NUM, GOODS _SAL) VALUES ('
20163000000007',1,258);
    insert into   ORDERLIST _Virtual (GOODS _ID, GOODS _NUM, GOODS _SAL) VALUES ('
20164000000008',2,200);
    insert into   ORDERLIST _Virtual (GOODS _ID, GOODS _NUM, GOODS _SAL) VALUES ('
20164000000009',3,199);
```

```
insert into   ORDERLIST_Virtual(GOODS_ID,GOODS_NUM,GOODS_SAL) VALUES ('
2016400000010',4,7);
```

查看数据的分区情况,如图 8-31 所示。

### 7. 系统分区

11g 以前的分区表,需要指定一个或多个分区字段,并根据这个分区字段的值,按照一定的算法(range、hash 和 list)来决定一条记录属于哪个分区。从 11g 开始,Oracle 允许用户不指定分区列,完全根据程序来控制数据存储在哪个分区中。这就是 11g 提供的系统分区功能。

而对于系统分区而言,分区是分区,数据是数据,两者没有对应的关系。数据可以被放在任意一个分区中,这不是由数据本身决定的,而是在应用程序插入时确定的。

**例 8-21** 建立销售管理系统中的系统分区测试表,测试表里有两列分别用来存放物品编号和物品名称,并设置有三个分区,代码如下所示:

```
CREATE TABLE TEST_System
(ID NUMBER,
NAME VARCHAR2(30)
)
PARTITION BY SYSTEM
    (PARTITION P1,
    PARTITION P2,
    PARTITION P3
);
```

Oracle 中创建的系统分区表,完全相同的数据也可以插入到两个不同的分区中。数据和分区没有任何关系,如图 8-32 所示。

图 8-31 查看虚拟列分区表数据存放信息

图 8-32 系统分区表数据插入

读者需要注意的是,系统分区表在插入数据时必须指定分区,否则 Oracle 就会报错,提示如下:

ORA-14701:对于按"系统"方法进行分区的表,必须对 DML 使用分区扩展名或绑定变量。

### 8. 引用分区

引用分区是 Oracle 11g 及以上版本的一个新特性,它处理的是有主从表关系的表的对等分区的问题。

如果对主表进行了分区,那么可以在从表上根据外键约束来建立其分区。这样主表和从表采用相同的分区方式,不但连接的时候可以利用 PARTITION-WISE JOIN,而且对于主、从表的分区操作也会十分方便。另外,这种方式并不需要在从表中存在主表的分区列。

假设有一个销售系统的数据仓库,希望保证一定数量的订单表的数据(例如最近 5 年的订单信息)在线,而且要确保相关联的从表(订单明细表)数据也在线。订单表通常有一个订单日期列,可以按月进行分区,这也有利于保证最近 5 年的数据在线。随着时间推移,只需添加一个新的分区,并删除最老的分区。不过和订单表有主从关系的订单明细表存在一个问题,订单明细表没有订单日期列,所以订单明细表中没法对应地进行分区,因此无法同步删除旧信息和加载新信息。

11g 之前,在引用分区出现之前,开发人员必须对数据反规范化(denormalize),具体做法是:从主表订单表中将订单日期属性复制到从表订单明细表中,但是这会引入冗余数据,相应地带来一系列常见问题,比如存储开销增加,数据加载资源增加,级联更新问题(如果修改主表,还必须确保更新主表数据的所有副本)等。另外,如果在数据库中启用了外键约束,会发现无法截除或删除主表中原来的分区。

11g 开始采用引用分区后,从表会继承主表的分区机制,而不必对分区键逆规范化。更重要的是,数据库会从定义里了解从表与主表之间存在对等分区特点。后期截除或删除从表分区时,也能截除或删除主表分区。

**例 8-22** 建立销售管理系统中的引用分区表。

建立主表订单表,如下所示:

```
create table orders
( order_id        number primary key, --订单编号(主键)
  order_date      date NOT NULL, --订单日期
  amount          number(10,2)--订单金额
)
PARTITION BY RANGE (order_date) --以订单日期做范围分区
( PARTITION part_2016 VALUES LESS THAN (TO_DATE ('2017- 01- 01', 'YYYY-MM-DD')),
--2017 年以前的数据
   PARTITION part_2017 VALUES LESS THAN (TO_DATE ('2018- 01- 01', 'YYYY-MM-DD'))
--2017 年的数据
  ) ;
```

创建表后插入数据,如图 8-33 所示。

建立从表订单明细表:

```
create table order_items
  (order_id        number NOT NULL, --订单编号
   goods_id        number NOT NULL, --商品编号
   goods_num       number NOT NULL, --商品数量
   goods_sal       number(10,2) NOT NULL, --商品价格
   constraint oi_pk primary key(order_id ,goods_id), --主键组合列(订单编号,商品编号)
   constraint oi_fk_id foreign key(order_id) references orders(order_id)--外键列
订单编号,参照引用订单表的主键订单编号
  )
partition by reference(oi_fk_id);   --按照名为"oi_fk_id"的外键约束建立引用分区
```

创建表后插入数据，如下所示：

```
insert into order_items values ( 2016090300001,2016100000001,1,50);
insert into order_items values ( 2016090300001,2016200000003,2,125);
```

利用数据字典查看分区状况，并查询数据存放信息，如图 8-34 所示。

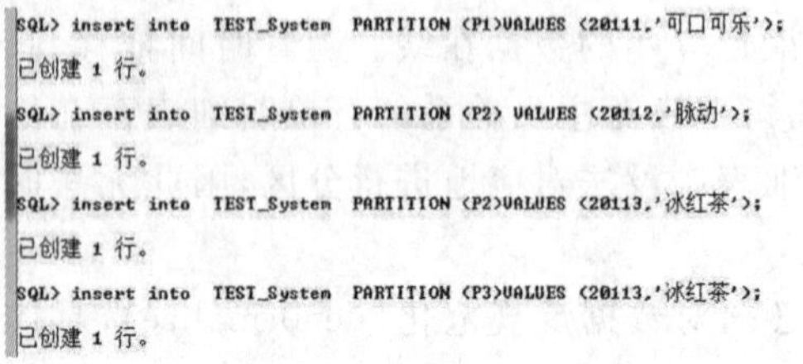

图 8-33　引用分区主表订单表数据插入　　　图 8-34　引用分区主表和子表分区信息和数据信息

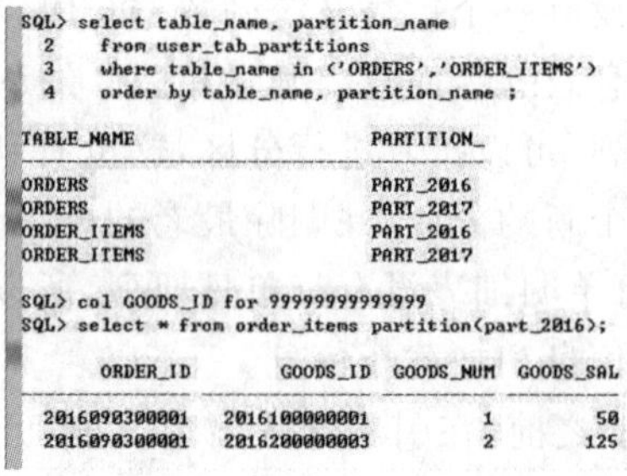

在这里可以看到外键指向订单表（orders），数据库读取订单表的结构时，发现它有两个分区，因此子表订单明细表（order_items）也会有两个分区。查看分区 part_2016 中的数据，发现子表中的数据也是按照订单编号进行分区存放的。

## 8.3　约束

试想一下，如果没有规则，数据库将如何运作？数据库中有一条规则，在未输入主键值之前，不能输入外键值。请考虑一下，如果不强制执行这条规则，数据库会出现什么情况？如果薪金值为负，或者几名学生具有相同的学号，这样是否有意义？如果没有规则，用户将如何相信数据库的完整性？数据库将变得与其中的数据一样不可靠。

Oracle 使用完整性约束防止不合法的数据进入基表中，约束条件被视为数据库规则，所有约束条件的定义都存储在数据字典中。管理员和开发人员可以定义完整性规则，以增强商业规则的约束性，限制数据表中的数据。任何用户都不能违反约束条件规则。当然，DBA 有权删除任何约束条件，不过只要约束条件存在，即使是 DBA 也不能违反它。使用完整性约束有以下几个好处：

（1）在数据库应用的代码中增强了商业规则的约束性；

（2）使用存储过程，完整控制对数据的访问的约束性；

（3）增强了触发存储数据库过程的商业规则的约束性。

数据完整性约束的分类如下。

**1. 域完整性（列完整性）**

指定一个数据集对某一列是否有效或确定是否允许空值。Oracle 可以通过 CHECK 约束实现域完整性。CHECK 约束实际上是字段输入内容的验证规则，表示一个字段的输入内容必须满足 CHECK 约束的条件；若不满足，则数据无法正常输入。

CHECK 约束条件的使用应注意以下几点。

● CHECK 约束条件只能位于定义该约束条件的行中。

● CHECK 约束条件不能用于引用其他行中的值的查询。

● CHECK 约束条件不能包含对函数 SYSDATE、UID、USER 或 USERENV 的调用，不允许使用语句 CHECK(SYSDATE > '05-MAY-16')。

● CHECK 约束条件不能使用假列 CURRVAL、NEXTVAL、LEVEL 或 ROWNUM，不允许使用语句 CHECK(NEXTVAL > 0)。

● 一列可以有多个 CHECK 约束条件，这些约束条件将在其定义中引用该列。可以按需要对一列定义任意数量的 CHECK 约束条件。

● Oracle 使用 NOT NULL 约束条件定义的列要求，对于表中输入的每一行，该列必须有一个值。

**2. 实体完整性（行完整性）**

要求表中的每一行有一个唯一的标识符。Oracle 可以通过 PRIMARY KEY 约束和 UNIQUE 约束实现实体完整性。

UNIQUE 约束条件要求，某一列或一组列（组合键）中的每个值都是唯一的，也就是说，表中的任何两行都没有重复的值。例如，确保任意两个人的电子邮件地址都不相同，这对于一个企业来说是非常重要的。此时可以使用 UNIQUE 约束条件定义"电子邮件"列。定义为 UNIQUE 的一列或一组列被称为唯一键。如果任何两列的组合在每个条目中都不相同，则该约束条件就被称为组合唯一键。例如，声明电子邮件和姓氏的任意组合都必须唯一，就是一个组合唯一键示例。

PRIMARY KEY 约束条件是唯一地标识表中各行的一列或一组列。表中任两行的主键值都不能相同。要满足 PRIMARY KEY 约束条件，必须符合下面两个条件：

（1）主键中的任一列均不包含 NULL 值；

（2）一个表只能有一个主键。

PRIMARY KEY 约束与 UNIQUE 约束的相同点：

（1）两者均不允许表中对应字段存在重复值；

（2）在创建 PRIMARY KEY 约束与 UNIQUE 约束时会自动产生索引。

PRIMARY KEY 约束与 UNIQUE 约束也有区别：

（1）一个数据表只能创建一个 PRIMARY KEY 约束，但一个表中可根据需要对不同的列创建若干个 UNIQUE 约束；

（2）PRIMARY KEY 字段的值不允许为 NULL，而 UNIQUE 字段的值可取 NULL。

**3. 参照完整性（引用完整性）**

保证主表中的数据与从表中数据的一致性。Oracle 可以通过 FOREIGN KEY 约束来实现参照完整性。其中主表中要设置主键，其主键能唯一标识主表的每个数据行的一列或多列。在从表中要设置外键，外键是从表中的一个字段或若干个字段的组合，这个字段或者组合是另一个表，也就是主表的主键。

用户需要注意的是，在从表中定义、引用完整性约束条件之前，必须已在主表中定义了被引用的 UNIQUE 或 PRIMARY KEY 约束条件。换句话说，必须先定义主表主键，然后才能在子表中创建外键。

如果定义了两个表之间的参照完整性，则要求：

● 从表不能引用主表中不存在的键值。

● 如果主表中的键值更改了，那么在整个数据库中，对从表中该键值的所有引用要进行一致的更改。

● 如果主表中没有相关联的主键记录值，则不能将该记录添加到从表中。

● 如果要删除主表中的某一记录，原则上应先删除从表中与该记录匹配的相关记录。

163

### 8.3.1 创建约束

Oracle 的约束通过名称进行标识,在定义时可以通过 CONSTRAINT 关键字为约束命名。如果用户没有为约束命名,Oracle 将自动为约束命名。完整性约束的系统命名规则:SYS_Cnnnnnn。约束一般分为两类:

(1)列级约束:对某一特定列的约束,包含在列定义中,直接跟在该列的其他定义之后,用空格分隔,不必指定列名。列级约束将约束条件作为列定义的一部分进行定义。

(2)表级约束:与列定义相互独立,不包括在列定义中,通常用于对多列一起进行约束,与列定义用','分隔。定义表级约束时必须指出要约束的那些列的名称。表级约束条件 r 的定义将在定义完表中所有列之后列出。

不管使用哪种方法定义约束,约束条件的基本规则有以下几个:

- 引用多列(组合键)的约束条件必须在表级定义。
- 只能在列级而不能在表级指定 NOT NULL 约束条件。
- 可以在列级也可以在表级定义 UNIQUE、PRIMARY KEY、FOREIGN KEY 和 CHECK 约束条件。
- 如果 CREATE TABLE 语句中使用了关键字 CONSTRAINT,则必须为约束条件命名。

**1. 创建表时建立约束**

1)列级约束语法格式

```
CREATE TABLE table_name        /*指定表名*/
(column_name datatype [NOT NULL | NULL],/*不为空*/,
column_name datatype[DEFAULT constraint_expression] /*默认值*/,
column_name datatype[PRIMARY KEY | UNIQUE] [,…n]),/*定义完整性约束类型,n表示可定义多个字段*/
column_name datatype CHECK(check_expression),…n ] , /*CHECK 约束表达式*/
column_name datatype [FOREIGN KEY] REFERENCES ref_table(ref_column) [,…n]
/*外键约束,n表示可定义多个字段*/
…)
```

2)行级约束语法格式

```
CREATE TABLE table_name        /*指定表名*/
(column_name datatype   [NOT NULL | NULL],
…
column_name datatype[NOT NULL | NULL]
CONSTRAINT check_name CHECK(check_expression),…n/*CHECK 约束表达式*/),
CONSTRAINT primarykey_name PRIMARY KEY (column_name,…n),/* PRIMARY KEY 约束表达式,n表示可定义多个字段*/,
CONSTRAINT primarykey_name UNIQUE(column_name,…n)),/*UNIQUE 约束表达式,n表示可定义多个字段*/,
CONSTRAINT foreignkey_name FOREIGN KEY(column_name) REFERENCES
ref_table(ref_column/*UNIQUE 约束表达式,n表示可定义多个字段*/)
)
```

**例 8-23** 学生管理系统约束的建立,整个案例中表中的约束分别用三种方法进行定义,由于系统中的表有很多的外键关系,所以建立表时从主表开始建立,然后建立从表。否则,在建立外键约束时数据库会报错。本案例中每一个表都使用两种方法建立,一个是列级约束,一个是行级约束。不管是哪种约束,用户最好能用自己可以识别的方法建立,以便于后期维护。

(1)学院表 TXY：

```
--创建学院表列级约束
CREATE TABLE TXY
(XYH    VARCHAR2(10) PRIMARY KEY,--主键"学院号"
XYM     VARCHAR2(30) NOT NULL,--不为空约束
XYJJ    VARCHAR2(300),
YZ      VARCHAR2(30),
LXDH   VARCHAR2(20),
BZ      VARCHAR2(200)
);
--创建学院表行级约束
CREATE TABLE TXY
(XYH    VARCHAR2(10),
XYM     VARCHAR2(30) NOT NULL, --不为空约束
XYJJ    VARCHAR2(300),
YZ      VARCHAR2(30),
LXDH   VARCHAR2(20),
BZ      VARCHAR2(200),
CONSTRAINT TXY_PK_XSBH PRIMARY KEY(XYH)--名字为 TXY_PK_XSBH 的主键约束
);
```

(2)系表 TX：

```
- -创建系表列级约束
CREATE TABLE TX
(XH     VARCHAR2(10) PRIMARY KEY,-- 主键"系号"
XM      VARCHAR2(30) NOT NULL,--不为空约束
XZR     VARCHAR2(30),
LXDH   VARCHAR2(20),
BZ      VARCHAR2(200),
XYH    VARCHAR2(10)REFERENCES TXY(XYH)--外键"学院号"(XYH)参照引用学院表的主键学院
号(XYH)
);

--创建系表行级约束
CREATE TABLE TX
(XH     VARCHAR2(10),
XM      VARCHAR2(30) NOT NULL,--不为空约束
XZR     VARCHAR2(30),
LXDH   VARCHAR2(20),
BZ      VARCHAR2(200),
XYH    VARCHAR2(10),
```

```
    CONSTRAINT TX_PK_XH PRIMARY KEY (XH),--名字为 TX_PK_XH 的主键约束
    CONSTRAINT TX_FK_XYH FOREIGN KEY(XYH) REFERENCES TXY(XYH) --名字为 TX_FK_XYH 的外
键约束,从表系表(TX)中的外键学院号(XYH)参照引用主表学院表(TXY)的主键(XYH)的值
    );
```

用户需要注意的是,在实现参照完整性的语法格式里,REFERENCES 参数后面还可以设置父记录被删除时子记录的处理方法,具体语法如下:

```
CREATE TABLE table_name        /*指定表名*/
(column_name datatype [FOREIGN KEY]
  REFERENCES ref_table(ref_column) [,…n]      /*n 表示可定义多个字段*/
ON DELETE [CASCADE |SET NULL |RESTRICTED]/*级联删除的方式*/
```

参数说明:

- ON DELETE CASCADE:删除父记录时级联删除子记录。
- ON DELETE SET NULL:置子记录的外键列值为 NULL。
- ON DELETE RESTRICTED:受限删除,即如果从表中有相关子记录存在,则不能删除主表中的父记录,默认引用方式。

用户在业务系统中创建 FOREIGN KEY 约束时应该注意以下问题:

①在删除主表之前,必须删除 FOREIGN KEY 约束。

②如果不删除或禁止 FOREIGN KEY 约束,则不能删除主表。

③在删除包含主表的表空间之前,必须删除 FOREIGN KEY 约束。

(3)专业表 TZY:

```
--创建专业表列级约束
CREATE TABLE TZY
(ZYH     VARCHAR2(10)PRIMARY KEY,--主键"专业号"
ZYM     VARCHAR2(30)NOT NULL,--不为空约束
ZYFZR   VARCHAR2(30),
BZ      VARCHAR2(200),
XH      VARCHAR2(10)REFERENCES TX(XH)--外键"系号"(XH)参照引用系表的主键系号(XH)
);
```

```
--创建专业表行级约束
CREATE TABLE TZY
(ZYH     VARCHAR2(10),
ZYM     VARCHAR2(30)NOT NULL,--不为空约束
ZYFZR   VARCHAR2(30),
BZ      VARCHAR2(200),
XH      VARCHAR2(10),
CONSTRAINT TZY_PK_ZYH PRIMARY KEY (ZYH),--名字为 TZY_PK_ZYH 的主键约束
    CONSTRAINT TZY_FK_XH FOREIGN KEY(XH) REFERENCES TX(XH) --名字为 TZY_FK_XH 的外键约
束,从表专业表(TZY)中的外键系号(XH)参照引用主表系表(TX)的主键系号(XH)的值
    );
```

(4)班级表 TBJ:

```
--创建班级表列级约束
CREATE TABLE TBJ
(BJH    VARCHAR2(20) PRIMARY KEY,--主键"班级号"
```

```
    BJM    VARCHAR2(30) NOT NULL UNIQUE ,--不为空约束,唯一性约束
    RS     NUMBER(3),
    BZ     VARCHAR2(200),
    BZXH   VARCHAR2(20),
    ZYH    VARCHAR2(10) REFERENCES TX(XH)--外键"专业号"(ZYH)参照引用专业表的主键专业号
(ZYH)
    );


    --创建班级表行级约束
    CREATE TABLE TBJ
    (BJH  VARCHAR2(20),
    BJM   VARCHAR2130)  NOT NULL--不为空约束,唯一性约束
    RS     NUMBER(3),
    BZ     VARCHAR2(200),
    BZXH   VARCHAR2(20),
    ZYH    VARCHAR2(10),
    CONSTRAINT TBJ_PK_BJH PRIMARY KEY (BJH),--名字为 TBJ_PK_BJH 的主键约束
    CONSTRAINT TBJ_UN_BJM UNIQUE(BJM),--名字为 TBJ_UN_BJM 的唯一性约束,要求班级名唯一
    CONSTRAINT TBJ_FK_ZYH FOREIGN KEY(ZYH) REFERENCES TZY(ZYH)--名字为 TBJ_FK_ZYH 的
外键约束,从表班级表(TBJ)中的外键专业号(ZYH)参照引用主表专业表(TZY)的主键专业号(ZYH)
的值
    );
```

（5）学生表（TXS）：

```
    --创建学生表列级约束
    CREATE TABLE TXS
    (XSBH   VARCHAR2 (20) PRIMARY KEY ,--主键"学生编号"
    XSM    VARCHAR2 (40) NOT NULL,--不为空约束
    XB     VARCHAR2 (20) CHECK (XB IN('男','女')),--检查"性别"列的值只能是男和女
    CSRQ   DATE   NOT NULL,--不为空约束
    LXDH   VARCHAR2 (20),
    TC     VARCHAR2(200),
    BZ     VARCHAR2(200) ,
    BJH    VARCHAR2(20) REFERENCES TBJ(BJH)--外键"班级号"(BJH)参照引用班级表的主键班级
号(BJH)
    );
    --创建学生表行级约束
    CREATE TABLE TXS
    (XSBH   VARCHAR2 (20) ,
    XSM    VARCHAR2 (40) NOT NULL,--不为空约束
    XB     VARCHAR2 (20) ,
    CSRQ   DATE ,
    LXDH   VARCHAR2 (20),
    TC    VARCHAR2(200),
    BJH    VARCHAR2(20),
```

```
        BZ      VARCHAR2(200),
        CONSTRAINT TXS_PK_XSBH PRIMARY KEY (XSBH),--名字为 TXS_PK_XSBH 的主键约束
        CONSTRAINT TXS_CK_XB CHECK (XB IN('男','女')),--名字为 TXS_CK_XB 的检查约束,检查
"性别"列的值只能是男和女
        CONSTRAINT TXS_FK_BJH FOREIGN KEY(BJH) REFERENCES TBJ(BJH) --名字为 TXS_FK_BJH 的
外键约束,从表学生表(TXS)中的外键班级号(BJH)参照引用主表班级表(TBJ)的主键专业号(BJH)
的值
        );
```

(6)课程类别表(TKCLB):

```
        --创建课程类别表列级约束
        CREATE TABLE TKCLB
        (KCLBH    VARCHAR2(20)PRIMARY KEY,--主键"课程类别号"
        KCLBM    VARCHAR2(30)NOT NULL UNIQUE,-不为空约束,唯一性约束
        KCLBSM   VARCHAR2(200)
        );


        --创建课程类别表列行级约束
        CREATE TABLE TKCLB
        (KCLBH    VARCHAR2(20),
        KCLBM    VARCHAR2(30)NOT NULL ,--不为空约束
        KCLBSM   VARCHAR2(200),
        CONSTRAINT TKCLB_PK_KCLBH PRIMARY KEY (KCLBH),--名字为 TKCLB_PK_KCLBH 的主键约束
        CONSTRAINT TKCLB_UN_KCLBM UNIQUE( KCLBM)--名字为 TKCLB_UN_KCLBM 的唯一性约束,要求
课程类别名唯一
        );
```

(7)课程表(TKC):

```
        --创建课程表列级约束
        CREATE TABLE TKC
        (KCBH    VARCHAR2(20)PRIMARY KEY,--主键"课程编号"
        KCM      VARCHAR2(30) NOT NULL,--不为空约束
        XF       NUMBER(2) CHECK (XF BETWEEN 0 AND 10),--检查"学分"列的值只能是 0 到 10 之间的数字
        NRJJ     VARCHAR2(200),
        BZ       VARCHAR2(200),
        KCLBH    VARCHAR2(20) REFERENCES TKCLB(KCLBH)--外键"课程类别号"(KCLBH)参照引用课程
类别表的主键课程类别号(KCLBH)
        );


        --创建课程表行级约束
        CREATE TABLE TKC
        (KCBH    VARCHAR2(20),
        KCM      VARCHAR2(30) NOT NULL,--不为空约束
        XF       NUMBER(2),
        NRJJ     VARCHAR2(200),
        BZ       VARCHAR2(200),
        KCLBH    VARCHAR2(20),
```

```
        CONSTRAINT TKC_PK_KCBH PRIMARY KEY (KCBH),--名字为 TKC_PK_KCBH 的主键约束
        CONSTRAINT TKC_CK_XF CHECK (XF BETWEEN 0 AND 10),--名字为 TKC_CK_XF 的检查约束,检查
"学分"列的值只能是 0 到 10 之间的数字
        CONSTRAINT TKC_FK_KCLBH FOREIGN KEY(KCLBH) REFERENCES TKCLB(KCLBH) --名字为 TKC_
FK_KCLBH 的外键约束,从表课程表 (TKC)中的外键课程类别号 (KCLBH)参照引用主表课程类别表
(TKCLB)的主键课程类别号 (KCLBH)的值
        );
```

（8）成绩表（TCJ）：

```
        --创建成绩表列级约束
        CREATE TABLE TCJ
        (XSBH    VARCHAR2(20)NOT NULL REFERENCES TXS(XSBH),--不为空,外键"学生编号"(XSBH)参
照引用学生表的主键学生编号(XSBH)
            KCBH    VARCHAR2(20)NOT NULL REFERENCES TKC(KCBH),-不为空,外键"课程编号"(KCBH)参
照引用课程表的主键课程编号(KCBH)
            ZCJ     NUMBER(5,2)  CHECK (ZCJ>=0 AND ZCJ<=100),--检查"总成绩"列的值只能是 0 到
100 之间的数字
            BZ      VARCHAR2(200),
            PRIMARY KEY(XSBH,KCBH )--主键为组合键"学生编号+课程编号"
            );
        --创建成绩表行级约束
        CREATE TABLE TCJ
        (XSBH    VARCHAR2(20)NOT NULL ,--不为空约束
            KCBH    VARCHAR2(20)NOT NULL,--不为空约束
            ZCJ      NUMBER(5,2) ,
            BZ      VARCHAR2(200),
        CONSTRAINT TCJ_PK_XSBH_KCBH PRIMARY KEY (XSBH,KCBH),--名字为 TCJ_PK_XSBH_KCBH 的
组合主键约束(学生编号+ 课程编号)
        CONSTRAINT TCJ_CK_ZCJ CHECK(ZCJ>=0 AND ZCJ<=100),--名字为 TCJ_CK_ZCJ 的检查约束,
检查"总成绩"列的值只能是 0 到 100 之间的数字
        CONSTRAINT TCJ_FK_XSBH FOREIGN KEY(XSBH) REFERENCES TXS(XSBH) ,--名字为 TCJ_FK_
XSBH 的外键约束,从表成绩表 (TCJ)中的外键学生编号 (XSBH)参照引用主表学生表 (TXS)的主键学
生编号 (XSBH)的值
        CONSTRAINT TCJ_FK_KCBH FOREIGN KEY(KCBH) REFERENCES TKC(KCBH) --名字为 CJ_FK_KCBH
的外键约束,从表成绩表 (TCJ)中的外键课程编号 (KCBH)参照引用主表课程表 (TKC)的主键课程编号
(KCBH)的值
        );
```

**2. 验证约束**

用户建立了约束后,可以通过数据字典查看约束的相关信息,常用的数据字典有：

1）USER_CONSTRAINTS：用户定义的约束

```
        SELECT table_name,constraint_type,constraint_name,search_condition
        FROM   user_constraints
        WHERE table_name='TXS'
        ORDER BY table_name , constraint_type;
```

查询结果如图 8-35 所示。

```
SQL> SELECT table_name,constraint_type,constraint_name,search_condition
  2    FROM  user_constraints
  3    WHERE table_name='TXS'
  4    ORDER BY table_name , constraint_type;

TABLE_NAME C CONSTRAINT_NAME      SEARCH_CONDITION
---------- - -------------------- --------------------
TXS        C SYS_C0011302         "XSM" IS NOT NULL
TXS        C TXS_CK_XB            XB IN('男','女')
TXS        P TXS_PK_XSBH
TXS        R TXS_FK_BJH
```

图 8-35　学生表约束信息一

2）USER_CONS_COLUMNS：在哪些列上定义了约束

约束类型（constraint_type）有以下几种：

C：检查约束，包括 CHECK 和 NOT NULL。

P：主键约束（PRIMARY KEY）。

R：参照完整性约束（REFERENCES）。

U：唯一性约束（UNIQUE）。

```
SELECT table_name , column_name , constraint_name
  FROM  user_cons_columns
  WHERE table_name= 'TXS'
  ORDER BY table_name , column_name;
```

查询结果如图 8-36 所示。

（1）主键约束的验证。

向学院表中插入数据，代码如下：

```
insert into TXY (XYH ,XYM ) VALUES ('10','信息工程学院');
insert into TXY (XYH ,XYM ) VALUES ('10','文法与外语学院');
```

由于学院表（TXY）中的学员编号为主键，所以输入数据时，学院编号不能为空而且要唯一，当输入数据时输入两个 10 号学院，第二个输入的数据，Oracle 就会报错，如图 8-37 所示。

```
SQL> SELECT table_name , column_name , constraint_name
  2    FROM  user_cons_columns
  3    WHERE table_name='TXS'
  4    ORDER BY table_name , column_name;

TABLE_NAME COLUMN_NAM CONSTRAINT_NAME
---------- ---------- ---------------
TXS        BJH        TXS_FK_BJH
TXS        XB         TXS_CK_XB
TXS        XSBH       TXS_PK_XSBH
TXS        XSM        SYS_C0011302
```

```
SQL> insert into TXY (XYH ,XYM ) VALUES ('10','信息工程学院');

已创建 1 行。

SQL> insert into TXY (XYH ,XYM ) VALUES ('10','文法与外语学院');
insert into TXY (XYH ,XYM ) VALUES ('10','文法与外语学院')
*
第 1 行出现错误:
ORA-00001: 违反唯一约束条件 (XSGLADMIN.TXY_PK_XSBH)
```

图 8-36　学生表约束列信息 图 8-37　学院表主键约束出错信息

从图中可以看到数据库提示错误的原因是违反唯一性约束，约束的名字是 XSGLADMIN 方案下的 TXY_PK_XSBH。这时用户可以通过这个名字来查看数据字典，了解出错的约束条件的情况。如图 8-38 所示，可以看到出错的是学院表 TXY 的 XYH。这个时候，可以通过修改 XYH 来插入数据。输入如下代码，提示插入成功。

```
insert into TXY (XYH ,XYM ) VALUES ('11','文法与外语学院');
```

（2）外键约束的检查。

向学生表中插入学生信息，代码如下：

```
insert into TXS (XSBH,XSM,XB,CSRQ,BJH) VALUES ('2015100110201','吴红','女',TO_DATE('19970213','yyyymmdd'),'10011201502');
```

输入数据后，数据库报错，如图 8-39 所示。根据数据库的报错发现，提示是名叫"TXS_

FK_BJH"的约束出错,"未找到父项关键字"一般是指违反外键约束条件。通过查看数据字典,发现该约束确实是一个外键(R),参照引用的是"TBJ_PK_BJH"这个主键约束。

```
SQL> col table_name for a10
SQL> col column_name for a10
SQL> col constraint_name  for a20
SQL> SELECT table_name , column_name , constraint_name
  2    FROM  user_cons_columns
  3    WHERE table_name='TXY'
  4    ORDER BY table_name , column_name;

TABLE_NAME COLUMN_NAM CONSTRAINT_NAME

TXY        XYH        TXY_PK_XSBH
TXY        XYM        SYS_C0011290
```

**图 8-38　学院表约束信息**

```
SQL>    set linesize 200
SQL> col table_name for a10
SQL> col column_name for a10
SQL> col constraint_name for a20
SQL> col search_condition for a20
SQL> col r_constraint_name for a20
SQL> SELECT table_name,constraint_type,constraint_name,search_condition ,r_constraint_name
  2    FROM  user_constraints
  3    WHERE table_name='TXS'
  4    ORDER BY table_name , constraint_type;

TABLE_NAME C CONSTRAINT_NAME    SEARCH_CONDITION    R_CONSTRAINT_NAME

TXS        C SYS_C0011302       "XSM" IS NOT NULL
TXS        C TXS_CK_XB          XB IN('男','女')
TXS        P TXS_PK_XSBH
TXS        R TXS_FK_BJH                             TBJ_PK_BJH
```

**图 8-39　学生表约束信息二**

说明学生表里的班级号,在主表班级表中没有对应的信息,读者可以查看班级表的数据来查验。此时如果想数据插入成功,就必须插入"10011201502"号班级的信息,如图8-40所示。当班级信息插入后,再次插入学生信息,就可以正常输入数据了。

```
SQL> insert into TXS (XSBH,XSM,XB,CSRQ,BJH) VALUES ('2015100110201','吴红','女',TO_DATE('19970213','yyyymmdd'),'10011201502');
insert into TXS (XSBH,XSM,XB,CSRQ,BJH) VALUES ('2015100110201','吴红','女',TO_DATE('19970213','yyyymmdd'),'10011201502')
第 1 行出现错误:
ORA-02291: 违反完整约束条件 (XSGLADMIN.TXS_FK_BJH) - 未找到父项关键字

SQL> insert into TBJ (BJH,BJM,ZYH) VALUES ('10011201502','计科1502',10011);

已创建 1 行。

SQL> insert into TXS (XSBH,XSM,XB,CSRQ,BJH) VALUES ('2015100110201','吴红','女',TO_DATE('19970213','yyyymmdd'),'10011201502');

已创建 1 行。
```

**图 8-40　学生表外键约束出错信息**

(3)CHECK 约束的检查。

向学生表中插入学生信息,代码如下:

```
SQL>insert into TXS (XSBH,XSM,XB,CSRQ,BJH) VALUES ('2015100110103','李小燕','nv',
TO_DATE('19971016','yyyymmdd'),'10011201501');
```

输入数据后,数据库报错,如图 8-41 所示。根据数据库的报错,提示是名叫"TXS_CK_XB"的约束出错。通过查看数据字典发现,该约束是一个检查约束,而且检查的条件是"XB IN('男','女')"。此时发现性别列的数据出错,将性别改正后,即可以成功插入数据。

```
SQL> insert into TXS (XSBH,XSM,XB,CSRQ,BJH) VALUES ('2015100110103','李小燕','nv',TO_DATE('19971016','yyyymmdd'),'10011201501');
insert into TXS (XSBH,XSM,XB,CSRQ,BJH) VALUES ('2015100110103','李小燕','nv',TO_DATE('19971016','yyyymmdd'),'10011201501')
第 1 行出现错误:
ORA-02290: 违反检查约束条件 (XSGLADMIN.TXS_CK_XB)

SQL> insert into TXS (XSBH,XSM,XB,CSRQ,BJH) VALUES ('2015100110103','李小燕','女',TO_DATE('19971016','yyyymmdd'),'10011201501');

已创建 1 行。
```

**图 8-41　学生表检查约束出错信息**

## 8.3.2　维护约束

约束条件的设置在数据库设计过程中是很重要的。如果在设计阶段没有建立正确的关系,则在表中输入数据后可能很难或者根本不可能添加约束条件。用删除数据的方式来添加约束条件是不可取的。

如果用户向学校的数据库中输入一个新的学生标识号,但实际上没有对应的已注册的学生,这样做显然是没有意义的。如果信用卡公司将同一信用卡编号发给多个账户,那么整个信用系统将乱套,数据的失控将给人们的生活和工作带来极大的危害。如果业务系统中经常出现这样的问题,数据库将变得与其中的数据一样不可靠。数据库系统需要具有强制执行业务规则的能力,同时还要禁止违反数据库引用完整性的数据添加、修改或删除操作。

用户可以使用 ALTER TABLE 语句对现有表中的约束条件进行更改。此类更改包括添加或删除约束条件、启用或禁用约束条件,以及为列添加 NOT NULL 约束条件。更改约束条件的准则如下:

- 可以添加、删除、启用或禁用一个约束条件,但是不能修改其结构。
- 通过在 ALTER TABLE 语句中使用 MODIFY 子句,可以向现有列添加 NOT NULL 约束条件。因为 NOT NULL 是列级的更改,所以使用 MODIFY。
- 只有在表为空或列的每行都有值时,才能定义 NOT NULL 约束条件。

**1. 修改表时添加约束**

利用 SQL 语句在修改表时创建约束。

语法格式:

```
ALTER TABLE table_name  ADD
( CONSTRAINT constraint_name   CHECK(check_expression),--检查约束
CONSTRAINT constraint_name   PRIMARY KEY(column_name,…n), --主键约束
CONSTRAINT constraint_name   UNIQUE(column_name,…n), --唯一性约束
CONSTRAINT constraint_name   FOREIGN KEY( column[,…n])REFERENCES
ref_table(ref_column[,…n])--外键约束
)
```

另外,由于 NOT NULL|NULL 约束只能在列后面定义,所以为表列添加空/非空约束时必须使用 MODIFY 子句代替 ADD 子句。具体语法如下:

```
ALTER TABLE table_name MODIFY column NOT NULL|NULL;
```

**例 8-24**   学生管理系统中修改表添加约束的建立。

(1)修改学院表(TXY)添加约束:

修改学院表 TXY,创建名字为 TXY_PK_XSBH 的主键约束。

```
CREATE TABLE TXY
(XYH     VARCHAR2(10),
XYM     VARCHAR2(30)NOT NULL,--不为空约束
XYJJ    VARCHAR2(300),
YZ      VARCHAR2(30),
LXDH    VARCHAR2(20),
BZ      VARCHAR2(200)
);
ALTER  TABLE TXY ADD ( CONSTRAINT TXY_PK_XYH PRIMARY KEY (XYH);
```

(2)修改系表(TX)创建约束:

系表的修改中,由于 NOT NULL 约束只能在列级创建,若创建表时没有建立 NOT NULL 约束,用户只能通过修改表的 XM 这一列的设置进行修改。同时修改表添加名字为 TX_PK_ZYH 的主键约束和名字为 TX_FK_XYH 的外键约束。

```
CREATE TABLE TX
(XH      VARCHAR2(10),
XM      VARCHAR2(30),
XZR     VARCHAR2(30),
```

```
 LXDH    VARCHAR2(10),
BZ      VARCHAR2(200),
XYH     VARCHAR2(10)
);
ALTER TABLE TX MODIFY XM NOT NULL;--修改 XM 列设置 NOT NULL 约束
ALTER   TABLE TX ADD
( CONSTRAINT TX_PK_XH PRIMARY KEY (XH),
   CONSTRAINT TX_FK_XYHFOREIGN KEY(XYH) REFERENCES TXY(XYH)
);
```

（3）修改专业表（TZY）创建约束：

修改专业表，创建名字为 TX_PK_ZYH 的主键约束和名字为 TX_FK_XH 的外键约束。

```
CREATE TABLE TZY
(ZYH     VARCHAR2(10),
ZYM     VARCHAR2(30) NOT NULL,
ZYFZR   VARCHAR2(30),
BZ      VARCHAR2(200),
XH      VARCHAR2(10)
);
ALTER   TABLE TZY ADD
( CONSTRAINT TZY_PK_ZYH PRIMARY KEY (ZYH),
   CONSTRAINT TZY_FK_XH FOREIGN KEY(XH) REFERENCES TX(XH)
);
```

（4）修改班级表（TBJ）创建约束：

在班级表的修改中，创建名字为 TBJ_PK_BJH 的主键约束、名字为 TBJ_UN_BJM 的唯一性约束和名字为 TBJ_FK_ZYH 的外键约束。

```
CREATE TABLE TBJ
(BJH    VARCHAR2(20),
BJM    VARCHAR2(30)NOT NULL,
RS     NUMBER(3),
BZ     VARCHAR2(200),
BZXH   VARCHAR2(20),
ZYH    VARCHAR2(10)
);
ALTER   TABLE TBJ ADD
(CONSTRAINT TBJ_PK_BJH PRIMARY KEY (BJH),
CONSTRAINT TBJ_UN_BJM UNIQUE(BJM),
CONSTRAINT TBJ_FK_ZYH FOREIGN KEY(ZYH) REFERENCES TZY(ZYH)
);
```

（5）修改学生表（TXS）创建约束：

在学生表的修改中，创建名字为 TXS_PK_XSBH 的主键约束、名字为 TXS_CHECK_XB 的检查约束和名字为 TXS_FK_BJH 的外键约束。

```
CREATE TABLE TXS
(XSBH   VARCHAR2 (20),
```

```
XSM    VARCHAR2 (40) NOT NULL,

XB     VARCHAR2 (20),

CSRQ   DATE NOT NULL,

LXDH   VARCHAR2 (20),

TC     VARCHAR2(200),

BJH    VARCHAR2(20),

BZ     VARCHAR2(200)

);

ALTER   TABLE TXS ADD

( CONSTRAINT TXS_PK_XSBH PRIMARY KEY (XSBH),

  CONSTRAINT TXS_CHECK_XB  CHECK (XB IN('男','女')),

  CONSTRAINT TXS_FK_BJH FOREIGN KEY(BJH) REFERENCES TBJ(BJH)

);
```

（6）修改课程类别表（TKCLB）创建约束：

在课程类别表的修改中，创建名字为 TKCLB_PK_KCLBH 的主键约束和名字为
TKCLB_UN_KCLBM 的唯一性约束。

```
CREATE TABLE TKCLB

(KCLBH     VARCHAR2 (20),

KCLBM     VARCHAR2 (30) NOT NULL ,

KCLBSM    VARCHAR2 (200)

);

ALTER   TABLE TKCLB ADD

(CONSTRAINT TKCLB_PK_KCLBH PRIMARY KEY (KCLBH),

CONSTRAINT TKCLB_UN_KCLBM UNIQUE ( KCLBM)

);
```

（7）修改课程表（TKC）创建约束：

在课程表的修改中，创建名字为 TKC_PK_KCBH 的主键约束、名字为 TKC_CK_XF 的
检查约束和名字为 TKC_FK_KCLBH 的外键约束。

```
CREATE TABLE TKC

(KCBH    VARCHAR2 (20),

KCM     VARCHAR2 (30) NOT NULL,

XF      NUMBER (2),

NRJJ    VARCHAR2 (20),

BZ      VARCHAR2 (200),

KCLBH   VARCHAR2 (20)

)

ALTER   TABLE TKC ADD

(CONSTRAINT TKC_PK_KCBH PRIMARY KEY (KCBH),

CONSTRAINT TKC_CK_XF CHECK (XF BETWEEN 0 AND 10),

CONSTRAINT TKC_FK_KCLBH FOREIGN KEY(KCLBH) REFERENCES TKCLB(KCLBH)

);
```

（8）修改成绩表（TCJ）创建约束：

在成绩表的修改中，创建名字为 TCJ_PK_XSBH_KCBH 的组合主键约束、名字为 TCJ_
CK_ZCJ 的检查约束，以及名字为 TCJ_FK_XSBH、TCJ_FK_KCBH 的外键约束。

```
CREATE TABLE TCJ
(XSBH    VARCHAR2(20)NOT NULL ,
  KCBH    VARCHAR2(20)NOT NULL,
  ZCJ     NUMBER(5,2) ,
  BZ      VARCHAR2(200)
  );
ALTER  TABLE TCJ ADD
(CONSTRAINT TCJ_PK_XSBH_KCBH PRIMARY KEY (XSBH,KCBH),
CONSTRAINT TCJ_CK_ZCJ CHECK(ZCJ>=0 AND ZCJ<=100),
CONSTRAINT TCJ_FK_XSBH FOREIGN KEY(XSBH) REFERENCES TXS(XSBH) ,
CONSTRAINT TCJ_FK_KCBH FOREIGN KEY(KCBH) REFERENCES TKC(KCBH)
  );
```

### 2.设置约束状态

默认情况下,只要在 CREATE 或 ALTER TABLE 语句中定义了完整性约束条件,Oracle 就会自动启用(强制实施)该约束条件。在某些情况下,出于性能方面的考虑,会希望暂时禁用表的完整性约束条件,如以下情况:

● 向表中加载大量数据时。

● 执行对表进行大规模更改的批量处理操作时(例如将现有编号加上 1000 以更改每个学生的编号)。

约束一般有两种常用的状态,分别是激活状态和禁用状态:

● 激活状态:当约束处于激活状态时,约束将对表的插入或更新操作进行检查,与约束规则冲突的操作被回退。

● 禁用状态:当约束处于禁用状态时,约束不起作用,与约束规则冲突的插入或更新操作也能够成功执行。

1)创建表时禁用约束

```
CREATE TABLE table_name (column_name datatype constraint_type DISABLE,…);
```

**例 8-25**  创建一个学生表,创建时禁用主键约束。

创建过程如图 8-42 所示,主键约束禁用后,相同的学生编号也可以插入数据表中。

2)修改表禁用约束

```
ALTER TABLE table_name DISABLE constraint_type(column_name) [CASCADE]
```

**例 8-26**  修改学生管理系统中的班级表,禁用班级名的唯一性约束。

如图 8-43 所示,在禁用约束之前,查看班级表,可以看到有 5 行记录。当插入一条新的"智能 1501"的班级信息时,插入成功。但是当插入一个新的名字也叫"智能 1501"的班级信息时,由于班级表里存在班级名的唯一性约束,数据库报错。此时如果禁用该约束,输入代码:

```
ALTER TABLE TBJ  DISABLE UNIQUE (BJM);
```

表修改成功后,再次插入刚刚失败的数据,会发现数据插入成功,禁用的约束确实失效了。

3)修改表激活约束

```
ALTER TABLE table_name ENABLE constraint_type(column_name) [CASCADE]
```

禁用主键约束、唯一性约束时,会删除其对应的唯一性索引,而在重新激活时,Oracle 为它们重建唯一性索引,可以为索引设置存储位置和存储参数(索引与表尽量分开存储)。

```
SQL> CREATE TABLE STUDENT_bak
  2  (SNO VARCHAR2(10) PRIMARY KEY DISABLE);
表已创建。

SQL> insert into student_bak values(20150001);
已创建 1 行。

SQL> insert into student_bak values(20150001);
已创建 1 行。
```

图 8-42　创建学生表禁用主键约束

```
SQL> select BJH,BJM from TBJ;

BJH              BJM
---------------  ----------
10011201501      计科1501
10011201502      计科1502
10021201501      软件1501
10021201502      软件1502
10021201503      软件1503

SQL> insert into TBJ (BJH,BJM,ZYH) VALUES ('10012201501','智能1501',10012);
已创建 1 行。

SQL> insert into TBJ (BJH,BJM,ZYH) VALUES ('10012201502','智能1501',10012);
insert into TBJ (BJH,BJM,ZYH) VALUES ('10012201502','智能1501',10012)
第 1 行出现错误:
ORA-00001: 违反唯一约束条件 (XSGLADMIN.TBJ_UN_BJM)

SQL> ALTER TABLE TBJ  DISABLE  UNIQUE (BJM);
表已更改。

SQL> insert into TBJ (BJH,BJM,ZYH) VALUES ('10012201502','智能1501',10012);
已创建 1 行。
```

图 8-43　修改班级表禁用唯一性约束

**例 8-27**　修改学生管理系统中的班级表,启用班级名的唯一性约束。

如图 8-44 所示,在刚刚的例 8-25 里,班级表中已有 7 行记录。其中有 2 行记录的 BJM 字段的内容是一样的"智能 1501"。此时如果启用该约束,输入代码:

```
ALTER TABLE TBJ  ENABLE UNIQUE (BJM);
```

数据库报错了,因为当启用班级表中班级名的唯一性约束时,其会检查现有的班级表中的数据有没有重复值,如图 8-44 所示,数据表中有重复的"智能 1501"数据,且无法修改。

此时如果想修改约束状态,就需要把班级表中重复的信息修改掉,如图 8-45 所示。再次输入启用约束的命令,数据库提示"表已更改"。此时再次插入一个新的名字也叫"智能 1501"的班级时,由于班级表里存在班级名的唯一性约束,数据库报错。修改数据信息,将班级名改成"智能 1503",数据插入成功。

```
SQL> select BJH,BJM from TBJ;

BJH              BJM
---------------  ----------
10011201501      计科1501
10011201502      计科1502
10021201501      软件1501
10021201502      软件1502
10021201503      软件1503
10012201501      智能1501
10012201502      智能1501

已选择7行。

SQL> ALTER TABLE TBJ  ENABLE UNIQUE (BJM);
ALTER TABLE TBJ  ENABLE UNIQUE (BJM)
第 1 行出现错误:
ORA-02299: 无法验证 (XSGLADMIN.TBJ_UN_BJM) - 找到重复关键字
```

图 8-44　修改班级表启用唯一性约束报错

```
SQL> update TBJ  set BJM='智能1502' where BJH='10012201502';
已更新 1 行。

SQL> ALTER TABLE TBJ  ENABLE UNIQUE (BJM);
表已更改。

SQL> insert into TBJ (BJH,BJM,ZYH) VALUES ('10012201503','智能1501',10012);
insert into TBJ (BJH,BJM,ZYH) VALUES ('10012201503','智能1501',10012)
*
第 1 行出现错误:
ORA-00001: 违反唯一约束条件 (XSGLADMIN.TBJ_UN_BJM)

SQL> insert into TBJ (BJH,BJM,ZYH) VALUES ('10012201503','智能1503',10012);
已创建 1 行。
```

图 8-45　修改班级表启用唯一性约束成功

4)通过修改表的列定义改变约束状态

```
ALTER TABLE table_name MODIFY constraint_type DISABLE| ENABLE
```

或者

```
ALTER TABLE table_name MODIFY CONSTRAINT constraint_name[DISABLE| ENABLE ][ KEEP INDEX]
```

**注意**:若在禁用约束时,用户想保留其对应的唯一性索引,可使用 ALTER TABLE…DISABLE… KEEP INDEX 语句。

**例 8-28** 修改学生管理系统中的班级表,禁用班级名的唯一性约束。

```
ALTER TABLE TBJ MODIFY CONSTRAINT TBJ_UN_BJM DISABLE;
ALTER TABLE TBJ MODIFY UNIQUE(BJM)DISABLE KEEP INDEX;
```

**注意**:若当前约束(主键约束、唯一性约束)列被引用,则需要使用 ALTER TABLE…DISABLE…CASCADE 语句同时禁用引用该约束的约束。

**3. 删除约束**

删除约束的语法如下:

```
ALTER TABLE table_name DROP CONSTRAINT constraint_name
[KEEP INDEX][CASCADE]
```

参数说明:

- KEEP INDEX:指定在删除约束时保留唯一性索引。
- CASCADE:在删除约束的同时,删除引用该约束的其他约束。

**例 8-29** 修改学生管理系统中的班级表,删除班级名的唯一性约束。

```
ALTER TABLE TBJ DROP CONSTRAINT TBJ_UN_BJM ;
```

执行结果如图 8-46 所示,当删除了唯一性约束后,插入数据时,只要不违反主键约束,班级名可以任意重复。

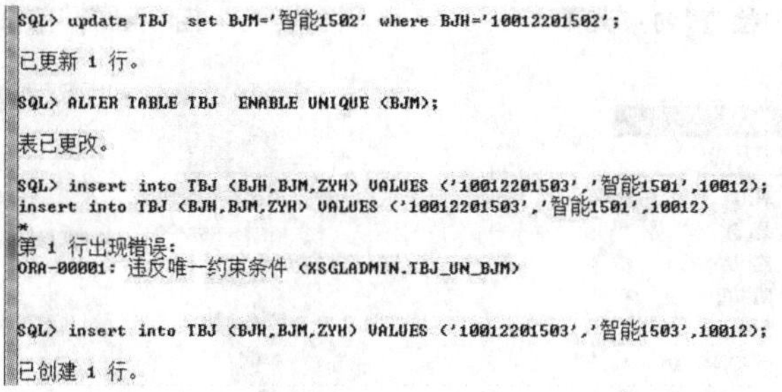

图 8-46 修改班级表删除唯一性约束

### 8.3.3 SQL Developer 管理约束

**1. SQL Developer 中管理 CHECK 约束**

1)添加 CHECK 约束

如图 8-47 所示,选中要添加 CHECK 约束的"成绩表",右键单击 TCJ 表,在右键菜单上选择"约束条件"下的级联菜单中的"添加检查"子菜单项。弹出"添加检查"对话框,如图 8-48 所示。在"约束条件名称"栏中输入约束名"TCJ_CK_ZCJ",在"检查条件"栏中输入 CHECK 约束的条件"ZCJ>=0 AND ZCJ<=100",完成后单击"应用"按钮完成 CHECK 约束的创建。然后单击弹出的确认对话框中的"确认"按钮即可。

当然,添加检查约束也可以通过选择"编辑"菜单,在编辑表对话框中,可以单击"添加"按钮添加新的检查约束,可以在编辑对话框中添加新的检查约束。

2)修改 CHECK 约束

如图 8-49 所示,右键单击 TCJ 表选择"编辑"菜单项,进入"编辑表"对话框的"检查约束条件"选项页面中,如图 8-50 所示。在"名称"栏里输入新的名称,在"条件"栏里更改 CHECK 约束的条件,将条件"ZCJ>=0 AND ZCJ<=100"改成条件"ZCJ between 0 AND 100"。修改后单击"确定"按钮就修改成功了。再次打开成绩表,就会看到检查约束修改成功。

3)删除 CHECK 约束

如图 8-51 所示,选中要删除 CHECK 约束的"成绩表",右键单击 TCJ 表,在右键菜单上选择"约束条件"下的级联菜单中的"删除"子菜单项,弹出"删除"对话框,如图 8-52 所示,在"约束条件"下拉菜单中选中要删除的约束 TCJ_CK_ZCJ,单击"应用"按钮完成 CHECK 约束的删除。然后单击弹出的确认对话框中的"确认"按钮即可。

图 8-47 "添加检查"约束菜单

图 8-48 "添加检查"对话框

图 8-49 "编辑"约束菜单

图 8-50 编辑表"检查的约束条件"选项页面

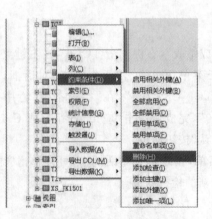

图 8-51 "删除"约束菜单一

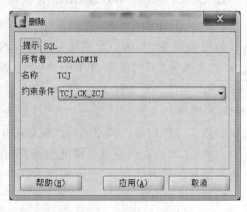

图 8-52 "删除"对话框

或者也可以在如图8-50所示的对话框中,选中要删除的检查约束的名字"TCJ_CK_ZCJ",单击右方的"删除"按钮,然后单击"确定"按钮,删除检查约束。

**2. SQL Developer 中管理 PRIMARY KEY 约束**

如图8-53所示,SQL Developer中右键单击要创建PRIMARY KEY约束的"课程类别表",右键单击TKCLB表,在右键菜单上选择"约束条件"下的级联菜单中的"添加主键"子菜单项,弹出"添加主键"对话框,如图8-54所示,在"主键名"栏中输入约束名"TKCLB_PK_KCLBH",在"列1"下拉框中选择主键列"KCLBH",然后单击"应用"按钮完成主键约束的创建,最后单击弹出的确认对话框中的"确认"按钮即可。

图8-53 "添加主键"约束菜单　　　　　图8-54 "添加主键"对话框

**3. SQL Developer 中管理 UNIQUE 约束**

如图8-55所示,SQL Developer中右键单击要创建UNIQUE约束的"课程类别表",右键单击TKCLB表,在右键菜单上选择"约束条件"下的级联菜单中的"添加唯一项"子菜单项,如图8-56所示,弹出"添加唯一项"对话框,在"约束条件名称"栏中输入约束名"TKCLB_UN_KCLBM",在"列1"下拉框中选择主键列"KCLBM",完成后单击"应用"按钮完成唯一性约束的创建,然后单击弹出的确认对话框中的"确认"按钮即可。

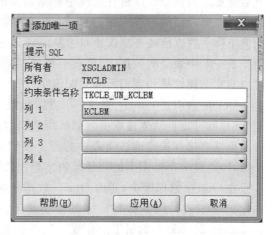

图8-55 "添加唯一项"约束菜单　　　　　图8-56 "添加唯一项"对话框

**4. SQL Developer 中管理 FOREIGN KEY 约束**

添加课程表与课程类别表之间的参照关系。在课程表的"课程类别列"添加外键约束。

由于外键约束要求主表的对应列要添加主键或唯一性约束,所以首先要保证课程类别表中的课程类别列已经设置好主键约束或者唯一性约束。

如图 8-57 所示,SQL Developer 中右键单击要创建 FOREIGN KEY 约束"课程表",右键单击 TKC 表,在右键菜单上选择"约束条件"下的级联菜单中的"添加外键"子菜单项,弹出"添加外键"对话框,如图 8-58 所示,在"约束条件名称"栏中输入约束名"TKC_FK_KCLBH",在"列名"下拉框中选择主键列"KCLBH",在"引用表名"下拉框中选择主表"TKCLB",在"引用列"下拉框中选择主键列"KCLBH",完成后单击"应用"按钮完成唯一性约束的创建,然后单击弹出的确认对话框中的"确认"按钮即可。

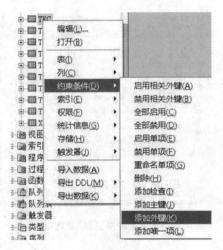
图 8-57 "添加外键"约束菜单

图 8-58 "添加外键"对话框

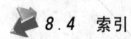

## 8.4 索引

如何能快速地在数据库中找到用户所需要的数据呢? 如果用户有一本汉语词典,用户就会首先想到按照汉语拼音去找字典最前面的目录,然后按照文字的拼音的首字母快速地查找自己所需要的内容所在的页数,进行数据查找。为什么用户可以这样做呢? 因为汉语词典中整个数据已经按照汉语拼音从 a 到 z 进行了排序。汉语词典中具体汉字的内容就相当于数据库中表里的数据,而词典前面的目录就相当于该表的索引,凭借着这个目录,我们可以非常迅速地找到我们所需要的汉字条目。

Oracle 索引是 Oracle 中的一个方案对象,它使用指针来加速对行的检索。可以显式创建索引,也可以自动创建索引。如果所选择的列上没有索引,则查找会执行全表扫描。使用索引可以直接并快速地访问表中的行。使用索引是为了减少必需的磁盘 I/O(输入/输出)操作,即通过一个带索引的路径来快速查找数据。

在 Oracle 数据库中,凭借 Oracle 数据库的索引,相关语句可以迅速地定位记录,而不必去定位整个表。但是数据库中的索引离不开表和表中的数据,与表一样,索引也属于段(segment)的一种。索引里面存放了用户的数据,跟表一样需要占用磁盘空间。只不过,索引里的数据存放形式与表里的数据存放形式不一样。索引中包含了索引条目,每一个索引条目里都有一个键值和一个 ROWID。ROWID 是代表行地址的 64 位字符串,其中包含块标识符、行在块中的位置和数据库文件标识符。索引使用 ROWID 是因为 ROWID 是访问任意特定行最快捷的方法之一。

通常情况下,索引所占用的磁盘空间要比表小得多,其主要作用是加快对数据的搜索速度,也可以用来保证数据的唯一性。索引在逻辑和物理形式上都独立于索引所基于的表,这意味着可以在任何时候创建或删除索引,而不会对基表或其他索引产生任何影响。

### 8.4.1 索引概述

从逻辑设计方面来看,它主要考虑索引是如何组合的。这种情况下,可以把索引分成单列索引和复合索引、唯一性索引和非唯一性索引、基于函数的索引等类型。

从物理实现的角度来看,索引通常可以分为分区索引和非分区索引、B 树索引、位图(Bitmap)索引、函数索引等。其中,B 树索引和位图索引属于最常见的索引,以下对这两种索引做一个说明。

**1. B 树索引**

B 树索引(B-tree index)又叫平衡树索引,是现代关系型数据库中最为普通的索引。对于取值范围很大的列,应当创建 B 树索引,比如人口系统中人的身份证号、企业业务系统中的人事管理系统部分的员工编号等取值范围大、数据多的列。

B 树索引默认以升序来对表中的列数据进行排序。B 树索引不但存储了相应列的数据,还存储了 ROWID(ROWID 的内容在 8.2.1 中已经介绍过)。此 ROWID 用来标识表格中相应行的物理地址。

B 树索引以树形结构的形式来存储这些值,其存储结构类似于书的目录结构,包含有分支节点和叶子节点两种类型的存储数据块,叶子节点中的数据是有序的;在分支节点和根节点中放的是索引的范围。所以分支块相当于书的大目录,叶子块相当于索引到的具体的书页。

**案例分析** 在 Oracle 的样例数据库中,有 SCOTT 用户,在其方案下有一张雇员表(EMP),以下假设 EMP 表的雇员姓名(ename)列已经建立了 B 树索引,详细说明利用 B 树索引进行查找的机制。图 8-59 所示为 EMP 表中的数据信息。

索引的建立要按键值进行排序,然后在索引中存储键值和 ROWID。这里以 ename 列进行排序后的值类比索引中的数据做说明。用户可以发现,数据表中的数据是无序的,但是索引中的数据是有序的,假设有序的数据在查找中运用的是折半查找的方法,查找的效率有可能快很多倍。

查询 EMP 表,并显示每一行的物理行号 ROWID,如果用户现在在 EMP 表的 ename 列建立了 B 树索引,那么索引表中的数据就如图 8-60 所示。下面利用图中的数据来模拟解释索引数据。

图 8-59 EMP 表的雇员信息按姓名排序

图 8-60 EMP 表的雇员姓名＋ROWID

可以用图 8-61 来描述 ename 列的 B 树索引的结构。

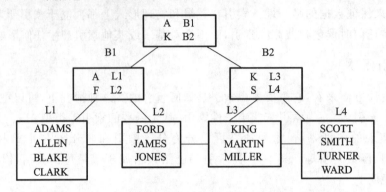

图 8-61    EMP 表的雇员姓名 B 树索引键值关系树

(1)根节点块:一个 B 树索引只有一个根节点,它实际就是位于树的最顶端的分支节点。假设 EMP 表中的 ename 列的根节点块中存放了两行信息,如表 8-11 所示。

它们指向两个分支节点块,其中的 A、K 分别表示这两个分支节点块所链接的键值的最小值,而 B1、B2 则表示所指向的两个分支节点块的地址。

(2) 分支节点块:存放索引数据行信息,包含两个字段。第一个字段表示当前该分支节点块下面所链接的索引块中所包含的最小键值;第二个字段表示所链接的索引块的地址,该地址指向下面一个索引块。一个分支节点块中所能容纳的记录行数由数据块大小以及索引键值的长度决定。

假设 EMP 表中的 ename 列根节点块的两个分支节点块数据如表 8-12、表 8-13 所示。

表 8-11    根节点块 R

| 最 小 键 值 | 下一个索引块地址 |
| --- | --- |
| A | B1 |
| K | B2 |

表 8-12    B1 分支节点块

| 最 小 键 值 | 下一个索引块地址 |
| --- | --- |
| A | L1 |
| F | L2 |

表 8-13    B2 分支节点块

| 最 小 键 值 | 下一个索引块地址 |
| --- | --- |
| K | L3 |
| S | L4 |

读者需要注意的是,经过排序后的最小键值,用于在本节点块中的两个键值之间做出分支选择。所链接的索引块的地址实际上是指向包含所查找键值的子块的指针,所有的叶子节点块中的数据行都与其左右的兄弟节点相链接,并按照(键值,ROWID)的顺序排序。

(3)叶子节点块:用于存放数据行中的索引列的键值、键值对应数据行的 ROWID,如表 8-14 至表 8-17 所示。

表 8-14    L1 分支节点块

| 键    值 | ROWID |
| --- | --- |
| ADAMS | AAAR3sAAEAAAACXAAK |
| ALLEN | AAAR3sAAEAAAACXAAB |
| BLAKE | AAAR3sAAEAAAACXAAF |
| CLARK | AAAR3sAAEAAAACXAAG |

表 8-15    L2 分支节点块

| 键    值 | ROWID |
| --- | --- |
| FORD | AAAR3sAAEAAAACXAAM |
| JAMES | AAAR3sAAEAAAACXAAL |
| JONES | AAAR3sAAEAAAACXAAD |

| 键　值 | ROWID |
|---|---|
| KING | AAAR3sAAEAAAACXAAI |
| MARTIN | AAAR3sAAEAAAACXAAE |
| MILLER | AAAR3sAAEAAAACXAAN |

表 8-16　L3 分支节点块

| 键　值 | ROWID |
|---|---|
| SCOTT | AAAR3sAAEAAAACXAAH |
| SMITH | AAAR3sAAEAAAACXAAA |
| TURNER | AAAR3sAAEAAAACXAAJ |
| WARD | AAAR3sAAEAAAACXAAC |

表 8-17　L4 分支节点块

对于叶子节点块来说,其所包含的索引条目与分支节点一样,都是按照顺序排列的(默认是升序排列,也可以在创建索引时指定为降序排列)。每个索引行也有两个字段。第一个字段表示索引的键值,对于单列索引来说是一个值,而对于多列索引来说则是组合在一起的多个值。第二个字段表示键值所对应的记录行的 ROWID,该 ROWID 是记录行在表里的物理地址。如果索引创建在非分区表上或者索引是分区表上的本地索引,则该 ROWID 占用六个字节;如果索引是创建在分区表上的全局索引,则该 ROWID 占用十个字节。

如果此时输入查询语句“select ＊ from em where name＝'MARTIN';”,那么由于该列上建立了 B 树索引,所以此时数据库会搜索索引树。由于索引中的数据已经排序了,字母 M 在 K 之后,所以在根节点中可以快速确定数据在 B2 分支节点中。然后在 B2 分支节点中 M 在 K 之后、S 之前,所以确定数据在 L3 分支节点块。找到 L3 分支节点块,在第二行中找到了 MARTIN 数据,此时就可以快速地找到对应的数据的物理地址(ROWID),最后快速地找到数据。

#### 2. 位图索引

位图索引(bitmap index)并不重复存取索引列的值,每一个值被看作一个键,相应的行的 ID 值为一个位(bit),bitmap 存储的一串 0 和 1 代表了表中该索引列的值是否为真。位图索引适合于仅有几个固定值的列,如职员表中的性别列,性别只有男和女两个固定类型。这样一个索引块可能指向的是几十甚至成百上千行数据的位置。用这种方式存储数据,相对于用 B 树索引,占用的空间小,创建和使用非常快。

假设现在企业人事系统中有一个员工表(employees),数据表中有一列(sex 性别),该列中的数据只有“男”和“女”两种,现在员工表里有十行数据。如果在员工表的性别列上建立位图索引,那么表上的索引列上的索引行条目就只有“男”和“女”两行,那么在索引树中就只维护这两个值对应的索引条目,如表 8-18 所示。

表 8-18　位图索引表

| 键　值 | 起始 ROWID | 终止 ROWID | 位　　图 |
|---|---|---|---|
| 男 | AAAR5kAAFAAAADNAAA | AAAR5kAAFAAAADNAAJ | 1101011011 |
| 女 | AAAR5kAAFAAAADNAAA | AAAR5kAAFAAAADNAAJ | 0010100100 |

该表说明,在这十行数据中,物理地址从 AAAR5kAAFAAAADNAAA 开始到 AAAR5kAAFAAAADNAAJ 结束。这里的 1 代表“男”,0 代表“女”。第一行的 1101011011 表示物理地址 ROWID 的这个区间范围内的第 1、2、4、6、7、9、10 行的性别为“男”。第二行的 0010100100 表示物理地址 ROWID 的这个区间范围内的第 3、5、8 行的性别为“男”。

如果此时输入查询语句“select ＊ from employees where sex＝'男';”,那么由于该列上

建立了位图索引,所以此时数据库会读位图的第一行,通过读取第一行的位图的值,找到1、2、4、6、7、9、10行的性别为"男",此时就可以快速地找到对应的数据的物理地址(ROWID),最后快速地找到数据。

位图索引在实际密集型OLTP(数据事务处理)中用得比较少,因为OLTP会对表进行大量的删除、修改、新建操作,Oracle每次进行操作都会对要操作的数据块加锁,所以多人操作很容易产生数据块锁等待甚至死锁现象。在OLAP(数据分析处理)中应用位图索引有优势,因为OLAP中大部分是对数据库的查询操作,而且一般采用数据仓库技术,所以大量数据采用位图索引节省空间比较明显。

### 8.4.2　创建索引

建立索引的目的是加快查找的速度,但是索引也要占用存储空间。为了提高索引的查找效率,在Oracle中我们一般会单独建立一个索引表空间,将所有的索引数据单独放到该表空间中,索引表空间和数据表空间最好不放在一个磁盘上,以减少I/O的竞争。创建索引的决策是全局性的高级决策,创建和维护索引通常是数据库管理员的任务。

**例 8-30**　为学生成绩管理系统建立单独的索引表空间 XSGLindex,要求索引空间大小为 300 MB。

```
CREATE TABLESPACE XSGLindex
    DATAFILE '%ORACLE_HOME%\database\my_index.dbf'
    SIZE 300M REUSE;
```

由于表空间需要管理员或者有相应权限的用户才能创建,所以创建表空间需要切换到有权限的用户,可使用 SYSTEM 身份连接会话并进行表空间的创建。

**1. SQL 语句创建索引**

如果没有建立主键或者唯一性约束,那么用户就要手动建立约束。使用 SQL 命令可以灵活、方便地创建索引。在使用 SQL 命令创建索引时,必须满足下列条件之一:

(1)索引的表或簇必须在自己的模式下;

(2)必须在要创建索引的表上具有 INDEX 权限;

(3)必须具有 CREATE ANY INDEX 权限。

语法格式:

```
CREATE [UNIQUE | BITMAP] INDEX     /*索引类型*/
    [schema.]index_name  /*索引名称*/
ON [schema.]table_name(column_name [ASC | DESC],
…n,[column_expression]) |  /*索引列,可以有多列,可指定排序类型*/
CLUSTER [schema.]cluster_name   /*索引建于簇*/
[INITRANS integer]
[MAXTRANS integer]
[PCTFREE integer]
[PCTUSED integer] /*建立索引的物理和存储特征值*/
[TABLESPACE tablespace_name] /*索引所属表空间*/
[STORAGE storage_clause] /*为索引建立存储特征*/
[NOSORT]
[REVERSE]
```

参数说明:

- UNIQUE:指定索引所基于的列(或多列)值必须唯一。默认的索引是非唯一索引。
- BITMAP:指定建成位图索引而不是 B 树索引。
- schema:表示包含索引的方案。
- ON table_name:建立 table_name 表的索引。
- column_expression:创建基于函数的索引。
- ON CLUSTER:创建 cluster_name 簇索引。
- NOSORT:数据库中的行以升序保存,在创建索引时不必对行排序。
- REVERSE:指定以反序索引块的字节,不包含行标识符。

1)创建 B 树索引

**例 8-31** 为学生表 TXS 的学生编号 XSBH 列创建 B 树索引。

**解** 如果按照 8.3 节中约束创建的相关内容,学生表的学生编号已经设置成主键,那么会自动产生索引,此时再次手动创建索引,系统会报错,如图 8-62 所示。如果建立学生表时没有建立主键约束,那么会执行成功。

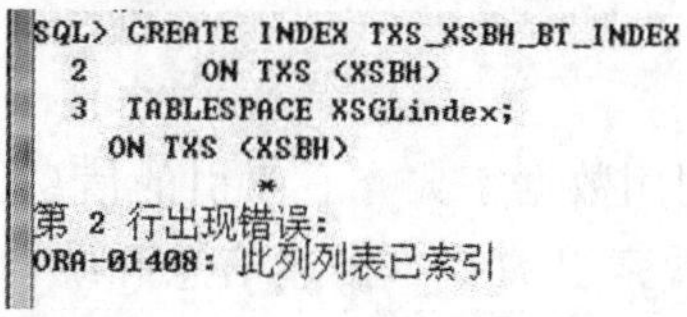

```
SQL> CREATE INDEX TXS_XSBH_BT_INDEX
  2      ON TXS (XSBH)
  3    TABLESPACE XSGLindex;
     ON TXS (XSBH)
          *
第 2 行出现错误:
ORA-01408: 此列列表已索引
```

图 8-62 已有索引列创建报错

2)创建唯一索引

唯一索引可以保证在索引列上不会有两行相同的值,使用语句 CREATE UNIQUE INDEX 语句创建唯一索引。默认情况下,索引中数据按升序(ASC)排列。

**例 8-32** 为课程表 TKC 的课程名 KCM 列创建唯一索引。

**解**

```
CREATE UNIQUE INDEX TKC_KCM_UN_INDEX
    ON TKC(KCM)
    TABLESPACE XSGLindex;
```

3)创建位图索引

位图索引适用于仅有几个固定值的列,使用 CREATE BITMAP INDEX 语句创建位图索引。用户查找时利用位图,可以将整个位图索引段装入内存,从而提高查找效率。

**例 8-33** 为学生表的性别列创建位图索引。

**解**

```
CREATE BITMAP INDEX TXS_XB_BM_INDEX
    ON TXS(XB)
    TABLESPACE XSGLindex;
```

用户在创建位图索引时有以下限制:

(1)不能在全局分区索引上创建位图索引;

(2)不能同时指定 UNIQUE 和位图索引;

(3)不能在本地索引中使用位图索引;

(4)不能用位图索引来生成唯一索引和反序索引。

4)创建基于函数的索引

基于函数的索引就是存储预先计算好的函数或表达式值的索引。表达式可以是算术运算表达式、SQL 或 PL/SQL 函数、C 调用等。值得注意的是,一般用户要创建基于函数的索引,必须具有 GLOBAL QUERY REWRITE 和 CREATE ANY INDEX 权限,否则不能创建基于函数的索引。

如果不知道数据在数据库中的大小写形式,基于函数的索引会非常有用。

**例 8-34** 学生表的学生编号 XSBH 列的编码规则为:4 位年份+2 位院号+2 位系号+1 位专业号+2 位班级号+2 位顺序号。为学号列按年级查询学生的应用创建基于函数的索引,并设置确存储参数。

```
CREATE INDEX TXS_XSBH_YEAR_INDEX
  ON TXS (substrb(XSBH,1,4))
  STORAGE
    (initial 64k
    next 64k
    pctincrease 0)
  ;
```

创建了索引后,用户可以利用数据字典查看索引的信息。常用的数据字典有以下几个:

(1)USER_INDEXES:查看索引的基本描述信息和统计信息,包括索引的所有者、索引的名称、索引的类型、对应表的名称、索引的存储参数设置、由分析得到的统计信息等信息。

```
select INDEX_NAME,INDEX_TYPE,TABLE_NAME from user_indexes;
```

(2)USER_IND_COLUMNS:查看包含索引列的描述信息,包括索引的名称、表的名称和索引列的名称等信息。

```
select INDEX_NAME, TABLE_NAME,COLUMN_NAME, COLUMN_POSITION,
COLUMN_LENGTH  from user_ind_columns;
```

利用数据字典查看学生表上的索引情况,如图 8-63 所示。

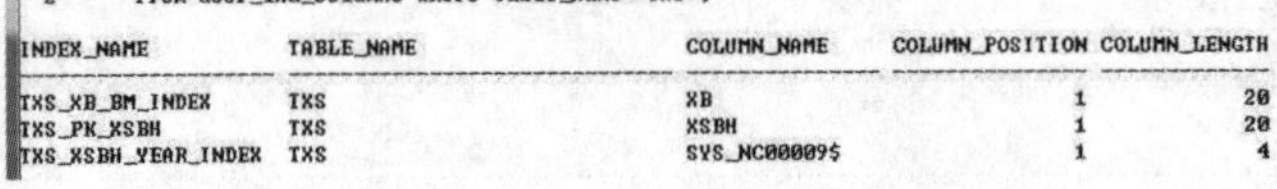

```
SQL> set linesize 200
SQL> col INDEX_NAME  for a20
SQL> col COLUMN_NAME  for a15
SQL>  select INDEX_NAME, TABLE_NAME,COLUMN_NAME,COLUMN_POSITION,COLUMN_LENGTH
  2      from user_ind_columns where table_name='TXS';

INDEX_NAME           TABLE_NAME                       COLUMN_NAME     COLUMN_POSITION COLUMN_LENGTH
-------------------- -------------------------------- --------------- --------------- -------------
TXS_XB_BM_INDEX      TXS                              XB                            1            20
TXS_PK_XSBH          TXS                              XSBH                          1            20
TXS_XSBH_YEAR_INDEX  TXS                              SYS_NC00009$                  1             4
```

图 8-63 学生表已建立索引列信息

用户还可以利用两个数据字典的连接查询查看用户方案下的表中的索引详细信息,如图 8-64 所示。

**2. 索引执行计划**

1)设置 AUTOTRACE

当创建了索引后,Oracle 在具体的查找中会根据它的查找策略来具体考虑是否使用索引,在 SQL * Plus 中可以通过设置 AUTOTRACE 参数来查看索引的执行计划,如表 8-19 所示。

表 8-19 AUTOTRACE 参数

| 序 号 | 命 令 | 解 释 |
|---|---|---|
| 1 | SET AUTOTRACE OFF | 此为默认值,即关闭 Autotrace |

| 序　号 | 命　　令 | 解　　释 |
|---|---|---|
| 2 | SET AUTOTRACE ON EXPLAIN | 只显示执行计划和统计信息 |
| 3 | SET AUTOTRACE ON STATISTICS | 只显示执行的统计信息 |
| 4 | SET AUTOTRACE ONEXPLAIN | 包含执行计划、统计信息及脚本数据输出 |
| 5 | SET AUTOTRACE TRACEONLYEXPLAIN | 与 ON 相似,但不显示语句的执行结果 |

```
SQL> COL TABLE_NAME FORMAT A15
SQL> COL INDEX_NAME FORMAT A20
SQL> COL COLUMN_NAME FORMAT A15
SQL> SELECT ix.table_name, ic.index_name, ic.column_name,
  2          ic.column_position col_pos, ix.uniqueness
  3    FROM user_indexes ix , user_ind_columns ic
  4    WHERE ic.index_name = ix.index_name
  5    ORDER BY ix.table_name;

TABLE_NAME       INDEX_NAME           COLUMN_NAME      COL_POS UNIQUENES

ORDERS           SYS_C0011204         ORDER_ID               1 UNIQUE
ORDER_ITEMS      OI_PK                ORDER_ID               1 UNIQUE
ORDER_ITEMS      OI_PK                GOODS_ID               2 UNIQUE
TBJ              TBJ_PK_BJH           BJH                    1 UNIQUE
TCJ              TCJ_PK_XSBH_KCBH     KCBH                   2 UNIQUE
TCJ              TCJ_PK_XSBH_KCBH     XSBH                   1 UNIQUE
TKC              TKC_PK               KCBH                   1 UNIQUE
TKCLB            TKCLB_PK_KCLBH       KCLBH                  1 UNIQUE
TKCLB            TKCLB_UN_KCLBM       KCLBM                  1 UNIQUE
TX               TX_PK_XH             XH                     1 UNIQUE
TXS              TXS_PK_XSBH          XSBH                   1 UNIQUE

TABLE_NAME       INDEX_NAME           COLUMN_NAME      COL_POS UNIQUENES

TXS              TXS_XSBH_YEAR_INDEX  SYS_NC00009$           1 NONUNIQUE
TXS              TXS_XB_BM_INDEX      XB                     1 NONUNIQUE
TXS_HASH         SYS_C0011180         XSBH                   1 UNIQUE
TXS_LIST         SYS_C0011166         XSBH                   1 UNIQUE
TXS_RANGE_HASH   SYS_C0011183         XSBH                   1 UNIQUE
TXS_RANGE_LIST   SYS_C0011187         XSBH                   1 UNIQUE
TXY              TXY_PK_XSBH          XYH                    1 UNIQUE
TZY              TZY_PK_ZYH           ZYH                    1 UNIQUE

已选择19行。
```

图 8-64　当前用户所有索引和索引列详细信息

**例 8-35**　查询学生表,查询条件为"XSBH 为'2015100110101'",通过执行计划,查看 Oracle 是如何查找该学生信息的。

```
SET autotrace ON  explain;
select XSBH,XSM,XB from TXS WHERE XSBH=' 2015100110101';
```

执行结果如图 8-65 所示,通过查询计划,发现该查找执行计划走的是学生表的主键上的 B 树索引"TXS_PK_XSBH",过滤数据时用到了学生表上的基于函数的索引。

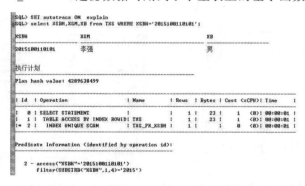

图 8-65　通过学号查询学生信息执行计划

**例 8-36**　查询学生表,查询条件为性别为"男",通过执行计划,查看 Oracle 的查询是否运用了索引机制。

执行结果如图 8-66 所示,通过查询计划,发现该查找执行计划走的是学生表的位图索引"TXS_XB_BM_INDEX",过滤数据时用到了"XB='男'。"

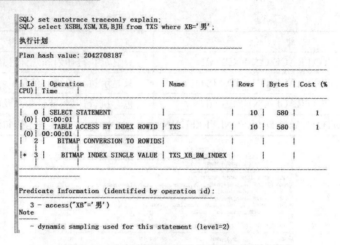

**图 8-66  通过性别查询学生信息执行计划**

**例 8-37**　查询课程表,查询条件为课程名里面包含有"数据库"的课程的信息,通过执行计划,查看 Oracle 是如何查找符合条件的课程信息的。

执行结果如图 8-67 所示,通过查询计划,发现该模糊查找 LIKE 语句并没有走课程表的课程名上的唯一索引,而是做的全表搜索。读者注意,一般情况下有 LIKE 的查找都不会走索引,而是直接做全表搜索。

2)解释 SQL 语句

(1)EXPLAIN PLAN FOR SQL 语句;

(2)SELECT * FROM TABLE(DBMS_XPLAN.DISPLAY)。

**例 8-38**　查询课程表中记录的行数,通过分析该 SQL 语句,查看 Oracle 是如何统计记录行信息的。

```
SET TIMING ON--打开时间
EXPLAIN PLAN FOR select count(* ) from TKC;--解释 SQL 语句
```

如图 8-68 所示,利用代码查看具体的统计信息和执行计划,代码如下:

```
SELECT * FROM TABLE(DBMS_XPLAN.DISPLAY);
```

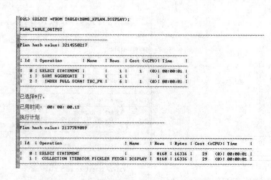

**图 8-67  通过模糊的课程名查询课程信息执行计划**　　**图 8-68  查看具体的统计信息和执行计划**

### 8.4.3  索引重建

索引重建的实质是在指定的表空间中重新建立一个新的索引,然后再删除原来的索引,这样不仅能够消除存储碎片,还可以改变索引的存储参数设置,并且将索引移动到其他的表空间中。

语法格式：

```
ALTER INDEX [schema.]index REBUILD ONLINE;
```

其中 REBUILD 是根据原来的索引结构重新建立索引，实际是删除原来的索引后再重新建立索引。

**例 8-39** 重建课程表课程名列的唯一索引。

```
ALTER INDEX TKC_KCM_UN_INDEX REBUILD ONLINE;
```

DBA 可用 REBUILD 来重建索引可以减少硬盘碎片和提高应用系统的性能。但是实际应用中，如果一个表的记录达到 100 万以上的话，要对其中一个字段建索引可能要花很长的时间，甚至导致服务器数据库死机。因为在建索引的时候 Oracle 要将索引字段所有的内容取出并进行全面排序，数据量大的话可能导致服务器排序内存不足而引用磁盘交换空间进行，这将严重影响服务器数据库的工作。如果遇到这样的情况，DBA 需要增大数据库启动初始化中的排序内存参数，如果要进行大量的索引修改可以设置 10 MB 以上的排序内存。

### 8.4.4 索引的删除

在应用系统的使用中，如果出现以下情况，可能会导致删除索引：

(1)不再需要该索引；

(2)索引没有提供所期望的性能；

(3)应用程序没有用该索引来查询数据；

(4)该索引已经变为无效；

(5)该索引碎片较多。

Oracle 通过发出 DROP INDEX 语句，可以从数据字典中删除索引定义。要删除索引，用户必须是该索引的所有者或有 DROP ANY INDEX 权限。如果删除了一个表，则会自动删除其索引和约束条件，不过会保留视图和序列。

语法格式：

```
DROP INDEX [schema.]index_name;
```

**例 8-40** 删除课程表上的唯一索引 TKC_KCM_UN_INDEX。

```
DROP INDEX TKC_KCM_UN_INDEX;
```

### 8.4.5 SQL Developer 管理索引

**SQL Developer 创建索引**

1)创建唯一索引

如图 8-69 所示，选中要添加索引的"学生表"，右键单击 TXS 表，在右键菜单上选择"索引"下的级联菜单中的"创建索引"子菜单项，如图 8-70 所示，弹出"创建索引"窗口。在"方案"栏中选择"XSGLADMIN"，在"名称"中输入索引名字"TXS_XSBH_BT_INDEX"，在"表"中选择"TXS"，"类型"选择"唯一"，在"列名或表达式"中选择"XSBH"。设置完毕后单击加号按钮，添加索引。最后单击"确定"按钮。如果该表已经将"XSBH"设置为主键，那么数据库会提示错误，因为已经存在和该定义一样的索引。

2)创建位图索引

除了利用新建索引来创建索引外，还可以通过编辑表进行索引的设置。如图 8-71 所示,选中要添加索引的"学生表",右键单击 TXS 表,在右键菜单上选择"编辑"菜单项,如图 8-72 所示,在弹出的"编辑表"窗口中选择"索引"。在"索引属性"中的名称里,输入索引名字 "TXS_XSBH_BT_INDEX",在"表"中选择"TXS","类型"选择"位图",在"列名或表达式" 中选择"XB"。设置完毕后单击加号按钮,添加索引,最后单击"确定"按钮。

图 8-69 "创建索引"菜单

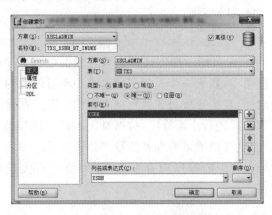

图 8-70 "创建索引"对话框

图 8-71 "编辑"菜单

图 8-72 "编辑表—索引"对话框

## 8.4.6 索引的使用原则

索引被用来快速访问数据库而非读取全部表,使用它可以大大减少磁盘 I/O 的读取次数。可以像表一样为索引指定存储参数,为索引分区,收集统计参数并进行分析,确认其结构等。

但是用户需要注意的是,一旦创建了索引,就意味着 Oracle 对表进行 DML(包括 INSERT、UPDATE、DELETE)时,必须处理额外的工作量(也就是对索引结构的维护)以及产生存储方面的开销。所以创建索引时,需要考虑创建索引所带来的查询性能方面的提高,与引起的额外的开销相比,是否值得。

**1. 使用索引的原则**

虽然是否在表中创建索引,不会影响 Oracle 数据库的使用,也不会影响数据库语句的使用。这就好像即使字典没有目录,用户仍然可以使用它一样。可是,若字典没有目录,那么可想而知,用户要查某个条目的话,就不得不翻遍整本字典。数据库也是如此。若没有建立相关索引的话,则在查询数据库记录的时候,不得不去查询整个表。当表中的记录比较多的

时候,其查询效率就会很低。所以,合适的索引是提高数据库运行效率的一个很好的工具。以下情况适合创建索引:

(1)列有较大的取值范围;

(2)列有很多空值,但经常查询所有具有值的行;

(3)一列或多列被经常一起用于 WHERE 条件或连接条件;

(4)表很大,且大部分查询只返回 2%～4% 的数据行。

**2. 设置索引列的原则**

宁缺毋滥,这是建立索引时的一个遵循标准。表中的索引越多,维护索引所需要的开销也就越大。每当数据表中记录有增加、删除、更新变化的时候,数据库系统都需要对所有索引进行更新。故数据库表中的索引绝对不是多多益善。具体来说,在索引建立上,具有如下一个或多个特征的列适合做索引列:

(1)列中的值相对比较单一;

(2)取值范围大(适合建常规索引);

(3)取值范围小(适合建位图索引);

(4)列中有许多空值,但经常查询所有具有值的行;

(5) LONG 和 LONG RAW 列不能被索引。

**3. 不建议创建索引的原则**

在决定是否创建索引时,请记住,并不总是越多越好。对具有索引的表执行每项 DML 操作(插入(INSERT)、更新(UPDATE)、删除(DELETE))都意味着必须更新索引。与表关联的索引越多,则在执行 DML 操作之后,为更新全部索引所做的工作就越多。在以下情况下,通常不值得创建索引:

(1)表记录太小;

(2)在查询中没有频繁用作条件的列;

(3)预计大多数查询要检索的行超过表中总行数的 2%～4%;

(4)表更新频繁;

(5)表达式中引用了用作索引的列。

 **8.5 视图**

学校里有学生、教师、素质导师、教学秘书、教学院长等不同的用户。用户在其日常工作和学习过程中将使用数据库中存储的信息。素质导师可以访问学生的成绩;教师访问数据库以记录学生的平时成绩、期末成绩等信息;教学秘书使用数据库中存储的信息发布各种文件和进行办公。但是对于数据库中所存储信息的更新、插入或删除操作,每个人所具有的操作权限并不相同。这些用户如何能快速访问自己可以访问的信息呢? 视图是一个非常好的对象,能控制不同用户的访问。

### 8.5.1 视图的概念

视图是一种数据库对象。它是 SQL 语言提供的一种特殊类型的表,但不是"真实"的表。视图可以由一个基表中选取的某些行和列组成,也可以由几个表中满足一定条件的数据组成。视图是现有表或其他视图的逻辑表示,视图所基于的表称为"基表"。视图本身不包含数据,数据来自基表,因此视图只是一个虚表。视图相当于基表的窗口,通过这个窗口,用户可以查看或更改表中的数据。

引入视图有下列作用:

- 提供附加的表安全级,限制存取数据基表的行或/和列集合。
- 对基于较复杂的 SELECT 语句的查询,可以使用视图来降低执行这些查询的复杂度,隐藏数据的复杂性。
- 为数据提供另一种观点,可以使用视图从多个表中检索数据,从而使数据的显示与数据本身无关。用户可以通过不同的方式查看相同的数据。
- 通过视图,可以根据用户组的特定权限或条件来控制用户组对数据的访问。

### 8.5.2 创建视图

创建视图时,当前用户应该具有 CREATE VIEW 权限。生成一个视图可使用 CREATE VIEW 命令。创建视图的准则如下:

- 定义视图的子查询可以包含复杂的 SELECT 语法。
- 定义视图的子查询不建议包含 ORDER BY 子句,应在从视图中检索数据时指定 ORDER BY 子句。
- 可以使用 OR REPLACE 选项更改视图的定义,而不必删除视图或再次向其授予以前授予过的对象权限。
- 在子查询中可以使用别名替代列名。

语法格式:

```
CREATE [OR REPLACE][FORCE| NOFORCE]  VIEW < [schema.]view_name>
[(<List of view column name>)]
AS subquery
[WITH READ ONLY]
[WITH CHECK OPTION[CONSTRAINT constraint]];
```

参数说明:

- FORCE:不管基表是否存在都创建视图。
- NOFORCE:仅当基表存在时才创建视图(默认)。
- subquery:子查询,决定了视图中数据的来源。
- WITH READ ONLY:指明该视图为只读视图,不能对该视图执行 DML 操作。
- WITH CHECK OPTION:指明在使用视图时,应检查数据是否符合子查询中的约束条件。
- CONSTRAINT:使用 WITH CHECK OPTION 选项时指定的约束命名。

**注意**:如果用户使用 ∗ 来选择所有的列生成视图,当修改表格或增加列时,必须重新生成此视图。

视图有两种类型:简单视图和复杂视图。如表 8-20 所示总结了每种视图的特点。

表 8-20　视图的特点

| 特　　点 | 简 单 视 图 | 复 杂 视 图 |
| --- | --- | --- |
| 用于获取数据的表的数量 | 一个 | 一个或多个 |
| 是否包含函数 | 否 | 是 |

| 特　　　点 | 简 单 视 图 | 复 杂 视 图 |
|---|---|---|
| 是否包含数据组 | 否 | 是 |
| 是否可以对视图执行 DML 操作(INSERT、UPDATE、DELETE) | 是 | 不一定 |

**1. 创建简单视图**

简单视图的子查询只从一个基表中导出数据,并且不包含连接、组函数等。

**例 8-41** 创建 v_xs_jb 视图,只包含学生号、学生名、性别、班级号等学生基本信息。

```
CREATE OR REPLACE VIEW v_xs_jb
AS
    SELECT XSBH,XSM,XB,BJH   FROM TXS ;
```

**2. 创建复杂视图**

复杂视图的子查询从一个或多个表中导出数据,可以是经过运算得到的数据,也可以是从视图中查询出来的。

**例 8-42** 创建 v_xscj 视图,包括所有学生的学号、姓名、其选修的课程名及成绩信息。

```
CREATE OR REPLACE VIEW v_xscj
AS
    SELECT  TXS.XSBH,TXS.XSM, TKC.KCBH,TKC.KCM,TCJ.ZCJ
        FROM TXS,TKC,TCJ --学生表、课程表、成绩表三表连接运算
        WHERE TXS.XSBH=TCJ.XSBH AND TKC.KCBH=TCJ.KCBH;
```

视图执行过程如图 8-73 所示,视图创建后可以查看视图中的数据。

**例 8-43** 创建 v_xscj_avg 视图,包括所有学生的学号、姓名、其选修的课程的平均成绩信息。

```
CREATE OR REPLACE VIEW v_xscj_avg
AS
    SELECT  XSBH,XSM,AVG(ZCJ) as"avgcj"--平均值列用别名来命名其表达式
     FROM v_xscj --利用已经存在的视图进行再次查找和计算
     GROUP BY XSBH,XSM;
```

视图执行过程如图 8-74 所示,视图创建后可以查看视图中的数据。

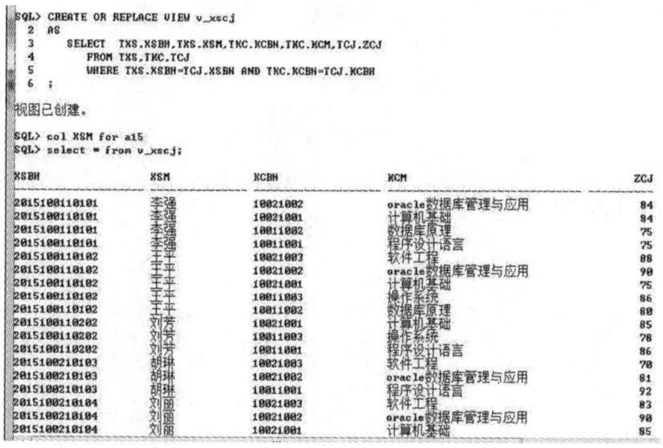

图 8-73　创建 v_xscj 视图

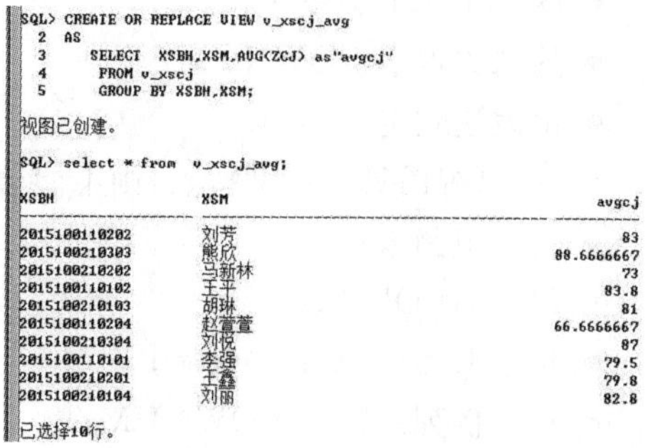

图 8-74　创建 v_xscj_avg 视图

创建视图后,可以利用数据字典 USER_VIEWS 查看视图信息。

```
select VIEW_NAME,TEXT from user_views;
```

### 8.5.3　重建视图

重新创建视图,可以在 CREATE VIEW 语句中使用 OR REPLACE 选项。旧视图会被新版本的视图替换。Oracle 提供了 ALTER VIEW 语句,但它不适用于修改视图定义,只适用于重新编译或验证现有视图。

**例 8-44**　修改 v_xscj_avg 视图,包括所有学生的学号、姓名、其选修的课程的平均成绩信息。要求该视图为只读视图。

```
CREATE OR REPLACE VIEW v_xscj_avg
AS
    SELECT  XSBH,XSM,AVG(ZCJ) as"avgcj"
    FROM v_xscj
    GROUP BY XSBH,XSM
WITH READ ONLY;
```

### 8.5.4　对视图执行 DML 操作

视图创建后,就可以对视图进行操作,包括数据查询、DML 操作(数据的插入、删除、修改)等。因为视图是"虚表",因此对视图的操作最终转换为对基表的操作。

对视图的查询像对标准表的查询一样,但是对视图执行 DML 操作时需要注意,简单视图和复杂视图在允许对视图执行 DML 操作方面有所不同。对于简单视图,可以对视图执行 DML 操作。而对于复杂视图,并不总是允许 DML 操作。对视图执行 DML 操作时,必须注意以下 3 项规则。

(1)如果视图包含以下内容中的任何一项,则不能从基表中删除行:

- 组函数;
- GROUP BY 子句;
- DISTINCT 关键字;
- 伪列关键字 ROWNUM。

(2)如果视图包含以下内容,则不能通过视图修改数据:

- 组函数;
- GROUP BY 子句;
- DISTINCT 关键字;
- 伪列关键字 ROWNUM;
- 由表达式定义的列。

(3)如果视图具有以下特点,则不能通过视图添加数据:

- 包含组函数;
- 包含 GROUP BY 子句;
- 包含 DISTINCT 关键字;
- 包含伪列关键字 ROWNUM;
- 包含由表达式定义的列;
- 不包含基表中的 NOT NULL 列。

**例 8-45** 将 v_xscj 视图中学号为 2015100210303 的学生的课程号为 10021003 的“软件工程”课程成绩改为 80。

```
UPDATE v_xscj
  SET zcj=80
  WHERE XSBH='2015100210303' AND KCBH='10021003';
```

如图 8-75 所示，在没有修改数据之前，数据表里该学生的软件工程课程的成绩为“85”，修改视图后，查询基表 TCJ 表，发现成绩表中该学生的软件工程课程的成绩已经修改成功。

```
SQL> select * from v_xscj WHERE XSBH='2015100210303' AND KCBH='10021003';

XSBH                XSM                 KCBH                     KCM                                   ZCJ
------------------- ------------------- ------------------------ ------------------------------------- ----
2015100210303       熊欣                10021003                 软件工程                               85

SQL> UPDATE v_xscj
  2    SET zcj=80
  3    WHERE XSBH='2015100210303' AND KCBH='10021003';

已更新 1 行。

SQL> select * from TCJ WHERE XSBH='2015100210303' AND KCBH='10021003';

XSBH                KCBH                          ZCJ
------------------- ----------------------------- ----------
BZ
------------------------------------------------------------------------------------------------------
2015100210303       10021003                      80
```

图 8-75 利用视图修改基表数据

**例 8-46** 在 v_xs_jb 视图中插入一条新的学生信息。

```
INSERT INTO  v_xs_jb VALUES('2015100210305','李昊','男','10021201503');
```

如图 8-76 所示，在没有插入数据之前，数据表里有 20 个学生的基本信息，通过视图 v_xs_jb 插入数据成功后，查询该视图的基表 TXS 表，发现新的学生信息已经插入成功。

```
SQL> INSERT INTO  v_xs_jb
  2  VALUES('2015100210305','李昊','男','10021201503');

已创建 1 行。

SQL> SELECT XSBH,XSM,XB,BJH    FROM TXS;

XSBH            XSM                                XB                  BJH
--------------- ---------------------------------- ------------------- ------------------
2015100110201   吴红                               女                  10011201502
2015100110103   李小燕                             女                  10011201501
2015100110101   李强                               男                  10011201501
2015100110102   王平                               女                  10011201501
2015100110104   严力                               男                  10011201501
2015100110202   刘芳                               女                  10011201502
2015100110203   李明                               男                  10011201502
2015100210101   刘明                               男                  10021201501
2015100210102   张昊                               男                  10021201501
2015100210103   胡琳                               女                  10021201501
2015100210104   刘丽                               女                  10021201501
2015100210201   王鑫                               男                  10021201502
2015100210202   马新林                             男                  10021201502
2015100210203   刘敏                               男                  10021201502
2015100210204   常静                               女                  10021201502
2015100110204   赵萱萱                             女                  10011201502
2015100210301   高琴                               女                  10021201503
2015100210302   刘鑫                               男                  10021201503
2015100210303   熊欣                               女                  10021201503
2015100210304   刘悦                               男                  10021201503
2015100210305   李昊                               男                  10021201503

已选择21行。
```

图 8-76 利用视图插入基表数据

在插入数据时，除了需要满足上面提到的条件之外，还需要保证那些没有包含在视图定义中的基表的列必须允许空值。

### 8.5.5 删除视图

视图是为特定目的而创建的。如果不再需要该视图或需要对其进行修改，必须有一种方式来执行必要的更改。如果一个可以访问财务信息的雇员离开了学校，那么可能她的视图不应该仍处于可访问状态。此时可以删除她可访问的视图，或者做权限处理。

视图以 SELECT 语句的形式存储在数据字典中,只有创建者或具有 DROP ANY VIEW 权限的用户才能删除视图,删除视图使用命令 DROP VIEW。此视图的定义从数据字典中被删除,相应的权限也被删除,其他一些视图和存储程序需要参考此视图的,也被标志为非法。

语法格式为:

```
DROP VIEW [schema.]view_name;
```

**例 8-47** 删除视图 v_xscj_avg。

```
DROP VIEW v_xscj_avg;
```

### 8.5.6 SQL Developer 管理视图

在进行视图的各种操作前,要确保执行操作的用户具有创建视图的权限,如果没有,可以在管理员的连接窗口(systemXSGL)中,输入授权语句,如图 8-77 所示。

(1)如图 8-78 所示,在 XSGLADMIN 连接中,右键单击"视图"菜单项,弹出"新建视图"窗口。如图 8-79 所示,在"方案"栏选择"XSGLADMIN",在"名称"中输入索引名字"v_xs_rj15",在"SQL 查询"中可以输入视图的子查询代码。这里创建的视图是存放软件 1501 班学生的选修课程成绩信息的视图。

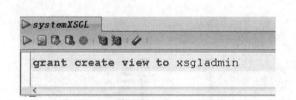

图 8-77 授予用户创建视图的权限          图 8-78 "新建视图"菜单

(2)除了这种手工输入代码的方法外,用户还可以利用创建视图左窗格的 SQL 查询菜单项来进行快速编辑,如图 8-80 所示,可以在"FORM 子句"中选取创建视图所需的基表,然后在右边窗格中,选中"自动查询",那么 SQL Developer 会把所有可用的表列出来,通过中间的四个箭头,可以进行基表的选择,图中选择了学生表、班级表、课程表和成绩表四张表。

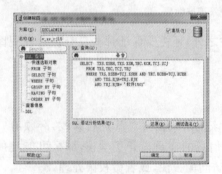

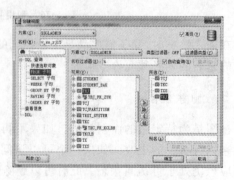

图 8-79 "创建视图"对话框          图 8-80 "创建视图"FORM 子句

(3)选择好基表后,接下来可以在"SELECT 子句"中构建 SELECT 表达式,如图 8-81 所示。在右下角的"表达式调色板"中选择基表中的列,选择学生表的学生编号列"TXS. XSBH",双击后,其显示在表达式中,然后单击窗格上的"＋"号按钮,就可以添加查询的数据列了,其他的列也是一样操作。如果选择错了,也可以单击"×"按钮,删除该列。

(4)然后如图 8-82 所示,在"WHERE 子句"中,设置筛选数据的条件,在"表达式调色板"中选择基表中的列,可以根据需要在右下角选择不同条件之间的关系,有"AND""OR""(…)",如图 8-82 所示,在"WHERE"窗格中输入正确的表达式。输入完毕后,单击"确定"按钮,就可以成功创建视图了。

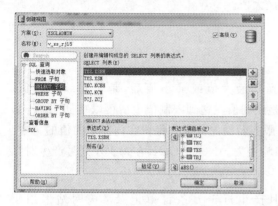 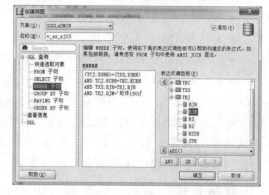

图 8-81　"创建视图"SELECT 子句　　　　图 8-82　"创建视图"WHERE 子句

(5)视图创建成功后,在"视图"中就可以看到刚建立的新的视图,打开视图后,就可以查看视图中的各种信息。

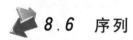 ## 8.6　序列

想象一下将 30 000 名参加武汉马拉松比赛的选手姓名输入数据库中,同时确保每个人的标识号都唯一,这是一件多么枯燥冗长的工作啊! 如果数据管理员在吃完午饭回来后发现其他人已经录入了一些长跑运动员的申请,情况又会怎样? 管理员如何知道该从哪里开始? Oracle 中有自动生成唯一编号的过程,用户不必担心重复编号,也不必考虑这些具体问题。此编号过程由称为"序列"(SEQUENCE)的数据库对象处理。

序列是用于产生唯一序列号的数据库对象,可以为多个数据库用户依次生成不重复的连续整数,一般形象地称其为序列生成器,在需要时,每次按 1 或一定增量增加。通常使用序列自动生成表中的主键值,序列产生的数字最大长度可达到 38 位十进制数,但是序列不占用实际的存储空间,在数据字典中只存储序列的定义描述。由于它属于可共享对象,所以允许多个用户访问。

197

### 8.6.1　创建序列

命令语法:

```
CREATE SEQUENCE [schema.]sequence
[ INCREMENT BY n]
[ START WITH n]
[ MAXVALUE n | NOMAXVALUE]
```

```
[ MINVALUE n | NOMINVALUE]
[ CYCLE | NO CYCLE]
[ CACHE n | NO CACHE]
[ ORDER | NO ORDER] ;
```

参数说明:

● INCREMENT BY n:指定序列号的间隔值,其中 n 为整数(如果省略该语句,序列将以 1 递增)。

● START WITH n:指定要生成的第一个序列号(如果省略该语句,序列将从 1 开始)。

● MAXVALUE n:指定序列可以生成的最大值。

● NOMAXVALUE:没有最大值限制。

● MINVALUE n:指定序列的最小值。

● NOMINVALUE:没有最小值限制。

● CYCLE |NOCYCLE:指定当序列达到其最大值或最小值后,是否继续生成值。NOCYCLE 是默认选项,不能重复。CYCLE 是序列值在达到限制值以后可以重复。

● CAHCE n | NOCACHE:指定 Oracle 服务器预先分配并保留在内存中的值的个数。默认值 CAHCE 为 20。如果系统崩溃,这些值将丢失。NOCACHE 在每次序列号产生时强制数据字典更新,保证序列值之间没有间隔。

**例 8-48** 某电子商务网站估计每月产生近千万条订单记录。该网站采用年 YYYY+月 MM+当月流水号 nnnnnnnn 的形式标识和区分每一份订单。当有用户提交一份订单时,系统自动生成该订单的编号并告知用户这个唯一的订单号。要求创建一序列,用于生成每月的订单流水号。

执行结果如图 8-83 所示。

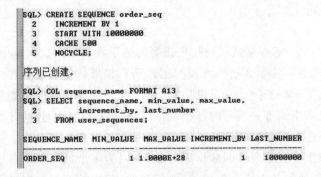

图 8-83 订单序列号

创建序列之后,该序列会生成可在表中使用的序列号。可以使用 NEXTVAL 和 CURRVAL 伪列引用序列值,其中:

● CURRVAL:返回序列当前值。

● NEXTVAL:返回当前序列值增加一个步长后的值。

用户可以使用以下命令来查看序列的后继值和当前值的情况:

```
SELECT sequence.nextval FROM dual;
SELECT sequence.currval FROM dual;
```

序列值可以应用于查询的选择列表、INSERT 语句的 VALUES 子句、UPDATE 语句的 SET 子句,但不能应用在 WHERE 子句或 PL/SQL 过程性语句中。序列每使用一次,

NEXTVAL 自动增加 1,CURRVAL 是多次使用的值,如果一开始就用,则其值为 0,一般情况下是在 NEXTVAL 使用之后才能使用 CURRVAL,可以用它来产生同样的号。

**例 8-49** 创建电子商务网站订单表(包括订单号、顾客号、订单价格、订货时间),要求订单号以年 YYYY＋月 MM＋当月流水号 nnnnnnnn 的形式自动生成。

然后利用序列自动插入订单的流水号,流水号是系统日期＋序列的值,可以利用转换函数来实现字符串的连接 to_char(SYSDATE,′yyyymm′)||order_seq.nextval。执行过程如图 8-84 所示。插入数据后,查询数据表,发现日期和序列的组合已经产生了订单流水号。

```
SQL> CREATE TABLE order_header (
  2    order_id VARCHAR2(14),
  3    customer_id VARCHAR2(12),
  4    order_value NUMBER(10,2),
  5    submit_time TIMESTAMP);

表已创建。

SQL> INSERT INTO order_header VALUES(
  2    to_char(SYSDATE,'yyyymm')||order_seq.nextval,
  3    '1000', 3750, SYSTIMESTAMP);

已创建 1 行。

SQL> COL submit_time FORMAT A33
SQL> COL order_value FORMAT L0999
SQL> SELECT * FROM order_header;

ORDER_ID          CUSTOMER_ID     ORDER_VALUE     SUBMIT_TIME
--------          -----------     -----------     -----------
20160410000006    1000            ￥3750          26-4月 -16 10.36.16.125000 下午
```

图 8-84　订单流水号

## 8.6.2　修改序列

有时需要对已建立的序号进行修改,比如在系统移植或升级时可能有的序号已经增长到某个值,现在需要从原先停止的地方开始等。

除了不能修改序列起始值外,可以对序列其他任何子句和参数进行修改。如果要修改 MAXVALUE 参数值,需要保证修改后的最大值大于序列的当前值。序列的修改只影响以后生成的序列号。

**例 8-50** 修改序列 order_seq 的设置。

修改序列后,可以通过 SELECT 语句查看序列的当前值,如图 8-85 所示。

```
SQL> ALTER SEQUENCE order_seq
  2    INCREMENT BY 1
  3    CACHE 200
  4    NOCYCLE;

序列已更改。

SQL> SELECT order_seq.NEXTVAL FROM DUAL;

   NEXTVAL
  --------
  10000007
```

图 8-85　修改订单序列号

## 8.6.3　删除序列

当一个序列不再被需要时,可以使用 DROP SEQUENCE 语句删除序列。

语法格式如下:

```
DROP SEQUENCE [Schema.]sequence_name;
```

**例 8-51** 删除序列 order_seq;

```
DROP SEQUENCE order_seq
```

## 8.6.4　SQL Developer 管理序列

如图 8-86 所示,打开 XSGLADMIN 连接,右键单击"序列"节点,选择"新建序列"菜单项,弹出"创建数据库序列"对话框,如图 8-87 所示。在"方案"栏选择"XSGLADMIN",在

"名称"中输入序列名"order_seq",在"属性"中可以设置各种值,"增量"为序列递增或递减的间隔数值,这里输入"1"。"开头为"中输入序列的初始值"10000000",在"高速缓存"中选择缓存的值,这里选择"CACHE",大小为"500"。最后选择"顺序"选项,表示该序列号按照请求顺序生成。单击"确定"按钮就可以创建序列了。

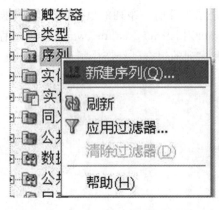

图 8-86 "新建序列"菜单

图 8-87 "创建数据库序列"对话框

 ## 8.7 数据库链接

数据库链接是在分布式数据库应用环境中一个数据库与另一个数据库之间的通信途径,将远程数据库映射到本地。所有能够访问本地数据库链接的应用程序即可访问远程数据库中的模式对象。

当用户正在使用一个本地数据库的内容又想使用其他非本地数据库的内容时,就需要进行数据库链接。为了建立数据库链接,必须使两个数据库能够互相通信。这就要 Oracle 使用 Net Configuration Assistant,它由数据库管理员设置。建立数据库链接需要提供网络协议名、主机名或地址、远程机器上的实例标识符等信息。

作为一个分布式数据库系统,从 Oracle 10g 开始提供了使用远程数据库的功能。在使用远程数据库的数据之前,为该远程数据库创建一个数据库链接,本地用户通过这个数据库链接登录到远程数据库上以使用它的数据。

### 8.7.1 创建数据库链接

命令语法:

```
CREATE [PUBLIC] DATABASE LINK link_name
[CONNECT TO username IDENTIFIED BY password ]
[CONNECT TO current_username]
AUTHENTICATED BY remote_username IDENTIFIED BY remote_password USING 'connect_
string'
```

参数说明:

- link_name 为数据库链接的名字;
- username 为链接所属的用户;
- password 对应于该用户的密码;
- current_username 是由安全服务器审核的全局用户;

- remote_username 是远程服务器上的用户名;
- remote_password 是远程服务器上的密码;
- connect_string 表示需要访问的远程数据库的定义。

**例 8-52** 建立一个指向 XSGL 数据库的公用数据库链接,并使用该数据库链接进行数据访问。

执行过程如图 8-88 所示,要想创建数据库链接,首先要赋予当前用户可以创建数据库链接的权限。所以此案例中,先用 SYSTEM 用户连接数据库,然后授权;再用 XSGLADMIN 用户连接数据库,创建数据库链接。

使用数据库链接可以简单地访问另一个数据库中的表和其他数据库对象,这只需在 SQL 语句的远程数据表后加上"@"符号,后面跟上数据库链接的名字即可。如图 8-89 所示,SCOTT 用户默认没有权限访问 XSGLADMIN 方案下的课程表(TKC),所以 SCOTT 用户连接数据库后,访问课程表提示错误。但是如果在查询语句后面加上"@XSGL_link",就相当于打开了一个"XSGL"中的指定用户"XSGLADMIN"的会话,访问就会成功。

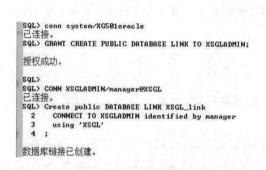

图 8-88　创建数据库链接

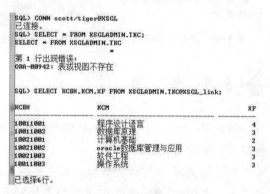

图 8-89　使用数据库链接访问数据

创建数据库链接后,用户可通过 DBA_DB_LINK、ALL_DB_LINK、USER_DB_LINK 数据字典查看数据库链接信息。

## 8.7.2　删除数据库链接

当不需要数据库链接时,利用 DROP DATABASE LINK 命令可以删除数据库链接。执行该命令时,会将所有被悬挂起来的事务提交数据库。

语法格式:

```
DROP [PUBLIC] DATABASE LINK dblink_name;
```

参数说明:dblink_name 为要删除的数据库链接名称。

> **注意:**公用数据库链接可由任何有相应权限的用户删除,而私有数据库链接只能由 SYS 系统用户删除。

**例 8-53** 删除公用数据库链接 XSGL_link。

```
DROP  PUBLIC DATABASE LINK XSGL_link;
```

要删除数据库链接,同样需要当前用户拥有 DROP PUBLIC DATABASE LINK 的权限,所以首先授予 XSGLADMIN 用户该权限,然后再连接数据库,删除数据库链接,具体如图 8-90 所示。

### 8.7.3　SQL Developer 管理数据库链接

如图 8-91 所示,打开 XSGLADMIN 连接,右键单击"数据库链接"节点,选择"数据库链接"菜单项,弹出"创建数据库链接"对话框,如图 8-92 所示。选择"公共",在"名称"中输入数据库链接名"XSGL_link",在"属性"中可以设置各种值,"服务名"为本地 TNS 文件中的有效本地 NET 服务名"XSGL",在"固定用户"中输入连接用户"XSGLADMIN",在"口令"中输入密码"manager",设置完毕后单击"确定"按钮就可以创建序列了。

图 8-90　删除数据库链接　　图 8-91　"新建数据库链接"菜单　　图 8-92　"创建数据库链接"对话框

## 8.8　同义词

同义词(synonyms)是指向其他数据库表的数据库指针,是数据库中表、索引、视图或其他模式对象的一个别名。

利用同义词,一方面为数据库对象提供一定的安全性保证,例如可以隐藏对象的实际名称和所有者信息,或隐藏分布式数据库中远程对象的位置信息;另一个方面能简化对象访问。此外,当数据库对象改变时,只需要修改同义词而不需要修改应用程序。

同义词有两种类型:私有(PRIVATE)和公共(PUBLIC)。私有同义词是在指定的模式中创建的,并且只有创建者使用的模式访问。公共同义词由 PUBLIC 模式所拥有,所有的数据库模式都可以引用它们。

### 8.8.1　创建同义词

语法格式:

```
CREATE [PUBLIC] SYNONYM [schema.]synonym_name
FOR [schema.]object [@ dblink]
```

创建同义词之后,数据库的用户就可以直接通过同义词名称访问该同义词所指的数据库对象,而不需要特别指出该对象的所属关系。

**例 8-54**　为 XSGLADMIN 方案对象 TKC 创建同义词 XSGL_TKC,赋予 SCOTT 用户查询同义词 XSGL_TKC 的权限,并进行查询操作。

```
CREATE PUBLIC SYNONYM XSGL_TKC FOR XSGLADMIN.TKC;
```

要想创建同义词,首先要保证创建的用户具有创建同义词的权限。本案例要管理一个公用的同义词,所以要赋予用户 CREATE PUBLIC SYNONYM、DROP PUBLIC SYNONYM 权限。如图 8-93 所示,首先以管理员身份登录数据库,然后授权后再创建同义词。

同义词创建成功后，其他用户就可以利用该同义词进行数据操作，这里首先赋予 SCOTT 用户查询同义词"XSGL_TKC"的权限，并进行查询操作。如图 8-94 所示，在没有授权之前，SCOTT 用户连接数据库查询课程表失败。用 XSGLADMIN 用户连接后，授予 SCOTT 用户查询同义词"XSGL_TKC"的权限，然后 SCOTT 用户再次连接数据库，发现可以查询课程表了。

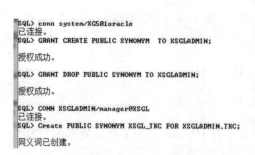

图 8-93　创建同义词

图 8-94　使用同义词访问数据

当用户创建了同义词相关的信息，该信息就被记录到 Oracle 的数据字典中，用户可以使用 DBA_SYNONYMS、ALL_SYNONYMS、USER_SYNONYMS 查询实例中所有的同义词。

### 8.8.2　删除同义词

利用 DROP SYNONYM 命令删除同义词。

语法格式：

```
DROP [PUBLIC] SYNONYM  [schema.]synonym_name;
```

参数说明：

- PUBLIC 表明删除一个公用同义词。
- Schema 指定将要删除的同义词的用户方案。
- synonym_name 为将要删除的同义词名称。

**例 8-55**　删除公共同义词 XSGL_TKC。

```
DROP PUBLIC SYNONYM XSGL_TKC;
```

### 8.8.3　SQL Developer 管理同义词

如图 8-95 所示，打开 XSGLADMIN 连接，右键单击"同义词"节点，选择"新建同义词"菜单项，弹出"创建数据库同义词"对话框，如图 8-96 所示。选择"公共"，在"名称"中输入数据库链接名"XSGL_TKC"，在"属性"中可以设置各种值，在"引用的方案"中输入"XSGLADMIN"，在"基于对象"中选择"TKC"，设置完毕后单击"确定"按钮就可以创建同义词了。

图 8-95 "新建同义词"菜单 图 8-96 "创建数据库同义词"对话框

# 习 题 8

## 一、选择题

1. 假定有一张表用户表 users，其中有一身份证字段 ID_card。为了维护数据的完整性，在设计数据库时，最好对 ID_card 字段添加约束，请问应该添加（ ）约束。

A. PRIMARY KEY B. CHECK C. DEFAULT D. NOT NULL

2. 下列为组合主键的特征的是（ ）。

A. 每列有唯一的值，但不是 NULL 值

B. 组合有唯一的值，并且其中每列没有 NULL 值

C. 组合的第一列和最后一列有唯一值

D. 组合的第一列和最后一列有唯一值，但没有 NULL 值

3. 已创建序列 S1，若当前值为 2，先执行 3 次 S1. CURRVAL，再执行 3 次 S1. NEXTVAL，最后 S1 的值是（ ）。

A. 3 B. 4 C. 5 D. 6

4. 要以自身的模式创建私有同义词，用户必须拥有（ ）系统权限。

A. CREATE PRIVATE SYNONYM B. CREATE PUBLIC SYNONYM

C. CREATE SYNONYM D. CREATE ANY SYNONYM

5. 通常情况下，（ ）值可以唯一地标识数据库中的一行。

A. ROWNUM B. PRIMARY KEY C. UNIQUE D. CHECK

6. Oracle 中，表名应该严格遵循（ ）命名规则。

A. 表名的最大长度为 20 个字符

B. 表名首字符可以为字母或下划线

C. 同一用户模式下的不同表可以具有相同的名称

D. 不能使用 Oracle 保留字来为表命名

7. 在设计数据库时，要充分考虑数据的完整性或准确性。下面关于 PRIMARY KEY 和 UNIQUE 的描述错误的是（ ）。

A. PRIMARY KEY 用来在表中设置主键，主键列的值不能重复，用来唯一标识表中的每一条记录

B. PRIMARY KEY 列和 UNIQUE 列都不可以有 NULL 值

C. 设为 UNIQUE 的列的值是不能重复的,用来唯一区别 UNIQUE 列的值

D. PRIMARY KEY 列不可以有 NULL 值,而 UNIQUE 列是可以有 NULL 值的

8. 你发出命令:DROP TABLE emp;此时你还没有明确发出 COMMIT 命令。你能用什么命令撤销上面的 DROP 语句所做的操作?(　　)

A. 关闭数据库

B. 什么命令都不可以,因为 DDL 语句不能被回滚

C. 发出一个 ROLLBACK 命令

D. 中断正在活动的会话

9. 在 Oracle 中,有一个名为 seq 的序列对象,以下语句能返回序列值但不会引起序列值增加的是(　　)。

A. select seq. ROWNUM from dual;

B. select seq. NEXTVAL from dual;

C. select seq. CURRVAL from dual;

D. select seq. CURIVAL from dual;

10. 当删除父表中的数据时,在 CREATE TABLE 语句的外键定义中指定的(　　)选项删除子表中的数据。

A. ON TRUNCATE CASCADE            B. ON DELETE CASCADE

C. ON UPDATE CASCADE             D. A 和 C 都是

11. 视图可以用于(　　)。

A. 限制对表中指定列的访问            B. 限制对表中行的子集的访问

C. A 和 B 都是                     D. A 和 B 都不是

12. 关于序列的说法中,正确的是(　　)。

A. 序列不是数据库的对象,用户可以由该对象生成一些规律的值,来自动添加序列号的值

B. 序列是一个数据库的对象,用户可以由该对象生成一些规律的值,来自动添加序号列的值

C. 序列不能设置最大值和最小值

D. 序列不能设置步长值

13. 下列选项中不属于方案的数据库对象是(　　)。

A. 表空间         B. 表            C. 索引            D. 以上都是

14. 在不知名用户登录的情况下,下列关于表的书写格式正确的是(　　)。

A. <数据库所有者.><表名>          B. <用户.><表名>

C. <方案.><表名>                 D. 以上答案都不正确

15. 如果要删除一个表中所有的内容,包括已经为它分配的所有区,但是要求保留表的结构,应当使用语句(　　)。

A. DROP TABLE tablename;

B. DELETE TABLE tablename;

C. TRUNCATE TABLE tablename REUSE STORAGE;

D. TRUNCATE TABLE tablename DORP STORAGE;

16. 为了减少表中行链接和行迁移的现象,下列存储参数中应当增大的是(　　)。

A. PCTFREE            B. PCTUSED

C. MAXEXTENTS           D. INITEANS

17. 如果表中的某一条记录的一个字段值为 NULL,那么(　　　)。

    A. 在数据块中存储一个空格          B. 在数据块中存储 NULL

    C. 在数据块中存储不确定值          D. 在数据块中不存储该值

18. 假设表包含 3 个字段 NAMW、SEX、BIRTHMONTH,分别保存姓名、性别和出生月份 3 类数据,应当为这 3 类数据(　　　)。

    A. 创建树索引

    B. 创建位图索引

    C. 分别创建树索引、位图索引、位图索引

    D. 分别创建树索引、位图索引、树索引

19. 索引不能执行的操作是(　　　)。

    A. 改变索引的类型            B. 修改存储参数

    C. 合并碎片                 D. 分配和回收分区

20. 以下不是 ROWID 组成部分的是(　　　)。

    A. 表空间编号             B. 数据文件编号

    C. 块编号                  D. 行编号

21. 下列语句能够删除表中的一个约束的是(　　　)。

    A. ALTER TABLE…MODIFY CONSTRAINY

    B. DROP CONSTRAINT

    C. ALTER TABLE…DROP CONSTRAINT

    D. ALTER CONSTRAINT…DROP

22. 主键约束和唯一约束的区别为(　　　)。

    A. 主键约束列可以为空,唯一约束列不可为空

    B. 唯一约束列可以为空,主键约束列不可以空

    C. 创建唯一约束的同时创建唯一索引,而创建主键约束不一定创建唯一或非唯一索引

    D. 主键约束列的值可以重复,而唯一约束列的值不可以

23. 假定 emp 表的 ename 列上存在唯一约束,那么要使 ename 列上不会存在重复值,约束应处于的状态是(　　　)。

    A. ENABLE VALIDATE          B. ENABLE NOVALIDATE

    C. DISABLE VALIDATE         D. DISABLE NOVALIDATE

24. 下面关于删除视图的说法正确的是(　　　)。

    A. 删除视图后应立即用 COMMIT 语句使更改生效

    B. 删除视图后,和视图关联的表中的数据不再存在

    C. 视图被删除后视图中的数据也将被删除

    D. 用 dorp VIEW 删除视图

25. 下列选项表示 Oracle 中 select 语句的功能的是(　　　)。

    A. 可以用 select 语句改变 Oracle 中的数据

    B. 可以用 select 语句删除 Oracle 中的数据

    C. 可以用 select 语句和另一个表的内容生成一个表

    D. 可以用 select 语句对表截断

## 二、问答题

1. Oracle 中 CHAR 和 VARCHAR2 数据类型有什么区别？有数据"test"分别存放到 CHAR(10)和 VARCHAR2(10)类型的字段中，其存储长度及类型有何区别？

2. 比较 TRUNCATE 和 DELETE 命令的异同。

3. 列举 Oracle 主要数据库对象及其特点。

4. 简述索引的作用及创建索引的相关注意事项。

5. 不借助第三方工具，怎样查看 SQL 的执行计划？

6. 索引对 DML 有何影响？对查询又有何影响，为什么要提高查询性能？

7. 使用索引查询一定能提高查询的性能吗？为什么？

8. 视图的作用有哪些？

9. Oracle 序列的作用是什么？

10. 在创建表时，选择"方案"的作用是什么？

11. 唯一约束和非空约束的作用是什么？

12. 什么是联合主键，什么是外键？

13. 数据库链接的作用是什么？

14. 同义词的作用是什么？

15. 评估以下 CREATE TABLE 语句的执行结果：

```
CREATE TABLE customers
( customer_id NUMBER, customer_name VARCHAR2(25),
address VARCHAR2(25),
city VARCHAR2(25),
region VARCHAR2(25),
postal_code VARCHAR2(11),
CONSTRAINT customer_id_un UNIQUE(customer_id),
CONSTRAINT customer_name_nn NOT NULL(customer_name));
```

为什么执行时此语句会失败？

16. 公司的数据库中成功创建了名为 SALARY 的表。现在要通过向引用 EMPLOYEES 表的匹配列的 SALARY 表添加 FOREIGN KEY 约束条件来建立 EMPLOYEES 表与 SALARY 表之间的父/子关系。尚未向 SALARY 表添加任何数据，则应执行什么语句？

17. 删除某个约束条件时，使用什么关键字指定还要删除与在被删除列上定义的主键和唯一键关联的引用完整性约束条件？

18. 从 HR 方案中的 EMPLOYEE 表中删除 EMP_FK_DEPT 约束条件。应使用什么语句？

19. 需要对"雇员"表创建一个新视图以更新部门里所有雇员的薪金信息。需要确保对此视图执行的 DML 操作不会更改视图的结果集，应在 CREATE VIEW 语句中包括哪个子句？

20. 创建视图时应使用哪个选项来确保不会对视图执行 DML 操作？

21. 以下语句为什么会执行失败：

```
CREATE SEQUENCE sales_item_id_seq
START WITH 101 MAXVALUE 9000090 CYCLE;
```

22. 要通过创建索引来加快以下查询的速度：

```
SELECT *  FROM employees WHERE (salary * 12) > 100000;
```

使用什么索引操作可完成此任务？

23. 需要确保 LAST_NAME 列不包含空值。应该在 LAST_NAME 列上定义哪种类型的约束条件？

### 三、实训题

1. 创建 EMP、DEPT 两张表的副表(包括它们之间的约束)。

2. 设有一个顾客商品关系数据库,有三个基本表,表结构如下所示。

商品表:Article (商品号、商品名、单价、库存量)。

客户表:Customer (顾客号、顾客名、性别、年龄、电话)。

订单表:OrderItem (顾客号、商品号、数量、购买价、日期)。

(1)请用 SQL 语言创建一个视图 GM_VIEW,检索顾客的顾客号、顾客名和订购商品的商品名、金额和日期。(金额等于数量×购买价)

(2)用 SQL 语言 ALTER TABLE 命令给商品表 Article 增加一个字段,字段名为产地,数据类型为 CHAR,长度为 30。

3. 用 SQL 语言建立如下表:表名为职工表,字段名包括:职工号,字符型,长度为 30;姓名,字符型,长度为 2;出生日期,日期型;工资,数值型,长度为 5。

4. 创建序列 ex_seq,要求初始值为 100,序列增量为 5,最大值为 1000,可以循环;修改该序列使其最大值为 800。

5. 写出操作步骤和命令。

(1)创建表 CUSTOMERS,满足如下约束。表和列定义如下:

| CUST_CODE | VARCHAR2(15)PRIMARY KEY |
|---|---|
| NAME | VARCHAR2(50) UNIQUE |
| REGION | VARCHAR2(15) |

表 ORDERS 列定义如下:

| ORD_ID | NUMBER(3) PRIMARY KEY |
|---|---|
| ORD_DATE | DATE |
| CUST_CODE | VARCHAR2(15) FOREIGN KEY |
| DATE_OF_DELY | DATE |

(2)查询两个表中的约束信息,用一条语句完成。

(3)禁用 CUSTOMERS 表中的唯一约束,向禁用 CUSTOMERS 表中插入两行名称相同的记录。名称相同是指 NAME 列所对应的值相同。要求能够完全正确地插入两行记录。

(4)启用 CUSTOMERS 表中的唯一约束,会出现什么情况?原因是什么?如何修正?

(5)删除 CUSTOMERS 中的主键约束和 ORDERS 表中的外键约束。

6. 将 user12 方案下的 staff 表中性别(sex)为男的记录复制成新表 staff_bk1。

7. 为 user12.staff 表创建一个公共同义词 staff_synonym。

8. 在"雇员"表中,增加一个名为"离职日期"的列。该新列的数据类型应该为 VARCHAR2。将该列的 DEFAULT 设置为 SYSDATE,以便显示为以下格式的字符数据:February 20th, 2003。

9. 在"雇员"表中创建一个名为"入职日期"的新列。使用 TIMESTAMP WITH LOCAL TIME ZONE 作为数据类型。

10. 将"职务"表重命名为"职务说明"表。

11. 全球快餐去年的经营非常成功,新开了几家店铺。他们需要在数据库中添加一个表,存储各店铺位置的相关信息。店主希望所有这些条目务必有标识号、开业日期、地址及所在城市,而且表中所有条目的电子邮件地址都不得相同。为"全球快餐位置"表编写 CREATE TABLE 语句,定义列级的约束条件。

12. 使用以下动物表中的列信息,写出创建动物表所用的语法,并指定可在表级应用的约束条件,如果不适用,则在列级指定它们。定义主键("动物标识")。"许可牌号"必须是唯一的。"助养日期"和"免疫日期"列不能包含 NULL 值。

    动物标识 NUMBER(6);

    名称 VARCHAR2(25);

    许可牌号 NUMBER(10);

    助养日期 DATE;

    领养标识 NUMBER(5);

    免疫日期 DATE。

13. 公司政策规定只有高层管理人员有权访问各雇员的薪金。但是,部门经理需要知道按部门分组的最低、最高和平均薪金。使用 Oracle 数据库中的 SCOTT 方案下的 EMP(雇员表)、DEPT(部门表)来创建一个只显示部门经理所需信息的视图。

14. 管理 Oracle 数据库。Jack 负责管理"销售"部门。他和他的雇员经常需要查询数据库以确定客户及其订单。他要求您创建一个视图,为他和他的同事简化此过程。此视图不接受 INSERT、UPDATE 或 DELETE 操作。应执行以下哪条语句?

15. 基于 EMP 表创建一个视图,以在查询时显示姓名、雇员标识号、姓氏和名字、薪金和部门标识号。在查询时,该视图将按薪金从低到高,然后按姓氏和名字的字母顺序进行排序。不管"雇员"表是否存在,都应创建此视图定义。使用此视图时,可能不执行任何 DML 操作。

16. 创建一个要与歌曲表(标识、歌名、时长、演唱者、类型代码)的主键列(标识)一起使用的序列。为避免将主键号码分配给已存在的表,序列应从 100 开始且其最大值为 1000。序列增量为 2,并具有 NOCACHE 和 NOCYCLE。将序列命名为 seq_d_歌曲_seq。并使用为标识列创建的序列,在 seq_d_歌曲表中插入下表所示的两首歌。

| 标 识 | 歌　　名 | 时　　长 | 演　唱　者 | 类 型 代 码 |
|---|---|---|---|---|
| | Island Fever | 5 min | Hawaiian Islanders | 12 |
| | Castle of Dreams | 4 min | The Wanderers | 77 |

# 第 9 章 Oracle 数据库 DML 操作和数据查询

 **9.1 Oracle 数据 DML 操作**

在企业或组织中,数据库是动态的。这是因为经常在其中执行插入、更新和删除数据等操作。读者可以想象一下,学校的学生数据库年复一年、日复一日会更改多少次。如果不进行更改,数据库中的数据很快就变得毫无用处。

## 9.1.1 数据的插入

### 1. INSERT 语句

在插入数据时,应首先确认基表已经创建,然后确定基表的结构,基表的各列顺序、类型以及是否是非空(NOT NULL),可以通过 DESC 命令来查看,以保证插入数据的类型与基表列的类型匹配。具体语法如下:

```
INSERT INTO table_name|view_name(column1,column2,…,columnn)
VALUES(column1_value, column2_value,…,columnn_value).
```

参数说明:

- table_name:要插入数据的数据表名。
- view_name:要插入数据的视图名。
- column1:插入的列的名字,1 表示第一个列,n 表示第 n 个列。
- column1_value:插入的列的数据值,1 表示第一个列的值,n 表示第 n 个列的值。

在插入数据的过程中,用户需要注意以下几点:

- 数值型字段,可以直接写值。
- 字符型字段,其值上要加上单引号。
- 日期型字段,其值上要加上单引号,同时还要注意年、月、日的排列次序。
- 向表或视图中插入的数据必须满足表的完整性约束。

INSERT 命令分两种。一种是显式插入(explicit insert)还有一种是隐式插入(implicit insert)。

所谓的显式插入,就是如同上面的 SQL 命令一样将需要插入的字段一一罗列出来,再在对应的 VALUES 位置加上插入值的方法。也就是说,如果在 INTO 子句中指定了列名,则 VALUES 子句中提供的列值的个数、顺序、类型必须与指定列的个数、顺序、类型按位置对应。如果要以默认字段的顺序和数量来插入数据,就可以省略字段名称。

所谓的隐式插入,就是省略列名,完全匹配列在表中出现的顺序,为每一列提供值。也就是说,如果在 INTO 子句中没有指明任何列名,则 VALUES 子句中列值的个数、顺序、类型必须与表中列的个数、顺序、类型相匹配。

如果数据表的某个列可接受 NULL 值,显式插入则可在 INSERT 子句中省略该列,会自动地将 NULL 值插入该列中。隐式插入则是往一列添加 NULL 值,而在 VALUES 列表中对支持 NULL 值的列使用 NULL 关键字。

**例 9-1**　向系表（TX）中插入数据。

```
INSERT INTO TX (XH,XM,XYH) VALUES ('101','计算机科学与技术系',10);
INSERT INTO TX (XH,XM,XYH ,XZR) VALUES ('5001','工商管理系',50,NULL);
```

除了常规插入外，可以在 INSERT 语句的 VALUES 列表中输入特殊值（如 SYSDATE 和 USER）。SYSDATE 会将当前日期和时间添到列中，USER 将插入当前会话的用户名。用户也可以输入需要的日期数据，默认的日期格式样式是 DD－MON－RR。使用此格式时，默认世纪为最近的世纪（距 SYSDATE 最近），默认时间为午夜（00：00：00）。如果希望向日期列中插入非默认格式的行，必须使用 TO_DATE 函数将日期值（字符串）转换为日期。

**例 9-2**　向学生表（TXS）中插入数据。

```
INSERT INTO TXS (XSBH,XSM,XB,CSRQ,BJH) VALUES ('2015100110103','李小燕','女',TO_
    DATE('19971016','yyyymmdd'),'10011201501');
INSERT INTO TXS VALUES ('2015100210301','高琴','女',
    TO_DATE('19980120','yyyymmdd'),'17000523348','拉丁舞','10021201503',NULL);
```

以上的介绍，所看到的 INSERT 语句都只向表中添加一行。假设要将 100 行数据从一个表复制到另一个表，该怎么做？用户当然不希望逐一编写并执行 100 个 INSERT 语句，那将非常耗时。由于数据库的 SQL 语句中，允许在 INSERT 语句中使用子查询，用户可将子查询中的所有结果插入表中。这样便可在 INSERT 语句中使用多行子查询，复制 100 行、1000 行，甚至更多的数据。

语法格式如下：

```
INSERT INTO table_name|view_name
[(column1[,column2,…])]
subquery;--子查询
```

**注意**：INTO 子句中指定的列的个数、顺序、类型必须与子查询中列的个数、顺序和类型相匹配。使用子查询复制行时不需要 VALUES 子句，因为插入的值正是子查询所返回的值。

**例 9-3**　将 TXS 表中性别为"女"的学生信息存储到新建的表 XSNV 中。

```
Create table XSNV
 (XSBH VARCHAR2 (20) NOT NULL ,
XSM   VARCHAR2 (40) NOT NULL,
CSRQ   DATE NOT NULL,
BJH   VARCHAR2(20) NOT NULL,
BJM   VARCHAR2(30)NOT NULL
);
INSERT INTO XSNV
SELECT XSBH,XSM,CSRQ,TXS.BJH,BJM
FROM TXS,TBJ
WHERE TXS.BJH=TBJ.BJH AND XB='女'; --对学生表和班级表做连接查询
```

执行过程如图 9-1 所示。

**例 9-4**　统计各个学生的学号、姓名、平均成绩，并将统计的结果写入表 TXS_averagegrade 中。

```
Create table TXS_averagegrade
(XSBH VARCHAR2 (20) NOT NULL,
XSM    VARCHAR2 (40) NOT NULL,
AVGGRADE   NUMBER(5,2) NOT NULL
);
INSERT INTO TXS_averagegrade
   SELECT XSBH,XSM,AVG(ZCJ) as"AVGGRADE"
   FROM   --利用内嵌视图,查询每一个学生的不同课程的成绩信息
  ( SELECT TXS.XSBH,TXS.XSM,TCJ.ZCJ
      FROM TXS,TCJ
      WHERE TXS.XSBH=TCJ.XSBH )
    GROUP BY XSBH,XSM; --对查询出来的学生的成绩信息按照学号和姓名进行分组统计,计算
学生的平均分
```

执行过程如图 9-2 所示。

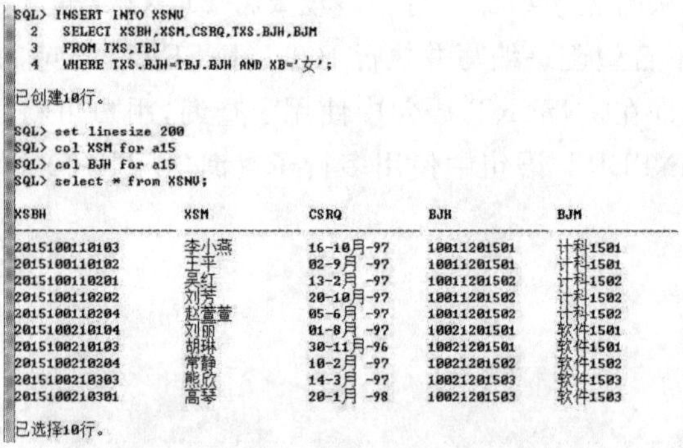

图 9-1  子查询插入 XSNV 表数据          图 9-2  子查询插入 TXS_averagegrade 表数据

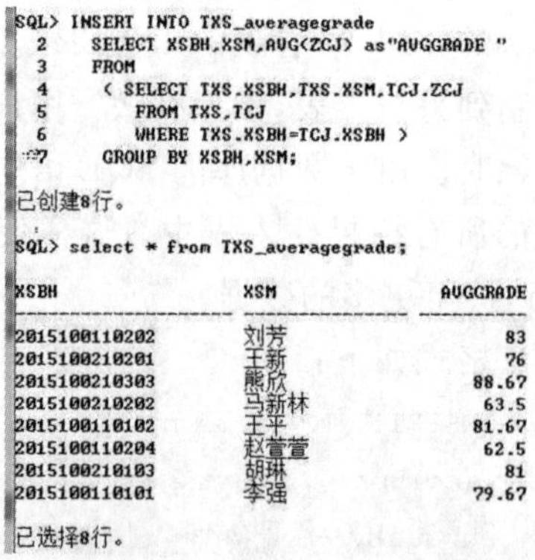

如果要将大量数据插入表中,可以利用子查询直接装载的方式进行。由于直接装载数据的操作过程不写入日志文件,因此数据插入操作的速度大大提升。

利用子查询装载数据的语法为:

```
INSERT /*+APPEND*/ INTO table_name|view_name[(column1[,column2,…])
subquery;
```

**例 9-5**   利用装载数据,将例 9-3 中的 TXS 表中性别为"女"的学生信息存储到新建的表 XSNV 中的插入语句改写为:

```
INSERT/*+APPEND*/ INTO XSNV
SELECT XSBH,XSM,CSRQ,TXS.BJH,BJM
FROM TXS,TBJ
WHERE TXS.BJH=TBJ.BJH AND XB='女';
```

执行过程如图 9-3 所示,用户需要注意的是,当使用该命令进行快速插入数据时,INSERT/*+APPEND*/如果不提交的话,会对该表加行级锁,也就是说,此时查询这个表都会报错。

因此 APPEND 提示的语句一般在实际业务系统中,不能是业务表,而且应尽快提交。当提交数据后,数据可以正常查看,如图 9-4 所示。

```
SQL> INSERT /*+APPEND*/  INTO XSNU
  2    SELECT XSBH,XSM,CSRQ,TXS.BJH,BJM
  3    FROM TXS,TBJ
  4    WHERE TXS.BJH=TBJ.BJH AND XB='女';

已创建10行。

SQL> select * from XSNU;
select * from XSNU
              *
第 1 行出现错误:
ORA-12838: 无法在并行模式下修改之后读/修改对象
```

```
SQL> set linesize 200
SQL> col XSM for a15
SQL> col BJH for a15
SQL> select * from XSNU order by XSBH;

XSBH              XSM            CSRQ        BJH           BJM
--------------------------------------------------------------------------
2015100110102     王平           02-9月 -97   10011201501   计科1501
2015100110103     李小燕         16-10月-97   10011201501   计科1501
2015100110201     吴红           13-2月 -97   10011201502   计科1502
2015100110202     刘芳           20-10月-97   10011201502   计科1502
2015100110204     赵香萱         05-6月 -97   10011201502   计科1502
2015100210103     胡琳           30-11月-96   10021201501   软件1501
2015100210104     刘丽           01-8月 -97   10021201501   软件1501
2015100210204     常静           10-2月 -97   10021201502   软件1502
2015100210301     高琴           20-1月 -98   10021201503   软件1503
2015100210303     熙欣           14-3月 -97   10021201503   软件1503

已选择10行。
```

图 9-3  子查询装载 XSNV 表数据　　　　图 9-4  提交子 XSNV 表数据

### 2. MERGE 语句

MERGE 语句是 Oracle 9i 新增的语法,用来合并 UPDATE 和 INSERT 语句,利用 MERGE 语句可以同时完成数据的插入与更新操作。

通过 MERGE 语句,将源表的数据分别与目标表中的数据根据特性条件进行比较(每次只比较一条记录),如果匹配,则利用源表中的记录更新目标表中的记录,如果不匹配,则将源表中的记录插入目标表中。这个语法仅需要一次全表扫描就能完成全部工作,执行效率要高于 INSERT+UPDATE。

使用 MERGE 语句操作时,用户需要具有源表的 SELECT 对象权限以及目标表的 INSERT、UPDATE 对象权限。

语法格式:

```
MERGE INTO table_name
    USING[schema.]{ table | view | subquery }
ON (join_condition)
WHEN MATCHED THEN
UPDATE SET
    column1=expression1 [,column2= expression2…] [where_clause]
|DELETE [ where_clause ]
WHEN NOT MATCHED THEN
INSERT [(column2[,column2…])]
VALUES (expresstion1[,expression2…])
[where_clause];
```

参数说明:

● INTO:指定进行数据更新或插入的目标表。

● USING:指定用于目标表数据更新、插入的源表、视图或子查询。

● ON:决定 MERGE 语句执行更新操作还是插入操作的条件。

● WHEN MATCHED THEN 子句:对于目标表中满足条件的记录,则利用源表中的相应记录进行更新或删除,UPDATE 关键字用来修改满足条件的行,DELETE 关键字用来删除满足条件的行。

● WHEN NOT MATCHED THEN 子句:源表中不满足条件的记录将被插入目标表中。

● where_clause:只有当该条件为真时才进行数据的更新、删除或插入操作。

例 9-6　　检查备份表 COPY_TXS 中的数据是否和源表 TXS 的数据相匹配,如果匹配则使用 UPDATE 子句执行修改备份表中的数据行,如果不匹配则使用 INSERT 子句执行插入数据行到备份表。

(1)创建 TXS 表学生的记录备份表 COPY_TXS。

利用子查询创建一个和学生表结构一模一样的备份表,代码如下:

```
Create Table COPY_TXS AS Select * from TXS where 1=0;
```

子查询的条件为"1=0",这个条件是不成立的,所以该子查询创建的表中无数据。

(2)利用 MERGE 语句将 TXS 学生表中的信息同步到备份表中:

```
MERGE INTO COPY_TXS c        --目标表学生备份表
USING TXS t                  --源表学生表
ON (c.XSBH =t.XSBH )         --连接条件为学生表的学生编号=备份表的学生编号
WHEN MATCHED THEN      --存在匹配的行就修改备份表中的数据
UPDATE SET c.XSM =t.XSM,c.XB=t.XB,c.CSRQ=t.CSRQ,
           c.LXDH=t.LXDH,c.TC=t.TC,c.BJH=t.BJH,c.BZ=t.BZ
WHEN NOT MATCHED THEN --没有匹配的数据,就将学生表的数据插入备份表
INSERT VALUES(t.XSBH,t.XSM,t.XB,t.CSRQ,t.LXDH,t.TC,t.BJH,t.BZ);
```

数据提交成功后,可以查看备份表中的数据,这里在 SQL Developer 中查看数据 COPY_TXS 表,发现学生表中的 20 条数据已经同步上去了,如图 9-5 所示。

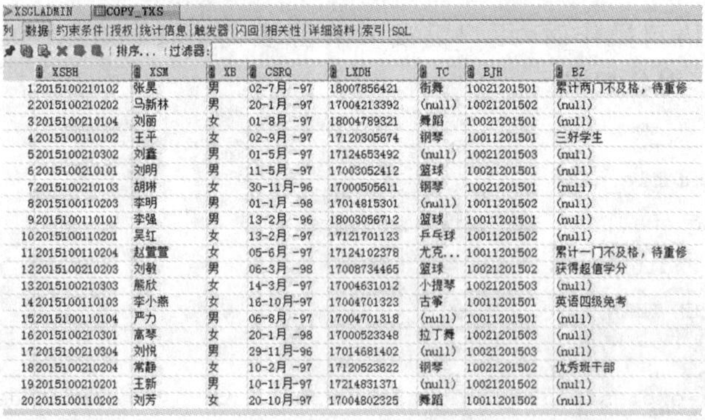

图 9-5　COPY_TXS 表同步数据

### 3. 多表 INSERT 插入

在 Oracle 中,除了常规地向单表使用 INSERT 语句插入数据外,可以使用 INSERT 语句同时向多个表中插入数据,以满足用户不同的数据观察需求。

根据数据插入条件的不同,分为:

● 无条件插入:将数据插入所有指定的表中。

● 有条件插入:将数据插入符合条件的表中。

(1)无条件多表插入的基本语法为:

```
INSERT [ALL]
INTO table1 VALUES(column1,column2[,…])
INTO table2 VALUES(column1,column2[,…])
……
subquery;
```

**例 9-7**　利用无条件多表插入,将成绩表(TCJ)中成绩大于等于 90 分(优秀)的学生成绩信息和课程成绩信息查询后分别插入 CJ_XSyouxiu 和 CJ_KCyouxiu 表。

首先,利用子查询创建存放优秀的学生成绩信息的表 CJ_XSyouxiu 和存放优秀的课程

成绩信息的表 CJ_KCyouxiu。

　　然后利用无条件插入，将所有的满足条件的数据，插入两张表中。

　　执行过程如图 9-6 所示，插入成功后，查看表中数据，发现每张表都有四个 90 分以上的成绩数据，如图 9-7 所示。

```
SQL> Create Table CJ_XSyouxiu AS Select XSBH,ZCJ from TCJ where 1=0;
表已创建。

SQL> Create Table CJ_KCyouxiu AS Select  KCBH,ZCJ from TCJ where 1=0;
表已创建。

SQL> INSERT  ALL
  2   INTO CJ_XSyouxiu VALUES(XSBH,ZCJ)
  3   INTO CJ_KCyouxiu VALUES(KCBH,ZCJ)
  4   SELECT XSBH,KCBH,ZCJ FROM TCJ WHERE ZCJ>=90;
已创建8行。
```

```
SQL> SELECT * FROM CJ_XSyouxiu ;

XSBH                     ZCJ
--------------- ----------
2015100110102            90
2015100210103            92
2015100210303            91
2015100210303            90

SQL> SELECT * FROM CJ_KCyouxiu ;

KCBH                     ZCJ
--------------- ----------
10021002                 90
10011001                 92
10011002                 91
10021002                 90

SQL> commit;
提交完成。
```

图 9-6　无条件插入数据　　　　　　　　图 9-7　数据查询

　　（2）有条件多表插入的语法为：

```
INSERT ALL|FIRST
WHEN condition1 THEN INTO table1(column1[,…])
WHEN condition2 THEN INTO table2(column1[,…])
……
ELSE INTO tablen(column1[,…])
subquery;
```

参数说明：

● ALL：表示一条记录可以同时插入多个满足条件的表中。

● FIRST：表示一条记录只插入第一个满足条件的表中。

**例 9-8**　　将成绩表中的学生成绩按照分数段的不同，分别复制到 CJ_youxiu、CJ_jige、CJ_bujige 三张学生课程成绩表中。

　　首先，利用子查询创建存放学生不同分数段的成绩信息的表 CJ_youxiu、CJ_jige、CJ_bujige。

　　然后利用有条件插入，将不同分数段的成绩数据插入三张表中。

　　执行过程如图 9-8 所示。

　　插入成功后，查看表中数据，发现每张表都是存放各自分数段的成绩数据，如图 9-9 所示。

　　实际应用系统中，用户利用多表插入技术可以实现不同数据源之间的数据转换，可以将非关系数据库中的一条记录转换为关系数据库中的多条记录。

### 4. 学生管理系统数据

　　由于 SQL * Plus 的查询结果的可视化效果有限，所以输入数据后的结果都用 SQL Developer 中的数据截图表示。

　　（1）学生表数据如图 9-10 所示。

　　（2）课程表数据如图 9-11 所示。

　　（3）成绩表数据如图 9-12 所示。

　　（4）课程类别表数据如图 9-13 所示。

　　（5）班级表数据如图 9-14 所示。

（6）专业表数据如图 9-15 所示。

```
SQL> Create Table CJ_youxiu AS Select * from TCJ where 1=0;

表已创建。

SQL> Create Table CJ_jige AS Select * from TCJ where 1=0;

表已创建。

SQL> Create Table CJ_bujige AS Select * from TCJ where 1=0;

表已创建。

SQL> INSERT ALL
  2   WHEN ZCJ>=90 THEN INTO CJ_youxiu
  3   WHEN ZCJ>=60 AND ZCJ<90 THEN INTO CJ_jige
  4   ELSE INTO CJ_bujige
  5   SELECT * FROM TCJ;

已创建22行。
```

图 9-8　有条件插入数据

```
SQL> SELECT * FROM CJ_youxiu ;

XSBH              KCBH              ZCJ BZ
2015100110102     10021002           90
2015100210103     10011001           92
2015100210303     10011002           91
2015100210303     10021002           90

SQL> SELECT * FROM CJ_jige ;

XSBH              KCBH              ZCJ BZ
2015100110101     10011002           75
2015100110101     10021001           84
2015100110102     10011002           80
2015100110102     10021001           75
2015100110202     10011001           86
2015100110202     10011003           78
2015100110204     10011002           70
2015100210103     10021002           81
2015100210201     10021002           80
2015100210201     10021001           60
2015100210201     10021003           88
2015100210202     10011001           72
2015100210303     10021003           85

已选择16行。

SQL> SELECT * FROM CJ_bujige;

XSBH              KCBH              ZCJ BZ
2015100110204     10011002           55
2015100210202     10011003           55
```

图 9-9　不同分数段成绩数据

图 9-10　学生表数据

| | KCBH | KCM | XF | XS | NRJJ | BZ | KCLBH |
|---|---|---|---|---|---|---|---|
| 1 | 110011001 | 程序设计语言 | 4 | 64 | (null) | (null) | 002 |
| 2 | 210011002 | 数据库原理 | 3 | 48 | (null) | (null) | 003 |
| 3 | 310021001 | 计算机基础 | 2 | 32 | (null) | (null) | 001 |
| 4 | 410021002 | oracle数据库管理与应用 | 3 | 48 | (null) | (null) | 004 |
| 5 | 510021003 | 软件工程 | 3 | 48 | (null) | (null) | 003 |
| 6 | 610011001 | 操作系统 | 3 | 48 | (null) | (null) | 003 |
| 7 | 710021004 | 软件项目管理 | 3 | 48 | (null) | (null) | 003 |

图 9-11　课程表数据

| | KCLBH | KCLEM | KCLBSM | BZ |
|---|---|---|---|---|
| 1 | 001 | 公共课 | 必修 | (null) |
| 2 | 002 | 专业基础课 | 必修 | (null) |
| 3 | 003 | 专业必修课 | 必修 | (null) |
| 4 | 004 | 专业选修课 | 选修 | (null) |

图 9-13　课程类别表数据

| | XSBH | KCBH | ZCJ | BZ |
|---|---|---|---|---|
| 1 | 2015100110101 | 10011002 | 75 | (null) |
| 2 | 2015100110101 | 10021001 | 84 | (null) |
| 3 | 2015100110101 | 10021002 | 80 | (null) |
| 4 | 2015100110102 | 10011002 | 80 | (null) |
| 5 | 2015100110102 | 10021001 | 75 | (null) |
| 6 | 2015100110102 | 10021002 | 90 | (null) |
| 7 | 2015100110202 | 10011001 | 86 | (null) |
| 8 | 2015100110202 | 10011003 | 78 | (null) |
| 9 | 2015100110202 | 10021001 | 85 | (null) |
| 10 | 2015100110204 | 10011001 | 70 | (null) |
| 11 | 2015100110204 | 10011002 | 55 | (null) |
| 12 | 2015100210103 | 10021002 | 81 | (null) |
| 13 | 2015100210103 | 10011001 | 92 | (null) |
| 14 | 2015100210103 | 10021003 | 70 | (null) |
| 15 | 2015100210201 | 10021002 | 60 | (null) |
| 16 | 2015100210201 | 10011001 | 80 | (null) |
| 17 | 2015100210201 | 10021003 | 88 | (null) |
| 18 | 2015100210202 | 10011001 | 72 | (null) |
| 19 | 2015100210202 | 10011003 | 55 | (null) |
| 20 | 2015100210303 | 10011002 | 91 | (null) |
| 21 | 2015100210303 | 10021002 | 90 | (null) |
| 22 | 2015100210303 | 10021003 | 85 | (null) |

图 9-12　成绩表数据

| | BJH | BJN | RS | BZ | BZXH | ZYH |
|---|---|---|---|---|---|---|
| 1 | 10011201501 | 计科1501 | (n... | (n... | (null) | 10011 |
| 2 | 10011201502 | 计科1502 | (n... | (n... | (null) | 10011 |
| 3 | 10021201501 | 软件1501 | (n... | (n... | (null) | 10021 |
| 4 | 10021201502 | 软件1502 | (n... | (n... | (null) | 10021 |
| 5 | 10021201503 | 软件1503 | (n... | (n... | (null) | 10021 |

图 9-14　班级表数据

| | ZYH | ZYM | ZYFZR | BZ | XH |
|---|---|---|---|---|---|
| 1 | 10011 | 计算机科学与技术专业 | 曾辉 | (null) | 1001 |
| 2 | 10012 | 人工智能专业 | 曾辉 | (null) | 1001 |
| 3 | 10021 | 软件工程专业 | 钱程 | (null) | 1002 |
| 4 | 10031 | 电子信息工程专业 | 李姗 | (null) | 1003 |
| 5 | 10032 | 通信工程专业 | 李姗 | (null) | 1003 |

图 9-15　专业表数据

216

(7) 系表数据如图 9-16 所示。

(8) 学院表数据如图 9-17 所示。

| | XH | XM | XZR | LXDH | BZ | XYH |
|---|---|---|---|---|---|---|
| 1 | 11001 | 计算机科学与技术系 | (null) | (null) | (n... | 10 |
| 2 | 21002 | 软件工程系 | (null) | (null) | (n... | 10 |
| 3 | 31003 | 电子信息与通信系 | (null) | (null) | (n... | 10 |
| 4 | 45002 | 市场营销系 | (null) | (null) | (n... | 50 |
| 5 | 55001 | 工商管理系 | (null) | (null) | (n... | 50 |

图 9-16　系表数据

| | XYH | XYM | XYJJ | YZ | LXDH | BZ |
|---|---|---|---|---|---|---|
| 1 | 110 | 信息工程学院 | (null) | (n... | (null) | (n... |
| 2 | 220 | 文法与外语学院 | (null) | (n... | (null) | (n... |
| 3 | 330 | 艺术学院 | (null) | (n... | (null) | (n... |
| 4 | 440 | 生命科学学院 | (null) | (n... | (null) | (n... |
| 5 | 550 | 商学院 | (null) | (n... | (null) | (n... |

图 9-17　学院表数据

## 9.1.2　数据的修改

如果一件事情做完后就不再需要改变或重做,这个世界该有多美好? 不幸的是,数据库与现实生活一样"无常",一样充满了变数。数据库管理员(DBA)的工作就是更新、插入、删除和管理数据。

**UPDATE 语句**

基本语法:

```
UPDATE table_name|view_name
SET column1=value1[,column2=value2…]
[WHERE condition]
```

参数说明:

- table_name:要修改数据的数据表名。
- view_name:要修改数据的视图名。
- column1:插入的列的名字,1 表示第一个列,n 表示第 n 个列。
- value1:插入的列的数据值,1 表示第一个列的值,n 表示第 n 个列的值。

**注意**:如果在一条修改语句中,要修改多个列,那么要更新的列必须用逗号分隔。

**例 9-9**　修改学生表,将 2015100210201 号学生的备注信息改为辅修应用英语专业。

```
Update TXS Set BZ='辅修应用英语专业' where XSBH='2015100210201';
```

修改后,提交数据,再次查看学生表,发现该学生的备注信息已经修改,如图 9-18 所示。

| 13 | 2015100210201 | 王新 | 男 | 10-11月-97 | 17214831371 | (null) | 10021201502 | 辅修应用英语专业 |
|---|---|---|---|---|---|---|---|---|
| 14 | 2015100210202 | 马新林 | 男 | 20-1月-97 | 17004213392 | 排球 | 10021201502 | (null) |
| 15 | 2015100210203 | 刘敏 | 男 | 06-3月-98 | 17008734465 | 篮球 | 10021201502 | 获得超值学分 |
| 16 | 2015100210204 | 常静 | 女 | 10-2月-97 | 17120523622 | 钢琴 | 10021201502 | 优秀班干部 |
| 17 | 2015100210301 | 高琴 | 女 | 20-1月-98 | 17000523348 | 拉丁舞 | 10021201503 | (null) |
| 18 | 2015100210302 | 刘鑫 | 男 | 01-5月-97 | 17124653492 | (null) | 10021201503 | (null) |
| 19 | 2015100210303 | 熊欣 | 女 | 14-3月-97 | 17004631012 | 小提琴 | 10021201503 | (null) |
| 20 | 2015100210304 | 刘悦 | 男 | 29-11月-96 | 17014681402 | (null) | 10021201503 | (null) |

图 9-18　修改学生备注信息

**例 9-10**　修改课程表,将所有课程的学分都加 1。

```
Update TKC Set XF=XF+1;
```

修改后,提交数据,再次查看课程表,发现所有课程的学分信息已经修改。

除了基本的修改语句外,用户也可以使用子查询返回的值更新一个或多个列,或者使用

子查询检索某个表的信息,然后用该信息来更新另一个表。基本语法如下:

```
UPDATE <table_name|view_name>
SET (<column1>,<column2> ,...) = ( SELECT <column1>,<column2> ,...
                                    FROM <table_name|view_name>
                                    WHERE <condition>  )
WHERE <condition>
```

注意:SET 子句中的 SELECT 子句只能返回一行数据。

**例 9-11** 修改课程表,将"计算机基础"课程的学时调整为和"操作系统"课程的学时一样。

```
Update TKC
    Set XS= (SELECT XS FROM TKC WHERE KCM='操作系统')
    WHERE KCM='计算机基础';
```

修改前的课程数据如图 9-19 所示。修改后,提交数据,再次查看课程表,或者单击"刷新"按钮,发现所有课程的学分信息已经修改,如图 9-20 所示。

| KCBH | KCM | XF | XS |
|------|-----|----|----|
| 110011001 | 程序设计语言 | 4 | 64 |
| 210011002 | 数据库原理 | 3 | 48 |
| 310021001 | 计算机基础 | 2 | 32 |
| 410021002 | oracle数据库管理与应用 | 3 | 48 |
| 510021003 | 软件工程 | 3 | 48 |
| 610011003 | 操作系统 | 3 | 48 |
| 710021004 | 软件项目管理 | 3 | 48 |

图 9-19　未修改学时的原始数据

| KCBH | KCM | XF | XS |
|------|-----|----|----|
| 110011001 | 程序设计语言 | 4 | 64 |
| 210011002 | 数据库原理 | 3 | 48 |
| 310021001 | 计算机基础 | 2 | 48 |
| 410021002 | oracle数据库管理与应用 | 3 | 48 |
| 510021003 | 软件工程 | 3 | 48 |
| 610011003 | 操作系统 | 3 | 48 |
| 710021004 | 软件项目管理 | 3 | 48 |

图 9-20　修改学时后的数据

## 9.1.3　数据的删除

当数据表中的数据确定不再被需要时,用户可以删除表中的数据,常用的删除数据的方法有两种,一个是使用 DELETE 命令删除数据,另外一个是使用表的"截断"命令删除数据。

### 1. 对表中数据进行删除是使用 DELETE 命令来实现的

基本语法:

```
DELETE FROM table_name|view_name
[WHERE condition]
```

上述语法表示从指定的表或视图中删除满足 condition 查询条件的行,若省略该条件,表示删除所有的行。

**例 9-12** 删除 TX 系表中 5001 号系的信息。

```
DELETE FROM TX WHERE XH='5001';
```

删除记录并不能释放 Oracle 里被占用的数据块表空间,它只把那些被删除的数据块标成 UNUSED。

### 2. 使用 TRUNCATE TABLE 语句删除表数据

TRUNCATE命令可删除一个大表里的全部记录,它可以释放占用的数据块表空间。

此操作不可回退。

基本语法：

```
TRUNCATE TABLE table_name;
```

**例 9-13** 删除 TCJ 成绩表中所有的数据。

```
TRUNCATE TABLE TCJ;
```

删除和截断虽然都是删除数据，但是它们之间还是有区别的，具体如下：

● DELETE 记录是一条条删的，所删除的每行记录都会进日志，而 TRUNCATE 一次性删掉整个页，TRUNCATE TABLE 语句删除表中的所有数据，不写入日志文件，且不能恢复，所以使用时要谨慎。

● 当使用行锁执行 DELETE 语句时，将锁定表中各行以便删除。TRUNCATE TABLE 始终锁定表和页，而不是锁定各行。

● TRUNCATE TABLE 和 DELETE 删除了指定表中的所有行，但表的结构及其列、约束、索引等保持不变。

● TRUNCATE TABLE 不能删除由外键（FOREIGN KEY）约束引用的表数据，而应使用不带 WHERE 子句的 DELETE 语句。

● TRUNCATE TABLE 执行速度比 DELETE 快。

● TRUNCATE TABLE 不能用于参与了索引视图的表。

### 9.1.4 事务控制

**1. 事务的概念**

事务是指一个或多个 SQL 语句所组成的序列，是对数据库操作的逻辑单位。连续地执行提交（COMMIT）操作或回退（ROLLBACK）操作之间的操作称为一个事务。Oracle 的 RDBMS 要确保数据库的一致性是基于事务而不是基于单条 SQL 语句的。事务有以下几个特性：

（1）原子性（atomicity）：事务是数据库的逻辑工作单位，事务中的所有操作要么都做，要么都不做，不存在第三种情况。

（2）一致性（consistency）：事务执行的结果必须是使数据库从一个一致性状态转变到另一个一致性状态，不存在中间的状态。

（3）隔离性（isolation）：数据库中一个事务的执行不受其他事务干扰，每个事务都感觉不到还有其他事务在并发执行。

（4）持久性（durability）：一个事务一旦提交，对数据库中数据的改变则是永久性的，以后的操作或故障不会对事务的操作结果产生任何影响。

**2. 事务处理**

事务处理是所有数据库系统的基本概念。事务处理允许用户对数据进行更改，然后决定是保存还是放弃所做的更改。数据库事务处理将多个步骤捆绑到一个逻辑工作单元。用户使用以下语句可以控制事务处理。对事务的常用控制包含事务提交、事务回滚（或撤销）。

1）事务提交

当事务提交后，用户对数据库修改操作的日志信息由日志缓冲区写入重做日志文件中，释放该事务所占据的系统资源和数据库资源。此时，其他会话可以看到该事务对数据库的修改结果。数据库数据的更新提交以后，这些更新操作就不能再撤销。事务提交有 3 种方式：

（1）显式提交。

在 SQL＊Plus 中，使用 COMMIT 命令来提交所有未提交的更新操作就是显式提交，Oracle 中默认是显示提交。COMMIT 表示一个时间点，在该时间点用户已对希望在逻辑上归入一组的内容进行了更改，并且由于没有产生任何错误，用户准备保存所做更改。发出 COMMIT 语句后，当前事务处理结束，所有待定更改变为永久性更改。

（2）隐式提交。

有些命令，如 ALTER、AUDIT、COMMENT、CONNECT、CREATE、DISCONNECT、DROP、EXIT、GRANT、NOAUDIT、REVOKE、RENAME 命令，以及退出 SQL＊Plus 都隐含 COMMIT 操作，而无须指明该操作。只要使用这些命令，系统就会提交以前的更新操作，就像使用了 COMMIT 命令一样。

（3）自动提交。

用户可以使用 SET 命令来设置自动提交环境。经过设置后，SQL＊Plus 会自动提交用户的更新工作。也就是说，一旦设置了自动提交，用户每次执行 INSERT、UPDATE 或 DELETE 命令，系统就会立即自动进行提交。

2）事务回滚

尚未提交的 INSERT、UPDATE 或 DELETE 更新操作可以使用 ROLLBACK 命令进行撤销。DML 语句对表都加上了行级锁，确认完成后，必须加上事物处理结束的语句 COMMIT 才能正式生效，否则改变不一定会写入数据库中。如果想撤回这些操作，可以用语句 ROLLBACK 复原。

事务回滚可以使用以下关键字：

● ROLLBACK：用于允许用户放弃对数据库所做的更改。发出 ROLLBACK 语句后，将放弃所有待定更改。

● SAVEPOINT：在事务处理中创建标记，该标记将事务处理分成几个较小的部分。

● ROLLBACK TO SAVEPOINT：允许用户将当前事务处理回退到指定的保存点。如果产生错误，用户可以发出 ROLLBACK TO SAVEPOINT 语句，以便仅放弃那些在保存点建立后所做的更改。

3）事务处理的开始或结束

事务处理从第一个 DML（INSERT、UPDATE、DELETE 或 MERGE）语句开始。出现以下任一情况时事务处理结束：

● 发出了 COMMIT 或 ROLLBACK 语句；

● 发出了 DDL（CREATE、ALTER、DROP、RENAME 或 TRUNCATE）语句；

● 发出了 DCL（GRANT 或 REVOKE）语句；

● 用户退出了 SQL＊Plus；

● 计算机出现故障或系统崩溃。

一个事务处理结束后，下一个可执行 SQL 语句会自动开始下一个事务处理。由于 DDL 语句或 DCL 语句会自动提交，因此将隐式结束事务处理。在提交事务处理之前，在事务处理期间所做的每项数据更改都是临时性的。

**3. 数据一致性**

想象一下，用户花了几个小时更改学生数据，没想到其他人正在输入与你所做的更改相冲突的信息！要防止此类干扰或冲突并允许多个用户同时访问同一数据库，数据库系统需要应用一种称为"读一致性"的自动实现机制。

读一致性在 Oracle 中是自动实现的，包含数据库部分信息的副本保存在还原段中。当用户 A 对数据库执行插入、更新或删除操作时，Oracle 服务器会在数据发生更改前创建其副本，并将其写入还原（回退）段中。此时用户 B 看到的仍是更改开始之前的数据库，他（她）看到的是还原段中的数据"快照"。将更改提交到数据库之前，只有正在修改数据的用户能够看到更改；其他人看到的都是还原段中的快照。这样可以保证数据读取者看到的是一致的数据，而不是当前正在进行更改的数据。提交事务处理时，Oracle 服务器会释放回退信息，但并不立即销毁它。该信息保留在还原段中，为在事务处理提交之前开始的查询创建相关数据的读一致性视图。

如图 9-21 所示，在 SQL＊Plus 中，使用 SCOTT 用户连接数据库，SCOTT 模式下有一张雇员表（EMP），同时打开另一个会话，也是使用 SCOTT 用户连接数据库，如图 9-22 所示。在图 9-21 中，首先删除 EMP 表中的数据，然后查看表中的数据信息，由于数据是使用 DELETE 语句删除的，所以查询的结果为"未选定行"。此时切换到图 9-22 所示的会话中，查询 EMP 表中的数据，发现依然有 14 行数据在数据表中。原因在于图 9-21 中的数据虽然被删除了，但是没有提交，日志缓冲区中的数据没有被写入重做日志文件。这样如图 9-22 所示的会话中仍然是原来的数据文件中的信息。此时，在如图 9-21 所示的会话中，输入 COMMIT 语句，数据提示"提交完成"，然后在如图 9-22 所示的会话中再次输入查询语句，发现提交数据之后，所有其他的会话中都查询不到 EMP 表的数据了。

图 9-21 删除 EMP 表数据

图 9-22 未提交和提交数据前后的查询

**4. 锁定**

阻止多个用户同时更改一项数据是非常重要的。Oracle 使用锁来防止访问同一资源的事务处理相互间产生破坏性影响，该资源可以是用户对象（例如表或行），也可以是对于用户不可见的系统对象（例如共享数据结构和数据字典行）。

Oracle 锁定不需要用户操作，是自动执行的。会根据需要对 SQL 语句执行隐式锁定，具体取决于请求的操作。会对所有 SQL 语句（SELECT 除外）执行隐式锁定。

用户也可以手动锁定（称为显式锁定）数据。发出 COMMIT 或 ROLLBACK 语句后，将释放受影响行上的锁。

# 9.2 Oracle 中的常用查询

SQL 是结构化查询语言（structure query language）的简称，是关系型数据库管理系统中最流行的数据查询和更新语言。SQL 查询语言包括了所有对数据库的操作,即数据定义语言、数据操纵语言、数据控制语言和嵌入式 SQL 语言。

(1)选择(selection):通过一定的条件把自己所需要的数据行检索出来。选择是单目运算,其运算对象是一个表。该运算按给定的条件,从表中选出满足条件的行形成一个新表,作为运算结果。

(2)投影(projection):选择表中指定的列,在查询结果中只显示指定数据列,减少了显示的数据量也提高了查询的性能。

(3)连接(join):把两个表中的行按照给定的条件进行拼接而形成新表。

将多个表的数据连接在一起。在 FROM 子句中列出多个表名然后在 WHERE 子句中指定连接条件,由 JOIN 指定参与连接的多个表,然后在 ON 子句中指定连接条件。

使用数据库和表的主要目的是存储数据以便在需要时进行检索、统计或组织输出,通过 PL/SQL 的查询可以从表或视图中迅速方便地检索数据。PL/SQL 的 SELECT 语句可以实现对表的选择、投影及连接操作,其功能十分强大。

## 9.2.1　Oracle 数据库基本查询

语法格式:

```
SELECT [DISTINCT | ALL] {* | column | expression [ [AS] alias], ...} /*选择的列,行,限定*/
FROM {[schema .] { table [ { PARTITION ( partition )
| SUBPARTITION ( subpartition ) } | @dblink ]/*表*/
| { view | materialized view } [@dblink]/*视图*/
}
| (subquery [subquery_restriction_clause] )/*子查询数据集*/
}
[WHERE condition]/*查询条件*/
[CONNECT BY condition [START WITH condition] ]/*层次树查询条件*/
[GROUP BY expn]/*分组表达式*/
[HAVING expn]/*分组统计条件*/
[{ UNION [ALL] | INTERSECT | MINUS } SELECT ...]/*集合条件*/
[ ORDER BY [expn] [ ASC | DESC ]]/*排序表达式和顺序*/
```

在环境中输入一条查询语句,如果查询语句包含了 WHERE、GROUP BY、HAVING、ORDER BY 等关键字的 SQL,用户首先要知道其执行顺序是怎样的,才能判断出其所表达的含义。其执行顺序一般如下:

(1)系统根据 WHERE 子句从 FORM 子句指定的基本表或视图中选择行;

(2)系统按照 SELECT 子句指定的目标列或目标表达式形成结果表;

(3)系统根据 GROUP BY 子句组合行,如果有 HAVING 子句,则根据 HAVING 子句的条件筛选出符合条件的组;

(4)系统根据 ORDER BY 子句中的排序条件进行排序。如果是针对分组函数的结果对组进行排序,ORDER BY 必须使用分组函数或者使用 GROUP BY 子句中指定的列。

一般情况下,在使用 SQL 语句(包括使用 SELECT 语句)时,用户应该遵循下面的规则或约定:

- 除非明确指定,否则 SQL 语句不区分大小写;
- SQL 语句可以一行或多行的形式输入;
- 关键字不能跨行,为了增强可读性,关键字左对齐;

- 字段名之间可以进行算术运算,例如:(字段名1*字段名2)/3;
- 查询结果集默认的排序是升序 ASC,降序 DESC;
- 字符串和日期常量需用单引号括起来,字符串常量区分大小写。

在 SELECT 子句中可以使用运算符和 SQL 函数构造列表达式,在取出数据的同时进行有关的运算,常用运算符如表9-1所示。

表 9-1 常用运算符

| 运 算 符 号 | 谓 词 |
|---|---|
| 比较大小 | =, >, <, >=, <=, <>,! = |
| 确定范围 | BETWEEN AND,NOT BETWEEN AND |
| 确定集合 | IN,NOT IN |
| 字符匹配 | LIKE,NOT LIKE |
| 空值 | IS NULL,IS NOT NULL |
| 多重条件 | AND,OR,NOT |
| 字符串连接运算符 | ‖ |

**例 9-14** 简单查询。

```
--查询成绩表数据(查询所有列)
SELECT * FROM TCJ;
--查询学生表的学号,姓名,性别和出生日期(查询指定列)
SELECT XSBH, XSM, XB,CSRQ FROM TXS;
--将学生的成绩按80%来计算(使用算术表达式)
SELECT XSBH, KCBH, ZCJ* 0.8 FROM TCJ;
--查询学生的成绩中不及格的学生和成绩信息(使用简单条件)
SELECT XSBH, KCBH, ZCJ FROM TCJ WHERE ZCJ< 60;
--查询学生的学号,姓名和特长信息(使用字符常量)
SELECT XSBH, XSM,'特长是: ',TC FROM TXS;
```

如果在查询结果中想要显示字符常量,可以用引号将字符常量当作列名写在 SELECT 语句后面。

**1. 字符匹配 LIKE**

LIKE 谓词用于指出一个字符串是否与指定的字符串相匹配,其运算对象可以是 CHAR、VARCHAR2 和 DATE 类型的数据,返回逻辑值 TRUE 或 FALSE。

LIKE 谓词表达式的格式为:

```
string_expression [ NOT ] LIKE string_expression
```

(1)%(百分号)代表任意长(长度为0)字符串。

(2)_(下划线)代表任意单个字符。

**例 9-15** 查询学生表中"刘"姓学生的信息。

```
SELECT * FROM emp WHERE ename LIKE '刘%';
```

执行结果如图9-23所示。

**2. 确定范围 BETWEEN**

BETWEEN 关键字指出查询范围,格式为:

expression[NOT] BETWEEN expression1 AND expression2

注意：expression1 的值不能大于 expression2 的值。

**例 9-16** 查询学生表中不是 1997 年出生的学生的信息。

执行结果如图 9-24 所示。

### 3. 确定集合 IN

使用 IN 关键字可以指定一个值表，值表中列出所有可能的值，当表达式与值表中的任一个匹配时，即返回 TRUE，否则返回 FALSE。

使用 IN 关键字指定值表的格式为：

expression IN ( expression [,···n])

IN 谓词实际上是多个 OR 运算的缩写。

**例 9-17** 查询学生表中特长是排球和篮球的学生的信息。

SELECT XSBH,XSM,XB,TC FROM TXS WHERE TC IN('排球','篮球');

执行结果如图 9-25 所示。

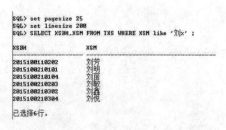

图 9-23 查询学生表中"刘"姓学生的信息

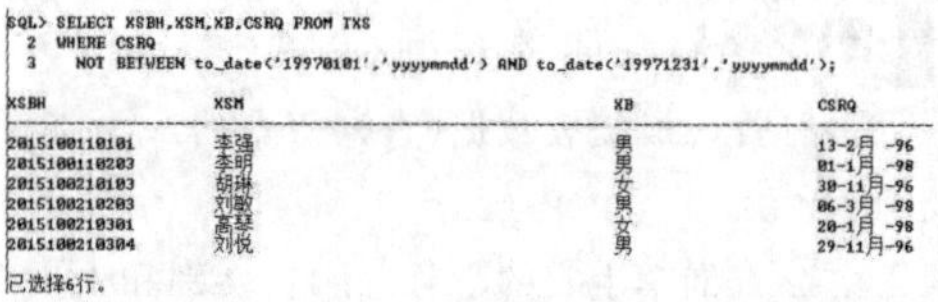

图 9-24 查询学生表中不是 1997 年出生的学生的信息

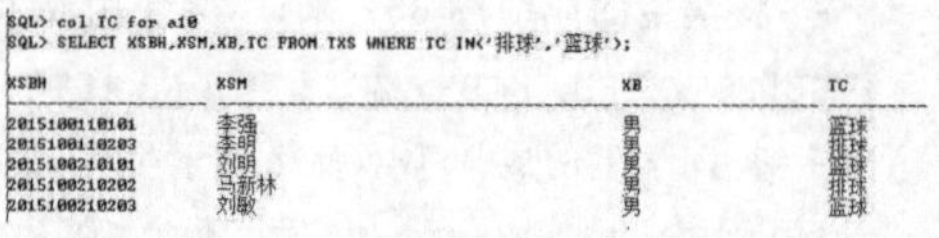

图 9-25 查询学生表中特长是排球和篮球的学生的信息

### 4. 空值比较

如果一行的特定列缺少数据值，那么该值为 NULL。NULL 就是未知、不确定，而零、空格、空的字符串都是确定的东西。所以 NULL 和零、空格、空的字符串不等价。当需要判定一个表达式的值是否为空值时，使用 IS NULL 关键字，"IS"不能用"＝"替代。

格式为：

expression IS [ NOT ] NULL

**例 9-18** 查询学生表中具有特长的学生信息

SELECT XSBH,XSM,XB,TC FROM TXS WHERE TC IS NOT NULL;

执行结果如图 9-26 所示。

### 5. 别名

若希望查询结果中的某些列或所有列显示时使用自己选择的列标题，可以在列名之后使用 AS 子句指定列别名来更改查询结果的列标题名，也可以省略 AS 关键字，直接写列别名。

**例 9-19** 查询"10021201503"号班级里的学生信息，要求指定 XSBH、XSM、XB 列的别名。

```
SELECT XSBH as "学生编号",XSM as 学生姓名,XB 性别 FROM TXS
        WHERE BJH='10021201503';
```

执行结果如图 9-27 所示。

> **注意**:别名中使用到空格或需要区分大小写时,别名应用双引号括起来。

### 6. 连接字符串||

||是字符串的连接运算符,表达式的结果是字符串。

**例 9-20** 在一行上输出学生的基本信息,包括学号、姓名和特长,并给输出字符串命名列别名为"学生基本信息"

```
SELECT '学生编号:'||XSBH||'  姓名:'||XSM||'  特长:'||NVL(TC,'无') as 学生基本信息 FROM TXS;
```

在例 9-20 的查询中,使用连接字符串||将不同的列以字符串的形式连接起来,如果需要字段的说明,如本例题中的 XSBH 列,则可以用单引号将字段说明'学生编号:'引起来。整个字符串连接后,作为一个列进行输出,所以在所有连接字符串的最后设置别名。由于部分学生的特长为 NULL,所以字符显示出来是为空的,可以利用 NULL 处理函数 NVL 函数,将所有值为 NULL 的特长字段以"无"显示。

执行结果如图 9-28 所示。

图 9-26　查询学生表中具有特长的学生信息

图 9-28　查询学生基本信息

图 9-27　查询学生基本信息

### 7. 消除重复值 DISTINCT

使用 DISTINCT 限定词,可以在选择表中所有列 * 的字段里或在 SELECT 子句中列出的所有字段里消除重复出现的行。

**例 9-21** 查询学生表中学生的特长类别信息消除结果集中的重复行。

```
SELECT TC 特长 FROM TXS WHERE TC IS NOT NULL;
SELECT DISTINCT TC 特长 FROM TXS WHERE TC IS NOT NULL;
```

由于学生表中学的特长信息有不同的类别,但是很多同学的特长是一样的,如果查询时不带 DISTINCT 语句,那么执行结果如图 9-29 所示,查出来有 16 种,但是如果加了 DISTINCT 语句,那么执行结果如图 9-30 所示,只有 10 种,很显然 10 种是正确的查询结果。

### 8. 查询排序 ORDER BY

ORDER BY 子句对查询结果进行排序。

```
SQL> col 特长 for a10
SQL> SELECT TC 特长 FROM TXS WHERE TC IS NOT NULL;

特长
----------
篮球
钢琴
古筝
乒乓球
舞蹈
排球
尤克里里
篮球
街舞
钢琴
舞蹈
排球
篮球
钢琴
拉丁舞
小提琴

已选择16行。
```

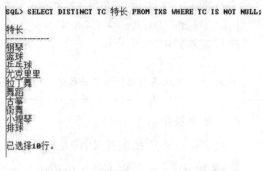

图 9-29　无 DISTINCT 查询特长信息

```
SQL> SELECT DISTINCT TC 特长 FROM TXS WHERE TC IS NOT NULL;

特长
----------
钢琴
篮球
乒乓球
尤克里里
拉丁舞
舞蹈
古筝
街舞
小提琴
排球

已选择10行。
```

图 9-30　有 DISTINCT 查询特长信息

语法格式为：

```
[ORDER BY{ order_by_expression [ASC| DESC ] } [ ,…n ]]
```

- order_by_expression 是排序表达式，可以是列名、表达式或一个正整数。
- 关键字 ASC 表示升序排列，DESC 表示降序排列，系统默认值为 ASC。
- 数值型从小到大，日期型按年份从小到大，字符型按字母表顺序，排序空值排在最后。

1）单列排序

**例 9-22**　查询 TXS 表中学生的信息，要求按性别进行排序。

```
SELECT XSBH,XSM,XB,CSRQ,TC FROM TXS ORDER BY XB;
```

执行结果如图 9-31 所示。

2）多列排序

首先按照第一个列或表达式进行排序；当第一个列或表达式的数据相同时，以第二个列或表达式进行排序，以此类推。

**例 9-23**　查询学生表中学生的信息，要求先按班级进行排序，同一个班级里的学生再按学号进行排序。

```
SELECT XSBH,XSM,XB,CSRQ,TC,BJH FROM TXS ORDER BY BJH,XSBH;
```

执行结果如图 9-32 所示。

```
SQL> col XSM for a10
SQL> SELECT XSBH,XSM,XB,CSRQ,TC FROM TXS ORDER BY XB;

XSBH                XSM        XB        CSRQ          TC
------------------- ---------- --------- ------------- ----------
2015100210101       刘明       男        11-5月 -97    篮球
2015100210302       刘鑫       男        01-5月 -97
2015100110104       严力       男        06-8月 -97
2015100110203       李明       男        01-1月 -98    排球
2015100210102       张昊       男        02-7月 -97    街舞
2015100210202       马新林     男        20-1月 -97    排球
2015100210201       王新       男        10-11月-97
2015100110101       李强       男        13-2月 -96    篮球
2015100210304       刘悦       男        29-11月-96
2015100210203       刘敏       男        06-3月 -98    篮球
2015100210303       熊欣       女        14-3月 -97    小提琴
2015100210301       高琴       女        20-1月 -98    拉丁舞
2015100210204       常静       女        10-2月 -97    钢琴
2015100210104       刘丽       女        01-8月 -97    舞蹈
2015100210103       胡琳       女        30-11月-96    钢琴
2015100110204       赵萱萱     女        05-6月 -97    尤克里里
2015100110202       刘芳       女        20-10月-97    舞蹈
2015100110201       吴红       女        13-2月 -97    乒乓球
2015100110103       李小燕     女        16-10月-97    古筝
2015100110102       王平       女        02-9月 -97    钢琴

已选择20行。
```

图 9-31　查询学生基本信息，按性别进行排序

```
SQL> SELECT XSBH,XSM,XB,CSRQ,TC,BJH FROM TXS ORDER BY BJH,XSBH;

XSBH                XSM        XB        CSRQ          TC         BJH
------------------- ---------- --------- ------------- ---------- ------------
2015100110101       李强       男        13-2月 -96    篮球       10011201501
2015100110102       王平       女        02-9月 -97    钢琴       10011201501
2015100110103       李小燕     女        16-10月-97    古筝       10011201501
2015100110104       严力       男        06-8月 -97               10011201501
2015100110201       吴红       女        13-2月 -97    乒乓球     10011201502
2015100110202       刘芳       女        20-10月-97    舞蹈       10011201502
2015100110203       李明       男        01-1月 -98    排球       10011201502
2015100110204       赵萱萱     女        05-6月 -97    尤克里里   10011201502
2015100210101       刘明       男        11-5月 -97    篮球       10021201501
2015100210102       张昊       男        02-7月 -97    街舞       10021201501
2015100210103       胡琳       女        30-11月-96    钢琴       10021201501
2015100210104       刘丽       女        01-8月 -97    舞蹈       10021201501
2015100210201       王新       男        10-11月-97               10021201502
2015100210202       马新林     男        20-1月 -97    排球       10021201502
2015100210203       刘敏       男        06-3月 -98    篮球       10021201502
2015100210204       常静       女        10-2月 -97    钢琴       10021201502
2015100210301       高琴       女        20-1月 -98    拉丁舞     10021201503
2015100210302       刘鑫       男        01-5月 -97               10021201503
2015100210303       熊欣       女        14-3月 -97    小提琴     10021201503
2015100210304       刘悦       男        29-11月-96               10021201503

已选择20行。
```

图 9-32　查询学生基本信息，按班级和学号进行排序

除了以上两种常规的排序方式外，Oracle 中还可以有以下几种排序方式：

- 按表达式排序：ORDER BY 后面的序列名，可以按特定的表达式进行排序。
- 使用别名排序：可以使用目标列或表达式的别名进行排序。
- 使用列位置编号排序：如果列名或表达式名称很长，那么使用列位置编号排序可以缩

短排序语句的长度,列的位置编号从 1 开始,SELECT 语句后面的列名排列的顺序就是列的位置编号。

## 9.2.2 Oracle 查询统计

在生活中和企业业务中,经常需要对查询出的数据进行统计。比如求学生的平均年龄、员工的平均薪金、企业的平均月销售额、企业的年订单总数、雇员名单上的最后一个名字、一个机器部件尺寸与制造的所有这类部件的平均大小的差异程度、班级测验分数与测验平均分数之间的标准偏差大小。

在查询过程中,Oracle 提供了各种常用的分组函数(又称为统计函数)来解决这些问题。分组函数返回的结果是基于行组而不是单行,所以其不同于单行函数,分组函数使用一组行来提供一个值。常用的分组函数如表 9-2 所示。

表 9-2 分组函数

| 函 数 | 格 式 | 功 能 |
|---|---|---|
| AVG | AVG([DISTINCT\|ALL] <expression>) | 计算平均值,忽略空值行 |
| COUNT | COUNT([DISTINCT\|ALL] *) | 统计元组个数,包括空值行 |
| COUNT | COUNT([DISTINCT\|ALL] <expression>) | 统计非空值行的个数 |
| MAX | MAX([DISTINCT\|ALL] <expression>) | 求最大值 |
| MIN | MIN([DISTINCT\|ALL] <expression>) | 求最小值 |
| SUM | SUM([DISTINCT\|ALL] <expression>) | 计算总和,忽略空值行 |
| STDDEV | STDDEV(<expression>) | 计算标准差,忽略空值行 |
| VARIANCE | VARIANCE(<expression>) | 计算方差,忽略空值行 |

统计函数注意事项:

- expression 是常量、列、函数或表达式。
- ALL 表示对所有值进行运算,DISTINCT 表示去除重复值,默认为 ALL。
- 全部分组函数(除 COUNT(*)外)忽略空值。
- MIN 和 MAX 可用于任何数据类型;SUM、AVG、STDDEV 和 VARIANCE 只能用于数字数据类型。
- 分组函数只能出现在目标列表达式、ORDER BY 子句、HAVING 子句中,不能出现在 WHERE 子句和 GROUP BY 子句中。
- 如果对查询结果进行了分组,则分组函数的作用范围为各个组,否则分组函数作用于整个查询结果。
- 如果具有分组函数的查询,没有返回行或只有空值(分组函数的变元取值的行),则分组函数返回空值。

**例 9-24** 查询选修 10021001 课程的学生的平均成绩。

```
SELECT AVG(ZCJ)AS 课程 10021001 平均成绩 FROM TCJ
WHERE KCBH='10021001';
```

执行结果如图 9-33 所示。

**例 9-25** 求学生的总人数。

```
SELECT COUNT(*) 学生总人数 FROM TXS;
```

```
SQL> SELECT AVG(ZCJ)AS 课程10021001平均成绩 FROM TCJ WHERE KCBH='10021001';

课程10021001平均成绩
----------------------
                    80
```

图 9-33  查询选修 10021001 课程的学生的平均成绩

执行结果如图 9-34 所示。

**例 9-26**   求选修了课程的学生总人数。

```
SELECT COUNT(DISTINCT XSBH) 选修了课程学生总人数  FROM TCJ;
```

执行结果如图 9-35 所示。

```
SQL> SELECT COUNT(*) 学生总人数  FROM TXS;

学生总人数
----------
        20
```

```
SQL> SELECT COUNT(DISTINCT XSBH) 选修了课程学生总人数  FROM TCJ;

选修了课程学生总人数
--------------------
                   8
```

图 9-34  查询学生的总人数           图 9-35  查询选修了课程的学生总人数

**例 9-27**   查询选修 10021002 课程的学生最高分和最低分。

```
SELECT MIN(ZCJ) AS 课程 10021002 最低分, MAX(ZCJ) AS 课程 10021002 最高分 FROM TCJ
WHERE KCBH= '10021002';
```

执行结果如图 9-36 所示。

如果程序中使用了分组函数,则有两种情况可以使用:

(1)程序中存在 GROUP BY,并指定了分组条件,则可以将分组条件一起查询出来。如果不使用分组的活,则只能单独使用分组函数。

(2)在使用分组函数的时候,不能出现分组条件之外的字段。

**例 9-28**   统计每一门课的平均成绩。

```
SELECT KCBH 课程号,AVG(ZCJ) 平均成绩  FROM TCJ;
```

执行结果如图 9-37 所示。数据库并没有查出用户预期的结果,由于本案例中出现了 KCBH 列,但是没有 GROUP BY 子句,数据库就会报错。前面已经介绍过,分组函数对多行数据进行统计,最后产生一行结果。当有分组函数时,要么没有其他查询列,要么在 SELECT 需要查询的语句中选中的字段必须出现在 GROUP BY 子句中。

```
SQL> SELECT MIN(ZCJ)  AS 课程10021002最低分, MAX(ZCJ) AS 课程10021002最高分
  2    FROM TCJ WHERE KCBH='10021002';

课程10021002最低分 课程10021002最高分
---------------- ----------------
              60               90
```

```
SQL> SELECT KCBH 课程号,AVG(ZCJ) 平均成绩  FROM TCJ;
SELECT KCBH 课程号,AVG(ZCJ) 平均成绩  FROM TCJ
            *
第 1 行出现错误:
ORA-00937: 不是单组分组函数
```

图9-36  查询选修 10021002 课程的学生的最高分和最低分       图 9-37  统计出错"不是单组分组函数"

如果要实现例 9-25 的功能,就必须在使用分组函数的同时,加入数据分组,具体参看 9.2.3的内容。

### 9.2.3  数据分组

数据查询过程中,经常需要对数据进行分组,以便对各个组进行统计分析。例如对于例 9-25,如果想了解所有学生的平均成绩,查询语句该怎样写?读者可能想到可以编写这样的查询:

```
SELECT AVG(ZCJ) FROM TCJ;
```

但如果想以就读课程为单位了解学生的平均成绩,又该怎么做?这时就需要编写多个

不同的 SQL 语句才能实现此目的：

```
SELECT AVG(ZCJ) FROM TCJWHERE KCBH=' 10011002';
SELECT AVG(ZCJ) FROM TCJWHERE KCBH=' 10021001';
SELECT AVG(ZCJ) FROM TCJWHERE KCBH=' 10021002';
......
```

要简化此类问题，只使用一个语句就达到相同的目的，可使用 Oracle 数据库中数据分组 GROUP BY 与 HAVING 子句共同实现。

数据分组的基本语法如下：

```
SELECT column, group_function,…
FROM table
[WHERE condition]
GROUP BY group_by_expression
[HAVING group_condition]
[ORDER BY column[ASC|DESC]];
```

**注意：**

● GROUP BY 子句用于指定分组列或分组表达式。

● 分组函数用于对分组进行统计。如果未对查询分组，则分组函数将作用于整个查询结果；如果对查询结果分组，则分组函数将作用于每一个组，即每一个分组都有一个分组函数。

● HAVING 子句用于限制分组的返回结果。

● WHERE 子句对表中的记录进行过滤，而 HAVING 子句对分组后形成的组进行过滤。

● 在分组查询中，SELECT 子句后面的所有目标列或目标表达式要么是分组列，要么是分组表达式，要么是分组函数。

**1. 单列、多列分组**

1）单列分组

单列分组是将查询出来的记录按照某一个指定的列进行分组。

**例 9-29** 统计每一门课的平均成绩。

```
SELECT KCBH 课程号,AVG(ZCJ) 平均成绩
FROM TCJ GROUP BY KCBH ORDER BY KCBH ;
```

执行结果如图 9-38 所示。

**例 9-30** 统计学生表中不同班级的学生人数。

```
SELECT BJH,COUNT(XSBH) 学生数   FROM TXS
GROUP BY BJH ORDER BY BJH;
```

执行结果如图 9-39 所示。

```
SQL> SELECT KCBH 课程号,AVG<ZCJ> 平均成绩  FROM TCJ GROUP BY KCBH ORDER BY KCBH ;

课程号              平均成绩
10011001                   80
10011002                75.25
10011003                 66.5
10021001                   80
10021002                 80.2
10021003                   81

已选择6行。
```

```
SQL> SELECT BJH,COUNT<XSBH> 学生数  FROM TXS GROUP BY BJH ORDER BY BJH ;

BJH                 学生数
10011201501              4
10011201502              4
10021201501              4
10021201502              4
10021201503              4
```

**图 9-38 统计不同班级的学生人数**        **图 9-39 统计不同班级的学生人数**

**例 9-31** 统计各门课程的平均成绩和选修该课程的人数。

执行结果如图 9-40 所示。

**2) 多列分组**

有时需要将组分为更小的组。例如,部门经理可能希望根据部门对所有雇员进行分组,然后,在每个部门中,再按职务进行分组,这个时候就可以使用多列 GROUP BY 表达式进行分组。

**例 9-32** 在 SCOTT 用户下,查询雇员表中不同部门中不同职位的员工人数和该部门的平均薪水。

雇员表的表结构如表 9-3 所示,每一个雇员都有唯一的雇员编号,每一个雇员都有自己的工作职位和工资。要统计不同部门不同职位的各种信息,就要把数据表的数据首先按照部门进行分组;在部门分组的基础上,同一个部门再按照职位进行分组。然后进行人数和平均薪水的统计。

表 9-3　雇员表结构说明

| 雇员表(EMP) | | | |
|---|---|---|---|
| No. | 字　段 | 类　型 | 描　述 |
| 1 | EMPNO | NUMBER(4) | 表示雇员编号,是唯一编号 |
| 2 | ENAME | VARCHAR2(10) | 表示雇员姓名 |
| 3 | JOB | VARCHAR2(9) | 表示工作职位 |
| 4 | MGR | NUMBER(4) | 表示一个雇员的领导编号 |
| 5 | HIREDATE | DATE | 表示雇佣日期 |
| 6 | SAL | NUMBER(7,2) | 表示月薪、工资 |
| 7 | COMM | NUMBER(7,2) | 表示资金,或者称为佣金 |
| 8 | DEPTNO | NUMBER(2) | 部门编号 |

执行结果如图 9-41 所示。

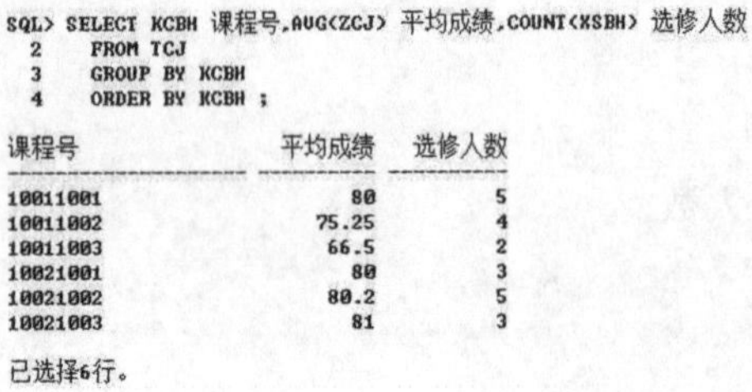

```
SQL> SELECT KCBH 课程号,AVG(ZCJ) 平均成绩,COUNT(KSBH) 选修人数
  2    FROM TCJ
  3    GROUP BY KCBH ;
  4    ORDER BY KCBH

课程号          平均成绩      选修人数

10011001            80            5
10011002          75.25           4
10011003          66.5            2
10021001            80            5
10021002          80.2            5
10021003            81            3

已选择6行。
```

图 9-40　统计各门课程的平均成绩和
选修该课程的人数

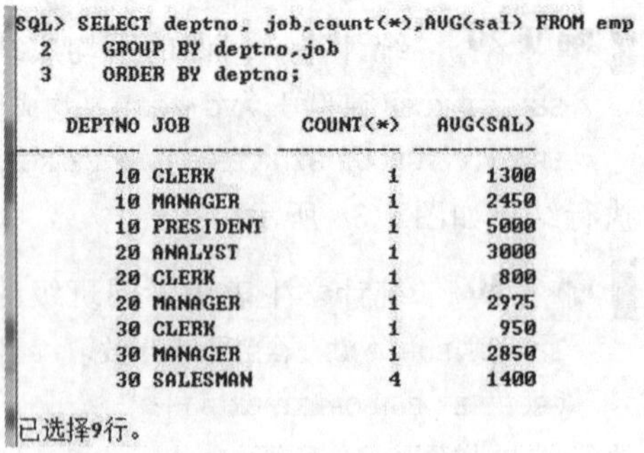

```
SQL> SELECT deptno, job,count(*),AVG(sal) FROM emp
  2    GROUP BY deptno,job
  3    ORDER BY deptno;

DEPTNO JOB            COUNT(*)     AVG(SAL)

    10 CLERK               1         1300
    10 MANAGER             1         2450
    10 PRESIDENT           1         5000
    20 ANALYST             1         3000
    20 CLERK               1          800
    20 MANAGER             1         2975
    30 CLERK               1          950
    30 MANAGER             1         2850
    30 SALESMAN            4         1400

已选择9行。
```

图 9-41　统计同部门中不同工种的
员工人数和平均薪水

在使用 GROUP BY 进行数据分组时,初学者常常容易犯错。比如例 9-28 的数据分组,很多初学者容易写成:

```
SELECT deptno, job,AVG(sal)   FROM emp GROUP BY deptno
```

当输入以上语句后,Oracle 会提示报错,如图 9-42 所示,报错的原因是"不是 GROUP BY 表达式"。仔细分析该语句,按照分组函数的原则,每个部门号组只生成一行输出。然

而,在此案例中,SELECT 语句后加入了 deptno 和 job,而分组的 GROUP BY 后面只有 deptno
列,那么数据只能按部门编号进行分组,一个 deptno 只能有一行输出数据。但是 SELECT 后
面的查询列既有 deptno 又有 job,同一个部门可能有很多不同工种,这样就会有多行数据产
生,与 GROUP BY 分组产生矛盾。所以在 SELECT 列表中,部门号 deptno 正确,但工种
job 不正确。要么去掉 job,要么就将 job 放到 GROUP BY 后面进行多列数据分组。

### 2. HAVING 子句

与使用 WHERE 子句限制所选行一样,用户可以使用 HAVING 子句来限制组。在使
用 GROUP BY 和 HAVING 子句的查询中,首先对行进行分组,然后应用组函数,这样将仅
显示与 HAVING 子句匹配的组。WHERE 子句用于限制行,HAVING 子句用于限制由
GROUP BY 子句返回的组。所以 HAVING 子句用于对分组数据进行进一步的筛选。

HAVING 子句的格式为:

```
[ HAVING < search_condition> ]
```

其中 search_condition 为查询条件,可以使用统计函数。

**例 9-33**　查找平均成绩在 80 分以上的课程的课程号和平均成绩。

执行结果如图 9-43 所示。

```
SQL> SELECT deptno, job,AVG(sal)
  2      FROM emp
  3      GROUP BY deptno
  4  ;
SELECT deptno, job,AVG(sal)
                *
第 1 行出现错误:
ORA-00979: 不是 GROUP BY 表达式
```

图 9-42　"不是 GROUP BY 表达式"报错

```
SQL> SELECT KCBH 课程号,AVG(ZCJ) 平均成绩 FROM TCJ
  2      GROUP BY KCBH
  3      HAVING AVG(ZCJ)>80 ;

课程号                    平均成绩
------------------  ------------
10021002                    80.2
10021003                      81
```

图 9-43　查找平均成绩在 80 分以上的课程
的课程号和平均成绩

在使用 HAVING 子句时,初学者最容易犯错的是分不清楚 HAVING 使用的地方和
WHERE 使用的地方。比如例 9-29 的语句,容易写成。

输入以上语句后,Oracle 会提示报错,如图 9-44 所示,报错的原因是"ORA-00934:此处
不允许使用分组函数"。在查询语句中,WHERE 子句只能用于包括/排除数据行,而不能用
于包括/排除多组行,因此不能在 WHERE 子句中使用组函数。

**例 9-34**　查找选修课程超过 2 门且成绩都在 80 分以上的学生的学号和选修课
程数。

执行结果如图 9-45 所示。

```
SQL> SELECT KCBH 课程号,AVG(ZCJ) 平均成绩 FROM TCJ
  2      WHERE AVG(ZCJ)>80
  3      GROUP BY KCBH ;
WHERE AVG(ZCJ)>80
      *
第 2 行出现错误:
ORA-00934: 此处不允许使用分组函数
```

图 9-44　"ORA-00934:此处不允许
使用分组函数"报错

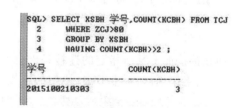

```
SQL> SELECT XSBH 学号,COUNT(KCBH) FROM TCJ
  2      WHERE ZCJ>80
  3      GROUP BY XSBH
  4      HAVING COUNT(KCBH)>2 ;

学号                    COUNT(KCBH)
------------------  ------------
2015100210303                    3
```

图 9-45　查找选修课程超过 2 门且成绩都在
80 分以上的学生的学号和选修课程数

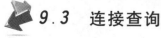

## 9.3　连接查询

简单的数据库查询中,只限于一次在一个数据库表中查询并返回信息。如果数据库中

的所有数据都只存储在一个表中，就不会出现问题。但是在数据建模中，企业业务将数据分别存储在不同的表中，并使这些表彼此关联，这是关系数据库设计的核心。比如 8.2 中介绍的学生管理系统中的表，表与表之间很多都通过外键进行关联，学生表中学生所在班级的班级号就来自于班级表的主键班级号，这样如果需要查询一个学生的班级具体信息就需要查询多张表。这时就可以利用 SQL 语句提供连接条件，先从不同表中查询信息，然后将其组合到一个报表中。

连接命令可以使用两组命令或语法在数据库中的表之间建立连接，一个是 Oracle 专用连接，另外一个是符合 ANSI/ISO SQL 99 的标准连接。

标准查询语句连接查询的基本语法如下：

```
SELECT table1.column,table2.column[,…]
FROM table1
{[INNER] | { LEFT | RIGHT | FULL } [OUTER] } JOIN table2 ON condition
{[INNER] | { LEFT | RIGHT | FULL } [OUTER] } JOIN table3 ON condition
……
table1{[INNER] | { LEFT | RIGHT | FULL } [OUTER] }JOIN table2 USING (condition )
table1 NATURAL { [INNER] | { LEFT | RIGHT | FULL } [OUTER] } JOIN table2
table1 CROSS JOIN table2
```

参数说明：
- INNER JOIN：内连接。
- { LEFT | RIGHT | FULL } [OUTER] JOIN：{左|右|全}外连接。
- NATURAL JOIN：自然内连接。
- NATURAL { LEFT | RIGHT | FULL } [OUTER] JOIN：自然外连接。
- CROSS JOIN：交叉连接。

在查询语句中，连接条件常用的关键字是 ON 和 USING，其区别和联系如下：

（1）ON：它接收一个和 WHERE 子句里用的一样的布尔表达式。如果两个分别来自 table1 和 table2…tableN 的行在 ON 表达式上运算的结果为真，那么它们就算是匹配的行。

（2）USING：它接收一个用逗号分隔的字段名字列表，这些字段必须是连接表共有的，最终形成一个连接条件，表示这些字段对必须相同。

最后，JOIN USING 的输出会为每一对相等的输入字段输出一个字段，后面跟着来自各个表的所有其他字段。因此，USING（a，b，c）等效于 ON（table1.a ＝ table2.a AND table1.b ＝ table2.b AND table1.c ＝table2.c）只不过如果使用了 ON，那么在结果里 a、b 和 c 字段都会有两个，而用 USING 的时候每个字段就只会有一个。

### 9.3.1　内连接

内连接按照 ON 所指定的连接条件合并两个表，返回满足条件的行。

（1）内连接语法：标准 SQL 语句的连接方式。

```
SELECT table1.column,table2.column[,…]
FROM table1 [INNER] JOIN table2 ON condition
[JOIN…ON condition];
```

（2）内连接语法：Oracle 扩展的连接方式。

```
SELECT table1.column,table2.column[,…]
FROM table1,table2[,…]
WHERE condition;
```

在进行连接查询时一定要弄清楚连接查询在数据库内部的查询过程,这样会非常好地帮助用户快速正确地实现查询功能。理解 SQL 查询的过程是进行 SQL 优化的理论依据。

(1)单表查询:根据 WHERE 条件过滤表中的记录,形成中间表(这个中间表对用户是不可见的);然后根据 SELECT 的选择列选择相应的列返回最终结果。

(2)两表连接查询:如果是标准 SQL 语句,则根据 ON 的连接条形成中间表;然后根据 WHERE 条件过滤中间表的记录,并根据 SELECT 指定的列返回查询结果。如果是 Oracle 扩展的写法,则执行对两表求积(笛卡尔积)形成中间表,根据 WHERE 条件过滤中间表的记录,并根据 SELECT 指定的列返回查询结果。

(3)多表连接查询:先对第一个和第二个表按照两表连接做查询,然后用查询结果和第三个表做连接查询,以此类推,直到所有的表都连接上为止,最终形成一个中间的结果表,然后根据 WHERE 条件过滤中间表的记录,并根据 SELECT 指定列返回查询结果。

### 1. 等值连接与非等值连接

等值连接指参与连接的多个表将连接条件列值相同的记录连接在一起作为查询结果记录返回。等值连接运算符 oper 为 =,非等值连接运算符 oper 可为!=、>、<、<=、>=等。

**例 9-35** 查询成绩表中"Oracle 数据库管理与应用"课程学生成绩信息。

```
--标准 SQL 语句
SQL>SELECT XSBH, TCJ.KCBH, ZCJ
FROM TCJ JOIN TKC
ON (TCJ.KCBH=TKC.KCBH AND TKC.KCM='oracle 数据库管理与应用');
--Oracle 扩展的连接语句
SQL>SELECT XSBH, TCJ.KCBH, ZCJ FROM TCJ,TKC
    WHERE TCJ.KCBH=TKC.KCBH
    AND TKC.KCM='oracle 数据库管理与应用';
```

执行结果如图 9-46 所示。

**例 9-36** 查找选修课程成绩在 90 分及以上的学生学号、姓名、课程名及成绩。

```
--标准 SQL 语句
SELECT TXS.XSBH,TXS.XSM, TKC.KCBH,TKC.KCM,TCJ.ZCJ
FROM TXS JOIN TCJ ON TXS.XSBH=TCJ.XSBH
JOIN TKC ON TCJ.KCBH=TKC.KCBH
WHERE ZCJ>=90;
```

多表的连接查询也可以用括号来控制表的连接顺序,例 9-36 也可以用如下代码实现:

```
SELECT TXS.XSBH,TXS.XSM, TKC.KCBH,TKC.KCM,TCJ.ZCJ
FROM TXS JOIN (TCJ JOIN TKC ON TCJ.KCBH=TKC.KCBH)
ON TXS.XSBH=TCJ.XSBH
WHERE ZCJ>=90;
--Oracle 扩展的连接语句
SELECT TXS.XSBH,TXS.XSM, TKC.KCBH,TKC.KCM,TCJ.ZCJ
FROM TXS,TKC,TCJ
WHERE TXS.XSBH=TCJ.XSBH
AND TCJ.KCBH=TKC.KCBHAND ZCJ>=90;
```

执行结果如图 9-47 所示。

```
SQL> SELECT XSBH, TCJ.KCBH, ZCJ FROM TCJ,TKC
  2      WHERE TCJ.KCBH=TKC.KCBH
  3      AND TKC.KCM='oracle数据库管理与应用';

XSBH                 KCBH                    ZCJ

2015100210103        10021002                 81
2015100210201        10021002                 60
2015100110102        10021002                 90
2015100110101        10021002                 80
2015100210303        10021002                 90
```

图 9-46 查找"Oracle 数据库管理与应用
"课程学生成绩信息

```
SQL> SELECT TXS.XSBH,TXS.XSM, TKC.KCBH,TKC.KCM,TCJ.ZCJ
  2      FROM TXS JOIN TCJ ON TXS.XSBH=TCJ.XSBH
  3      JOIN TKC ON TCJ.KCBH=TKC.KCBH
  4      WHERE ZCJ >= 90;

XSBH             XSM        KCBH        KCM                        ZCJ

2015100110102    王平       10021002    oracle数据库管理与应用      90
2015100210103    胡琳       10011001    程序设计语言                92
2015100210303    熊欣       10021002    oracle数据库管理与应用      90
2015100210303    熊欣       10011002    数据库原理                  91
```

图 9-47 查找选修课程成绩在 90 分及
以上的学生及成绩信息

### 2. 自然连接(NATURAL JOIN)

自然连接是在两张表中寻找那些数据类型和列名都相同的字段,然后自动地将它们连接起来,并返回所有符合条件的结果。

Oracle 使用 NATRAUL JOIN 进行自然连接查询,无须明确指定相关表中的列就可连接两个表。两张表中如果有多个字段是具有相同的名称和数据类型的,那么这些字段都将被 Oracle 自作主张地连接起来。用户可以添加 WHERE 子句以对其中的一个表应用额外的限制,从而限制输出的行。

Oracle 中的 NATRAUL JOIN 语句非常简单,而执行的结果和等值连接是一样的。代码如下:

```
--Oracle NATRAUL JOIN 语句
SELECT * FROM TKC natural join TKCLB;
```

在使用 NATRAUL JOIN 时,用户需要注意,如果希望对数据进行排序等操作,不能使用自然连接列。如图 9-48 所示,由于课程表和课程类别表是使用 KCLBH 进行自然连接的,所以 ORDER BY 时两个表都有该列,Oracle 会报错"联接中使用的列不能有限定词"。所以不能限定是哪个表的课程类别编号 KCLBH,此时去掉表名就可以查询成功了。

在使用自然连接时需要注意以下几点:

● 如果做自然连接的两个表有多个字段都满足有相同名称和类型,那么它们会被作为自然连接的条件。

● 如果自然连接的两个表仅是字段名称相同,但数据类型不同,那么将会返回一个错误。

● 由于 Oracle 中可以进行这种非常简单的 NATURAL JOIN,我们在设计表时,应该尽量在不同表中具有相同含义的字段使用相同的名称和数据类型。以方便之后使用 NATURAL JOIN。

● NATURAL JOIN 关键字和 USING、ON 关键字是互斥的。

### 3. 自连接

自连接是将一个表与它自身进行连接。在实际业务中,若需要在一张表中查找具有相同列值的行,可使用自连接。使用自连接时需为表指定两个别名,且对所有列的引用均要用别名限定。

**例 9-37** 查找不同课程成绩相同的学生的学号、课程号和成绩。

```
--标准 SQL 语句
SELECT a.XSBH,a.KCBH,b.KCBH,b.ZCJ
FROM TCJ a JOIN TCJ b
```

```
ON a.ZCJ=b.ZCJ AND a.XSBH=b.XSBH AND a.KCBH !=b.KCBH;
--Oracle 扩展的连接语句
SELECT a.XSBH,a.KCBH,b.KCBH,b.ZCJ
FROM TCJ a ,TCJ b
WHERE a.ZCJ=b.ZCJ AND a.XSBH=b.XSBH AND a.KCBH !=b.KCBH;
```

执行结果如图 9-49 所示。

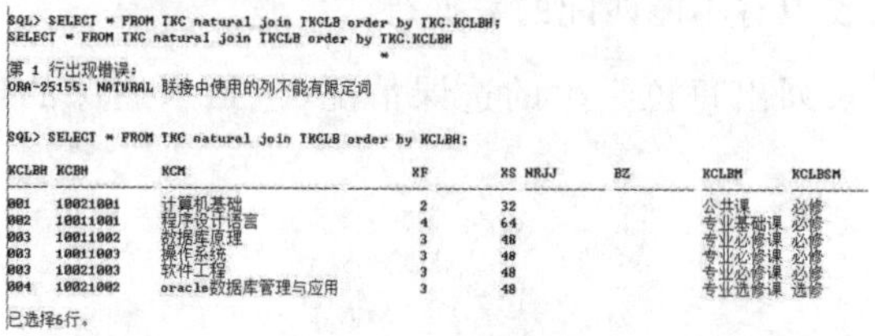

图 9-48 natural join—"联接中使用的列
不能有限定词"

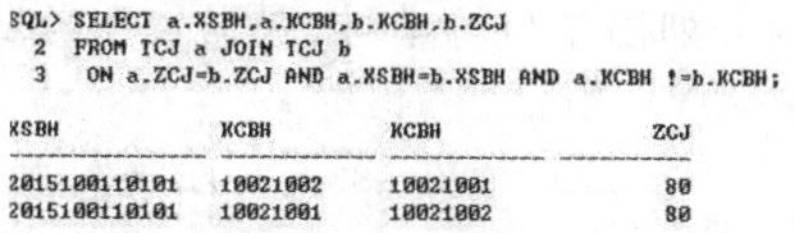

图 9-49 查找不同课程成绩相同的学生
的学号、课程号和成绩

## 9.3.2 外连接

在现实生活中,经常要依靠外连接来检查数据。例如,一个业务规则可能声明:"必须输入所有新雇员,然后将他们分配到一个部门。"尽管业务规则要求雇员有归属的部门,但如果系统允许输入没有指定部门的雇员数据,将会如何?

首先,系统可能不完善。虽然考虑了业务需求,却设计得不正确。但是业务需求可能会要求数据库操作员找到没有部门归属的那些雇员并出具报告,以便经理可以将他们分配到相应部门并更正数据。

在 ANSI-99 SQL 中,如果两个或多个表的连接只返回相匹配的行,则该连接称为内部连接。如果连接返回匹配行和不匹配行,则称为外部连接。外连接语法使用术语"LEFT、FULL 和 RIGHT",这些名称与表名在 SELECT 语句的 FROM 子句中的出现顺序有关。

外连接的结果表不但包含满足连接条件的行,还包括相应表中的所有行。OUTER JOIN 则会返回每个满足第一个(顶端)输入与第二个(底端)输入的连接的行,它还返回任何在第二个输入中没有匹配行的第一个输入中的行,其中的 OUTER 关键字可省略。

### 1. 左外连接

左外连接结果表中除了包括满足连接条件的行外,还包括左表的所有行,所以:左外连接 = 内连接 + 左边表中失配的元组。

左外连接语法有以下两种:

(1)左外连接语法:标准 SQL 语句。

```
SELECT table1.column, table2.column[,…]
FROM table1 LEFT JOIN table2[,]
ON table1.column <operator>table2.column[,…];
```

注意:在左外连接示例中,请注意列在短语"LEFT OUTER JOIN"左侧的表名称为"左表"。

(2)左外连接语法:Oracle 扩展的连接方式。

```
SELECT table1.column, table2.column[,…]
FROM table1, table2[,…]
WHERE table1.column < operator> table2.column(+)[…];
```

在该扩展连接方式中,右表必须严格进行相等连接条件的匹配,而左表除了匹配相等连接条件外,还可以显示无法匹配连接条件的数据。该扩展连接方式是通过在 WHERE 子句中添加+号来进行外连接的。+号表示对于失配的数据行,数据库会添加 NULL 进行填充。也就是左外连接中,+号写在右表中,右表中有不能匹配的数据行。

**例 9-38** 查询学生的选课情况,要求列出每位学生的选课情况(包括未选课的学生),并列出学生的学号、课程号和考试成绩。

```
--标准 SQL 语句
SELECT TXS.XSBH,TCJ.KCBH,TCJ.ZCJ
FROM TXS LEFT JOIN TCJ
ON TXS.XSBH=TCJ.XSBH;
--Oracle 扩展的连接语句
SELECT TXS.XSBH,TCJ.KCBH,TCJ.ZCJ
FROM TXS ,TCJ
WHERE TXS.XSBH=TCJ.XSBH(+ );
```

执行结果如图 9-50 所示。

**例 9-39** 查询没有人选修的课程的课程号和课程名。

```
--标准 SQL 语句
SELECT TKC.KCBH,TKC.KCM FROM TKC
LEFT JOIN TCJ ON TKC.KCBH=TCJ.KCBH
WHERE TCJ.KCBH IS NULL;
--Oracle 扩展的连接语句
SELECT TKC.KCBH,TKC.KCM
FROM TKC,TCJ
WHERE TKC.KCBH=TCJ.KCBH(+) AND TCJ.KCBH IS NULL;
```

执行结果如图 9-51 所示。

用户需要注意,当在内连接查询中加入条件时,无论是将它加入到 JOIN 子句,还是加入到 WHERE 子句,其效果是完全一样的。但对于外连接情况就不同了。如果将条件放到 WHERE 子句中,数据库将会首先进行连接操作,然后使用 WHERE 子句对连接后的行进行筛选。如图 9-52 所示。

该代码是利用左外连接查询所有课程的选修情况及成绩情况,包括未被选修的课程,从图 9-52 中可以看到,除了"软件项目管理"课程外,其他课程都有学生选修,并且有学生的选修成绩。

如果在此左外连接的基础上,想要实现当前案例的功能,那么就需要添加一个条件,在现有左外连接的数据的基础上进行筛选,把 ZCJ 为 NULL 的数据筛选出来,即为未被选修的课程信息。如图 9-53 所示,标准的 SQL 语句写法能返回正确的用户数据。但是如果该代码的条件加入 JOIN 子句时,会返回外连接表的全部行,然后使用指定的条件返回第二个表的行。初学者要注意在实际案例中一定要根据查询业务需求来确定到底什么时候用 WHERE 筛选条件,什么时候用 JOIN 筛选条件。

```
SQL> SELECT TXS.XSBH,TCJ.KCBH,TCJ.ZCJ
  2  FROM TXS ,TCJ
  3  WHERE TXS.XSBH=TCJ.XSBH(+);

XSBH              KCBH              ZCJ
----------------  ----------------  -----
2015100110101     10011002          75
2015100110101     10011001          80
2015100110101     10021002          80
2015100110102     10011002          80
2015100110102     10011001          75
2015100110102     10021002          90
2015100110202     10011001          86
2015100110202     10011003          78
2015100110202     10021001          70
2015100110204     10011002          55
2015100210103     10011001          92
2015100210103     10011002          81
2015100210103     10021002          70
2015100210201     10011001          80
2015100210201     10021002          60
2015100210201     10021003          88
2015100210202     10011001          72
2015100210202     10011003          55
2015100210303     10011002          91
2015100210303     10021002          90
2015100210303     10021003          85
2015100210102
2015100210104
2015100210302
2015100210204
2015100110203
2015100210201
2015100110103
2015100110104
2015100110301
2015100210304
2015100210204

已选择34行。
```

图9-50 查询学生的选课情况,包括未选课的学生

```
SQL> SELECT TKC.KCBH,TKC.KCM
  2  FROM TKC,TCJ
  3  WHERE TKC.KCBH=TCJ.KCBH(+)
  4  AND TCJ.KCBH IS NULL;

KCBH              KCM
----------------  ------------
10021004          软件项目管理
```

图9-51 查询没有人选修的课程的课程号和课程名

图9-52 查询所有课程的选修情况以及成绩情况

### 2. 右外连接

右外连接结果表中除了包括满足连接条件的行外,还包括右表的所有行。

右外连接 = 内连接 + 右边表中失配的元组。

右外连接语法有以下两种:

(1)右外连接语法:标准 SQL 语句的连接方式。

```
SELECT table1.column, table2.column[,…]
FROM table1 RIGHT JOIN table2[,…]
ON table1.column <operator>table2.column[…];
```

**注意:**在右外连接示例中,请注意列在短语"RIGHT OUTER JOIN"右侧的表名称为"右表"。

(2)右外连接语法:Oracle 扩展的连接方式。

```
SELECT table1.column, table2.column[,…]
FROM table1, table2[,…]
WHERE table1.column (+)<operator>table2.column[…];
```

在该扩展连接方式中,左表必须严格进行相等连接条件的匹配,而右表除了匹配相等连接条件外,还可以显示无法匹配连接条件的数据。该扩展连接方式是通过在 WHERE 子句中添加+号来进行外连接的,+号表示对于失配的数据行,数据库会添加 NULL 进行填充。在右外连接中,+号是写在左表中的。

**例 9-40** 查找所有课程的选修情况,包括没有被选修的课程情况。

```
--标准 SQL 语句
SELECT TKC.KCBH,TKC.KCM,TCJ.XSBH,TCJ.ZCJ FROM TCJ
RIGHT JOIN TKCON TCJ.KCBH=TKC.KCBH
  ORDER BY KCBH;
--Oracle 扩展的连接语句
SELECT TKC.KCBH,TKC.KCM,TCJ.XSBH,TCJ.ZCJ FROM TCJ,TKC
```

```
WHERE TCJ.KCBH(+)=TKC.KCBH
ORDER BY KCBH;
```

执行结果如图 9-54 所示。

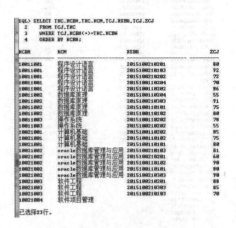

图 9-53　条件放到 WHERE 子句中与条件
加入到 JOIN 子句的区别

图 9-54　查找所有课程的选修情况，
包括没有被选修的课程情况

初学者需要注意的是，在外连接查询中，标准语句中如果把左表和右表弄反了，就有可能漏掉数据。同样，Oracle 的扩展写法中如果（＋）号写反了表，也会漏掉数据。如图 9-54 所示，通过例 9-40 的查询功能和对数据表的分析，会发现课程表中包含了所有的课程，成绩表里只包含了已经被学生选修的课程。本案例是要求查询课程被选修的情况，包括没有被选修的课程。那么无论条件匹不匹配，课程表中的所有课程都要显示，所以（＋）号要放到需要补 NULL 的表中，也就是成绩表中。如果将（＋）号写反了，写到课程表中，那么 Oracle 在进行外连接的时候，就会显示没有加号的成绩表中的所有行，这样就会漏掉了未被选修的课程的信息，查询出来的结果就是错误的。

**例 9-41**　错误代码。

```
SELECT TKC.KCBH,TKC.KCM,TCJ.XSBH,TCJ.ZCJ
FROM TCJ,TKC
WHERE TCJ.XSBH(+)=TXS.XSBH;
```

读者需要注意，在实现同一个查询功能时，左外连接和右外连接都可以使用，只需要通过将 RIGHT 更改为 LEFT，并颠倒表名的顺序，仍然可以得到同样的结果。

比如：例 9-38 要求查询学生的选课情况，要求列出每位学生的选课情况（包括未选课的学生），并列出学生的学号、课程号和考试成绩。这个案例也可以使用右外连接来实现，代码如下所示，执行结果如图 9-50 所示。

```
SELECT TXS.XSBH,TCJ.KCBH,TCJ.ZCJ
FROM TCJ RIGHT JOIN  TXS
ON TCJ.XSBH=TXS.XSBH(+ );
```

### 3. 完全外连接

查询时，可在一个连接中创建一个检索两个表中所有匹配行和不匹配行的连接条件。使用完全外连接可解决这一问题。完全外连接（FULL OUTER JOIN）结果表中除了包括满足连接条件的行外，还包括两个表的所有行。

完全外连接 ＝ 内连接 ＋ 左边表中失配的元组 ＋ 右边表中失配的元组。

在 Oracle 数据库中，全外连接的表示方式为：

```
SELECT table1.column, table2.column[,…]
FROM table1 FULL JOIN table2[,…]
ON table1.column1 =table2.column2[…];
```

**例 9-42** 查询所有的学院名和学院中的系名，按学院名排序。

```
SELECT XYM,XM
FROM TXY FULL JOIN TX
ON TXY.XYH=TX.XYH
ORDER BY XYM;
```

执行结果如图 9-55 所示。

### 9.3.3 交叉连接

一个表中所有记录分别与其他表中所有记录进行连接。如果进行连接的表中分别有 n1、n2、n3…条记录，那么交叉连接的结果集中将有 n1×n2×n3×…条记录。Oracle 专用笛卡尔积将一个表中的每一行与另一个表中的每一行连接。笛卡尔积在 ANSI/ISO SQL: 1999 中的等效 SQL 连接是交叉连接。这两种类型的连接返回的结果是相同的，结果集表示两个表中列的所有可能组合。

(1)交叉连接：标准 SQL 语句的连接方式。

```
SELECT table1.column,table2.column[,…]
FROM table1 CROSS JOIN table2;
```

(2)交叉连接：Oracle 扩展的连接方式。

```
SELECT table1.column,table2.column[,…]
FROM table1,table2;
```

**例 9-43** 查询学生所有可能的选课情况

```
--标准 SQL 语句
SELECT XSBH,XSM,KCBH,KCM FROM TXS CROSS JOIN TKC;
--Oracle 扩展的连接语句
SELECT XSBH,XSM,KCBH,KCM FROM TXS,TKC;
```

应注意的是：交叉连接不能有条件，且不能带 WHERE 子句。由于学生表中有 20 个学生，课程表中有 6 门课程，所以总共有 120 行数据，部分结果如图 9-56 所示。

```
SQL> SELECT XYM,XM
  2  FROM TXY FULL JOIN TX
  3  ON TXY.XYH=TX.XYH
  4  ORDER BY XYM;

XYM                              XM
-------------------------------- ------------------------------
商学院                           市场营销系
商学院                           工商管理系
生命科学学院
文法与外语学院
信息工程学院                     电子信息与通信系
信息工程学院                     软件工程系
信息工程学院                     计算机科学与技术系
艺术学院

已选择8行。
```

图 9-55 查询所有的学院名和学院中的系名

```
SQL> SELECT  XSBH,XSM,KCBH,KCM FROM TXS CROSS JOIN TKC;

XSBH            XSM    KCBH         KCM
--------------- ------ ------------ --------------------
2015100110101   李强   10011001     程序设计语言
2015100110102   王平   10011001     程序设计语言
2015100110103   李小燕 10011001     程序设计语言
2015100110104   严力   10011001     程序设计语言
2015100110201   吴红   10011001     程序设计语言
2015100110202   刘芳   10011001     程序设计语言
2015100110203   李明   10011001     程序设计语言
2015100110204   赵萱萱 10011001     程序设计语言
2015100210101   刘明   10011001     程序设计语言
2015100210102   张昊   10011001     程序设计语言
2015100210103   胡琳   10011001     程序设计语言
2015100210104   刘丽   10011001     程序设计语言
2015100210201   王新   10011001     程序设计语言
2015100210202   马新林 10011001     程序设计语言
2015100210203   刘敏   10011001     程序设计语言
2015100210204   常静   10011001     程序设计语言
2015100210301   高琴   10011001     程序设计语言
2015100210302   刘鑫   10011001     程序设计语言
2015100210303   熊欣   10011001     程序设计语言
2015100210304   刘悦   10011001     程序设计语言
2015100110101   李强   10011002     数据库原理
2015100110102   王平   10011002     数据库原理
```

图 9-56 查询学生所有可能的选课情况

读者可以查看如表 9-4 所示对 Oracle 专用连接和 ANSI 标准连接的语法的对比分析。

**表 9-4　对 Oracle 专用连接和 ANSI 标准连接的对比分析**

| 连 接 类 型 | Oracle 专用连接 | ANSI 标准连接 |
|---|---|---|
| 等值连接 | WHERE 表 1.列 ＝ 表 2.列 | 1)列名相同,数据类型不同<br>FROM 表 1, JOIN 表 2<br>USING（相同列名） |
| | | 2)列名不同<br>FROM 表 1, JOIN 表 2<br>ON（表 1.列 A ＝ 表 2.列 B） |
| | | 3)所有列名都相同,数据类型也相同:<br>FROM 表 1 NATURAL JOIN 表 2 |
| 自连接<br>（将表与自身连接） | FROM 表 1 别名 1,表 1 别名 2<br>WHERE 别名 1.列 A ＝ 别名 2.列 B | 列名不同<br>FROM 表 1, JOIN 表 1<br>ON（表 1.列 A ＝ 表 1.列 B） |
| 非等值连接 | WHERE 表 1.列 IN（表 2.列）<br>或者<br>WHERE 表 1.列 BETWEEN<br>表 2.列 A AND 表 2.列 B<br>——（必须先列出值较小的） | FROM 表 1, JOIN 表 2<br>ON（表 1.列 A ＜表 2.列 B）<br>——（选项包括＜、＜＝、＞、＞＝） |
| 外连接 | 1)右外连接<br>WHERE 左表.列 ＝ 右表.列(＋) | 1)右外连接<br>FROM 左表 RIGHT OUTER JOIN 右表 |
| | 2)左外连接<br>WHERE 左表.列(＋) ＝ 右表.列 | 2)左外连接<br>FROM 左表 LEFT OUTER JOIN 右表 |
| | 3)完全外连接<br>WHERE 左表.列 ＝右表.列(＋)<br>UNION<br>WHERE 左表.列(＋) ＝ 右表.列 | 3)完全外连接<br>FROM 左表 FULL OUTER JOIN 右表 |
| 笛卡尔积(Oracle 中称为交叉连接) | SELECT 表 1.列,表 2.列<br>FROM 表 1,表 2<br>——（忽略 WHERE 子句） | FROM 表 1 CROSS JOIN 表 2 |

## 9.4　子查询

PL/SQL 允许 SELECT 多层嵌套使用,用来表示复杂的查询。在查询条件中,可以使用另一个查询的结果作为条件的一部分,作为查询条件一部分的查询称为子查询,也称为嵌套查询。子查询除了可以用在 SELECT 语句中,还可以用在 INSERT、UPDATE 及

DELETE 语句中。在 INSERT 语句中使用子查询可以一次插入一个或多个记录的数据,在 UPDATE 语句中使用子查询可以修改一个或多个记录的数据,在 DELETE 语句中使用子查询可以删除一个或多个记录,在 WHERE 和 HAVING 子句中使用子查询可以返回一个或多个值。

子查询通常与 IN、EXIST 谓词及比较运算符结合使用。在执行时,由里向外,先处理子查询,再将子查询的返回结果用于其父语句(外部语句)的执行。

子查询常用运算符及其含义如表 9-5 所示。

表 9-5　子查询常用运算符及其含义

| 运　算　符 | 含　义 |
| --- | --- |
| IN | 与子查询返回结果中任何一个值相等 |
| NOT IN | 与子查询返回结果中任何一个值都不等 |
| ＞ANY | 比子查询返回结果中某一个值大 |
| ＝ANY | 与子查询返回结果中某一个值相等 |
| ＜ANY | 比子查询返回结果中某一个值小 |
| ＞ALL | 比子查询返回结果中所有值都大 |
| ＜ALL | 比子查询返回结果中任何一个值都小 |
| EXISTS | 子查询至少返回一行时条件为 TRUE |
| NOT EXISTS | 子查询不返回任何一行时条件为 TRUE |

### 9.4.1　单行单列子查询

单行单列子查询是指子查询只返回一行数据,而且只返回一列的数据。这类型的子查询经常使用的运算符有＝、＞、＜、＞＝、＜＝、！＝。

**例 9-44**　查询 10011201502 班中比 2015100110201 号学生吴红年龄小的学生的信息。

2015100110201 号学生吴红的出生日期为“13－2 月－97”,比他小的学生的信息就是出生日期大于该生的出生日期的学生的信息。执行结果如图 9-57 所示。

图 9-57　查询比吴红小的学生的信息

子查询很多时候也可以使用连接查询来实现功能,比如查询也可以理解成查询 2015100110201 号学生同班同学中比他小的学生的信息,这个可以使用自连接查询来完成,代码如下:

```
SELECT XSBH,XSM,XB,CSRQ FROM TXS a
    WHERE CSRQ>
            (SELECT CSRQ FROM TXS  b
        WHERE XSBH= '2015100110201'AND a.BJH=b.BJH);
```

### 9.4.2 多行单列子查询

多行单列子查询是指返回多行数据,且只返回一列数据的查询。

**1. IN 子查询**

IN 子查询用于进行一个给定值是否在子查询结果集中的判断。其语法格式为:

```
expression [ NOT ] IN  ( subquery )
```

参数说明:

● 表达式 expression 与子查询 subquery 的结果表中的某个值相等,IN 谓词返回 TRUE,否则返回 FALSE;若使用了 NOT,则返回的值刚好相反。

● 数据库执行子查询中的 IN 运算时,会计算子查询。通常先对该查询执行 DISTINCT 运算,然后将结果连接到外部查询以获得结果。

**例 9-45** 查找选修了 10021001 号课程的学生信息。

执行结果如图 9-58 所示。

```
SQL> set linesize 220
SQL> col IC for a12
SQL> SELECT XSBH,XSM,IC FROM IXS
  2  WHERE XSBH IN
  3    (SELECT XSBH FROM TCJ WHERE KCBH='10021001');

XSBH             XSM                    IC
---------------- ---------------------- ------------
2015100110101    李强                   篮球
2015100110102    王平                   钢琴
2015100110202    刘芳                   舞蹈
```

**图 9-58  查找选修了 10021001 号课程的学生信息**

**例 9-46** 查找未选修 Oracle 数据库管理与应用课程的学生的信息。

执行结果如图 9-59 所示。

```
SQL> SELECT XSBH,XSM,XB, BJH FROM IXS
  2  WHERE XSBH NOT IN
  3    (SELECT XSBH FROM TCJ
  4      WHERE KCBH IN
  5        (SELECT KCBH FROM TKC WHERE KCM='oracle数据库管理与应用')
  6    );

XSBH             XSM             XB       BJH
---------------- --------------- -------- ------------
2015100210102    张昊            男       10021201501
2015100210202    马新林          男       10021201502
2015100210104    刘丽丽          女       1002120150
2015100210302    刘鑫明          男       10021201503
2015100210101    刘刘明          男       10021201501
2015100110203    李诗明          男       10011201502
2015100110201    吴红            女       10011201501
2015100110204    赵董董          女       10011201502
2015100210203    刘歌            男       10021201502
2015100110103    李小燕          女       10011201501
2015100110104    严力            男       10011201501
2015100210301    高琴            女       10021201503
2015100210304    刘悦            男       10021201503
2015100210204    常静            女       10021201502
2015100110202    刘芳            女       10011201502

已选择15行。
```

**图 9-59  查找未选修 oracle 数据库管理与应用课程的学生的信息**

例 9-46 中的子查询中,由于课程名(KCM)并不在成绩表(TCJ)中,成绩表中只有课程编号(KCBH)。所以为了查找到"Oracle 数据库管理与应用课程"的课程编号,又嵌套了子查询(SELECT KCBH FROM TKC WHERE KCM='Oracle 数据库管理与应用')来查找课程编号。除了嵌套的子查询外,用户可以在子查询中使用连接查询来完成例 9-46 的查询功能,代码如下:

```
SELECT XSBH,XSM,XB,BJH FROM TXS
WHERE XSBH NOT IN
  (SELECT XSBH FROM TCJ,TKC
      WHERE TCJ.KCBH=TKC.KCBH AND KCM='oracle数据库管理与应用');
```

**2. 比较子查询**

比较子查询是将表达式的值与子查询的结果进行比较运算。其语法格式为:

```
expression { < | <= | = | > | >= | != | <> } { ALL | SOME | ANY } ( subquery )
```

参数说明:

● ALL:当表达式与每个值都满足比较的关系时,才返回 TRUE,否则返回 FALSE。

● SOME 或 ANY:表达式只要与子查询结果集中的某个值满足比较的关系时,就返回 TRUE,否则返回 FALSE。

**例 9-47** 查找选修 10021001 号课程的成绩不低于 10021002 号课程的最低成绩的学生信息。

本案例中,要求 10021001 号课程成绩不低于 10021002 号课程的最低成绩,如图 9-60 所示,图中查询出 10021001 号课程和 10021002 号课程的所有成绩,并进行排序。可以看到其最低成绩为 60,此时查询只要找到 10021001 号课程成绩比 60 大的学生信息。或者也可以理解成只要是比 10021002 号课程的成绩中的某一个大就是满足条件的结果。

子查询查出 10021002 号课程的所有成绩,只要 10021001 号课程成绩比子查询中的某一个大即可,执行结果如图 9-61 所示。

图 9-60　10021001 和 10021002 号
课程的成绩信息

图 9-61　选修 10021001 号课程的成绩不低于
10021002 号课程的最低成绩的学生信息

除了以上这种写法外,该案例还可以结合统计函数进行查询,具体代码如下:

```
SELECT  XSBH FROM TCJ
WHERE KCBH= '10021001'
      AND ZCJ>= (SELECT MIN(ZCJ) FROM TCJ WHERE KCBH= '10021002');
```

在使用子查询时,初学者需要注意,子查询中是不能有自己的 ORDER BY 子句的,如图 9-62所示,如果在子查询中加了 ORDER BY,Oracle 不能识别,就会提示"ORA-00907:缺失右括号"。

**例 9-48** 查找选修课程成绩高于 10021002 号课程所有成绩的学生信息。

本案例中要求找出成绩高于 10021002 号课程所有成绩的学生信息。由于子查询查出 10021002 号课程的所有成绩,只要 10021001 号课程成绩比子查询中的 10021002 号课程所有成绩都大即可。执行结果如图 9-63 所示。

或者也可以理解成只要是比 10021002 号课程的成绩中的最高成绩大就是满足条件的结果。具体代码如下:

```
SELECT   XSBH FROM TCJ
    WHERE ZCJ> (SELECT MAX(ZCJ) FROM TCJ WHERE KCBH='10021002');
```

```
SQL> SELECT  XSBH FROM TCJ
  2   WHERE KCBH='10021001'
  3    AND ZCJ>=ANY
  4    (SELECT ZCJ FROM TCJ WHERE KCBH='10021002'order by ZCJ);
    (SELECT ZCJ FROM TCJ WHERE KCBH='10021002'order by ZCJ)
                                                          *
第 4 行出现错误:
ORA-00907: 缺失右括号
```

```
SQL> SELECT  XSBH FROM TCJ
  2   WHERE ZCJ>ALL
  3    (SELECT ZCJ FROM TCJ WHERE KCBH='10021002');

XSBH
-------------
2015100210303
2015100210103
```

图 9-62　子查询中是不能有自己　　　　图 9-63　查找选修课程成绩高于 10021002 号
的 ORDER BY 子句　　　　　　　　　课程所有成绩的学生信息

### 9.4.3　单行多列子查询

单行多列子查询是指子查询返回一行数据,但是包含多列数据。多列数据进行比较时,可以成对比较,也可以非成对比较。成对比较要求多个列的数据必须同时匹配,而非成对比较则不要求多个列的数据同时匹配。

**例 9-49**　查询和 2015100110102 号学生性别和特长一样的学生信息。

执行结果如图 9-64 所示。

### 9.4.4　多行多列子查询

多行多列子查询是指子查询返回多行数据,并且是多列数据。

**例 9-50**　查询与 2015100110204 号学生选修课程、选修成绩一样的学生信息。

由于现有数据中没有选修课程与成绩完全一样的学生,这里插入模拟数据进行验证,首先在现有数据的基础上,插入还没有选修课程的 2015100110203 号学生的选修课程的成绩信息,要求插入的课程和成绩与 2015100110204 号学生一模一样。利用子查询插入数据。

执行结果如图 9-65 所示。

```
SQL> SELECT XSBH,XSM,XB,TC FROM IXS
  2   WHERE (XB,TC)
  3    (SELECT XB,TC FROM TXS WHERE XSBH='2015100110102')
  4   AND XSBH<>'2015100110102';

XSBH              XSM                   XB          TC
-------------     -----------------     ------      --------
2015100210103     胡琳                  女          钢琴
2015100210204     常静                  女          钢琴
```

图 9-64　查询和 2015100110102 号学生性别
和特长一样的学生信息

```
SQL> INSERT INTO TCJ(XSBH,KCBH,ZCJ)
  2   SELECT 2015100110203,KCBH,ZCJ FROM TCJ WHERE XSBH='2015100110204';
已创建2行。
SQL> SELECT DISTINCT XSBH FROM TCJ
  2   WHERE (KCBH,ZCJ)in
  3    (SELECT KCBH,ZCJ FROM TCJ WHERE XSBH='2015100110204')
  4   AND XSBH<>'2015100110204';
XSBH
-------------
2015100110203
```

图 9-65　查询与 2015100110204 号学生选
修课程和选修成绩均一样的学生

在做子查询时,初学者比较容易出错的是没有弄清楚子查询中的数据集的情况,如图 9-66所示,查询 2015100110204 号学生的选修课和成绩信息,该学生有两门选修课,所以子查询中有多行数据。

如图 9-67 所示,当子查询中返回的数据是多行时,如果在子查询外面使用"=",那么数据库就会报错,提示"ORA-01427:单行子查询返回多个行"。因为子查询有多行数据,但是=号只能单行比较,所以数据库会提示错误。

```
SQL> SELECT KCBH,ZCJ FROM TCJ WHERE XSBH='2015100110204';

KCBH                      ZCJ
-------------             --------
10011001                   70
10011002                   55
```

图 9-66　查询 2015100110204 号学生选修
课程、选修成绩信息

```
SQL> SELECT XSBH FROM TCJ
  2   WHERE (KCBH,ZCJ)=
  3    (SELECT KCBH,ZCJ FROM TCJ WHERE XSBH='2015100110204')
  4   AND XSBH<>'2015100110204';
    (SELECT KCBH,ZCJ FROM TCJ WHERE XSBH='2015100110204')
                                                        *
第 3 行出现错误:
ORA-01427: 单行子查询返回多个行
```

图 9-67　"ORA-01427:单行子查询返回多个行"错误

### 9.4.5　相关子查询

子查询在执行时并不需要引用外部父查询的信息,这种子查询称为无关子查询。如果子查询在执行时需要引用外部父查询的信息,那么这种子查询就称为相关子查询。相关子查询经常使用 EXISTS 或 NOT EXISTS 谓词来实现。如果子查询返回结果,则条件为TRUE,如果子查询没有返回结果,则条件为 FALSE。

相关子查询的查询机制是先查找外查询的表中的第一行,然后根据该行的值处理内查询,如果结果不为空就把该行中要取出的值作为结果集中的信息,然后再去处理外层中的第二行、第三行。步骤如下:

(1)扫描外查询的第一行记录,取得该行的数据值。

(2)扫描内层的子查询,并将外层查询的第一行记录的对应值传给子查询,由此计算出子查询的结果。

(3)根据子查询的结果,如果结果不为空就把该行中要取出的值作为结果集中的信息,返回外查询的结果。为空就返回。

(4)重复上述动作,开始扫描外查询的第二条记录、第三条记录,直至全部扫描完毕。

**例 9-51**　查找选修 10021002 号课程号课程的学生信息。

执行结果如图 9-68 所示。

使用多行多列无关子查询实现"查询与 2015100110204 号学生选修课程、选修成绩一样的学生信息"的功能,该查询也可以使用相关子查询,代码如图 9-69 所示。

查询与 2015100110204 号学生选修课程和成绩一样的学生信息,需要用到学生信息的比对,要用到课程信息的比对,还要有成绩信息的比对。这三个信息成绩表中都有,所以这个查询也是一个自查询,三次用到了成绩表 TCJ。(TCJ a)看作是存放已经选修了的学生信息的成绩表,(TCJ b)看作是被学生选修了的课程信息的成绩表,(TCJ c)看作是学生选修课程的成绩信息的成绩表。

该相关子查询的思路是,查询成绩表(TCJ a)中的学生编号(a.XSBH),由于该功能要求要查询和 2015100110204 号学生选修课程和成绩一样的学生信息,所以该学生不能是2015100110204 号学生本身,也就是条件"a.XSBH<>'2015100110204'"。同时这个学生还要满足的条件是,不存在这样的一个学生,这个学生的学生编号是 2015100110204,同时不存在这个学生的学生编号(a.XSBH)和成绩表(TCJ c)中已选修该课程的学生编号(c.XSBH),并且成绩表(TCJ c)中已选修课程的课程编号(c.KCBH)和已选修课程信息的成绩表(TCJ b)相同。

执行结果如图 9-69 所示。

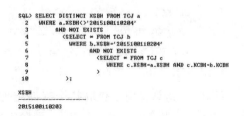

图 9-68　查找选修 10021002 号课程号　　　图 9-69　相关子查询与 2015100110204 号学生
课程的学生信息　　　　　　　　　　选修课程成绩一样的学生信息

Oracle 执行 EXIST 和 NOT EXIST 的方式不同于执行 IN 和 NOT IN 的方式。数据库执行子查询中的 IN 运算时,它会计算子查询,通常先对该查询执行 DISTINCT 运算,然后将结果连接到外部查询以获得结果。执行 EXIST 时,它会对外部表执行全表扫描,然后 Oracle 循环检查子查询的每一结果行,以查看条件是否为真。

IN 通常执行得更快,因为它可以使用外部表的任何现有索引,而 EXIST 不能;但是,到底哪一个表达式的执行速度更快,则与表的大小有关。如果是小型外部表与大型内部表连接,则使用 EXIST 语句仍能以很快的速度执行,其执行速度甚至高于使用 IN 的相同语句。

### 9.4.6 内嵌视图

内嵌视图(inline views)也称为 FROM 子句中的查询,是一个写在 SQL 语句内的带有一个别名的子查询,用户在 FROM 子句中插入一个查询就好像该查询是一个表名一样。内嵌视图可以去除连接操作并可以将多个查询压缩成一个简单查询,因此通常用于简化复杂的查询。但是需注意的是,内嵌视图其实不是真正的视图,它并不是数据库的对象。

**例 9-52** 查询已经选课了的学生的学号、姓名信息及其选修的课程的平均成绩。

学生的学号和姓名信息存放在学生表中,但是没有一张表中存放有学生已经选修的所有课程的平均成绩,这个成绩是通过成绩表中的数据统计出来的。为了实现查询的功能,如果能有一张表中刚好存放有所有选了课的学生的平均成绩,那么查询就非常容易实现。此时可以先查询每一个选了课的学生的平均成绩,把查询出来的结果以别名"XSAVG"的形式,当成一个新的表来使用。然后把查出来的每个学生的平均成绩和学生表一起做连接查询。

执行结果如图 9-70 所示。

## 9.5 集合运算

通过使用四个集合操作符 UNION、UNION ALL、INTERSECT 和 MINUS,Oracle 提供了将两个或者多个 SQL 查询结合到一个单独的语句中的能力。这种使用集合操作符的查询称为复合查询(compound query),Oracle 为复合查询的编写制定了需要遵循的指南:

- 在构成复合查询的各个单独的查询中,SELECT 表中值的数量和数据类型相匹配;
- 用户不许在复合查询所包含的任何单独的查询中规定 ORDER BY 子句;
- 用户不许在 BLOB、LONG 等大数据对象上使用集合操作符;
- 用户不许在集合操作符 SELECT 列表中使用嵌套表或者数组集合。

基本语法:

```
SELECT query_statement1
    [UNION|UNION ALL|INTERSECT|MINUS]
    SELECT query_statement2;
```

**1. UNION**

UNION 运算符用于获取几个查询结果集的并集。UNION 语句将第一个查询中的所有行与第二个查询中的所有行相加,消除重复行并且返回结果。

**例 9-53** 查询 10011201502 班的学生学号、姓名、性别、特长、班级信息和其他班特长是"排球"的学生信息。

执行结果如图 9-71 所示。

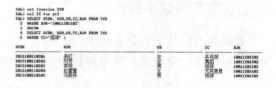

图 9-70　查询选课学生的信息以及平均成绩　　　　图 9-71　UNION 运算

### 2. UNION ALL

UNION ALL 语句与标准的 UNION 语句工作方式基本相同,唯一不同的是 UNION ALL 不会从列表中滤除重复行。

### 3. INTERSECT

INTERSECT 用于获取几个查询结果集的交集。INTERSECT 操作会获取两个查询,对值进行汇总,并且返回同时存在于两个结果集中的记录。同时,返回的最终结果集默认按第一列进行排序。注意,只由第一个查询或者第二个查询返回的那些行不会包含在结果集中。

**例 9-54**　查询 10011201502 班中特长是"排球"的学生学号、姓名、性别、特长信息。

执行结果如图 9-72 所示。

### 4. MINUS

MINUS 用于获取几个查询结果集的差集。MINUS 集合操作会返回所有从第一个查询中返回却没有从第二个查询中返回的那些记录。

MINUS 是运用在两个 SQL 语句上的。它先找出第一个 SQL 语句所产生的结果,然后看这些结果有没有在第二个 SQL 语句的结果中。如果有的话,那这一记录就被去除,而不会在最后的结果中出现。如果第二个 SQL 语句所产生的结果并没有存在于第一个 SQL 语句所产生的结果内,那这些记录也被抛弃。

**例 9-55**　查询 10011201502 班中特长不是'排球'的学生的学号、姓名、性别、特长信息。

执行结果如图 9-73 所示。

图 9-72　INTERSECT 运算　　　　　　　图 9-73　MINUS 运算

 ## *9.6*　Oracle 支持的 SQL 函数

处理来自数据库的数据时,改变数据的外观是非常重要的。在 SQL 中,常常需要根据任务要求更改数据的外观,而这些改变,常常需要利用大量的 SQL 函数。

Oracle 中有一个非常特殊的表称为 DUAL 表,DUAL 表只具有一个称为"X"的行和一个称为"DUMMY"的列。DUAL 表用于创建 SELECT 语句并执行不与特定数据库表直接相关的命令。使用 DUAL 表的查询将返回一行作为结果。利用 DUAL 表可进行类似以下示例的计算,还可对不从表得出结果的表达式求值。

```
SELECT (150/50) +18 FROM DUAL;
```

## 9.6.1　常用的数学函数

数据和人们的生活息息相关,比如学生的日常学习和生活中,要统计学生的年龄,查看学生学习课程的分数等。常用的数学函数表如表 9-6 所示。

表 9-6　数学函数表

| 函　　数 | 说　　明 |
|---|---|
| ABS(n) | 返回 n 的绝对值 |
| ACOS(n) | 返回 n 的反余弦值 |
| ASIN (n) | 返回 n 的反正弦值 |
| ATAN (n) | 返回 n 的反正值 |
| CELL (n) | 返回大于或等于 n 的最小整数值 |
| COS (n) | 返回 n 的余弦值 |
| COSH (n) | 返回 n 的双曲线余弦函数 |
| EXP (n) | 返回 e 的 n 次幂 |
| FLOOR (n) | 返回小于或等于 n 的最大整数值 |
| LN (n) | 返回 n 的自然对数,即以 e 为底的对数 |
| LOG (m,n) | 返回以 m 为底的 n 的对数 |
| MOD (m,n) | 返回以 m 除以 n 的余数 |
| POWER (m,n) | 返回 m 的 n 次幂 |
| SIGH (n) | 返回 n 的符号值 |
| SIN (n) | 返回 n 的正弦值 |
| SINH (n) | 返回 n 的双曲线正弦值 |
| SQRT (n) | 返回 n 的平方根 |
| TAN (n) | 返回 n 的正切值 |
| TANH (n) | 返回 n 的双曲正切值 |
| ROUND(m[,n]) | 对 m 进行四舍五入(n 大于 0 时,将 m 四舍五入到小数点右边 n 位,n 等于零时,表示对 m 进行取整,n 小于 0 时,则小数点左边的数字位置被圆整) |
| TRUNC(m[,n]) | 对 m 进行截断操作(n 截断到小数点后第 n 位,如果 n 未给出,则系统默认为 0,n 也可以为负数,表示小数点左边的数字位置被删除成零) |

**例 9-56**　ROUND、TRUNC 案例。

ROUND 将数值四舍五入到小数点后的 n 位,TRUNC 将数值截取到小数点后 n 位。初学者尤其要注意 n 为负数的情况。如图 9-74 所示为 ROUND、TRUNC 对同一个数的不同处理结果。

```
        select round(168.333,2),trunc(168.333,2) from dual;--保留数据到小数点后一位
        select round(168.888,0),trunc(168.888,0) from dual;--保留数据到个位
        select round(168.888,-2),trunc(168.888,-1)from dual;--保留数据到小数点左边两位,
即百位
```

执行过程如图 9-74 所示。

```
SQL> select round(168.333,2),trunc(168.333,2) from dual;

ROUND(168.333,2)  TRUNC(168.333,2)
----------------  ----------------
          168.33            168.33

SQL> select round(168.888,0),trunc(168.888,0)  from dual;

ROUND(168.888,0)  TRUNC(168.888,0)
----------------  ----------------
             169               168

SQL> select round(168.888,-2),trunc(168.888,-2) from dual;

ROUND(168.888,-2)  TRUNC(168.888,-2)
-----------------  -----------------
              200                100
```

图 9-74　round、trunc 案例

## 9.6.2　常用字符函数

常用的字符函数表如表 9-7 所示。

表 9-7　字符函数表

| 函　　数 | 说　　明 |
| --- | --- |
| INITCAP(char) | 将字符串中每个单词的首字母大写 |
| UPPER(char) | 将字符串中所有的大写字母变为大写 |
| LOWER(char) | 将字符串中所有的大写字母变为小写 |
| CHR(n) | ASC 码值为 n 的字符 |
| CONCAT | 把两个列值拼接起来 |
| INSTR(char1,char2,a,b) | 返回指定字符的位置 |
| LENGTH(char) | 计算字符串的长度 |
| SUBSTR(char,m[,n]) | 求子串,column 中从起始位置 m 开始长度为 n 的子串 |
| REPLACE(char1, char2, char3) | "char1"是要被替换的字符所在的字符串;<br>"char2"是要搜索并从"char1"中删除的字符串;<br>"char3"是要插入"char1"的新字符串 |
| LPAD(char1,n[,char2]) | 从左侧用字符串 char2 补齐字符串 char1 至长度 n(右对齐) |
| RPAD(char1,n[,char2]) | 从右侧用 char2 补齐 char1 至长度 n |
| LTRIM(char[,SET]) | 把 char 中最左侧的若干个字符去掉,使其首字符不在 SET 中 |
| RTRIM(char[,SET]) | 把 char 中最右侧的若干个字符去掉,使其尾字符不在 SET 中 |
| TRIM ([leading\|trailing\|both] FROM char) | 去空格 |

(1)用于转换字符串大小写的函数。(LOWER、UPPER、INITCAP)

**例 9-57** 转换字符串大小写案例。

```
select lower('SQL:Structural Query Language')from dual;--将字符转换成小写
select upper(' sql is used exclusively in rdbmeses')from dual;--将字符转换成大写
select initcap('SQL is an ENGLSH LIKE language') from dual;--将每个字的头一个字符
```
转换成大写,其余的转换成小写

(2)用于连接、提取、显示、查找、填充和截取字符串的函数。(CONCAT、SUBSTR｜LENGTH、INSTR、LPAD｜RPAD、TRIM、REPLACE)

**例 9-58** 字符处理函数案例。

```
select concat ('SQL allows you to manipulate the data in DB ','without any
programming knowledge') from dual;--把头一个字符串和第二个字符串连成一个字符串
select length('SQL does not let you concentrate on how it will be achieved') from
dual;--返回列中或表达式中字符串的长度
select instr('SQL allows for dynamic DB change','f') from dual;--返回所给字符串
'f'的位置
select trim('?' from '? sql*plus is the SQL implementation used in an Oracle RDBMS
or ORDBMS') from dual;--从源字符串中去掉要去掉的字符'?'
select replace('SQl* PLUS supports loops or if statements','supports','does not
support') from dual;--正文表达式中查找要搜索的字符串'supports',找到了就用替换字符串'
does not support'替代
```

### 9.6.3 常用日期函数

在数据建模中,"时间"在业务系统中是一类十分必要的数据。如果业务系统中时间关注的是天数,则时间应为一个实体;而如果因时间与其他业务功能相关而只需跟踪"时间",则"时间"应为一个属性。对于某项业务,如果因时间与其他业务功能相关而只需跟踪时间(例如学生的入学日期和离校日期、雇员的聘用日期和离职日期),则在数据库中,"时间"将成为表中的一列。但是,如果将时间建模为实体,则时间将成为数据库中的一个表,其中包含对业务有至关重要的属性的列。"时间"表可以是与学习日期表、培训日程表或生产日程表对应的数据库。时间表中的列可能是上课时间、实习时间或装配时间、发运时间、到达时间等各种和业务相关的时间。

Oracle 数据库中日期的默认格式为 DD−MON−YY。有效的 Oracle 日期介于公元前 4712 年 1 月 1 日到公元 9999 年 12 月 31 日之间,这是可以在 Oracle 数据库中成功存储的日期的范围。日期数据类型在内部始终以四位数的形式存储年份信息:两位数代表世纪,另两位数代表年份。例如,Oracle 数据库将年份存储为 1997 或 2017,而不会仅存储 97 或 17。虽然内部存储会记录完整的日期,但是在屏幕上显示日期列时,默认情况下不会显示世纪部分。

用户可以通过设置 NLS_DATE_FORMAT 参数设置当前会话的日期格式,通过设置 NLS_LANGUAGE 参数设置表示日期的字符集。例如:

```
ALTER SESSION SET NLS_DATE_FORMAT='YYYY- MM- DD HH24:MI:SS';
ALTER SESSION SET NLS_LANGUAGE='AMERICAN';
```

Oracle 提供了大量的日期函数,这些日期函数包括对日期进行加减、转换、截取等功能。常用的日期函数表如表 9-8 所示。

表 9-8　日期函数表

| 函　　数 | 说　　明 |
| --- | --- |
| SYSDATE | 返回系统当前日期和时间 |
| SYSTIMESTAMP | 返回系统当前时间戳 |
| LOCALTIMESTAMP[(p)] | 返回当前会话时区所对应的日期时间 |
| CURRENT_DATE | 返回系统当前日期和时间 |
| CURRENT_TIMESTAMP[(p)] | 返回系统当前时间戳 |
| EXTRACT(depart FROM d) | 返回 d 中 depart 对应部分的内容 |
| NEXT_DAY(d,day) | 指定的 d 后的星期几下一次出现时的日期 |
| LAST_DAY(d) | 返回 d 所在月份最后一天的日期 |
| ADD_MONTHS(d,n) | 返回日期 d 添加 n 个月的日期 |
| MONTHS_BETWEEN(d1,d2) | 日期 d1 和 d2 之间相隔的月数 |
| ROUND(d,format) | 返回 d 按 format 舍入日期 |
| TRUNC(d,format) | 返回 d 截断到由 format 指定单位的日期 |

Oracle 的运算中，常常要对日期进行加减运算，运算的规则如表 9-9 所示。

表 9-9　对日期运算方法

| 运　　算 | 结果类型 | 说　　明 |
| --- | --- | --- |
| DATE+NUMBER | 日期 | DATE 加上 NUMBER 天后的日期 |
| DATE−NUMBER | 日期 | DATE 减去 NUMBER 天后的日期 |
| DATE1−DATE2 | 数值 | DATE1 与 DATE2 之间相差的天数 |
| DATE+NUMBER/24 | 时间 | DATE 加上 NUMBER 小时后的时间 |

**例 9-59**　系统日期显示和计算。

```
select sysdate  from dual; --系统时间
select sysdate-10 from dual; --系统时间减去 10 天
select to_date('25-11月-16')-sysdate  from dual; --系统时间与指定日期之间的天数
select sysdate-22/24  from dual; --系统时间减去 22 小时的时间
```

**例 9-60**　指定日期计算。

```
select months_between('01-6月-16','03-5月-17) from dual; --两个日期之间间隔的
月数
select add_months('01-6月-16',5) from dual; --指定日期加 5 个月的日期
select next_day('09-11月-16','星期一') from dual; --指定日期的下一个星期一的日期
select last_day('09-11月-16') from dual; --指定日期当前月的最后一天的日期
```
执行结果如图 9-75 所示。

**例 9-61**　日期数据的 ROUND 和 TRUNC。

```
select round(to_date('09-11月-16'),'month') from dual; --四舍五入日期到月的第
一天
select round(to_date('09-11月-16'),'year') from dual; --四舍五入日期到年的第一天
```

```
select trunc(to_date('09-11月-16'),'month') from dual;--截断日期到当月的第一天
select trunc(to_date('09-11月-16'),'year') from dual;-截断日期到当年的第一天
```

执行结果如图 9-76 所示。

图 9-75　指定日期计算

图 9-76　指定日期计算

### 9.6.4　常用转换函数

设想一下,如果我们看英文资料全部是文本文件样式,没有分段而首字母也没有大写,那会是什么感觉? 读起来肯定相当吃力。但是如果能够用字处理软件将文本的首字母变成大写,给文本着色,添加下划线,设置粗体,居中排列,以及添加图形,整个文档阅读起来会清晰很多。同样的道理,对于数据库而言也需要对各种数据进行格式化。Oracle 中的数据的格式和显示的改变是通过转换函数来实现的,这些函数可以将数字显示为本地货币、将日期设置为多种格式、显示精确到秒的时间,以及确定某个日期所属的世纪。常用的转换函数表如表 9-10 所示。

表 9-10　转换函数表

| 函　　数 | 说　　明 |
| --- | --- |
| CHARTOROWID | 将包含外部语法 ROWID 的 CHAR 或 VARCHAR2 数值转换为内部的二进制语法 |
| CONVERT | 将字符串 CHAR 中的字符从由 SOUCE_CHAR_SET 标识的字符集转换为由 DEST_CHAR_SET 标识的字符集 |
| HEXTORAW | 将包含十六进制的 CHAR 转换为一个 RAW 数值 |
| RAWTOHEX | 将 RAW 数值转换为一个包含十六进制的 CHAR 值 |
| ROWIDTOCHAR | 将一个 ROWID 数值转换为 VARCHAR2 数值类型 |
| TO_CHAR(date[,fmt]) | 将日期数据类型转换为一个在日期语法中指定语法的 VARCHAR2 数据类型的字符串 |
| TO_CHAR(num[,fmt]) | 将 NUMBER 数据类型的数字转换为一个 VARCHAR2 数据类型 |
| TO_DATE(char[,fmt]) | 将 CHAR 或 VARCHAR2 数据类型的值转换为 DATE 数据类型 |
| TO_TIMESTAMP(char[,fmt]) | 将符合特定日期和时间格式的字符串转换为 TIMESTAMP 类型值 |

| 函　　数 | 说　　明 |
|---|---|
| TO_NUMBER(char[,fmt]) | 该函数将字符串(CHAR)按照指定的数值语法(FMT)转换为 NUMBER 数据类型值 |
| TO_SINGLE_BYTE | 将 CHAR 中所有的多字节字符转换为与它们等价的单字节字符 |
| TRANSLATE USING | 将文本 TEXT 按照指定的转换方式转换为数据库字符集和民族字符集 |
| TO_MULTI_BYTE | 将 CHAR 中的所有单字节字符转换为等价的多字节字符 |

**1. 将日期数据转换为字符数据**

Oracle 中经常需要将以 DD-MON-YY 默认格式存储在数据库中的日期转换为用户指定的其他格式。用来完成此任务的函数是:TO_CHAR(日期列名,指定的格式样式)。

在使用 TO_CHAR 函数转换日期时,需要注意以下几点:

- "格式样式"是区分大小写的,并且必须放在单引号内。
- 可以使用任何有效的日期格式元素。
- 可以使用 fm 元素从输出中删除填充的空格或删除前导零。
- 可以使用 sp 以文本形式显示数字。
- 可以使用 th 将数字显示为序数。(1st、2nd、3rd,以此类推)
- 可以使用双引号将字符串添加到格式样式中。

如表 9-11 所示显示了可以使用的各种日期格式样式。请注意,指定时间元素时,还可以设置小时(HH)、分钟(MI)、秒(SS) 和 AM 或 PM 等格式。

表 9-11　日期的格式样式表

| 分　　类 | 格　　式 | 说　　明 |
|---|---|---|
| 年份格式 | YYYY 或 RRRR | 以四个数字形式显示完整年份 |
|  | YY 或 RR | 以两个数字形式显示完整年份 |
|  | YEAR | 以文本形式显示年份 |
| 月份格式 | MM | 以两位数形式显示月份 |
|  | MONTH | 显示月份的全称 |
|  | MON | 以三字母缩写形式显示月份 |
|  | RM | 月份的罗马数字 |
| 日期格式 | DY | 以三字母缩写形式显示星期几 |
|  | DAY | 显示星期几的全称 |
|  | D | 以数字形式显示一周的星期几 |
|  | DD | 以数字形式显示一月的第几天 |
|  | DDD | 以数字形式显示一年的第几天 |

| 分　类 | 格　式 | 说　明 |
|---|---|---|
| 时间格式 | HH24,HH12,HH | 两位的数字表示 24 小时制,12 小时制,小时 |
| | MI | 分钟 |
| | SS | 秒钟 |
| | AM 或 PM | 上午或下午 |
| | A.M 或 P.M | 带小数点的上午或下午 |
| 其他 | — /,.;: | 用来分隔日期和时间的各部分的分隔符 |
| | TH | 显示数字表示的英文序数词 |
| | SPTH | 显示数字表示的序数词的拼写 |
| | SP | 显示数字表示的拼写 |
| 常见格式 | DDspth | 序数词全拼表示几号(例如 FOURTEENTH) |
| | Ddspth | 序数词首字母大写表示几号(例如 Fourteenth) |
| | ddspth | 序数词小写表示几号(例如 fourteenth) |
| | HH24:MI:SS AM | 24 小时:分钟:秒:上午/下午(例如 15:45:32 PM) |
| | DD "of"MONTH | 例如 12 of October |

**例 9-62**　　TO_CHAR 日期数据案例。

执行结果如图 9-77 所示。

如表 9-11 所示,读者会发现,同样显示日期,却有 RR 日期格式和 YY 日期格式之分。我们从 20 世纪进入了 21 世纪,这一变化带来了相当大的混乱。那就是,如果一个日期写为 02-JAN-17,那么应当将其解释为 1917 年 1 月 2 日还是 2017 年 1 月 2 日呢? 这就是进入 21 世纪的千年虫问题,Oracle 采用了适当的方式,可保证这类日期在存储和检索时都具备正确的世纪,就是使用 RR 日期格式和 YY 日期格式。如表 9-12 所示就显示了 RR 日期格式和 YY 日期格式对年份的处理上的区别。

**图 9-77　TO_CHAR 日期数据案例**

**表 9-12　指定日期 RR 日期格式和 YY 日期**

| 当 前 年 份 | 指定的日期 | RR 格式 | YY 格式 |
|---|---|---|---|
| 1998 | 27-OCT-98 | 1998 | 1998 |
| 1998 | 27-OCT-17 | 2017 | 1917 |
| 2005 | 27-OCT-17 | 2017 | 2017 |
| 2005 | 27-OCT-98 | 1998 | 2098 |

指定日期的规则是,如果指定日期格式时使用的是 YY 或 YYYY 格式,则返回的值在当前世纪中。所以,如果当前年份是 1998 而用户使用的是 YY 或 YYYY 格式,则一切正

常,日期将在 20 世纪中。但是,如果当前年份是 2005,而用户的时间数据为 1998,使用 YY 或 YYYY 格式,则返回的将是 2098。这时因为 RR 日期格式和 YY 日期格式之间存在区别,可能就会返回错误的数据。如表 9-13 所示为 Oracle 对两位数 RR 日期格式的处理。

表 9-13　RR 两位数日期格式的日期处理

| | | 如果指定年份的两位数介于: | |
|---|---|---|---|
| | | 0—49 | 50—99 |
| 如果当前年份的两位数介于: | 0—49 | 返回的日期在当前世纪中 | 返回的日期在当前世纪的下一个世纪中 |
| | 50—99 | 返回的日期在当前世纪的前一个世纪中 | 返回的日期在当前世纪中 |

从上面的表中可以分析出如果指定数据格式时使用的是 RR 或 RRRR 格式,则返回的值有两种可能。

(1)如果当前年份介于 00 到 49 之间,那么:

● 对于 0 到 49 之间的日期:日期将在当前世纪中。

● 对于 50 到 99 之间的日期:日期将在上一个世纪中。

(2)如果当前年份介于 50 到 99 之间,那么:

● 对于 0 到 49 之间的日期:日期将在下一个世纪中。

● 对于 50 到 99 之间的日期:日期将在当前世纪中。

**2. 将数字数据转换为字符数据**

存储在数据库中的数字是不含格式的。这意味着没有货币符号、逗号千位分隔符和小数,也没有其他格式。要添加格式,需要先将数字转换为字符格式。在进行字符连接时此转换尤为有用。用来将数字数据列转换为所需格式的 SQL 函数是:

```
TO_CHAR(数字, '格式样式')
```

在数字转换成字符的过程中,数字可能要以不同的样式显示,如表 9-14 所示即为数字元素格式说明表。

表 9-14　数字元素格式说明表

| 元素 | 说明 | 示例 | 结果 |
|---|---|---|---|
| 9 | 数字位置(9 的个数决定数字位数) | 999999 | 1234 |
| 0 | 显示前导零 | 099999 | 001234 |
| $ | 浮动美元符号 | $999999 | $1234 |
| L | 浮动本币符号 | L999999 | FF1234 |
| . | 指定小数点的位置 | 999999.99 | 1234.00 |
| , | 指定逗号千位分隔符的位置 | 999,999 | 1,234 |
| MI | 负号位于右边(负值) | 999999MI | 1234— |
| PR | 将负数用括号括起来 | 999999PR | <1234> |
| EEEE | 科学计数法(必须有四个 EEEE) | 99.999EEEE | 1,23E+03 |
| V | 乘以 10 的 n 次方(n = V 后面 9 的个数) | 9999V99 | 9999V99 |
| B | 将零值显示为空白,而不是 0 | B9999.99 | 1234.00 |

第 9 章　Oracle数据库DML操作和数据查询

**例 9-63** TO_CHAR 数字型数据案例。

执行结果如图 9-78 所示。

**3. 将非数值数据转换为数字数据**

经常需要将字符串转换成数字。用来完成此转换的函数是：

```
TO_NUMBER(非数值数据, '格式样式')
```

**例 9-64** TO_NUMBER 数据案例。

执行结果如图 9-79 所示。

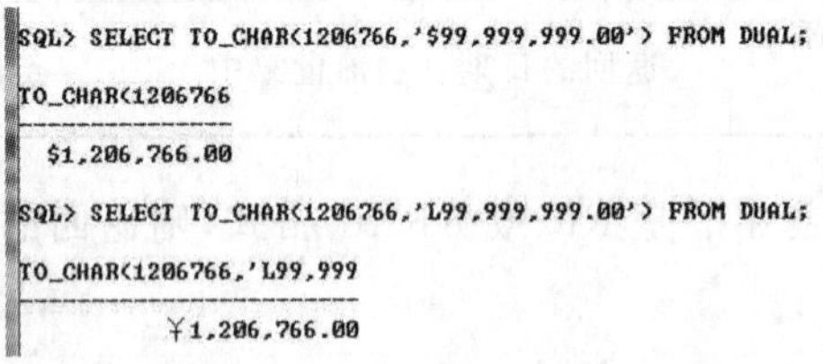

```
SQL> SELECT TO_CHAR(1206766,'$99,999,999.00') FROM DUAL;

TO_CHAR(1206766

 $1,206,766.00

SQL> SELECT TO_CHAR(1206766,'L99,999,999.00') FROM DUAL;

TO_CHAR(1206766,'L99,999

      ¥1,206,766.00
```

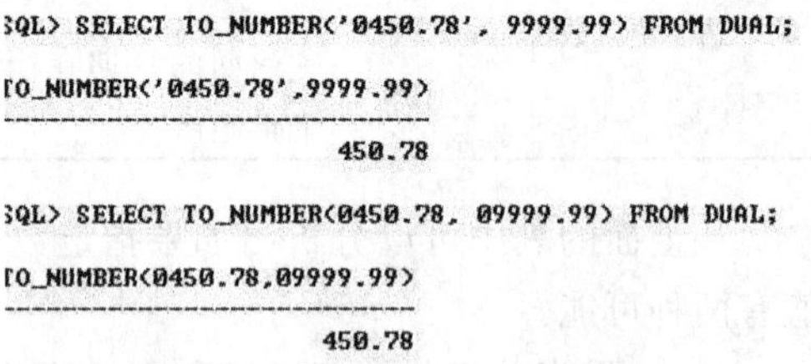

```
SQL> SELECT TO_NUMBER('0450.78', 9999.99) FROM DUAL;

TO_NUMBER('0450.78',9999.99)
----------------------------
                      450.78

SQL> SELECT TO_NUMBER(0450.78, 09999.99) FROM DUAL;

TO_NUMBER(0450.78,09999.99)
---------------------------
                     450.78
```

图 9-78  TO_CHAR 数字型数据案例    图 9-79  TO_NUMBER 数据案例

用户需注意，例 9-64 第二个案例中不带单引号的 0450.78 为非数字值，带单引号的是字符。

**4. 将字符数据转换为日期数据**

要将字符串转换成日期格式，使用格式为：

```
TO_DATE('字符串', '格式样式')
```

在执行字符到日期的转换时，fx(格式完全匹配)限定符指定字符参数必须与日期格式样式完全匹配。

**例 9-65** TO_DATE 数据案例。

执行结果如图 9-80 所示。

用户在实际使用中，需要进行字符和日期数据相互转换。在使用 TO_CHAR 函数进行日期的转换时需要注意，一般使用 TO_CHAR 函数转换 SYSDATE 日期时可以正常转换，但是如果转换具体的日期值，如图 9-81 所示，Oracle 会提示报错"ORA-01722：无效数字"。解决的方法是先用 TO_DATE 函数将日期值转换成系统当前默认的日期，然后再转换成字符。

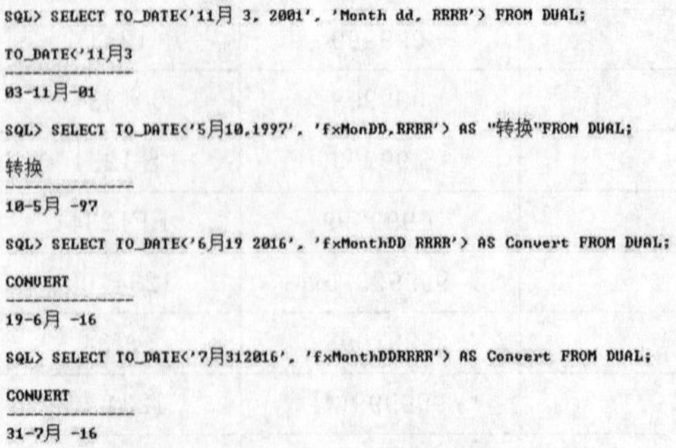

```
SQL> SELECT TO_DATE('11月 3, 2001', 'Month dd, RRRR') FROM DUAL;

TO_DATE('11月3

03-11月-01

SQL> SELECT TO_DATE('5月10,1997', 'fxMonDD,RRRR') AS "转换" FROM DUAL;

转换

10-5月 -97

SQL> SELECT TO_DATE('6月19 2016', 'fxMonthDD RRRR') AS Convert FROM DUAL;

CONVERT

19-6月 -16

SQL> SELECT TO_DATE('7月312016', 'fxMonthDDRRRR') AS Convert FROM DUAL;

CONVERT

31-7月 -16
```

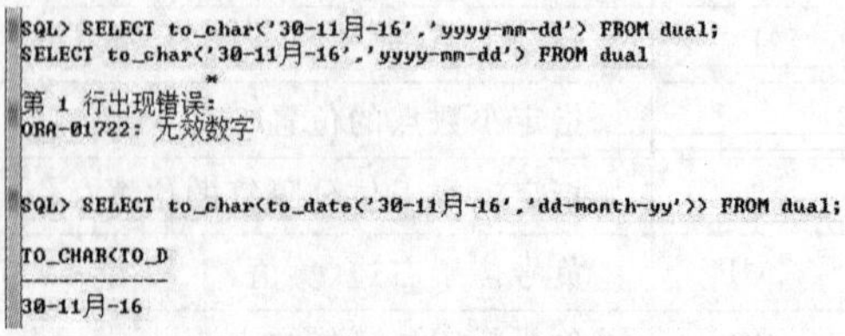

```
SQL> SELECT to_char('30-11月-16','yyyy-mm-dd') FROM dual;
SELECT to_char('30-11月-16','yyyy-mm-dd') FROM dual
                *
第 1 行出现错误:
ORA-01722: 无效数字


SQL> SELECT to_char(to_date('30-11月-16','dd-month-yy')) FROM dual;

TO_CHAR(TO_D

30-11月-16
```

图 9-80  TO_NUMBER 数据案例    图 9-81  TO_CHAR(DATE)错误案例

### 9.6.5  其他常用函数

Oracle 的运算中，除了以上的函数外，还有一些其他的常用函数，具体如表 9-15 所示。

表 9-15　其他常用函数表

| 函　　数 | 说　　明 |
|---|---|
| GREATEST(expr1,expr2,…) | 返回几个表达式中的最大值 |
| LEAST(expr1,expr2,…) | 返回几个表达式中的最小值 |
| NULLIF(expr1,expr2) | 如果 expr1 与 expr2 相等,则函数返回 NULL,否则返回 exp1 |
| NVL(expr1,expr2) | 如果 expr1 为 NULL,则返回 expr2,否则返回 expr1 |
| NVL2(expr1,expr2,exp3) | 如果 expr1 为 NULL,则返回 expr3,否则返回 expr2 |
| COALESCE (expr1,expr2,…,exprn) | 如果第一个函数 expr1 is null,则函数会继续执行下一行,直到找到一个非 NULL 表达式 |
| UID | 返回当前会话的用户 ID |
| USER | 返回当前会话的数据库用户名 |
| DECODE(base_expr,expr1, value1,expr2[,value2,…default]) | 如果 base_expr＝exprn,则返回 valuen 的值 |

### 1. 空值处理函数

1)NVL 函数

NVL 函数可以将 NULL 值转换为固定数据类型(日期、字符或数字)的已知值。NULL 值列和新值的数据类型必须相同。语法格式如下:

NVL(expr1,expr2):如果 expr1 为空,返回 expr2,否则返回 expr1。

可以在进行计算之前,使用 NVL 函数将包含 NULL 的列值转换为数字。对 NULL 执行算术计算时,结果为 NULL。NVL 函数可以在进行算术计算之前,将 NULL 值转换为数字,以避免结果为 NULL。

**例 9-66**　查询学生数据表中学生的特长信息,如果数据行中没有特长信息,则提示无特长。

```
SELECT XSBH,XSM,NVL(TC,'无特长')  FROM TXS;
```

执行结果如图 9-82 所示。

2)NVL2 函数

NVL2(expr1,expr2,exp3):对包含三个值的表达式求值。如果第一个值 expr1 不为 NULL,则 NVL2 函数返回第二个表达式 expr2。如果第一个值 expr1 为 NULL,则 NVL2 函数返回第三个表达式 expr3。

expr1 中的值可以采用任意数据类型。expr2 和 expr3 可以采用 LONG 之外的任意数据类型。返回值的数据类型始终与 expr2 的数据类型相同,除非 expr2 是字符数据(在这种情况下,返回值为 VARCHAR2 数据类型)。

图 9-82　查询学生特长信息

3）NULLIF 函数

NULLIF(expr1,expr2)：对两个函数进行比较。

如果 expr1 与 expr2 相等，则函数返回 NULL。如果不相等，则函数返回第一个表达式。

NULLIF 通常在执行数据移植项目后使用，以测试目标系统中的数据与原始源系统中的数据是否相同。因此，NULLIF 用于查找不匹配的例外。通常 NULLIF 结果为 NULL 比较好，这样才可符合源系统和目标系统中的数据完全相同的期望。

4）COALESCE 函数

COALESCE 是 NVL 函数的扩展，但是 COALESCE 函数可以接受多个值。单词"coalesce"的字面意义是"联合"，这就是该函数所要执行的操作。其语法格式为：

COALESCE(expr1,expr2,…,exprn)：如果第一个函数 expr1 是 NULL，则函数会继续执行下一行，直到找到一个非 NULL 表达式。当然，如果第一个表达式具有值，则函数将返回第一个表达式并就此结束。

**2. 条件表达式**

在数据建模中，能够做出决策至关重要。建模人员必须判断哪些业务功能需要建模，哪些业务功能不需要建模。数据建模过程要求设计者对信息进行分析，从而确定实体，解析关系并选择属性。一个典型的决策是：如果（IF）企业需要跟踪随时间变化的数据，则（THEN）时间可能需要作为一个实体，否则（ELSE）时间应作为一个属性。此决策过程与我们日常生活中的决策过程没有多大差别。在 SQL 中，这类选择涉及条件处理方法，这类方法可以帮助用户制定出更好的决策，从而更轻松地获得所需数据。

条件表达式共有两种，即 CASE 表达式和 DECODE 表达式。就两个表达式而言，CASE 表达式在逻辑上等效于之前学习的 NULLIF 函数。如果两个表达式相等，则返回 NULL，如果不相等，则返回第一个表达式。

1）CASE 表达式

CASE 表达式所执行的操作基本上就是 IF…THEN…ELSE 语句所执行的操作。CASE、WHEN 和 ELSE 表达式中的数据类型必须相同。

CASE 基本语法格式：

```
CASE 表达式 WHEN 比较表达式 1 THEN 返回表达式 1
[WHEN 比较表达式 2 THEN 返回表达式 2
WHEN 比较表示式 n THEN 返回表达式 n
ELSE else_表达式]
END
```

**例 9-67** 查询选了"Oracle 数据库管理与应用"的学生学号、姓名、所在班级和成绩，并对所在班级进行如下处理：

```
当所在班级为"10011201501"时，显示"计科 1501"；
当所在班级为"10011201502"时，显示"计科 1502"；
当所在班级为"10021201501"时，显示"软件 1501"；
当所在班级为"10021201502"时，显示"软件 1502"；
当所在班级为"10021201503"时，显示"软件 1503"；
```

对其他系，均显示"其他班级"。

执行结果如图 9-83 所示。

2）DECODE 表达式

DECODE 函数对表达式求值的方式类似于 IF－THEN－ELSE 逻辑。DECODE 将表达式和每个搜索值进行比较。

DECODE 的语法为：

DECODE(列|表达式, 搜索值 1, 结果 1 [, 搜索值 2, 结果 2,...,][, 默认值])

如果省略了默认值，则搜索值与任何值都不匹配时，会返回一个 NULL 值。

 **例 9-68** 统计学生表中每个班男生和女生的人数，其他的类型总计到其他人数中。执行结果如图 9-84 所示。

```
SQL> SELECT TXS.XSBH,XSM,ZCJ,CASE BJH
  2      WHEN '10011201501' THEN '计科1501'
  3      WHEN '10011201502' THEN '计科1502'
  4      WHEN '10021201501' THEN '软件1501'
  5      WHEN '10021201502' THEN '软件1502'
  6      WHEN '10021201503' THEN '软件1503'
  7      ELSE '其他班级'
  8  END as 所在班级
  9  FROM TXS,TKC,TCJ
 10  WHERE TXS.XSBH=TCJ.XSBH AND TCJ.KCBH=TKC.KCBH
 11      AND TKC.KCM='oracle数据库管理与应用';

XSBH            XSM              ZCJ  所在班级
2015100110101   李强              80  计科1501
2015100110102   王平              90  计科1501
2015100210103   胡琳              81  软件1501
2015100210201   王新              60  软件1502
2015100210303   熊欣              90  软件1503
```

图 9-83  CASE 表达式案例

```
SQL> SELECT TXS.BJH,
  2      count(decode(TXS.XB,'男',1,NULL)) 男生人数,
  3      count(decode(TXS.XB,'女',1,NULL)) 女生人数,
  4      count(decode(TXS.XB,'男',NULL,'女',NULL,1)) 其它人数
  5  FROM TXS
  6  GROUP BY BJH
  7  ORDER BY BJH;

BJH            男生人数    女生人数    其它人数
10011201501        2          2          0
10011201502        1          3          0
10021201501        2          2          0
10021201502        3          1          0
10021201503        2          2          0
```

图 9-84  DECODE 表达式案例

## 9.7  Oracle 复杂查询

以下以 SCOTT 用户下的 EMP 表和 DEPT 表作为案例进行分析，两个表的表结构如表 9-16 和表 9-17 所示。

表 9-16  EMP 表结构

| 雇员表（EMP） | | | |
|---|---|---|---|
| No. | 字　　段 | 类　　型 | 描　　述 |
| 1 | EMPNO | NUMBER(4) | 表示雇员编号，是唯一编号 |
| 2 | ENAME | VARCHAR2(10) | 表示雇员姓名 |
| 3 | JOB | VARCHAR2(9) | 表示工作职位 |
| 4 | MGR | NUMBER(4) | 表示一个雇员的领导编号 |
| 5 | HIREDATE | DATE | 表示雇佣日期 |
| 6 | SAL | NUMBER(7,2) | 表示月薪，工资 |
| 7 | COMM | NUMBER(7,2) | 表示资金，或者称为佣金 |
| 8 | DEPTNO | NUMBER(2) | 表示部门编号 |

表 9-17  DEPT 表结构

| 部门表（DEPT） | | | |
|---|---|---|---|
| No. | 字　　段 | 类　　型 | 描　　述 |
| 1 | DEFLNO | NUMBER(2) | 表示部门编号，是唯一编号 |
| 2 | DNAME | VARCHAR2(14) | 表示部门名称 |
| 3 | LOC | varchar2(13) | 表示部门位置 |

### 9.7.1 Top-N 查询

Top-N 查询用于取某列数据中最大或最小的 n 个值。Oracle 中不支持用 SELECT TOP 语句来进行 Top-N 查询，需要借助 ROWNUM 伪列来实现。ROWNUM 伪列是 Oracle 数据库对查询结果自动添加的一个伪列，编号从 1 开始。ROWNUM 在物理上（查询目标表中）并不存在，是每一次查询过程中动态生成的，所以称为"伪列"。因此，不允许以任何查询基表的名称作为前缀，连接查询中涉及多个物理表，但也只动态生成一个伪列。

Top-N 语法：

```
SELECT [ column_list ], ROWNUM
FROM ( SELECT [column_list ]
              FROM table
              ORDER BY Top-N_column [ASC| DESC ])
WHERE ROWNUM <=N ;
```

- 取最大的前 N 个值，ORDER BY 子句需指明 DESC；
- 取最小的前 N 个值，ORDER BY 子句需指明 ASC；
- 用 ROWNUM 限制取得的结果记录数。

**例 9-69** 查询工资在前三名的员工信息。

执行结果如图 9-85 所示。

### 9.7.2 WITH 子句

如果在一个 SQL 语句中多次使用同一个子查询，可以通过 WITH 子句给子查询指定一个名字，从而可以实现通过名字引用该子查询，而不必每次都完整地写出该子查询。WITH 子句的语法如下：

```
WITH 子查询名称 AS (子查询内容),
子查询名称 AS (子查询内容)
SELECT 列列表
FROM {表| 子查询名称| 视图}
WHERE 条件为真；
```

使用 WITH 子句的优势如下：

- WITH 子句为运行查询的用户检索一个或多个查询块的结果并存储这些结果。
- WITH 子句可提高性能。
- WITH 子句可令查询更易于理解。

**例 9-70** 查询 SCOTT 模式下部门(DEPT)表人数最多的部门的信息。

查询人数最多的部门的信息时要分组查询哪些部门有员工，并查询有员工的部门的总人数。

常见的查询代码如下：

```
SELECT * FROM dept WHERE deptno IN
(SELECT deptno FROM emp
GROUP BY deptno
HAVING count(*)>=ALL
( SELECT count(*) FROM emp GROUP BY deptno));
```

相同的子查询连续出现了两次，因此可以按下列方式编写查询语句。

执行结果如图 9-86 所示。

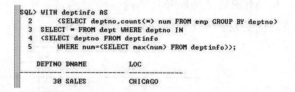

```
SQL> SELECT ROWNUM,empno,ename,sal FROM
  2  (SELECT empno,ename,sal FROM emp ORDER BY sal DESC)
  3  WHERE ROWNUM <=3;

    ROWNUM      EMPNO ENAME             SAL
---------- ---------- ---------- ----------
         1       7839 KING             5000
         2       7902 FORD             3000
         3       7566 JONES            2975
```

图 9-85　Top-N 案例

```
SQL> WITH deptinfo AS
  2  (SELECT deptno,count(*) num FROM emp GROUP BY deptno)
  3  SELECT * FROM dept WHERE deptno IN
  4  (SELECT deptno FROM deptinfo
  5  WHERE num=(SELECT max(num) FROM deptinfo));

    DEPTNO DNAME          LOC
---------- -------------- -------------
        30 SALES          CHICAGO
```

图 9-86　WITH 子句案例

注意：
- 使用 WITH 子句定义内容需要重复使用查询块。
- 当查询块的名称与基表名相同时,查询块优先。
- 查询块从自定义位置起到整个 SQL 语句代码段的结束处均有效。
- 查询块不是数据库方案对象。

### 9.7.3　层次查询

我们在数据库中进行数据建模时,有一些数据之间是有"递归"关系的,比如人类族谱(谱系树)、家畜(繁殖关系)、企业管理(管理层次结构)、制造业(产品装配)。这些递归的数据关系,就像一棵谱系树。谱系中最年老的成员靠近树的底部或树干,最年幼的成员则构成树的分支。分支可以有自己的分支,以此类推。

在企业业务中有时候需要我们查询这样带有递归关系的数据。Oracle 提供了层次查询,任何带有指向自身关系的实体及任何具有自引用外键的表都可用于分层查询。Oracle 层次查询是 Oracle 特有的功能实现,主要用于返回一个数据集,这个数据集存在树的关系(数据集中存在一个父 ID,记录着当前数据集某一条记录的子 ID)。使用分层查询,可以根据表中各行之间的自然分层关系检索数据。关系数据库并不以分层方式存储记录。但是,当一个表的各行之间存在分层关系时,"树遍历"过程可建立层次结构。分层查询是一种以特定顺序报告树分支的方法。

层次查询的语法为：

```
SELECT…FROM   table_name WHERE condition
START WITH column='value'
CONNECT BY   PRIOR 父主键=子外键;
```

参数说明：

- LEVEL:指距树根部的级数,是一个伪列(这表示其并非真正存在,只是像行号),对树根返回 1,第二层返回 2,第三层返回 3,依此类推。
- START WITH:指定从层次结构中何处开始树遍历。
- CONNECT BY:指定在树遍历中确定各行之间关系所用的列。
- PRIOR:必须放在 CONNECT BY 子句中等号（=）的任一边,会导致 Oracle 使用列中父行的值。

**例 9-71**　利用层次查询显示 SCOTT 模式下雇员（EMP）表中员工与领导之间的关系（从高到低）。

通过自连接我们可以查找某员工的直接经理。那么如果我们想要了解该经理为谁工作,以此类推。如图 9-87 所示,图中为 EMP 表中的员工之间的关系。每个员工都有经理编号(MGR),经理编号其实就是经理的员工编号,这样的一个递归关系一层层地显示员工之间的关系。最上层经理是 KING,其用户编号为 7839。

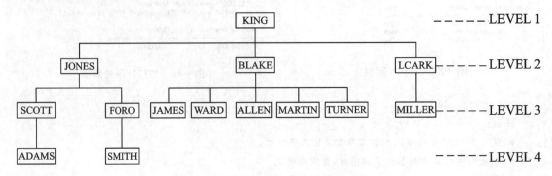

图 9-87　EMP 表中员工关系图

执行结果如图 9-88 所示。

可用 LPAD 函数<左侧填充>配合 LEVEL 伪列在查询结果的左边添加空格等字符,形成缩进结构的树形样式。

执行结果如图 9-89 所示。

```
SQL> SELECT empno,ename,mgr FROM emp
  2    START WITH empno=7839
  3    CONNECT BY PRIOR empno=mgr;

EMPNO ENAME             MGR
----- --------- ----------
 7839 KING
 7566 JONES            7839
 7902 FORD             7566
 7369 SMITH            7902
 7698 BLAKE            7839
 7499 ALLEN            7698
 7521 WARD             7698
 7654 MARTIN           7698
 7844 TURNER           7698
 7900 JAMES            7698
 7782 CLARK            7839
 7934 MILLER           7782

已选择12行。
```

图 9-88　EMP 表中员工与领导之间的关系

```
SQL> COLUMN org_chart FORMAT a20
SQL> COLUMN empno FORMAT 99999
SQL> COLUMN job FORMAT a10
SQL> SET PAGESIZE 50
SQL> SELECT LPAD(' ',2*(LEVEL-1))||ename org_chart,empno,mgr,job
  2    FROM emp
  3    START WITH job = 'PRESIDENT'
  4    CONNECT BY PRIOR empno = mgr;

ORG_CHART           EMPNO   MGR JOB
------------------- ----- ----- ----------
KING                 7839       PRESIDENT
  JONES              7566  7839 MANAGER
    FORD             7902  7566 ANALYST
      SMITH          7369  7902 CLERK
  BLAKE              7698  7839 MANAGER
    ALLEN            7499  7698 SALESMAN
    WARD             7521  7698 SALESMAN
    MARTIN           7654  7698 SALESMAN
    TURNER           7844  7698 SALESMAN
    JAMES            7900  7698 CLERK
  CLARK              7782  7839 MANAGER
    MILLER           7934  7782 CLERK

已选择12行。
```

图 9-89　EMP 表中员工与领导之间的关系

## 9.7.4　维度分组查询

分组函数可以依据 GROUP BY 的分组对不同组的数据进行汇总,但如果在分组汇总的基础上,还想知道每组的小计和所有选定行的合计,该怎么做? Oracle 提供了 GROUP BY 子句的一些扩展功能:ROLLUP、CUBE 和 GROUPING SETS。就数据库而言,使用这些扩展功能可大大减少用户工作负担,又能进行各种维度的分组统计,这些扩展功能很高效。

比如要在 SCOTT 用户下的 EMP 表中统计不同部门、不同职务员工的各种信息。这种查询直接使用 GROUP BY 子句进行多列分组时,只能生成简单的分组统计结果。GROUP BY 之后的列(各维)是有层次的,最右边的为最低层,最左边的为最高层。

如果现在经理不仅需要每个部门、每个职务的薪金总计,可能还需要每个部门的薪金总计及所有部门的薪金总计。在不使用 ROLLUP 运算符的情况下,实现此要求可能需要编写数个查询。Oracle 提供的 ROLLUP 可以方便地解决这个问题。

## 1. ROLLUP

Oracle 中 ROLLUP 可以应用于所有汇总函数,包括 AVG、SUM、MIN、MAX 和 COUNT。它将按照在 GROUP BY 子句中指定的分组列表,创建从最详细层累计的小计直至总计。ROLLUP 从右至左计算 GROUP BY 定义的维分组的小计并累计该值至最终的合计。若给定 n 维分组,ROLLUP 将产生 n+1 层汇总数据。ROLLUP 运算直接明了,它将按照 ROLLUP 子句中指定的分组列表,创建从最详细层累计而来的小计直至合计。ROLLUP 按顺序从列分组列表中提取参数。

首先,它计算 GROUP BY 子句中指定的标准汇总值。

然后,它按照列分组列表中从右至左的顺序逐级创建更高层次的小计。

最后,创建合计。

**例 9-72** 统计分析 SCOTT 模式下雇员(EMP)中不同部门、不同职位的员工的平均薪水,同时在这个统计基础上,统计不同部门的平均薪水和所有员工的平均薪水。

执行结果如图 9-90 所示。

## 2. CUBE

CUBE 与 ROLLUP 一样,也是 GROUP BY 子句的扩展功能。ROLLUP 对 GROUP BY 定义的维分层计算横向统计和不分组统计。CUBE 与 ROLLUP 一样汇总相同的行,但之后还会汇总这些已汇总的行,这样在 GROUP BY 子句中提及的每个列都会在报表中生成一个超汇总行。

CUBE 操作提供了从数据的不同侧面了解其内涵的方法,GROUP BY 子句中列出的列被交叉引用以创建组的超集。SELECT 列表中指定的汇总函数将应用于此组,以便为附加的超汇总行创建汇总值。CUBE 将对行的每种可能的组合进行汇总。如果 GROUP BY 子句中有 n 个列,则将有 $2^n$ 种可能的超汇总组合。从数学角度看,这些组合构成一个 n 维的立方体,所以把 CUBE 称作数据立方体操作。CUBE 将 GROUP BY 子句中的各维进行组合(两两组合、三个组合,以此类推),形成交叉表,并计算各维组合的聚集值。

CUBE 通常最适合用在使用多个表的列的查询中,而不太适合用在单表中表示不同行的列的查询中。

**例 9-73** 统计分析 SCOTT 模式下雇员(EMP)中不同部门、不同职位的员工的平均薪水,同时在这个统计基础上,统计不同部门的平均薪水、不同职位的员工的平均薪水和所有员工的平均薪水。

执行结果如图 9-91 所示。

## 3. GROUPING 函数

使用 ROLLUP 或 CUBE 创建含小计的报表时,常常需要指明输出的哪些行是从数据库返回的实际行,哪些行是由于 ROLLUP 或 CUBE 运算而计算得到的小计行。GROUPING 函数可解决这些问题。

GROUPING 用于标识某个列是否参与了聚集值的计算。GROUPING 的语法如下:

```
GROUPING (column_name);
```

GROUPING 仅用在 SELECT 子句中,并且仅接受单列表达式作为参数。在遇到 ROLLUP 或 CUBE 运算创建的 NULL 值时会返回 1;也就是说,如果 NULL 所在行是一个小计,则 GROUPING 返回 1。如果是任何其他类型的值(包括存储 NULL),则返回 0。因此,GROUPING 函数会为聚集(计算)的行返回 1,为非聚集(返回)的行返回 0。

**例 9-74** 统计分析 SCOTT 模式下雇员（EMP）中不同部门、不同职位的员工的平均薪水，同时在这个统计基础上，统计不同部门的平均薪水和所有员工的平均薪水，并标识部门列和职位列是否参与聚集运算。

执行结果如图 9-92 所示。

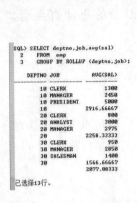

**图 9-90 ROLLUP 案例**　　**图 9-91 CUBE 案例**　　**图 9-92 GROUPING 案例**

#### 4. 合并分组查询 GROUPING SETS

如果在上面的统计分析基础上，部门领导希望既能按部门标识、职务标识、经理标识，又能按部门标识、经理标识，同时还能按职务标识、经理标识来查看雇员表中的数据，则通常需要编写 3 个不同的 SELECT 语句，这些语句唯一的区别只在于 GROUP BY 子句。对于数据库而言，这意味着在本例中要检索 3 次相同的数据，这是一个相当大的工作量。

Oracle 提供了 GROUPING SETS 来解决这个问题。与 ROLLUP 和 CUBE 一样，GROUPING SETS 是 GROUP BY 子句的另一扩展功能，此功能用于指定多个数据分组。这相当于一个 SELECT 语句中包含多个 GROUP BY 子句，而包含多个 GROUP BY 子句是语法所不允许的。因此，GROUPING SETS 在编写复杂报表时极为高效。

比如数据库中想要进行以下的统计：

GROUP BY 列 1，列 2，列 3；

GROUP BY 列 1，列 3；

GROUP BY 列 2，列 4；

GROUP BY 列 2，列 3。

常规的方法是编写 4 个不同的查询并通过 UNION 语句将结果合并。尽管编写容易，但会加重数据库的负担，原因是必须查找、提取和处理 4 次查询中的所有行。而 GROUPING SETS 运算允许用户指定希望从查询中获得的各种 GROUP BY 划分组合，因此此查询功能就可以使用 GROUPING SETS 语句来完成。

```
GROUP BY GROUPING SETS ((列1,列2,列3), (列1,列3), (列2,列4), (列2,列3))
```

可以将 GROUPING SETS 视为一种预先通知 Oracle 所有数据分组的方法，Oracle 随后将启动并一次传递数据完成此操作，而非每个 GROUP BY 子句传递一次数据。这样效率更高。

**例 9-75** 统计分析 SCOTT 模式下雇员（EMP）中不同部门、不同职位的员工的平均薪水，同时，在这个统计基础上统计不同部门的平均薪水，并标识部门列和职位列是否参与聚集运算。

执行结果如图 9-93 所示。

```
SQL> SELECT deptno,job,avg(sal),GROUPING(deptno),GROUPING(job)
  2    FROM  emp
  3    GROUP BY
  4    GROUPING SETS
  5    (
  6      (deptno,job),
  7      (deptno)
  8    );

    DEPTNO JOB        AVG(SAL) GROUPING(DEPTNO) GROUPING(JOB)
        10 CLERK          1300                0             0
        10 MANAGER        2450                0             0
        10 PRESIDENT      5000                0             0
        10             2916.66667                0             1
        20 CLERK           800                0             0
        20 ANALYST        3000                0             0
        20 MANAGER        2975                0             0
        20             2258.33333                0             1
        30 CLERK           950                0             0
        30 MANAGER        2850                0             0
        30 SALESMAN       1400                0             0
        30             1566.66667                0             1

已选择12行。
```

**图 9-93　GROUPING SETS 案例**

# 习　题　9

**一、选择题**

1. 下面（　　　）命令不属于数据操纵语言（DML）。

　　A. ALTER　　　　　　　B. INSERT　　　　　　C. UPDATE　　　　　　D. DELETE

2. （　　　）操作符只返回由第一个查询选定但是没有被第二个查询选定的行。

　　A. UNION　　　　　　　B. UNION ALL　　　　　C. INTERSECT　　　　　D. MINUS

3. 删除 EMP 表中所有的数据，且可以 ROLLBACK，以下语句中（　　　）命令可以实现此目的。

　　A. truncate table emp　　　　　　　　　B. drop table emp

　　C. delete ＊ from emp　　　　　　　　　D. delete from emp

4. 语句 SELECT ＊ FROM dept WHERE NOT EXISTS

　　（SELECT ＊ FROM emp WHERE deptno＝dept. deptno）执行后的结果为（　　　）。

　　A. 只显示存在于 EMP 表中的部门全部信息

　　B. 只显示不存在于 EMP 表中的部门全部信息

　　C. 未返回任何数据

　　D. 显示 DEPT 表中的全部信息

5. （　　　）函数通常用来计算累计排名、移动平均数和报表聚合等。

　　A. 汇总　　　　　　　　B. 分析　　　　　　　　C. 分组　　　　　　　　D. 单行

6. 下面四个语句中是正确的是（　　　）。

　　A. SELECT ＊ ,ENAME FROM EMP；

　　B. DELETE ＊ FROM EMP；

　　C. SELECT DISTINCT EMPNO ,HIREDATE FROM EMP；

　　D. SELECT ENAME|SAL AS "name" FROM EMP；

7. 锁用于提供（　　　）。

　　A. 改进的性能　　　　　　　　　　　　　B. 数据的完整性和一致性

　　C. 可用性和易于维护　　　　　　　　　　D. 用户安全

8. 下面哪一个 like 命令会返回名字像 HOTKA 的行？（　　　）

A. where ename like '_HOT%'　　　　　B. where ename like 'H_T%'

C. where ename like '%TKA_'　　　　　D. where ename like '%TOK%'

9. NULL 表示(　　)。

　　A. 0　　　　　　B. 空格　　　　　C. 值　　　　　　D. 没有值

10. (　　)子句用于列出唯一值。

　　A. UNIIQUE　　　B. DISTINCT　　　C. ORDER BY　　　D. GROUP BY

11. 以下运算结果不为空值的是(　　)。

　　A. 12＋NULL　　B. 60 * NULL　　　C. NULL‖'NULL'　D. 12/(60＋NULL)

12. 子查询执行的顺序是(　　)。

　　A. 最里面的查询到最外面的查询　　　B. 最外面的查询到最里面的查询

　　C. 简单查询到复杂查询　　　　　　　D. 复杂查询到简单查询

13. 下面可以使用子查询的语句是(　　)。

　　A. SELECT 语句　　B. UPDATE 语句　　C. DELETE 语句　　D. 以上都是

14. (　　)是一个单一的逻辑工作单元。

　　A. 记录　　　　　B. 数据库　　　　　C. 事务　　　　　D. 字段

15. 集合操作符 INTERSECT 的作用是(　　)。〔选择一项〕

　　A. 将两个记录集连接起来　　　　　　B. 选择第一个查询有,而第二个没有的记录

　　C. 选择两个查询的交集　　　　　　　D. 选择第二个查询有,而第一个没有的记录

16. 数据库中有两个用户 scott 和 myuser,物资表 wz 是属于 myuser 用户的,但当前用户是 scott,要求查询物资表 wz(wno、wname、wtype、wunit)物资单位 wunit 列为 null 的记录,取结果的前 5 条记录显示,以下正确的 SQL 语句是(　　)。

　　A. select * from scott. wz where wunit is null and rownum＜5;

　　B. select * from myuser. wz where wunit = null and rownum＜5;

　　C. select * from myuser. wz where wunit is null and rownum＜6;

　　D. select * form scott. wz where wunit is null and rownum＜6;

17. 下面的查询中会产生笛卡尔积的是(　　)。

　　A. SELECT e. empno, e. ename, e. deptno, d. deptno, d. locFROM　emp e, dept　d
　　　WHERE　e. deptno = d. deptno;

　　B. SELECT e. empno, e. ename, e. deptno, d. deptno, d. locFROM emp　e, dept　d;

　　C. SELECT e. empno, e. ename, e. deptno, d. deptno, d. locFROM emp e, dept d
　　　WHERE e. empno = 101 and e. deptno = d. deptno;

　　D. SELECT e. empno, e. ename, e. deptno, d. deptno, d. locFROM emp e, dept　d
　　　WHERE e. deptno= d. deptno and d. deptno = 60;

18. 如果表 DEPT 包含 3 条记录,现在用如下命令对其进行修改,即

　　ALTER TABLE DEPT ADD(COMP NUMBER(4) NOT NULL);

　　请问下面说法正确的是(　　)。

　　A. 该语句在表的最前面插入一个非空列

　　B. 该语句在表的最后插入一个非空列

　　C. 该语句执行完成后,应当立即执行 COMMIT 语句,以确保更改生效

　　D. 该语句将产生错误

19. "INSERT　INTO　TEST VALUES('&ID','&NAME');"语句在执行时将(　　)。

A. 编译错:提示变量未定义

B. 运行错:提示不能识别符号

C. 将值 &ID 和 &NAME 插入表中

D. 提示用户输入输入 ID 和 NAME 的值,再将输入值插入表中

20. 若当前日期为 25-5 月-06,以下(　　)表达式能计算出 5 个月后那一天所在月份的最后一天的日期。

A. NEXT_DAY(ADD_MONTHS('28-5 月-06',5))

B. NEXT_DAY(MONTHS_BETWEEN('28-5 月-06',5))

C. LAST_DAY(MONTHS_BETWEEN('28-5 月-06',5))

D. LAST_DAY(ADD_MONTHS('28-5 月-06',5))

## 二、问答题

1. 试说明 SELECT 语句的 FROM 子句、WHERE 子句、ORDER BY 子句、GROUP BY 子句、HAVING 子句和 INTO 子句的作用。

2. LIKE 可以与哪些数据类型匹配使用?

3. 什么是子查询? 子查询包含几种情况?

4. 事务是什么? 事务有什么特点?

5. Oracle 中,需要在查询语句中把空值(NULL)输出为 0,则应如何处理?

6. DDL 和 DML 分别代表什么?

7. 单行函数和分组(聚合)函数的区别是什么?

8. 单行子查询和多行子查询的概念和区别是什么?

9. 相关(关联)子查询及执行原理是什么?

## 三、实训题

(一)以下实训题,在 SCOTT 用户连接数据库后,基于 SCOTT 用户拥有的表完成。

1. 检索部门编号、部门名称、部门所在地及每个部门的员工总数。

2. 检索员工和所属经理的姓名。

3. 将 7369 号员工的入职日期改为 1997/7/1,工资提高 800,其他信息不变。

4. 将 7654 号员工的部门改成与 7934 号员工一个部门。

5. 检索 30 号部门中 1980 年 1 月份之前入职的员工信息,显示的字段为员工号、员工名、部门号、部门名和入职日期。

6. 检索雇员的雇佣日期早于其经理雇佣日期的员工及其经理的姓名。

7. 按部门号(deptno)及工资(sal)排序检索公司的员工信息(要求部门号从大到小,部门号相同的按工资由低到高),显示的字段为员工号、员工名、工资、部门号。

8. 检索不同部门经理的最低工资。

9. 检索部门号及其本部门的最低工资。

10. 检索从事 clerk 工作的员工姓名和所在部门名称。

11. 检索和名叫 SCOTT 的员工相同工资的员工信息,但不显示 SCOTT。显示字段:员工号、员工名、工资。

12. 检索与 SCOTT 从事相同工作的员工信息。

13. 检索出员工表 EMP 中的第 3 条到第 8 条记录。显示字段:EMP 表中的全部字段。

14. 检索出 30 号部门中每个雇员的上司名字。

15. 求分段显示薪水的个数,显示结果如下。

| DEPTNO | 800－2000 | 2001－5000 |
| ------ | --------- | --------- |
| 30 | 5 | 1 |
| 20 | 2 | 3 |
| 10 | 1 | 2 |

16. 检索所有雇员的雇员号、姓名、部门名、部门位置和所有其他部门的位置。

17. 检索 20 号部门的部门名称及其员工号、员工名，以及所有其他部门的员工名、员工号，按部门号排序。

18. 检索所有的部门名和员工名，按部门名排序。

19. 检索哪些雇员的工资高于他所在部门的平均工资。

20. 检索雇员表中职位不是销售员（SALESMAN），并且薪水低于销售员的薪水的员工信息（员工号、姓名、职位、薪水）。

21. 检索雇员表中职位不是销售员（SALESMAN），并且薪水低于销售员的最低薪水的员工信息（员工号、姓名、职位、薪水）。

22. 检索雇员表中作为经理的员工的信息（编号、姓名、职位、部门号）。

23. 检索没有任何员工的部门号、部门名。

24. 检索查询 SCOTT 用户下的雇员表（EMP）中各部门中除最高工资以外的人员信息。

25. 将 EMP 表中 30 号部门的雇员记录合并到 BONUS 表中。

    按照雇员名字比对两表中的数据，如果两表中有数据相同，则更新该雇员的佣金为工资和佣金之和（将 BONUS 表中的 comm 字段的值和 EMP 表中的 sal 字段的值相加）。如果数据不相同，则将该雇员的佣金设为工资的 10％，并将记录插入 BONUS 表中（EMP 表中 30 号部门的雇员的 sal 字段的值乘以 0.1 后插入 BONUS 表）。

26. 检索出 10 号部门中所有经理、20 号部门中所有办事员，以及既不是经理又不是办事员但其薪金＞＝2000 的所有雇员的详细资料。

27. 检索出至少有两个员工的所有部门信息。

28. 检索 EMP 表第 6 行到第 10 行的内容。

29. 检索入职最早的前 5～10 名员工的姓名和入职日期（按年月日格式显示日期）。

30. 检索雇员和其直接领导姓名及他们所在部门名称，没有领导的雇员也要列出。

（二）以下实训题，在 HR 用户连接数据库后完成。

1. 检索 HR 用户的 EMPLOYEES 表中的 JOB_ID 是 fi_accoun 用户的工龄。

2. 检索 HR 用户的 EMPLOYEES 表中的 JOB_ID 是 fi_accoun 用户的雇佣日期工龄（四舍五入）。

3. 观察和分析公司 90 号以内的部门雇员（employees）的工资情况。要求：

    （1）查询的各个部门的不同职位、不同雇佣日期的员工的薪水之和及奖金百分比之和。

    （2）查询的各个部门的不同职位的员工的薪水之和及奖金百分比之和。

    （3）查询每个部门的员工的薪水之和、奖金百分比之和。

    （4）查询整个公司的所有员工的薪水和奖金百分比之和的总计信息。

4. 统计分析公司 90 号以内的部门雇员（employees）的工资情况，要求：

    （1）查询整个公司的所有员工的薪水和佣金的总计信息。

    （2）查询每一个雇佣日期的员工的薪水之和奖金百分比之和。

    （3）查询每种职位的员工的薪水之和奖金百分比之和。

(4)查询每种职位中不同雇佣日期的员工的薪水之和、奖金百分比之和。

(5)查询每个部门的员工的薪水之和、奖金百分比之和。

(6)查询每个部门的不同职位的员工的薪水之和、奖金百分比之和。

(7)查询每个部门的不同雇佣日期的员工的薪水之和、奖金百分比之和。

(8)查询每个部门的不同职位、不同雇佣日期的员工的薪水之和、奖金百分比之和。

5.观察和分析公司 50 号以内的部门雇员(employees)的工资情况,要求:

(1)统计查询不同部门中,不同职位的员工的薪水总计信息。

(2)统计查询不同部门的员工的薪水总计信息。

(3)统计所有员工的薪水总计信息。

(4)对其中的 department_id、job_id 是否参与了聚集做标识。

6.观察和分析公司 50 号以内的部门雇员(employees)的工资情况,要求从 3 个角度观察数据:

(1)统计查询不同部门中不同职位、不同经理下的员工的平均薪水信息。

(2)统计查询不同部门中不同经理下的所有员工的平均薪水信息。

(3)统计查询不同职位中不同经理下的所有员工的平均薪水信息。

# 第⑩章　　PL/SQL 程序设计

## 10.1　PL/SQL 基础

SQL 语言只是访问、操作数据库的语言,并不是一种具有流程控制的程序设计语言,而只有程序设计语言才能用于应用软件的开发。PL/SQL 叫作过程化 SQL 语言(procedural language/SQL),是基于 Ada 编程语言的结构化编程语言,是由 Oracle 公司为版本 6 及以上版本提供的专用于 Oracle 产品的数据库编程语言。

PL/SQL 是一种高级数据库程序设计语言,该语言专门用于在各种环境下对 Oracle 数据库进行访问。它是 Oracle 公司对 SQL 语言功能的拓展,全面支持 SQL 的数据操作、事务控制等。PL/SQL 程序单元可以提高数据库的安全性,允许用户访问数据库对象,而不需向用户赋予特定对象的权限。DBA 也可以利用 PL/SQL 的功能自动执行和处理一些日常管理任务。因此它具有 SQL 所没有的许多优点。

### 10.1.1　PL/SQL 块结构

PL/SQL 是一种块结构语言,即构成一个 PL/SQL 程序的基本单位是程序块。程序块由过程、函数和无名块三个部分组成,它们之间可以相互嵌套。PL/SQL 程序块在执行时不必逐条在网络上传送 SQL 语句去执行,而是作为一组 SQL 语句的整体发送到 Oracle。PL/SQL 引擎还可以嵌入 Oracle 开发工具中,这样在客户机上就可以处理 PL/SQL 代码,减少了网络数据流量。

PL/SQL 块的基本语法:

```
[DECLARE
[declaration statements]    --定义部分,变量或常量声明部分。可选。
BEGIN
executable statements    --执行部分。BEGIN 开始,END 结束(加";")。
[EXCEPTION
[exception statements]  --异常处理部分。可选。
END;
```

说明:

(1)PL/SQL 能够在运行 Oracle 的任何平台上运行,但不能像其他高级语言一样编译成可执行文件去执行。SQL * PLUS 是 PL/SQL 语言运行的基本工具,当程序第一句以 DECL ARE 或 BEGIN 开头时,系统会自动识别出 PL/SQL 语句,而不是直接的 SQL 命令。PL/SQL 在 SQL * PLUS 中运行时,当遇到"/"时才提交数据库执行,而不像 SQL 命令,遇到";"就执行。

(2)用户如果想在 PL/SQL 块中加入文字说明,可以添加注释。如果添加单行注释,可以使用"--";如果添加多行注释,则以"/ *"开始,以"* /"结束。

(3)用户可以对一个 PL/SQL 块进行命名,然后存储到数据库里面,当执行此块时,可以使用关键字 EXECUTE。如果在一个 PL/SQL 块中调用另一个 PL/SQL 块时,直接引用其名称即可,不需使用关键字 EXECUTE。

**例 10-1** 显示"hello world!"。

执行过程如图 10-1 所示,该代码没有问题,但是一开始执行的时候只是提示过程执行成功,但是没有输出结果。初学者请注意,若要在 SQL＊PLUS 环境中,通过调用 Oracle 自带的包中的 DBMS_OUTPUT.PUT_LINE 方法进行字符串输出,必须将环境变量 SERVEROUT 设置为 ON,才会在会话中显示输出结果。SQL＊PLUS 默认 SERVEROUT 输出是关闭的,当使用 set SERVEROUT ON 命令后,再次执行 PL/SQL 块,"hello world!"就会显示输出。

```
SQL> BEGIN
  2    dbms_output.put_line('hello world!');
  3  END;
  4  /

PL/SQL 过程已成功完成。

SQL> set SERVEROUT on
SQL> BEGIN
  2    dbms_output.put_line('hello world!');
  3  END;
  4  /
hello world!

PL/SQL 过程已成功完成。
```

图 10-1 显示"hello world!"

## 10.1.2 PL/SQL 标识符

标识符用于定义 PL/SQL 变量、常量、异常、游标名称、游标变量、参数、子程序名称和其他的程序单元名称等。

在 PL/SQL 程序中,标识符是以字母开头的,后边可以接字母、数字、美元符号($)、井号(♯)或下划线(_),其最大长度为 30 个字符,并且所有字符都是有效的,不区分大小写。

例如,XS、v_empno、va$ 等都是有效的标识符,而 X＋y、_temp 则是非法的标识符。

> **注意**:如果标识符区分大小写、使用预留关键字或包含空格等特殊符号,则需要用""括起来,称为引证标识符。例如标识符"my book"和"exception"。但是后面在使用标识符的过程中,也需要使用""括起来使用,否则 Oracle 就会报错。

## 10.1.3 运算符

### 1.算术运算符

算术运算符用于算术运算。常见的算术运算符有:

＋(加)、－(减)、＊(乘)、/(除)、＊＊(指数)和‖(连接)。

### 2.关系运算符

关系运算符又称比较运算符,用于测试两个表达式值满足的关系,其运算结果为逻辑值 TRUE、FALSE 或 UNKNOWN。常用的关系运算符有:

(1)＝(等于)、＜＞或、!＝(不等于)、＜(小于)、＞(大于)、＞＝(大于等于)、＜＝(小于等于);

(2)BETWEEN…AND…(检索两值之间的内容);

(3)IN(检索匹配列表中的值);

(4)LIKE(检索匹配字符样式的数据);

(5)IS NULL(检索空数据)。

**3. 逻辑运算符**

逻辑运算符用于对某个条件进行测试,运算结果为 TRUE 或 FALSE。Oracle 提供的逻辑运算符有:

(1)AND(两个表达式为真则结果为真);

(2)OR(只要有一个为真则结果为真);

(3)NOT(取相反的逻辑值)。

## 10.1.4 变量

在 PL/SQL 块中引用的所有标识符都必须在 PL/SQL 块的定义部分声明。

变量定义如下:

```
< 变量名> < 数据类型> [(宽度):= < 初始值> ]';
```

例如:定义一个长度为 10 B 的变量 COUNT,其初始值为 1,是 VARCHAR2 类型。

```
count varchar2(10) :='1';
```

**1. 变量命名规则**

变量是存储值的内存区域,在 PL/SQL 中用来处理程序中的值。像其他高级程序语言一样,PL/SQL 中的变量也要遵循一定的命名规则。变量的名字遵循以下原则:

● 变量名以字母开头,不区分大小写;

● 变量名由字母、数字以及 $、#或_和特殊字符组成;

● 变量最多包含 30 个字符;

● 变量名中不能有空格;

● 尽可能避免缩写,用一些具有意义的单词命名;

● 不能用保留字命名。

**例 10-2** 使用变量输出显示"hello world!"。

执行过程如图 10-2 所示。

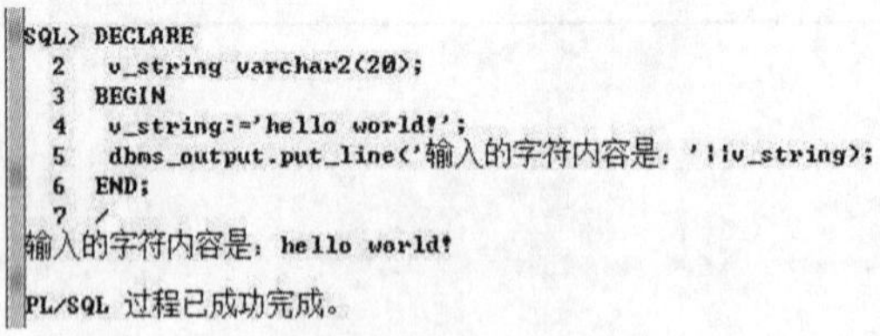

```
SQL> DECLARE
  2    v_string varchar2(20);
  3  BEGIN
  4    v_string:='hello world!';
  5    dbms_output.put_line('输入的字符内容是: '||v_string);
  6  END;
  7  /
输入的字符内容是: hello world!

PL/SQL 过程已成功完成。
```

图 10-2 使用变量显示"hello world!"

变量可以在结构体的执行部分赋值,也可以在定义变量的时候就直接赋初始值。例 10-2 还可以写为以下的形式:

```
DECLARE
    str char(20):='hello world! ';
BEGIN
```

```
        dbms_output.put_line('输出的字符串为:'||str);
    END;
```

在 PL/SQL 中,变量命名在企业业务系统中非常重要,建议在系统的设计阶段就要求所有编程人员共同遵守一定的规范,使得整个系统的文档在规范上达到要求,同时便于进行数据库的维护和应用系统后期的开发维护。

**2. 变量的属性**

变量名用于标识该变量,变量的数据类型确定了该变量存放值的格式及允许的运算。用%来表示属性提示符。

**3. 变量的作用域**

变量的作用域是指可以访问该变量的程序部分。对于 PL/SQL 变量来说,其作用域就是从变量的声明到语句块的结束。

如果 PL/SQL 块相互嵌套,则在内部块中声明的变量是局部的,只能在内部块中引用;而在外部块中声明的变量是全局的,既可以在外部块中引用,也可以在内部块中引用。如果内部块与外部块中定义了同名变量,则在内部块中引用外部块的全局变量时需要使用外部块名进行标识。当变量超出了作用域时,PL/SQL 解析程序就会自动释放该变量的存储空间。

### 10.1.5 常量

常量和变量类似,但是它的值在定义时已经被指定,不能改变。它的声明方式和变量一样,但必须指定关键字 CONSTANT。

例如:声明一个常量 PI:

```
    PI CONSTANT  NUMBER :=3.14159;
```

 ## 10.2 数据类型

在第 8 章介绍常用对象时,就已经介绍过数据类型,那个里面的数据类型在 PL/SQL 块中也可以使用。常用数据类型如表 10-1 所示。

表 10-1 常用数据类型

| 分　类 | 数　据　类　型 |
|---|---|
| 数字类型 | NUMBER、BINARY_INTEGER、PLS_INTEGER |
| 字符类型 | VARCHAR2、CHAR、LONG、NCHAR、NVARCHAR |
| 日期/区间类型 | DATE、TIMESTAMP、INTERVAL |
| 行标识类型 | ROWID、ROWNUM |
| 布尔类型 | BOOLEAN(TRUE、FALSE、NULL) |
| LOB 类型 | CLOB、BLOB、NCLOB、BFILE |
| 引用类型 | REF CURSOR,REF object_type |
| 记录类型 | RECORD |
| 集合类型 | TABLE、VARRAY |

## 10.2.1 %TYPE

在 PL/SQL 程序中,除了应用 SQL 中可以运用的各种类型外,还可以用各种复合类型。包括用户自定义数据类型以及通过%TYPE 和%ROWTYPE 等引用表中的列和行数据类型等。

可以使用%TYPE 属性在运行时获得其他程序结构或数据库列的数据类型,%TYPE 属性提供了所需要的数据库列或变量的类型及长度。

例如,声明变量与学生表 TXS 的 XSM 列具有相同的数据类型:

```
v_xs name TXS.XSM%TYPE;
```

使用%TYPE 特性的优点在于:

(1)所引用的数据库列的数据类型可以不必知道;

(2)所引用的数据库列的数据类型可以实时改变,容易保持一致,也不用修改 PL/SQL 程序。

## 10.2.2 记录类型

记录类型是复合类型,类似于 C 语言中的结构体,是一个包含若干成员分量的复合类型。在使用记录类型时,需要先在声明部分定义记录类型和记录类型的变量,然后在执行部分引用该记录类型变量或其成员分量。如果需要一次把一行记录中的多列数据读取出来,并用于处理,此时需要应用记录类型。

### 1. 自定义记录

记录类型的定义语法格式:

```
TYPE 记录类型名称 IS RECORD
(字段名 1    数据类型,
字段名 2    数据类型,
……);
```

注意:

• 相同记录类型的变量可以相互赋值;

• 不同记录类型的变量,即使成员完全相同也不能相互赋值;

• 记录类型只能应用于定义该记录类型的 PL/SQL 块中,即记录类型是局部的。

**例 10-3** 定义一个记录学生信息的记录 student_record,该记录中包含学生学号和学生姓名两个字段,然后利用该记录输出学生信息。

执行过程如图 10-3 所示。

```
SQL> DECLARE
  2    TYPE student_record IS RECORD
  3  (  stuid  VARCHAR2(20),
  4     stuname VARCHAR2(20)
  5  );
  6    stu_record student_record;
  7  BEGIN
  8    stu_record.stuid:='2015100110104';
  9    stu_record.stuname:='肖磊';
 10    DBMS_OUTPUT.PUT_LINE(stu_record.stuid||':'||stu_record.stuname);
 11  END;
 12  /
2015100110104:肖磊

PL/SQL 过程已成功完成。
```

**图 10-3  使用记录显示信息**

### 2. 使用％ROWTYPE

PL/SQL 程序可以使用％ROWTYPE 属性在运行时简单地声明记录变量和其他结构。％ROWTYPE 属性声明的记录变量自动具有和引用表中的字段一致的字段名。

例如，声明变量 v_student_rec 为和学生表 TXS 的表结构一样的记录类型：

```
v_student_rec TXS%ROWTYPE;
```

使用％ROWTYPE 特性的优点在于：

(1) 所引用的数据库中列的个数和数据类型可以不必知道；

(2) 所引用的数据库中列的个数和数据类型可以实时改变，容易保持一致，也不用修改 PL/SQL 程序。

## 10.2.3 集合

PL/SQL 的集合是管理多行数据必需的结构体。集合就是列表，可能有序也可能无序。集合类型与记录类型的区别在于，记录类型中的成员分量可以是不同类型的，类似于结构体，而集合类型中所有的成员分量必须具有相同的数据类型，类似于数组。

PL/SQL 提供了 3 种不同的集合类型：联合数组（以前称索引表）、嵌套表、可变数组。

### 1. 联合数组

联合数组是 Oracle 中最早引入的集合类型，原来叫索引表，是相同类型数据的集合。其类似于高级语言中的数组，但与数组有很大的不同，其索引值没有固定的上、下限，即元素个数是不受限制的，而且其索引值可以是无序的。联合数组是 Oracle 11g 的数据类型或用户自定义的记录/对象类型的一维体。

语法格式：

```
TYPE index_table_name
IS
TABLE OF element_type
INDEX BY[ BINARY_INTERGER| PLS_INTEGER| VARCHAR2(n)];
```

参数说明：

● index_table_name：定义的联合数组名。

● element_type：元素类型，可以是基本数据类型、用户自定义类型，也可以是通过％TYPE 或％ROWTYPE 获取的类型，但不能为 BOOLEAN、NCHAR、NVARCHAR、NCLOB、REF CURSOR 类型。

● INDEX BY：指定索引值的类型，可以是 BINARY_INTERGER、PLS_INTEGER 或 VARCHAR2 类型。

一旦定义了联合数组后，就可以利用该类型定义联合数组变量。引用联合数组变量元素或为元素赋值的形式为：

```
index_table_name (index)
index_table_name (index):=new_value;
```

注意：

- 元素的索引值可以是无序的；
- 当为不存在的元素赋值时，会自动创建该元素；
- 当引用不存在的元素时，会导致 NO_DATA_FOUND 异常。

**例 10-4** 　创建一个关于学生的联合数组 username，用于存放已有的用户名。声明一个数组元素 v_username，并给数组赋值。

联合数组元素类型和学生表的学生名类型一致，然后引用联合数组 username，最后进行联合数组元素赋值。

执行过程如图 10-4 所示。

```
SQL> DECLARE
  2  TYPE username
  3     IS TABLE OF XS.XSMtype
  4     INDEX BY BINARY_INTEGER;
  5     v_username username;
  6  BEGIN
  7     v_username(1):='章芬';
  8     v_username(2):='陈桥';
  9     dbms_output.put_line('已有的用户信息信息为,'||v_username(1)||','||v_username(2));
 10  END;
 11  /
已有的用户信息信息为，章芬，陈桥

PL/SQL 过程已成功完成。
```

**图 10-4　联合数组案例**

> **注意**：联合数组中的元素不是按特定顺序排列的，联合数组中的元素的个数只是受到类型的限制，index 的范围为 −214 483 647～+214 483 647。

（1）为联合数组添加元素的方法就是为一个原来不存在的元素赋值。例如例 10-4 中已经有 v_username(1)和 v_username(2)，那么为一个原来不存在的元素赋值的方法为：

    v_username(3):='张三';
    v_username(10):='李四';。

（2）修改联合数组元素的方法就是为一个存在元素重新赋值，其方法为：

    v_username(3):='王五';

（3）删除联合数组中的元素用 DELETE 方法进行：

    DELETE：删除整个索引表。
    DELETE(m)：删除索引值为 n 的元素。
    DELETE(m,n)：删除索引值为 m～n 的所有元素。

**2. 嵌套表**

嵌套表类型与联合数组类型相似，都是相同类型数据的集合。但与联合数组不同的是，嵌套表必须用有序的索引值创建（索引值从 1 开始，没有固定的上限），需要使用构造器进行初始化，并且嵌套表可以保存在数据库中。

语法格式：

    TYPE table_type _name
        IS
        TABLE OF element_type[NOT NULL]

参数说明：

● table_type _name：嵌套表名字。

● element_type：元素类型，可以是基本数据类型、用户自定义类型，也可以是通过%TYPE或%ROWTYPE获取的数据类型，但不能为 BOOLEAN、NCHAR、NVARCHAR、NCLOB、REF CURSOR 类型。

**例 10-5** 　定义一个可变字符型的存放用户姓名嵌套表，长度为 100。给嵌套表赋值(章芬,陈桥,王喜)并将数据输出。

用构造出数语法赋予初值,进行嵌套表初始化,参数个数为 3 个。

执行过程如图 10-5 所示。

(1)对嵌套表中元素引用和修改的方法和联合数组是一样的,重新赋值即可。注意对不存在的嵌套表元素的引用或修改,将导致 SUBSCRIPT_BEYOND_COUNT 异常。

```
v_usertab usertab;

v_usertab(1):='章芬';
```

(2)嵌套表元素的添加是通过 EXTEND 方法实现的。

● EXTEND:在当前嵌套表的末尾添加一个元素,元素值为 NULL。

● EXTEND(n):在当前嵌套表的末尾添加 n 个元素,元素值都为 NULL。

● EXTEND(n,i):在当前嵌套表的末尾添加 n 个元素,元素值的索引值为 i。

(3)嵌套表元素的删除使用 DELETE 或 TRIM 方法。

DELETE 方法删除嵌套表中的元素与 DELETE 方法删除索引表中的元素形式相同。

使用 TRIM 方法删除嵌套表中元素有两种形式:

● TRIM:删除嵌套表末尾的一个元素,并回收该元素的存储空间。

● TRIM(n):从嵌套表末尾删除 n 个元素,并回收这些元素的存储空间。

> **注意**:使用 DELETE 方法删除元素后,元素的存储空间并没有被回收,因此,还可以通过赋值重新引用该元素;使用 TRIM 方法删除元素后,空间被回收,不可以再引用该元素。

初学者需要注意,在嵌套表的使用过程中如果想要给嵌套表在 PL/SQL 块中进行赋值,就必须对嵌套表进行初始化,如图 10-6 所示。定义了嵌套表 usertab 后,定义一个 v_usertab 的变量,该变量的类型是 usertab 嵌套表类型。若在定义部分没有初始化,在执行部分进行嵌套表的赋值,系统就会提示"ORA-06531:引用未初始化的收集"错误。

```
SQL> DECLARE
  2    TYPE usertab .
  3      IS TABLE OF varchar2(100);
  4    v_usertab usertab:=usertab('章芬','陈桥','王喜');
  5  BEGIN
  6    dbms_output.put_line('输入的用户信息为: '||v_usertab(1));
  7    dbms_output.put_line('输入的用户信息为: '||v_usertab(2));
  8    dbms_output.put_line('输入的用户信息为: '||v_usertab(3));
  9  END;
 10  /
输入的用户信息为: 章芬
输入的用户信息为: 陈桥
输入的用户信息为: 王喜

PL/SQL 过程已成功完成。
```

**图 10-5　嵌套表案例**

```
SQL> DECLARE
  2    TYPE usertab
  3      IS TABLE OF varchar2(100);
  4    v_usertab usertab;
  5  BEGIN
  6    v_usertab(1):='章芬';
  7    dbms_output.put_line('输入的用户信息为: '||v_usertab(1));
  8  END;
  9  /
DECLARE
*
第 1 行出现错误:
ORA-06531: 引用未初始化的收集
ORA-06512: 在 line 6
```

**图 10-6　嵌套表未初始化,报错案例**

此时可以在如图 10-6 所示的代码的基础上进行修改,在定义部分进行初始化,然后在执行部分进行赋值,并输出信息。如图 10-7 所示,这样就可以以执行部分的动态赋值数据为准,进行信息输出,比如最终输出的第一个用户名为"张芬"。

注意嵌套表的初始化有很多种表示方式,比如:

```
v_usertabusertab;

v_usertabusertab :=nametab();

v_usertabusertab:=nametab(null);

v_usertabusertab:=nametab('章芬','陈桥','王喜');
```

### 3. 可变数组

可变数组类型与嵌套表类型非常相似,不同点在于可变数组有固定的上限,并且不能删除可变数组中的中间元素。

语法格式:

```
TYPE varray_name   IS
VARRAY │ VARYING ARRAY
(maximun_size) OF element_type[NOT NULL]
```

参数说明:

● varray_name 为可变数组的名称。

● maximun_size 是指可变数组元素个数的最大值。

● element_type 是指数组元素的类型,可以是基本数据类型、用户自定义类型,也可以是通过 %TYPE 或 %ROWTYPE 获取的数据类型,但不能为 BOOLEAN、NCHAR、NVARCHAR、NCLOB、REF CURSOR 类型。

定义完可变数组类型后,就可以使用该类型定义可变数组变量。

```
TYPE uservarray   IS VARRAY(7)  OF varchar2(100);
v_uservarray uservarray;
```

可变数组需要使用构造器进行初始化。初始化时构造器中参数的个数不能超过可变数据类型定义时允许的最大元素数量。

**例 10-6**　定义一个存放用户姓名的可变数组,长度为 100。

定义一个最多保存 7 个 VARCHAR(100)数据类型成员的 VARRAY 数据类型,然后声明可变数组类型的变量,并进行初始化。

执行过程如图 10-8 所示。

```
SQL> DECLARE
  2    TYPE usertab
  3        IS TABLE OF varchar2(100);
  4    v_usertab usertab:=usertab('章芬','陈桥','王喜');
  5  BEGIN
  6    v_usertab(1):='张芬';
  7    dbms_output.put_line('输入的用户信息为: '||v_usertab(1));
  8  END;
  9  /
输入的用户信息为: 张芬

PL/SQL 过程已成功完成。
```

图 10-7　嵌套表动态赋值修改数据案例

```
SQL> DECLARE
  2    TYPE uservarray
  3        IS VARRAY(7)  OF varchar2(100);
  4    v_uservarray uservarray:=uservarray('章芬','陈桥','王喜');
  5  BEGIN
  6    dbms_output.put_line('输入的用户信息为: '||v_uservarray(1));
  7    dbms_output.put_line('输入的用户信息为: '||v_uservarray(2));
  8    dbms_output.put_line('输入的用户信息为: '||v_uservarray(3));
 10  END;
输入的用户信息为: 章芬
输入的用户信息为: 陈桥
输入的用户信息为: 王喜

PL/SQL 过程已成功完成。
```

图 10-8　可变数组案例

### 4. 集合的属性和方法

定义为记录业务系统用户相关信息的集合。

```
TYPE name IS TABLE OF varchar2(20) INDEX BY BINARY_INTEGER;--用户名
TYPE pwd   IS TABLE  OF varchar2(20);--密码
TYPE weeks  IS VARRAY(7) OF varchar2(20);--登录工作日星期
```

1)COUNT 属性

用于返回集合元素中的总的个数,如果集合元素值存在,则会返回个数。若集合元素中的值为 NULL,则不会统计。

**例 10-7**　使用 COUNT 案例,统计员工个数。

执行过程如图 10-9 所示。

2)EXISTS 属性

EXISTS 用来判断集合中的元素是否存在。

语法格式:

```
EXISTS(X)。
```

判断位于位置 X 处的元素是否存在,如果存在则返回 TRUE;如果 X 大于集合的最大范围,则返回 FALSE。注意,只要在指定位置处有元素存在,即使该处的元素为 NULL,EXISTS 也会返回 TRUE。

3)FIRST 和 LAST 方法

FIRST 用来返回集合的第一个元素,LAST 则用来返回集合的最后一个元素。

**例 10-8** 使用 FIRST 和 LAST 案例。

执行过程如图 10-10 所示。

```
SQL> DECLARE
  2    TYPE name  IS TABLE OF varchar2(20) INDEX BY BINARY_INTEGER;
  3    v_name name;
  4  BEGIN
  5    v_name(1):='张力';
  6    v_name(2):='李雯';
  7    v_name(3):='肖潇';
  8    dbms_output.put_line('员工个数为: '||v_name.count);
  9  END;
 10  /
员工个数为: 3

PL/SQL 过程已成功完成。
```

```
SQL> DECLARE
  2    TYPE name  IS TABLE OF varchar2(20) INDEX BY BINARY_INTEGER;
  3    v_name name;
  4  BEGIN
  5    v_name(1):='张力';
  6    v_name(2):='李雯';
  7    v_name(3):='肖潇';
  8    dbms_output.put_line('第一位员工编号为: '||v_name.first);
  9    dbms_output.put_line('最后一位员工编号为: '||v_name.last);
 10  END;
 11  /
第一位员工编号为: 1
最后一位员工编号为: 3

PL/SQL 过程已成功完成。
```

**图 10-9  集合 COUNT 属性案例**        **图 10-10  集合 FIRST 和 LAST 属性案例**

4)EXTEND 方法

EXTEND 方法用来将元素添加到集合的末端,具体形式有以下几种:

- EXTEND:不带参数的 EXTEND 是将一个 NULL 元素添加到集合的末端。
- EXTEND(x):将 x 个 NULL 元素添加到集合的末端。
- EXTEND(x,y):将 x 个位于 y 的元素添加到集合的末端。

**例 10-9** 使用 EXTEND 方法案例。

执行过程如图 10-11 所示。

```
SQL> DECLARE
  2    TYPE userid  IS TABLE  OF varchar2(20);
  3    v_id userid:=userid('201100001','201100002','201200001','201200021','201300001','201400001','201400021','201400041');
  4    v_count integer;
  5  BEGIN
  6    v_count:=v_id.last;
  7    dbms_output.put_line(v_id(v_count));
  8    v_id.extend(1,'2');
  9    v_count:=v_id.last;
 10    dbms_output.put_line(v_id(v_count));
 11    v_id.extend(2);
 12    v_count:=v_id.last;
 13    v_id(v_count):='201500021';
 14    dbms_output.put_line(v_id(v_count));
 15  END;
 16  /
201400041
201100002
201500021

PL/SQL 过程已成功完成。
```

**图 10-11  集合 EXTEND 属性案例**

5)DELETE 方法

DELETE 用来删除集合中的一个或多个元素。可变数组没有 DELETE 方法。DELETE 方法有 3 种方式:

- DELETE:不带参数的 DELETE 方法即将整个集合删除。

● DELETE(x):即将集合表中第 x 个位置的元素删除。

● DELETE(x,y):即将集合表中从第 x 个元素到第 y 个元素之间的所有元素删除。

**例 10-10** 使用 DELETE 方法案例。

执行过程如图 10-12 所示。

```
SQL> DECLARE
  2    TYPE userid  IS TABLE  OF varchar2(20);
  3    v_id userid:=userid('201100001','201100002','201200001','201200021','201300001','201400001','201400021','201400041');
  4  BEGIN
  5    dbms_output.put_line('数据表中的用户数为：'||v_id.count);
  6    v_id.delete(6);
  7    dbms_output.put_line('删除掉第6个员工后数据表中的用户数为：'||v_id.count);
  8    v_id.delete(1,3);
  9    dbms_output.put_line('删除掉第1到第3个员工后数据表中的用户数为：'||v_id.count);
 10  END;
 11  /
数据表中的用户数为：8
删除掉第6个员工后数据表中的用户数为：7
删除掉第1到第3个员工后数据表中的用户数为：4

PL/SQL 过程已成功完成。
```

**图 10-12    集合 DELETE 属性案例**

**6）LIMIT 方法**

LIMIT 用于返回集合中元素的最大个数。嵌套表和索引表中的元素个数没有限制，则返回 NULL，对于 VARRAY，则返回该表中允许的最大限制个数。

**例 10-11** 使用 LIMIT 方法案例。

执行过程如图 10-13 所示。

```
SQL> DECLARE
  2    TYPE userid  IS VARRAY(20)  OF varchar2(20);
  3    v_id userid:=userid('201100001','201100002','201200001','201200021','201300001','201400001','201400021','201400041');
  4  BEGIN
  5    dbms_output.put_line('数据表中的用户数最多限制为：'||v_id.limit||'个');
  6  END;
  7  /
数据表中的用户数最多限制为：20个

PL/SQL 过程已成功完成。
```

**图 10-13    集合 LIMIT 属性案例**

**7）NEXT 和 PRIOR 属性**

NEXT(X)返回 X 处的元素后面的那个元素；PRIOR(X)返回 X 处的元素前面的那个元素。

**例 10-12** 使用 NEXT 和 PRIOR 案例。

执行过程如图 10-14 所示。

```
SQL> DECLARE
  2    TYPE userid  IS VARRAY(20)  OF varchar2(20);
  3    v_id userid:=userid('201100001','201100002','201200001','201200021','201300001','201400001','201400021','201400041');
  4    v_count integer;
  5  BEGIN
  6    v_count:=v_id.first ;
  7    WHILE v_count<=v_id.last
  8      LOOP
  9        dbms_output.put_line(v_id(v_count));
 10        v_count:=v_id.next(v_count);
 11    END LOOP;
 12  END;
 13  /
201100001
201100002
201200001
201200021
201300001
201400001
201400021
201400041

PL/SQL 过程已成功完成。
```

**图 10-14    集合的 NEXT 和 PRIOR 案例**

**8）TRIM 方法**

TRIM 方法用来删除集合末端的元素，其具体形式如下：

- TRIM:不带参数的 TRIM 从集合末端删除一个元素。
- TRIM(X):从集合的末端删除 X 个元素,其中 X 要小于集合的 COUNT 数。

注意:由于 index_by 表元素的随意性,因此 TRIM 方法只对嵌套表和可变数组有效。

## 10.3 PL/SQL 中的 SELECT 语句

### 10.3.1 SELECT…INTO 语句

在 PL/SQL 块中使用 SELECT 语句,可以将数据库数据检索到变量中。所以当在 PL/SQL 块中使用 SELECT 语句时,必须要带有 INTO 子句。

语法格式为:

```
SELECT select_list_item
INTO[variable_name[,variable_name]... | record_name]
FROM table
WHERE   condition;
```

参数说明:

- select_list_item 为指定查询列;
- variable_name 为接收指定查询列的标量变量名,可以有多个变量;
- record_name 为接收指定查询列的记录变量名。

 **10-13** 计算 $12 \times 10$ 的结果,并将计算结果输出。

执行过程如图 10-15 所示。

注意:

(1)SELECT…INTO 语句只能查询一个记录的信息,如果没有查询到任何数据,会产生 NO_DATA_FOUND 异常。

(2)如果查询到多个记录,则会产生 TOO_MANY_ROWS 异常。

(3)INTO 句子后的变量用于接收查询的结果,变量的个数、顺序应该与查询的目标数据相匹配,也可以是记录类型的变量。

(4)不能将 SELECT 语句中的列赋值给布尔变量。

 **10-14** 查询学生表中学号为 2015100210204 的学生基本信息。

用％TYPE 类型定义与表相配的字段,学生编号、学生名、性别和出生日期,然后根据查询条件查询出数据后,存放到对应的变量中。

执行过程如图 10-16 所示。

例 10-14 除了使用％TYPE 定义所需要的用于接收查询数据的变量外,还可以使用 Oracle 提供的％ROWTYPE 定义一个和 TXS 表的表结构一样的记录来接收数据。

使用 ROWTYPE 定义与 XSGLADMIN.TXS 表列相同的记录数据类型,然后引用记录中不同字段的值进行字符串输出。

```
SQL> DECLARE
  2      num number(9,2);
  3  BEGIN
  4      SELECT 12*10 INTO num FROM dual;
  5      DBMS_OUTPUT.PUT_LINE('输入的字符串的内容是: '||to_char(num) );
  6  END;
  7  /
输入的字符串的内容是: 120

PL/SQL 过程已成功完成。
```

图 10-15　计算 12×10

```
SQL> DECLARE
  2      v_xsbh    TXS.XSBH%type;
  3      v_xsm     TXS.XSM%type;
  4      v_xb      TXS.KB%type;
  5      v_CSRQ    TXS.KB%type;
  6  BEGIN
  7      SELECT xsbh,xsm,xb,csrq INTO v_xsbh,v_xsm,v_xb,v_CSRQ
  8        FROM TXS
  9        WHERE xsbh='2015100210204';
 10      DBMS_OUTPUT.PUT_LINE('学生编号: '||v_xsbh);
 11      DBMS_OUTPUT.PUT_LINE('学生姓名: '||v_xsm);
 12      DBMS_OUTPUT.PUT_LINE('学生性别: '||v_xb);
 13      DBMS_OUTPUT.PUT_LINE('学生出生日期: '||v_csrq);
 14  END;
 15  /
学生编号: 2015100210204
学生姓名: 常静
学生性别: 女
学生出生日期: 10-2月 -97

PL/SQL 过程已成功完成。
```

图 10-16　查询学生表中学号为 2015100210204
的学生基本信息(%TYPE )

执行过程如图 10-17 所示。

```
SQL> DECLARE
  2      v_xs    TXS%ROWTYPE;
  3  BEGIN
  4      SELECT * INTO v_xs FROM TXS WHERE xsbh='2015100210204';
  5      DBMS_OUTPUT.PUT_LINE('学生编号: '||v_xs.xsbh);
  6      DBMS_OUTPUT.PUT_LINE('学生姓名: '||v_xs.xsm);
  7      DBMS_OUTPUT.PUT_LINE('学生性别: '||v_xs.xb);
  8      DBMS_OUTPUT.PUT_LINE('学生出生日期: '||TO_CHAR(v_xs.csrq));
  9  END;
 10  /
学生编号: 2015100210204
学生姓名: 常静
学生性别: 女
学生出生日期: 10-2月 -97

PL/SQL 过程已成功完成。

SQL> _
```

图 10-17　询学生表中学号为 2015100210204 的学生基本信息(%ROWTYPE )

## 10.3.2　PL/SQL 中的格式化变量

例 10-14 要求学生表中学号为 2015100210204 的学生基本信息,如果现在有了新的要求,即要求查询另外一位或者几位学生的基本信息,怎么实现呢? 在 Oracle 环境中,可以使用替换变量来临时存储有关的数据。替换变量不仅在 PL/SQL 块中可以使用,在查询语句中一样可以使用。

**1. & 替换变量**

在 SELECT 语句中,如果某个变量前面使用了 & 符号,那么表示该变量是一个替换变量。在执行 SELECT 语句时,系统会提示用户为该变量提供一个具体的值。

& 替换变量在单次引用中,不需要声明,如果替换字符或日期类型,最好用单引号括起来。其可以使用到 WHERE、ORDER BY、列表达式、表名、整个 SELECT 语句中。

例 10-14 查询学生表中指定学号的学生基本信息,学号由用户手动输入。执行过程如图 10-18 所示。在例 10-14 的基础上,将原来的查询数据的语句,即:

```
SELECT * INTO v_xs  FROM TXS  WHERE xsbh='2015100210204';
```

改写成:

```
SELECT *  INTO v_xs  FROM TXS  WHERE xsbh= &P_xsbh;
```

这样引入了替换变量 &P_xsbh,在执行该 PL/SQL 时,Oracle 会提示"输入 p_xsbh 的值:",用户输入正确的学生编号"2015100210204",就可以正确输出该学生的信息了。

**2. && 替换变量**

在 SELECT 语句中,如果希望重新使用某个变量并且不希望重新提示输入该值,可以使用 && 替换变量。

**图 10-18　查询指定学号学生基本信息－& 替换变量**

&& 替换变量在整个会话(session)连接中都有用,不需要声明。当不想使用这个变量名的时候,可以用 undefine 命令解除其定义。

例 10-14 查询学生表中指定学号的学生基本信息,学号由用户手动输入。在例 10-14 使用%TYPE 案例的基础上,将原来的查询数据的语句:

```
SELECT xsbh,xsm,xb,csrq INTO v_xsbh,v_xsm,v_xb,v_CSRQ
FROM TXS
WHERE xsbh='2015100210204';
```

改写成:

```
SELECT &&P_xsbh,xsm,xb,csrq INTO v_xsbh,v_xsm,v_xb,v_CSRQ
FROM TXS
WHERE xsbh= &&P_xsbh;
```

这样引入了 && 替换变量 &&P_xsbh,在执行该 PL/SQL 时,Oracle 会提示"输入 p_xsbh 的值:",由于代码中有两处 P_xsbh 变量,所以只需要输入一次学生编号"2015100210204",就可以正确输出该学生的信息。执行过程如图 10-19 所示。

**3. DEFINE 和 ACCEPT 命令**

DEFINE 命令为 DEFINE [variable[=value]],表示创建一个数据类型为 CHAR 用户定义的变量,可以为该变量赋初值。UNDEFINE 命令可以清除定义的变量。

其语法格式为:

```
DEFINE [variable[= value]]
```

参数说明:

variable 是变量名,value 是变量的值。

ACCEPT 命令可用来定制一个用户提示,用来提示用户输入指定的数据。使用 ACCEPT 定义变量时,可以明确地指定该变量是 NUMBER 数据类型还是 DATE 数据类型。为了安全性,还可以把用户的输入隐藏。ACCEPT 命令使用时用 & 引用声明的变量。

语法格式:

```
ACCEPT variable [datatype] [FORMAT format][PROMPT text] [HIDE]
```

参数说明:

- variable:指定接收值的变量。
- datatype 为变量数据类型,可以是 NUMBER、CHAR 和 DATE,默认的数据类型为 CHAR。
- FORMAT:定义由 fromat 指定的格式模式。
- PROMPT:指定由 text 确定的在用户输入数据之前显示的提示文本。

● HIDE:指定是否隐藏用户的输入。

当 PL/SQL 程序段执行到 & 变量时,需要用户的交互才能继续执行下去。PL/SQL 程序段会显示"提示信息内容",让用户输入相关信息(如果指定 HIDE 选项,那么在之后用户输入的东西将被用星号显示出来以增加安全性,有点像输入密码),用户输入的内容被接收并且被赋给 & 变量。在"提示信息内容"下用户输入的内容的类型,由 PL/SQL 程序段开发人员通过 number/char/date 类型来指定,& 变量得到正确的值以后,继续执行后面的相关程序。

例 10-14 查询学生表中指定学号的学生基本信息,可以事先定义好用户输入的学号这一变量的值,而不用在程序块运行过程中根据提示由用户输入学号信息。只需要在输入程序块之前输入如下定义代码:

```
DEFINE P_xsbh = '2015100210204'
```

执行结果如图 10-20 所示。

图 10-19　查询指定学号学生基本信息
——＆＆ 替换变量

图 10-20　查询指定学号学生基本信息
——DEFINE 命令

如果前面已经多次使用了 &P_xsbh 或 &&P_xsbh 变量,此时如果想换一个定义,可以使用 undefine P_xsbh 命令解除 P_xsbh 变量的定义。同时使用 ACCEPT 命令进行输入提示。

```
UNDEFINE P_xsbh
ACCEPT P_xsbh PROMPT '请输入学生编号:'HIDE
```

执行结果如图 10-21 所示,由于 ACCEPT 命令后面加了 HIDE 参数,所以当 Oracle 提示:"请输入学生编号:"时,后面输入的信息是看不见的,但是在执行时如果输入的信息正确就会返回用户需要的数据。这里隐藏输入的用户编号为"2015100210203"。

**4. 绑定变量**

绑定变量又称主机变量或全局变量,是在主机环境中定义的变量,用于将应用程序环境中的值传递给 PL/SQL 程序块进行处理。在 SQL * Plus 中创建绑定变量后,可以在整个会话期间的多个程序块中使用,因此,绑定变量有时又称会话变量。

为了在 PL/SQL 环境中声明绑定变量,使用 VARIABLE 定义,使用 PRINT 语句输出绑定变量的值。在 SQL * Plus 中可以创建的绑定变量类型主要有 CHAR、NUMBER 和 VARCHAR2,不存在 DATE 和 BOOLEAN 数据类型的 SQL * Plus 变量。在 PL/SQL 块中使用绑定变量的方法是在变量名前添加冒号(:)来标记,例如:

(1)定义绑定变量 VAR g_xsbh VARCHAR2(20);

(2)在程序块中使用绑定变量::g_xsbh。

例10-14查询学生表中指定学号的学生基本信息,可以在定义P_xsbh变量值后,将查询出来的学生个人信息存放到绑定变量中,然后打印输出。首先定义绑定变量如下,定义好变量后,输入程序块执行结果如图10-22所示,程序块执行成功后,再使用PRINT命令打印绑定变量,执行结果如图10-23所示。

```
SQL> UNDEFINE P_xsbh
SQL> ACCEPT P_xsbh PROMPT '请输入学生编号; 'HIDE
请输入学生编号;
SQL> DECLARE
  2    v_xs  TXS%ROWTYPE;
  3  BEGIN
  4    SELECT * INTO v_xs FROM TXS WHERE xsbh=&P_xsbh;
  5    DBMS_OUTPUT.PUT_LINE('学生编号; '||v_xs.xsbh);
  6    DBMS_OUTPUT.PUT_LINE('学生姓名; '||v_xs.xsm);
  7    DBMS_OUTPUT.PUT_LINE('学生性别; '||v_xs.xb);
  8    DBMS_OUTPUT.PUT_LINE('学生出生日期; '||TO_CHAR(v_xs.csrq));
  9  END;
 10  /
原值    4:    SELECT * INTO v_xs FROM TXS WHERE xsbh=&P_xsbh;
新值    4:    SELECT * INTO v_xs FROM TXS WHERE xsbh=2015100210203;
学生编号; 2015100210203
学生姓名; 刘敏
学生性别; 男
学生出生日期; 06-3月 -98

PL/SQL 过程已成功完成。
```

图10-21 查询指定学号学生基本信息
——ACCEPT命令

```
SQL> DEFINE P_xsbh ='2015100210204'
SQL> VARIABLE g_xsbh VARCHAR2(20)
SQL> VARIABLE g_xsm  VARCHAR2(20)
SQL> VARIABLE g_xb   VARCHAR2(20)
SQL> VARIABLE g_csrq VARCHAR2(20)
SQL>
SQL> BEGIN
  2    SELECT xsbh,xsm,xb,csrq INTO :g_xsbh,:g_xsm,:g_xb,:g_csrq
  3    FROM TXS
  4    WHERE xsbh=&P_xsbh;
  5    DBMS_OUTPUT.PUT_LINE('学生的个人信息以取至绑定变量g_xsbh,g_xsm,g_xb,g_csrq '
  6  END;
  7  /
原值    4:    WHERE xsbh=&P_xsbh;
新值    4:    WHERE xsbh=2015100210204;
学生的个人信息以取至绑定变量g_xsbh,g_xsm,g_xb,g_csrq

PL/SQL 过程已成功完成。
```

图10-22 查询指定学号学生基本信息
——VARIABLE命令

**5. RETURNING命令**

如果要查询当前DML语句操作的记录的信息,可以在DML语句末尾使用RETURNING语句返回该记录的信息。RETURNING语句的基本语法:

```
RETURNING select_list_item INTO variable_list|record_variable;
```

RETURNING子句用于检索INSERT、UPDATE、DELETE语句中所影响的数据行数,当INSERT语句使用VALUES子句插入数据时,RETURNING子句还可将列表达式、ROWID和REF值返回到输出变量中。

当UPDATE、DELETE语句修改和删除单行数据时,RETURNING子句可以检索被修改和删除行的物理地址(ROWID)和引用值,以及行中被修改列的列表达式,并可将它们存储到PL/SQL变量或复合变量中;当UPDATE、DELETE语句修改和删除多行数据时,RETURNING子句可以将被修改和删除行的ROWID和引用值,以及列表达式值返回到复合变量数组中。

**例10-15** 在系表中插入一行新的"生命科学与技术"学院的系信息,并显示结果。

执行结果如图10-24所示,新插入的环境工程系通过SELECT语句查看,已经成功插入TX系表中了。

```
SQL> PRINT g_xsbh

G_XSBH
--------------------------------
2015100210204

SQL> PRINT g_xsm

G_XSM
--------------------------------
常静

SQL> PRINT g_xb

G_XB
--------------------------------
女

SQL> PRINT g_csrq

G_CSRQ
--------------------------------
10-2月 -97
```

图10-23 PRINT命令

```
SQL> DECLARE
  2    v_xh  TX.XH%type;
  3    v_xm  TX.XM%type;
  4    v_xyh TX.XYH%type;
  5  BEGIN
  6    INSERT INTO TX(XH,XM,XYH) VALUES ('4001','环境工程系','40')
  7    RETURNING XH, XM,XYH INTO v_xh,v_xm,v_xyh;
  8    DBMS_OUTPUT.PUT_LINE('插入的新的系的系编号是; '||v_xh);
  9    DBMS_OUTPUT.PUT_LINE('插入的新的系的系名是; '||v_xm);
 10    DBMS_OUTPUT.PUT_LINE('插入的新的系所属的学院编号是; '||v_xyh);
 11  END;
 12  /
插入的新的系的系编号是;4001
插入的新的系的系名是;环境工程系
插入的新的系所属的学院编号是;40

PL/SQL 过程已成功完成。
SQL> SELECT xh,xm,xyh FROM tx;

XH       XM                    XYH
-------- --------------------- --------
4001     环境工程系            40
1001     计算机科学与技术系    10
1002     软件工程系            10
1003     电子信息与通信系      10
5002     市场营销系            50
5001     工商管理系            50

已选择6行。
```

图10-24 插入新的系信息——RETURNING命令

在使用 RETURNING 子句时应注意以下几点限制：

(1)不能与 DML 语句和远程对象一起使用；

(2)不能检索 LONG 类型信息；

(3)当通过视图向基表中插入数据时，只能与单基表视图一起使用。

 ## 10.4 PL/SQL 基本程序结构和语句

PL/SQL 的基本逻辑结构包括顺序结构、条件结构和循环结构。控制结构是所有程序设计语言的核心，检测不同条件并加以处理是程序控制的主要部分。

### 10.4.1 选择结构

选择结构就是根据条件表达式的值来决定执行不同的语句。PL/SQL 可用的选择结构有 IF 语句和 CASE 语句。

**1. 条件语句**

IF 语句是基本的选择结构语句。每一个 IF 语句都有 THEN，以 IF 开头的语句行不能接语句结束符(分号)。每一个 IF 语句以 END IF 结束，每一个 IF 语句有且只能有一个 ELSE 语句与之相对应。

语法格式：

```
IF boolean_expression1 THEN  Statements1;
    [ELSIF boolean_expression2 THEN Statements2;]
...
[ELSE  Statementsn;]
END IF;
```

**例 10-16** 查询课程成绩的分数值，判断成绩等级。

执行结果如图 10-25 所示。

```
SQL>   DECLARE
 2     grade number:=85;
 3   BEGIN
 4     IF grade>=90 AND grade <=100  THEN  DBMS_OUTPUT.PUT_LINE('优秀');
 5     ELSIF grade>=80 AND grade <90 THEN  DBMS_OUTPUT.PUT_LINE('良好');
 6     ELSIF grade>=70 AND grade <80 THEN  DBMS_OUTPUT.PUT_LINE('中等');
 7     ELSIF grade>=60 AND grade <70 THEN  DBMS_OUTPUT.PUT_LINE('及格');
 8     ELSIF grade>=0 AND grade <60 THEN  DBMS_OUTPUT.PUT_LINE('不及格');
 9     ELSE   DBMS_OUTPUT.PUT_LINE('成绩非法！');
10     END IF;
11   END;
12   /
良好
```

**图 10-25 查询课程成绩的分数值，判断成绩等级——IF 命令**

**例 10-17** 根据新的学院号和学院名信息，更新 TXY 表中学院信息。如果该学院号已经存在就修改学院名，如果学院号不存在，就将学院信息插入学院表中。

执行结果如图 10-26 所示，执行成功后，提示该数据作为新信息，插入学院表中。再次查询学院表，发现 60 号学院信息已经存入学院表。

**2. NULL 结构**

PL/SQL 中还有一类特殊的结构，用于表示空操作，名为 NULL 结构，又称为空值结构。NULL 结构表示什么操作也不做，仅起到占位符的作用。

```
SQL> DECLARE
  2    v_xyh   TXY.XYH%type:='60';
  3    v_xym   TXY.XYM%type:='护理学院';
  4  BEGIN
  5    UPDATE TXY SET XYM=v_xym  WHERE XYH=v_xyh RETURNING XYH,XYM INTO v_xyh,v_xym;
  6    IF sql%NOTFOUND THEN
  7      INSERT INTO TXY(xyh,xym) VALUES(v_xyh,v_xym)RETURNING XYH,XYM INTO v_xyh,v_xym;
  8      DBMS_OUTPUT.PUT_LINE('新插入学院编号: '||v_xyh);
  9      DBMS_OUTPUT.PUT_LINE('新插入学院名: '||v_xym);
 10    END IF;
 11  END;
 12  /
新插入学院编号: 60
新插入学院名: 护理学院

PL/SQL 过程已成功完成。

SQL> SELECT xyh,xym FROM txy ORDER BY xyh;

XYH       XYM
--------  ----------
10        信息工程学院
20        文法与外语学院
30        艺术学院
40        生命科学学院
50        商学院
60        护理学院

已选择6行。
```

图 10-26　更新 TXY 表中学院信息——IF 命令

**例 10-18**　判断一个数是否是大于 0 的数,如果是,输出 N 是大于 0 的数,如果不是,就什么也不做。

```
DECLARE
  n NUMBER;
BEGIN
--判断输入的数据是否大于 0
  IF &n <=0 THEN
--空语句,什么也不做
    NULL;
  ELSE
    DBMS_OUTPUT.PUT_LINE('n 是大于 0 的数');
  END IF;
END;
```

另外,在 PL/SQL 中,含有 NULL 的条件表达式其运算结果总是 NULL。对 NULL 施加逻辑运算符 NOT,其结果也总是 NULL。如果在选择结构中的条件表达式的值是 NULL,则相应的 THEN 语句不会被执行。在 CASE 结构中,不能出现 WHEN NULL 这样的结构,而应该使用 IS NULL 子句。如果两个变量的值都为 NULL,它们也是不相等的,NULL 和任何东西都不相等。

**3. CASE 语句**

CASE 语句可以实现多分支选择结构,可使用简单的结构对数值列表做出选择,还可以用来设置变量的值。

语法格式:

```
CASE input_name
WHEN expression1 THEN result_expression1
WHEN expression2 THEN result_expression2
...
WHEN expressionN THEN result_expression
```

```
      [ELSE result_expressionN]--可选
    END;
```

例 10-16 查询课程成绩的分数值,判断成绩等级,除了可以用嵌套的 IF 语句完成外,还可以使用 CASE 语句来完成。具体代码如下:

```
DECLARE
    grade number:=85;
BEGIN
    CASE
      WHEN grade>=90 AND grade<=100  THEN  DBMS_OUTPUT.PUT_LINE('优秀');
      WHEN grade>=80 AND grade<90 THEN  DBMS_OUTPUT.PUT_LINE('良好');
      WHEN grade>=70 AND grade<80 THEN  DBMS_OUTPUT.PUT_LINE('中等');
      WHEN grade>=60 AND grade<70 THEN  DBMS_OUTPUT.PUT_LINE('及格');
      WHEN grade>=0  AND grade<60 THEN  DBMS_OUTPUT.PUT_LINE('不及格');
      ELSE DBMS_OUTPUT.PUT_LINE('成绩非法! ');
    END CASE;
END;
```

## 10.4.2　循环

循环控制即重复多次地执行一组语句。循环的种类:

### 1. 简单循环

在简单循环中没有循环条件限制,循环体内的语句被无限次地重复执行,也可以使用 EXIT 语句添加一个终止条件。

基本语法格式:

```
LOOP
    statements;--循环体语句序列
EXIT [WHEN condition]
END LOOP;
```

**例 10-19**　求 10 的阶乘。

```
DECLARE
--定义存放阶乘结果变量 v_factorial,初值 1
  v_factorial number:=1;
--定义计数器变量 v_count,初值 2
  v_count  number:=2;
BEGIN
  loop
      v_factorial:=v_factorial* v_count;
--计数器累加
      v_count:=v_count+ 1;
--计数器累加后计数到 11 就退出
      exit when v_count=11;
  end loop;
  dbms_output.put_line('10 的阶乘:' || to_char(v_factorial));
END;
```

执行结果如图 10-27 所示。

### 2. WHILE 循环

重复执行语句,直到控制条件不再为真。

```
SQL> DECLARE
  2    v_factorial number:=1;
  3    v_count      number:=2;
  4  BEGIN
  5    loop
  6        v_factorial:=v_factorial*v_count;
  7        v_count:=v_count+1;
  8        exit when v_count=11;
  9    end loop;
 10    dbms_output.put_line('10的阶乘:' || to_char(v_factorial));
 11  END;
 12  /
10的阶乘:3628800

PL/SQL 过程已成功完成。
```

图 10-27　求 10 的阶乘——循环结构

基本语法格式：

```
WHILE 条件

LOOP

   statements;

END LOOP;
```

**例 10-20** WHILE 循环求 10 的阶乘。

```
DECLARE
   v_factorial number:=1;
   v_count       number:=2;
BEGIN
   while v_count <=10
    loop
       v_factorial:=v_factorial*v_count ;
       v_count:=v_count+1;
   end loop;
   dbms_output.put_line('10的阶乘:' || to_char(v_factorial));
END;
```

### 3. FOR 循环

FOR 循环有限制地重复执行一组语句，对循环体内的语句重复执行指定的次数，其循环次数由计数器来指定。

基本语法格式：

```
FOR 循环变量 IN [REVERSE]   循环下界..循环上界

LOOP

statements;

END LOOP;
```

注意：
- 循环变量不需要显式定义，系统隐含地将它声明为 BINARY_INTEGER 变量；
- 系统默认时，循环变量从下界往上界递增计数，如果使用 REVERSE 关键字，则表示循环变量从上界向下界递减计数；
- 循环变量只能在循环体中使用，不能在循环体外使用。

**例 10-21** 用 FOR-IN-LOOP-END 循环结构求 10 的阶乘。

```
DECLARE
  v_factorial   number:=1;
  v_count       number;
BEGIN
--v_count控制循环次数的计数器
  FOR v_count IN 2..10
  loop
      v_factorial :=v_factorial *v_count;
  end loop;
  dbms_output.put_line('10的阶乘:' || to_char(v_factorial ));
END;
```

## 10.5 异常

异常(exception)是 PL/SQL 执行期间引发的一个错误或警告,异常可由 Oracle 错误引发或由程序显式地引发。如果在 PL/SQL 程序中定义了异常处理机制,当 PL/SQL 程序检测到一个异常时,程序会转入相应异常处理部分进行处理。一个错误对应一个异常,当错误产生时抛出相应的异常,并被异常处理器捕获,程序控制权传递给异常处理器,由异常处理器来处理运行时的错误。任何异常都将终止当前 PL/SQL 程序块的执行,异常处理机制可以提高程序的健壮性。

异常处理部分一般放在 PL/SQL 程序的后半部分,进行异常处理的语法为:

```
EXCEPTION
WHEN exception_name1 THEN
sequence_of_statements1;
WHEN exception_name2 THEN
sequence_of_statements2;
[WHEN OTHERS THEN-
sequence_of_statements3;]
END;
```

### 10.5.1 预定义的 Oracle 异常

系统预定义异常就是系统为经常出现的一些异常定义了异常关键字,如被零除或内存溢出等。系统预定义异常无需声明,当系统预定义异常发生时,Oracle 系统会自动触发,无须在程序中定义。用户只需添加相应的异常处理即可。Oracle 预定义的已命名的部分内部异常如表 10-2 所示。

**表 10-2　常用 Oracle 预定义的异常**

| 异 常 名 | 错误代码 | 说　明 |
|---|---|---|
| NO_DATA_FOUND | ORA-01403 | 没有发现数据 |
| TOO_MANY_ROWS | ORA-01422 | 一个 SELECT　INTO 语句匹配多个数据行 |
| INVALID_NUMBER | ORA-01722 | 转换成数字失败('X') |
| VALUE_ERROR | ORA-06502 | 截断、算法或转换错误,通常出现在赋值错误 |

| 异 常 名 | 错误代码 | 说 明 |
|---|---|---|
| ZERO_DIVIDE | ORA-01476 | 除数为 0 |
| SYS_INVALID_ROWID | ORA-01410 | 转换成 ROWID 失败 |
| DUP_VAL_ON_INDEX | ORA-00001 | 违反唯一性约束或主键约束 |
| CURSOR_ALREADY_OPEN | ORA-06511 | 尝试打开已经打开的游标 |
| INVALID_CURSOR | ORA-01001 | 不合法的游标操作（如要打开已经关闭的游标） |
| ROWTYPE_MISMATCH | ORA-06504 | 主机游标变量与 PL/SQL 游标变量类型不匹配 |
| TIMEOUT_ON_RESOURCE | ORA-00051 | 在等待资源中出现超时 |
| LOGIN_DENIED | ORA-01017 | 无效用户名/密码 |
| CASE_NOT_FOUND | ORA-06592 | 没有匹配的 WHEN 子句 |
| NOT_LOGGED_ON | ORA-01012 | 没有与数据库建立连接 |
| STORAGE_ERROR | ORA-06500 | PL/SQL 内部错误 |
| PROGRAM_ERROR | ORA-06501 | PL/SQL 内部错误 |
| ACCESS_INTO_NULL | ORA-06530 | 给空对象属性赋值 |
| COLLECTION_IS_NULL | ORA-06531 | 对某 NULL PL/SQL 表或可变数组试图应用集合方法，而不是 EXISTS |
| SELF_IS_NULL | ORA-30625 | 调用空对象实例的方法 |
| SUBSCRIPT_OUTSIDE_LIMIT | ORA-06532 | 对嵌套表或可变数组索引的引用超出声明的范围 |
| SUBSCRIPT_BEYOND_COUNT | ORA-06533 | 对嵌套表或数组索引引用时超出集合中元素的数量 |

**例 10-22**　查询学生表中 10021201501 班的学生基本信息，如果没有找到或返回多行数据则报错。

如图 10-28 所示，图中代码是为了实现查询学生表中 10021201501 班的学生基本信息功能编写的 PL/SQL 块。但是执行后，Oracle 数据库报错，提示"ORA-01422 实际返回的行数超过请求的行数"。系统抛出预定义异常的原因是，Oracle 中的 SELECT INTO 语句，只能处理单行数据，这里由于一个班上有多个学生，所以就会返回多行数据。SELECT INTO 语句无法处理，就抛出"TOO_MANY_ROWS"也就是"ORA-01422"号异常。

在 Oracle 中可以进行多种异常的联合处理方式。在查询学生表中 10021201501 班的学生信息时，除了图 10-28 所示的返回多行数据异常外，如果输入的班级信息不正确，Oracle 也会报错，或者有其他一些可能出现的异常，这个时候可以在如图 10-28 所示的代码的基础上，加入异常处理。

执行结果如图 10-29 所示。

### 10.5.2　非预定义的 Oracle 异常

非预定义异常是其他标准的 Oracle 错误。对这种异常情况的处理，必须在声明部分定义,然后通过编译指示 PRAGMA EXCEPTION_INIT 将该异常名称与一个 Oracle 错误相关联。当异常发生时,系统不能自动触发,需要用户使用 RAISE 语句,由 Oracle 自动地将其引发,并在异常处理部分捕捉并处理异常。此后,当执行过程出现该错误时将自动抛出该异常。

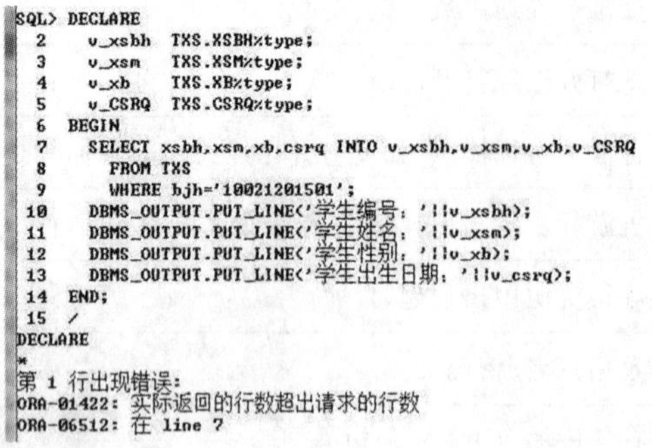

```
SQL> DECLARE
  2    v_xsbh   TXS.XSBH%type;
  3    v_xsn    TXS.XSM%type;
  4    v_xb     TXS.XB%type;
  5    v_CSRQ   TXS.CSRQ%type;
  6  BEGIN
  7    SELECT xsbh,xsm,xb,csrq INTO v_xsbh,v_xsn,v_xb,v_CSRQ
  8      FROM TXS
  9      WHERE bjh='10021201501';
 10    DBMS_OUTPUT.PUT_LINE('学生编号: '||v_xsbh);
 11    DBMS_OUTPUT.PUT_LINE('学生姓名: '||v_xsn);
 12    DBMS_OUTPUT.PUT_LINE('学生性别: '||v_xb);
 13    DBMS_OUTPUT.PUT_LINE('学生出生日期: '||v_csrq);
 14  END;
 15  /
DECLARE
*
第 1 行出现错误:
ORA-01422: 实际返回的行数超出请求的行数
ORA-06512: 在 line 7
```

图 10-28    TOO_MANY_ROWS 异常案例

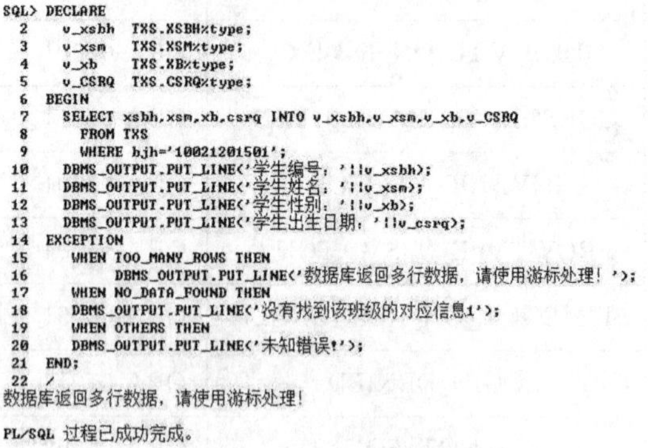

```
SQL> DECLARE
  2    v_xsbh   TXS.XSBH%type;
  3    v_xsn    TXS.XSM%type;
  4    v_xb     TXS.XB%type;
  5    v_CSRQ   TXS.CSRQ%type;
  6  BEGIN
  7    SELECT xsbh,xsm,xb,csrq INTO v_xsbh,v_xsn,v_xb,v_CSRQ
  8      FROM TXS
  9      WHERE bjh='10021201501';
 10    DBMS_OUTPUT.PUT_LINE('学生编号: '||v_xsbh);
 11    DBMS_OUTPUT.PUT_LINE('学生姓名: '||v_xsn);
 12    DBMS_OUTPUT.PUT_LINE('学生性别: '||v_xb);
 13    DBMS_OUTPUT.PUT_LINE('学生出生日期: '||v_csrq);
 14  EXCEPTION
 15    WHEN TOO_MANY_ROWS THEN
 16      DBMS_OUTPUT.PUT_LINE('数据库返回多行数据, 请使用游标处理! ');
 17    WHEN NO_DATA_FOUND THEN
 18      DBMS_OUTPUT.PUT_LINE('没有找到该班级的对应信息1');
 19    WHEN OTHERS THEN
 20      DBMS_OUTPUT.PUT_LINE('未知错误!');
 21  END;
 22  /
数据库返回多行数据, 请使用游标处理!

PL/SQL 过程已成功完成。
```

图 10-29    多种异常处理案例

非预定义异常处理分以下几个步骤进行:

(1)自定义异常。

声明一个异常类型变量。

异常类型变量名 EXCEPTION;

(2)将异常类型变量与 Oracle Server 错误号进行关联。

Oracle 允许使用 EXCEPTION_INIT 语句将异常名和异常号关联起来,语法如下:

PRAGMA EXCEPTION_INIT (异常变量名,异常号);

**注意**:异常变量名是一个预先声明的异常,异常号用一负数表示。在关联异常名和异常号之前,首先需要在声明部分定义异常名。

(3)在异常处理部分引用异常类型变量名捕获并处理该异常。

**例 10-23**    删除指定编号的学院,如果学院下属还有系,就提示用户不能删除。

```
DECLARE
  --用户自定义异常 e_txy_remaining
    e_txy_remaining EXCEPTION;
  --异常 e_txy_remaining 和绑定异常编号-2292,即是违反一致性约束的错误代码
    PRAGMA EXCEPTION_INIT (e_txy_remaining,-2292);
BEGIN
    DELETE FROM txy  WHERE xyh= &p_txy;
EXCEPTION
  --抛出 e_txy_remaining 异常
    WHEN e_txy_remaining THEN
      DBMS_OUTPUT.PUT_LINE ('不能删除'||TO_CHAR(&p_txy) || '号学院,该学院还有下属系
信息! ');
    END;
```

执行结果如图 10-30 所示。

```
SQL> DECLARE
  2      e_txy_remaining EXCEPTION;
  3      PRAGMA EXCEPTION_INIT (e_txy_remaining,-2292);
  4  BEGIN
  5      DELETE FROM txy  WHERE xyh= &p_txy;
  6  EXCEPTION
  7      WHEN e_txy_remaining THEN
  8          DBMS_OUTPUT.PUT_LINE ('不能删除'!!TO_CHAR(&p_txy) !! '号学院, 该学院还有下属系信息! ');
  9  END;
 10  /
原值    5:      DELETE FROM txy  WHERE xyh= &p_txy;
新值    5:      DELETE FROM txy  WHERE xyh= 10;
原值    8:          DBMS_OUTPUT.PUT_LINE ('不能删除'!!TO_CHAR(&p_txy) !! '号学院, 该学院还有下属系信息! ');
新值    8:          DBMS_OUTPUT.PUT_LINE ('不能删除'!!TO_CHAR(10) !! '号学院, 该学院还有下属系信息! ');
不能删除10号学院, 该学院还有下属系信息!

PL/SQL 过程已成功完成。
```

**图 10-30　删除指定编号的学院——非预定义异常**

### 10.5.3　用户自定义的异常

数据库的有些操作并不会产生 Oracle 错误,但是从业务规则角度考虑,认为这些操作是一种错误。这一类错误没有预定义异常与其关联,需用户自定义处理。用户要在程序中定义,而且显式地在程序中将其引发。

用户自定义的异常错误是通过显式使用 RAISE 语句来触发的。当引发一个异常错误时,控制就转向 EXCEPTION 块异常错误部分,执行错误处理代码。

(1)在 PL/SQL 块的说明部分定义异常类型变量。

```
异常类型变量名 EXCEPTION ;
```

(2)在 PL/SQL 块的执行部分将其引发:

```
RAISE 异常类型变量名;
```

(3)在异常处理部分引用异常类型变量名捕获并处理该异常。

**例 10-24**　判断学生是否获得课程学分。查询 2015100110204 号学生的 10011002 号课程的成绩,如果成绩小于 60 分就不能获得该课程的学分。

```
DECLARE
  v_zcj TCJ.ZCJ% TYPE;
--用户自定义异常变量 e_zcjbujige
  e_zcjbujige EXCEPTION;
BEGIN
SELECT zcj INTO v_zcj FROM tcj WHERE xsbh='2015100110204' AND kcbh='10011002';
--如果分数在 0-60 之间,抛出异常 e_zcjbujige
  IF v_zcj<60 THEN   RAISE e_zcjbujige;
  END IF;
EXCEPTION
--如果课程成绩不及格,则触发 e_zcjbujige 异常
  WHEN e_zcjbujige THEN
    DBMS_OUTPUT.PUT_LINE ('该生的课程成绩为:'||TO_CHAR(v_zcj) || ',不能获得该课程
的学分');
  END;
```

执行结果如图 10-31 所示。

### 10.5.4　RAISE_APPLICATION_ERROR 过程

Oracle 系统提供的名为 RAISE_APPLICATION_ERROR 的过程将自定义的异常错误信息在客户端应用程序中显示,它为人工生成异常提供一种方法。该过程的语法如下:

```
RAISE_APPLICATION_ERROR(异常号,异常信息,[, {TRUE | FALSE}]);
```

参数说明：

● 异常号：专门为用户自定义的错误区，用 $-20999 \sim -20000$ 之间的任何数值表示。这样才能保证不会与 Oracle 的任何错误代码相冲突。

● 异常信息：一个文本信息，用来作为异常触发时的提示。文本最长不能超过 2048 字节，否则将被截取到 2K 字节。

● TRUE | FALSE：可选逻辑值，默认值为 FALSE，如果为 TRUE 则将该异常添加到异常列表中。

● RAISE_APPLICATION_ERROR 过程将返回一个用户自定义异常号和异常信息给调用环境。

**例 10-25** 统计 10011201501 班的人数，如果班级人数少于 4 人，就提示班级人数过少。并提示录入其他学生信息。

执行结果如图 10-32 所示。

图 10-31　判断学生是否获得课程学分
　　　　——自定义异常

图 10-32　统计 10011201501 班的人数
　　　　——RAISE_APPLICATION_ERROR

## 10.6　游标

Oracle 游标（cursor）是一种用于轻松地处理多行数据的机制，游标可看作一种特殊的指针，它用来管理 SQL 的 SELECT 语句。其与某个查询结果相联系，可以指向结果集的任意位置，以便对指定位置的数据进行处理。使用游标可以在查询数据的同时对数据进行处理。在每个用户会话中，可以同时打开多个游标，其数量由数据库初始化参数文件中的 OPEN_CURSORS 参数定义。

一般游标可分为以下两类：

（1）显式游标：由用户定义、操作，用于处理返回多行数据的 SELECT 查询。

（2）隐式游标：由系统自动进行操作，用于处理 DML 语句和返回单行数据的 SELECT 查询。

### 10.6.1　显式游标

**1. 显式游标的定义和使用**

1）定义游标

游标必须在 PL/SQL 块的声明部分进行定义，游标定义时可以引用 PL/SQL 变量，但变量必须在游标定义之前定义。定义游标时并没有生成数据，只是将定义信息保存到数据字典中。游标定义后，可以使用 cursor_name％ROWTYPE 定义游标类型变量。

定义游标的语法格式为：

```
CURSOR cursor_name[(parameter[, parameter]…)]    [RETURN datatype]
    IS
    select_statement;
```

参数说明：

- cursor_name：游标名。
- parameter：可选的游标参数，游标参数只能为输入参数，其格式为：

```
parameter_name [IN] datatype [{:= | DEFAULT} expression]
```

- RETURN datatype：可选的游标返回数据。应与 select_statement 中的选择列表在次序和数据类型上匹配，一般是记录数据类型或带"%ROWTYPE"的数据。

2）打开游标

打开游标时，系统会检查变量的值，执行游标定义时对应的 SELECT 语句，将查询结果检索到工作区中。但是在执行游标取回命令之前，并没有真正取回记录。打开命令初始化了游标指针，使其指向活动集的第一条记录。

游标一旦打开，就无法再次打开，除非先关闭。游标忽略所有在游标打开之后，对数据执行的 SQL DML 命令（INSERT、UPDATE、DELETE 和 SELECT），因此只有在需要时才打开它。要刷新活动集时只需关闭并重新打开游标即可。用户在打开游标后，可以使用系统变量%ROWCOUNT 查看游标中数据行的数目。

打开游标的语法格式：

```
OPEN cursor_name[([parameter =>] value[, [parameter =>] value]…)];
```

3）游标取值

对游标第一次执行 FETCH 语句时，它将工作区中的第一条记录赋给变量，并使工作区的指针指向下一条记录。这样，如果在一个循环内反复使用 FETCH 语句，就可以检索工作区的每一条记录。

在使用 FETCH 语句之前，必须先打开游标，这样才能保证工作区内有数据。INTO 子句中的变量个数、顺序、类型必须与工作区中每行记录的字段数、顺序及数据类型一一对应。

游标取值的语法格式：

```
FETCH cursor_name INTO variable[,variable]…;
```

4）关闭游标

当提取和处理完游标结果集合数据后，应及时关闭游标，释放与游标相关的系统资源，并使该游标的工作区失效，不能再使用 FETCH 语句提取其中的数据。关闭后的游标可以使用 OPEN 语句重新打开。

关闭游标的语法格式：

```
CLOSE cursor_name;
```

**2. 游标属性**

每个显式游标有 4 个属性：% FOUND、% NOTFOUND、% ROWCOUNT 和% ISOPEN。这些属性附在游标名后面使用，即可得到有关多行查询执行中的有用信息。这些属性只能用在过程性语句 PL/SQL 中，而不能用在 SQL 语句中。属性信息如表 10-3 所示。

表 10-3　游标属性

| 属 性 名 | 说　　明 |
|---|---|
| %ISOPEN | 逻辑值，判断游标是否已打开，如游标未打开，其值为 false，否则为 true |
| %FOUND | 逻辑值，判断游标是否指向数据行。如游标当前指向一行数据，则返回 true，否则为 false。本属性常用于控制游标循环的结束 |

| 属　性　名 | 说　　明 |
|---|---|
| %NOTFOUND | 逻辑值,判断游标是否未指向数据行。其值是%FOUND属性值的非。本属性常用于控制游标循环的结束 |
| %ROWCOUNT | 返回游标当前已提取的记录的行数,每成功提取一次数据行其值加1 |

**例 10-26** 创建游标,查询软件 1501 班的学生的学号、姓名、性别和出生日期信息。

```
DECLARE
  v_xsbh   TXS.XSBH%type;
  v_xsm    TXS.XSM%type;
  v_xb     TXS.XB%type;
  v_csrq   TXS.CSRQ%type;
--定义游标 cursor_txs 为软件 1501 班学生信息
  CURSOR cursor_txs IS
    SELECT xsbh,xsm,xb,csrq INTO v_xsbh,v_xsm,v_xb,v_csrq
      FROM txs,tbj
      WHERE txs.bjh=tbj.bjh AND tbj.bjm='软件 1501';
BEGIN
  DBMS_OUTPUT.PUT_LINE('软件 1501班学生信息');
  DBMS_OUTPUT.PUT_LINE('学号            '||' 姓名 '||'性别   '||'出生日期  ');
--打开游标
OPEN  cursor_txs;
--游标取值,指向第一行
  FETCH cursor_txs INTO   v_xsbh,v_xsm,v_xb,v_csrq ;
--只要游标中还有记录值,就循环取游标中的值存到类型相同的变量中
  WHILE  cursor_txs%FOUND
  LOOP
    DBMS_OUTPUT.PUT_LINE(v_xsbh ||' '||v_xsm||' '||v_xb||'  '||to_char(v_csrq));
    FETCH cursor_txs INTO   v_xsbh,v_xsm,v_xb,v_csrq ;
  END LOOP;
--关闭游标
  CLOSE cursor_txs;
END;
```

### 3. 游标 FOR 循环

由于游标中有多行数据,所以游标中数据的处理常常需要使用循环。在前面介绍的循环结构中,FOR 循环用于游标的处理最为方便。

```
FOR index_variable IN cursor_name[(value[, value]…)] LOOP
  --游标数据处理代码
END LOOP;
```

参数说明:

● index_variable:和游标类型相同的记录型变量。

● cursor_name:游标名。

FOR 循环的游标处理时,系统自动打开游标,不用显式地使用 OPEN 语句打开,然后系

统重复地自动从游标工作区中提取数据并放入计数器变量中。系统自动进行％FOUND 属性检查以确定是否有数据，当游标工作区中所有的记录都被提取完毕或循环中断时，系统自动关闭游标。

例 10-30 创建游标，查询软件 1501 班的学生的学号、姓名、性别和出生日期信息。除了上面 WHILE 循环加上％FOUND 方式处理外，还可以使用 FOR 循环的方式处理，代码如下。执行结果和如图 10-38 所示的结果值一模一样。

```
DECLARE
    v_bjm TXS.BJH%TYPE;
--定义查询指定班级的学生信息的游标
    CURSOR cursor_txs IS
        SELECT txs.*  FROM txs,tbj WHERE txs.bjh=tbj.bjh AND tbj.bjm=v_bjm;
BEGIN
--使用替换变量给班级名变量赋值
    v_bjm:='&p_bjm';
    DBMS_OUTPUT.PUT_LINE('软件 1501 班学生信息');
    DBMS_OUTPUT.PUT_LINE('学号          '||' 姓名 '||'性别   '||'出生日期   ');
--将游标 cursor_txs 的值放入游标变量 v_cur_xs 中(FOR 循环中不需要预先定义)
    FOR v_cur_xs IN cursor_txs
      LOOP
--取记录型游标变量的字段值输出，v_cur_xs.xsbh 表示学生编号
        DBMS_OUTPUT.PUT_LINE(v_cur_xs.xsbh ||' '||v_cur_xs.xsm||' '||v_cur_xs.xb||' '||to_char(v_cur_xs.csrq));
      END LOOP;
END;
```

### 4.显式游标参数

声明带有参数的游标称为参数化游标，打开参数化游标时要为游标参数提供数值。无论游标有无参数，在使用前都需要声明和打开，使用后关闭。

（1）参数化游标定义语法格式：

```
CURSOR cursor_name(parameter1 datatype[,parameter2 datatype…])
IS
select_statement
```

（2）打开参数化游标的方法：

```
OPEN cursor_name(parameter1[,parameter2…])
```

例 10-30 创建游标，查询软件 1501 班的学生的学号、姓名、性别和出生日期信息。除了上面的两种处理方式外，还可以班级名作为参数＋WHILE 循环的形式进行处理，代码如下。执行结果和图 10-38 的结果值一模一样。

```
DECLARE
--定义带参数(p_bjm班级名)的游标
  CURSOR cursor_txs(p_bjm TXS.BJH%TYPE)
    IS
        SELECT txs.* FROM txs,tbj WHERE txs.bjh=tbj.bjh AND tbj.bjm=p_bjm;
--定义与 cursor_txs 游标类型一样的变量 v_cur_xs
  v_cur_xs   cursor_txs%ROWTYPE;
```

```
BEGIN
  DBMS_OUTPUT.PUT_LINE('软件 1501 班学生信息');
  DBMS_OUTPUT.PUT_LINE('学号        '||' 姓名 '||'性别   '||'出生日期   ');
--打开游标,游标参数值为'软件 1501'
  OPEN cursor_txs('软件 1501');
  LOOP
--取游标 cursor_txs 中当前行的值到游标变量 v_cur_xs,并将指针指向游标数据的下一行
    FETCH cursor_txs INTO v_cur_xs ;
--当游标 cursor_txs 中没有数据时,就退出循环
    EXIT WHEN cursor_txs%NOTFOUND;
    DBMS_OUTPUT.PUT_LINE(v_cur_xs.xsbh ||' '||v_cur_xs.xsm||' '||v_cur_xs.xb||'
'||to_char(v_cur_xs.csrq));
    END LOOP;
--关闭游标
  CLOSE cursor_txs;
END;
```

### 5. 使用游标更新和删除数据

游标修改和删除操作是指在游标定位下,修改或删除表中指定的数据行。这时,要求游标查询语句中必须使用 FOR UPDATE 选项,以便在打开游标时锁定游标结果,集合在表中对应数据行的所有列和部分列。

定义游标时语法格式如下:

```
SELECT column_list FROM table_list FOR UPDATE [OF column[, column]…] [NOWAIT]
```

如果使用 FOR UPDATE 声明游标,则可在 DELETE 和 UPDATE 语句中使用 WHERE CURRENT OF cursor_name 子句,修改或删除游标结果集合当前行对应的数据库表中的数据行。

**例 10-27**　处理课程表中的课程信息,学分为 3 分以上的课程学时数加 16 学时,其他的学分加 10 学时。

```
DECLARE
--定义一个可以修改课程表数据的游标
CURSOR  cursor_tkc IS SELECT * FROM tkc FOR UPDATE;
v_cur_kc   cursor_tkc%ROWTYPE;
BEGIN
  OPEN cursor_tkc;
  LOOP
    FETCH cursor_tkc INTO v_cur_kc;
    EXIT WHEN cursor_tkc%NOTFOUND;
    IF v_cur_kc.xf>=3 THEN
--针对游标中的数据进行修改操作
        UPDATE tkc SET xs=xs+16 WHERE CURRENT OF cursor_tkc;
    ELSE
        UPDATE tkc SET xs=xs+10 WHERE CURRENT OF cursor_tkc;
    END IF;
  END LOOP;
  CLOSE cursor_tkc;
END;
```

由于该游标适用于 UPDATE 语句,所以执行该代码后,数据库提示"PL/SQL 过程已成

功完成”,但是表中的信息已经更改。如图 10-33 所示为游标处理前的数据,如图 10-34 所示为游标处理后的数据。所有课程的学时数已经修改。

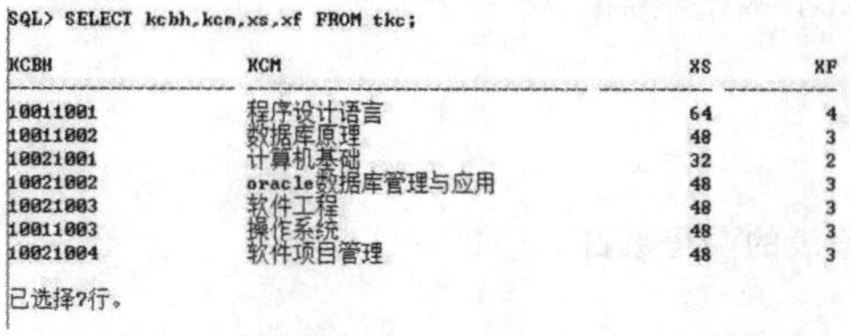

```
SQL> SELECT kcbh,kcm,xs,xf FROM tkc;

KCBH       KCM                        XS    XF
---------- -------------------------- ----- ----
10011001   程序设计语言                  64     4
10011002   数据库原理                    48     3
10021001   计算机基础                    32     2
10021002   oracle数据库管理与应用         48     3
10021003   软件工程                      48     3
10011003   操作系统                      48     3
10021004   软件项目管理                  48     3

已选择7行。
```

**图 10-33　游标 UPDATE 语句更改前课程信息**

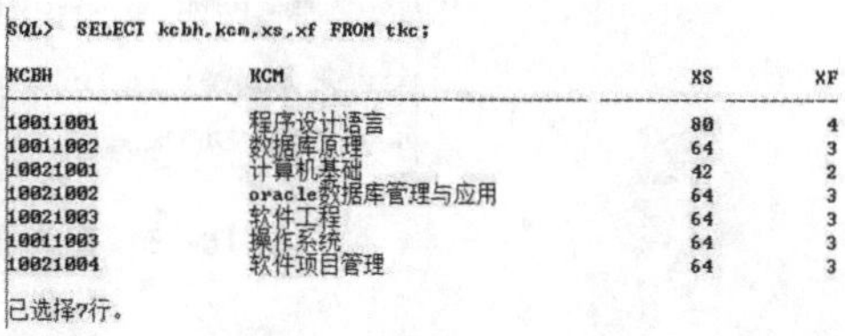

```
SQL> SELECT kcbh,kcm,xs,xf FROM tkc;

KCBH       KCM                        XS    XF
---------- -------------------------- ----- ----
10011001   程序设计语言                  80     4
10011002   数据库原理                    64     3
10021001   计算机基础                    42     2
10021002   oracle数据库管理与应用         64     3
10021003   软件工程                      64     3
10011003   操作系统                      64     3
10021004   软件项目管理                  64     3

已选择7行。
```

**图 10-34　游标 UPDATE 语句更改后课程信息**

## 10.6.2　隐式游标

显式游标主要用于对查询语句的处理,尤其是在查询结果为多条记录的情况下;而对于非查询语句,如修改、删除操作,则由 Oracle 系统自动地为这些操作设置游标并创建其工作区,这些由系统隐含创建的游标称为隐式游标,隐式游标的名字为 SQL,这是由 Oracle 系统定义的。

对于隐式游标的操作,如定义、打开、取值及关闭操作,都由 Oracle 系统自动完成,无需用户进行处理。用户只能通过隐式游标的相关属性来完成相应的操作。在隐式游标的工作区中,所存放的数据是与用户自定义的显式游标无关的、最新处理的一条 SQL 语句。10.4 中的例 10-17 就是一个典型的隐式游标的处理。

隐式游标的属性说明如表 10-4 所示。

**表 10-4　隐式游标的属性**

| 属　　性 | 值 | SELECT | INSERT | UPDATE | DELETE |
|---|---|---|---|---|---|
| SQL%ISOPEN | | FALSE | FALSE | FALSE | FALSE |
| SQL%FOUND | TRUE | 有结果 | | 成功 | 成功 |
| SQL%FOUND | FALSE | 无结果 | | 失败 | 失败 |
| SQL%NOTFUOND | TRUE | 无结果 | | 失败 | 失败 |
| SQL%NOTFUOND | FALSE | 有结果 | | 成功 | 失败 |
| SQL%ROWCOUNT | | 返回行数,只为 1 | 插入的行数 | 修改的行数 | 删除的行数 |

**例 10-28**　统计课程表中修改的课程数目,通过隐式游标 SQL 的%ROWCOUNT 属性来了解修改了多少行。

```
DECLARE
  v_rows NUMBER;
BEGIN
--更新数据
  UPDATE TKC SET xf =xf+1;
--获取默认游标的属性值
  v_rows :=SQL%ROWCOUNT;
  DBMS_OUTPUT.PUT_LINE('更新了'||v_rows||'个课程的学分信息');
END;
```

执行结果如图 10-35 所示。

```
SQL> DECLARE
  2      v_rows NUMBER;
  3  BEGIN
  4      UPDATE TKC SET xf =xf+1;
  5      v_rows := SQL%ROWCOUNT;
  6      DBMS_OUTPUT.PUT_LINE('更新了'||v_rows||'个课程的学分信息.');
  7  END;
  8  /
更新了7个课程的学分信息

PL/SQL 过程已成功完成。
```

图 10-35　查询更新课程表的课程数目

## 10.7　存储过程和函数

　　PL/SQL 的存储过程和函数属于命名程序块,是能完成一定处理/计算功能并存储在数据字典中的程序。对它们的使用可以通过调用存储过程名或函数名的方式来实现。

　　存储过程和函数创建成功后,作为 Oracle 对象存储在 Oracle 数据库中,在应用程序中可以按名称多次调用,连接到 Oracle 数据库的用户只要有合适的权限都可以使用过程和函数。存储过程和函数可以在不同用户和应用程序之间共享,并可实现程序的优化和重用。

　　过程和函数的结构是相似的,用于在数据库中完成特定的操作或者任务。它们都可以接受输入值并向应用程序返回值。区别在于存储过程用来完成一项任务,可能不返回值,也可能返回多个值,存储过程的调用是一条 PL/SQL 语句;而函数则包含 RETURN 子句,用来进行数据操作,并返回一个单独的函数值,函数的调用只能在一个表达式中。

### 10.7.1　存储过程

#### 1. 创建存储过程

语法格式:

```
CREATE[OR REPLACE]PROCEDURE procedure_name
  [(argument1 [ IN | OUT | IN OUT] datatype[DEFAULT value1],
...
argumentn [ IN | OUT | IN OUT ] datatype[DEFAULT valuen] )]
{ IS | AS }
[局部声明]
BEGIN
可执行语句;
EXCEPTION
[异常处理程序];
END[procedure_name];
```

参数说明:

- OR REPLACE:关键字可选,如果过程已经存在,该关键字将重建过程。
- procedure_name:存储过程名。
- argumentn:变量名。
- [IN|OUT|INOUT]数据类型:
① IN:表示参数是输入给过程的,默认值。
② OUT:表示参数在过程中将被赋值,可以传给过程体的外部。
③ IN OUT:表示该类型的参数既可以向过程体传值,也可以在过程体中赋值。
- DEFAULT valuen:参数默认值。

**例 10-29** 查询指定编号学生的名字、姓名和性别。

```
CREATE OR REPLACE PROCEDURE query_txs
--v_xsbh学号是输入型参数,其余三个存放学生名、性别和出生日期的变量是输出型参数
(v_xsbh IN    TXS.XSBH%type,
  v_xsm   OUT TXS.XSM%type,
  v_xb    OUT TXS.XB%type,
  v_csrq OUT TXS.CSRQ%type)
IS
BEGIN
    SELECT xsm,xb,csrq INTO v_xsm,v_xb,v_csrq   FROM TXS WHERE xsbh= v_xsbh;
    DBMS_OUTPUT.PUT_LINE('学生编号:'||v_xsbh);
    DBMS_OUTPUT.PUT_LINE('学生姓名:'||v_xsm);
    DBMS_OUTPUT.PUT_LINE('学生性别:'||v_xb);
    DBMS_OUTPUT.PUT_LINE('学生出生日期:'||v_csrq);
EXCEPTION
    WHEN NO_DATA_FOUND THEN
DBMS_OUTPUT.PUT_LINE('没有找到该学生的对应信息! ');
    WHEN OTHERS THEN
DBMS_OUTPUT.PUT_LINE('未知错误! ');
END query_txs;
```

如果提示过程创建成功,即说明编译已经成功。该过程没有语法错误,并把它作为一个 Oracle 对象存储在数据库中。用户可以在 USER_SOURCE 数据字典中查看存储过程信息。

```
SELECT TEXT FROM USER_SOURCE WHERE NAME=upper('query_txs ');
```

执行结果如图 10-36 所示,初学者请注意,在该代码中的 WHERE 条件里,NAME 列要求输入的值是存储过程的名字,Oracle 中如果不做特别声明,所有的字符是不做大小写区分的,都是大写。但是在字符里大小写是必须要区分的。所以在图 10-36 中,第一条查询语句输入的存储过程名是"query_txs",数据库里没有小写名字的 query_txs 存储过程,所以提示"未选定行"。用户需要把存储过程的名字改成大写的形式,或者如图 10-36 所示加入字符处理函数"UPPER"将小写转换成大写。

如果执行存储过程代码,Oracle 提示存储过程存在编译错误,可以使用 SHOWERRORS 命令查看编译错误:

```
SHOW ERRORS [PROCEDURE|FUNCTION|PACKAGE]<名称>;
```

**2. 调用存储过程**

Oracle 最简单直接地调用存储过程方法是,使用 EXECUTE 语句来实现对存储过程的调用,其语法格式:

```
[EXECUTE] procedure_name[(parameter,…n)]
```

例 10-29 查询指定编号学生的名字、姓名和性别的 query_txs 存储过程建立后,就可以先指定输出的学生信息的绑定变量,然后调用该存储过程,使用 PRINT 命令查询执行结果。比如查看 2015100110102 号学生的信息。

```
--首先定义三个绑定变量来输出学生的名字、性别和出生日期
VARIABLE g_xsm VARCHAR2(25)
VARIABLE g_sal NUMBER
VARIABLE g_comm NUMBER
```

```
        --使用绑定变量执行存储过程 query_emp
    EXECUTE query_emp(7369,:g_name,:g_sal,:g_comm)
        --打印三个绑定变量的值
    PRINT g_name
    PRINT g_sal
    PRINT g_comm
```

执行结果如图 10-37 所示。

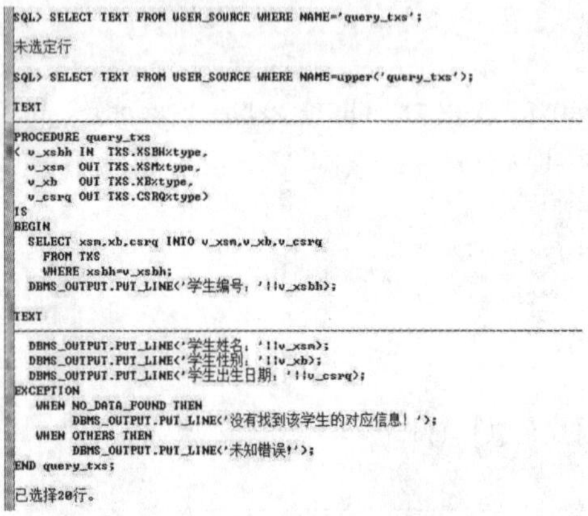

**图 10-36　USER_SOURCE 查询存储过程定义**　　**图 10-37　EXECUTE query_emp 调用存储过程**

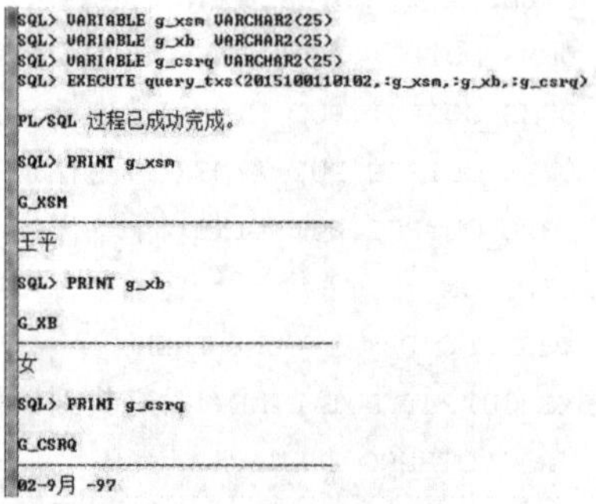

在 PL/SQL 中也可以直接在程序块中通过存储过程名的形式调用存储过程。如果存储过程有参数,需要确定参数的性质和参数的传递方式。

存储过程和函数在声明时所定义的参数称为形式参数,简称为形参(formal parameters)。应用程序调用时为存储过程和函数传递的参数称为实际参数,简称为实参(actual parameters)。在声明形参时,不能定义形参的长度或精度、刻度,它们是作为参数传递机制的一部分被传递的,是由实参决定的。实参包含了调用过程传递过来的值,还可以接收过程返回来的值(与参数模式有关)。

调用存储过程时,对于参数的传递也有三种:按位置传递、按名称传递和组合传递。

(1)按位置传递参数,即调用时的实参数据类型、个数与形参在相应位置上要保持一致。如果位置对应不一致,那么将产生错误。用这种方法进行调用,形参与实参的名称是相互独立的,强调次序才是重要的。

例 10-29 查询指定编号学生的名字、姓名和性别的 query_txs 存储过程建立后,在程序块中调用存储过程,查看 2015100110102 号学生的信息。

执行结果如图 10-38 所示。

(2)按名称传递参数,使用带名的参数,即调用时用"=>"符号把实参和形参关联起来。格式为:

```
        argument =>parameter [,…]
```

参数说明:argument 为形式参数,它必须与存储过程或函数定义时所声明的形式参数名称相同,而 parameter 为实际参数。

在这种格式中,形式参数与实际参数成对出现,相互间关系唯一确定,所以参数的顺序可以任意排列。这样按名称传递参数,可以有效地避免按位置传递参数所可能引发的问题,而且代码更容易阅读和维护。

```
DECLARE
  var_xsbh    TXS.XSBH%type;
  var_xsm     TXS.XSM%type;
  var_xb      TXS.XB%type;
  var_csrq    TXS.CSRQ%type;
BEGIN
  var_xsbh:=2015100110102;
  query_txs(v_xsbh=>var_xsbh,v_xsm=>var_xsm,v_xb=>var_xb,v_csrq=>var_csrq);
END;
```

（3）混合方式传递参数，即指开头的参数使用按位置传递参数的方式，剩下的参数使用按名称传递参数的方式。这种传递方式适合于过程具有可选参数的情况。

```
DECLARE
  var_xsbh    TXS.XSBH%type;
  var_xsm     TXS.XSM%type;
  var_xb      TXS.XB%type;
  var_csrq    TXS.CSRQ%type;
BEGIN
  var_xsbh:=2015100110102;
  query_txs(var_xsbh,v_xsm=>var_xsm,v_xb=>var_xb,v_csrq=>var_csrq);
END;
```

**例 10-30**　查询所有课程的课程信息，不带参数。

```
CREATE OR REPLACE PROCEDURE view_tkc
AS
--定义课程信息的游标
  CURSOR cursor_kc IS SELECT * FROM TKC;
--声明一个%ROWTYPE的记录型变量,和游标记录集的结构一样
  V_tkc cursor_kc%ROWTYPE;
BEGIN
  OPEN cursor_kc;
  LOOP
    FETCH cursor_kc INTO V_tkc;
    DBMS_OUTPUT.PUT_LINE('课程号:'||V_tkc.kcbh||'  课程名:'||V_tkc.kcm||'  学
分:'||V_tkc.xf||'学时:'||V_tkc.xs);
    EXIT WHEN cursor_kc%NOTFOUND;
  END LOOP;
  CLOSE cursor_kc;
END;
```

调用存储过程

```
EXEC view_tkc
```

执行结果如图 10-39 所示。

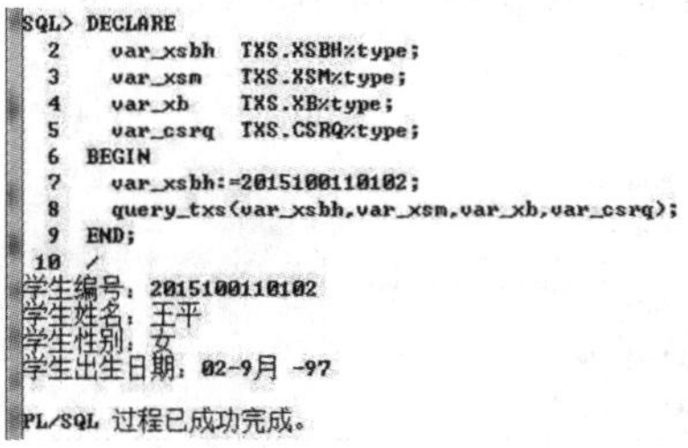

图 10-38　程序块中调用 query_emp 存储过程 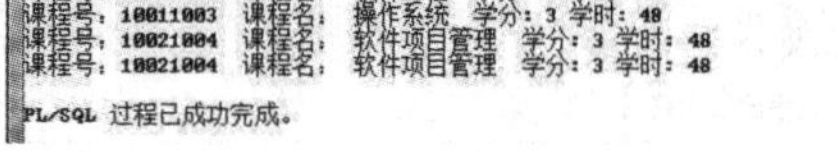　　　图 10-39　EXECUTE view_tkc 调用存储过程

**例 10-31** 统计表学生表中男女同学的人数。

```
CREATE OR REPLACE PROCEDURE count_xb
( v_xb IN TXS.xb%TYPE,
  v_num OUT number  )
AS
  BEGIN
    IF v_xb='男' THEN
        SELECT COUNT(xb) INTO v_num FROM TXS WHERE XB='男';
    ELSE
        SELECT COUNT(xb) INTO v_num  FROM TXS WHERE XB='女';
    END IF;
  END count_xb;
```

调用存储过程 count_xb,如图 10-40 所示。

### 3. 修改存储过程

想对存储过程进行修改,可以重新执行修改后的创建过程的程序块,但此时必须在声明时加上"OR REPLACE"关键词。

**例 10-32** 在例 10-31 统计学生表中不同性别的学生数的基础上,修改存储过程,给形参性别变量提供默认值"男"。代码如下:

```
CREATE OR REPLACE PROCEDURE count_xb
( v_num OUT number,
--v_xb 为输入型参数,默认值为'男'
  v_xb IN TXS.xb%TYPE DEFAULT '男' )
AS
  BEGIN
    IF v_xb='男' THEN
        SELECT COUNT(xb) INTO v_num FROM TXS WHERE XB='男';
    ELSE
        SELECT COUNT(xb) INTO v_num  FROM TXS WHERE XB='女';
    END IF;
  END count_xb;
```

具有默认值的存储过程和函数创建后,在存储过程和函数调用时,如果没有为具有默认值的参数提供实际参数值,存储过程和函数将使用该参数的默认值。但当调用者为默认参数提供实际参数时,存储过程和函数将使用实际参数值。在创建存储过程和函数时,只能为输入参数设置默认值,而不能为输入/输出参数设置默认值。

修改后 count_xb 在 PL/SQL 块中调用存储过程,由于性别已经有了默认值,所以调用存储过程时可以直接写:count_xb(var_num)。执行结果如图 10-41 所示。

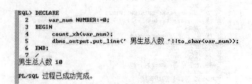

图 10-40 调用存储过程 count_xb          图 10-41 调用存储过程 insert_kclb

### 4. 删除存储过程

当某个过程不再需要时,应将其从内存中删除,以释放它占用的内存资源。

语法格式:

```
DROP PROCEDURE [schema.] procedure_name;
```

参数说明:

- schema 是包含过程的用户。
- procedure_name 是将要删除的存储过程名称。

**例 10-33** 删除查询课程信息存储过程 view_tkc。

```
DROP PROCEDURE view_tkc;
```

## 10.7.2 函数

函数和过程一样,是存储地数据库中的 PL/SQL 程序,作为 Oracle 对象存储在 Oracle 数据库中。函数也可以接收各种模式的参数。函数的结构也包括声明、执行和异常处理部分。

函数和过程最主要的区别在于,过程不将任何值返回调用程序,而函数则可以通过 RETURN 语句返回一个值。另外,过程和函数在调用方式上也略有不同,过程的调用是一条语句,而函数的调用使用了一个表达式。

### 1. 创建函数

语法格式:

```
CREATE[ORREPLACE]FUNCTION function_name
  [(argument1 [IN|OUT | IN OUT] datatype[DEFAULT value1],
...
argumentn [[IN|OUT | IN OUT] datatype[DEFAULT valuen])]
RETURN datatype
  { IS | AS }
[局部声明]
BEGIN
可执行语句;
RETURN 返回值表达式;--立即完成子程序的执行,并将控制返回给调用者
......
[EXCEPTION
[异常处理程序]
END[<function_name>];
```

在函数定义的头部,参数列表之后,必须包含一个 RETURN 语句来指明函数返回值的类型,但不能约束返回值的长度、精度、刻度等。如果使用％TYPE,则可以隐含地包括长度、精度、刻度等约束信息。在函数体的定义中,必须至少包含一个 RETURN 语句,来指明函数返回值。也可以有多个 RETURN 语句,但最终只有一个 RETURN 语句被执行。函数的其他参数和存储过程的定义一样。

一般,只有在确认 function_name 函数是新函数或是要更新的函数时,才使用 OR REPALCE 关键字,否则容易删除有用的函数。

**例 10-34** 查询成绩表,以课程号作为函数的参数,计算选修某课程的全体学生的平

均成绩。

```
CREATE OR REPLACE FUNCTION kc_avg
(v_kcbh IN TCJ.KCBH%TYPE)
RETURN   TCJ.ZCJ%TYPE
AS
    vaverage TCJ.ZCJ%TYPE;
BEGIN
    SELECT avg(zcj) INTO vaverage   FROM tcj WHERE kcbh=v_kcbh;
    RETURN vaverage;
END kc_avg;
```

像过程一样,函数创建成功后可以在 USER_SOURCE 视图中查看函数信息。如用下面的语句在 USER_SOURCE 视图中查看函数信息:

```
SELECT TEXT FROM USER_SOURCE WHERE NAME= 'KC_AVG';
```

执行结果如图 10-42 所示。

### 2. 调用函数

一旦函数创建成功后,就可以在任何一个 PL/SQL 程序块中调用。值得注意的是,不能像过程那样直接用 EXECUTE 命令来调用函数,因为函数是有返回值的,必须作为表达式的一部分来调用。无论在命令行还是在程序语句中,函数都可以通过函数名称直接在表达式中调用。

语法格式:

```
variable_name:= function_name
```

例 10-34 的 kc_avg 可以在 PL/SQL 块中进行调用,代码如下:

```
DECLARE
var_kc TCJ.KCBH%TYPE;
var_kcavg TCJ.KCBH%TYPE;
BEGIN
  var_kc:='10021002';
  var_kcavg:=kc_avg(var_kc);
  dbms_output.put_line(var_kc||'号课程的学生平均成绩是:'||to_char(var_kcavg));
END;
```

执行结果如图 10-43 所示。

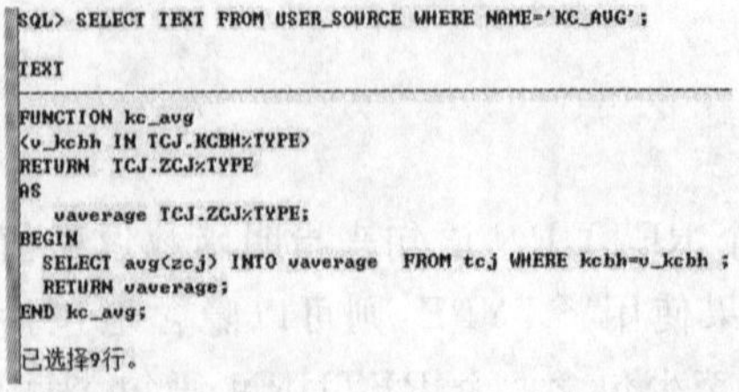

图 10-42　USER_SOURCE 查询函数定义 　　　　图 10-43　调用函数 kc_avg

**例 10-35**　调用函数 kc_avg 统计各门部门的平均成绩。

函数 kc_avg 是以课程编号为参数统计对应课程的平均成绩的,如果是要统计所有课程的平均成绩,就需要知道成绩表中有多少门课程。

```
SELECT DISTINCT kcbh FROM TCJ
```

以上代码就是查询成绩表中无重复值的课程编号，这个查询返回了多行数据。所以在PL/SQL块中对于多行数据要用游标进行处理，在游标的处理中，FOR循环是最简单的方式。

执行结果如图10-44所示。

**例10-36** 创建一个统计学生表中不同性别人数的函数。

```
CREATE OR REPLACE FUNCTION   count_xbnum
 (v_xb IN TXS.xb%TYPE)
RETURN number
AS
v_num number;
BEGIN
   IF v_xb='男' THEN
         SELECT COUNT(xb) INTO v_num FROM TXS WHERE XB='男';
    ELSE
       SELECT COUNT(xb) INTO v_num   FROM TXS WHERE XB='女';
    END IF;
   RETURN v_num;
END count_xbnum;
```

调用该函数时，和存储过程不同的是，要通过函数名字在表达式中进行统计，代码为：

```
 man_num:= count_xbnum('男')
```

其执行结果如图10-45所示。

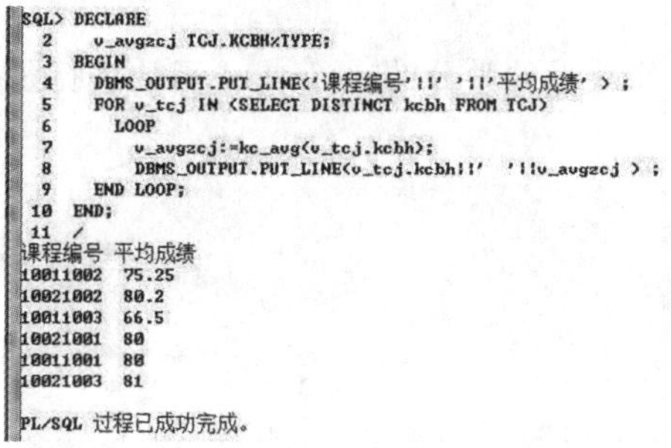

```
SQL> DECLARE
  2    v_avgzcj TCJ.KCBH%TYPE;
  3  BEGIN
  4    DBMS_OUTPUT.PUT_LINE('课程编号'||' '||'平均成绩' ) ;
  5    FOR v_tcj IN (SELECT DISTINCT kcbh FROM TCJ)
  6      LOOP
  7        v_avgzcj:=kc_avg(v_tcj.kcbh);
  8        DBMS_OUTPUT.PUT_LINE(v_tcj.kcbh||'  '||v_avgzcj ) ;
  9    END LOOP;
 10  END;
 11  /
课程编号 平均成绩
10011002  75.25
10021002  80.2
10011003  66.5
10021001  80
10011001  80
10021003  81

PL/SQL 过程已成功完成。
```

**图10-44　调用函数v_avgzcj统计所有课程平均成绩**

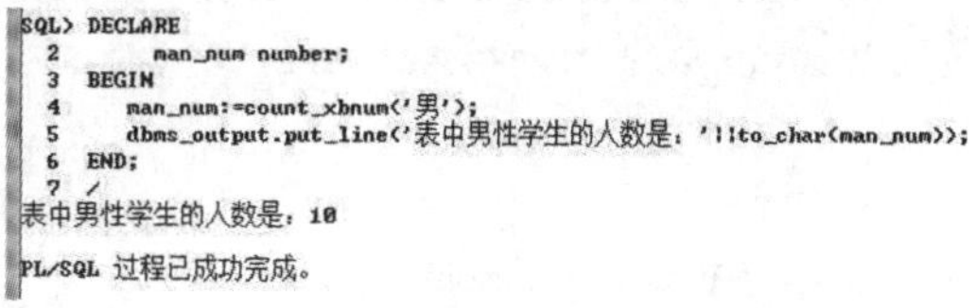

```
SQL> DECLARE
  2        man_num number;
  3  BEGIN
  4      man_num:=count_xbnum('男');
  5      dbms_output.put_line('表中男性学生的人数是：'||to_char(man_num));
  6  END;
  7  /
表中男性学生的人数是：10

PL/SQL 过程已成功完成。
```

**图10-45　调用函数count_xbnum统计男生人数**

**例10-37** 统计指定编号学生已经获得的学分。

```
CREATE OR REPLACE FUNCTION   count_xf
(v_xsbh IN TXS.xb%TYPE)
RETURN number
AS
  v_total number:=0;
--定义一个包含学生编号、该生已经选修的课程和成绩以及该课程学分信息的游标
  CURSOR cursor_tcj
  IS
     SELECT txs.xsbh,tcj.kcbh,tkc.xf,tcj.zcj FROM tcj,tkc,txs
       WHERE tcj.kcbh=tkc.kcbh AND txs.xsbh= v_xsbh AND txs.xsbh= tcj.xsbh;
BEGIN
```

```
        FOR v_cur_kc IN cursor_tcj
          LOOP
    --如果该学生的课程成绩及格就可以获得该课程的学分,否则不获得学分
            IF v_cur_kc.zcj>=60 THEN v_total:=v_total+v_cur_kc.xf;
            END IF;
          END LOOP;
        RETURN v_total;
    END count_xf;
```

在成绩表中 2015100210202 号学生已经选修了两门课程,如图 10-46 所示,一门课及格,一门课不及格。

根据 count_xf 的统计思想,不及格的课程不能获得学分。其执行结果如图 10-47 所示,最后统计该学生已经获得的学分为 4 分。

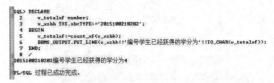

| 图 10-46　2015100210202 号学生已经选修课程信息 | 图 10-47　2015100210202 号学生已获得学分课程信息 |

### 3. 修改函数

修改函数可以像修改过程一样在 SQL * Plus 中使用带有 OR REPLACE 选项的命令重建函数。

**例 10-38**　对例 10-37 统计指定编号学生已经获得的学分的 count_xf 函数进行了修改。将 FOR 循环改成 WHILE 循环。

```
    CREATE OR REPLACE FUNCTION   count_xf
    (v_xsbh IN TXS.xb%TYPE)
    RETURN number
    AS
      v_total number:=0;
      CURSOR cursor_tcj
      IS
        SELECT txs.xsbh,tcj.kcbh,tkc.xf,tcj.zcj FROM tcj,tkc,txs
          WHERE tcj.kcbh=tkc.kcbh AND txs.xsbh=v_xsbh AND txs.xsbh=tcj.xsbh;
      v_cur_kc cursor_tcj%ROWTYPE;
    BEGIN
        OPEN cursor_tcj ;
        LOOP
          FETCH cursor_tcj INTO v_cur_kc ;
          EXIT WHEN cursor_tcj %NOTFOUND;
          IF v_cur_kc.zcj>=60 THEN v_total:=v_total+ v_cur_kc.xf;
          END IF;
        END LOOP;
      RETURN v_total;
    END count_xf;
```

**4. 删除函数**

当函数不再使用时,用 DROP 命令将其从内存中删除。

语法格式:

```
DROP FUNCTION [schema.]function_name
```

**例 10-39** 删除函数 count_xf。

```
DROP FUNCTION count_xf
```

**5. 使用存储过程与函数的优势**

使用存储过程与函数具有如下优点:

(1)共同使用的代码可以只需要被编写和测试一次,而被需要该代码的任何应用程序(如:.NET、C++、JAVA、VB 程序,也可以是 DLL 库)调用。

(2)这种集中编写、集中维护更新、大家共享(或重用)的方法,简化了应用程序的开发和维护,提高了应用程序的效率与性能。

(3)这种模块化的方法,可以将一个复杂的问题、大的程序逐步简化成几个简单的、小的程序部分,进行分别编写、调试,因此使程序的结构清晰、简单,也容易实现。

(4)可以在各个开发者之间提供处理数据、控制流程、提示信息等方面的一致性。

(5)节省内存空间。它们以一种压缩的形式被存储在外存中,当被调用时才被放入内存进行处理。并且,如果多个用户要执行相同的过程或函数时,就只需要在内存中加载一个该过程或函数。

(6)提高数据的安全性与完整性。通过把一些对数据的操作放到过程或函数中,就可以通过是否授予用户执行该过程或函数的权限,来限制某些用户对数据进行这些操作。

## 10.7.3 SQL Developer 中管理存储过程和函数

**1 . SQL Developer 中管理存储过程**

如图 10-48 所示,展开 XSGLADMIN 连接。右键单击"过程",在右键菜单上选择"新建过程"菜单项,如图 10-49 所示,弹出"创建 PL/SQL 过程"窗口。在"方案"栏选择"XSGLADMIN",在"名称"中输入索引名字"count_xb"。然后输入参数,单击在窗口右方的绿色的"+"号按钮,在"参数"栏中就可以输入参数信息。这里是要建立统计不同性别的学生人数的过程,所以需要两个参数。"NAME"列输入参数的名字,"TYPE"列输入参数的类型,"MODE"列输入参数类型(IN、OUT、INOUT 三个选项)。存储过程的基本信息设置好之后,单击"确定"按钮,就会进入一个打开的名叫"COUNT_XB"的 SQL 连接对话中,如图 10-50 所示。

图10-48 "新建过程"菜单　图 10-49 "新建过程"对话框　　图 10-50 统计表学生表中男女同学的人数 count_xb 存储过程

309

在图 10-50 中,是已经建立好的存储过程的基本框架,接下来要输入存储过程块结构中的代码。在 BEGIN 与 END 之间输入统计不同性别的学生个数的代码。代码输入完毕后,单击上方的绿色三角箭头即 RUN 按钮或者按 F11 键,就可以运行创建存储过程的代码。如果代码没有问题,存储过程就创建成功了。

### 2. SQL Developer 中管理函数

如图 10-51 所示,展开 XSGLADMIN 连接。右键单击"函数",在右键菜单上选择"新建函数"菜单项,如图 10-52 所示,弹出"创建 PL/SQL 过程"窗口。在"方案"栏选择"XSGLADMIN",在"名称"中输入索引名字"count_xf"。然后输入参数,单击在窗口右方的绿色的"+"号按钮,在"参数"栏中就可以输入参数信息。这里是要建立统计不同学生获得的学分的函数,所以需要一个输入型参数表示学号信息。"NAME"列输入参数的名字,"TYPE"列输入参数的类型,"MODE"列输入参数类型(IN、OUT、INOUT 三个选项)。注意由于函数有返回值,所以第一行是填写返回值的信息,选择返回值的类型为"NUMBER"。函数的基本信息设置好之后,单击"确定"按钮,就会进入一个打开的名叫"COUNT_XF"的 SQL 连接对话中,如图 10-53 所示。

如图 10-53 所示,是已经建立好的函数的基本框架,接下来如要输入函数块结构中的代码。在 BEGIN 和 END 之间输入统计学生获得的学分数的代码。代码输入完毕后,单击上方的绿色三角箭头即 RUN 按钮或者按 F11 键,就可以运行创建存储过程的代码。如果代码没有问题,存储过程就创建成功了。

图10-51 "新建函数"菜单    图 10-52 "新建函数"对话框    图 10-53 统计表学生获得的学分 count_xf 函数

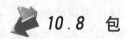 ## 10.8 包

在很多业务系统的大型项目开发中,可能设计有很多模块,而每个模块又有自己的过程、函数等。Oracle 中的程序包,简称包(PACKAGE),是一组相关过程、函数、变量、常量和游标等 PL/SQL 程序设计元素的组合,作为一个完整的单元存储在数据库中,用名称来标识包。

包具有面向对象程序设计语言的特点,是对 PL/SQL 程序设计元素的封装。包类似于 C♯ 和 JAVA 语言中的类。其中的变量相当于类中的成员变量,过程和函数相当于类方法。把相关的模块归类成为包,可使开发人员利用面向对象的方法进行存储过程的开发,从而提高系统性能。

所以在应用系统中,使用包可以使程序设计模块化,对外隐藏包内所使用的信息(通过使用私用变量),而且可以提高程序的执行效率。当程序首次调用包内函数或过程时,Oracle 将整个包调入内存,当再次访问包内元素时,Oracle 直接从内存中读取,而不需要进行磁盘 I/O 操作,从而使程序执行效率得到提高。

应用系统完成整个应用程序的整体框架后,再回头来定义包体部分。只要不改变包的头部分,就可以单独调试、增加或替换包体的内容,这不会影响其他的应用程序。更新包头的说明后必须重新编译引用包的应用程序,但更新包体,则不需重新编译引用包的应用程序,以快速进行应用程序的原型开发。

## 10.8.1 创建包

程序包的包头是程序包的接口。在包头中定义的所有内容都可以由调用者使用,并且可以由具有这个程序包的 EXECUTE 权限的用户使用。在包头中定义的过程可以被执行,变量也可以被引用,类型也能够被访问,这些是程序包的公共特性。程序包包体是用户实际编写的子例程,用于实现包头中定义的接口。包头规范中显示的所有过程和函数都必须在包体中实现。

包头对于一个程序包来说是必不可少的,而包体有时则不一定是必需的。程序包中所包含的子程序及游标等必须在包头中声明,而它们的实现代码则包含在包体中。如果包头编译不成功,则包体编译必定不成功。只有包头和包体编译都成功才能使用程序包。

### 1. 创建包头(PACKAGE)

包定义部分是应用程序的接口,声明包内数据类型、变量、常量、游标、子程序和异常错误处理等元素,这些元素为包的公共元素。

语法格式:

```
CREATE OR REPLACE PACKAGE [schema.]packge_name    /*包头名称*/
IS | AS
pl/sql_package_spec    /*定义数据类型、过程、函数等*/
```

参数说明:

- schema:指定将要创建的包所属用户方案。
- package_name:将要创建的包的名称。
- pl/sql_package_spec:变量、常量及数据类型定义;游标定义;函数、过程定义和参数列表返回类型。

> **注意:**
> (1)包头部分只应包含全局元素,元素要尽可能少,只含外部访问接口所需的元素。
> (2)元素声明的顺序可以是任意的,但必须先声明后使用,所有元素都是可选的。
> (3)过程和函数的声明只包括接口说明,不包括具体实现。
> (4)包头内变量如果没有赋初值,系统将默认赋值为 NULL。

### 2. 创建包体(PACKAGE BODY)

包体则是包定义部分的具体实现,它定义了包定义部分所声明的游标和子程序,在包主体中还可以声明包的私有元素。如果在包体中的游标或子程序并没有在包头中定义,那么这个游标或子程序是私有的。

语法格式:

```
CREATE OR REPLACE PACKAGE BODY [schema.]package_name
IS | AS pl/sql_package_body
```

参数说明:

- schema：指定将要创建的包所属用户方案。
- pl/sql_package_body：游标、函数、过程的具体定义。

---

**注意：**

（1）包体中函数和过程的接口必须与包头中的声明完全一致。

（2）只有在包头已经创建的条件下，才可以创建包体；如果包头中不包含任何函数或过程，则可以不创建包体。

（3）包内的过程和函数的定义不要 CREATE OR REPLACE 语句。

（4）在包体中实现的过程、函数、游标的名称必须与包说明中的过程、函数、游标一致，包括名称、参数的名称以及参数的模式（IN、OUT、IN OUT）。并建设按包说明中的次序定义包体中具体的实现。

（5）在包体中声明的数据类型、变量、常量都是私有的，只能在包体中使用而不能被印刷体外的应用程序访问与使用。在包内声明常量、变量、类型定义、异常及游标时不使用 DECLARE。

---

**例 10-40** 创建包 CJ_PACKAGE，统计分析学生管理系统中的各种成绩。

```
--定义包头
CREATE OR REPLACE PACKAGE cj_package
AS
--定义存放学生选修课程成绩的自定义记录,记录的类型和各字段在表中列的类型一致
  TYPE  xs_kc_cj IS RECORD
   (xsbh TXS.XSBH%TYPE,
    xsm TXS.XSM%TYPE,
    kcm TKC.KCM%TYPE,
    cj  TCJ.ZCJ%TYPE );
/*由于游标变量是一个指针,其状态是不确定的,因此它不能随同包存储在数据库中,即不能在
PL/SQL包中声明游标变量。但在包中可以创建游标变量参照类型,并可向包中的子程序传递游标变
量参数
  TYPE ...IS REF CURSOR 中的 IS REF CURSOR 相当于数据类型,不过是引用游标的数据类型。这
种变量通常用于存储过程和函数返回结果集时使用,因为 PL/SQL 不允许存储过程或函数直接返回
结果集,但可以返回类型变量,于是引用游标的类型变量作为输出参数或返回值就应运而生了。*/
--定义一个强类型定义游标变量,动态的关联查询
  TYPE cur_xs_kc_cj IS REF CURSOR RETURN xs_kc_cj;
--在包头中声明包体中的各种方法
  PROCEDURE xs_cj(cursor_cj OUT cur_xs_kc_cj);
  FUNCTION kc_avg(v_kcbh IN TCJ.KCBH%TYPE) RETURN  TCJ.ZCJ%TYPE ;
  FUNCTION xs_avg(v_xsbh IN TCJ.XSBH%TYPE) RETURN  TCJ.ZCJ%TYPE ;
  FUNCTION kc_max(v_kcbh IN TCJ.KCBH%TYPE) RETURN  TCJ.ZCJ%TYPE;
  END cj_package;


--定义包体
CREATE OR REPLACE PACKAGE BODY cj_package
AS


--查询每个学生的学号,选修的课程信息包括课程号、课程名、成绩
```

```
PROCEDURE xs_cj(cursor_cj OUT cur_xs_kc_cj)
AS
vcjrecord xs_kc_cj;
BEGIN
  OPEN cursor_cj FOR
    SELECT  TXS.XSBH,TXS.XSM,TKC.KCM,TCJ.ZCJ
      FROM TXS,TKC,TCJ
      WHERE TXS.XSBH= TCJ.XSBH AND TKC.KCBH= TCJ.KCBH;
  LOOP
    EXIT WHEN  cursor_cj%NOTFOUND;
    FETCH  cursor_cj INTO vcjrecord;
    DBMS_OUTPUT.PUT_LINE('学号:'||vcjrecord.xsbh||'   '||'姓名:'||vcjrecord.xsm
||'   '||'课程名:'||vcjrecord.kcm||'   '||'成绩 '||vcjrecord.cj);
    END LOOP;
    CLOSE cursor_cj;
EXCEPTION
  WHEN NO_DATA_FOUND THEN
    DBMS_OUTPUT.PUT_LINE('温馨提示:你查询的数据不存在！');
  WHEN OTHERS THEN
        DBMS_OUTPUT.PUT_LINE('温馨提示:发生系统错误！');
END xs_cj;


--以课程号作为函数的参数,计算选修某课程的全体学生的平均成绩。
FUNCTION kc_avg(v_kcbh IN TCJ.KCBH%TYPE) RETURN  TCJ.ZCJ%TYPE
AS
  kc_average TCJ.ZCJ%TYPE;
BEGIN
  SELECT avg(zcj) INTO kc_average  FROM tcj WHERE kcbh=v_kcbh ;
  RETURN kc_average;
END kc_avg;


--以学号作为函数的参数,计算某个学生选修所有课程的平均成绩。
FUNCTION xs_avg(v_xsbh IN TCJ.XSBH%TYPE) RETURN  TCJ.ZCJ%TYPE
AS
  xs_average TCJ.ZCJ%TYPE;
BEGIN
  SELECT avg(zcj) INTO xs_average  FROM tcj WHERE xsbh=v_xsbh  ;
  RETURN xs_average;
EXCEPTION
  WHEN NO_DATA_FOUND THEN
    RAISE_APPLICATION_ERROR(-20091,'不存在这个编号的学生');
  WHEN TOO_MANY_ROWS THEN
    RAISE_APPLICATION_ERROR(-20092,'学生编号重复');
END xs_avg;
```

```
--以课程号作为函数的参数,计算选修该课程学生的最高成绩。
FUNCTION kc_max(v_kcbh IN TCJ.KCBH%TYPE) RETURN  TCJ.ZCJ%TYPE
AS
    vmax TCJ.ZCJ%TYPE;
BEGIN
    SELECT max(zcj) INTO vmax  FROM tcj WHERE kcbh=v_kcbh ;
    RETURN vmax;
END kc_max;
END cj_package;
```

如果提示创建成功,即说明编译已经成功,该过程没有语法错误,并把它作为一个 Oracle 对象存储在数据库中。用户可以在 USER_SOURCE 数据字典中查看存储过程信息。

```
SELECT TEXT FROM USER_SOURCE WHERE NAME=upper('cj_package');
```

## 10.8.2　调用包

在不同场合下引用包内元素有不同的语法形式。

(1)在包内引用,直接使用元素名称即可。

(2)在包定义之外引用包元素,需要添加包名前缀[schema.]包.元素名。如:

```
EXECUTE maxcj:= cj_package.kc_max('10021001')
```

(3)访问远程包需要使用数据库链接,参数放最后:包.元素名@db_link[(参数)]。

为了避免调用的失败,在更新表的结构后,一定要重新编译依赖于它的程序包。在更新了包说明或包体后,也应该重新编译包说明与包体。

语法如下:

```
ALTER PACKAGE package_name COMPILE [PACKAGE|BODY|SPECIFICATION];
```

**例 10-41**　　例 10-40 的包 cj_package 执行成功后,可以编写 PL/SQL 块调用包里的变量和方法。

```
DECLARE
    avgcj number;
    maxcj number;
--声明一个变量,类型和 cj_package 包中的游标变量类型一致
    xscursor cj_package.cur_xs_kc_cj;
BEGIN
    DBMS_OUTPUT.PUT_LINE ('所有学生的成绩信息为:');
    cj_package.xs_cj(xscursor);
    avgcj:=cj_package.kc_avg('10021001');
    DBMS_OUTPUT.PUT_LINE('10021001 课程的平均分为 '||to_char(avgcj));
    maxcj:=cj_package.kc_max('10021001');
    DBMS_OUTPUT.PUT_LINE('10021001 课程的最高分为 '||to_char(maxcj));
END;
```

执行结果如图 10-54 所示。

## 10.8.3　包的重载

所谓重载是指两个或多个子程序有相同的名称,但拥有不同的参数变量、参数顺序或参

所有学生的成绩信息为:
```
学号:201510011010101    姓名:李强      课程名:oracle数据库管理与应用    成绩 80    成绩 80
学号:201510011010101    姓名:李强      课程名:计算机基础                成绩 80
学号:201510011010101    姓名:李强      课程名:数据库原理                成绩 75
学号:201510011010102    姓名:王平      课程名:oracle数据库管理与应用    成绩 90
学号:201510011010102    姓名:王平      课程名:计算机基础                成绩 80
学号:201510011010102    姓名:王平      课程名:数据库原理                成绩 85
学号:201510011020202    姓名:刘芳芳    课程名:操作系统                  成绩 78
学号:201510011020202    姓名:刘芳芳    课程名:数据库原理                成绩 86
学号:201510011020204    姓名:赵喜喜    课程名:程序设计语言              成绩 55
学号:201510011020204    姓名:赵喜喜    课程名:程序设计语言              成绩 70
学号:201510021010103    姓名:胡琳      课程名:软件工程                  成绩 70
学号:201510021010103    姓名:胡琳      课程名:oracle数据库管理与应用    成绩 81
学号:201510021010103    姓名:胡琳      课程名:程序设计语言              成绩 92
学号:201510021020201    姓名:王新      课程名:软件工程                  成绩 88
学号:201510021020201    姓名:王新      课程名:oracle数据库管理与应用    成绩 60
学号:201510021020201    姓名:王新林    课程名:程序设计语言              成绩 80
学号:201510021020202    姓名:马新林    课程名:操作系统                  成绩 55
学号:201510021020202    姓名:马新林    课程名:程序设计语言              成绩 72
学号:201510021030303    姓名:熊欣      课程名:软件工程                  成绩 85
学号:201510021030303    姓名:熊欣      课程名:oracle数据库管理与应用    成绩 90
学号:201510021030303    姓名:熊欣      课程名:数据库原理                成绩 91
学号:201510021030303    姓名:熊欣      课程名:数据库原理                成绩 91
10021001课程的平均分为 80
10021001课程的最高分为 85

PL/SQL 过程已成功完成。
```

**图 10-54 调用包 cj_package**

数数据类型。同名的子程序,形式参数的个数或类型不同。使用重载特性时,包头的定义中,同名的过程和函数必须具有不同的输入参数。当建立包体时,必须要给不同的重载过程和重载函数提供不同的实现代码。PL/SQL 允许对包内子程序和本地子程序进行重载。但是有些情况下不允许使用重载。

(1)如果两个子程序的参数仅在名称和类型上不同,这两个子程序不能重载。

例如,下面的两个过程不能重载:

```
PROCEDURE   insert_kclb (v_kclbh IN number);
PROCEDURE   insert_kclb (v_kclbh r OUT number);
```

(2)两个子程序仅在返回值类型上有差别,这两个子程序不能重载。

例如,下面的函数不能进行重载:

```
FUNCTION   select_xs MeToo RETURN DATE;
FUNCTION   select_xs MeToo RETURN NUMBER;
```

(3)重载子程序的参数的类族(type family)必须不同。

例如,由于 CHAR 和 VARCHAR2 属于同一类族,所以下面的过程不能重载:

```
PROCEDURE OverloadChar(p_xsbh IN CHAR);
PROCEDURE OverloadVarchar(p_xsbh IN VARCHAR2);
```

**注意**:用户自定义的同名子程序将覆盖系统内置子程序,如果要使用系统提供的子程序,需要使用系统包名称前缀。

**例 10-42** 创建插入课程类别信息的包 kclbdmlpackage。

```
--包头
CREATE OR REPLACE  PACKAGE kclbdmlpackage
AS
PROCEDURE insert_kclb(v_kclbh IN TKCLB.KCLBH% TYPE,v_kclbm IN TKCLB.KCLBM%
TYPE );
    PROCEDURE insert_kclb(v_kclbh IN TKCLB.KCLBH% TYPE,v_kclbm IN TKCLB.KCLBM%TYPE,v
_kclbsm IN TKCLB.KCLBSM% TYPE   );
```

```
           END kclbdmlpackage;

           --包体
           CREATE OR REPLACE PACKAGE BODY kclbdmlpackage
           AS
           --创建插入课程类型信息的存储过程,有两个输入参数
           PROCEDURE insert_kclb
           ( v_kclbh  IN  TKCLB.KCLBH%type,
             v_kclbm  IN  TKCLB.KCLBM%type)
           IS
           BEGIN
               INSERT INTO TKCLB(kclbh,kclbm) VALUES(v_kclbh ,v_kclbm);
               DBMS_OUTPUT.PUT_LINE('插入课程类别:"'||v_kclbm||'"成功');
           EXCEPTION
           --当违反主键约束和唯一性约束时,提示用户是课程类别和课程名称的问题。
               WHEN DUP_VAL_ON_INDEX THEN
                   RAISE_APPLICATION_ERROR(-20000, '课程类别编码、课程名称不能重复');
               WHEN OTHERS THEN
                   DBMS_OUTPUT.PUT_LINE('出现了其他异常错误');
           END insert_kclb;

           --创建插入课程类型信息的存储过程,有三个输入参数
           PROCEDURE insert_kclb
           ( v_kclbh   IN  TKCLB.KCLBH%type,
             v_kclbm   IN  TKCLB.KCLBM%type,
             v_kclbsm IN  TKCLB.KCLBSM%type)
           IS
           BEGIN
               INSERT INTO TKCLB VALUES(v_kclbh ,v_kclbm,v_kclbsm);
               DBMS_OUTPUT.PUT_LINE('插入课程类别:"'||v_kclbm||'"成功');
           EXCEPTION
           --当违反主键约束和唯一性约束时,提示用户是课程类别和课程名称的问题。
               WHEN DUP_VAL_ON_INDEX THEN
                   RAISE_APPLICATION_ERROR(-20000, '课程类别编码、课程名称不能重复');
               WHEN OTHERS THEN
                   DBMS_OUTPUT.PUT_LINE('出现了其他异常错误');
           END insert_kclb;
           END kclbdmlpackage;
```

　　建立了包头和包体之后,就可以调用包的公用组件了。在调用重载过程和重载函数时,PL/SQL 执行器会自动根据输入参数值的数据类型确定调用的过程和函数。

```
           --调用例 10-42 定义的包 insert_kclb,插入课程信息
           BEGIN
           kclbdmlpackage.insert_kclb('005', '就业课');
           kclbdmlpackage.insert_kclb('006', '实训课', '在专业机房或专业对口企业完成的相关实
       践课程');
           commit;
           END;
```

执行结果如图 10-55 所示。

图 10-55 调用包 kclbdmlpackage

## 10.8.4 删除包

包与过程、函数一样，也是存储在数据库中的，可以随时查看其源码。若有需要，在创建包时可以随时查看更详细的编译错误。不需要的包也可以删除。

如果只是删除包体，则使用命令：

```
DROP PACKAGE BODY <包名>;
```

如果要同时删除包头和包体，则使用命令：

```
DROP PACKAGE <包名>;
```

**例 10-43** 删除包 kclbdmlpackage。

```
DROP PACKAGE kclbdmlpackage;
```

## 10.8.5 Oracle 系统内置包

Oracle 系统内置包指 Oracle 系统已创建好的程序包，它扩展了 PL/SQL 功能。所有的系统预定义程序包多以 DBMS_或 UTL_开头，可以在 PL/SQL、JAVA 或其他程序设计环境中调用。前面多次使用的 DBMS_OUTPUT.PUT_LINE 语句，就是调用了系统预定义程序包 DBMS_OUTPUT 中的 PUT_LINE 方法。DBMS_OUTPUT 程序包主要的功能就是负责在 PL/SQL 程序中的输入和输出。常用的系统内置包如表 10-5 所示。

表 10-5 Oracle 系统内置包

| 包 名 称 | 说 明 |
| --- | --- |
| DBMS_OUTPUT | 实现 PL/SQL 程序终端输出 |
| DBMS_ALERT | 实现数据改变时，触发器向应用发出警告 |
| DBMS_DDL | 实现访问 PL/SQL 中不允许直接访问的 DDL 操作 |
| DBMS_JOB | 实现作业管理 |
| DBMS_DESCRIBE | 实现描述存储过程与函数 API |
| DBMS_PIPE | 实现数据库会话使用管道通信 |
| DBMS_SQL | 实现在 PL/SQL 程序内部执行动态 SQL |
| UTL_FILE | 实现 PL/SQL 程序处理服务器上的文本文件 |
| UTL_HTTP | 实现 PL/SQL 程序中检索 HTML 页面 |
| UTL_SMTP | 实现电子邮件特性 |
| UTL_TCP | 实现 TCP/IP 特性 |

### 10.8.6　SQL Developer 中管理程序包

如图 10-56 所示,展开 XSGLADMIN 连接。右键单击"程序包",在右键菜单上选择"新建程序包"菜单项,如图 10-57 所示,弹出"创建 PL/SQL 程序包"对话框。在"方案"栏选择"XSGLADMIN",在"名称"中输入包名字"kclbdmlpackage",单击"确定"按钮。

图 10-56　"新建程序包"菜单　　　　　　　　图 10-57　"创建程序包"对话框

如图 10-58 所示,是已经建立好的程序包的基本框架,接下来要在此包创建窗口中完成此包代码的编写工作,可以把包头和包体的所有代码都写在这里。完成后单击按钮右边的下箭头或从菜单中选择"编译以进行调试"完成包的创建。如果编译没有问题,程序包就创建成功了。

除了这种方法外,还可以先创建包头的定义,在如图 10-59 所示的界面中只输入定义包头的代码,然后进行编译调试。

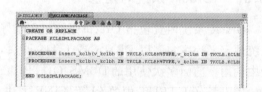

图 10-58　KCLBDMLPACKAGE 包的完整代码　　图 10-59　KCLBDMLPACKAGE 包的包头定义代码

这个时候在程序包的菜单项中就会出现"KCLBDMLPACKAGE"包的信息,如图10-60所示。

包创建完毕(见图 10-61)后,可以编写 PL/SQL 块调用包。如图 10-62 所示,在代开的 SQL 工作表中输入调用的代码即可。

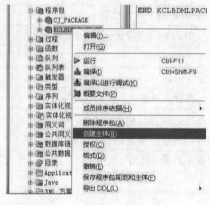
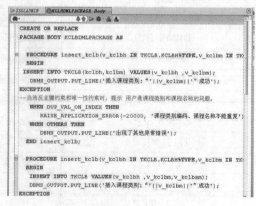

图 10-60　"创建主体"菜单　　　　　　　图 10-61　"创建包体"SQL 工作表

　　然后单击绿色三角箭头即执行按钮或者按 F11 键,如果当前数据表中已经存在 005 号课程类别信息,Oracle 就会根据包内的存储过程中的异常的定义,触发异常提示用户,如图 10-63 所示。

**图 10-62　KCLBDMLPACKAGE 包的调用代码　　图 10-63　KCLBDMLPACKAGE 包的调用异常出错信息**

# 10.9　触发器

## 10.9.1　数据库触发器概述

　　数据库触发器是存储在数据库中的 PL/SQL 程序,由与表、视图、方案或数据库等相关的事件触发。触发器实际上是一种特殊类型的存储过程,编译后存储在数据库服务器中。但是它又和存储过程不同,存储过程需要用户显示调用才执行,而触发器是由一个事件来启动运行的。当特定事件发生时,由系统自动调用执行,而不能由应用程序显式地调用执行。即触发器是当某个事件发生时自动地隐式运行。并且,触发器不能接收参数。所以运行触发器就叫触发。触发器主要用于维护加强数据完整性约束和业务规则中通过创建表时的声明约束不可能实现的复杂的完整性约束,并对数据库中特定事件进行监控和响应。

**1. 触发器类型**

1) DML 触发器

Oracle 由 DML(INSERT、UPDATE 和 DELETE)语句进行触发,可以创建 BEFORE 触发器(事前触发器)和 AFTER 触发器(事后触发器),并且可以在每个行或该语句操作上进行触发。

2) 替代触发器

替代触发器又称 INSTEAD OF 触发器,替代触发器代替数据库视图上的 DML 操作。由于在 Oracle 里不能直接对由两个以上的表建立的视图进行操作,所以替代触发器是 Oracle 专门为进行视图操作的一种处理方法。

3) 系统触发器

系统触发器是指建立在数据库系统或模式上的触发器,可在 Oracle 数据库系统的时间中进行触发,如 Oracle 数据库的关闭或打开等事件。或 DDL 触发器,即由 DDL 语句(CREATE、ALTER 或 DROP 等)触发的触发器。可以在 DDL 语句之前(或之后)定义 DDL 触发器。

**2. 触发器组成**

1) 触发对象

包括表、视图、模式、数据库。只有在这些对象上发生了符合触发条件的触发事件,才会执行触发操作。

2）触发事件

激发触发器被触发的事件。例如：DML 语句（INSERT、UPDATE、DELETE 语句对表或视图执行数据处理操作）、DDL 语句（如 CREATE、ALTER、DROP 语句在数据库中创建、修改、删除模式对象）、数据库系统事件（如系统启动或退出、异常错误）、用户事件（如登录或退出数据库）等。

3）触发时间

指定触发器在触发事件完成之前（BEFORE）还是之后（AFTER）执行。如果指定为 AFTER，则表示先执行触发事件，然后再执行触发器；如果指定为 BEFORE，则表示先执行触发器，然后再执行触发事件。

4）触发操作

TRIGGER 被触发之后的目的和意图，也就是触发器要做的事情。例如：PL/SQL 块。

5）触发条件

由 WHEN 子句指定一个逻辑表达式，只有当该表达式的值为 TRUE 时，遇到触发事件才会自动执行触发器，使其执行触发操作。

6）触发频率

说明触发器内定义的动作被执行的次数。即语句级（STATEMENT）触发器和行级（ROW）触发器。

语句级（STATEMENT）触发器：是指当某触发事件发生时，该触发器只激活一次。当省略 FOR EACH ROW 选项时，BEFORE 和 AFTER 触发器为语句级触发器。

行级（ROW）触发器：是指当某触发事件发生时，如果受到该操作影响的数据库中的数据为多行时，对于其中的每个数据行，只要它们符合触发约束条件，均激活一次触发器。INSTEAD OF 触发器则只能为行级触发器。

## 10.9.2 DML 触发器

DML 触发器也叫表级触发器，因为对某个表进行 DML 操作时会触发该触发器运行而得名。DML 触发器可声明在对行记录进行操作之前或之后触发。

语法格式

```
CREATE [OR REPLACE] TRIGGER [schema.]trigger_name
    {BEFORE | AFTER }
    {DELETE | INSERT | UPDATE [ OF column1 , ...]}
    ON [schema.]table
    [ REFERENCING { OLD [AS] old | NEW [AS] new } ]
    [ FOR EACH ROW]
    [WHEN (when_condition) ]
    pl/sql_block;
```

参数说明：

● [schema.]trigger_name：模式.触发器名。

● DELETE | INSERT | UPDATE：分别指明删除、插入和修改操作。

● [schema.]table：模式.表名，指明触发的对象。

● FOR EACH ROW：指定操作的触发器为操作修改的每一行都调用一次。

● REFERENCING：相关名称，用来参照当前的新、旧列值，默认的相关名称分别为

OLD 和 NEW。触发器的 PL/SQL 块中应用相关名称时，必须在它们之前加冒号(:)，但在 WHEN 子句中则不能加冒号。

● WHEN：说明触发约束条件。Condition 为一个逻辑表达时，其中必须包含相关名称。WHEN 子句指定的触发约束条件只能用在 BEFORE 和 AFTER 行级触发器中，不能用在 INSTEAD OF 行级触发器和其他类型的触发器中。

### 1. 语句级触发器

在默认情况下创建的 DML 触发器为语句级触发器，即触发事件发生后，触发器只执行一次。

**例 10-44** 限制对成绩表修改(包括 INSERT、DELETE、UPDATE)的时间范围，即不允许在非工作时间修改 departments 表。

```
CREATE OR REPLACE TRIGGER trg_tcj_weekend
--在成绩表的插入、修改、删除操作之前触发
BEFORE INSERT OR UPDATE OR DELETE ON tcj
BEGIN
  --如果当前操作星期(DAY)是星期六和星期天，或者操作时间(HH24:MI)不在 8 点到晚 17 点
30，提示不能进行操作
  IF  (TO_CHAR(sysdate,'DAY') IN ('星期六', '星期日'))
    OR (TO_CHAR(sysdate, 'HH24:MI') NOT BETWEEN '08:00' AND '17:30')
  THEN
    RAISE_APPLICATION_ERROR(-20001, '不能在非工作时间对成绩信息进行操作！');
  END IF;
END trg_tcj_weekend;
```

假设将当前时间调到 18 点，进行成绩表的插入操作，执行结果如图 10-64 所示。

### 2. 行级触发器

行级触发器是指执行 DML 操作时，每操作一个记录，触发器就执行一次，一个 DML 操作涉及多少个记录，触发器就执行多少次。在行级触发器中可以使用 WHEN 条件，进一步控制触发器的执行。

在行级触发器中引入了相关名称的:OLD 和:NEW 两个标识符，来访问和操作当前被处理记录中的数据。:OLD 和:NEW 作为 triggering_table%ROWTYPE 类型的两个变量，在不同触发事件中，:OLD 和:NEW 的意义不同。标示符具体含义如表 10-6 所示。

**表 10-6  OLD 和 NEW 的区别**

| 触 发 事 件 | :OLD | :NEW |
|---|---|---|
| INSER | 未定义，所有字段都为 NULL | 当语句完成时，被插入的记录 |
| UPDATE | 更新前的原始记录 | 当语句完成时，更新后的记录 |
| DELETE | 记录被删除前的原始值 | 未定义，所有字段为 NULL |

**例 10-45** 成绩表创建一行级 DML 触发器，确保插入修改成绩时，成绩必须在 0～100之间。

```
CREATE OR REPLACE TRIGGER trg_check_zcj
--在成绩表的插入、修改操作之前触发
  BEFORE INSERT OR UPDATE ON tcj
--当前的新、旧列值，默认的相关名称分别为 OLD 和 NEW
```

```
REFERENCING OLD AS old NEW AS new
    FOR EACH ROW
    BEGIN
      IF :new.zcj< 0 THEN
        RAISE_APPLICATION_ERROR (-20101,'学生成绩不能为负数');
      END IF;
      IF :new.zcj>100 THEN
        RAISE_APPLICATION_ERROR (-20102,'学生成绩不能超过100分');
      END IF;
    END trg_check_zcj;
```

插入一条学生成绩信息,成绩为 120 分,执行结果如图 10-65 所示。

```
SQL> INSERT INTO tcj(xsbh,kcbh,zcj) VALUES('2015100110101','10011001',70);
INSERT INTO tcj(xsbh,kcbh,zcj) VALUES('2015100110101','10011001',70)
                                      *
第 1 行出现错误:
ORA-20001: 不能再非工作时间对成绩信息进行操作!
ORA-06512: 在 "XSGLADMIN.TRG_TCJ_WEEKEND", line 5
ORA-04088: 触发器 'XSGLADMIN.TRG_TCJ_WEEKEND' 执行过程中出错
```

```
SQL> INSERT INTO tcj(xsbh,kcbh,zcj) VALUES('2015100110101','10011001',120);
INSERT INTO tcj(xsbh,kcbh,zcj) VALUES('2015100110101','10011001',120)
                                      *
第 1 行出现错误:
ORA-20102: 学生成绩不能超过100分
ORA-06512: 在 "XSGLADMIN.TRG_CHECK_ZCJ", line 6
ORA-04088: 触发器 'XSGLADMIN.TRG_CHECK_ZCJ' 执行过程中出错
```

图 10-64    trg_tcj_weekend 触发器报错        图 10-65    trg_check_zcj 触发器报错

**例 10-46**   创建触发器,限制学生年龄不能小于 15 岁。

```
CREATE OR REPLACE TRIGGER trg_xsnl
  --在插入和修改学生表的出生日期时触发
  AFTER insert OR update of csrq ON txs
--行级触发器
  FOR EACH ROW
DECLARE
BEGIN
--当前日期减掉新的出生日期小于 15 岁
IF ( (to_char(sysdate,'yyyy')-to_char(:new.csrq,'yyyy'))<15 )
THEN
  RAISE_APPLICATION_ERROR(-20103,'学生年龄信息不能小于 15,数据插入或更新失败!');
  END IF;
END trg_xsnl;
```

修改一条学生成绩信息,将其出生年月日改成 2009 年 3 月 14 日,执行结果如图 10-66 所示。

### 3. 条件谓词

触发器同时包含多个事件(插入、更新、删除),以下为区分具体哪个事件可以使用相应的三个条件谓词:

- INSERTING:当触发事件为 INSERT,该谓词返回 TRUE,否则为 FALSE。
- UPDATING:当触发事件为 UPDATE,该谓词返回 TRUE,否则为 FALSE。
- DELETING:当触发事件为 DELETE,该谓词返回 TRUE,否则为 FALSE。

**例 10-47**   限定使用触发器 trg_kclb,只在专业必修课的更新和删除操作时触发,并给出相应提示。

```
CREATE OR REPLACE TRIGGER trg_kclb
  --在修改课程表的学分 xf 学时列和删除操作时触发
  BEFORE UPDATE OF xf, xs OR DELETE ON tkc
```

```
--行级触发器
FOR EACH ROW
--触发条件是课程类别编号为003即专业必修课,WHEN子句中old的引用值不加冒号
WHEN (old.kclbh ='003')
BEGIN
CASE
    WHEN UPDATING ('xf') THEN
--如果修改的专业必修课的学分小于原有学分,则不允许修改,提示错误
       IF :NEW.xf <:old.xf THEN
          RAISE_APPLICATION_ERROR(-20004,'专业必须课学分不能降低');
       END IF;
--如果修改的专业必修课的学时少于原有学时,则不允许修改,提示错误
    WHEN UPDATING ('xs') THEN
       IF :NEW.xs <:old.xs THEN
          RAISE_APPLICATION_ERROR(-20005,'专业必须课学时不能减少');
       END IF;
--不允许删除专业必修课的信息,提示错误
    WHEN DELETING THEN
          RAISE_APPLICATION_ERROR(-20006,'不能删除专业必修课的记录');
    END CASE;
END trg_kclb;
```

修改必修课"软件工程"课程信息,学分改为1学分,执行结果如图10-67所示。

```
SQL> UPDATE txs SET csrq='14-3月-09' WHERE xsbh='2015100110102';
UPDATE txs SET csrq='14-3月-09' WHERE xsbh='2015100110102'
       *
第 1 行出现错误:
ORA-20103:学生年龄信息不能小于15,数据插入或更新失败!
ORA-06512:在 "XSGLADMIN.TRG_XSNL", line 5
ORA-04088:触发器 'XSGLADMIN.TRG_XSNL' 执行过程中出错
```

```
SQL> update tkc set xf=1 where kcm='软件工程';
 update tkc set xf=1 where kcm='软件工程'
      *
第 1 行出现错误:
ORA-20004:专业必须课学分不能降低
ORA-06512:在 "XSGLADMIN.TRG_KCLB", line 5
ORA-04088:触发器 'XSGLADMIN.TRG_KCLB' 执行过程中出错
```

**图 10-66  trg_xsnl 触发器报错**          **图 10-67  trg_kclb 触发器报错**

需注意的是,在 DML 中,WHEN 条件子句只对行级触发器有效。只有当记录行满足它设定的条件时,才执行触发器主体代码。在 WHEN 条件子句中引用新、旧值行的列格式为 NEW. 列名或 OLD. 列名。所以触发器的 PL/SQL 块中应用相关名称时,必须在它们之前加冒号(:),但在 WHEN 子句中则不能加冒号。

用户在创建 DML 触发器,需要注意以下几点:

● CREATE TRIGGER 语句文本的字符长度不能超过 32KB。

● 触发器体内的 SELECT 语句只能为 SELECT … INTO …结构,或者为定义游标所使用的 SELECT 语句。

● 触发器中不能使用数据库事务控制语句如 COMMIT、ROLLBACK、SVAEPOINT 语句。

● 由触发器所调用的过程或函数也不能使用数据库事务控制语句。

● 触发器中不能使用 LONG、LONG RAW 类型。

● 触发器内可以参照 LOB 类型列的列值,但不能通过 :NEW 修改 LOB 列中的数据。

### 10.9.3 替代触发器

在 Oracle 系统中,如果视图由多个表连接而成,则该视图不允许 INSERT、DELETE 和 UPDATE 操作。而 Oracle 提供的替代(INSTEAD_OF)触发器就是用于对该类视图进行 INSERT、DELETE 和 UPDATE 操作的触发器。通过编写替代触发器对该类视图进行 DML 操作,从而实现对基表数据的修改。替代触发器只能定义在视图上,而 DML 触发器只能定义在表上。替代触发器由 DML 操作激发,而 DML 操作本身并不执行。

语法格式:

```
CREATE [OR REPLACE] TRIGGER[schema.]trigger_name
INSTEAD OF triggering_event [OF column_name]
ON view_name
[REFERENCING OLD AS old | NEW AS new]
[FOR EACH ROW]
pl/sql_block;
```

参数说明:

- [schema.]trigger_name:模式.触发器名。
- INSTEAD OF:用于对视图的 DML 触发。
- triggering_event:触发事件。
- view_name:视图名,指明触发的对象。
- FOR EACH ROW:指定操作的触发器为操作修改的每一行都调用一次,替代触发器只能在行级上触发,所以可以忽略。
- REFERENCING:相关名称,用来参照当前的新、旧列值,默认的相关名称分别为 OLD 和 NEW。触发器的 PL/SQL 块中应用相关名称时,必须在它们之前加冒号(:)。

**例 10-48** 创建基于学生的平均成绩视图的替代触发器 trg_avg_del,删除成绩表中学生对应的成绩信息。

```
--创建学生的平均成绩视图
CREATE OR REPLACE VIEW v_xsavg
AS
    SELECT TXS.XSBH,TXS.XSM,AVG(ZCJ) as"avgcj"
        FROM TXS,TKC,TCJ
        WHERE TXS.XSBH= TCJ.XSBH AND TKC.KCBH= TCJ.KCBH
        GROUP BY TXS.XSBH,TXS.XSM;
--创建替代触发器,如果视图中的字段使用了别名后,进行判定时要用别名做字段名
CREATE  OR REPLACE TRIGGER trg_avg_del
--对 v_xsavg 视图的删除操作触发
  INSTEAD OF DELETE ON v_xsavg
  FOR EACH ROW
BEGIN
    delete from TCJ where xsbh= :OLD.xsbh;
END trg_avg_del;
```

当视图创建好之后,如果对视图进行删除操作,由于该视图基于多表,而且使用了

GROUP BY 子句，Oracle 默认是不能进行操作的，如图 10-68 所示，Oracle 提示"ORA-01732：此视图的数据操纵操作非法"。此时创建基于该视图的替代触发器 trg_avg_del，创建好之后，再次执行删除语句，如图 10-69 所示，Oracle 提示已删除一行，然后查询 v_xsavg 视图，发现该视图中 2015100110101 号学生的记录行已经删除，然后查看基表成绩表，发现成绩表中的 2015100110101 号学生的三条成绩记录也被删除了。

图 10-68　创建 trg_avg_del 触发器　　　　图 10-69　替代触发器执行后的数据

注意：当视图进行重新编译的时候，基于视图的触发器会失效，需要重建。

**例 10-49**　创建基于学生基本信息和班级信息视图的替代触发器 trg_xsbjm_ins，处理新插入的学生信息和班级信息。

```
--创建学生班级视图
CREATE OR REPLACE VIEW v_xsbj
AS
--视图中包含学生学号、学生名、性别、出生日期、班级名信息
SELECT xsbh,xsm,xb,csrq,bjm
FROM TXS,TBJ WHERE TXS.bjh=TBJ.bjh
WITH CHECK OPTION;
```

当视图创建好之后，如果对视图进行插入操作，由于该视图是基于多表的复杂视图，Oracle 默认是不能进行操作的，如图 10-70 所示，Oracle 提示"ORA-01733：此处不允许虚拟列"。

此时创建基于该视图的替代触发器 trg_xsbjm_ins，代码如下：

```
CREATE OR REPLACE TRIGGER trg_xsbjm_ins
INSTEAD OF INSERT ON v_xsbjm
DECLARE
  v_bjh varchar2(20);
BEGIN
--根据插入视图中的班级名信息，在班级表中查找对应的班级号
  SELECT bjh INTO v_bjh FROM TBJ WHERE bjm=:new.bjm;
--将新的学生信息和查询出来的班级号插入学生表中
INSERT INTO TXS( xsbh,xsm,xb,csrq,bjh)
VALUES (:new.xsbh,:new.xsm,:new.xb,:new.csrq,v_bjh);
END trg_xsbjm_ins;
```

创建好之后，再次执行上一条插入语句，执行结果如图 10-71 所示。

图 10-70　复杂视图插入数据报错 ORA-01733　　　　图 10-71　trg_xsbjm_ins 触发器插入数据

**例 10-50**　　创建基于学生基本信息和班级信息视图的替代触发器，处理新插入的学生信息和班级信息，要求班级信息插入班级表，学生信息插入学生表。

```
--创建学生班级视图
CREATE OR REPLACE VIEW v_xsbj
AS
--视图中包含学生学号、学生名、性别、班级号、班级名信息
SELECT xsbh,xsm,xb,txs.bjh,bjm
FROM TXS,TBJ WHERE TXS.bjh=TBJ.bjh
;
```

当视图创建好之后，如果对视图进行插入操作，由于该视图是基于多表的复杂视图，Oracle 默认是不能进行操作的，如图 10-72 所示，Oracle 提示"ORA-01776：无法通过联接视图修改多个基表"。

图 10-72　复杂视图插入数据报错 ORA-01776

创建触发器 trg_xsbj_ins 进行学生表和班级表的同时插入操作。

```
CREATE OR REPLACE TRIGGER trg_xsbj_ins
INSTEAD OF INSERT ON v_xsbj
DECLARE
--声明变量 v_count 用来存放新插入的信息中学号和班级号在对应表中的记录数
v_count NUMBER;
BEGIN
--根据新插入信息中的班级号查询班级表中该班级号的记录数
SELECT COUNT(* ) INTO v_count FROM TBJ WHERE bjh =:new.bjh;
/*如果学号记录数为 0,也就是班级表中没有该班级信息,就将新信息插入班级表,由于班级表
中有外键专业号,插入信息时,默认专业号为'10012'*/
    IF v_count =0 THEN
        INSERT INTO TBJ(bjh,bjm,zyh) VALUES(:new.bjh,:new.bjm,'10012');
END IF;
--根据新插入信息中的学生号查询学生表该学号的记录数
SELECT COUNT(* ) INTO v_count FROM TXS WHERE xsbh =  :new.xsbh;
/*如果班级号记录数为 0,也就是学生表中没有该学生信息,就将新信息插入学生表*/
IF v_count =0 THEN
    INSERT INTO TXS( xsbh,xsm,xb,bjh) VALUES(:new.xsbh,:new.xsm,:new.xb,:new.bjh);
END IF;
END trg_xsbj_ins;
```

触发器创建好之后,再次插入学生信息,执行结果如图 10-73 所示。新的学生信息即 2015100120101 号学生王倩的个人信息已经插入基表学生表,同时 10012201501 号班级智能 1501 的班级信息也已经插入班级表。

```
SQL> INSERT INTO v_xsbj VALUES ('2015100120101','王倩','女','10012201501','智能1501');

已创建 1 行。

SQL> SELECT xsbh,xsm,xb,bjh FROM TXS WHERE  xsbh='2015100120101';

XSBH              XSM            XB          BJH
--------------------------------------------------------------
2015100120101     王倩          女          10012201501

SQL> SELECT bjh,bjm,zyh FROM TBj;

BJH               BJM                        ZYH
--------------------------------------------------------------
10011201501       计科1501                   10011
10011201502       计科1502                   10011
10021201501       软件1501                   10021
10021201502       软件1502                   10021
10021201503       软件1503                   10021
10012201501       智能1501                   10012

已选择6行。
```

图 10-73　trg_xsbj_ins 触发器插入两表数据

### 10.9.4　系统触发器

系统触发器有数据库级和模式级两种级别。数据库级触发器定义在整个数据库上,触发事件是数据库事件,如数据库的启动、关闭,对数据库的登录或退出。数据库所有用户的 DDL 操作和它们所导致的错误,以及数据库的启动和关闭均可激活数据库级触发器。

模式级触发器定义在模式上,触发事件包括用户的登录或退出,或对数据库对象的创建和修改(DDL 事件)。只有模式所指定用户的 DDL 操作和它们所导致的错误才会激活触发器,默认时为当前用户模式。

语法格式:

```
CREATE OR REPLACE TRIGGER [scache.] trigger_name
{ BEFORE | AFTER }
{ ddl_event_list | databse_event_list }
ON { DATABASE | [schema.] SCHEMA }
[WHEN (when_condition) ]
pl/sql_block;
```

参数说明:

● [schema.]trigger_name:模式.触发器名。

● INSTEAD OF:用于对视图的 DML 触发。

● ddl_event_list:DDL 触发事件。

● databse_event_list:数据库系统触发事件。

● ON { DATABASE | [schema.] SCHEMA }:指明触发的对象,DATABASE 为数据库级别,SCHEMA 为模式级别。

● FOR EACH ROW:指定操作的触发器为操作修改的每一行都调用一次,替代触发器只能在行级上触发,所以可以忽略。

● WHEN:说明触发约束条件。Condition 为一个逻辑表达时,其中必须包含相关名称。

常用的系统触发器的触发事件的种类和级别如表 10-7 所示。

表 10-7　系统触发器的触发事件的种类和级别

| 种 类 | 关 键 字 | 允许的触发时机 | 说 明 |
|---|---|---|---|
| 模式级 | CREATE | BEFORE,AFTER | 在创建数据库新对象时触发 |
| | ALTER | BEFORE,AFTER | 修改数据库或数据库对象时触发 |
| | DROP | BEFORE,AFTER | 删除数据库对象时触发,数据库级 |
| 数据库级 | STARTUP | AFTER | 数据库打开时触发 |
| | SHUTDOWN | BEFORE | 在使用 NORMAL 或 IMMEDIATE 选项关闭数据库时触发 |
| | SERVERERROR | AFTER | 发生数据库服务器错误时触发 |
| 数据库与模式级 | LOGON | AFTER | 当用户连接到数据库,建立会话时触发 |
| | LOGOFF | BEFORE | 当会话从数据库中断开时触发 |
| | GRANT | BEFORE,AFTER | 执行 GRANT 语句授予权限之前、之后触发 |
| | REVOKE | BEFORE,AFTER | 执行 REVOKE 语句授予权限之前、之后触发 |
| | RENAME | BEFORE,AFTER | 执行 RENAME 语句更改数据库对象名称之前、之后触犯发 |
| | AUDIT / NOAUDIT | BEFORE,AFTER | 执行 AUDIT 或 NOAUDIT 进行审计或停止审计之前、之后触发 |
| | DDL | BEFORE,AFTER | 在执行大多数 DDL 语句之前、之后触发 |

DDL 触发器在 DDL 语句(CREATE、ALTER 或 DROP 等)之前或之后触发。

**例 10-51**　创建一个模式级的系统触发器,用来记录 DDL 操作的具体信息。

```
--创建记录 DDL 事件的表
CREATE TABLE ddl_event
(crt_date timestamp PRIMARY KEY,--DDL 事件发生的时间
event_name VARCHAR2(20),--DDL 事件名字
user_name VARCHAR2(10),--DDL 事件操作的用户名字
obj_type VARCHAR2(20),--DDL 事件的操作的数据库对象类型
obj_name VARCHAR2(20)--DDL 事件的类数据库对象名字
);

--创建系统触发器,调用事件函数
CREATE OR REPLACE TRIGGER trig_ddl
AFTER DDL ON SCHEMA
BEGIN
  INSERT INTO ddl_event VALUES  (systimestamp,ora_sysevent, ora_login_user,
    ora_dict_obj_type, ora_dict_obj_name);
END trig_ddl;
```

XSGLADMIN 用户模式下,利用子查询,创建一个用户表。当该创建表 DDL 操作成功执行后,Tuser 表中已经有 20 行学生用户的信息,初始密码为学生学号。同时查看 ddl_event 表,如图 10-74 所示,发现该 DDL 操作的具体信息已经通过触发器插入 ddl_event 表中。

```
SQL> create table Tuser(userid,password)
  2  as select xsbh,xsbh from TXS;

表已创建。
SQL> set linesize 200
SQL> col crt_data for a40
SQL> select * from ddl_event;

CRT_DATE                              EVENT_NAME    USER_NAME    OBJ_TYPE   OBJ_NAME

24-7月 -16 11.06.46.216000 下午        CREATE        XSGLADMIN    TABLE      TUSER
```

图 10-74　trig_ddl 触发器插入数据

**例 10-52**　为 XSGLADMIN 用户建立一触发器,记载该用户的登录和退出动作,创建记录信息的表。

```
CREATE TABLE log_table
(
  user_id VARCHAR2(30),--记录用户 ID
  log_dateTIMESTAMP,--记录用户登录或退出时间
  action VARCHAR2(60)--用户的动作类型
);
--创建用户登录时的触发器
CREATE OR REPLACE TRIGGER trig_logon
  AFTER LOGON ON SCHEMA
BEGIN
  INSERT INTO log_table(user_id, log_date, action)
    VALUES (USER,SYSTIMESTAMP, '登录');
END;
--创建用户退出时的触发器
CREATE OR REPLACE TRIGGER trig_logoff
  BEFORE LOGOFF ON SCHEMA
DECLARE
  ret NUMBER;
BEGIN
  INSERT INTO log_table(user_id, log_date, action)
    VALUES (USER,SYSTIMESTAMP, '退出');
END;
```

表和触发器都创建成功后,可以以不同的用户登录数据库,如图 10-75 所示。当前用户为 XSGLADMIN,然后使用 conn scott/tiger 命令连接数据库。登录成功,表示 XSGLADMIN 退出,然后两次使用 conn xsgladmin/manager 命令连接数据库。第一次连接时,表示 XSGLADMIN 退出。第二次连接数据库时,实际上是 XSGLADMIN 用户先退出,然后再次登录。

## 10.9.5　修改触发器

Oracle 也提供 ALTER TRIGGER 语句,该语句只是用于重新编译或验证现有触发器或是设置触发器是否可用,需要修改触发器还是使用 CREATE OR REPLACE 语句来实现。

**例 10-53** 修改 10-51 创建触发器,限制学生年龄在 15 岁到 45 岁之间。

```
CREATE OR REPLACE TRIGGER trg_xsnl
  AFTER insert OR update of csrq ON txs
  FOR EACH ROW
DECLARE
BEGIN
IF ( (to_char(sysdate,'yyyy')- to_char(:new.csrq,'yyyy'))<15 )
OR ( (to_char(sysdate,'yyyy')- to_char(:new.csrq,'yyyy'))>45 )
THEN
  RAISE_APPLICATION_ERROR(- 20103,'学生年龄信息不在 15-45 之间,数据插入或更新失败!
');
  END IF;
END trg_xsnl;
```

修改其中一个学生的出生日期,触发触发器的执行,执行结果如图 10-76 所示。

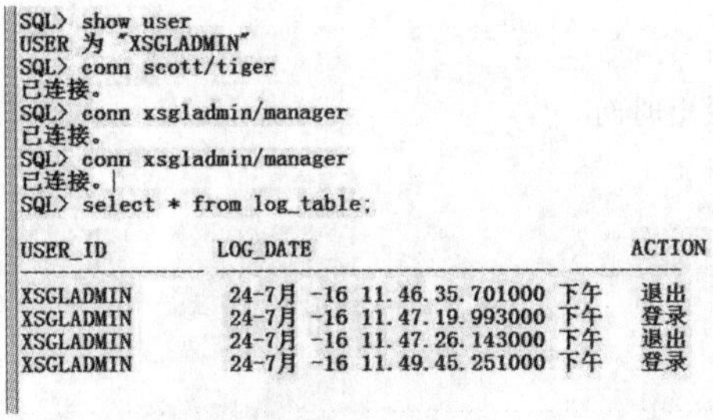

图 10-75　trig_logon 和 trig_logoff 触发器 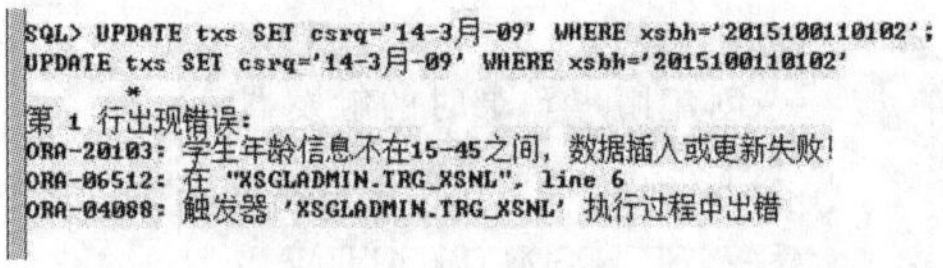　　　图 10-76　trg_xsnl 触发器修改后执行报错

### 10.9.6　触发器的删除

利用 SQL 命令删除触发器。

语法格式:

```
DROP TRIGGER [schema.] trigger_name
```

参数说明:

- schema 指定触发器的用户方案。
- Trigger_name 指定要删除的触发器的名称。

**例 10-54** 删除触发器 trg_avg_del。

```
DROP TRIGGER trg_avg_del;
```

### 10.9.7　SQL Developer 中管理程序触发器

如图 10-77 所示,展开 XSGLADMIN 连接。右键单击"触发器",在右键菜单上选择"新建触发器"菜单项,如图 10-78 所示,弹出"创建触发器"对话框。"方案"栏中默认为当前用户模式"XSGLADMIN",在"名称"中输入触发器名字"trg_xsnl"。由于该触发器是 DML 触发器,所以在"触发器类型"下拉列表中选择"TABLE",然后整个 窗体随着触发器类型的不同,其布局也不一样。创建 DML 触发器,要选择"所选列",默认情况下 TXS 表的所有列都在"所选列"中,这里将其余列通过中间的方向箭头向左边移动到"可用列"中,只留下"CSRQ"列。单击"确定"按钮。

单击"确定"按钮后，弹出 SQL 工作表，如图 10-79 所示，图中是已经建立好的触发器的基本框架，接下来要在此窗口中完成此触发器代码的编写工作，完成后单击按钮右边的下箭头或从菜单中选择"编译以进行调试"完成包的创建。如果编译没有问题，触发器就创建成功了。

图 10-77  "新建触发器"菜单

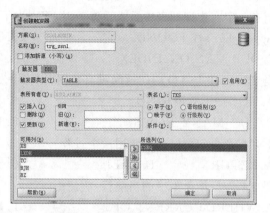

图 10-78  "创建 DML 触发器"窗体

图 10-79  trg_avg_del 触发器的完整代码

# 习　题　10

## 一、选择题

1. PL/SQL 块中不能直接使用的 SQL 命令是（　　　）。

　A. SELECT　　　　　B. INSERT　　　　　C. UPDATE　　　　　D. DROP

2. 在 PL/SQL 块中，以零做除数时会引发下列（　　　）异常。

　A. VALUE_ERROR　　　　　　　　B. ZERO_DIVIDE

　C. VALUE_DIVIDE　　　　　　　　D. ZERO_ERROR

3. 在 Oracle 中，PL/SQL 块中定义了一个带参数的游标：

　CURSOR emp_cursor(dnum NUMBER) IS

　SELECT sal, comm FROM emp WHERE deptno = dnum;

　那么正确打开此游标的语句是（　　　）。

　A. OPEN emp_cursor;

　B. OPEN emp_cursor FOR 20;

　C. OPEN emp_cursor USING 20;

　D. FOR emp_rec IN emp_cursor(20) LOOP … END LOOP;

4. 下面哪些是函数中的有效参数模式?(　　　)

    A. IN　　　　　　　B. INOUT　　　　　　C. OUT　　　　　　　D. OUT IN

5. 一般在(　　　　　)中有机会使用:NEW 和:OLD。

    A. 游标　　　　　　B. 存储过程　　　　　C. 函数　　　　　　　D. 触发器

6. 当在一个有主键的表中插入重复行时,将引发下列哪个异常?(　　　　)

    A. NO_DATA_FOUND　　　　　　　　B. TOO_MANY_ROWS

    C. DUP_VAL_ON_INDEX　　　　　　　D. ZERO_DIVIDE

7. 当 SELECT INTO 语句返回没有数据时,将引发下列哪个异常?(　　　)

    A. NO_DATA_FOUND　　　　　　　　B. TOO_MANY_ROW

    C. TOO_MANY_ROWS　　　　　　　　D. Invalid_Number

8. 下列哪个语句可以直接调用一个过程?(　　　)

    A. RETURN　　　　　B. CALL　　　　　　C. SET　　　　　　　D. EXEC(execute)

9. 要更新游标结果集中的当前行,应使用(　　　)子句。

    A. WHERE CURRENT OF　　　　　　　B. FOR UPDATE

    C. FOR DELETE　　　　　　　　　　　D. FOR MODIFY

10. 下面哪个不是过程中参数的有效模式?(　　　)

    A. IN　　　　　　　B. IN OUT　　　　　　C. OUT IN　　　　　　D. OUT

11. 如果存在一个名为 TEST 的过程,它包含 3 个参数:第一个参数为 P__NUM1,第二个参数为 P__NUM2,第三个参数为 P__NUM3。3 个参数的模式都是 IN。P__NUM1 参数的数据类型为 NUMBER,P__NUM2 参数的数据类型是 VARCHAR2,P__NUM3 参数的数据类型是 VARCHAR2。下列哪一个是该过程的有效调用?(　　　)

    A. TEST(1010,P__NUM3=>'abc',P__NUM2=>'bcd');

    B. TEST(P__NUM1=>1010,P__NUM2=>'abc','bcd');

    C. TEST(P__NUM1=>1010,'abc','bcd')

    D. 上述都对

12. 函数头部的 RETURN 语句的作用是(　　　)。

    A. 声明返回的数据类型　　　　　　　B. 声明返回值的大小和数据类型

    C. 调用函数　　　　　　　　　　　　D. 函数头部不能使用 RETURN 语句

13. 如果在程序包的主体中包括了一个过程,但没有在程序包规范中声明这个过程,那么它将会被认为是(　　　)。

    A. 非法的　　　　　B. 公有的　　　　　　C. 受限的　　　　　　D. 私有的

14. 如果创建了一个名为 USER_PKG 的程序包,并在该程序包中包含一个名为 TEST 的过程。下列哪一个是对该过程的合法调用?(　　　)

    A. test(10);　　　　　　　　　　　　B. USER_PKG. TEST(10)

    C. TEST . USERPKG. (10)　　　　　　D. TEST(10). USERPKG.

15. 对应下面的函数,下列哪些可以成功地调用?(　　　)

```
Create or replace  funtion Calc_sun(p_x  number ,p_y  number )
Return number
Is
Sum number ;
Begin
```

```
          Sum：=p_x+p_y;
          Return sum;
          End;
```

A. Calc_Sum；　　　　　　　　　　　　B. Excute Calc_Sum(45)；

C. Excute Calc_Sum(23,12)；　　　　　D. Sum:=Calc_Sum(23，12)；

16. 当满足下列哪种条件时,允许两个过程具有相同的名称?(　　　)

　　A. 参数的名称或数量不相同时　　　　B. 参数的数量或数据类型不相同时

　　C. 参数的名称和数据类型不相同时　　D. 参数的数据类型和数量不相同时

17. 下列哪一个动作不会激发触发器?(　　　)

　　A. 更新数据　　　B. 查询数据　　　　C. 删除数据　　　　　D. 插入数据

18. 在使用 CREATE TRIGGER 语句创建行级触发器时,哪一个语句用来引用旧数据?(　　　)

　　A. FOR EACH　　B. ON　　　　　　C. REFERNCING　　D. OLD

19. 在创建触发器时,哪一个语句决定触发器是针对每一行执行一次,还是针对每一个语句执行一次?(　　　)

　　A. FOR　EACH　B. ON　　　　　　C. REFERNCING　　D. NEW

20. 用于处理得到单行查询结果的游标为(　　　)。

　　A. 循环游标　　　B. 隐式游标　　　　C. REF 游标　　　　　D. 显式游标

21. 公用的子程序和常量在(　　　)中声明。

　　A. 过程　　　　　B. 游标　　　　　　C. 包规范　　　　　　D. 包主体

22. 数据字典视图(　　　)包含存储过程的代码文本。

　　A. USER_OBJECTS　　　　　　　　　B. USER_TEXT

　　C. USER_SOURCE　　　　　　　　　　D. USER_DESC

23. 以下不属于命名的 PL/SQL 块的是(　　　)。

　　A. 程序包　　　　　B. 过程　　　　　　C. 游标　　　　　　　D. 函数

24. (　　　)包用于显示 PL/SQL 块和存储过程中的调试信息。

　　A. DBMS_OUTPUT　　　　　　　　　B. DBMS_STANDARD

　　C. DBMS_INPUT　　　　　　　　　　D. DBMS_SESSION

25. Oracle 的内置程序包由(　　　)用户所有。

　　A. SYS　　　　　　B. SYSTEM　　　　C. SCOTT　　　　　　D. PUBLIC

26. (　　　)触发器允许触发操作中的语句访问行的列值。

　　A. 行级　　　　　　B. 语句级　　　　　C. 模式　　　　　　　D. 数据库级

27. 替代触发器一般被附加到哪一类数据库对象上?(　　　)

　　A. 表　　　　　　　B. 序列　　　　　　C. 视图　　　　　　　D. 簇

28. 条件谓词在触发器中的作用是什么?(　　　)

　　A. 指定对不同事件执行不同的操作　　B. 在 UPDATE 中引用新值和旧值

　　C. 向触发器添加 WHEN 子句　　　　D. 在执行触发器前必须满足谓词条件

29. 可以使用哪个子句来更改相关性标识符的名称?(　　　)

　　A. REFERNCING　　　　　　　　　　B. WHEN

　　C. INSEAT OF　　　　　　　　　　　D. RENAME

30. 如果希望执行某个操作时,该操作本身并不执行,而是去执行另外的一些操作,那么可以

使用什么方式完成这种操作？（　　）

A. BEFORE 触发器　　　　　　　　　　B. AFTER 触发器

C. INSEAT　OF 触发器　　　　　　　　D. UNDO 触发器

## 二、问答题

1. 什么是 PL/SQL？

2. SELECT/SELECT INTO 的区别有哪些？分别用在何处？

3. 简述存储过程的原理。

4. 存储过程的参数按方向分有哪几种？

5. 简述过程和函数的区别。

6. 触发器有哪些类型？

7. 触发器有哪些限制？

8. 触发器的工作原理是什么？

9. 游标的概念、分类及作用是什么？

10. 绑定变量是什么？绑定变量有什么优缺点？

## 三、实训题

（一）基础实训题。

1. 输出九九乘法表。

2. 接受 2 个数相除，并显示结果，如果除数为 0，则显示错误提示。

3. 显示 2 到 50 中的 25 个偶数。

4. 创建一个交换两数的过程。

5. 求 $ax^2+bx+c=0$ 的根。

6. 求 $X^2+4X+3=0$ 的根。

7. 定义一个可变字符型的数组，长度为 20。利用循环给数组赋值（循环 5 次，数据为 1—5 的 10 倍）并将数据输出。

（二）案例实训题。

在 SCOTT 用户连接数据库后，基于 SCOTT 用户拥有的表完成 PL/SQL 编程：

8. 用 PL/SQL 实现输出 SCOTT 用户下的 emp 表中的 7369 号员工的姓名。

9. 输出名为 SMITH 的雇员的薪水和职位。

10. 接收部门编号，输出部门名和地理位置（DEPT 表）。

11. 接收雇员号，输出该雇员的工资和提成，没有佣金的用 0 替代。

12. 接收雇员号，输出该雇员的所有信息，没有佣金的用 0 替代。

13. 接收一个雇员名或雇员编号，判断他的 job，根据 job 不同，为他增加相应的 sal。

clerk+500，salesman+1000，analyst+1500，otherwise+2000。

14. 用 loop 循环结构，为 dept 表增加 50—90 号部门。

15. 接收一个雇员名，输出该雇员的所有内容，当没有这个雇员时，用异常来显示错误提示。

16. 计算某个雇员的年度薪水总额，并将年薪输出。

17. 输入部门编号，按照下列加薪比例执行薪水的上浮比率。

10 号部门 5%，20 号部门 10%，30 号部门 15%，40 号部门 20%。

18. 向 emp1 表添加新雇员编号（7901—7910，其中 empno 字段为主键），原表中有 7902 雇员，因此插入时需用条件判断，不插入 7902。

19. 接受职员编号 empno 并检索职员姓名 ename。将职员姓名存储在变量 empname 中，如果代码引发 VALUE_ERROR 异常,则向用户显示错误消息。

20. 查询并输出 10 号部门的信息。

21. 查询雇员表中某雇员的薪水信息,如果该雇员存在就显示其薪水,如果该雇员不存在,则提示信息出错,并把出错的信息(雇员号和出错信息)记录到出错信息表(自定义表)中。

22. 删除某部门的信息,如果该部门下还有所属员工的信息,提示不能删除。

23. 创建一个函数 dept_name,其功能是接受职员编号后返回职员所在部门名称。(注:部门名称在 dept 表中,而职员信息在 emp 表中,职员所在部门号的列名为 deptno)。

24. 创建一个触发器 biu_job_emp,无论用户插入记录,还是修改 EMP 表的 job 列,都将用户指定的 job 列的值转换成大写。

25. 利用触发器不允许用户在星期天对 EMP 表进行操作。

26. 根据输入的部门号查询某个部门的员工信息,部门号在程序运行时指定。

27. 对雇员表中的雇员,计算其佣金信息:佣金=薪水×0.05+奖金×0.25。如果该雇员没有奖金,以 0 计算。并将计算结果插入 BONUS 表中。

28. 按年度基本工资使用游标修改 emp 表中记录的 sal 字段值,如年基本工资低于 30 000,sal 增加 20%,否则 sal 增加 15%。

29. 编写存储过程,查询指定编号雇员的名字、工资和佣金。

30. 基于 EMP 表和 DEPT 表,创建一个以部门号为参数并返回该部门最高工资的函数。

31. 编写函数按 YYYY-MM-DD HH24:MI:SS 格式以字符串形式返回当前系统时间。

32. 创建薪资管理包。

　　要求根据雇员号返回指定雇员的薪水信息,并做异常处理。

　　要求根据雇员号修改指定雇员的薪水信息。

　　要求根据雇员号返回指定雇员的奖金,并做异常处理。

　　要求根据雇员号修改指定雇员的奖金信息。

　　要求能自定义雇员的新的薪水信息。

　　要求能自定义雇员的新的奖金信息。

33. 为雇员表 emp 创建一触发器,确保插入记录的工资列 sal 不小于 0,同时新记录的 sal 列值不能高于已有记录最高工资的 2 倍。

34. 使用触发器实现业务规则:除销售员外,雇员工资只增不减。

35. 创建一个基于雇员表 emp 和部门表 dept 的视图 emp_info,全面地反映雇员基本情况和所在部门的信息。为部门表增加一部门工资列,存放部门的工资合计。当有雇员调离或增加新雇员时,都应修改该合计值。雇员的增加和调离等都通过视图 emp_info 实现。

36. 创建 DDL 触发器,阻止对 EMP 表的删除。

(三)综合实训题。

37. 创建一张 userinfo 表,包含两个字段 username、password,表中的记录信息取自 emp 表 ename、empno 字段,写一个 PL/SQL 程序,模拟登陆的过程,用户分别输入用户名和密码,对于登陆成功和失败分别给出提示信息。

# 第①章 Oracle 11g 系统安全管理

## 11.1 Oracle 11g 数据库安全性

### 11.1.1 安全性概述

数据库的安全性是指保护数据库以防止不合法的使用所造成的数据泄露、更改或破坏。计算机系统的数据库系统中有大量数据集中存放,为许多用户共享,因而使安全问题更为突出。安全性是评价一个数据库产品的重要指标,直接决定了数据库的优劣。

Oracle 提供了全面的安全性解决方案组合来保护数据隐私,防范内部威胁,并确保遵守法规。借助 Oracle 强大的数据库活动监控和分块、授权用户和多要素访问控制、数据分类、透明的数据加密、统一的审计和报表编制、安全的配置管理和数据屏蔽等强大功能,用户无须对现有应用程序做任何改变即可部署可靠的数据安全性解决方案,从而节省时间和金钱。

Oracle 推出了最新的 Oracle 11g 数据库,提出了"Oracle software security assurance"的理念,目的是提高 Oracle 数据库在默认配置上的安全性,同时保持升级和可用性。Oracle 11g 数据库努力为客户提供了一个纵深防御的安全体系,主要涉及超级用户的访问控制、隐私、责任义务等方面。

### 11.1.2 数据库安全性相关数据字典

**1. 查询权限相关数据字典**

- SESSION_PRIVS:当前会话用户所拥有的全部权限。
- DBA_SYS_PRIVS:查询某个用户所拥有的系统权限。
- ALL_TAB_PRIVS:包含数据库所有用户和 PUBLIC 用户组的系统授权信息。
- USER_SYS_PRIVS:查询数据库当前用户所拥有的系统权限。
- DBA_TAB_PRIVS:包含数据库所有对象的授权信息。
- ALL_TAB_PRIVS:包含数据库所有用户和 PUBLIC 用户组的对象授权信息。
- USER_TAB_PRIVS:包含当前用户对象的授权信息。
- DBA_COL_PRIVS:包含所有字段已授予的对象权限。
- ALL_COL_PRIVS:包含所有字段已授予的对象权限信息。
- USER_COL_PRIVS:包含当前用户所有字段已授予的对象权限信息。

**2. 查询用户相关数据字典**

- ALL_USERS:包含数据库所有用户的用户名、用户 ID 和用户创建时间。
- DBA_USERS:包含数据库所有用户的详细信息。
- USER_USERS:包含当前用户的详细信息。
- DBA_TS_QUOTAS:包含所有用户的表空间配额信息。
- USER_TS_QUOTAS:包含当前用户的表空间配额信息。

- V $ SESSION：包含用户会话信息。

**3. 查询角色相关数据字典**

- ROLE_SYS_PRIVS：某个角色所拥有的系统权限。
- ROLE_ROLE_PRIVS：当前角色被赋予的角色。
- SESSION_ROLES：当前用户被激活的角色。
- USER_ROLE_PRIVS：当前用户被授予的角色。
- ROLE_TAB_PRIVS：某个角色被赋予的相关表的权限。

## 11.1.3 Oracle 认证方法

### 1. Oracle 用户账户认证

Oracle 提供了如下三种为用户账户认证的方法：

1）密码验证

当一个使用密码验证机制的用户试图连接到数据库时，数据库会核实用户名是否是一个有效的数据库账户，并且提供与该用户在数据库中存储的密码相匹配的密码。

由于用户信息和密码都存储在数据库内部，所以密码验证用户也称为数据库验证用户。

2）外部验证

当一个外部验证式用户试图连接到数据库时，数据库会核实用户名是否是一个有效的数据库账户，并确信该用户已经完成了操作系统级别的身份验证。注意，外部验证式用户并不在数据库中存储验证密码。

3）全局验证

全局验证式用户也不在数据库中存储验证密码，这种类型的验证是通过一个高级安全选项所提供的身份验证服务来进行的。

### 2. 数据库管理员身份认证

前面已经介绍过，用户可以通过设置初始化参数 REMOTE _ LOGIN _ PASSWORDFILE 来指定密码。

在 Oracle 中 ORACLE_HOME\NETWORK\ADMIN\ 目录下有一个 sqlnet. ora 文件，该文件表明在解析客户端连接时所用的主机字符串的方式 ，其中参数 NAMES. DIRECTORY_PATH＝(TNSNAMES，ONAMES，HOSTNAME)。

（1）TNSNAMES：表示采用 tnsnames. ora 文件来解析。

（2）ONAMES：表示 Oracle 使用自己的名称服务器(Oracle name server)来解析，目前 Oracle 建议使用轻量目录访问协议 LDAP 来取代 ONAMES。

（3）HOSTNAME：表示使用 HOST 文件、DNS、NIS 等来解析。

**例 11-1** 设置机器上的 Oracle 能通过操作系统验证 DBA 用户，并且密码文件失效。

**解** 使用管理员登录 SQL ∗ Plus，然后进行如下步骤。

第一步：修改初始化参数，将 REMOTE_LOGIN_PASSWORDFILE 设置为 none。

```
SQL>alter system set REMOTE_LOGIN_PASSWORDFILE=none scope=spfile;
```

其中 scope＝spfile 表示使用 spfile 参数文件启动数据库。需要注意的是，这个参数改变以后需要重新启动数据库，参数的设置才能够生效。执行过程如图 11-1 所示。

第二步：修改 sqlnet. ora 文件。

```
SQL> alter system set REMOTE_LOGIN_PASSWORDFILE=none scope = spfile  ;
系统已更改。

SQL> show parameter remote_login;

NAME                                  TYPE        VALUE
remote_login_passwordfile             string      EXCLUSIVE
SQL> shutdown immediate
数据库已经关闭。
已经卸载数据库。
ORACLE 例程已经关闭。
SQL> startup open
ORACLE 例程已经启动。

Total System Global Area  583008256 bytes
Fixed Size                  1250260 bytes
Variable Size             260049964 bytes
Database Buffers          314572800 bytes
Redo Buffers                7135232 bytes
数据库装载完毕。
数据库已经打开。

SQL> conn SYS/XG501oracle as sysdba
已连接。

SQL> show parameter remote_login;

NAME                                  TYPE        VALUE
remote_login_passwordfile             string      NONE
```

**图 11-1　REMOTE_LOGIN_PASSWORDFILE 参数设置为 none**

打开 ORACLE_HOME\NETWORK\ADMIN\sqlnet. ora 文件，然后在文件中设置。注意：如果不需要的配置行，就用♯号注释掉。

```
SQLNET.AUTHENTICATION_SERVICES= (NTS)
```

第三步：在 Windows 中添加用户到 ora_dba 用户组。

将当前登录的操作系统用户——Windows 的 Administrator 用户加入 ora_dba 组。右键单击桌面上的"计算机"图标，选择"管理"菜单，进入计算机管理窗口，如图 11-2 所示。然后展开"本地用户和组"菜单下的"组"目录，选择右窗格中的"ora_dba"组。接着右键单击"ora_dba"组，在右键菜单上选择"属性"，弹出"ora_dba 属性"对话框，如图 11-3 所示。如果当前用户 Administrator 已经是"ora_dba"组的成员，就不需要添加。

**图 11-2　"计算机管理"窗口**

**图 11-3　"ora_dba 属性"对话框**

如果当前用户 Administrator 或者用户自己机器上的某个登录用户不是"ora_dba"组的成员，那么就需要手动添加当前用户。在图 11-3 所示对话框中单击"添加"按钮，在弹出的图 11-4 所示的"选择用户"对话框中选择需要手动添加到"ora_dba"组的成员。如果不是很确定用户的详细名称，可以在图 11-4 所示的"选择用户"对话框中单击"高级"按钮，在弹出的图 11-5 所示的包含用户详细信息的"选择用户"对话框中单击"立即查找"按钮，当前系统中的所有用户就都会显示在下方的"搜索结果"中，在搜索结果中选择要添加的用户，单击

"确定"按钮。然后返回上一级对话框,单击"确定"按钮,一步步地返回最上层。这样当前登录用户就可以添加到"ora_dba"组了。

图 11-4  "选择用户"对话框          图 11-5  "选择用户—高级"对话框

除了利用本地用户与组的对话框来完成操作外,用户还可以使用命令来完成,具体步骤如下:

(1)利用命令查看当前系统用户。

```
C:\Users\Administrator> net user
```

(2)查看用户组。

```
C:\Users\Administrator> net localgroup
```

(3)查看 ora_dba 用户组下的具体用户。

```
C:\Users\Administrator> net localgroup ora_dba
```

如果当前登录操作系统用户已经在 ora_dba 组里,就可以直接无密码连接 Oracle;如果当前登录的操作系统用户不在 ora_dba 组里,则继续第四步。

(4)添加本机管理员用户到 ora_dba 用户组下。

```
C:\Users\Administrator> net localgroup ora_dba administrator/add
```

第四步:以该 ora_dba 组的用户登录操作系统,以 SYSDBA 身份连接 Oracle 数据库时,不再需要验证 SYS 用户口令。在控制台输入如下代码,不需要密码就可以连接 Oracle 数据库了。

```
C:\Users\Administrator> sqlplus/as sysdba
```

**例 11-2**  设置机器上的 Oracle 使用 Oracle 口令文件验证 DBA 用户。

第一步:初始化参数,设置 REMOTE_LOGIN_PASSWORDFILE = exclusive/shared。代码如下,具体操作方式和例 11-1 一样。

```
SQL>alter system set REMOTE_LOGIN_PASSWORDFILE=exclusive scope =spfile ;
```

第二步:修改 ORACLE_HOME\NETWORK\ADMIN\sqlnet.ora 文件。

使用 # 号注释掉 SQLNET.AUTHENTICATION_SERVICES=(NTS),如图 11-6 所示。

第三步:用 orapwd 创建口令文件,修改 SYS 用户密码为 Oracle。

Oracle 数据库的 orapwd 命令主要用来建立密码(口令)文件。在不同操作系统中,其文件的存放路径是不一样的。

(1)Windows 操作系统下。

默认的位置是 ORACLE_HOME\database 目录下的 pwd<ORACLE_SID>.ora 文件,其他的文件名都是不认的。

(2)UNIX/Linux 操作系统下。

默认的是 ORACLE_HOME\dbs 目录下的 orapw<ORACLE_SID>.ora 文件,其他的文件名都是不认的。

orapwd 命令格式如下:

> orapwd file=<fname>password=<password>entries=<users>force=<y/n>ignorecase
=<y/n>nosysdba=<y/n>

参数说明:

- file:必选项,指生成的密码文件的名称。
- password:必选项,指 SYS 用户的密码。
- entries:可选项,指允许以 SYSDBA/SYSOPER 权限登录数据库的最大用户数。entries 是可以保存的记录个数,每个具有 SYSDBA 或 SYSOPER 权限的用户算一个记录。如果一个用户同时具有 SYSDBA 和 SYSOPER 的权限,则只占一个记录。如果用户数超过这个值只能重建密码(口令)文件,增大 entries。
- force:如果已经存在密码文件,可以覆盖。
- ignorecase:可选项,密码忽略大小写。

> C:\>orapwd file=C:\app\Administrator\product\11.2.0\dbhome_1\database\ PWDXSGL.
ora password=Oracle entries=50;

第四步:利用密码登录数据库。

> C:\Users\Administrator> sqlplus /sys/cracle@ orcl as sysdba

**注意:**此时如果使用空密码登录,Oracle 就会报错。执行结果如图 11-7 所示。

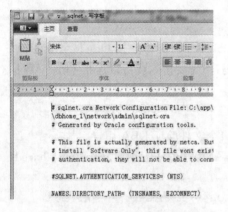

图 11-6　sqlnet.ora 文件配置

图 11-7　空密码文件登录

## 11.2　权限管理

权限是执行某一种操作的能力,Oracle 数据库是利用权限来进行安全管理的,Oracle 系统通过授予和撤销权限来实现对数据库安全的访问控制。

Oracle 中有两类权限,分别是系统权限和对象权限。系统权限是指在系统级控制数据库的存取和使用的机制。对象权限在指定的表、视图、序列、过程、函数或包上执行特殊动作的权利。用户要存取某一对象必须有相应的权限授予该用户，已授权的用户可任意地可将它授权给其他用户。一个用户可以通过如下两种方式得到权限：

(1)显式地将权限授予用户。

(2)将权限授予某个角色，然后为用户加入这个角色。

### 11.2.1 系统权限

系统权限是执行一处特殊动作或者在对象类型上执行一种特殊动作的权利。系统权限可授权给用户或角色。一般来说，系统权限只授予管理人员和应用开发人员，终端用户不需要这些相关功能。常见的系统权限有启动、停止数据库，修改数据库参数，连接到数据库，以及创建、删除、更改模式对象（如表、视图、索引、过程等）等。系统权限是针对用户而设置的，用户必须被授予相应的系统权限才可以连接到数据库中进行相应的操作。常用的系统权限及其说明如表 11-1 所示。

表 11-1　常用的系统权限及其说明表

| 系 统 权 限 | 说　　明 |
|---|---|
| CREATE SESSION | 连接到数据库会话 |
| CREATE TABLE | 创建表 |
| DROP TABLE | 删除表 |
| CREATE VIEW | 创建视图 |
| DROP VIEW | 删除视图 |
| CREATE TRIGGER | 创建触发器 |
| DROP TRIGGER | 删除触发器 |
| CREATE TYPE | 创建对象类型 |
| CREATE SEQUENCE | 创建序列 |
| CREATE SYNONYM | 创建同义词 |
| DROP SYNONYM | 删除同义词 |
| CREATE PROCEDURE | 创建存储过程 |
| DROP PROCEDURE | 删除存储过程 |
| CREATE DATABASE LINK | 创建数据库连接，通过数据库连接允许用户存取远程的数据库 |
| DROP DATABASE LINK | 删除数据库连接 |

### 11.2.2　系统特权的授予与回收

创建用户后，如果没有为用户授予相应的权限，用户是不能对数据库进行操作的，甚至不能登录到数据库上，所以必须为用户授予一定的系统权限。在 SQL 命令中，使用 GRANT 语句授予权限，使用 REVOKE 语句撤销权限。

系统权限（system privilege）可以授予给用户、角色和 PUBLIC。Oracle 有许多的系统权限,其中 ANY 权限是非常"高级"的权限,必须谨慎使用,它可以对所有的数据库对象,包括系统所属的字典对象进行操作。因此 SELECT、INSERT、UPDATE 和 DELETE 是对象权限,而 SELECT ANY、INSERT ANY、UPDATE ANY 和 DELETE ANY 是系统权限。

### 1. 系统权限的授予

系统权限的授予语法格式如下:

```
GRANT { system_privilege |role_list }
    TO { user |role_list | PUBLIC }
    [WITH ADMIN OPTION] ;
```

参数说明:

- system_privilege:表示系统权限列表,以逗号分隔。
- user:表示用户列表,以逗号分隔。
- role_list:表示角色列表,以逗号分隔。
- PUBLIC:表示系统中所有用户(用于简化授权)。
- WITH ADMIN OPTION:允许得到权限的用户将权限转授其他用户。

其中需要注意:只有 DBA 才应当拥有 ALTER DATABASE 系统权限,应用程序开发者一般只需要拥有 CREATE TABLE、CREATE VIEW 和 CREATE INDEX 等系统权限,普通用户一般只具有 CREATE SESSION 系统权限。

授权结束后可以查询用户系统特权,如果是管理员用户可以使用数据字典,查看授予用户的系统权限信息。

- DBA_SYS_PRIVS:包含授予用户或角色的系统权限信息。
- USER_SYS_PRIVS:列出被授予的系统权限信息。

```
SQL>SELECT grantee,privilege,admin_option FROM dba_sys_privs  ORDER BY grantee,
privilege;
    SQL>SELECT username,privilege,admin_option FROM user_sys_privs;
```

**例 11-3** 授予 scott 用户创建表空间的系统权限,并查看用户拥有的系统权限。

**解** 首先使用管理员身份登录数据库。

```
SQL>conn SYS/XG501oracle as sysdba
```

然后输入授权代码:

```
SQL>GRANT CREATE TABLESPACE TO scott;
```

最后使用 scott 用户登录,查询 user_sys_privs 数据字典。执行结果如图 11-8 所示。

### 2. 系统权限的回收

作为 DBA,应该经常了解当前数据库用户的权限分配情况,并撤销一些不必要的系统权限。撤销系统权限的数据库用户不必是最初授予系统权限的用户,任何具有 ADMIN OPTION 权限的数据库用户都可以撤销其他用户的系统权限。另外,在撤销系统权限时,使用 WITH ADMIN OPTION 选项而获得系统权限的用户不受影响。

系统权限的回收语法格式如下:

```
REVOKE {system_privilege | role }
FROM {user | role | PUBLIC} ;
```

**注意:**

(1)系统特权应逐个检查和管理,以免出错。

(2)如果在为某个用户授予系统权限时使用了 WITH ADMIN OPTION 选项,该用户收回原始用户的系统特权将不会产生级联效应(回收传递授予用户的权限)。

(3)多个管理员授予用户同一个系统权限后,若其中一个管理员回收其授予该用户的系统权限,则该用户将不再拥有相应的系统权限。

**例 11-4** 回收 scott 用户创建表空间的系统权限。

**解** 首先使用管理员身份登录数据库。

```
SQL>conn SYS/XG501oracle as sysdba
```

然后输入撤销授权代码:

```
SQL>REVOKE CREATE TABLESPACE FROM scott;
```

最后使用 scott 用户登录,查询 user_sys_privs 数据字典,查看用户当前拥有的系统权限。执行结果如图 11-9 所示。

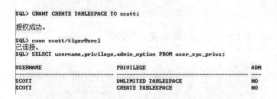

图 11-8 scott 用户创建表空间的系统权限     图 11-9 回收 scott 用户创建表空间的系统权限

### 3. 使用 SQL Developer 进行系统权限的授予与回收

(1)使用 system 用户连接数据库,打开连接 systemXSGL,图 11-10 为 systemXSGL 连接的属性,以 system 用户连接 XSGL 数据库。然后在 systemXSGL 连接中展开"其他用户"节点,可以看到系统中已存在的用户账户,如图 11-11 所示。

图 11-10 systemXSGL 连接的属性     图 11-11 "其他用户"节点

(2)如图 11-12 所示,选择"SCOTT"用户,然后单击鼠标右键,在弹出的快捷菜单上选择"编辑用户"菜单项。在弹出的图 11-13 所示的"创建/编辑用户"窗口选择"系统权限"选项卡,在里面选择需要设置的系统权限。不想要的权限,直接把"√"去掉即可。注意:新创建的用户没有任何权限,使用该用户连接数据库将会出现错误,所以首先要使用管理员身份用户登录,然后赋予其 CREATE SESSION 权限。或者可以打开 systemXSGL 的 SQL 工作表,在里面输入系统权限授予的命令,如图11-14所示。然后单击绿色的"结果"三角箭头执行,即提示授权成功。撤销的操作也是类似。最后打开数据库中的 scott 用户的一个连接"scottXSGL",在里面输入查询 scott 用户拥有的系统权限,如图 11-15 所示。

图 11-12 "编辑用户"菜单项

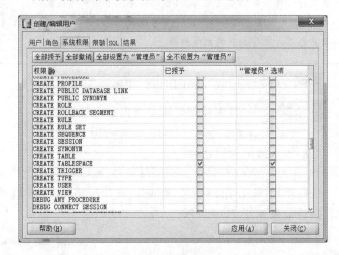

图 11-13 "创建/编辑用户"窗口

图 11-14 授予 scott 系统权限

图 11-15 查询 scott 用户系统权限

## 11.2.3 对象权限

对象权限(objects privilege)是指在对象级控制数据库的存取和使用的机制,即访问其他用户模式对象的能力。对象权限的授予必须指定一个具体的对象。对象所有者拥有对象的所有权限,它可以把此对象的权限授予其他用户,还可以决定其他用户是否有权限把权限授予另外的用户。

对象权限是用户之间的表、视图等模式对象的相互存取权限。用户权限可以控制对对象进行查询、插入、更新操作等,如表11-2所示一共有九种权限可以授予用户。

表 11-2 对象权限表

| 对 象 权 限 | 适 合 对 象 | 对象权限功能说明 |
| --- | --- | --- |
| SELECT | 表、视图、序列 | 查询数据操作 |
| UPDATE | 表、视图 | 更新数据操作 |
| DELETE | 表、视图 | 删除数据操作 |

| 对 象 权 限 | 适 合 对 象 | 对象权限功能说明 |
|---|---|---|
| INSERT | 表、视图 | 插入数据操作 |
| REFERENCES | 表 | 在其他表中创建外键时可以引用该表 |
| EXECUTE | 存储过程、函数、包 | 执行 PL/SQL 存储过程、函数和包 |
| READ | 目录 | 读取目录 |
| ALTER | 表、序列 | 修改表或序列结构 |
| INDEX | 表 | 为表创建索引 |

## 11.2.4 对象权限的授予与回收

### 1. 对象权限的授予

对象权限的授予语法格式如下：

```
GRANT {object_privilege}[(column_list)]
    ON[schema.]object
    TO {user | role | PUBLIC} WITH GRANT OPTION;
```

参数说明：

- object_privilege：表示对象权限列表，以逗号分隔。
- [schema.]object：表示指定的模式对象，默认为当前模式中的对象。
- user：表示用户列表，以逗号分隔。
- role：表示角色列表，以逗号分隔。
- PUBLIC：表示系统中所有用户（用于简化授权）。
- WITH GRANT OPTION：允许得到权限的用户将权限转授其他用户。

授权结束后可以查询用户对象权限的数据字典：

- DBA_TAB_PRIVS：授予的对象权限信息。
- ALL_TAB_PRIVS：列出所有用户作为被授予者的对象权限信息。
- USER_TAB_PRIVS：列出当前用户读取其他用户对象的权限信息。
- DBA_COL_PRIVS：授予表列上的对象权限信息。
- ALL_COL_PRIVS：列出表列上的授权信息，当前用户或 PUBLIC 是拥有者、授予者或被授予者。
- USER_COL_PRIVS：列出表列上的授权信息，当前用户是拥有者、授予者或被授予者。
- SESSION_PRIVS：列出当前用户在当前会话中拥有的所有权限。

例如，查询"SCOTT"用户的对象权限代码如下：

```
SQL>SELECT * FROM DBA_TAB_PRIVS WHERE GRANTEE='SCOTT';
```

**例 11-5** 将 scott 用户的 emp 表的查询、插入、删除权限授予 HR 用户。

**解** 方法一：首先使用 scott 用户登录，然后进行授权。

```
SQL>GRANT SELECT,INSERT,DELETE ON emp TO HR;
```

授权后使用 HR 连接数据库，输入如下的查询代码就可以查询成功。

```
SQL>select ename,sal,deptno from scott.emp;
```

执行结果如图 11-16 所示。

注意：此时如果输入"select ename, sal, deptno from emp"，系统会报错。原因是前面已经提到过的 schema，每一个用户都有一个同名的 schema。emp 表是存放在 scott 模式下的，HR 用户经过授权可以访问 emp 表，实际的意义是可以访问 scott 模式下的 emp 表，所以在查询时一定要输入 schema. table 形式的表名。

方法二：使用管理员 system 登录，将 scott 用户的 emp 表的查询、插入、删除权限授予 HR 用户。

用 system 用户连接数据库时，授权代码如果和上面的代码一样：

```
SQL> GRANT SELECT, INSERT, DELETE ON emp TO HR;
```

此时系统会报错，执行结果如图 11-17 所示。

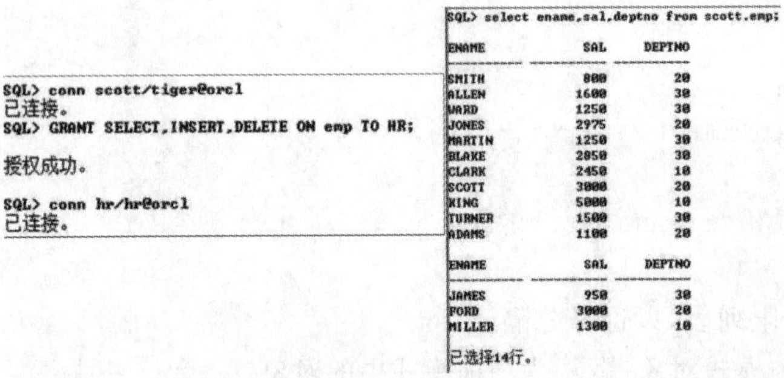

图 11-16　授予 HR 用户对象权限 　　　　　图 11-17　system 授权报错

其原因和方法一是一样的，emp 表是属于 scott 模式的，即使 system 之类的管理员可以授权它们，但如果不是 system 本身所拥有的表，也要指明是把哪个模式下的哪种权限授予给哪些用户，所以这里如果要用管理员用户授权，必须要修改为如下代码：

```
SQL> GRANT SELECT, INSERT, DELETE ON scott.emp TO HR;
```

在授权过程中，可以使用一条 GRANT 语句同时授予用户多个对象权限，各个权限名称之间用逗号分隔。可以授予表或视图中的字段三类对象权限，分别是 INSERT、UPDATE 和 REFERENCES 对象权限。

**例 11-6**　将 scott 用户的 dept 表 deptno、dname 列的修改权限权限授予 HR 用户。

**解**　首先使用 scott 用户登录，然后进行授权。

```
SQL> GRANT SELECT, UPDATE(deptno, dname) ON dept TO HR;
```

授权后使用 HR 连接数据库，输入如下的查询代码和修改代码。

```
SQL> SELECT* FROM  scott.dept;
SQL> UPDATE scott.dept SET dname= '人事处' WHERE deptno=10;
SQL> UPDATE scott.dept SET loc= '中国' WHERE deptno=10;
```

执行结果如图 11-18 所示，由于授予的对象权限是查询和修改 dept 表中的两列，所以执行中，SELECT 的查询成功，针对 dname 列的修改成功，但是针对 loc 列的修改失败，原因是权限不足。

**2. 对象权限的回收**

使用 REVOKE 语句可以回收已经授予用户（或角色）的系统权限、对象权限与角色。执行回收权限操作的用户必须同时具有授予相同权限的能力。

```
REVOKE {object_ privilege | ALL}
    ON schema.object FROM {user| role | PUBLIC}
        [CASCADE CONSTRAINTS] ;
```

> **注意:**
>
> (1)多个管理员授予用户同一个对象权限后,其中一个管理员回收其授予该用户的对象权限时,该用户不再拥有相应的对象权限。
>
> (2)为了回收用户对象权限的传递性(授权时使用了 WITH GRANT OPTION 子句),必须先回收其对象权限,然后再授予其相应的对象权限。
>
> (3)如果一个用户获得的对象权限具有传递性(授权时使用了 WITH GRANT OPTION 子句),并且给其他用户授权,那么该用户的对象权限被回收后,其他用户的对象权限也被回收。

**例 11-7** 回收已经授予用户 HR 的在 emp 表上的对象权限。

**解** 管理员收回对象权限。

```
SQL>conn system/XG501oracle@ XSGL
SQL>REVOKE SELECT,INSERT,DELETE ON scott.emp FROM HR;
```

或者对象拥有者 scott 收回对象权限。

```
SQL>conn scott/tiger@ orcl
SQL>REVOKE SELECT,INSERT,DELETE on emp FROM HR;
```

执行结果如图 11-19 所示,当对象权限被收回后,再次使用 HR 用户查询 scott 用户的 emp 表时,提示"ORA-00942:表或视图不存在"。

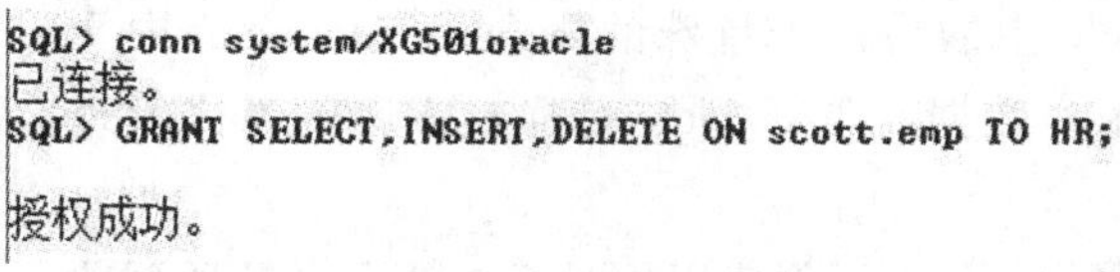

```
SQL> CONN scott/tiger@XSGL
已连接。
SQL> GRANT SELECT,UPDATE(deptno,dname) ON dept TO HR;

授权成功。

SQL> CONN HR/hr@XSGL
已连接。
SQL> SELECT * FROM scott.dept;

    DEPTNO DNAME          LOC

        10 ACCOUNTING     NEW YORK
        20 RESEARCH       DALLAS
        30 SALES          CHICAGO
        40 OPERATIONS     BOSION

SQL> UPDATE scott.dept SET dname='人事处' WHERE deptno=10;

已更新 1 行。

SQL> UPDATE scott.dept SET loc='中国' WHERE deptno=10;
UPDATE scott.dept SET loc='中国' WHERE deptno=10
                     *
第 1 行出现错误:
ORA-01031: 权限不足
```

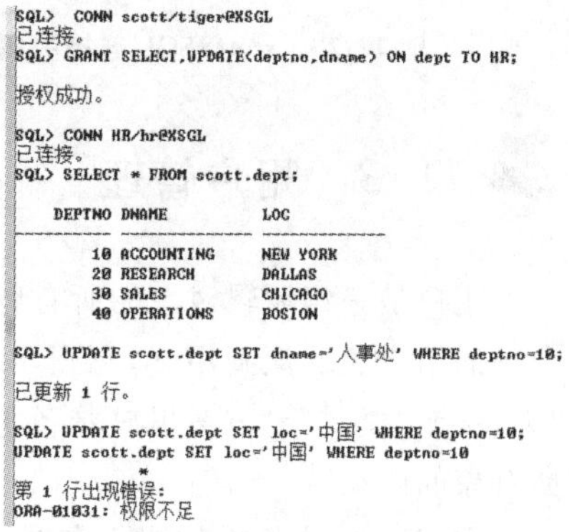

```
SQL> conn system/XG501oracle
已连接。
SQL> GRANT SELECT,INSERT,DELETE ON scott.emp TO HR;

授权成功。
```

图 11-18 对象权限—列授权          图 11-19 回收对象权限

> **注意:**在回收对象权限的时候只能从整个表上回收而不能按列进行回收。同时在回收对象权限时,可以使用关键字 ALL 或 ALL PRIVILEGES 将某个对象的所有对象权限全部回收。

例 11-7 回收已经授予用户 HR 的 emp 表的所有对象权限时,使用如下代码一样可以撤销成功。

```
SQL>REVOKE ALL ON emp FROM HR;
```

在权限的授予和回收时,用户需要注意系统权限中的 WITH ADMIN OPTION 和对象权限中的 WITH GRANT OPTION 的区别。

(1)WITH ADMIN OPTION。

当甲用户授权给乙用户,且激活该选项时,被授权的乙用户具有管理该权限的能力,或者能把得到的权限再授给其他用户或能回收授出去的权限。当甲用户收回乙用户的权限后,乙用户曾经授给其他用户的权限仍然存在。

(2)WITH GRANT OPTION。

当甲用户授权给乙用户,且激活该选项时,被授权的乙用户具有管理该权限的能力,或者能把得到的权限再授给其他用户或能回收授出去的权限。当甲用户收回乙用户的权限后,乙用户曾经授给其他用户的权限也被回收。

**3. 使用 SQL Developer 进行对象权限的授予与回收**

使用 scott 用户连接数据库,打开连接 scottXSGL,图 11-20 所示为 scottXSGL 连接的属性,以 scott 用户连接 XSGL 数据库。在打开的 scottXSGL 工作表中输入授予 HR 用户 emp 表查询、插入和删除对象的权限。如图 11-21 所示,单击绿色的"结果"执行按钮就可以执行授权成功。授权成功后,HR 用户就可以查询 scott 用户下的 emp 表的相关内容。

图 11-20 scottXSGL 连接的属性

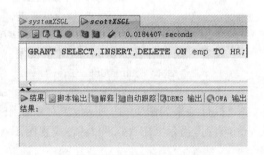

图 11-21 授予对象权限

 **11.3 用户管理**

用户是一组逻辑对象的所有者,任何需要进入数据库的操作都需要在数据库中有一个合法的用户名。谈到用户,不得不提到 Oracle 中的另一个特殊的概念——schema,中文叫"方案"或"模式"。方案里放着各种各样的用户数据对象,Oracle 是通过方案的方式管理数据对象的。

在 Oracle 中一个用户会有对应一个同名的 schema,创建用户时系统就会自动地创建一个同名的默认方案。系统中 schema 的个数和 user 的个数相同,且 schema 名字同 user 名字相同且一一对应。

Oracle 中虽然用户有一个同名的默认方案,但是用户也可以使用其他的 schema。在数据库中一个对象的完整名称为 schema.object,而不是 user.object。用户在访问一个表时,没有指明该表属于哪一个 schema,系统就会自动在表上加上默认名为当前用户同名的那个 schema。例如:用户是在 scott 的环境下执行 select * from emp;,实质是 select * from scott.emp;。

### 11.3.1 创建用户

用户可以使用已经在数据库中创建的用户账户连接到数据库。用户账户按用户名进行标识,可以定义用户的各种属性。

使用 CREATE USER 语句可以创建一个新的数据库用户,执行该语句的用户必须具有 CREATE USER 系统权限。

```
CREATE USER user_name
[IDENTIFIED BY password|EXTERNALLY|GLOBALLY AS 'external_name']
[DEFAULT TABLESPACE tablespace_name]
[TEMPORARY TABLESPACE tablespace_name]
[QUOTA integer [K | M] | UNLIMITED ON tablespace_name]
[PROFILE profile_name]
[DEFAULT ROLE role,…n | ALL[EXCEPT role,…n] | NONE]
[PASSWORD EXPIRE]
[ACCOUNT LOCK |UNLOCK]
```

参数说明:

● user_name:用于设置新建用户名,在数据库中用户名必须是唯一的。

● IDENTIFIED:用于指明用户身份认证方式。

● BY password:用于设置用户的数据库身份认证,其中 password 为用户口令。

● EXTERNALLY:用于设置用户的外部身份认证。

● GLOBALLY AS 'external_name':用于设置用户的全局身份认证,其中 external_name 为 Oracle 安全管理服务器的相关信息。

● DEFAULT TABLESPACE:用于设置用户的默认表空间,如果没有指定,Oracle 将数据库默认表空间作为用户的默认表空间。

● TEMPORARY TABLESPACE 子句:为用户指定临时表空间。

● QUOTA…ON tablespace_name 子句:表空间的配额信息。

  ·integer[K|M]:空间大小的具体值,用户可以使用的表空间,以千字节或者兆字节为单位。但这并不能保证会为用户保留该空间,因此此值可能大于或小于当前可用表空间。

  ·UNLIMITED:无限制地允许用户最大限度地使用表空间中的可用空间。

● PROFILE 子句:为用户指定一个概要文件。如果没有为用户显式地指定概要文件,Oracle 将自动为其指定 DEFAULT 概要文件。

● DEFAULT ROLE 子句:为用户指定默认的角色。

● PASSWORD EXPIRE 子句:设置用户口令的初始状态为过期失效。

● ACCOUNT LOCK 子句:设置用户账户的初始状态为锁定。默认为 ACCOUNT UNLOCK。

在创建新用户后,必须为用户授予适当的权限,用户才可以进行相应的数据库操作。比如,在建立新用户之后,通常需要使用 GRANT 语句为其授予 CREATE SESSION 系统权限,使其具有连接到数据库中的能力,或为新用户直接授予 Oracle 中预定义的 connect 角色。

**例 11-8** 创建学生管理系统中的管理员用户 XSGLadmin,口令为 manager,默认表空间为 XSGLdataspace,临时表空间为 XSGLtempspace,并将 connect、resource 角色授予该用户。

 **解** 使用管理员登录 SQL * Plus,然后输入创建用户代码。

```
SQL>conn system/XG501oracle@XSGL
SQL>CREATE USER XSGLadmin IDENTIFIED BY manager
DEFAULT TABLESPACE XSGLdataspace
TEMPORARY TABLESPACE XSGLtempspace;
```

由于 XSGLadmin 用户后面要进行系统的开发和管理,所以将 connect 角色、resource 角色授予该用户。

```
SQL>GRANT connect,resource TO XSGLadmin;
```

**例 11-9** 将 scott 用户的 emp 表的查询权限授予 XSGLadmin 用户。

**解**

```
SQL>conn XSGLADMIN/manager@XSGL
SQL>GRANT SELECT ON emp TO XSGLadmin;
```

## 11.3.2 修改用户

在创建用户之后,可以使用 ALTER USER 语句对用户进行修改,执行该语句的用户必须具有 ALTER USER 系统权限。其语法格式如下:

```
ALTER USER user_name
IDENTIFIED BY password │ EXTERNALLY │ GLOBALLY AS'external_name'
[DEFAULT TABLESPACE tablespace_name]
[TEMPORARY TABLESPACE tablespace_name]
[QUOTA integer[K │ M]│ UNLIMITED ON tablespace_name]
[PROFILE profile_name]
[DEFAULT ROLE role │ ALL[EXCEPT role]│ NONE]
[PASSWORD EXPIRE]
[ACCOUNT LOCK │ UNLOCK]
```

### 1. 修改密码设置

ALTER USER 语句最常用的情况是用来修改用户自己的口令,任何用户都可以使用 ALTER USER…IDENTIFIED BY 语句来修改自己的口令,而不需要任何其他权限。但是如果要修改其他用户的口令,则必须具有 ALTER USER 系统权限。修改 XSGLADMIN 用户口令代码如下:

```
SQL>ALTER USER XSGLADMIN IDENTIFIED BY admin
```

**例 11-10** 修改用户 XSGLADMIN,使其登录时密码失效,必须修改密码后才能连接数据库。

**解** 在很多的应用系统中,DBA 们都会给系统中的用户建立用户账号,并给每个账号一个初始密码。但是初始密码一般都是很简单的或者是一样的,这样用户账户会变得不安全,所以很多时候都会设置账户一登录密码就过期失效。

```
SQL>ALTER USER XSGLADMIN PASSWORD EXPIRE;
```

**注意:**在授权时需要管理员身份用户登录或具有 ALTER USER 系统权限的用户。如图 11-22 所示,当前用户是 XSGLADMIN,是普通用户,不能更改自己的账户设置,必须要使用管理员,因此,这里 SYSTEM 用户登录,进行密码登录失效的更改。当更改成功后,再次使用 XSGLADMIN 连接数据库时,Oracle 提示必须要"更改 XSGLADMIN 的口令",此时用户必须修改密码。接着输入新口令,并进行再次输入确认,更改后就能正常连接数据库了。

### 2. 修改账户锁定和解锁

DBA 还会经常使用 ALTER USER 语句锁定或解锁用户账户。它可以对用户账户进行配置，以便在连续登录失败次数达到指定值时锁定该账户，也可将账户配置为经过指定时间间隔后自动取消锁定，或配置为需要数据库管理员介入来取消锁定。用户还可以手动锁定账户，在这种情况下，必须由数据库管理员明确取消对这些账户的锁定。注意：创建数据库之后，许多由 Oracle 提供的数据库用户账户将被锁定。

**例 11-11**　修改用户 XSGLadmin 锁定和解锁用户账户。

**解**　锁定账户 XSGLadmin。

```
SQL>ALTER USER XSGLadmin  ACCOUNT LOCK;
```

如图 11-23 所示，首先使用管理员 SYSTEM 用户登录数据库，进行账户锁定的更改。更改成功后，再次使用 XSGLadmin 连接数据库时，Oracle 提示"ORA-28000：the account is locked"，此时用户账户被锁定，必须要解锁后才能连接。注意，当提示账户锁定登录失败后，使用 SHOW USER 命令查看当前用户时，当前用户为空，必须要连接其他用户进行相关操作。所以账户锁定后，如果要解锁账户，必须再次使用 SYSTEM 用户登录数据库解锁账户，解锁账户 XSGLadmin 的代码如下：

```
SQL>ALTER USER XSGLadmin ACCOUNT UNLOCK;
```

更改后，XSGLadmin 就能正常连接数据库了。

图 11-22　修改 XSGLADMIN 用户　　图 11-23　修改 XSGLadmin 用户账户锁定与解锁
　　　　　PASSWORD EXPIRE

### 3. 修改用户表空间配额

配额是指定表空间中允许的空间容量。默认的情况下，新建用户在任何数据表空间中都是没有配额的，对于分配的临时表空间或临时还原表空间则不需要配额。配额的指定可以禁止用户的对象使用过多的表空间。

用户可以使用如下两种方式来为用户提供表空间限额：

1）设置用户配额信息（创建表和修改表操作都可以实现）

● QUOTA UNLIMITED ON tablespace_name：允许用户最大限度地使用表空间中的可用空间。

● QUOTA integer［K｜M］ON tablespace_name：以 K 或 M 为单位的具体值设置用户可以使用的表空间。但这并不能保证会为用户保留该空间，因此此值可能大于或小于表所在的当前可用表空间。

2）授予用户 UNLIMITED TABLESPACE 系统权限

授予用户 UNLIMITED TABLESPACE 系统权限的方式是全局性的。此系统权限会覆盖所有表空间的限额,并向用户提供所有表空间(包括 SYSTEM 和 SYSAUX)的无限制限额。

> 注意:一般不提倡为用户提供 SYSTEM 和 SYSAUX 表空间的限额。通常,只有 SYS 和 SYSTEM 用户才能在 SYSTEM 和 SYSAUX 表空间中创建对象。

**例 11-12**　新建用户 student,密码为 stu,其默认表空间 XSGLdataspace。授权该用户 create session、create table 的权限。创建一张表 test、字段 testname,类型为字符型。该表存放的表空间为 USERS。

**解**　创建用户 student,密码 stu,指定该用户的数据表空间为 XSGLdataspace。

```
SQL>CREATE USER student IDENTIFIED BY stu
    DEFAULT TABLESPACE XSGLdataspace;
```

授权该用户 create session、create table 的权限。

```
SQL>GRANT create session,create table TO student;
```

student 用户创建一张表 test、字段 testname,类型为字符型,存放表空间为 USERS。

```
SQL>CREATE TABLE test
    (testname char(10))
    tablespace USERS;
```

注意:这里 student 用户的默认数据表空间为 XSGLdataspace,但是用户在创建表时可以指定表所在的表空间,可以和默认表空间不同,只要用户有对表空间操作的权限。如图11-24所示,student 用户获得创建表的权限后,创建表 test 提示成功(注意,这里是伪成功,在 11g 之后创建表的代码并不分配存储空间,只有具体在表里操作数据时才会检查用户对该表空间的权限),然后插入数据时,提示"ORA-01950:对表空间'USERS'无权限"。此时系统报错,解决方法是用管理员 sys 登录,注意这里是用的空密码登录。更改用户在 USERS 表空间的配额信息,代码如下:

```
SQL> CONN student/stu
已连接。
SQL>  CREATE TABLE test
  2    (testname char(10))
  3    tablespace USERS;

表已创建。

SQL> insert into test values('test');
insert into test values('test')
            *
第 1 行出现错误:
ORA-01950: 对表空间 'USERS' 无权限

SQL> conn sys / as sysdba
输入口令:
已连接。
SQL> ALTER USER student QUOTA 100M ON USERS;

用户已更改。

SQL> CONN student/stu
已连接。
SQL> insert into test values('test');

已创建 1 行。
```

图 11-24　修改 student 用户配额信息

```
SQL>ALTER USER student QUOTA 100M ON USERS;
```

配额信息修改成功后,再次使用 student 用户登录,就可以插入数据了。注意:如果建表时不带表空间设置,那么表会存放到 student 默认的表空间 XSGLdataspace 中。新建用户虽然指定了默认表空间,但是对于默认表空间 XSGLdataspace,student 用户一样没有权限操作,因为其可以在表空间 XSGLdataspace 上操作的空间默认是 0。所以如果要向默认表空间建立对象或者插入数据等需要存储空间的操作,用户一样需要修改默认表空间的配额信息。

常用的查询用户表空间配额信息的数据字典信息如下:

- dba_ts_quotas:数据库中所有用户的表空间配额信息。
- user_ts_quotas:当前用户的表空间配额信息。

```
SQL>SELECT USERNAME,TABLESPACE_NAME,MAX_BYTES/1024/1024 'Max MB'  FROM dba_ts_
quotas WHERE USERNAME='STUDENT';
```

执行结果如图 11-25 所示。

```
SQL> CONN SYS/ AS SYSDBA
输入口令:
已连接。
SQL> SELECT USERNAME,TABLESPACE_NAME,MAX_BYTES/1024/1024 "Max MB"   FROM dba_ts_quotas WHERE USERNAME='STUDENT';

USERNAME                        TABLESPACE_NAME                 Max MB

STUDENT                         USERS                              100
```

图 11-25  查询 student 用户配额信息

### 11.3.3  删除用户

当不需要用户时,可以删除已有的用户,执行该语句的用户必须具有 DROP USER 系统权限。其语法格式如下:

```
DROP USER username [CASCADE]
```

如果用户当前正连接到数据库中,则不能删除这个用户。要删除已连接的用户,首先必须使用 ALTER SYSTEM⋯KILL SESSION 语句终止其会话,然后再使用 DROP USER 语句将其删除。

如果要删除的用户模式中包含有模式对象,必须在 DROP USER 子句中指定 CASCADE 关键字,否则 Oracle 将返回错误信息。

**例 11-13**  删除用户 XSGLadmin。

```
SQL>DROP USER XSGLadmin CASCADE;
```

### 11.3.4  SQL Developer 管理用户

(1)使用 system 用户连接数据库,打开连接 systemXSGL,以 system 用户连接 XSGL 数据库。展开"其他用户"节点,可以看到系统中已存在的用户账户。

(2)如图 11-26 所示右键单击"其他用户"节点,选择"创建用户"菜单项。在弹出的"创建/编辑用户"窗口中设置"用户"选项页,如图 11-27 所示。输入用户名为 XSGLadmin,输入口令,选择默认表空间和临时表空间。

(3)设置"角色"选项页。在"创建/编辑用户"窗口中设置"角色"选项页,如图 11-28 所示。选择需要的角色,在角色后面的"已授予"列下打钩即可。

(4)设置"系统权限"选项页。在"创建/编辑用户"窗口中设置"系统权限"选项页,如图 11-29 所示。选择需要的系统权限,在系统权限后面的"已授予"列下打钩即可。

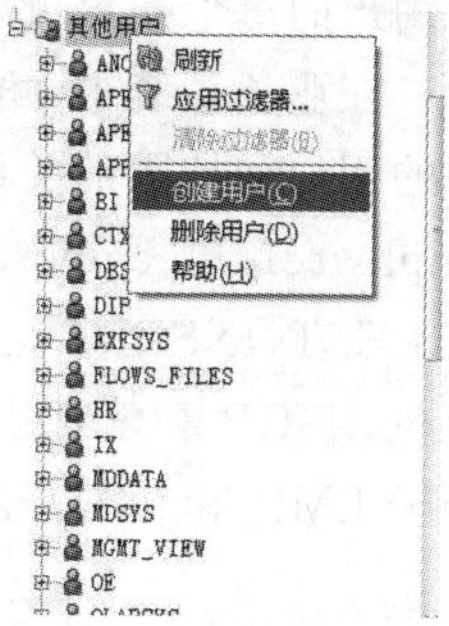

图 11-26  创建用户菜单项

图 11-27  "创建/编辑用户"窗口

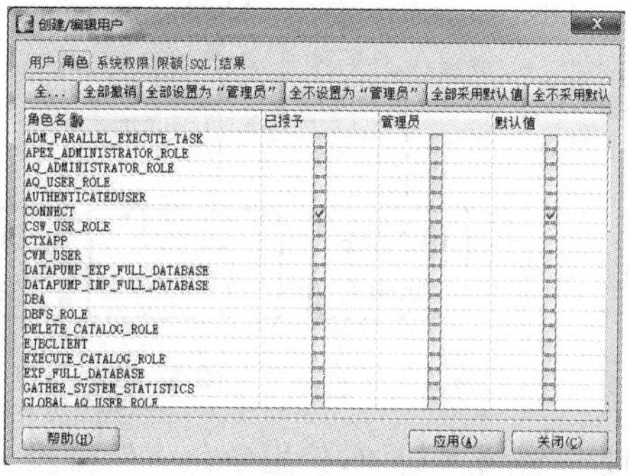

图 11-28  "创建/编辑用户"窗口—角色

(5)设置"限额"选项页。在"创建/编辑用户"窗口中设置"限额"选项页,如图 11-30 所示。选择不同表空间需要的限额设置,如果是无限制,就在其"无限制"列下打钩即可。如果要设置具体的值,就在其"限额"列下填写具体的数据,填写具体的单位。

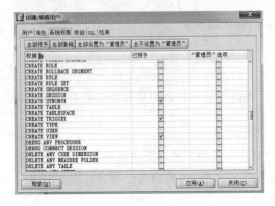

图 11-29  "创建/编辑用户"窗口—系统权限

图 11-30  "创建中/编辑用户"窗口—限额

## 11.4  角色

角色是对权限的集中管理机制。每个角色都有一个给定的名称,它是一组系统权限和对象权限的集合,当把某角色授予某个用户,该用户就会自动获得该角色包括的所有权限。任何角色可授权给任何数据库用户。一个角色可授权给其他角色,但不能循环授权。授权给用户的每个角色可以是可用的或者不可用的。

在业务系统中,角色常常使一类人拥有相同的权限。如图 11-31 所示,为模拟 HR 模式中的用户和权限的关系。业务系统中有两个经理——manager1 和 manager2,两个雇员——employee1 和 employee2。两个雇员拥有的权限一样,即在 jobs 表上的 CREATE,SELECT,INSERT,UPDATE 权限。两个经理拥有所有的权限。为了方便管理,建立两个角色,MGR 和 EMP 分别代表经理角色和雇员角色。建立角色后,employee1 和 employee2 授予 EMP 角色,manager1 授予 MGR 角色 和 manager2 授予 MGR 和 EMP 角色。

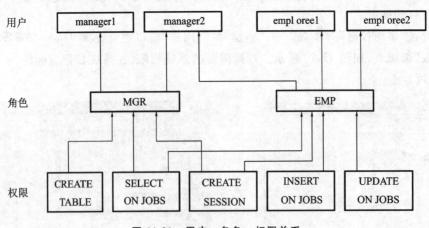

图 11-31  用户—角色—权限关系

所以在业务系统中,使用角色将使得授予和撤销权限都比较方便。通过对一个角色添加或删除权限,可以改变被授予该角色的用户组的权限。当需要修改用户的权限时,只需对角色进行修改,不必对单个用户进行修改。角色一旦创建成功,Oracle 系统会自动把该角色及其管理权授予创建该角色的用户,以便修改和删除该角色或将该角色授予其他用户或角色。角色还可以授予另一个角色,则另一个角色将继承此角色拥有的所有权限。角色分为预定义角色和用户自定义角色。

## 11.4.1 预定义角色

预定义角色是指在 Oracle 数据库创建时由系统自动创建的一些常用的角色,这些角色已经由系统授予了相应的权限。DBA 可以直接利用预定义的角色为用户授权,也可以修改预定义角色的权限。Oracle 数据库中有五十多个预定义角色,常用的预定义角色及其说明如表 11-3 所示。

**表 11-3    常用的预定义角色说明表**

| 角　色 | 角色具有的部分权限 |
|---|---|
| CONNECT | 连接数据库的角色,包括 CREATE SESSION, ALTER SESSION, CREATE CLUSTER, CREATE DATABASE LINK, CREATE SEQUENCE, CREATE SESSION, CREATE SYNONYM, CREATE VIEW, CREATE TABLE |
| RESOURCE | 应用程序开发员的角色,包括 CREATE CLUSTER, CREATE OPERATOR, CREATE TRIGGER, CREATE TYPE, CREATE SEQUENCE, CREATE INDEXTYPE, CREATE PROCEDURE, CREATE TABLE |
| DBA | 管理数据库的最高权限,拥有所有权限包括 ADMINISTER DATABSE TRIGGER, ADMINISTER RESOURCE MANAGE, CREATE…, CREATE ANY…, ALTER…, ALTER ANY…, DROP…, DROP ANY…, EXECUTE…, EXECUTE ANY… |
| EXP_FULL_DATABASE | 导出全部数据库的角色,包括 ADMINISTER RESOURCE MANAGE, BACKUP ANY TABLE, EXECUTE ANY PROCEDURE, SELECT ANY TABLE, EXECUTE ANY TYPE |
| IMP_FULL_DATABASE | 导入全部数据库的角色,包括 ADMINISTER DATABSE TRIGGER, ADMINISTER RESOURCE MANAGE, CREATE ANY…, ALTER ANY…, DROP…, DROP ANY…, EXECUTE ANY… |

## 11.4.2 创建角色

在一个数据库中,每个角色名必须唯一。角色名与用户不同,角色不包含在任何模式中,所以建立角色的用户被删除时不影响该角色。

### 1. 创建角色

使用 CREATE ROLE 语句可以创建一个新的角色,执行该语句的用户必须具有 CREATE ROLE 系统权限。其语法格式如下:

```
CREATE ROLE role_name
[NOT IDENTIFIED]
[IDENTIFIED BY password | EXTERNALLY | GLOBALLY]
```

参数说明：

- role_name：用于指定自定义角色名称，该名称不能与任何用户名或其他角色相同。
- NOT IDENTIFIED：用于指定该角色由数据库授权，使该角色生效时不需要口令。
- IDENTIFIED BY password：用于设置角色生效时的认证口令。与用户类似，角色也可以使用两种方式进行认证。
- EXTERNALLY：外部认证，创建外部角色。一个外部角色通过操作系统或外部服务才能使用角色。
- GLOBALLY：全局认证，创建全局角色。一个全局用户通过企业目录服务才能使用角色。

**例 11-14** 创建一个新的角色：学生角色 ROLE_student。

**解**

```
SQL>CREATE ROLE ROLE_student;
```

### 2. 为角色授予权限

在角色刚刚创建时，它并不具有任何权限，这时的角色是没有用处的。因此，在创建角色之后，通常会立即为它授予权限。给用户或角色授予角色语法格式如下：

```
GRANT role_list TO user_list|role_list;
```

**例 11-15** 给角色 ROLE_student 授予一些对象权限和系统权限，使其能够创建数据库连接，修改用户，能够查询学生表、课程表和成绩表，可以修改学生表的出生日期、特长和联系电话信息。

```
SQL>GRANT create session,alter user TO ROLE_student;
SQL>GRANT SELECT,UPDATE(CSRQ,TC,LXDH) ON xsgladmin.TXS TO ROLE_student;
SQL>GRANT SELECT ON xsgladmin.TKC TO ROLE_student;
SQL>GRANT SELECT ON xsgladmin.TCJ TO ROLE_student;
```

### 3. 将角色授予用户

将角色授予用户才能发挥角色的作用，角色授予给用户以后，用户将立即拥有该角色所拥有的权限。将角色授予用户可使用 GRANT 语句，其语法格式为如下：

```
GRANT <role_name>[,…n]
    TO {user_list|role_list | PUBLIC}
    [WITH ADMIN OPTION];
```

如果在为某个用户授予角色时使用了 WITH ADMIN OPTION 选项，该用户将具有如下权利：

(1)将这个角色授予其他用户，使用或不使用 WITH ADMIN OPTION 选项。

(2)从任何具有这个角色的用户那里回收该角色。

(3)删除或修改这个角色。

**例 11-16** 将角色 ROLE_student 授予 student 用户。

**解**

```
SQL>GRANT ROLE_student TO_student;
```

如图 11-32 所示，student 连接数据库时，在没有授权之前，student 用户只有连接数据库和创建表的权限，所以当输入查询学生管理系统中的成绩表 TCJ 的语句时报错，数据库提示"ORA-00942：表或视图不存在"。

```
SQL>SELECT xsbh,kcbh,zcj FROM  xsgladmin.tcj WHERE xsbh='2015100110101';
```

此时，切换用户，SYS 管理员连接数据库，将 ROLE_student 角色授予 student 用户，此时 student 用户就拥有了 ROLE_student 角色的所有权限，再次使用 student 用户连接数据库，查询 TCJ 表时，查询成功！

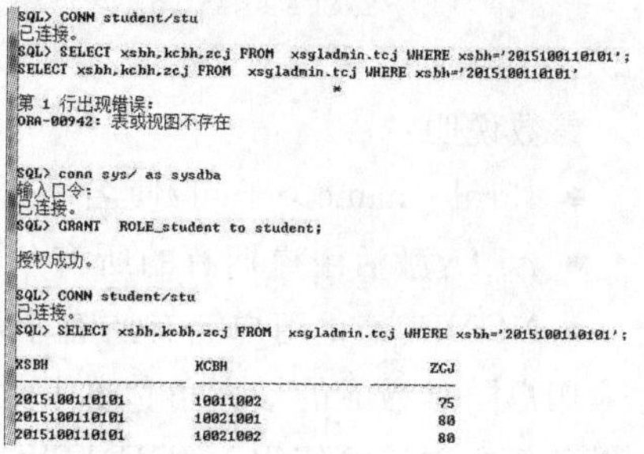

图 11-32　角色 ROLE_student
授予 student 用户

**4. 为角色撤销权限**

如果角色不需要权限时，会撤销权限。如果要撤销的是对象权限，还须得到对象拥有者的授权。从角色中撤销权限使用 REVOKE 语句，语法格式如下：

```
REVOKE role_list FROM user_list|role_list
```

**例 11-17** 撤销 ROLE_student 角色的 alter user 权限。

**解**

```
SQL>REVOKE alter user FROM ROLE_student;
```

**5. 查询角色信息数据字典**

- DBA_ROLES：包含数据库中所有角色及其描述。
- DBA_ROLE_PRIVS：包含为数据库中所有用户和角色授予的角色信息。
- USER_ROLE_PRIVS：包含为当前用户授予的角色信息。
- ROLE_ROLE_PRIVS：为角色授予的角色信息。
- ROLE_SYS_PRIVS：为角色授予的系统权限信息。
- ROLE_TAB_PRIVS：为角色授予的对象权限信息。
- SESSION_PRIVS：当前会话所具有的系统权限信息。
- SESSION_ROLES：当前会话所具有的角色信息。

## 11.4.3　修改角色

修改角色是指修改角色生效或失效时的认证方式，也就是说，是否必须经过 Oracle 确认才允许对角色进行修改。操作者必须被授予具有 ADMIN OPTION 的角色或具有 ALTER ANY ROLE 系统权限。其语法格式如下：

```
ALTER ROLE role_name
[ NOT IDENTIFIED ]
[ IDENTIFIED BY password | EXTERNALLY | GLOBALLY ]
```

**例 11-18** 修改角色，将角色 ROLE_student 的验证方法改为使用口令标识。

**解**

```
SQL>CONN SYSTEM/XG501oracle
SQL>ALTER ROLE  ROLE_student  IDENTIFIED BY allstu;
```

当该命令执行成功时，数据库会提示"角色已丢弃"，此时所有被授予该角色的角色或用户的权限就会失效。

在用户会话的过程中，还可以使用 SET ROLE 语句来激活或禁用其拥有的角色，语法格式如下：

```
SET ROLE { <role_name>[ IDENTIFIED BY <password>][,…n]
| ALL [ EXCEPT <role_name>[,…n ] ]
| NONE } ;
```

参数说明：

- <role_name>子句：使名字为 role_name 的角色生效。
- ALL：激活用户拥有的所有角色。
- NONE：禁止用户拥有所有角色。

用户同时激活的最大角色数目由初始化参数 ENABLED ROLES（默认值为 20）决定。如果角色在创建时使用了 IDENTIFIED BY 子句，则在使用 SET ROLE 语句激活角色时也需要在 IDENTIFIED BY 子句中提供口令。

 **例 11-19** 修改角色，使角色 ROLE_student 生效。

 **解**

```
SQL>CONN student/stu
SQL>SET ROLE ROLE_student IDENTIFIED BY allstu;
```

### 11.4.4 删除角色

如果某个角色不再需要，则可以使用 DROP ROLE 语句删除角色。角色被删除后，用户通过该角色获得的权限被回收。

**例 11-20** 删除角色 ROLE_student。

**解**

```
SQL>DROP ROLE ROLE_student;
```

## 11.5 概要文件

概要文件（profile）是一个命名的资源限定的集合，它是 Oracle 安全策略的重要组成部分。利用概要文件，可以限制用户对数据库或资源的使用，更多的是为用户设置口令策略。

在 Oracle 数据库创建的同时，系统会创建一个名为 DEFAULT 的默认概要文件。如果没有为用户显式地指定一个概要文件，系统默认将 DEFAULT 概要文件作为用户的概要文件。该文件对系统资源没有任何限制，因此，DBA 常常根据实际情况建立自定义概要文件。在数据库中可以创建多个概要文件，然后分配给不同的数据库用户使用。

### 11.5.1 创建概要文件

创建概要文件的语法格式如下：

```
CREATE PROFILE profile_name LIMIT
resource_parameters | password_parameters
```

参数说明：

- profile_name：将要创建的概要文件的名称。
- resource_parameters：对一个用户指定资源限制的参数。
- password_parameters：口令参数。

注意：只有具有 SYSDBA 权限的用户才能创建概要文件。概要文件中要指定资源限制的参数信息,其参数信息分为如下两种。

**1. 资源限制参数**

对于大型数据库管理系统来说,数据库用户众多,所以系统资源可能会成为影响性能的主要瓶颈。由于不同用户担负不同的管理任务,为了有效利用服务器资源,应该限制不用的用户资源占用,根据用户所承担的任务为其分配合理的资源。

资源限制参数是用来限制一个会话中消耗的资源总数,包括占用的 CPU 时间、会话中读取的块的数目等。当会话或者一条 SQL 语句占用的资源超过了概要文件的限制,Oracle将中止并回退当前的操作,然后向用户返回错误信息 ,这时用户仍然可以提交或回退当前事务。如果是会话级限制,在提交或回退事务后,用户会话将被中止(断开连接)。如果是调用级限制,用户会话还能继续进行,只是当前执行的 SQL 语句被中止。

1)会话级资源限制

会话资源限制是指在会话连接期间所占用的总计资源。当超过会话资源限制时,Oracle 会隐含断开用户会话。当连接到数据库时,Oracle 会为用户进程分配服务器进程;当用户发出 SQL 语句时,服务器进程会执行该 SQL 操作。为了有效利用 CPU 和内存资源,应该对用户资源进行适当限制。为了限制会话资源,可以使用以下参数对用户在一个会话过程中所能使用的资源进行限制。

(1)使用 PRIVATE_SGA[ integer{K ｜ M} ｜ UNLIMITED ｜ DEFAULT]参数限制一次会话在 SGA 的共享池可分配的私有空间的最大值,以字节表示。

(2)使用 CPU_PER_SESSION [integer ｜ UNLIMITED ｜ DEFAULT]参数限制一次会话的 CPU 时间,以秒/100 为单位。达到该时间限制后,用户就不能在会话中执行任何操作了,必须断开连接,再重新建立连接。其中:

- integer 代表使用该资源的具体数目。
- UNLIMITED 表示无限制的使用该资源。
- DEFAULT 表示默认概要文件中的该资源的值的设置。

(3)使用 CPU_PER_CALL[integer ｜ UNLIMITED ｜ DEFAULT]参数限制一次调用的 CPU 时间,以秒/100 为单位。当一个 SQL 语句执行时间达到该限制后,该语句以错误信息结束。

2)调用级资源限制参数

调用级资源限制是指对一条 SQL 语句在执行过程中所能使用的最大资源进行限制。当执行 SQL 语句时,如果解析、执行或者提取阶段超出调用级资源限制,那么 Oracle 会自动终止语句处理,并回退语句操作。可以使用以下参数对用户在一个 SQL 语句执行中所能使用的资源进行限制。

(1)使用 LOGICAL_READS_PER_SESSION[integer ｜ UNLIMITED ｜ DEFAULT]参数限制规定一次会话中读取的最大数据块的数目,包括从内存和磁盘中读取的块数总和。

(2)使用 LOGICAL_READS_PER_CALL[integer ｜ UNLIMITED ｜ DEFAULT]参数限制规定处理一个 SQL 语句一次调用所读的数据块的最大数目,包括从内存中读取的数据块和从磁盘中读取的数据块的总和。

(3)使用 COMPOSITE_LIMT[integer ｜ UNLIMITED ｜ DEFAULT]参数限制一次会话的资源开销,以服务单位表示该参数值。该参数由 CPU_PER_SESSION、LOGICAL_READS_PER_SESSION、PRIVATE_SGA、CONNECT_ TIME 几个参数综合决定,因此又被称为"综合资源限制"。

3）限制其他资源

当使用概要文件管理资源时，除了可以限制会话级和调用级的资源以外，还可以设置如下的其他资源限制。

（1）使用 SESSIONS_PER_USER[integer ｜ UNLIMITED ｜ DEFAULT]参数限制一个用户并发会话的最大个数。

（2）使用 CONNECT_TIME[integer ｜ UNLIMITED ｜ DEFAULT]参数限制一次会话持续的最长时间，以分钟为单位。当数据库连接持续时间超出该设置时，连接被断开。

（3）使用 IDLE_TIME[integer ｜ UNLIMITED ｜ DEFAULT]参数限制一次会话期间连续不活动的最大时间，以分钟为单位。当会话空闲时间超过该设置时，连接被断开。

**2. 口令管理参数**

当用户访问 Oracle 数据库时，必须提供用户名和口令才能连接数据库。为防止其他人员或黑客窃取用户口令，DBA 必须充分考虑用户口令的安全性，以防止黑客登录数据库运行非法操作。

默认情况下数据库中用户名和口令是以明文方式通过网络传输。为了避免黑客通过网络窃取口令，应该在客户端将环境变量 ora_encrypt_login 设置为 true，这样，Oracle 会自动为口令加密。当黑客不能通过网络窃取密码时，可能会通过反复地试探来尝试找到密码。在 Oracle 的概要文件中，有如下 7 个用于口令管理的参数，这些参数提供了强大的口令管理功能，从而确保用户口令的安全。

1）账户锁定

账户锁定用于控制用户连续登录失败的最大次数，如果登录失败次数达到限制，那么 Oracle 会自动锁定用户账户。

（1）使用 FAILED_LOGIN__ATTEMPTS[expression ｜ UNLIMITED ｜ DEFAULT]参数限制在锁定用户账户之前连续登录失败的次数。一个用户尝试登录数据库的次数达到该值时，该用户账户将被锁定，只有解锁后才可以继续使用。

（2）使用 PASSWORD_LOOK_TIME[expression ｜ UNLIMITED ｜ DEFAULT]参数规定指定登录失败而引起的账户锁定的天数。锁定天数到达后，Oracle 会自动解锁账户。

2）口令有效期和宽限期

默认情况下，当建立用户并为其提供口令之后，其口令会一直生效。为了防止其他人和黑客破解用户账户口令，出于口令安全的考虑，DBA 用户应该强制普通用户定期改变口令。

（1）使用 PASSWORD_LIFE_TIME[expression ｜ UNLIMITED ｜ DEFAULT]参数限制同一口令的有效期，单位为天。达到限制的天数后，该口令将过期，需要设置新口令。

（2）使用 PASSWORD_GRACE_TIME[expression ｜ UNLIMITED ｜ DEFAULT]参数规定口令的宽限期，单位为天。在宽限期中，用户可以登录，但是会接收到一个关于口令过期需要修改口令的警告。当达到规定的天数后，原口令过期。

3）口令历史

口令历史用于控制口令的可重用次数或者可重用时间。如果希望用户在修改密码时不能使用以前使用过的密码，可使用该参数。Oracle 就会将口令使用的历史信息存放在数据字典里，这样当用户修改密码时就会对新旧密码进行比对，若发现使用的密码与旧密码一致，就会提示用户使用新密码。注意：当使用口令历史选项时，只能使用其中一个选项。当使用一个选项时，必须将另一个选项设置为 UNLIMITED。

（1）使用 PASSWORD_REUSE_TIME [expression ｜ UNLIMITED ｜ DEFAULT]参

数规定口令不被重复使用的天数,也就是口令被修改后,必须经过多少天后才可以重新使用该口令。

(2)使用 PASSWORD_REUSE_MAX[expression ︱ UNLIMITED ︱ DEFAULT]参数规定当前口令被重新使用前,需要修改口令的次数。

4)口令复杂度校验

使用 PASSWORD_VERIFY_FUNCTION[function ︱ NULL ︱ DEFAULT]参数设置口令复杂性校验函数,允许 PL/SQL 的口令校验脚本作为 CREATE PROFILE 语句的参数。其中,function 为口令复杂性校验程序的名字,NULL 表示没有口令校验功能。

在 11g 之前,系统口令校验函数名称为 verify_function,在 11g 中系统口令校验函数名称为 verify_function_11g,并且该函数定义了如下规则:

- 口令不能少于 8 个字符。
- 口令不能和用户名相同。
- 口令不能与数据库名称相同。
- 口令至少包含一个字符和一个数字。
- 口令至少有 3 个字符与以前的口令不同。
- 口令不能使用字符串 welcome1, database1, account1, user1234, password1, oracle123, computer1, abcdefg1, change_on_install, oracle。

**例 11-21** 创建一个 XSGL_PROFILE 概要文件,将概要文件 XSGL_PROFILE 分配给用户 student。概要文件要求如果用户连续 3 次登录失败,则锁定该账户,3 天后该账户自动解锁。每个用户最多可以创建 4 个并发会话,每个会话持续时间最长为 90 分钟;如果会话在连续 30 分钟内空闲,则结束会话;每个会话的私有 SQL 区为 100 kB;每个 SQL 语句占用 CPU 时间总量不超过 10 秒。

**解**

```
SQL>CREATE PROFILE XSGL_PROFILE LIMIT
FAILED_LOGIN_ATTEMPTS 3
PASSWORD_LOCK_TIME 3
SESSIONS_PER_USER 4
CONNECT_TIME 90
IDLE_TIME 30
PRIVATE_SGA 100K
CPU_PER_CALL 100;
```

**3. 查询概要文件相关信息数据字典**

- USER_PASSWORD_LIMITS:分配给用户的口令文件参数信息。
- USER_RESOURCE_LIMITS:分配给用户的资源限制信息。
- DBA_PROFILES:数据库中所有用户的配置文件和限制信息。
- RESOURCE_COST:数据库中所有资源的消耗情况信息。

## 11.5.2 修改概要文件

文件在创建之后,可以使用 ALTER PROFILE 语句来修改其中的资源参数和口令参数,执行该语句的用户必须具有 ALTER PROFILE 系统权限。注意:对概要文件的修改只有在用户开始一个新的会话时才会生效。修改概要文件语法格式如下:

```
ALTER PROFILE profile_name LIMIT
resource_parameters | password_parameters
```

**例 11-22** 修改 XSGL_PROFILE 概要文件,要求在原有资源限制的基础上增加口令要求,要求口令有限期 30 天,口令宽限期 5 天。

**解** 默认情况下,当建立用户并为其提供口令之后,其口令会一直生效。为了防止其他人和黑客破解用户账户口令,出于口令安全的考虑,DBA 用户应该强制普通用户定期改变口令。强制用户定期改变口令的代码如下。

```
SQL>ALTER PROFILE XSGL_PROFILE LIMIT
FAILED_LOGIN_ATTEMPTS 3
PASSWORD_LOCK_TIME 3
PASSWORD_LIFE_TIME 30
PASSWORD_GRACE_TIME 5
PASSWORD_REUSE_TIME 10
PASSWORD_REUSE_MAX unlimited
SESSIONS_PER_USER 4
CONNECT_TIME 90
IDLE_TIME 30
PRIVATE_SGA 100K
CPU_PER_CALL 100;
```

当概要文件生效后,在用户第 30 天登录时,会显示"ORA-28002:the password will expire within 5 days"。如果第 30 天没有更改口令,那么在其后的 5 天会显示类似的警告信息。如果在 35 天时还是没有更改密码,那么在 36 天登录时,Oracle 会强制要求更改口令,否则不允许登录,并且在修改口令时,如果用户仍然采用过去的口令,则口令修改不能生效。

### 11.5.3 指定概要文件

当概要文件创建成功后,要将概要文件分配给用户。可以在创建用户时通过 PROFILE 子句为新建用户指定概要文件,也可以在修改用户时为用户指定概要文件。

**例 11-23** 将概要文件 XSGL_PROFILE 分配给用户 student 代码如下:

```
SQL>ALTER USER student PROFILE XSGL_PROFILE;
```

使用管理员连接数据库,修改用户 student 的概要文件为 XSGL_PROFILE。用户设置更改后,概要文件的资源限制就会生效,如图 11-33 所示。当使用 student 连接数据库时,三次输入错误的密码后,该用户再次登录时,账户就会被锁定。

```
SQL> conn sys/ as sysdba
输入口令:
已连接。
SQL> ALTER USER student PROFILE XSGL_PROFILE;

用户已更改。

SQL> conn student/stu111@XSGL
ERROR:
ORA-01017: invalid username/password; logon denied

警告: 您不再连接到 ORACLE。
SQL> conn student/stu111@XSGL
ERROR:
ORA-01017: invalid username/password; logon denied

SQL> conn student/stu111@XSGL
ERROR:
ORA-01017: invalid username/password; logon denied

SQL> conn student/stu111@XSGL
ERROR:
ORA-28000: the account is locked
```

图 11-33 角色 ROLE_student
授予 student 用户

### 11.5.4 删除概要文件

使用 DROP PROFILE 语句可以删除概要文件,执行该语句的用户必须具有 DROP PROFILE 系统权限。其语法格式如下:

```
DROP PROFILE profile_name [CASCADE];
```

如果要删除的概要文件已经指定给了用户,则必须在 DROP PROFILE 语句中使用

CASCADE 关键字。如果为用户指定的概要文件被删除,则系统自动将 DEFAULT 概要文件指定给该用户。

 **例 11-24** 删除 XSGL_PROFILE 概要文件。

**解**

```
SQL>DROP PROFILE XSGL_PROFILE CASCADE;
```

## 11.6 审计

审计是指对所选用户的数据库操作进行监视和记录。利用记录在数据库中的审计信息,可以审查可疑的数据库活动,发现非法用户所进行的操作,或者监视和收集特定数据库活动的统计信息。作为一种安全机制,审计主要记录发生在服务器内部的操作,如登录注册企图、数据库操作等,而不是记录数据的更新值、插入行和删除行中的具体数据,系统管理员可以在早期发现可疑活动并且能够优化安全响应。

当数据库的审计功能打开后,在语句执行阶段产生审计记录。一条审计记录中包含用户名、会话标识、终端标识、所访问的模式对象名称、执行的操作、操作的完整语句代码、日期和时间戳、所使用的系统权限等信息。审计功能激活后,任何拥有表或视图的普通用户可以进行如下审计操作。

(1)使用 SQL 语句来选择审计项。

(2)审计对该用户所拥有的表或视图的成功或不成功的存取操作。

(3)有选择的审计各种类型的 SQL 操作(选择、更新、插入、删除)。

### 11.6.1 语句审计

语句审计是按类型对 SQL 语句进行审计,不指定具体对象,可对数据库中指定用户或所有用户进行。所有类型的审计都使用 AUDIT 命令来打开审计,使用 NOAUDIT 命令来关闭审计。对于语句审计,AUDIT 命令的格式如下:

```
AUDIT sql_statement_clause
[BY user1,user2…]
[BY SESSION | ACCESS]
WHENEVER [NOT] SUCCESSFUL;
```

参数说明:

● sql_statement_clause:被审计的 SQL 语句和语句选项。

● BY user:指定审计的用户,如果没有指定,则审计所有用户。

● BY SESSION:语句级审计,同一个 SQL 语句只审计一次(默认)。

● BY ACCESS:存取方式审计,同一个 SQL 语句执行几次审计几次。

● WHENEVER SUCCESSFUL:审计成功的动作,没有生成错误消息的语句。

● WHENEVER NOT SUCCESSFUL:审计语句的命令失败,失败原因是无权限、表空间中的空间已满或语法错误。

 **例 11-25** 审计 XSGLADMIN 所有对表的修改操作。

**解**

```
SQL>AUDIT UPDATE TABLE BY XSGLADMIN;
```

如图 11-34 所示,SYS 用户连接数据库后,审计 XSGLADMIN 所有对表的修改操作。审计成功后,XSGLADMIN 连接数据库,并对课程表执行 UPDATE 操作,更新成功后,查询数据字典 USER_AUDIT_TRAIL,查看当前用户的审计信息。由于该用户的审计信息条数比较多,这里只截取了其中一部分,可以看到,对 TKC 表做的修改操作已经记载到审计信息里。

```
SQL> SELECT  USERNAME, TO_CHAR(timestamp,'MM/DD/YY HH24:MI'),
2    OBJ_NAME,ACTION_NAME FROM USER_AUDIT_TRAIL;
```

### 11.6.2  权限审计

审计系统权限具有与语句审计相同的基本语法,但审计系统权限是在 sql_statement_clause 中,而不是在语句中指定系统权限。权限审计是对执行的系统权限相应的活动进行审计,是只对特定的活动进行的审计,较语句审计而言,权限审计更为专一。

**例 11-26**  将 ALTER TABLESPACE 权限授予所有的 DBA,但希望在发生这种情况时生成审计记录。启用对这种权限的审计的命令如下:

```
SQL> AUDIT ALTER  TABLESPACE by access whenever successful;
```

**例 11-27**  审计 xsgladmin 用户 CREATE TABLE 查询操作。

**解**

```
SQL> AUDIT CREATE TABLE by xsgladmin whenever not successful;
```

如图 11-35 所示,当审计成功后,xsgladmin 用户利用 CREATE TABLE 命令创建表。首先,利用子查询创建成绩备份表:

```
SQL> CREATE TABLE tcjcopye AS SELECT xsbh,kcbh,zcj FROM tcj;
```

然后,利用 CREATE TABLE 命令直接创建表,但是由于表中的列 2017MAXCJ 以数字开头,违反数据库约定,因此提示报错。

```
SQL> CREATE TABLE tcjMAX
    (XSBH,VARCHAR2(20),
2017MAXCJ  NUMBER(3,1));
```

操作完毕后,以 SYS 用户连接数据库,查询数据字典 dba_audit_trail,查看审计信息。发现刚才两个 CREATE TABLE 的语句都被审计到了。

```
SQL> SELECT username, to_char(timestamp,'MM/DD/YY HH24:MI') Timestamp,
returncode,action_name FROM dba_audit_trail;
```

图 11-34  语句审计 XSGLADMIN          图 11-35  权限审计 CREATE TABLE—xsgladmin

### 11.6.3  对象审计

对象审计用于对特定方案对象上的执行语句进行审计,这些操作可能包括对表的选择、插入、更新和删除操作。对象审计和语句审计类似。其语法格式为：

```
AUDIT {<audit_lise> | ALL} ON
    {[schema.]<object_name> | DIRECTORY  <filename_path> | DEFAULT}
    [BY SESSION | ACCESS]
    [WHENEVER [NOT] SUCCESSFUL]
```

参数说明：

- audit_lise：审计权限选项。
- ［schema.］<object_name>：模式下的对象名。
- filename_path：逻辑目录名。

表 11-4 列出了在常见的对象审计中，对特定对象的 14 种不同的操作说明。

表 11-4　特定对象上不同操作说明表

| 对 象 选 项 | 说　　明 |
|---|---|
| ALTER | 改变表、序列或物化视图 |
| AUDIT | 审计任何对象上的命令 |
| COMMENT | 添加注释到表、视图或物化视图 |
| DELETE | 从表、视图或物化视图中删除行 |
| EXECUTE | 执行过程、函数或程序包 |
| FLASHBACK | 执行表或视图上的闪回操作 |
| GRANT | 授予任何类型对象上的权限 |
| INDEX | 创建表或物化视图上的索引 |
| INSERT | 将行插入表、视图或物化视图中 |
| LOCK | 锁定表、视图或物化视图 |
| READ | 对 DIRECTORY 对象的内容执行读操作 |
| RENAME | 重命名表、视图或过程 |
| SELECT | 从表、视图、序列或物化视图中选择行 |
| UPDATE | 更新表、视图或物化视图 |

对象审计只对 ON 关键字指定对象的相关操作进行审计，例如：

```
SQL>AUDIT DROP ON DEFAULT BY ACCESS
```

**例 11-28**　　对学生管理系统的重要表中学生表的插入操作、成绩表的所有操作和课程表的删除操作进行审计。

**解**　　对 TXS 表的所有 INSERT 命令进行审计。

```
SQL>AUDIT INSERT ON XSGLADMIN.TXS;
```

对 TCJ 表的每个命令都要进行审计。

```
SQL>AUDIT ALL ON XSGLADMIN.TCJ;
```

对 TKC 表的 DELETE 命令都要进行审计。

```
SQL>AUDIT DELETE ON XSGLADMIN.TKC;
```

如图 11-36 所示，当审计成功后，xsgladmin 用户查询 TCJ 表的成绩信息。

然后插入一个新用户的信息。

操作完毕后,以 SYS 用户连接数据库,查询数据字典 dba_audit_trail,查看审计信息。发现刚才两个对象的操作语句都被审计到了。

## 11.6.4　查看审计的数据字典

- ALL_DEF_AUDIT_OPTS:列出包含在对象建立时所应用的默认对象审计选项。
- AUDIT_ACTIONS:列出所有可审计的命令。
- DBA_AUDIT_TRAIL:列出所有的审计记录。
- DBA_AUDIT_EXISTS:列出 AUDIT NOT EXISTS 和 AUDIT EXISTS 产生的审计记录。
- DBA_AUDIT_OBJECT:列出系统中所有对象的审计记录。
- DBA_AUDIT_SESSION:列出关于 CONNECT 和 DISCONNECT 的所有审计记录。
- DBA_AUDIT_STATEMENT:列出关于 GRANT、REVOKE、AUDIT、NOAUDIT、ALTER SYSTEM 语句的审计记录。
- DBA_STMT_AUDIT_OPTS:列出语句审计级别的审计。
- DBA_OBJ_AUDIT_OPTS:列出一个用户所有对象的审计选项。
- DBA_PRIV_AUDIT_OPTS:列出通过系统和由用户审计的当前系统特权。
- USER_AUDIT_TRAIL:列出与用户有关的审计记录。
- USER_AUDIT_OBJECT:列出关于对象的语句审计记录。
- USER_AUDIT_SESSION:列出关于用户连接或断开的全部审计记录。
- USER_AUDIT_STATEMENT:列出用户执行 GRANT、REVOKE、AUDIT、NOAUDIT、ALTER SYSTEM 语句审计记录。
- USER_OBJ_AUDIT_OPTS:列出用户拥有的表和视图的审计选项。

执行结果如图 11-37 所示。

图 11-36　对象审计 TXS,TCJ—xsgladmin

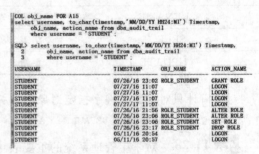

图 11-37　查看审计的执行结果

# 习　题　11

## 一、选择题

1.若用户要连接数据库,则该用户必须拥有的权限是(　　)。

　A. create table　　　B. create index　　　C. create session　　　D. connect

2.授予删除任何表的系统权限(DROP ANY TABLE)给 user1,并使其能继续授予该权限给其他用户,以下正确的 SQL 语句是(　　)。

A. Grant drop any table to user1；

B. Grant drop any table to user1 with admin option；

C. Grant drop table to user1；

D. Grant drop any table to user1 with check potion；

3. 更改 Oracle 用户 HR，使其变为不可用（锁定）状态的执行语句为（    ）。

    A. UPDATE USER HR ACCOUNT DISABLE ；

    B. UPDATE USER HR ACCOUNT LOCK ；

    C. ALTER USER HR ACCOUNT LOCK ；

    D. ALTER USER HR ACCOUNT DISABLE ；

4. 下面不是常用的数据对象权限的是（    ）。

    A. DELETE        B. REVOKE        C. INSERT        D. UPDATE

5. DBA 是指（    ）。

    A. 系统管理员                B. 数据库操作员

    C. 数据库管理员              D. 以上说法都不对

6. 自定义一个用户时，如果选择项全部为默认状态，则该用户建立后为（    ）。

    A. SYSDBA                B. DBA

    C. SYSOPER              D. 以上说法都不对

7. 由 DBA 使用命令 create user userman identified by userman 创建了用户 userman 之后，以下描述正确的是（    ）。

    A. 可以创建服务器会话

    B. 可以正常登录服务器

    C. 仅仅是在服务器上存在该用户名和相对应的信息，不具备任何操作能力

    D. 可以查询服务器上的数据信息

8. 在 Oracle 中创建用户时，若未提及 DEFAULT TABLESPACE 关键字，则 Oracle 就将（    ）表空间分配给用户作为默认表空间。

    A. HR        B. SCOTT        C. SYSTEM        D. SYS

9. 若用户要创建表，则该用户必须拥有的权限是（    ）。

    A. create table    B. create index    C. create session    D. create user

10. 可以从下列哪个表中查询本用户所拥有的表？（    ）

    A. USER_TABLES                B. USER_VIEWS

    C. ALL_tables                  D. ALL_views

**二、问答题**

1. 简述角色的概念和作用，以及用户、角色、权限三者之间关系。

2. Oracle 数据库系统特权包括哪些？它们的概念分别是什么？

3. Oracle 数据库的安全包括哪两个方面？

4. "概要文件"的作用有哪些？

5. 简述通过角色管理用户权限的具体步骤。

6. 审计的作用是什么？

**三、实训题**

1. 在 SQL ＊ Plus 中创建一个用户，用户名为 SUN，密码为 SUN。设置其默认表空间为 USER，用户状态为"未锁定"，限制用户 SUN 在 USER 表空间的配额空间为 10 MB，并向

SUN 用户授予 CONNECT、DBA 的系统权限和角色。

2. 在 SQL＊Plus 中授予 SUN 用户具有建立索引、建立用户的系统权限。

3. 在 SQL＊Plus 中授予 SUN 用户建立用户的系统权限。

4. 在 SQL＊Plus 中通过数据字典查看数据库中所有用户的账号信息。

5. 在 SQL＊Plus 中授予 SUN 用户对 SCOTT 用户的 DEPT 表所有的操作权限。

6. 在 SQL＊Plus 中查看授予 SUN 用户的所有系统权限信息。

7. 在 SQL＊Plus 中查看授予 SUN 用户的所有对象权限信息。

8. 在 SQL＊Plus 中创建一个角色,角色名为 RR,密码为 RR,为 RR 角色分配 DBA 的系统权限,以及能够创建、修改、删除、插入表的所有权限,并将 RR 角色授予 SUN 用户。

9. 在 SQL＊Plus 中创建一个概要文件,概要文件名为 PP。该概要文件规定:

   (1)每个会话可用无限的 CPU 时间;

   (2)每次调用不能超过 30 秒的 CPU 时间;

   (3)每次会话的持续时间不能超过 45 分钟;

   (4)最多有 10 个并行会话;

   (5)每次调用从内存和磁盘中读取的数据块不能超过 1000 个;

   (6)每个会话占用的 SGA 资源不能超过 256 kB。

10. 在 SQL＊Plus 中,将概要文件 PP 分配给 SUN 用户使用。

11. 在 SQL＊Plus 中,通过数据字典查看概要文件 PP 的信息。

12. 数据库管理员希望允许用户 Macro 在自己的方案中创建新表,应授予 Marco 哪种权限?

13. 创建一个用户名为 myuser,口令为 myuser,默认表空间为 users,配额为 5 MB,默认使用的临时表空间为 temp 的用户,且不允许该用户使用 system 表空间。

14. 创建用户 ygbx_user1,口令为"user1",默认表空间为"tabs11",临时表空间为"temp",创建后解锁该用户。

15. 创建一个角色 ygbx_role1,并通过该角色将 user12.staff 表的增加、删减、修改、查看权限授予所有用户。

16. 创建一个角色 MYROLE,使此角色具有建表、建视图的系统权限和查找 SCOTT 用户 EMP、DEPT 表的权限,并将此角色授权给 TEST 用户。

# 第⑫章　闪回技术

## 12.1　闪回技术概述

在日常数据库的使用过程中,人为错误常常会发生,如误删了表,错误地更改了数据等,并最终不小心提交了数据库。当发生了这种人为错误时,传统上恢复数据的办法就是采用用户管理的备份和恢复技术,先复原数据库文件,然后利用所有重做日志文件回滚数据,但是这个过程需要一定时间的停机,方法也较为复杂。

为了使 Oracle 数据库从任何逻辑错误操作中迅速地恢复,Oracle 推出了闪回技术。闪回是让管理员"倒回"数据库活动的一项功能。它非常容易使用,一条简单的命令便可帮助用户有选择性地恢复数据、对象甚至整个数据库,而不必执行复杂的操作步骤,大大提高了数据安全性和完整性。而且多数情况下,利用闪回技术进行恢复时,数据库仍然联机并对用户可用。

闪回技术从 Oracle 9i 开始引入,该版本提出了基于回滚段的闪回查询技术,即从回滚段中读取一定时间内对表进行操作的数据,恢复错误的 DML 操作。但是在 9i 中仅仅局限在用户误操作了表中数据的情形,如果表被删除或截断,或误操作的时间太久就没办法使用闪回了。

在 Oracle 10g 版本中,闪回技术得到了增强,用户的各种误操作,包括 DBA 的误操作(如无意中删除了表空间、用户等),都可以闪回。Oracle 10g 除提高了闪回查询功能,实现了闪回版本查询、闪回事务查询外,还实现了闪回表、闪回删除。同时引入了一个新的内容,就是闪回日志,利用这种日志,提供了将整个数据库回退到过去某个时刻的能力的闪回数据库功能。闪回日志有点类似重做日志,只不过重做日志将数据库往前滚,而闪回日志将数据库往后滚。为了保存管理和备份恢复相关的文件,Oracle 10g 提供了一个称为闪回恢复区的新特性,它可以将所有与恢复相关的文件放到这个区域集中管理。

在 Oracle 11g 中,该技术继续被改进和增强,并且增加了闪回数据归档功能。利用 Oracle 数据库的闪回技术,用户能够查询数据库过去某一时刻的状态,查询反映过去一段时间内数据变化情况的元数据,将表中数据或将删除了的表恢复到过去某一个时刻的状态,自动跟踪、存档数据变化信息,回滚事务及其依赖事务的操作,执行更改分析和自助式修复,以便在保持数据库联机的同时从逻辑损坏中恢复。

Oracle 11g 的闪回技术可分为如下几类。

- 闪回查询(flashback query):查询过去某个时间点或某个 SCN 值时表中的数据信息。
- 闪回版本查询(flashback version query):查询过去某个时间段或某个 SCN 段内表中数据的变化情况。
- 闪回事务查询(flashback transaction query):查看某个事务或所有事务在过去一段时间对数据进行的修改。
- 闪回表(flashback table):将表恢复到过去的某个时间点或某个 SCN 值时的状态。
- 闪回删除(flashback drop):将已经删除的表及其关联对象恢复到删除前的状态。
- 闪回数据库(flashback database):将数据库恢复到过去某个时间点或某个 SCN 值时

的状态。

● 闪回数据归档：利用保存在一个或多个表空间中的数据变化信息查询过去某个时刻或某个 SCN 值时表中数据的快照。

注意：每种闪回技术依赖的对象、影响的内容是不一样的，具体情况如表 12-1 所示。

表 12-1　各闪回技术依赖对象及影响内容

| 对象级别 | 常见案例 | 闪回技术 | 依赖对象 | 是否影响数据 |
| --- | --- | --- | --- | --- |
| 数据库 | 截断表、意外的多表更改事件 | 闪回数据库 | 闪回日志 | 是 |
| 表 | 删除表 | 闪回删除 | 回收站 | 是 |
| | 错误地使用 WHERE 子句进行更新操作 | 闪回表 | 撤销表空间中的回滚信息 | 是 |
| | 比较当前数据和过去数据 | 闪回查询 | 撤销表空间中的回滚信息 | 否 |
| | 比较行版本 | 闪回版本查询 | 撤销表空间中的回滚信息 | 否 |
| | 保留历史事务处理数据 | 闪回数据归档 | 撤销表空间中的回滚信息 | 是 |
| 事务处理 | 查找并回退可疑事务处理 | 闪回事务查询 | 来自归档日志的还原/重做数据 | 是 |

## 12.2　闪回查询

Oracle 闪回查询是从 Oracle 9i 数据库开始提供的一个特性，其主要是利用数据库撤销表空间中存放的回退信息，根据指定的过去某一个时刻或 SCN 值，返回当时已经提交的数据快照。这样，管理员或用户就能够查询过去某些时间点已经提交事务操作的结果。这一强大的特性可用于查看和重建因意外被删除或更改而丢失的数据。为了使用闪回查询功能，需要启动数据库撤销表空间来管理回滚信息。闪回查询基本语法格式如下：

```
SELECT column_name[,…] FROM table_name
[AS OF SCN|TIMESTAMP expression]
[WHERE condition]
```

参数说明：

● AS OF SCN：指定闪回查询利用系统改变号 SCN。

● AS OF TIMESTAMP：指定闪回查询利用时间戳。

开发人员可以使用该特性在其应用程序中构建自动错误更正功能，使最终用户能够及时撤销和更正其错误，而无需将此任务留给管理员来执行。闪回查询非常易于管理，数据库可自动保存必要的信息，以便在可配置时间内重新将数据恢复到过去。

### 12.2.1　基于 AS OF TIMESTAMP 的闪回查询

用户可以利用时间戳进行闪回查询，恢复误操作的数据。在执行该操作时，一般会将系统时间打开，代码如下：

```
SQL> SET TIME ON
```

**案例分析**　查询 XSGLadmin 用户下的成绩 TCJ 表的数据，如图 12-1 所示。在时间点“14:20:16”时，用户不小心误删了编号为“2015100110202”学生的“10011001”号课程的成绩，并已经提交了数据。现用户想利用闪回查询恢复数据。

```
14:20:16 SQL> select XSBH,KCBH,ZCJ from TCJ where XSBH='2015100110202';

XSBH                 KCBH                        ZCJ
-------------------- -------------------- ----------
2015100110202        10011001                     86
2015100110202        10011003                     78
2015100110202        10021001                     85

14:20:32 SQL>  delete from TCJ  where  XSBH='2015100110202' and KCBH='10011001';

已删除 1 行。

14:20:41 SQL> commit;

提交完成。

14:20:52 SQL> select XSBH,KCBH,ZCJ from TCJ where XSBH='2015100110202';

XSBH                 KCBH                        ZCJ
-------------------- -------------------- ----------
2015100110202        10011003                     78
2015100110202        10021001                     85
```

图 12-1　误删 TCJ 表编号为“2015100110202”的学生成绩数据

(1)利用闪回查询技术查询删除时间点之前表中的数据。

当删除了编号为“2015100110202”学生的“10011001”号课程成绩 6 秒后，用户想要找回刚刚误删的数据，可以使用以下代码来查询删除之前数据表中的数据信息。执行结果如图 12-2 所示。

```
SQL> Select XSBH,KCBH,ZCJ from TCJ AS OF TIMESTAMP sysdate-6/1440  where XSBH=
'2015100110202';
```

```
14:26:14 SQL> Select XSBH,KCBH,ZCJ from TCJ AS OF TIMESTAMP sysdate-6/1440  where XSBH='2015100110202';

XSBH                 KCBH                        ZCJ
-------------------- -------------------- ----------
2015100110202        10011001                     86
2015100110202        10011003                     78
2015100110202        10021001                     85
```

图 12-2　根据时间戳查询 6 秒前 TCJ 表中“2015100110202”学生的成绩数据

注意：上面的语句需要根据实际情况来调整时间点。由于删除数据是在前 6 秒的时间，所以该语句显示出今天当前时间的前 6 秒（即 sysdate-6/1440）表 TCJ 中的数据行。如图 12-2 所示，6 秒前的数据是有“2015100110202”学生“10011001”号课程的成绩。除了以上的方法外，还可以使用具体的时间戳来查询删除以前的数据，代码如下。

```
SQL>Select XSBH,KCBH,ZCJ from TCJ AS OF TIMESTAMP
TO_TIMESTAMP('2016-09-04 14:20:00','YYYY-MM-DD HH24:MI:SS')
where XSBH='2015100110202';
```

(2)如果数据都正确，则将数据插入表中。

当用户查询确认了数据后，此时距离操作时间已经过去了 7 秒钟，要把“14:20:16”时间点的数据还原。

如图 12-3 所示，提示数据已经创建，再次查看数据表，发现误删的数据已经找回。

```
14:27:15 SQL> INSERT INTO TCJ(XSBH,KCBH,ZCJ) Select XSBH,KCBH,ZCJ from TCJ AS OF TIMESTAMP  sysdate-7/1440
14:27:25   2  where XSBH='2015100110202'and KCBH='10011001';

已创建 1 行。

14:27:27 SQL> select XSBH,KCBH,ZCJ from TCJ where XSBH='2015100110202';

XSBH                 KCBH                        ZCJ
-------------------- -------------------- ----------
2015100110202        10011001                     86
2015100110202        10011003                     78
2015100110202        10021001                     85
```

图 12-3　利用时间戳恢复 TCJ 表“2015100110202”号学生的成绩数据

除了以上方法找到丢失的数据外，还可以用误删以前的数据减去误删以后的数据，也能查询到丢失的数据行。代码如下：

```
SQL>select XSBH,KCBH,ZCJ from
(select XSBH,KCBH,ZCJ from TCJ as of timestamp sysdate-7/1440--7秒前的完整数据行
MINUS--减去
select XSBH,KCBH,ZCJ from TCJ--误删了数据后的当前时间的数据行);
```

确认该数据就是误删的数据后，就可以使用 INSERT 语句将该数据插入 TCJ 表中。代码如下：

```
SQL> INSERT INTO TCJ(XSBH,KCBH,ZCJ)
select XSBH,KCBH,ZCJ from
(select XSBH,KCBH,ZCJ from TCJ as of timestamp sysdate-7/1440
  MINUS
select XSBH,KCBH,ZCJ from TCJ where XSBH='2015100110202' );
```

**注意**：如果删除数据后，对表做了 DDL 操作，如更改列的长度等，然后想闪回，则 Oracle 提示"ORA-01466：无法读取数据—表定义已更改"报错，即不能执行闪回。

## 12.2.2 基于 SCN 的闪回查询

在用户进行正常的数据库操作，进行数据表中的数据管理中，为了防止可能会发生的误操作，可以在进行操作之前查询系统的 SCN，然后根据 SCN 号进行闪回查询。

```
SQL>SELECT current_scn FROM v$database;--查询系统 SCN 号
```

**案例分析** 如图 12-4 所示，注意查询 SCN 操作必须具有管理员或操作员身份用户才能进行。查询完 SCN 后，当前 SCN 号为"2917510"，然后进行查询和删除操作，删除完编号为"2015100110202"学生的"10011001"号课程的成绩后提交数据，再次查询系统 SCN 号为"2917623"。此时如果发现该数据为误删，则可以利用 SCN 号进行闪回查询，并恢复数据。

**图 12-4　利用时间戳查询 TCJ 表误删的成绩数据**

（1）利用闪回查询技术查询删除操作之前 SCN 点表中的数据。

```
SQL>select XSBH,KCBH,ZCJ from TCJ AS OF SCN 2917510 where XSBH='2015100110202';--
利用 SCN 号查询数据
```

执行结果如图 12-5 所示,首先 XSGLadmin 用户登录后,查询"2917510"号 SCN 点的成绩表 TCJ 中的数据信息,发现刚刚误删的数据在该 SCN 点数据行中。

**图 12-5 利用 SCN 查询 TCJ 表误删的成绩数据并进行恢复**

(2)如果数据都正确,将数据插入表中。

如图 12-6 所示,查询数据后,确认有被误删的数据,则可以利用如下代码的插入语句插入被误删的数据,以达到恢复数据的功能。

**图 12-6 利用 SCN 恢复 TCJ 表误删的成绩数据**

## 12.3 闪回版本查询

闪回查询只提供某时刻数据的固定快照,而不是用两个时间点之间被更改数据的运行状态表示。对于某些应用,可能需要了解一段时期内数值数据的变化,而不仅仅是两个时间点的数值。对此 Oracle 提出了闪回版本查询特性,能够更方便高效地执行任务。

所谓版本指的是每次事务所引起的数据行的变化情况,每次变化就是一个版本。

闪回版本查询中每个版本都由不同的事务所更改,这样,DBA 可指出数据何时、如何被更改,并追溯到用户、应用程序或事务。这使得 DBA 可以跟踪数据库中的逻辑破坏并加以更正,同时应用开发人员能够对其代码进行调试,进行数据的查询或恢复。

闪回版本查询的基本语法如下:

```
SELECT column_name[,…] FROM table_name
VERSIONS BETWEEN SCN|TIMESTAMP
MINVALUE|expression AND MAXVALUE|expression
[AS OF SCN|TIMESTAMP expression]
WHERE condition
```

参数说明:

● VERSIONS BETWEEN SCN|TIMESTAMP:指定闪回版本查询时查询的时间戳段或 SCN 段。

● MINVALUE:时间戳或 SCN 版本的最小时间值。

● MAXVALUE:时间戳或 SCN 版本的最大时间值。

● AS OF SCN|TIMESTAMP:指定闪回版本查询的时间戳或 SCN。

在闪回版本查询的目标列 column_name 中,除了表中的字段外,还可以使用如下伪列返回一段时间内数据行的版本信息。

- VERSIONS_STARTTIME:基于时间的版本有效范围的下界。
- VERSIONS_ENDTIME:基于时间的版本有效范围的上界。
- VERSIONS_STARTSCN:基于 SCN 的版本有效范围的下界。
- VERSIONS_ENDSCN:基于 SCN 的版本有效范围的上界。
- VERSIONS_XID:操作的事务 ID。
- VERSIONS_OPERATION:执行操作的类型。I 表示 INSERT,D 表示 DELETE,U 表示 UPDATE。

注意:Oracle 内部都是使用 SCN 的,即使指定的是 AS OF TIMESTAMP,Oracle 也会将其转换成 SCN。系统时间与 SCN 之间的对应关系可以通过查询 SYS 模式下的 SMON_SCN_TIME 表获得。但是对于在 VERSIONS BETWEEN 下界之前开始的事务,或在 AS OF 指定的时间或 SCN 之后完成的事务,系统返回的版本信息为 NULL。

## 12.3.1 基于 VERSIONS BETWEEN TIMESTAMP 的闪回版本查询

 **案例分析** 查询 XSGLadminT 用户下的成绩 TCJ 表的数据,如图 12-7 所示。在时间点"14:51:04",用户修改了编号为"2015100110202"学生的"10011001"号课程的成绩为 80 分并提交数据。然后在时间点"14:51:45",用户又修改了编号为"2015100110202"学生的"10011001"号课程的成绩为 75 分,并提交数据。现用户想利用闪回版本查询,查看该学生的成绩数据的变化情况。

```
14:50:51 SQL> select XSBH,KCBH,ZCJ from TCJ where XSBH='2015100110202';

XSBH                KCBH              ZCJ
---------------     ----------        ------
2015100110202       10011001           86
2015100110202       10011003           78
2015100110202       10021001           85

14:50:55 SQL> UPDATE TCJ SET ZCJ=80 WHERE XSBH='2015100110202'and KCBH='10011001';

已更新 1 行。

14:51:04 SQL> commit;

提交完成。

14:51:32 SQL> UPDATE TCJ SET ZCJ=75 WHERE XSBH='2015100110202'and KCBH='10011001';

已更新 1 行。

14:51:45 SQL> commit;

提交完成。
```

**图 12-7 两次修改 TCJ 表编号为"2015100110202"学生"10011001"号课程成绩**

修改操作提交后,系统表中的数据发生改变,可以利用基于 TIMESTAMP 的闪回版本查询,查看数据行的版本变化。

执行结果如图 12-8 所示。

```
15:01:27 SQL> Select versions_xid, to_char(versions_starttime,'yyyy-mm-dd hh24:mi:ss'),versions_operation,XSBH,KCBH,ZCJ
15:02:16   2 from TCJ VERSIONS BETWEEN  TIMESTAMP MINVALUE AND MAXVALUE
15:02:16   3 WHERE XSBH='2015100110202'and KCBH='10011001'
15:02:16   4 ORDER BY versions_starttime ;

VERSIONS_XID       TO_CHAR(VERSIONS_ST U XSBH              KCBH             ZCJ
--------------     ------------------- - -------------     ----------       ----
07002000B0050000   2016-09-05 14:51:30 U 2015100110202     10011001          80
05000000B0060000   2016-09-05 14:51:48 U 2015100110202     10011001          75
                                         2015100110202     10011001          86

15:02:17 SQL> 2016_
```

**图 12-8 利用时间戳查询 TCJ 中的不同版本成绩信息**

### 12.3.2　基于 VERSIONS BETWEEN SCN 的闪回版本查询

修改操作提交后,系统表中的数据发生改变,可以利用基于 TIMESTAMP 的闪回版本查询,查看数据行的版本变化。

执行结果如图 12-9 所示。

```
15:02:17 SQL> Select versions_xid, versions_startscn,versions_endscn,versions_operation,XSBH,KCBH,ZCJ
15:09:34   2  from TCJ VERSIONS BETWEEN SCN MINVALUE AND MAXVALUE
15:09:34   3  WHERE XSBH='2015100110202'and KCBH='10011001'
15:09:34   4  ORDER BY versions_starttime ;

VERSIONS_XID      VERSIONS_STARTSCN VERSIONS_ENDSCN V XSBH                KCBH             ZCJ

09002000BA050000           2945093         2945106 U 2015100110202       10011001          80
05000000B0060000           2945106                 U 2015100110202       10011001          75
                                           2945093   2015100110202       10011001          86
```

**图 12-9　利用 SCN 查询 TCJ 中的不同版本成绩信息**

### 12.3.3　基于闪回版本查询的数据恢复

 **案例分析**　用户查询数据后,发现数据修改出错,想要将数据恢复到成绩为 80 这个点。要完成该数据恢复,可以根据已经查出来的版本信息,利用 AS OF TIMESTAMP 或 AS OF SCN 将数据恢复到过去某个时刻的状态。

(1)查询当前的数据表中的数据值。查询最新提交的成绩表 TCJ 中用户的成绩数据。

(2)根据时间戳或 SCN 修改 TCJ 表,将数据恢复到过去 80 分的状态。根据前面 12-10 所示的查询,可以查到 80 分成绩对应的版本的 SCN 号为 2945093。

执行结果如图 12-10 所示。

或者输入如下利用时间戳恢复的代码,也可以完成数据的恢复操作。

```
SQL>UPDATE TCJ SET ZCJ=
(SELECT ZCJ FROM TCJ AS OF TIMESTAMP
TO_TIMESTAMP('2016-09-05 14:51:30','YYYY-MM-DD HH24:MI:SS')
WHERE XSBH='2015100110202'and KCBH='10011001')
WHERE XSBH='2015100110202'and KCBH='10011001';
```

## 12.4　闪回事务查询

闪回事务查询提供了一种查看事务级数据库变化的方法。它可以返回在一个特定事务中行的历史数据及与事务相关的元数据,或返回在一个时间段内所有事务的操作结果及事务的元数据。它是 SQL 的扩展,能够看到事务带来的所有变化。所以闪回事务处理查询也是一种诊断工具,可以用来查看在事务处理级对数据库所做的更改,这样就可诊断数据库中的问题并对事务处理执行分析和审计。

在 Oracle 11g 数据库中,为了记录事务操作的详细信息,需要启动数据库的日志追加功能:

```
SQL>ALTER DATABASE ADD SUPPLEMENTAL LOG DATA;
```

前面 12.2 节和 12.3 节的案例多次对 TCJ 表进行了数据操作,修改了学生的成绩信息,用户可以利用 FLASHBACK_TRANSATION_QUERY 视图来查看相关信息。如果用户想查看 TCJ 表中的事务的 XID、事务开始和提交的 SCN 号等信息,可输入如下代码:

执行结果如图 12-11 所示,由于数据比较多,图中列出了部分事务操作的详细信息。

```
SQL> select XSBH,KCBH,ZCJ from TCJ WHERE XSBH='201510110202' and KCBH='10011001';

XSBH               KCBH               ZCJ

201510110202       10011001           75
SQL> UPDATE TCJ SET ZCJ=(SELECT ZCJ FROM TCJ AS OF SCN 2945093
  2                      WHERE XSBH='201510110202' and KCBH='10011001')
  3         WHERE XSBH='201510110202' and KCBH='10011001';

已更新 1 行。

SQL> COMMIT;

提交完成。

SQL> select XSBH,KCBH,ZCJ from TCJ WHERE XSBH='201510110202' and KCBH='10011001';

XSBH               KCBH               ZCJ

201510110202       10011001           80
```

图 12-10　利用 SCN 号"2945093"

恢复数据到 80 分成绩

```
SQL> col table_name for a30
SQL> SELECT xid,start_scn,commit_scn,table_name
  2         FROM FLASHBACK_TRANSACTION_QUERY
  3         WHERE table_name='TCJ';

XID                 START_SCN   COMMIT_SCN  TABLE_NAME

01001C005F040000    2946742     2946745     TCJ
0100C005604000      2914017     2914019     TCJ
03001D00F0050000    2944348     2944373     TCJ
03001D00F0050000    2944348     2944373     TCJ
03001D00F0050000    2944348     2944373     TCJ
03001D00F0050000    2944348     2944373     TCJ
03001D00F0050000    2944348     2944373     TCJ
03001D00F0050000    2944348     2944373     TCJ
03001D00F0050000    2944348     2944373     TCJ
03001D00F0050000    2944348     2944373     TCJ

XID                 START_SCN   COMMIT_SCN  TABLE_NAME

03001D00F0050000    2944348     2944373     TCJ
03001D00F0050000    2944348     2944373     TCJ
03001D00F0050000    2944348     2944373     TCJ
03001D00F0050000    2944348     2944373     TCJ
03001D00F0050000    2944348     2944373     TCJ
03001D00F0050000    2944348     2944373     TCJ
```

图 12-11　查询有关成绩表 TCJ 的事务操作

的部分详细信息

如果想具体知道其中某个事务的具体信息，可以通过 XID 号来查询。例如想查询01001C005F040000 号事务的具体信息，可以输入如下代码。执行结果如图 12-12 所示。

```
SQL> col undo_sql for a30
SQL> SELECT operation,undo_sql,table_name FROM FLASHBACK_TRANSACTION_QUERY
  2  WHERE xid=HEXTORAW('01001C005F040000');

OPERATION           UNDO_SQL           TABLE_NAME

UNKNOWN                                TCJ
BEGIN
```

图 12-12　根据 XID 查询事务操作的详细信息

如果想要查询某个时间戳段内事务的具体信息，可以输入如下代码，执行结果如图 12-13所示。

```
SQL> SELECT operation,undo_sql,table_name FROM FLASHBACK_TRANSACTION_QUERY
  2  WHERE start_timestamp>=TO_TIMESTAMP('2016-9-5 14:50:00', 'YYYY-MM-DD HH24: MI: SS')
  3  AND commit_timestamp<=TO_TIMESTAMP('2016-9-5 14:52:00', 'YYYY- MM-DD HH24:MI: SS')
  4  AND  table_name='TCJ';

OPERATION           UNDO_SQL           TABLE_NAME

UNKNOWN                                TCJ
UNKNOWN                                TCJ
```

图 12-13　查询 TCJ 中某个时间戳段内事务的具体信息事务操作的详细信息

> 注意：在数据库中，DDL 操作只是对数据字典所做的一系列空间管理操作和更改。通过执行 DDL 对事务处理执行闪回事务处理查询时，会显示对数据字典所做的更改。当闪回事务处理查询涉及已从数据库中删除的表时，就不会反映表名称，而是使用对象编号。如果闪回了执行事务处理的用户，则该事务处理的闪回事务处理查询只显示相应的用户 ID，而不是用户名。

 ## 12.5　闪回表

闪回表是将表及附属对象一起恢复到以前某个时刻的状态。为 DBA 提供了一种在线、快速、便捷地恢复对表进行的修改、删除、插入等错误操作。

与闪回查询不同，闪回查询只是得到表在过去某个时间点上的快照，并不改变表的当前状态，而闪回表则是将表及附属对象一起恢复到以前某个时间点。利用闪回表技术恢复表中数据的过程,实际上是对表进行 DML 操作的过程。Oracle 自动维护与表相关联的索引、触发器、约束等,不需要 DBA 参与。

为了使用数据库闪回表功能,必须满足下列条件:

(1)普通用户必须具有 FLASHBACK ANY TABLE 系统权限,或者具有所操作表的 FLASHBACK 对象权限。例如授权 XSGLadmin 用户 FLASHBACK ANY TABLE 权限的代码如下:

```
SQL>GRANT FLASHBACK ANY TABLE TO XSGLadmin;
```

(2)用户具有所操作表的 SELECT、INSERT、DELETE、ALTER 对象权限。

(3)数据库采用撤销表空间进行回滚信息的自动管理,合理设置 UNDO_RETENTIOIN 参数值,保证指定的时间点或 SCN 对应信息保留在撤销表空间中。

(4)启动被操作表的 ROW MOVEMENT 特性,其方法为:

```
ALTER TABLE tablename ENABLE ROW MOVEMENT;
```

例如开启 TCJ 表的 ROW MOVEMENT 特性:

```
SQL>ALTER TABLE TCJ ENABLE ROW MOVEMENT;
```

注意:SYS 用户或以 AS SYSDBA 身份登录的用户不能执行闪回表操作。

闪回表操作的基本语法为:

```
FLASHBACK TABLE [schema.]tablename
TO SCN|TIMESTAMP expression [ENABLE|DISABLE TRIGGERS]
```

参数说明

● [schema.]tablename:指定方案中的表名。

● SCN:将表恢复到指定的系统改变号 SCN。

● TIMESTAMP:将表恢复到指定的时间戳。

● ENABLE|DIABLE TRIGGERS:在恢复表中数据的过程中,表上的触发器是激活还是禁用。(默认为禁用)

### 12.5.1 基于 TIMESTAMP 的闪回表

**案例分析** 查询 XSGLadmin 用户下的成绩 TCJ 表的数据,如图 12-14 所示。将编号为"2015100110202"学生的每门课的成绩加 5 分,并提交数据。现用户想利用闪回表恢复成绩为修改之前数据。

```
SQL> set time on
17:08:03 SQL> select XSBH,KCBH,ZCJ from TCJ where XSBH='2015100110202';

XSBH              KCBH              ZCJ
2015100110202     10011001           86
2015100110202     10011003           79
2015100110202     10021001           85

17:08:11 SQL> UPDATE TCJ SET ZCJ = ZCJ+5 WHERE XSBH='2015100110202';
已更新3行。

17:08:19 SQL>  commit;
提交完成。

17:08:28 SQL> select XSBH,KCBH,ZCJ from TCJ where XSBH='2015100110202';

XSBH              KCBH              ZCJ
2015100110202     10011001           91
2015100110202     10011003           83
2015100110202     10021001           90
```

**图 12-14　修改"2015100110202"号学生各科成绩加 5 分**

为了将数据还原,需要将数据还原到修改之前的时间点,也就是"2016－09－05 17:08:28",代码如下:

```
SQL> FLASHBACK TABLE TCJ TO TIMESTAMP
TO_TIMESTAMP ('2016-09-05 17:08:28','yyyy-mm-dd hh24:mi:ss');
```

该命令可倒回在当前时间与过去指定时间戳记之间对 TCJ 表所做的所有更新。闪回表就像为一个或一组相关表安装了一个倒回或撤销按钮。闪回表在线执行这一操作,它可维护各表之间的任何参考完整性限制。执行结果如图 12-15 所示。

### 12.5.2　基于 SCN 的闪回表

为了利用 SCN 进行表的闪回,用户需要先查询系统的 SCN 号。

执行结果如图 12-16 所示。

```
17:10:37 SQL> FLASHBACK TABLE TCJ TO TIMESTAMP
17:10:59   2    TO_TIMESTAMP ('2016-09-05 17:08:28','yyyy-mm-dd hh24:mi:ss');

闪回完成。

17:11:01 SQL> select XSBH,KCBH,ZCJ from TCJ where XSBH='2015100110202';

XSBH            KCBH                    ZCJ
--------------  ----------------  ----------
2015100110202   10011001                 86
2015100110202   10011003                 78
2015100110202   10021001                 85
```

**图 12-15　基于具体时间戳闪回 TCJ 表**

```
17:16:02 SQL> conn system/XG501oracle
已连接。
17:16:21 SQL> SELECT current_scn FROM v$database;

CURRENT_SCN
-----------
    2958178
```

**图 12-16　查询系统 SCN 号**

 **案例分析**　查询 XSGLadmin 用户下的成绩 TCJ 表的数据,如图 12-17 所示。将编号为"2015100110202"学生的每门课的成绩减 5 分,并提交数据。现用户想利用闪回表恢复成绩为修改之前数据。

```
17:16:23 SQL> conn XSGLadmin/manager@XSGL
已连接。
17:17:08 SQL> ALTER TABLE TCJ ENABLE ROW MOVEMENT;

表已更改。

17:17:23 SQL> select XSBH,KCBH,ZCJ from TCJ where XSBH='2015100110202';

XSBH            KCBH                    ZCJ
--------------  ----------------  ----------
2015100110202   10011001                 86
2015100110202   10011003                 78
2015100110202   10021001                 85

17:17:33 SQL> UPDATE TCJ SET ZCJ = ZCJ-5 WHERE XSBH='2015100110202';

已更新3行。

17:18:03 SQL> select XSBH,KCBH,ZCJ from TCJ where XSBH='2015100110202';

XSBH            KCBH                    ZCJ
--------------  ----------------  ----------
2015100110202   10011001                 81
2015100110202   10011003                 73
2015100110202   10021001                 80

17:18:05 SQL> commit;

提交完成。
```

**图 12-17　修改"2015100110202"号学生各科成绩减 5 分**

为了将数据还原,需要将数据还原到修改之前的 SCN 号,也就是"2958178"。

执行结果如图 12-18 所示。

## 12.6　闪回删除

在数据库的操作中,用户有时会无意丢弃或删除数据库中的表及其关联对象。用户可能已经意识到操作错了,但已经太晚了,没有办法轻松恢复被删除的表及表上的索引、约束和触发器,对象一旦被删除就永远被删除了。如果真是重要的表或其他对象(如索引、分区或集簇），DBA 不得不执行时间点恢复，使用导入导出的方法或其他方法在数据库中重建表。但是这样会非常耗时，而且会导致丢失最近的事务。

从 Oracle 10g 开始，Oracle 提供了闪回删除功能。闪回删除就像是为一个表及其相关对象安装了一个撤销按钮。闪回删除可恢复使用 DROP TABLE 语句删除的表，是一种对意外删除的表的恢复机制。

当用户删除一个表，执行 DROP TABLE 操作时，该表及其相依对象并不会马上被数据库彻底删除，而是被 Oracle 重命名后保存到"回收站"中。回收站中的对象一直会保留，直到用户决定永久删除它们或包含该本的表空间不足时，表才真正被删除。回收站是所有被删除对象及其相依对象的逻辑存储容器，它是一个虚拟容器，用于存放所有被删除的对象。用户可以查看回收站，撤销被删除的表及其相关的对象。为了使用闪回删除技术，必须开启数据库的回收站。

## 12.6.1 启动回收站

回收站主要的好处就是在误删除一个表时有一个恢复机制，不必通过数据库还原来实现，避免了大量的人工误操作，以及数据库还原等复杂的操作，让数据库的管理、维护更加简单、方便。

要使用闪回删除功能需要启动数据库的回收站，即将参数 RECYCLEBIN 设置为 ON。在默认情况下回收站已启动。如果不能确定系统中是否启动回收站，可以首先使用管理员用户连接数据库，然后使用如下代码查看：

```
SQL>SHOW PARAMETER RECYCLEBIN--查看回收站的设置
```

如果回收站的设置"VALUE"是 OFF，可以手动修改。在 Oracle 11g 中，RECYCLEBIN 参数相比于 10g 发生了微小的变化。如图 12-20 所示，查看 v＄parameter 动态性能视图可以发现，RECYCLEBIN 这个参数在 SESSION 级别依然可以修改并影响当前的会话，但如果是在系统级修改的话，那么就要加 DEFERRED 参数，其对当前已经连接的会话没有影响，但新连接的会话将受到影响。

如果是在会话级修改，可以使用如下代码：

```
SQL>ALTER SESSION SET RECYCLEBIN=ON;--会话级启动回收站
```

执行过程如图 12-19 所示，在 10g 中常常使用的如下代码会提示报错。

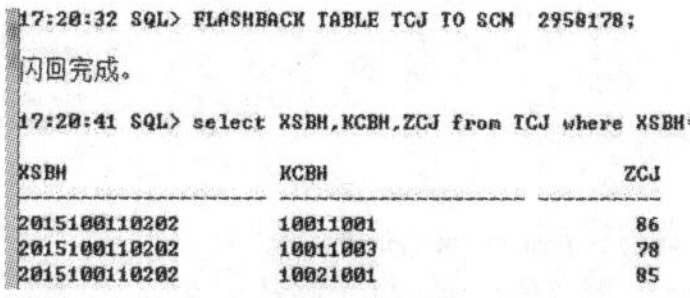

图 12-18 基于具体 SCN 号闪回 TCJ 表 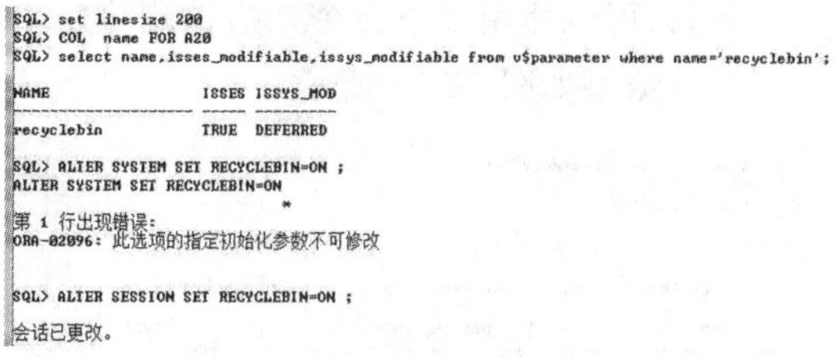                 图 12-19 会话级回收站的设置

11g 在系统级修改 RECYCLEBIN 时需要在后面加上 DEFERRED，代码如下：

```
SQL>ALTER SYSTEM SET RECYCLEBIN=ON DEFERRED ;--系统级启动回收站
```

## 12.6.2 删除表并查看回收站

当执行 DROP TABLE 操作时，表及其关联对象被命名后保存在回收站中。用户可以通过查询 USER_RECYCLEBIN、DBA_RECYCLEBIN 视图获得被删除的表及其关联对象信息。例如，删除学生信息表及其所有相关对象。

如图 12-20 所示，回收站里有一个名字为“BIN $ yv9ZMNzfSQuBo4zDXxowIA = = $ 0”的表信息，该对象就是 TCJ 表在回收站中的名字。回收站中的对象会进行重命名，格式为：BIN $ globalUID $ version。

- BIN：表示 becyclebin。
- globalUID：全局唯一的，二十四字符长的标识对象，该标识与原对象没有任何关系。
- $ version：数据库分配的版本号。

**注意**：当删除了一张表时，基于表的其他关联对象也会被删除，如索引、触发器等。这些关联对象在回收站中也会基于以上格式有唯一的名字。

## 12.6.3 闪回删除

还原回收站被删除的表、索引等对象，是通过闪回删除实现的。闪回删除的基本语法为：

```
FLASHBACK TABLE [schema.]table TO BEFORE DROP [RENAME TO table]
```

参数说明：

- schema：模式名，一般为用户名。
- TO BEFORE DROP：表示恢复到删除之前。
- RENAME TO table：表示更换表名。

**注意**：闪回删除操作的对象不能是具有 sys 或是 dba 权限的用户，因为管理员用户是没有回收站的，所以查不出记录。使用闪回删除的前提条件必须是 DDL 语言，而且只有采用本地管理的、非系统表空间中的表才可以使用闪回删除操作，且在以下 3 种情形下删除的表不能闪回。

```
• DROP TABLESPACE tablespace INCLUDING CONTENTS
• DROP USER username CASCADE
• DROP TABLE tablename PURGE
```

例如，可以使用以下命令来撤销删除学生信息表及其所有相关对象的操作。

执行结果如图 12-21 所示。

```
SQL> conn XSGLadmin/manager@XSGL
已连接。
SQL> DROP TABLE TCJ;

表已删除。

SQL> SELECT OBJECT_NAME,ORIGINAL_NAME,TYPE  FROM USER_RECYCLEBIN;

OBJECT_NAME                    ORIGINAL_NAME                    TYPE
------------------------------ -------------------------------- ---------------
BIN$qez/6mOpRZSPEUVxwzmiaA==$0 TXS_HASH                         TABLE
BIN$ZTXjEH4oR2ydVB1fDCU/Yg==$0 TRG_TCJ_WEEKEND                  TRIGGER
BIN$GzSK9PnES42kKbXicqnLKw==$0 TRG_CHECK_ZCJ                    TRIGGER
BIN$qez/6mOpRZSPEUVxwzmiaA==$0 TXS_HASH                         Table Partition
BIN$qez/6mOpRZSPEUVxwzmiaA==$0 TXS_HASH                         Table Partition
BIN$V3o5WGGcToa2gs+WrQ2KJA==$0 TCJXM                            TABLE
BIN$0gBtSr2DTR2dZUn8U9M7ow==$0 TBJ                              TABLE
BIN$IDrGTcT1ST6B2zmPeRSXxQ==$0 TXY                              TABLE
BIN$4L2sgkB9ShK0W+duj+Xrzw==$0 TZY                              TABLE
BIN$DtTafkP5QcqoC+xqfNcPCA==$0 TX                               TABLE
BIN$yv9ZMNzfSQuBo4zDXxowIA==$0 TCJ                              TABLE
```

图 12-20　查看回收站的信息

```
SQL> FLASHBACK TABLE TCJ TO BEFORE  DROP;

闪回完成。

SQL> select XSBH,KCBH,ZCJ from TCJ where XSBH='2015100110202';

XSBH                 KCBH                        ZCJ
-------------------- -------------------- ----------
2015100110202        10011001                     86
2015100110202        10011003                     78
2015100110202        10021001                     85
```

图 12-21　闪回删除的 TCJ 表

如果回收站中有多行信息具有相同的原始名称，比如有多个 ORIGINAL_NAME 名字叫 TCJ 的回收站数据信息，那么可以利用回收站中的唯一名字来还原特定的版本。如果确实需要使用原始名称来进行还原,则数据库会遵循先进先出(FIFO)的原则。所以 TCJ 表的还原代码,还可以使用如下代码:

```
SQL> FLASHBACK TABLE 'BIN$ yv9ZMNzfSQuBo4zDXxowIA==$ 0'TO BEFORE  DROP;
```

如果恢复数据表时,在当前用户方案中已经存在同名的表,用户需要在恢复时通过 RENAME TO 为待恢复的表指定一个新的表名,不然数据库会报"ORA-38312:原始名称已被现有对象使用错误"。恢复数据表的代码如下:

```
SQL> FLASHBACK TABLE BIN$ yv9ZMNzfSQuBo4zDXxowIA==$ 0 TO BEFORE DROP RENAME TO TCJ
_COPY;
```

### 12.6.4 清除回收站

如果用户希望完全删除该表,而不是让该表放入回收站,可以使用以下命令永久删除该表。当然这样操作后,用户也不能通过使用闪回特性闪回该表了。

```
SQL> DROP TABLE TABLE_NAME PURGE;
```

被删除表及其关联对象的信息保存在回收站中,其存储空间并没有释放,因此需要定期清空回收站,或清除回收站中没用的对象(表、索引、表空间),释放其所占的磁盘空间。用户可以手动控制回收站中的内容,其基本语法格式如下:

```
PURGE
[TABLE tablename]|[INDEX indexname]|[RECYCLEBIN|DBA_RECYCLEBIN]
|[TABLESPACE tablespacename [USER username]]
```

参数说明:

- TABLE tablename:清除指定名字的表,并回收其磁盘空间。
- INDEX indexname:清除指定名字的索引,并回收其磁盘空间。
- RECYCLEBIN:当前用户的回收站全部清空,并回收所有对象的磁盘空间。
- DBA_RECYCLEBIN:仅 SYSDBA 系统权限才能使用,此参数从 Oracle 系统回收站清除所有对象。
- TABLESPACE tablespacename:清除指定名字表空间,并回收其磁盘空间。
- USER username:清除指定表空间中特定用户的对象,并回收其磁盘空间。

例如:如果要清除当前用户 XSGLADMIN 的回收站,只需要输入如下代码:

```
SQL> PURGE RECYCLEBIN
```

 ## 12.7 闪回数据库

要将 Oracle 数据库恢复到以前的时间点,传统方法是进行时间点恢复。然而,时间点恢复需要用数小时甚至几天的时间,因为它需要从备份中恢复整个数据库,并恰好恢复到数据库发生错误前的时间点。由于数据库的大小不断增长,因此需要用数小时甚至几天的时间才能恢复整个数据库。

闪回数据库(flashback database)是 Oracle 数据库非常重要的一项功能,它是 Oracle 进行时间点恢复的新战略。它能够快速将 Oracle 数据库恢复到过去的某个时间点或某个 SCN 值时的状态,以便正确地解决由于逻辑数据损坏或用户错误操作而引起的数据库问题。

闪回数据库操作不需要使用备份重建数据文件,因而没有冗长的停机时间,没有复杂的恢复过程,只需要应用闪回日志文件和归档日志文件进行闪回操作,然后打开数据库,并检查数据库中的内容。闪回日志通过不间断备份或存储快照,可用于捕获旧版本的变化块。当需要执行恢复时,可快速重放闪回日志,以将数据库恢复到错误前的时间点,并且只恢复改变的块。这一过程非常快,可将恢复时间从数小时缩短至几分钟。

闪回数据库操作具有如下限制条件:

● 数据文件损坏或丢失等介质故障不能使用闪回数据库进行恢复。闪回数据库只能基于当前正常运行的数据文件。

● 闪回数据库功能启动后,如果发生数据库控制文件重建或利用备份恢复控制文件,则不能使用闪回数据库。

● 不能使用闪回数据库进行数据文件收缩操作。

● 不能使用闪回数据库将数据库恢复到在闪回日志中获得最早的 SCN 之前的 SCN,因为闪回日志文件在一定条件下会被删除,而不是始终保存在闪回恢复区中。

### 12.7.1 闪回数据库系统设置

使用数据库闪回技术需要预先设置数据库的闪回恢复区和闪回日志保留时间。闪回恢复区用于保存数据库运行过程中产生的闪回日志文件,而闪回日志保留时间是指闪回恢复区中的闪回日志文件保留的时间,即数据库可以恢复到过去的最远时间。如果用户确定闪回过远或不足,可以重新发出闪回命令,以找到数据库损坏前的正确时间点。

用户在进行闪回数据库之前,要求进行闪回操作的相关数据库必须运行在归档模式,并且已经配置了数据库的快速恢复区,在 11g 里如果安装的时候已经设置了快速恢复区,就可以不用再设置了。同时要启用数据库的 FLASHBACK 特性,并通过设置数据库参数 DB_FLASHBACK_RETENTION_TARGET,确定用户可以在多长时间内闪回数据库。

**1. 设置数据库的归档模式**

将数据库设置为归档模式之前,要使用管理员身份登录,然后查看数据库当前状态。如果当前是非归档模式,需要将数据库切换到归档模式,代码如下:

```
SQL>conn sys/tiger as sysdba--管理员身份登录
SQL>ARCHIVE LOG LIST;--显示归档模式
SQL>SHUTDOWN IMMEDIATE --关闭数据库
SQL>STARTUP MOUNT--启动数据库为 mount 模式
SQL>ALTER DATABASE ARCHIVELOG;--修改数据库为归档模式
```

执行结果如图 12-22 所示。

数据库更改成功后,打开数据库,设置系统开始自动归档,代码如下:

```
SQL>ALTER DATABASE OPEN; --打开数据库
SQL>ALTER SYSTEM ARCHIVE LOG START;--启用自动归档
SQL>ARCHIVE LOG LIST;--显示归档模式
```

执行结果如图 12-23 所示。

**2. 设置数据库的闪回恢复区**

Oracle 11g 提供了一个称为闪回恢复区(flashback recovery area)的新特性,可以将所有恢复相关的文件,如闪回日志、归档日志等,放到这个区域集中管理。闪回恢复区主要通过如下 3 个初始化参数来设置和管理。

● DB_RECOVERY_FILE_DEST:指定闪回恢复区的位置。

- DB_RECOVERY_FILE_DEST_SIZE：指定闪回恢复区的可用空间大小。
- DB_FLASHBACK_RETENTION_TARGET：指定数据库可以回退的时间，单位为分钟，默认为 1440 分钟，也就是一天。

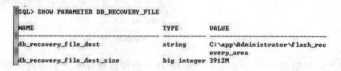

```
SQL> conn sys/ as sysdba
输入口令:
已连接。
SQL> ARCHIVE LOG LIST;
数据库日志模式             非存档模式
自动存档             禁用
存档终点            USE_DB_RECOVERY_FILE_DEST
最早的联机日志序列     7
当前日志序列           9
SQL> SHUTDOWN IMMEDIATE
数据库已经关闭。
已经卸载数据库。
ORACLE 例程已经关闭。
SQL> STARTUP MOUNT
ORACLE 例程已经启动。

Total System Global Area 3407261696 bytes
Fixed Size                  2180504 bytes
Variable Size            1862273640 bytes
Database Buffers         1526726656 bytes
Redo Buffers               16080896 bytes
数据库装载完毕。
SQL> ALTER DATABASE ARCHIVELOG
  2  ;

数据库已更改。
```

图 12-22　更改数据库到归档模式

```
SQL> ALTER DATABASE OPEN;

数据库已更改。

SQL>
SQL> ALTER SYSTEM ARCHIVE LOG START;

系统已更改。

SQL> ARCHIVE LOG LIST;
数据库日志模式             存档模式
自动存档             启用
存档终点            USE_DB_RECOVERY_FILE_DEST
最早的联机日志序列     7
下一个存档日志序列   9
当前日志序列           9
```

图 12-23　启用数据库自动归档

在 Oracle 11g 数据库安装过程中，默认情况下已设置了数据库的闪回恢复区，可以通过如下参数查询数据闪回恢复区及其空间大小。

执行结果如图 12-24 所示。

```
SQL> SHOW PARAMETER DB_RECOVERY_FILE

NAME                                 TYPE        VALUE
------------------------------------ ----------- ------------------------------
db_recovery_file_dest                string      C:\app\Administrator\flash_rec
                                                 overy_area
db_recovery_file_dest_size           big integer 3912M
```

图 12-24　查询数据闪回恢复区及其空间大小

**3. 启动数据库闪回功能**

为了使用闪回数据库，还需要启动数据库的闪回功能，生成闪回日志文件。在默认情况下，数据库的 FLASHBACK 特性是关闭的。相关代码如下：

```
SQL>SHUTDOWN IMMEDIATE  --关闭数据库
SQL>STARTUP MOUNT  --启动数据库
SQL>ALTER DATABASE FLASHBACK ON;--启动数据库的 FLASHBACK
SQL>ALTER DATABASE OPEN;--打开数据库
```

执行结果如图 12-25 所示。

**4. 合理设置参数 DB_FLASHBACK_RETENTION_TARGET**

合理设置 DB_FLASHBACK_RETENTION_TARGET 参数的值，以确定闪回日志保留时间，即可以闪回多长时间内的数据库状态。该参数以分钟为单位，默认值为 1440 分钟，即 24 小时。可以使用 ALTER SYSTEM 命令合理设置该参数值，如：

```
SQL>ALTER SYSTEM SET DB_FLASHBACK_RETENTION_TARGET=2880;
```

不过，实际上可回退的时间还取决于闪回恢复区的大小，因为里面保存了回退所需要的闪回日志，所以这个参数要和 DB_RECOVERY_FILE_DEST_SIZE 配合修改。

### 12.7.2 闪回数据库操作

闪回数据库的基本语法为：

```
FLASHBACK [STANDBY] DATABASE [database] TO
[SCN|TIMESTAMP expression]|[BEFORE SCN|TIMESTAMP expression]
```

参数说明

- STANDBY：指定执行闪回的数据库为备用数据库。
- TO SCN：将数据库恢复到指定 SCN 的状态。
- TO TIMESTAMP：将数据库恢复到指定的时间点。
- TO BEFORE SCN：将数据库恢复到指定 SCN 的前一个 SCN 状态。
- TO BEFORE TIMESTAMP：将数据库恢复到指定时间点前一秒的状态。

(1)查询数据库系统当前时间和当前 SCN。

执行结果如图 12-26 所示。

```
SQL> SHUTDOWN IMMEDIATE
数据库已经关闭。
已经卸载数据库。
ORACLE 例程已经关闭。
SQL> STARTUP MOUNT
ORACLE 例程已经启动。

Total System Global Area 3407261696 bytes
Fixed Size                  2180504 bytes
Variable Size            1862273640 bytes
Database Buffers         1526726656 bytes
Redo Buffers               16080896 bytes
数据库装载完毕。
SQL> ALTER DATABASE FLASHBACK ON;

数据库已更改。

SQL> ALTER DATABASE OPEN;

数据库已更改。
```

图 12-25 启动数据库的闪回功能

```
SQL> SELECT SYSDATE FROM DUAL;

SYSDATE
--------------
28-10月-16

SQL> SELECT CURRENT_SCN FROM V$DATABASE;

CURRENT_SCN
-----------
    1090632
```

图 12-26 查询数据库系统当前时间和当前 SCN

(2)查询数据库中当前最早的闪回 SCN 和时间。

执行结果如图 12-27 所示。

(3)改变数据库的当前状态。

在当前系统中，创建一个新的表 TXS_flashback，并插入相关的学生信息，提交数据。

执行结果如图 12-28 所示。

```
SQL> SELECT OLDEST_FLASHBACK_SCN,OLDEST_FLASHBACK_TIME
  2  FROM V$FLASHBACK_DATABASE_LOG;

OLDEST_FLASHBACK_SCN OLDEST_FLASHBA
-------------------- --------------
             1090126 28-10月-16
```

图 12-27 查询数据库系统最早的闪回 SCN

```
SQL> SET TIME ON
15:30:33 SQL> CREATE TABLE TXS_flashback
15:30:36   2  (XSBH  VARCHAR2 (20) ,
15:30:37   3   XSM   VARCHAR2 (40) );

表已创建。

15:30:39 SQL> INSERT INTO TXS_flashback VALUES('2015100210305', '王鹏');

已创建 1 行。

15:30:41 SQL> COMMIT;

提交完成。
```

图 12-28 插入新表 TXS_flashback

(4)进行闪回数据库恢复。

将数据库恢复到创建表之前的状态。闪回后再次验证数据库的状态，发现 TXS_flashback 表不存在。代码如下：

```
SQL>SHUTDOWN IMMEDIATE--关闭数据库
SQL>STARTUP MOUNT EXCLUSIVE --启动数据库到装载状态(独占启动)
```

```
SQL>FLASHBACK DATABASE TO TIMESTAMP(TO_TIMESTAMP('2016-10-28 15:30:30','YYYY-MM-DD HH24:MI:SS'));--闪回数据库到 2016-10-28 15:30:30
SQL>ALTER DATABASE OPEN RESETLOGS;--打开数据库(保证数据一致性)
SQL>SELECT* FROM TXS_flashback; --查看闪回表是否有数据
```

执行结果如图 12-29 所示，当根据时间戳将数据库恢复到创建表 TXS_flashback 之前时，再次查看 TXS_flashback 的信息，数据库报错，提示该对象不存在。

```
15:34:19 SQL> SHUTDOWN IMMEDIATE
数据库已经关闭。
已经卸载数据库。
ORACLE 例程已经关闭。
15:34:54 SQL> STARTUP MOUNT EXCLUSIVE
ORACLE 例程已经启动。

Total System Global Area 3407261696 bytes
Fixed Size                  2180504 bytes
Variable Size            1862273640 bytes
Database Buffers         1526726656 bytes
Redo Buffers               16080896 bytes
数据库装载完毕。
15:35:17 SQL> FLASHBACK DATABASE TO TIMESTAMP(
15:35:56   2  TO_TIMESTAMP('2016-10-28 15:30:30','YYYY-MM-DD HH24:MI:SS'));

闪回完成。

15:36:04 SQL> ALTER DATABASE OPEN RESETLOGS;

数据库已更改。

15:36:53 SQL> SELECT * FROM TXS_flashback;
SELECT * FROM TXS_flashback
              *
第 1 行出现错误:
ORA-00942: 表或视图不存在
```

图 12-29　闪回数据库到插入表 TXS_flashback 之前

## 12.8　闪回数据归档

Oracle 11g 给闪回家族又带来一个新的成员，即闪回数据归档(flashback data archive)。闪回数据归档是将指定表变化的数据信息存储到专门创建的闪回数据归档区(flashback archive)中，在闪回数据归档区中保存的并不是整个数据库的变化信息，而只是指定表的数据变化信息，这样就可以利用该信息实现对表的闪回查询。所以，闪回数据归档是针对对象的保护，是对闪回数据库的有力补充。

所以，闪回数据归档技术与之前所说的诸多闪回技术的实现机制不同，通过将变化数据另外存储到创建的闪回归档区中，以和回退区别开来，这样就可以为闪回归档区单独设置存储策略，使之可以闪回到指定时间之前的旧数据而不影响回退策略。同时，闪回数据归档技术可以根据需要指定哪些数据库对象需要保存历史数据，而不是将数据库中所有对象的变化数据都保存下来，这样可以极大地减少空间需求。这在有审计需要的环境，或者是安全性特别重要的高可用数据库中，是一个非常好的特性。但其缺点就是如果该表变化很频繁，对空间的要求可能很高。

### 12.8.1　创建闪回数据归档区

闪回数据归档由一个或多个表空间(或其中的几部分)组成。用户可以拥有多个闪回数据归档，每个闪回数据归档都具有特定的保留持续时间，用户应根据保留持续时间的要求创建不同的闪回数据归档。例如，为必须保留一年的所有学生成绩记录创建一个闪回数据归档，为必须保留两年的所有学生成绩记录创建另一个闪回数据归档等。FBDA 将异步收集原始数据并将其写入闪回数据归档，但它并不包括原始索引，因为检索历史记录信息的模式与检索当前信息的模式可能大不相同。

创建闪回数据归档的基本语法为：

```
CREATE FLASHBACK ARCHIVE [DEFAULT] flashback_archivename
TABLESPACE tablespace [QUOTA integer M|G|T|P|E]
RETENTION integer YEAR|MONTH|DAY;
```

参数说明：

- DEFAULT：如果以 SYSDBA 身份登录数据库，可以为数据库指定默认闪回数据归档区。
- TABLESPACE：指定闪回数据归档区的第一个表空间名称。
- QUOTA：指定闪回数据归档区在第一个表空间上的配额，默认为 UNLIMITED。
- RETENTION：指定闪回数据归档区存放的信息的最短保留时间。

**案例分析** 创建 XSGL 系统中的两个闪回归档区。首先使用 SYSDBA 身份用户登录 SQL * Plus，然后输入创建闪回归档区代码。

```
SQL>conn sys/XG501oracle@XSGL as sysdba
```

执行结果如图 12-30 所示。

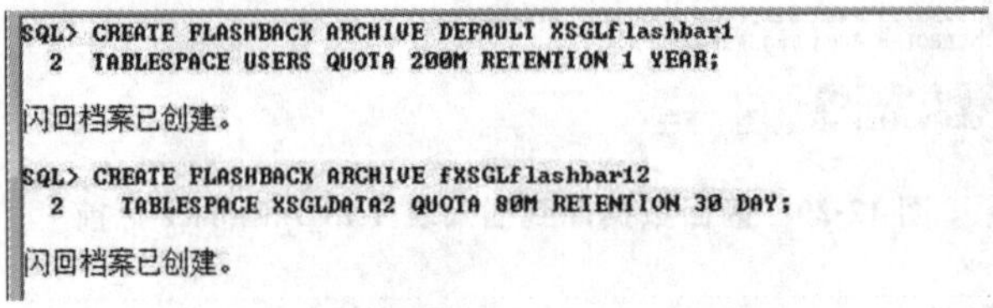

```
SQL> CREATE FLASHBACK ARCHIVE DEFAULT XSGLflashbar1
  2   TABLESPACE USERS QUOTA 200M RETENTION 1 YEAR;

闪回档案已创建。

SQL> CREATE FLASHBACK ARCHIVE fXSGLflashbar12
  2   TABLESPACE XSGLDATA2 QUOTA 80M RETENTION 30 DAY;

闪回档案已创建。
```

图 12-30　创建 XSGL 系统闪回归档区

## 12.8.2　启用表的闪回数据归档

默认情况下，任何表的闪回数据归档特性都没有启用，用户可以在创建表的 CREATE TABLE 语句或修改表的 ALTER TABLE 语句中使用 FLASHBACK ARCHIVE 子句启用表的闪回数据归档。一个表只能对应一个闪回数据归档区，如果再为表指定一个闪回数据归档区，将会产生错误。

**案例分析** 创建 XSGL 系统中的闪回数据归档的测试表，flashbar_TXS 指定闪回归档区，noflashbar_TXS 为普通表。

```
SQL>CREATE TABLE flashbar_TXS
  2  (XSBH   VARCHAR2 (20) ,
  3   XSM    VARCHAR2 (40) NOT NULL,
  4   XB     VARCHAR2 (20),
  5   CSRQ   DATE ,
  6   LXDH   VARCHAR2 (20),
  7  CONSTRAINT TXS_PK_XSBH PRIMARY KEY (XSBH),
  8  CONSTRAINT TXS_CHECK_XB CHECK (XB IN('男','女'))
  9  )
 10   FLASHBACK ARCHIVE XSGLflashbar1;
SQL>CREATE TABLE noflashbar_TXS
  2  (XSBH   VARCHAR2 (20),
```

```
3    XSM   VARCHAR2 (40) NOT NULL,
4    XB    VARCHAR2 (20),
5    CSRQ  DATE ,
6    LXDH  VARCHAR2 (20),
7  CONSTRAINT noflashTXS_PK_XSBH PRIMARY KEY (XSBH),
8  CONSTRAINT noflashTXS_CHECK_XB CHECK (XB IN('男','女'))
9  );
```

## 12.8.3　闪回数据归档

(1)分别在两张表中插入学生数据。

执行结果如图 12-31 所示。

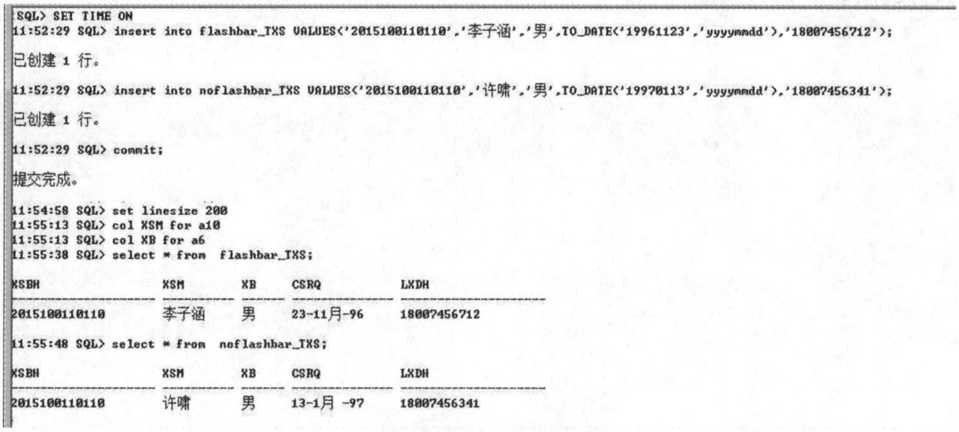

**图 12-31　插入表数据**

(2)分别对两个表进行 DML 操作。人为修改时间为 10 个月后,将两个表中的数据删除掉,并提交数据。

执行结果如图 12-32 所示。

(3)闪回查询数据。由于时间已经是 10 个月后了,所以只有设置了闪回数据归档的表,其保存时间为一年,数据可以查询出来,而另一个没有闪回数据归档的数据查不出来了。执行结果如图 12-33 所示。

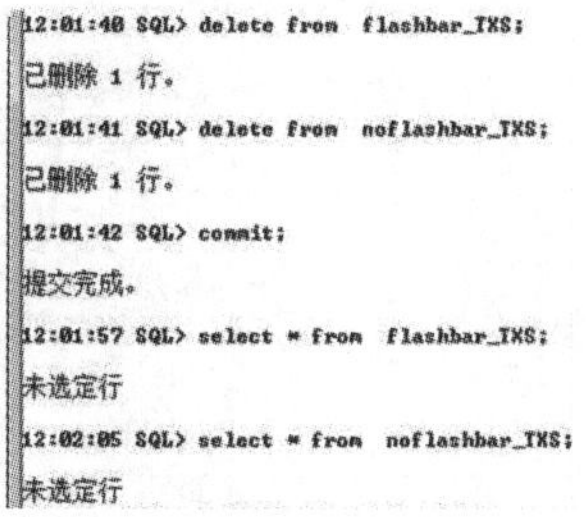

**图 12-32　删除表数据**

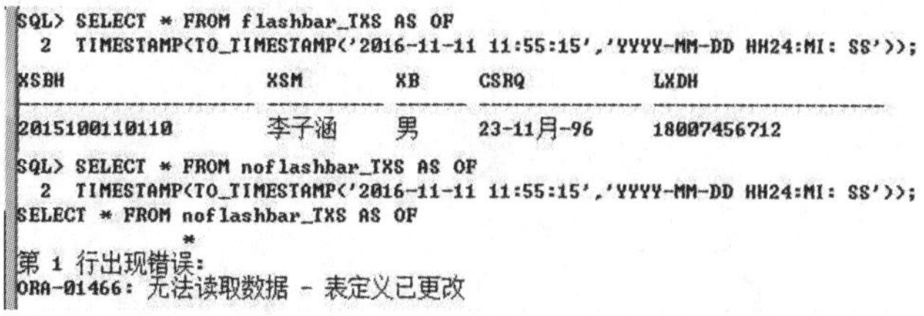

**图 12-33　设置了闪回数据归档的表闪回查询**

## 12.8.4　删除闪回数据归档区

```
DROP FLASHBACK ARCHIVE flashback_archivename
```

**案例分析** 删除 XSGL 数据库中的 XSGLflashbar12 闪回归档区。

```
SQL> DROP FLASHBACK ARCHIVE XSGLflashbar12
```

# 习 题 12

**一、问答题**

1. Oracle 11g 的闪回技术有哪几种分类？

2. 闪回查询和闪回版本查询有什么异同？

3. 闪回事物查询的特点是什么？

4. 闪回表和闪回删除适用于哪些情况？

5. 闪回数据归档的特点有哪些？

# 第13章 Oracle 11g 数据库备份和恢复

## 13.1 备份和恢复概述

数据库系统在运行中可能发生故障,轻则导致事务异常中断,影响数据库中数据的正确性,重则破坏数据库,使数据库中的数据部分或全部丢失。Oracle 中常见的故障类型有以下几种。

(1)语句故障。执行 SQL 语句过程发生的逻辑故障可导致语句故障。如果用户编写的 SQL 语句无效,就会发生语句故障。Oracle 可自我修复语句故障,并将控制权交给应用程序。

(2)用户进程故障。当用户程序出错而无法访问 Oracle 数据库时,就会发生用户进程故障。用户进程故障只会导致当前用户无法操作数据库,但不会影响其他用户进程,当用户进程出现故障时,进程监控程序(PMON)会自动执行进程恢复。

(3)实例故障。当 Oracle 数据库实例由于硬件或软件问题而无法继续运行时,就会发生实例故障。硬件问题包括意外断电导致数据库服务器立即关闭等,软件问题可能是服务器操作系统崩溃等。如果发现实例故障,Oracle 会自动完成实例修复,在实例重新启动的过程中,数据库后台进程 SMON 会自动对实例进行恢复。实例修复将数据库恢复到与故障之前的事务一致状态,Oracle 会自动回滚未提交的数据。

(4)介质故障。介质故障是由于各种原因引起的数据库数据文件、控制文件或重做日志文件的损坏,导致系统无法正常运行。例如,磁盘损坏导致文件系统被破坏。介质故障是数据库备份与恢复中主要关心的故障类型,需要管理员提前做好数据库的备份,否则将导致数据库无法恢复。

(5)用户错误。用户错误是指用户在使用数据库时产生的错误。例如,用户意外删除某个表或表中的数据。用户错误无法由 Oracle 自动进行恢复,管理员可以使用逻辑备份来恢复。

Oracle 数据库备份与恢复就是为了保证在各种故障发生后,数据库中的数据都能从错误状态恢复到某种逻辑一致的状态。

### 13.1.1 数据库备份

数据库备份就是对数据库中部分或全部数据进行复制,形成副本,存放到一个相对独立的设备上,如磁盘、磁带,以备将来数据库出现故障时使用。

**1. 从物理角度与逻辑角度分类**

(1)物理备份:对数据库操作系统的物理文件(如数据文件、控制文件和日志文件等)的备份。物理备份又可分为脱机备份(冷备份)和联机备份(热备份),前者是在关闭数据库的时候进行的,后者对运行在归档日志方式的数据库进行备份。

(2)逻辑备份:利用 Oracle 提供的导出工具,对数据库逻辑组件(如表和存储过程等数据对象)的备份。

**2. 从数据库的备份策略角度分类**

(1)完全备份:每次对数据进行完整备份。一个完全备份将构成 Oracle 数据库的全部数据库文件、在线日志文件和控制文件的一个操作系统备份。一个完全备份在数据库正常关闭之后进行,而不能在实例故障后进行。此时,所有构成数据库的全部文件是关闭的,并与当前点相一致。在数据库打开时不能进行完全备份。由完全备份得到的数据文件在任何类型的介质恢复模式中是有用的。

(2)增量备份:只有那些在上次完全备份或者增量备份后修改的文件才会被备份,如单个表空间中全部数据文件完全备份后对其中的单个数据文件或控制文件进行增量备份。其优点是备份数据量小,需要的时间短,缺点是恢复的时候需要依赖之前的备份记录,出问题的风险较大。例如,如果在星期一进行完全备份,在星期二至星期五进行增量备份,如果星期五数据被破坏了,则数据恢复需要星期一的完全备份和从星期二至星期五的所有增量备份。

(3)差异备份:备份那些从上次完全备份之后被修改过的文件。差异备份只需要两份数据(最后一次完全备份和最后一次差异备份),缺点是每次备份的时间较长。例如,如果在星期一进行完全备份,在星期二到星期五进行了差异备份,如果星期五数据被破坏了,则数据恢复只需要星期一的完全备份和星期四的差异备份。

增量备份和差异备份的区别:增量备份需要保留所有增量备份的数据,差异备份只需要保留最后一次差异备份的数据。

## 13.1.2 数据库恢复

恢复(recovery)就是发生故障后,利用已备份的各种文件,将数据库恢复到故障时刻的状态或恢复到故障时刻之前的某个一致性状态,重新建立一个完整的数据库。

Oracle 数据库恢复实际包含如下两个过程。

(1)数据库修复(database restore):利用备份的数据库文件替换已经损坏的数据库文件,将损坏的数据库文件恢复到备份时刻的状态。该操作主要是在操作系统级别上完成的。

(2)数据库恢复(database recovery)。

● 数据库例程恢复中的两个重要操作是前滚和回滚。其中前滚是执行联机重写日志来使备份更接近当前状态,而回滚是还原未提交事物中的修改。

● 数据库恢复时首先利用数据库的归档重做日志文件、联机重做日志文件,采用前滚技术(roll forward)重做备份以后所有的事务,最后利用回滚技术(roll back)取消发生故障时已写入重做日志文件但没有提交的事物,将数据库恢复到某个一致性状态。

**1. 根据数据库恢复时使用的备份的不同分类**

(1)物理恢复:利用物理备份来恢复数据库,即利用物理备份文件恢复损毁文件,是在操作系统级别上进行的。

(2)逻辑恢复:利用逻辑备份的二进制文件,使用 Oracle 提供的导入工具(如 IMPDP、IMPORT)将部分或全部信息重新导入数据库,恢复损毁或丢失的数据。

**2. 根据数据库恢复程度的不同分类**

(1)完全恢复:使用 SQL 恢复命令应用归档日志和重做日志将数据文件恢复到最接近当前时间的时间点。之所以称为完全恢复是由于 Oracle 应用了归档日志和联机重做日志中所有的修改。

（2）不完全恢复：已备份的数据文件、归档日志文件和重做日志将数据库恢复到备份点和失败点之间某一时刻的状态。换句话说，即恢复到失败之前的最近时间点之前的时间点。恢复过程中不会应用备份产生后生成的所有的重做日志。通常在下列情况下生成整个数据库的不完整恢复。

①介质失败损坏了几个或全部的联机重做日志文件；

②用户操作造成的数据丢失，如用户误删除了一张表；

③由于个别归档日志文件的丢失无法进行完整的恢复；

④丢失了当前的控制文件，必须使用备份的控制文件打开数据库。

 **13.2 物理备份**

根据数据库备份时是否关闭数据库服务器，物理备份分为如下几种：

（1）脱机备份，是指在关闭数据库的情况下将所有的数据库文件复制到另一个磁盘或磁带上去。

（2）联机备份，是指在数据库运行的情况下对数据库进行的备份。要进行热备份，数据库必须运行在归档日志模式下。

## 13.2.1 脱机备份

脱机备份又称冷备份，是数据库文件的物理备份，需要在数据库关闭状态下进行。冷备份要备份的文件包括所有数据文件、所有控制文件、所有联机重做日志、init.ora 文件和 SPFILE 文件（可选）。这些文件构成一个数据库关闭时的一个完整映像。

> **注意：**在进行脱机备份时，如果数据库没有启用归档模式，数据库不能恢复到备份完成后的任意时刻；如果启用归档模式，从脱机备份结束后到出现故障这段时间的数据库恢复，可以利用联机日志文件和归档日志文件实现。

**案例分析** 把 XSGL 数据库的所有数据文件、重做日志文件和控制文件都备份。

（1）查询当前数据库所有数据文件、控制文件、联机重做日志文件、初始化参数文件的位置。用户可以通过查询数据字典获取每个文件所在的目录。

①查询数据字典查数据文件的信息。

②查看数据库中临时文件的分布情况。

```
SQL> SELECT file_id, file_name,tablespace_name FROM dba_temp_files
        ORDER BY file_id;
```

数据文件包含永久数据文件和临时数据文件的查询结果如图 13-1 所示。

③查看数据库中控制文件的分布情况。

④查看数据库中日志文件的分布情况。

⑤查看数据库中参数文件 SPFILE 的分布情况。

控制文件、日志文件、参数文件的查询结果如图 13-2 所示。

（2）正常关闭要备份的实例。

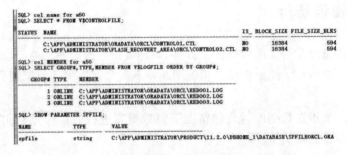

```
SQL> SELECT file_id, file_name,tablespace_name,bytes
  2    FROM dba_data_files
  3    ORDER BY file_id;

FILE_ID FILE_NAME                                                         TABLESPACE_NAME        BYTES
------- ----------------------------------------------------------------- --------------- ----------
      1 C:\APP\ADMINISTRATOR\ORADATA\ORCL\SYSTEM01.DBF                    SYSTEM           723517440
      2 C:\APP\ADMINISTRATOR\ORADATA\ORCL\SYSAUX01.DBF                    SYSAUX           555745280
      3 C:\APP\ADMINISTRATOR\ORADATA\ORCL\UNDOTBS01.DBF                   UNDOTBS1          99614720
      4 C:\APP\ADMINISTRATOR\ORADATA\ORCL\USERS01.DBF                     USERS              5242880
      5 C:\APP\ADMINISTRATOR\ORADATA\ORCL\EXAMPLE01.DBF                   EXAMPLE          104857600
      6 C:\APP\ADMINISTRATOR\PRODUCT\11.2.0\DBHOME_1\DATABASE\XSGLDS1.DBF XSGLDATASPACE    524288000
      7 C:\APP\ADMINISTRATOR\PRODUCT\11.2.0\DBHOME_1\DATABASE\XSGLDS2.DBF XSGLDATA          52428800
      8 C:\APP\ADMINISTRATOR\PRODUCT\11.2.0\DBHOME_1\DATABASE\XSGLDS3.DBF XSGLDATA          41943040
      9 C:\APP\ADMINISTRATOR\PRODUCT\11.2.0\DBHOME_1\DATABASE\XSGLDS4.DBF XSGLDATA2        104857600
     10 C:\APP\ADMINISTRATOR\PRODUCT\11.2.0\DBHOME_1\DATABASE\XSGLUDTS1.DBF XSGLUNDOSPACE  209715200
     11 C:\APP\ADMINISTRATOR\PRODUCT\11.2.0\DBHOME_1\DATABASE\XSGLDS5.DBF XSGLDATASPACE    104857600
     12 c:\APP\ADMINISTRATOR\PRODUCT\11.2.0\DBHOME_1\DATABASE\MY_INDEX.DBF XSGLINDEX        314572800

已选择12行。

SQL> SELECT file_id, file_name,tablespace_name
  2    FROM dba_temp_files
  3    ORDER BY file_id;

FILE_ID FILE_NAME                                                         TABLESPACE_NAME
------- ----------------------------------------------------------------- ---------------
      1 C:\APP\ADMINISTRATOR\ORADATA\ORCL\TEMP01.DBF                      TEMP
      2 C:\APP\ADMINISTRATOR\PRODUCT\11.2.0\DBHOME_1\DATABASE\XSGLTS1.DBF XSGLTEMPSPACE
      3 C:\APP\ADMINISTRATOR\PRODUCT\11.2.0\DBHOME_1\DATABASE\XSGLTS2.DBF XSGLTEMPSPACE
```

图 13-1 数据文件信息

```
SQL> col name for a60
SQL> SELECT * FROM V$CONTROLFILE;

STATUS  NAME                                                     IS_ BLOCK_SIZE FILE_SIZE_BLKS
------- -------------------------------------------------------- --- ---------- --------------
        C:\APP\ADMINISTRATOR\ORADATA\ORCL\CONTROL01.CTL          NO       16384            594
        C:\APP\ADMINISTRATOR\FLASH_RECOVERY_AREA\ORCL\CONTROL02.CTL NO    16384            594

SQL> col MEMBER for a50
SQL> SELECT GROUP#,TYPE,MEMBER FROM V$LOGFILE ORDER BY GROUP#;

    GROUP# TYPE    MEMBER
---------- ------- --------------------------------------------------
         1 ONLINE  C:\APP\ADMINISTRATOR\ORADATA\ORCL\REDO01.LOG
         2 ONLINE  C:\APP\ADMINISTRATOR\ORADATA\ORCL\REDO02.LOG
         3 ONLINE  C:\APP\ADMINISTRATOR\ORADATA\ORCL\REDO03.LOG

SQL> SHOW PARAMETER SPFILE;

NAME                 TYPE        VALUE
-------------------- ----------- ------------------------------
spfile               string      C:\APP\ADMINISTRATOR\PRODUCT\11.2.0\DBHOME_1\DATABASE\SPFILEORCL.ORA
```

图 13-2 控制文件、日志文件、参数文件信息

```
SQL>CONN sys/XG501oracle@XSGL as sysdba
SQL>SHUTDOWN IMMEDIATE
```

(3)备份数据库。使用操作系统的备份工具，备份所有的数据文件、重做日志文件、控制文件和参数文件，也可以在 SQL * Plus 环境中使用操作系统命令完成，具体格式如下：

```
SQL>HOST COPY 原文件名称  目标路径名称
```

(4)启动数据库。

```
SQL>STARTUP
```

脱机备份也有其不足的地方，具体如下。

(1)单独使用时，只能提供到“某一时间点上”的恢复。

(2)实施备份的全过程中，数据库必须要做备份而不能做其他工作，也就是说，在冷备份过程中，数据库必须是关闭状态。

(3)若磁盘空间有限，只能复制到磁带等其他外部存储设备上，因而速度会很慢。

(4)不能按表或按用户恢复。



### 13.2.2 联机备份

联机备份即热备份，它是在数据库处于开放状态下对数据库进行的备份。

联机备份可在表空间或数据库文件级备份，备份的时间短，并且备份时数据库仍可使用。其备份可达到秒级恢复(恢复到某一时间点上)，可对几乎所有数据库实体做恢复，而且恢复是快速的，大多数情况下在数据库仍工作时恢复。但是联机备份也有不足的地方，如不能出错，所以联机备份时要特别仔细小心，不允许“以失败告终”，否则后果严重。

用户可以通过下列步骤来实现：

(1)查询数据字典视图 V $ DATAFILE 和视图 V $ TABLESPACE 来决定需要备份的

数据文件。

（2）使表空间处于备份状态。

```
ALTER TABLESPACE USERS BEGIN BACKUP
```

（3）操作系统复制数据文件。注意，如果表空间有多个数据文件，不能丢失其中的任何一个文件，否则数据库恢复时会有麻烦。

（4）结束备份状态。

```
ALTER TABLESPACE USERS END BACKUP
```

重复执行步骤（2）、（3）、（4）对表空间进行逐个备份。

### 1. 以归档方式运行数据库

进行联机备份可以使用 PL/SQL 语句，也可以使用备份向导，但都要求数据库运行在 archivelog 方式下。

（1）以 sysdba 身份和数据库相连。

```
SQL> connect sys/XG501oracle as sysdba
```

（2）使数据库运行在 archivelog 方式下。

```
SQL> shutdown immediate
SQL> startup mount
SQL> alter database archivelog;
```

（3）显示当前数据库的 archivelog 状态。

```
SQL> archivelog list
```

（4）打开数据库。

```
SQL> alter database open;
```

### 2. 执行数据库备份——备份表空间的数据文件

对表空间进行联机备份的基本步骤如下：

（1）使用 ALTER TABLESPACE…BEGIN BACKUP 语句将表空间设置为备份模式；

（2）在操作系统中备份表空间所对应的数据文件；

（3）使用 ALTER TABLESPACE…END BACKUP 语句结束表空间的备份模式。

**案例分析** 对 XSGL 数据库的 XSGLdataspace 表空间进行备份。

（1）查看数据库中的表空间文件：

执行结果如图 13-3 所示。

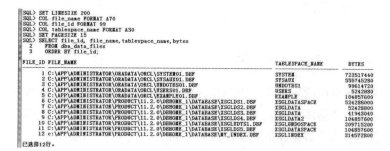

**图 13-3 查询表空间和其数据文件**

（2）使数据库表空间 XSGLdataspace 处于热备份状态。

```
SQL> ALTER TABLESPACE XSGLdataspace BEGIN BACKUP;
```

正常情况下,数据库会提示"表空间已更改"。

(3)直接将表空间数据文件复制到另一个目录中进行备份。

```
SQL>host copy C:\app\Administrator\product\11.2.0\dbhome_1\database\XSGLDS1.dbf
D:\ORADATA\XSGL\XSGLDS1.dbf
    SQL>host copy C:\app\Administrator\product\11.2.0\dbhome_1\database\XSGLDS4.dbf
D:\ORADATA\XSGL\XSGLDS5.dbf
```

用户可以使用代码复制文件,也可以直接使用"复制""粘贴"命令复制文件。同时,用户会在操作系统的 D:\ORADATA\XSGL\ 目录下看到一个大小为 500 M 的 XSGLDS1.dbf 文件和一个大小为 100 M 的 XSGLDS5.dbf 文件。

(4)复制完成后使用如下命令完成数据的备份,结束表空间的备份模式。

```
SQL>ALTER TABLESPACE  XSGLdataspace END BACKUP;
```

正常情况下,数据库会提示"表空间已更改"。

**3. 执行数据库备份——备份控制文件**

当数据库结构发生变化时,如创建或删除表空间、添加数据文件、重做日志文件等,应该备份数据库的控制文件。进行备份的操作步骤如下:

(1)将控制文件备份为二进制文件。

```
SQL>ALTER DATABASE BACKUP CONTROLFILE TO 'D:\ORADATA\XSGL \CONTROL.BKP';
```

正常情况下,数据库会提示"数据库已更改"。

(2)将控制文件备份为文本文件。

```
SQL>ALTER DATABASE BACKUP CONTROLFILE TO TRACE;
```

正常情况下,数据库会提示"数据库已更改"。

**4. 执行数据库备份——备份其他文件**

进行备份的操作步骤如下:

(1)归档当前的联机重做日志文件。

```
SQL>ALTER  SYSTEM ARCHIVE LOG CURRENT;
```

正常情况下,数据库会提示"系统已更改"。

(2)备份归档重做日志文件,将所有的归档重做日志文件复制到备份磁盘中。

(3)备份初始化参数文件,将初始化参数文件复制到备份磁盘中。

## 13.3 物理恢复

### 13.3.1 非归档模式下数据库的恢复

非归档模式下数据库的恢复主要指利用非归档模式下的脱机备份(冷备份)文件恢复数据库。非归档模式下数据库的恢复是不完全恢复,只能将数据库恢复到最近一次完全冷备份的状态。非归档模式下数据库的恢复步骤如下。

(1)关闭数据库。

```
SQL>SHUTDOWN IMMEDIATE
```

(2)将备份的所有数据文件、控制文件、联机重做日志文件还原到原来所在的位置。

(3)重新启动数据库。

```
SQL> STARTUP
```

### 13.3.2　在归档模式下数据库的完全恢复

归档模式下数据库的完全恢复是指归档模式下一个或多个数据文件损坏,利用热备份的数据文件替换损坏的数据文件,再结合归档日志文件和联机重做日志文件,采用前滚技术重做自备份以来的所有改动,采用回滚技术回滚未提交的操作,以恢复到数据库故障时刻的状态。

归档模式下数据库完全恢复的基本语法如下:

```
RECOVER [AUTOMATIC] [FROM 'location']
[DATABASE|TABLESPACE tspname
|DATAFILE dfname]
```

参数说明:

- AUTOMATIC:进行自动恢复,不需要 DBA 提供重做日志文件名称。
- location:制定归档重做日志文件的位置。默认为数据库默认的归档路径。

**1. 数据库级完全恢复**

数据库级的完全恢复只能在数据库装载但没有打开的状态下进行,主要应用于所有或多数数据文件损坏的恢复。数据库级完全恢复的步骤如下:

(1)如果数据库没有关闭,则强制关闭数据库。

```
SQL> SHUTDOWN ABORT
```

(2)利用备份的数据文件还原所有损坏的数据文件,即将备份文件复制到损坏了的数据文件所在目录,替换掉损坏的文件。

(3)将数据库启动到 MOUNT 状态。

```
SQL> STARTUP MOUNT
```

(4)执行数据库恢复命令。

```
SQL> RECOVER DATABASE
```

(5)打开数据库。

```
SQL> ALTER DATABASE OPEN;
```

**2. 表空间级完全恢复**

表空间级完全恢复可以在数据库处于装载状态或打开的状态下进行,主要对指定表空间中的数据文件进行恢复,一般步骤如下:

(1)首先使出现问题的表空间处于脱机状态。

(2)将原先备份的表空间文件复制到其原来所在的目录,并覆盖原有文件。

(3)使用 recover 命令进行介质恢复,恢复表空间。

(4)将表空间恢复为联机状态。

**案例分析**　由于表空间 XSGLdataspace 的数据文件发生损坏,对 XSGL 数据库进行表空间级完全恢复。

1)数据库处于装载状态下的恢复

(1)如果数据库没有关闭,则强制关闭数据库。

```
SQL> SHUTDOWN ABORT
```

(2)利用备份的数据文件 XSGLDS1. dbf 和 XSGLDS5. dbf 分别还原损坏的数据文件

XSGLDS1. dbf 和 XSGLDS5. dbf。

(3)将数据库启动到 MOUNT 状态。

```
SQL> STARTUP MOUNT
```

(4)执行表空间恢复命令。

```
SQL> RECOVER TABLESPACE XSGLdataspace
```

(5)打开数据库。

```
SQL> ALTER DATABASE OPEN;
```

2)数据库处于打开状态下的恢复

(1)如果数据库已经关闭,则将数据库启动到 MOUNT 状态。

```
SQL> STARTUP MOUNT
```

(2)将损坏的数据文件设置为脱机状态。

```
SQL> ALTER DATABASE DATAFILE
'C:\app\Administrator\product\11.2.0\dbhome_1\database\XSGLDS1.dbf' OFFLINE;
SQL> ALTER DATABASE DATAFILE
'C:\app\Administrator\product\11.2.0\dbhome_1\database\XSGLDS5.dbf' OFFLINE;
```

(3)打开数据库。

```
SQL> ALTER DATABASE OPEN;
```

(4)将损坏的数据文件所在的表空间脱机。

```
SQL> ALTER TABLESPACE XSGLdataspace OFFLINE FOR RECOVER;
```

(5)利用备份的数据文件 XSGLDS1. dbf 和 XSGLDS5. dbf 分别还原损坏的数据文件 XSGLDS1. dbf 和 XSGLDS5. dbf。

(6)执行表空间恢复命令。

```
SQL> RECOVER TABLESPACE XSGLdataspace;
```

(7)将表空间联机。

```
SQL> ALTER TABLESPACE XSGLdataspace ONLINE;
```

如果数据文件损坏时数据库正处于打开状态,则可以直接执行步骤(4)~(7)。

**3. 数据文件级完全恢复**

数据文件级完全恢复可以在数据库处于装载状态或打开的状态下进行,主要针对特定的数据文件进行恢复。一般步骤如下:

(1)将原先备份的数据文件复制到其原来所在的目录,并覆盖原有数据文件。

(2)使用 RECOVER 命令进行介质恢复,恢复数据文件。

(3)打开数据库。

**案例分析** 由于表空间 XSGLdataspace 的数据文件 XSGLDS5. dbf 发生损坏,对 XSGL 数据库进行数据文件级完全恢复。

1)数据库处于装载状态下的恢复

(1)如果数据库没有关闭,则强制关闭数据库。

```
SQL> SHUTDOWN ABORT
```

(2)利用备份的数据文件 XSGLDS4. dbf 还原损坏的数据文件 XSGLDS5. dbf。

(3)将数据库启动到 MOUNT 状态。

```
SQL> STARTUP MOUNT
```

（4）执行数据文件恢复命令。

```
SQL>RECOVER DATAFILE
     C:\app\Administrator\product\11.2.0\dbhome_1\database\XSGLDS5.dbf;
```

（5）将数据文件联机。

```
SQL>ALTER DATABASE DATAFILE
     C:\app\Administrator\product\11.2.0\dbhome_1\database\XSGLDS5.dbf ONLINE
```

（6）打开数据库。

```
SQL>ALTER DATABASE OPEN;
```

2）数据库处于打开状态下的恢复

（1）如果数据库已经关闭，则将数据库启动到 MOUNT 状态。

```
SQL>STARTUP MOUNT
```

（2）将损坏的数据文件设置为脱机状态。

```
SQL>ALTER DATABASE DATAFILE
     C:\app\Administrator\product\11.2.0\dbhome_1\database\XSGLDS5.dbf OFFLINE;
```

（3）打开数据库。

```
SQL>ALTER DATABASE OPEN;
```

（4）利用备份的数据文件 XSGLDS5.dbf 还原损坏的数据文件 XSGLDS5.dbf。

（5）执行数据文件恢复命令。

```
SQL>RECOVER DATAFILE
     C:\app\Administrator\product\11.2.0\dbhome_1\database\XSGLDS5.dbf ;
```

（6）将数据文件联机。

```
SQL>ALTER DATABASE DATAFILE
     C:\app\Administrator\product\11.2.0\dbhome_1\database\XSGLDS5.dbf ONLINE;
```

如果数据文件损坏时数据库正处于打开状态，则可以直接执行步骤（2）、（4）～（6）。

## 13.3.3 在归档模式下数据库的不完全恢复

在归档模式下，数据库的不完全恢复主要是指归档模式下数据文件损坏后，没有将数据库恢复到故障时刻的状态。在进行数据库不完全恢复之前，首先确保对数据库进行了完全备份。在进行数据文件损坏的不完全恢复时必须先使用完整的数据文件备份将数据库恢复到备份时刻的状态。

在不完全恢复后，需要使用 RESETLOGS 选项打开数据库，原来的重做日志文件被清空，新的重做日志文件序列号重新从 1 开始，原来的归档日志文件都不再起作用了。

不完全恢复的语法如下。

```
RECOVER [AUTOMATIC]
[FROM 'location'][DATABASE]
[UNTIL TIME time|CANCEL|CHANGE scn]
[USING BACKUP CONTROLFILE]
```

### 1. 数据文件损坏的数据库不完全恢复

数据文件损坏的数据库不完全恢复的步骤如下。

（1）如果数据库没有关闭，则强制关闭数据库。

```
SQL>SHUTDOWN ABORT
```

（2）用备份的所有数据文件还原当前数据库的所有数据文件，即将数据库的所有数据文件恢复到备份时刻的状态。

（3）将数据库启动到 MOUNT 状态。

```
SQL>STARTUP MOUNT
```

（4）执行数据文件的不完全恢复命令。

```
SQL>RECOVER DATABASE UNTIL TIME time;（基于时间恢复）
SQL>RECOVER DATABASE UNTIL CANCEL;（基于撤销恢复）
SQL>RECOVER DATABASE UNTIL CHANGE SCN;（基于 SCN 恢复）
```

用户可以通过查询数据字典视图 V＄LOG_HISTORY 获得时间和 SCN 的信息。

（5）不完全恢复完成后，使用 RESETLOGS 选项启动数据库。

```
SQL>ALTER DATABASE OPEN RESETLOGS;
```

**2. 控制文件损坏的数据库不完全恢复**

控制文件损坏的数据库不完全恢复的步骤如下。

（1）如果数据库没有关闭，则强制关闭数据库。

```
SQL>SHUTDOWN ABORT
```

（2）用备份的所有数据文件和控制文件还原当前数据库的所有数据文件、控制文件，即将数据库的所有数据文件、控制文件恢复到备份时刻的状态。

（3）将数据库启动到 MOUNT 状态。

```
SQL>STARTUP MOUNT
```

（4）执行不完全恢复命令。

```
SQL>RECOVER DATABASE UNTIL TIME time USING BACKUP CONTROLFILE;
SQL>RECOVER DATABASE UNTIL CANCEL USING BACKUP CONTROLFILE;
SQL>RECOVER DATABASE UNTIL CHANGE scn USING BACKUP CONTROLFILE;
```

（5）不完全恢复完成后，使用 RESETLOGS 选项启动数据库。

```
SQL>ALTER DATABASE OPEN RESETLOGS;
```

 ## 13.4　RMAN

RMAN（recovery manager）是 Oracle 恢复管理器的简称，是集数据库备份（backup）、还原（restore）和恢复（recover）于一体的 Oracle 数据库备份与恢复工具。

### 13.4.1　RMAN 的组成

（1）RMAN 命令执行器：用于对目标数据库进行备份与恢复操作管理的客户端应用程序。

（2）目标数据库：利用 RMAN 进行备份与恢复操作的数据库。

● RMAN 资料档案库：存储进行数据库备份、修复，以及恢复操作时需要的管理信息和数据。

● RMAN 恢复目录：建立在恢复目录数据库中的存储对象，存储 RMAN 资料档案库信息。

● RMAN 恢复目录数据库：用于保存 RMAN 恢复目录的数据库，是一个独立于目标数据库的 Oracle 数据库。

## 13.4.2 RMAN 的常用操作

### 1. RMAN 的启动和退出

在操作系统命令提示符下直接连接目标数据库,其基本命令如下:

```
RMAN TARGET user/password@ net_service_name [NOCATALOG]
```

当然,用户也可以首先在命令提示符下输入 RMAN,启动 RMAN 命令执行器,然后执行下列连接命令。连接命令如下:

```
CONNECT TARGET|CATALOG user/password@ net_service_name [NOCATALOG]
```

退出 RMAN 的命令为:

```
EXIT
```

连接和退出命令的执行过程如图 13-4 所示。

```
C:\Users\Administrator>RMAN
恢复管理器: Release 11.2.0.1.0 - Production on 星期三 5月 24 13:55:32 2017
Copyright (c) 1982, 2009, Oracle and/or its affiliates.  All rights reserved.
RMAN> CONNECT TARGET SYS/XG501oracle@XSGL
连接到目标数据库: XSGL (DBID=929969812)
RMAN> EXIT
恢复管理器完成。
C:\Users\Administrator>
```

**图 13-4　RMAN 的连接和退出**

### 2. 创建恢复目录

(1)创建一个名为 ORCL 的数据库作为恢复目录数据库。

(2)在目录数据库中创建表空间 XSGLRECOVERY。

```
SQL> CREATE TABLESPACE XSGLRECOVERY
  2    DATAFILE 'D:\XSGLRECOVERY1.dbf'
  3    SIZE 500M REUSE;
```

(3)在恢复目录数据库中创建用户。例如创建用户 XSGLRMAN,代码如下:

```
SQL> CREATE USER XSGLRMAN IDENTIFIED BY rmanmanager
  2    DEFAULT TABLESPACE XSGLRECOVERY
  3    TEMPORARY TABLESPACE TEMP
  4    QUOTA 400M ON XSGLRECOVERY;
```

(4)为 RMAN 用户授予 RECOVERY_CATALOG_OWNER 系统权限。例如为用户 XSGLRMAN 授权,代码如下,执行结果如图 13-5 所示。

```
SQL> GRANT RECOVERY_CATALOG_OWNER,CONNECT,RESOURCE TO XSGLRMAN;
```

(5)启动 RMAN,连接恢复目录数据库。

```
RMAN> CONNECT CATALOG XSGLRMAN/rmanmanager@ORCL
```

(6)创建恢复目录。

```
RMAN> CREATE CATALOG TABLESPACE XSGLRECOVERY;
```

如果恢复目录不再使用,可以删除恢复目录。

```
RMAN> DROP CATALOG;
```

执行过程如图 13-6 所示。

```
SQL> conn sys/XGoracle2016@orcl as sysdba
已连接。
SQL> CREATE TABLESPACE XSGLRECOVERY
  2    DATAFILE 'D:\XSGLRECOVERY1.dbf'
  3    SIZE 500M REUSE;

表空间已创建。

SQL> CREATE USER XSGLRMAN IDENTIFIED BY rmanmanager
  2    DEFAULT TABLESPACE XSGLRECOVERY
  3    TEMPORARY TABLESPACE TEMP
  4    QUOTA 400M ON XSGLRECOVERY;

用户已创建。

SQL> GRANT RECOVERY_CATALOG_OWNER,CONNECT,RESOURCE TO XSGLRMAN;

授权成功。
```

```
C:\Users\Administrator>set oracle_sid=ORCL

C:\Users\Administrator>RMAN

恢复管理器: Release 11.2.0.1.0 - Production on 星期三 5月 24 15:53:20 2017

Copyright (c) 1982, 2009, Oracle and/or its affiliates.  All rights reserved.

RMAN> CONNECT CATALOG XSGLRMAN/rmanmanager@ORCL

连接到恢复目录数据库

RMAN> CREATE CATALOG TABLESPACE XSGLRECOVERY;

恢复目录已创建
```

图 13-5　用户 XSGLRMAN 授权　　　　图 13-6　用户创建恢复目录

### 3. 注册数据库

为了在恢复目录中注册数据库，需要先将 RMAN 连接到目标数据库和恢复目录数据库，然后执行 REGISTER DATABASE 语句即可。

```
RMAN> CONNECT TARGETSYS/XG501oracle@ORCL
RMAN> CONNECT CATALOG XSGLRMAN/rmanmanager@ORCL
RMAN> REGISTER DATABASE;
RMAN> RESYNC CATALOG;
```

### 4. 通道分配

在 RMAN 中对目标数据库进行备份、修复、恢复操作时，必须为操作分配通道。可以根据预定义的配置参数自动分配通道，也可以在需要时手动分配通道。

1）自动分配通道

RMAN 中与自动分配通道相关的预定义配置参数包括如下几种：

- CONFIGURE DEFAULT DEVICE TYPE TO disk|sbt
- CONFIGURE DEVICE TYPE disk|sbt PARALLELISM n
- CONFIGURE CHANNEL DEVICE TYPE
- CONFIGURE CHANNEL n DEVICE TYPE

2）手动分配通道

使用 RUN 命令手动分配通道语法为：

```
RUN{
ALLOCATE CHANNEL 通道名称 DEVICE TYPE 设备类型;
BACKUP...
}
```

## 13.4.3　利用 RMAN 备份数据库

RMAN 备份形式有如下两种。

（1）镜像复制：对数据文件、控制文件或归档重做日志文件进行精确复制。镜像复制文件大小与原文件大小完全相同，原文件中的未使用的数据块也被复制到备份文件中。一个原文件对应一个镜像复制文件。

（2）备份集：是 RMAN 创建的一个具有特定格式的逻辑对象，是 RMAN 的最小备份单元。在一个备份集中可以包括一个或多个数据文件、控制文件、归档重做日志文件，以及服务器初始化参数文件等。备份集只能由 RMAN 创建和访问，而且是唯一可以将备份存储到介质管理器的备份形式。

BACKUP 命令的基本语法为：

```
BACKUP [backup_option] backup_object
[PLUS ARCHIVELOG]
[backup_object_option];
```

**1. 备份整个数据库**

```
RMAN>BACKUP DATABASE FORMAT 'D:\BACKUP\% U.BKP';
```

**2. 备份表空间**

可以使用 BACKUP TABLESPACE 命令备份一个或多个表空间。

```
RMAN>BACKUP TABLESPACE XSGLdataspace, XSGLDATA, XSGLDATA2 FORMAT 'D:\BACKUP\%U.
BKP';
```

**3. 备份数据文件**

可以备份一个或多个数据文件,通过数据文件名称或数据文件编号指定要备份的数据文件。

```
RMAN>BACKUP DATAFILE 'C:\APP\ADMINISTRATOR\ORADATA\XSGL\XSGLDS1.dbf '
FORMAT 'D:\BACKUP\%U';
```

**4. 备份控制文件**

```
RMAN>CONFIGURE CONTROLFILE AUTOBACKUP ON;
RMAN>CONFIGURE CONTROLFILE AUTOBACKUP FORMAT FOR DEVICE TYPE DISK TO '%F';
```

**5. 备份服务器初始化参数文件**

```
RMAN>BACKUP SPFILE FORMAT 'D:\BACKUP1\%U';
```

**6. 备份归档重做日志文件**

使用 BACKUP ARCHIVELOG 命令备份归档重做日志文件。

```
RMAN>BACKUP ARCHIVELOG ALL;
```

使用 BACKUP…PLUS ARCHIVELOG 命令备份归档重做日志文件。

```
RMAN>BACKUP DATABASEXSGL ARCHIVELOG FORMAT 'D:\BACKUP1\%U';
```

## 13.4.4 利用 RMAN 恢复数据库

使用 RMAN 进行数据库恢复时只能使用之前使用 RMAN 进行的备份,但其可以实现数据库的完全恢复,也可以实现数据库的不完全恢复。与用户管理的恢复类似,RMAN 恢复也分两个步骤,首先使用 RESTORE 命令进行数据库的修复,然后使用 RECOVER 命令进行数据库的恢复。

**1. 利用 RESTORE 命令修复数据库**

基本语法为:

```
RESTORE(restore_object[restore_spc_option])[restore_option];
```

例如:

```
RMAN>RESTROE DATABASE;
RMAN>RESTORE CONTROLFILE FROM AUTOBACKUP;
RMAN>RESTORE DATAFILE 4;
RMAN>RESTORE DATAFILE ' C:\APP\ADMINISTRATOR\ORADATA\XSGL\XSGLDS1.dbf ';
RMAN>RESTORE TABLESPACE users;
```

**2. 利用 RECOVER 命令对修复后的数据库进行恢复**

基本语法为：

```
RECOVER [DEVICE TYPE disk|sbt] recover_object [recover_option];
```

例如：

```
RMAN>RECOVER DATABASE DELETE ARCHIVELOG;

RMAN>RECOVER CONTROLFILE;

RMAN>RECOVER DATAFILE 4;

RMAN>RECOVER DATAFILE ' C:\APP\ADMINISTRATOR\ORADATA\XSGL\XSGLDS1.dbf ';

RMAN>RECOVER TABLESPACE users;
```

**3. 整个数据库的完全恢复**

(1)启动 RMAN 并连接到目标数据库。如果使用恢复目录，还需要连接到恢复目录数据库。

(2)将目标数据库设置为加载状态。

```
RMAN>SHUTDOWN IMMEDIATE;

RMAN>STARTUP MOUNT;
```

(3)执行数据库的修复与恢复操作。

```
RMAN>RESTORE DATABASE;

RMAN>RECOVER DATABASE DELETE;
```

(4)恢复完成后，打开数据库。

```
RMAN>ALTER DATABASE OPEN;
```

**4. 表空间的完全恢复**

(1)启动 RMAN 并连接到目标数据库。如果使用恢复目录，还需要连接到恢复目录数据库。

(2)将损坏或丢失的数据文件所属表空间设置为脱机状态。例如：

```
RMAN>SQL "ALTER TABLESPACEXSGLdataspace OFFLINE IMMEDIATE";
```

(3)对表空间进行修复和恢复操作。例如：

```
RMAN>RESTORE TABLESPACEXSGLdataspace;

RMAN>RECOVER TABLESPACEXSGLdataspace;
```

(4)表空间恢复结束后将表空间联机。

```
RMAN>SQL "ALTER TABLESPACEXSGLdataspace ONLINE";
```

**5. 数据文件的完全恢复**

(1)启动 RMAN 并连接到目标数据库。如果使用恢复目录，还需要连接到恢复目录数据库。

(2)将损坏或丢失的数据文件设置为脱机状态。例如：

```
RMAN>SQL "ALTER DATABASE DATAFILE 'C:\APP\ADMINISTRATOR\ORADATA\ XSGL\XSGLDS1.
dbf' OFFLINE";
```

(3)对损坏或丢失的数据文件进行修复和恢复操作。

```
RMAN>RESTORE DATAFILE 'C:\APP\ADMINISTRATOR\ORADATA\ XSGL\XSGLDS1.dbf';

RMAN>RECOVER DATAFILE 'C:\APP\ADMINISTRATOR\ORADATA\ XSGL\XSGLDS1.dbf';
```

(4)数据文件恢复结束后将数据文件联机。例如：

```
RMAN> SQL "ALTER DATABASE DATAFILE
         'C:\APP\ADMINISTRATOR\ORADATA\ XSGL\XSGLDS1.dbf ONLINE";
```

 ## 13.5    逻辑备份和恢复

与物理备份与恢复不同,逻辑备份与恢复必须在数据库运行的状态下进行,因此当数据库发生介质损坏而无法启动时,不能利用逻辑备份恢复数据库。数据库备份与恢复是以物理备份与恢复为主,逻辑备份与恢复为辅的。

逻辑备份与恢复具有以下特点及用途如下。

● 可以在不同版本的数据库间进行数据移植,可以从 Oracle 数据库的低版本移植到高版本。

● 可以在不同操作系统上运行的数据库间进行数据移植,例如可以从 Windows NT 系统迁移到 Unix 系统等。

● 可以在数据库模式之间传递数据,即先将一个模式中的对象进行备份,然后再将该备份导入数据库其他模式中。

● 数据的导出与导入与数据库物理结构没有关系,它是以对象为单位进行的,这些对象在物理上可能存储于不同的文件中。

● 对数据库进行一次逻辑备份与恢复操作能重新组织数据,消除数据库中的链接及磁盘碎片,从而使数据库的性能有较大的提高。

● 除了进行数据的备份与恢复外,还可以进行数据库对象定义、约束、权限等的备份与恢复。

### 13.5.1    逻辑导出

数据库的逻辑备份包括读一个数据库记录集和将记录集写入一个文件中。这些记录的读取与其物理位置无关。

在 Oracle 中,EXPORT 实用程序就是用来完成这样的数据库逻辑备份的。如果用户想了解 EXP 命令的详细说明,可以在命令提示符下,键入 EXP HELP=Y 或 YES 即可显示所有的数据导出关键字。

```
C:\Users\Administrator>EXP HELP=YES
```

常见的导出类型有如下几种。

● 全局(完整的数据库):导出所有的数据、数据定义和用来重建数据库的存储对象。

● 用户:导出规定用户的数据、数据定义和存储对象。

● 表:只导出运行该导出用户的数据和数据定义。

**1. 交互模式下的导出**

导出的交互方式,是在用户输入 exp 命令后,根据系统的提示输入导出参数,如用户名、口令和导出类型等参数。

1)交互模式导出数据库

**案例分析**    以交互模式进行数据库 XSGL 导出。(以 system 身份登陆)

```
C:\>set oracle_sid=XSGL--设置环境变量,确定数据库的 SID
C:\>exp  --逻辑导出命令
```

如图 13-7 所示,exp 功能会输出数据库的基本信息,要求输入用户名和口令。用户名和口令正确,则会以交互式的方式提示用户,提示过程如下:

```
输入数组提取缓冲区大小: 4096 >
导出文件: EXPDAT.DMP > full_database_XSGL_2017-5-15.dmp  --导出文件名
(1)E(完整的数据库), (2)U(用户) 或 (3)T(表): (2)U >  E  -- 导出类型
导出权限 (yes/no): yes > yes   --是否导出权限
导出表数据 (yes/no): yes > yes  --是否导出表中的数据
压缩区 (yes/no): yes > yes
```

设置完毕后,Oracle 就开始进行导出操作了,默认导出的文件存放在 C 盘的根目录下,部分执行过程如图 13-7 所示。

当导出操作成功后,导出文件会默认放到 exp 命令执行时的目录下。本案例中是在 C:\根目录下输入的 exp 命令,所以文件默认在 C 盘根目录下。

**注意:**数据库导出时是不支持特征列(VIRTUAL COLUMN)的,若有,则导出会终止失败。因此,在包含有特征列的表数据库导出时,用户要格外小心。

2)交互模式导出用户

如同数据库的导出一样,当键入 exp 命令后,用户根据提示进行用户中所有对象等信息的导出。

**案例分析** 以交互模式进行数据库的 XSGLADMIN 用户的导出。(以 XSGLadmin 身份登陆)

```
C:\> exp
Export: Release 11.2.0.1.0-Production on 星期一 5 月 15 17:04:29 2017
Copyright (c) 1982, 2009, Oracle and/or its affiliates.  All rights reserved.
用户名: XSGLadmin
口令:
连接到: Oracle Database 11g Enterprise Edition Release 11.2.0.1.0-Production
With the Partitioning, OLAP, Data Mining and Real Application Testing options
```

然后用户按照 Oracle 的交互信息,进行对应用户模式下的导出。执行过程如图 13-8 所示。

3)交互模式导出表

**案例分析** 以交互模式进行数据库的 XSGLadmin 模式下成绩表的导出。(以 XSGLadmin 身份登陆)

输入 exp,根据提示输入导出的设置,执行过程如图 13-9 所示。

**2.命令行模式下的导出**

命令行模式和交互模式类似,使用命令模式时,只有在模式被激活后,才能把参数和参数值传递给导出程序。常用的参数说明如下。

- USERID:导出操作的用户名和口令。
- FULL:用来指定是否导出整个数据库。
- BUFFER:用来指定在提交到导出文件前内存中装入多少行。

- COMPRESS：当导入对象时，选择 Y，它将合并扩展区为一个大的扩展区。例如，一个有 5 个区间的表，导出前每个扩展区为 12 M，当把表重新导入数据库中，新表将有一个（5×12＝50）M 的扩展区。若选择 N，新表仍旧为 5 个 12 M 扩展区。
- ROWS：选择 Y，将导出表及其所有数据；选择 N，仅导出重新创建该表的 SQL 代码。
- INCTYPE：用来指定导出的类型。

```
C:\Documents and Settings\Administrator>set oracle_sid=XSGL

C:\>exp

Export: Release 11.2.0.1.0 - Production on 星期一 5月 15 16:18:18 2017

Copyright (c) 1982, 2009, Oracle and/or its affiliates.  All rights reserved.

用户名: system
口令:

连接到: Oracle Database 11g Enterprise Edition Release 11.2.0.1.0 - Production
with the Partitioning, OLAP, Data Mining and Real Application Testing options
输入数组提取缓冲区大小: 4096 >

导出文件: EXPDAT.DMP > full_database_XSGL.

连接到: Oracle Database 11g Enterprise Edition Release 11.2.0.1.0 - Production
with the Partitioning, OLAP, Data Mining and Real Application Testing options
输入数组提取缓冲区大小: 4096 >

导出文件: EXPDAT.DMP > full_database_XSGL_2017-5-15.dmp

1)E(完整的数据库), (2)U(用户) 或 (3)T(表): (2)U > E

导出权限 (yes/no): yes > yes

导出表数据 (yes/no): yes > yes

压缩区 (yes/no): yes > yes

已导出 ZHS16GBK 字符集和 AL16UTF16 NCHAR 字符集

即将导出整个数据库...
. 正在导出表空间定义
. 正在导出概要文件
. 正在导出用户定义
. 正在导出角色
. 正在导出资源成本
. 正在导出回退段定义
```

图 13-7 exp 导出数据库

```
输入数组提取缓冲区大小: 4096 >
导出文件: EXPDAT.DMP > XSGL_XSGLADMIN_20170515.dmp
(2)U(用户), 或 (3)T(表): (2)U > U
导出权限 (yes/no): yes > yes
导出表数据 (yes/no): yes > yes
压缩区 (yes/no): yes > yes
已导出 ZHS16GBK 字符集和 AL16UTF16 NCHAR 字符集
. 正在导出 pre-schema 过程对象和操作
. 正在导出用户 XSGLADMIN 的外部函数库名
. 导出 PUBLIC 类型同义词
. 正在导出专用类型同义词
. 正在导出用户 XSGLADMIN 的对象类型定义
即将导出 XSGLADMIN 的对象...
. 正在导出数据库链接
. 正在导出序列号
. 正在导出簇定义
. 即将导出 XSGLADMIN 的表通过常规路径...
.. 正在导出表              DDL_EVENT导出了         9 行
.. 正在导出表              LOG_TABLE导出了         1 行
.. 正在导出表                    TBJ导出了         5 行
.. 正在导出表                    TCJ导出了        22 行
.. 正在导出表                    TKC导出了         7 行
.. 正在导出表                 TKCLEN导出了         4 行
.. 正在导出表                    TXB导出了         0 行
.. 正在导出表                    IXS导出了        20 行
.. 正在导出表                    TXY导出了         7 行
.. 正在导出表                    TZY导出了         5 行
. 正在导出同义词
. 正在导出视图
. 正在导出存储过程
. 正在导出运算符
. 正在导出引用完整性约束条件
. 正在导出触发器
. 正在导出索引类型
. 正在导出位图, 功能性索引和可扩展索引
. 正在导出后期表活动
. 正在导出实体化视图
. 正在导出快照日志
. 正在导出作业队列
. 正在导出刷新组和子组
. 正在导出维
. 正在导出 post-schema 过程对象和操作
. 正在导出统计信息
成功终止导出, 没有出现警告。
```

图 13-8 exp 导出用户 XSGLADMIN

```
C:\>exp

Export: Release 11.2.0.1.0 - Production on 星期一 5月 15 17:04:29 2017

Copyright (c) 1982, 2009, Oracle and/or its affiliates.  All rights reserved.

用户名: XSGLadmin
口令:

连接到: Oracle Database 11g Enterprise Edition Release 11.2.0.1.0 - Production
With the Partitioning, OLAP, Data Mining and Real Application Testing options
输入数组提取缓冲区大小: 4096 >

导出文件: EXPDAT.DMP > XSGL_XSGLADMIN_TCJ_20170515.dmp

(2)U(用户), 或 (3)T(表): (2)U > T

导出表数据 (yes/no): yes > yes

压缩区 (yes/no): yes > yes

已导出 ZHS16GBK 字符集和 AL16UTF16 NCHAR 字符集

即将导出指定的表通过常规路径...
要导出的表 (T) 或分区 (T: P): (按 RETURN 退出) > TCJ

.. 正在导出表                                  TCJ导出了        22 行
要导出的表 (T) 或分区 (T: P): (按 RETURN 退出) >

成功终止导出, 没有出现警告。
```

图 13-9 exp 导出表 TCJ

1) 命令行模式导出数据库

**案例分析** 以命令行模式进行数据库 XSGL 导出。（以 system 身份登陆）

    C:\>set oracle_sid=orcl

    C:\> exp userid=system/XG501oracle direct=y full=y file=/full_database_XSGL_20170524 log=/full_database_XSGL_20170524.log

2) 命令行模式导出用户

**案例分析** 以命令行模式进行数据库 XSGL 导出 XSGLADMIN 用户的所有信息。

    C:\>set oracle_sid=orcl

    C:\>exp userid=XSGLADMIN/manager direct=y grants=y file=/XSGLADMIN_20170524

### 3)命令行模式导出表

**案例分析** 以命令行模式进行数据库 XSGL 的成绩表 TCJ 的导出。

```
C:\>exp userid=XSGLADMIN/manager direct=y tables= (TCJ) file=XSGL_XSGLADMIN_TCJ_
20170524.dmp
```

### 3.参数模式下的导出

参数模式就是将命令行中命令后面所带的参数写在一个参数文件中,然后再使用命令使后面带一个调用该文件的参数。可以通过普通的文本文件编辑器来创建这个文件。

```
EXP 用户名/口令@主机字符串 PARFILE=参数文件名
```

**案例分析** 以参数模式,用参数文件进行数据库 XSGL 导出。（以 system 身份登陆,不导出索引）

在操作系统上 C:\oracle 目录下建立一个名为 exp_XSGL_par.txt 的参数文件,其内容如下:

```
BUFFER= 999999
FILE=C:\oracle\full_database_XSGL_20170526.dmp
COMPRESS=Y
CONSTRAINTS=Y
GRANTS=Y
INDEXES=N
ROWS=Y
FULL=Y
C:\>EXP system/XG501oracle@XSGL parfile=C:\oracle\exp_XSGL_par.txt
```

部分执行的过程如图 13-10 所示。

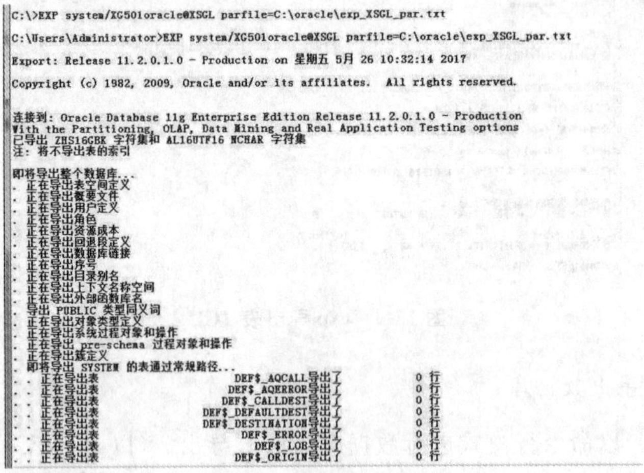

**图 13-10 EXP 导出表 XSGL 数据库**

**案例分析** 以参数模式,用参数文件进行数据库 XSGL 的 XSGLADMIN 用户的导出。

在操作系统上 C:\oracle 目录下建立一个名为 exp_XSGL_XSGLADMIN_par.txt 的参数文件,其内容为:

```
C:\>EXP XSGLADMIN/manager@XSGL parfile=C:\oracle\exp_XSGL_XSGLADMIN_par.txt
```

执行成功后，当前操作的日志会被记录到 XSGLADMIN_20170526.log 文件，各种用户方案中的信息会被导入 XSGLADMIN_20170526.dmp 文件中。

**案例分析** 用参数文件导出 XSGLADMIN 用户下的学生表，课程表和成绩表中的记录到文件 TXS_TKC_TCJ_20170526.dmp 中。

在操作系统上 C:\oracle 目录下建立一个名为 exp_XSGL_TCJ_par.txt 的参数文件，其内容为：

```
BUFFER= 999999
FILE=C:\oracle\TCJ_20170526.dmp
COMPRESS=Y
CONSTRAINTS=Y
GRANTS=Y
INDEXES=Y
TABLES= (TCJ)
ROWS=Y
```

使用参数模式执行过程如下：

```
C:\>EXP XSGLADMIN/manager@XSGL parfile=C:\oracle\ exp_XSGL_TCJ_par.txt
```

导出执行成功后，XSGLADMIN 用户的 TXS、TKC、TCJ 表中记录到文件 C:\oracle\TXS_TKC_TCJ_20170526.dmp 中。

## 13.5.2 逻辑导入

逻辑恢复是指数据库对象被意外删除或截断之后，使用实用工具 IMPORT 将逻辑备份文件中的对象结构及数据导入数据库中的过程，该过程也被称为导入。IMP 可以导入全部或部分数据。如果导入一个全导出的导出转储文件，则包括表空间、数据文件和用户在内的所有数据库对象都会在导入时创建。如果只从导出转储文件中导入部分数据，那么表空间、数据文件和用户必须在导入前设置好。

```
IMP 用户名/口令@主机字符串
```

用户可以输入如下代码，查看不同参数的说明：

```
C:\Users\Administrator>IMP HELP=YES
```

### 1. 交互模式

**案例分析** 以交互模式进行 XSGL 数据库中成绩表 TCJ 的导入。

首先将 xsgladmin 用户下的成绩表数据删除，执行过程如图 13-11 所示。然后进行表对象的导入。

删除成绩表中的数据后，利用已经存在的逻辑导出文件进行数据的导入，执行过程如图 13-12 所示。

**案例分析** 以交互模式进行 XSGL 数据库中 xsgladmin 用户方案的导入。

首先删除掉 TCJ 表，执行过程如图 13-13 所示。然后利用导出文件，导入 xsgladmin 下的所有内容，执行过程如图 13-14 所示。

**案例分析** 以交互模式进行 XSGL 数据库的导入。

首先删除掉 TCJ 成绩表，然后利用数据库导出文件，进行数据库的导入，执行过程如图

13-15 所示。system 导入数据库的过程比较长,中间可能因为对象已经存在的原因会报错,但是不影响数据的导入。导入后用户会发现删除的 TCJ 表已经恢复回来了。

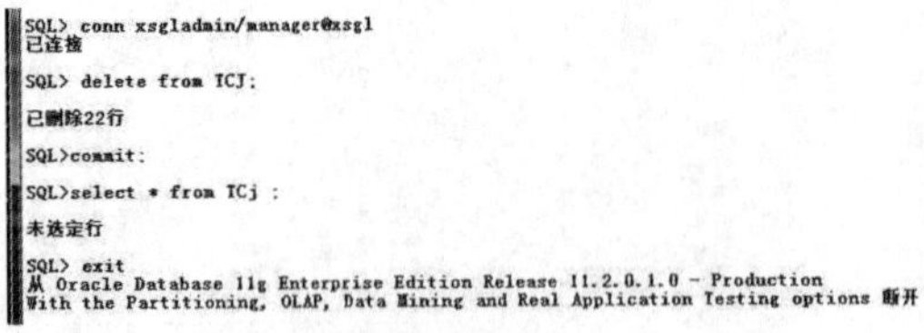

图 13-11    XSGLADNMIN 用户下的成绩表数据删除 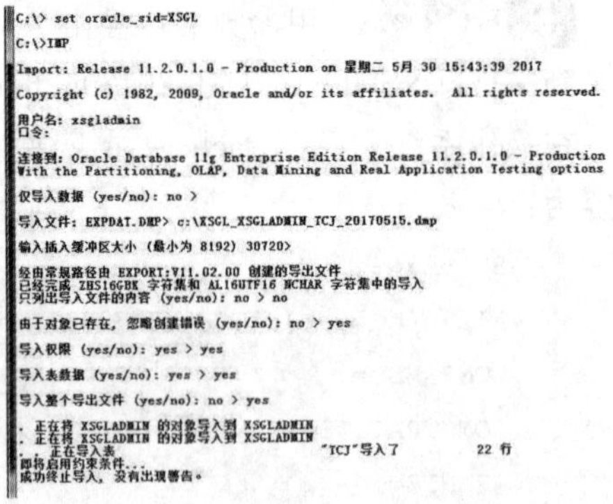    图 13-12    xsgladmin 用户的的成绩表数据导入

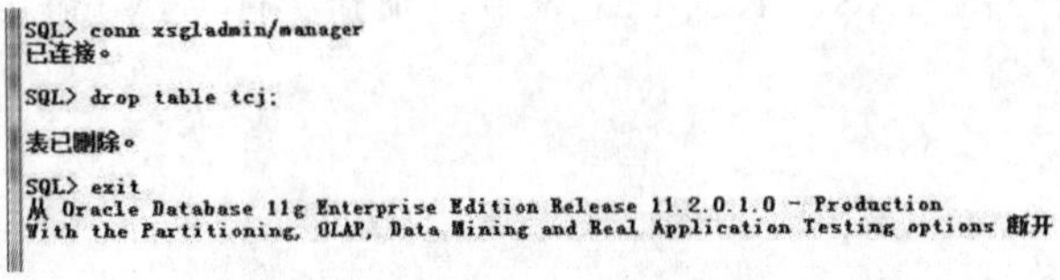

图 13-13    xsgladmin 用户下删除成绩表    图 13-14    xsgladmin 用户方案导入

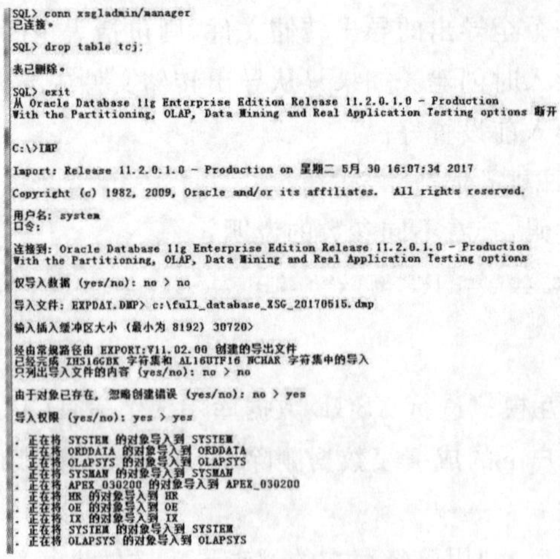

图 13-15    XSGL 数据库导入

## 2. 命令行参数方式

以命令行参数方式运行 IMP 实用程序:

```
IMP用户名/口令@主机字符串<parameter1=value1>
```

如果导入用户自己的方案使用用户名/密码和 FILE 选项即可。如果把数据导入其他用户中,则必须具有 DBA 权限或 IMP_FULL_DATABASE 角色。

**案例分析** 以命令行模式根据已经全部备份的数据库备份文件进行 XSGL 数据库中数据库的导入。

如果导入操作不在备份机器上，而在另外的机器上进行数据库的导入，那么要在准备导入的机器上建立同名的数据库 XSGL，然后建立导出数据库上除了默认用户之外的其他用户，同时权限、表空间等设置最好也一样。然后利用 IMP 命令进行导入。

如果导入导出在同一台机器上，则不需要重建用户、表空间等信息，而直接使用命令进行导入。注意：如果在同一台机器上，导入时如果对象已经存在或者数据有约束，Oracle 会提示警告，但是不影响数据的导入。

```
C:\>set oracle_sid=XSGL

C:\Users\Administrator>IMP system/XG50loracle@XSGL FILE=c:\ full_database_XSGL_
20170524.DMP  FULL=Y ignore=Y
```

**案例分析** 以命令行模式进行 orcl 数据库中 XSGLADMIN 用户方案导入 HR 用户。

由于当前案例要将 XSGLADMIN 用户方案下的内容导入 HR 用户中去，所以 HR 用户要有导入导出的权限，需要首先给 HR 用户授权。执行过程如图 13-16 所示。

授权成功后，使用 HR 用户进行导入操作，代码如下：

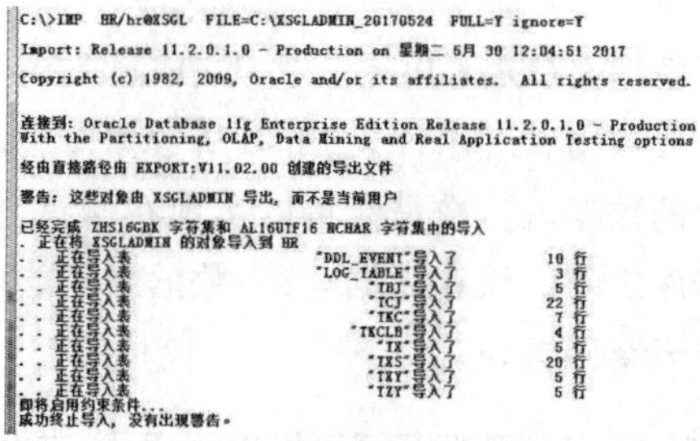

```
C:\>IMP  HR/hr@XSGL  FILE=C:\XSGLADMIN_20170524  FULL=Y ignore=Y
```

执行过程如图 13-17 所示。

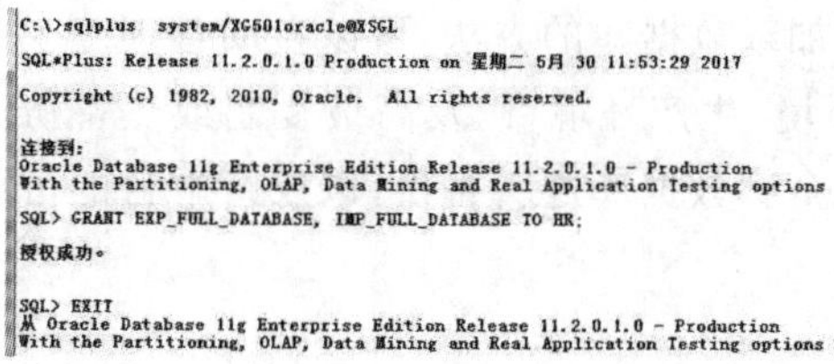

图 13-16　HR 用户的授权

图 13-17　将 XSGLADMIN 用户方案导入 HR 用户中

导入成功后，以 HR 用户登录，发现 XSGLADMIN 用户方案中的表等信息已经导入，如图 13-18 所示。

### 3. 参数文件方式

**案例分析** 用参数文件导入 XSGL 的 XSGLADMIN 方案中的 TCJ 导入 SCOTT 方案中。

在 C:\oracle 目录中建立参数文件 imp_XSGL_TCJ_par.txt，文件内容如下：

```
BUFFER= 999999

FILE=C:\oracle\TCJ_20170526.dmp

GRANTS=Y

IGNORE=Y

FROMUSER=XSGLADMIN

TOUSER=SCOTT

TABLES= (TCJ)
```

然后在控制台输入如下命令：

```
C:\Users\Administrator>IMP SCOTT/tiger@XSGL parfile=C:\oracle\imp_XSGL_TCJ_par.
txt
```

执行过程如图 13-19 所示。

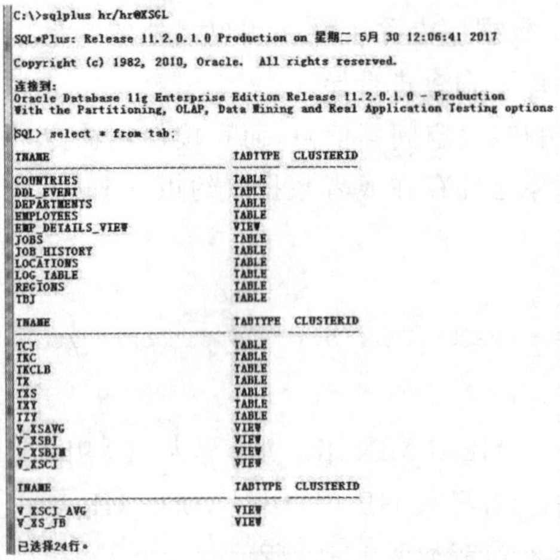

图 13-18　HR 用户中表和视图信息 　　　　图 13-19　导入成绩表 TCJ

## 13.6　数据泵

数据泵(Data Pump)是从 Oracle 10g 开始新增的实用程序。EXPDP/IMPDP 组件作为新一代数据管理组件,它可以从数据库中高速导出或加载数据库的方法,可以自动管理多个并行的数据流。数据泵可以实现在测试环境、开发环境、生产环境,以及高级复制或热备份数据库之间的快速数据迁移;数据泵还能实现部分或全部数据库逻辑备份,以及跨平台的可传输表空间备份。

### 13.6.1　使用数据泵技术的准备工作

使用数据泵对数据库进行导入导出,需要如下几个步骤:

(1)建立目录对象。

在使用 EXPDP 之前,需要创建一个目录,用来存储数据泵导出的数据。(前提是物理目录存在)

```
SQL> CREATE OR REPLACE DIRECTORY dumpdir AS 'C:\ORACLE\BACKUP';
```

(2)将目录对象授权给要执行导入导出的用户。

目录创建后,须给导入导出的用户赋予目录的读写权限即 READ、WRITE 权限。

```
SQL> GRANT READ,WRITE ON DIRECTORY dumpdir TO XSGLADMIN;
```

(3)用授权用户进行导入导出。

如果用户要导出或导入非同名模式的对象,还需要具有 EXP_FULL_DATABASE 和 IMP_FULL_DATABASE 权限。

```
SQL> GRANT EXP_FULL_DATABASE, IMP_FULL_DATABASE TO XSGLADMIN;
```

### 13.6.2　使用 EXPDP 导出数据

EXPDP 将数据库中的元数据与行数据导出到操作系统的转储文件中,可选择导出表、方案、表空间或整个数据库。其提供了一组参数供用户定制灵活的数据导出方案。EXPDP

转储文件只能存放在 DIRECTORY 对象对应的 OS 目录中。

EXPDP 工具的执行方式有如下几种：

● 命令行方式：在命令行中直接指定参数设置。

● 参数文件方式：将参数设置存放到一个参数文件中，在命令行中用 PARFILE 参数指定参数文件。

● 交互方式：通过交互式命令进行导出作业管理。

EXPDP 导出模式有以下几种：

● 全库导出模式(full export mode)：通过参数 FULL 指定，导出整个数据库。

● 模式导出模式(schema mode)：通过参数 SCHEMAS 指定，是默认的导出模式，导出指定模式中的所有对象。

● 表导出模式(table mode)：通过参数 TABLES 指定，导出指定模式中指定的所有表、分区及其依赖对象。

● 表空间导出模式(tablespace mode)：通过参数 TABLESPACES 指定，导出指定表空间中所有表及其依赖对象的定义和数据。

● 传输表空间导出模式(transportable tablespace)：通过参数 TRANSPORT_TABLESPACES 指定，导出指定表空间中所有表及其依赖对象的定义。通过该导出模式以及相应导入模式，可以实现将一个数据库表空间的数据文件复制到另一个数据库中。

用户在操作系统控制台中输入 C:\Users\Administrator>expdp help＝y，就可以看到 EXPDP 命令所有可以使用的参数。

常见的参数如表 13-1 所示。

表 13-1　EXPDP 常见参数表

| 参 数 名 称 | 参 数 介 绍 | 参数选项或默认值 |
| --- | --- | --- |
| CONTENT | 指定要导出的内容 | ALL：导出对象的元数据及行数据，默认值。<br>DATA_ONLY：只导出对象的行数据。<br>METADATA_ONLY：只导出对象的元数据 |
| DIRECTORY | 指定转储文件和日志文件所在位置的目录对象，由 DBA 预先创建 | |
| DUMPFILE | 指定转储文件名称列表，可以包含目录对象名 | 默认值为 expdat.dmp |
| LOGFILE | 指定导出日志文件的名称 | 默认值为 export.log |
| JOB_NAME | 指定导出作业的名称 | 默认值为系统自动为作业生成的名称 |
| FULL | 指定是否进行全数据库导出，包括所有行数据与元数据 | 默认值为 NO |
| PARALLEL | 指定执行导出作业时最大并行进程个数 | 默认值为 1 |
| PARFILE | 指定参数文件的名称 | |

411

续表

| 参数名称 | 参数介绍 | 参数选项或默认值 |
|---|---|---|
| SCHEMAS | 指定进行模式导出及模式名称列表 | |
| TABLES | 指定进行表模式导出及表名称列表 | |
| TABLESPACES | 指定进行表空间模式导出及表空间名称列表 | |
| TRANSPORT_TABLESPACES | 指定进行传输表空间模式导出及表空间名称列表 | |

**1. 交互模式下运行 EXPDP 导出**

不带参数直接导出 XSGLADMIN 用户所有信息。

```
C:\Users\Administrator> EXPDP
Export: Release 11.2.0.1.0-Production on 星期一 6月 12 10:11:09 2017
Copyright (c) 1982, 2009, Oracle and/or its affiliates.  All rights reserved.
用户名: XSGLADMIN
口令:
```

用户输入正确的用户名和口令后，EXPDP 开始执行导出操作，执行结果如图 13-20 所示。导出的内容为 XSGLADMIN 模式下的所有信息，导出文件 EXPDAT. DMP 默认存放在 oracle_base 目录下，具体路径为 C:\app\Administrator\admin\XSGL\dpdump。

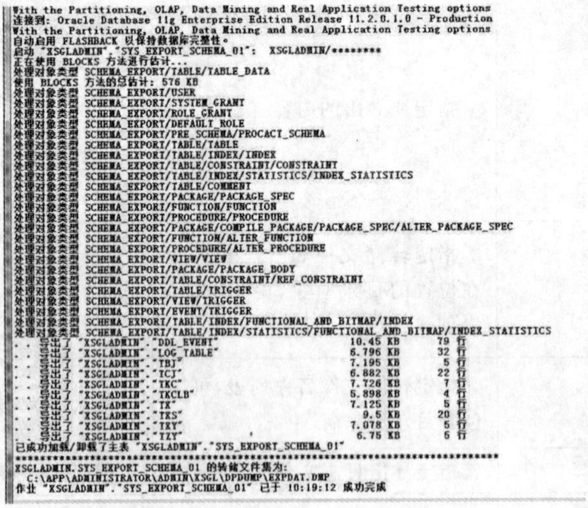
With the Partitioning, OLAP, Data Mining and Real Application Testing options
连接到: Oracle Database 11g Enterprise Edition Release 11.2.0.1.0 - Production
With the Partitioning, OLAP, Data Mining and Real Application Testing options
自动启用 FLASHBACK 以保持数据库完整性。
启动 "XSGLADMIN"."SYS_EXPORT_SCHEMA_01": XSGLADMIN/********
正在使用 BLOCKS 方法进行估计...
处理对象类型 SCHEMA_EXPORT/TABLE/TABLE_DATA
使用 BLOCKS 方法的总估计: 576 KB
处理对象类型 SCHEMA_EXPORT/USER
处理对象类型 SCHEMA_EXPORT/SYSTEM_GRANT
处理对象类型 SCHEMA_EXPORT/ROLE_GRANT
处理对象类型 SCHEMA_EXPORT/DEFAULT_ROLE
处理对象类型 SCHEMA_EXPORT/PRE_SCHEMA/PROCACT_SCHEMA
处理对象类型 SCHEMA_EXPORT/TABLE/TABLE
处理对象类型 SCHEMA_EXPORT/TABLE/INDEX/INDEX
处理对象类型 SCHEMA_EXPORT/TABLE/CONSTRAINT/CONSTRAINT
处理对象类型 SCHEMA_EXPORT/TABLE/INDEX/STATISTICS/INDEX_STATISTICS
处理对象类型 SCHEMA_EXPORT/TABLE/COMMENT
处理对象类型 SCHEMA_EXPORT/PACKAGE/PACKAGE_SPEC
处理对象类型 SCHEMA_EXPORT/FUNCTION/FUNCTION
处理对象类型 SCHEMA_EXPORT/PROCEDURE/PROCEDURE
处理对象类型 SCHEMA_EXPORT/PACKAGE/COMPILE_PACKAGE/PACKAGE_SPEC/ALTER_PACKAGE_SPEC
处理对象类型 SCHEMA_EXPORT/FUNCTION/ALTER_FUNCTION
处理对象类型 SCHEMA_EXPORT/PROCEDURE/ALTER_PROCEDURE
处理对象类型 SCHEMA_EXPORT/VIEW/VIEW
处理对象类型 SCHEMA_EXPORT/PACKAGE/PACKAGE_BODY
处理对象类型 SCHEMA_EXPORT/TABLE/CONSTRAINT/REF_CONSTRAINT
处理对象类型 SCHEMA_EXPORT/TABLE/TRIGGER
处理对象类型 SCHEMA_EXPORT/VIEW/TRIGGER
处理对象类型 SCHEMA_EXPORT/EVENT/TRIGGER
处理对象类型 SCHEMA_EXPORT/TABLE/INDEX/FUNCTIONAL_AND_BITMAP/INDEX
处理对象类型 SCHEMA_EXPORT/TABLE/INDEX/STATISTICS/FUNCTIONAL_AND_BITMAP/INDEX_STATISTICS
. . 导出了 "XSGLADMIN"."DDL_EVENT" 10.45 KB 79 行
. . 导出了 "XSGLADMIN"."LOG_TABLE" 6.796 KB 32 行
. . 导出了 "XSGLADMIN"."TBJ" 7.195 KB 5 行
. . 导出了 "XSGLADMIN"."TCJ" 6.882 KB 22 行
. . 导出了 "XSGLADMIN"."TKC" 7.726 KB 7 行
. . 导出了 "XSGLADMIN"."TKCLB" 5.898 KB 4 行
. . 导出了 "XSGLADMIN"."TX" 7.125 KB 5 行
. . 导出了 "XSGLADMIN"."TXS" 9.5 KB 20 行
. . 导出了 "XSGLADMIN"."TXY" 7.078 KB 5 行
. . 导出了 "XSGLADMIN"."TZY" 6.75 KB 5 行
已成功加载/卸载了主表 "XSGLADMIN"."SYS_EXPORT_SCHEMA_01"
******************************************************************************
XSGLADMIN.SYS_EXPORT_SCHEMA_01 的转储文件集为:
C:\APP\ADMINISTRATOR\ADMIN\XSGL\DPDUMP\EXPDAT.DMP
作业 "XSGLADMIN"."SYS_EXPORT_SCHEMA_01" 已于 10:19:12 成功完成

图 13-20 EXPDP 导出 XSGL 数据库

**2. 命令行方式运行 expdp 导出**

```
expdp 用户名/口令@主机字符串  DIRECTORY=dir parameter1=value1 …
```

**案例分析** 导出 XSGLADMIN 模式下的 TCJ 表，转储文件名称为 TCJ_20170612. dmp，日志文件命名为 TCJ_20170612. log，作业命名为 TCJ_20170612_job，导出操作启动 3 个进程。

执行过程如图 13-21 所示。

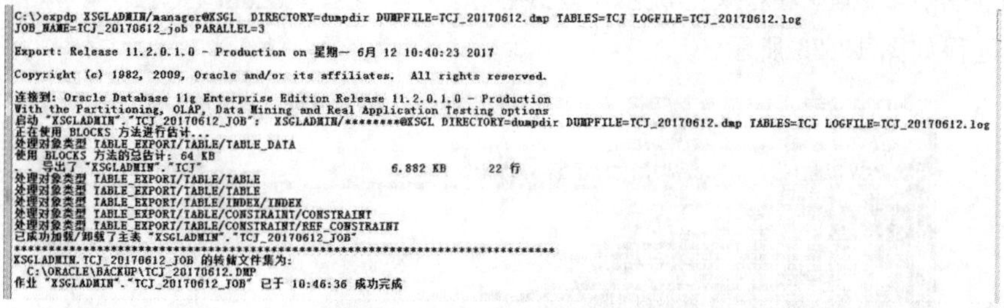

```
C:\>expdp XSGLADMIN/manager@XSGL  DIRECTORY=dumpdir DUMPFILE=TCJ_20170612.dmp TABLES=TCJ LOGFILE=TCJ_20170612.log
JOB_NAME=TCJ_20170612_job PARALLEL=3

Export: Release 11.2.0.1.0 - Production on 星期一 6月 12 10:40:23 2017

Copyright (c) 1982, 2009, Oracle and/or its affiliates.  All rights reserved.

连接到: Oracle Database 11g Enterprise Edition Release 11.2.0.1.0 - Production
With the Partitioning, OLAP, Data Mining and Real Application Testing options
启动 "XSGLADMIN"."TCJ_20170612_JOB":  XSGLADMIN/********@XSGL DIRECTORY=dumpdir DUMPFILE=TCJ_20170612.dmp TABLES=TCJ LOGFILE=TCJ_20170612.log
正在使用 BLOCKS 方法进行估计...
处理对象类型 TABLE_EXPORT/TABLE/TABLE_DATA
使用 BLOCKS 方法的总估计: 64 KB
. . 导出了 "XSGLADMIN"."TCJ"                        6.882 KB      22 行
处理对象类型 TABLE_EXPORT/TABLE/TABLE
处理对象类型 TABLE_EXPORT/TABLE/TABLE
处理对象类型 TABLE_EXPORT/TABLE/INDEX/INDEX
处理对象类型 TABLE_EXPORT/TABLE/CONSTRAINT/CONSTRAINT
处理对象类型 TABLE_EXPORT/TABLE/CONSTRAINT/REF_CONSTRAINT
已成功加载/卸载了主表 "XSGLADMIN"."TCJ_20170612_JOB"
******************************************************************************
XSGLADMIN.TCJ_20170612_JOB 的转储文件集为:
  C:\ORACLE\BACKUP\TCJ_20170612.DMP
作业 "XSGLADMIN"."TCJ_20170612_JOB" 已于 10:46:36 成功完成
```

**图 13-21　expdp 导出成绩表**

在本案例中使用了 PARALLEL 参数，通过该参数为导出使用一个以上的线程来显著地加速作业。由于每个线程创建一个单独的转储文件，因此用户可以设置参数 dumpfile 拥有和并行度一样多的项目。用户可以指定通配符作为文件名，而不是显式地输入各个文件名。dumpfile 参数的通配符%U，指示文件将按需要创建，格式将为 dumpfile name_nn. dmp，其中 nn 从 01 开始，然后按需要向上增加。例如：

```
C:\>expdp XSGLADMIN/manager@XSGL DIRECTORY=dumpdir
  DUMPFILE=TCJ_20170612_%U.dmp TABLES=TC JOB_NAME=TCJ_20170612_job
  PARALLEL=3
```

**案例分析** 导出 XSGLADMIN 的所有对象方案。

```
C:\>EXPDP XSGLADMIN/manager@XSGL DIRECTORY=dumpdir
DUMPFILE=XSGLADMIN_20170612.dmp
```

或者

```
C:\>EXPDPsystem/XG501oracle@XSGL DIRECTORY=dumpdir
DUMPFILE=XSGLADMIN_20170612.dmp SCHEMAS=XSGLADMIN
```

执行结果如图 13-22 所示。

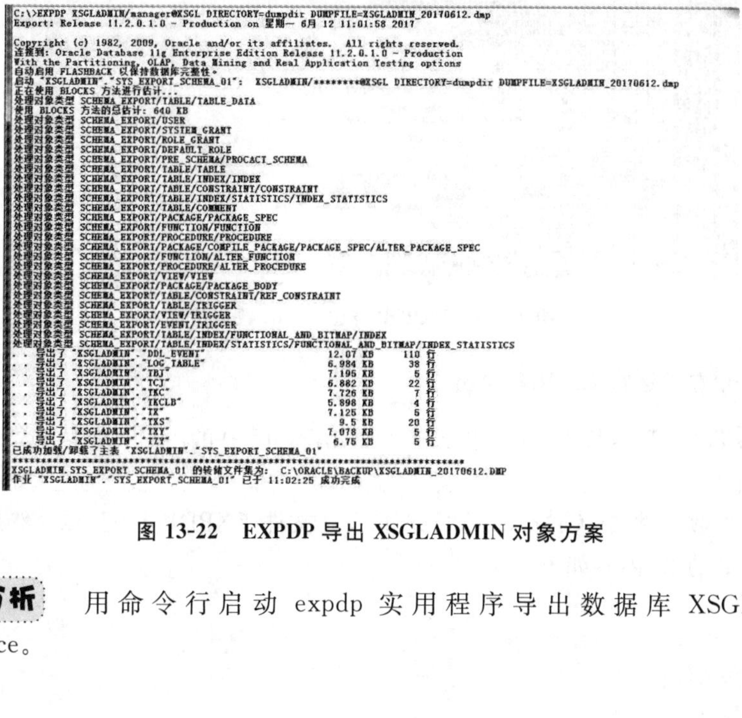

```
C:\>EXPDP XSGLADMIN/manager@XSGL DIRECTORY=dumpdir DUMPFILE=XSGLADMIN_20170612.dmp
Export: Release 11.2.0.1.0 - Production on 星期一 6月 12 11:01:58 2017

Copyright (c) 1982, 2009, Oracle and/or its affiliates.  All rights reserved.
连接到: Oracle Database 11g Enterprise Edition Release 11.2.0.1.0 - Production
With the Partitioning, OLAP, Data Mining and Real Application Testing options
自动启用 FLASHBACK 以保持数据库完整性。
启动 "XSGLADMIN"."SYS_EXPORT_SCHEMA_01":  XSGLADMIN/********@XSGL DIRECTORY=dumpdir DUMPFILE=XSGLADMIN_20170612.dmp
正在使用 BLOCKS 方法进行估计...
处理对象类型 SCHEMA_EXPORT/TABLE/TABLE_DATA
使用 BLOCKS 方法的总估计: 640 KB
处理对象类型 SCHEMA_EXPORT/USER
处理对象类型 SCHEMA_EXPORT/SYSTEM_GRANT
处理对象类型 SCHEMA_EXPORT/ROLE_GRANT
处理对象类型 SCHEMA_EXPORT/DEFAULT_ROLE
处理对象类型 SCHEMA_EXPORT/PRE_SCHEMA/PROCACT_SCHEMA
处理对象类型 SCHEMA_EXPORT/TABLE/TABLE
处理对象类型 SCHEMA_EXPORT/TABLE/INDEX/INDEX
处理对象类型 SCHEMA_EXPORT/TABLE/CONSTRAINT/CONSTRAINT
处理对象类型 SCHEMA_EXPORT/TABLE/INDEX/STATISTICS/INDEX_STATISTICS
处理对象类型 SCHEMA_EXPORT/TABLE/COMMENT
处理对象类型 SCHEMA_EXPORT/PACKAGE/PACKAGE_SPEC
处理对象类型 SCHEMA_EXPORT/FUNCTION/FUNCTION
处理对象类型 SCHEMA_EXPORT/PROCEDURE/PROCEDURE
处理对象类型 SCHEMA_EXPORT/PACKAGE/COMPILE_PACKAGE/PACKAGE_SPEC/ALTER_PACKAGE_SPEC
处理对象类型 SCHEMA_EXPORT/FUNCTION/ALTER_FUNCTION
处理对象类型 SCHEMA_EXPORT/PROCEDURE/ALTER_PROCEDURE
处理对象类型 SCHEMA_EXPORT/VIEW/VIEW
处理对象类型 SCHEMA_EXPORT/PACKAGE/PACKAGE_BODY
处理对象类型 SCHEMA_EXPORT/TABLE/CONSTRAINT/REF_CONSTRAINT
处理对象类型 SCHEMA_EXPORT/TABLE/TRIGGER
处理对象类型 SCHEMA_EXPORT/VIEW/TRIGGER
处理对象类型 SCHEMA_EXPORT/EVENT/TRIGGER
处理对象类型 SCHEMA_EXPORT/TABLE/INDEX/FUNCTIONAL_AND_BITMAP/INDEX
处理对象类型 SCHEMA_EXPORT/TABLE/INDEX/STATISTICS/FUNCTIONAL_AND_BITMAP/INDEX_STATISTICS
. . 导出了 "XSGLADMIN"."DDL_EVENT"                  12.07 KB     110 行
. . 导出了 "XSGLADMIN"."LOG_TABLE"                  6.984 KB      38 行
. . 导出了 "XSGLADMIN"."TBJ"                        7.195 KB       5 行
. . 导出了 "XSGLADMIN"."TCJ"                        6.882 KB      22 行
. . 导出了 "XSGLADMIN"."TKC"                        7.726 KB       7 行
. . 导出了 "XSGLADMIN"."TKCLB"                      5.898 KB       4 行
. . 导出了 "XSGLADMIN"."TX"                         7.125 KB       5 行
. . 导出了 "XSGLADMIN"."TXS"                          9.5 KB      20 行
. . 导出了 "XSGLADMIN"."TXY"                        7.078 KB       5 行
. . 导出了 "XSGLADMIN"."TZY"                         6.75 KB       5 行
已成功加载/卸载了主表 "XSGLADMIN"."SYS_EXPORT_SCHEMA_01"
******************************************************************************
XSGLADMIN.SYS_EXPORT_SCHEMA_01 的转储文件集为:  C:\ORACLE\BACKUP\XSGLADMIN_20170612.DMP
作业 "XSGLADMIN"."SYS_EXPORT_SCHEMA_01" 已于 11:02:25 成功完成
```

**图 13-22　EXPDP 导出 XSGLADMIN 对象方案**

**案例分析** 用命令行启动 expdp 实用程序导出数据库 XSGL 的表空间 XSGLdataspace。

```
C:\>EXPDP system/XG501oracle@ XSGL DIRECTORY=dumpdir
DUMPFILE=XSGLdataspace_20170612.dmp TABLESPACES=XSGLdataspace
```

执行过程如图 13-23 所示。

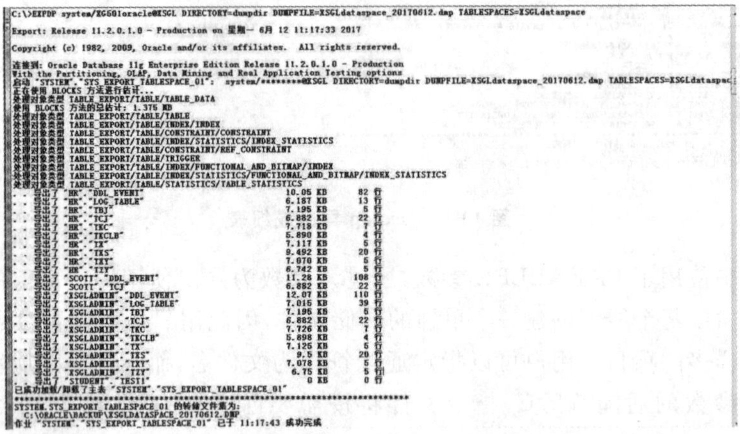

**图 13-23　EXPDP 导出表空间 XSGLdataspace**

**案例分析**　用命令行启动 expdp 实用程序导出数据库 XSGL。

```
C:\>EXPDP system/XG501oracle@ XSGL   directory=dumpdir
dumpfile=full_database_20170612.dmp FULL=Y
```

执行过程如图 13-24 所示。

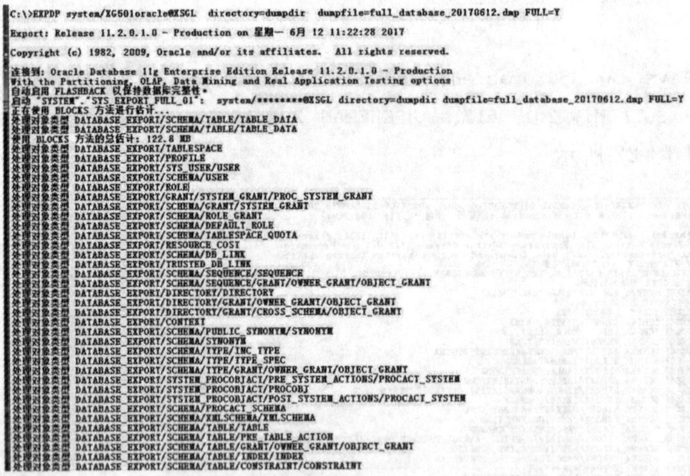

**图 13-24　EXPDP 导出 XSGL 数据库**

### 3. 参数文件方式运行 EXPDP 导出

**案例分析**　用参数文件导出 XSGLADMIN 用户的 TCJ 表中记录到文件 TCJ_20170613.dmp 中。

首先建立参数文件,在 C:\oracle\ 目录下建立文件 EXPDP_TCJ.txt,然后在参数文件中设置各种参数的值,内容如下:

```
DIRECTORY = dumpdir
DUMPFILE = TCJ_20170613.dmp
TABLES = (TCJ)
```

然后在控制台输入 EXPDP 导出命令：

```
C:\>EXPDP XSGLADMIN/manager@ XSGL parfile=C:\oracle\expdp_TCJ.txt
```

### 13.6.3 使用 IMPDP 导入数据

IMPDP 是一个将转储文件导入目标数据库的工具。IMPDP 工具可以将转储文件导入源数据库中，也可以导入其他平台上运行的不同版本的 Oracle 数据库中。借助 IMPDP 工具，可以更有效地提高复制速度，并且可以定制灵活的导入映射规则，满足更多个性化的复制需求。IMPDP 工具的执行也可以采用交互方式、命名行方式及参数文件方式三种。

IMPDP 导入模式有以下几种：

● 全库导入：将源数据库的所有元数据与行数据都导入目标数据库中。

● 模式导入：通过参数 SCHEMA 指定，将指定模式中所有对象的元数据与行数据导入目标数据库。

● 表导入：通过参数 TABLES 指定，将指定表、分区及依赖对象导入目标数据库中。

● 表空间导入：通过参数 TABLESPACES 指定，将指定表空间中所有对象及其依赖对象的元数据和行数据导入目标数据库。

● 传输表空间导入：通过参数 TRANSPORT_ TABLESPACES 指定，将源数据库指定表空间的元数据导入目标数据库中。

使用 IMPDP 可以将 EXPDP 所导出的文件导入数据库。如果要将整个导入的数据库对象进行全部导入，还需要授予用户 IMP_FULL_DATABASE 角色。IMPDP 命令提供了一组参数供用户定制灵活的数据导出方案。

用户可以在操作系统控制台中输入 C:\Users\Administrator＞impdp help＝y，就可以看到 IMPDP 命令所有可以使用的参数。

常见的参数如表 13-2 所示。

**表 13-2　IMPDP 常见参数表**

| 参 数 名 称 | 参 数 介 绍 | 参数选项或默认值 |
| --- | --- | --- |
| CONTENT | 指定要导入的内容 | ALL：导入对象的元数据及行数据，默认值。<br>DATA_ONLY：只导入对象的行数据。<br>METADATA_ONLY：只导入对象的元数据 |
| DIRECTORY | 指定转储文件和日志文件所在位置的目录对象，由 DBA 预先创建 | |
| DUMPFILE | 指定转储文件名称列表，可以包含目录对象名 | |
| LOGFILE | 指定导入日志文件的名称 | |
| NOLOGFILE | 是否生成导入日志 | 默认值为 NO |
| INCLUDE | 指定导入操作中要导入的对象类型和对象元数据 | |

续表

| 参 数 名 称 | 参 数 介 绍 | 参数选项或默认值 |
|---|---|---|
| JOB_NAME | 指定导入作业的名称 | 默认值为系统自动为作业生成的名称 |
| FULL | 指定是否进行全数据库导入,包括所有行数据与元数据 | 默认值为 YES |
| PARALLEL | 指定执行导入作业时最大并行进程个数 | |
| PARFILE | 指定参数文件的名称 | |
| QUERY | 指定导入操作中 SELECT 语句中的数据导入条件 | |
| REMAP_SCHEMA | 将源模式中的所有对象导入到目标模式中 | |
| REMAP_TABLE | 允许在导入操作过程中重命名表 | |
| REMAP_TABLESPACE | 将源表空间所有对象导入目标表空间中 | |
| SCHEMAS | 指定进行模式导入及模式名称列表 | |
| TABLES | 指定进行表模式导入及表名称列表 | |
| TABLESPACES | 指定进行表空间模式导入及表空间名称列表 | |
| TRANSPORT_TABLESPACES | 指定进行传输表空间模式导入及表空间名称列表 | |

**1. 交互模下运行 IMPDP 导入**

**案例分析**　使用 EXPDAT.DMP 导出文件将 XSGLADMIN 用户的方案导入数据库。

交互模式下默认是导入的用户方案,从系统默认的路径 C:\app\Administrator\admin\XSGL\dpdump 进行导入,所以为了验证是否能够导入成功,首先在 SQL＊Plus 中删除 XSGLADMIN 用户下的成绩表,执行过程如图 13-25 所示。

然后回到控制台,输入 IMPDP,输入 XSGLADMIN 的用户名和密码,数据泵会自动到默认路径下读取 EXPDAT.DMP 文件,并进行导入,执行过程如图 13-26 所示。注意:在导入过程中,如果没有任何的设置,只输入 IMPDP,那么在系统中如果已经存在对象,或者某些权限不足,导入对应的部分内容时就会报错,但是由于 TCJ 表被删除掉了,所以 TCJ 表对象和对象中的数据正常导入。用户如果想看执行的日志过程,可以在默认路径下去查看名为 import.log 的日志文件。执行成功后,再次登录 SQL＊Plus 会发现 XSGLADMIN 用户的成绩表及成绩表中的数据全部恢复。

```
C:\Users\Administrator>sqlplus scott/tiger@xsgl

SQL*Plus: Release 11.2.0.1.0 Production on 星期四 6月 15 08:53:15 2017

Copyright (c) 1982, 2010, Oracle.  All rights reserved.


连接到:
Oracle Database 11g Enterprise Edition Release 11.2.0.1.0 - Production
With the Partitioning, OLAP, Data Mining and Real Application Testing options
SQL> conn xsgladmin/manager@xsgl
已连接。
SQL> drop table tcj;

表已删除。
```

图 13-25　删除 XSGLADMIN 用户下的成绩表

图 13-26　IMPDP 导入 XSGLADMIN 用户方案

## 2. 命令行方式运行 IMPDP 导入

使用 IMPDP 命令时,有很多参数可以设置,用户可以通过 HELP 命令查看。

### 1)导入表,追加数据

**案例分析**　使用 TCJ_20170612.dmp 导出文件导入 XSGLADMIN 用户的表 TCJ 到 SCOTT 用户,如果 SCOTT 用户中有 TCJ 表就删除表,重建表并追加数据。

由于是将 XSGLADMIN 方案下的成绩表导入 SCOTT 方案下,所以首先要给 SCOTT 用户授权,将目录 dumpdir 的 READ,WRITE 权限授予用户 SOTT。代码如下:

```
SQL>GRANT READ,WRITE ON DIRECTORY dumpdir TO SCOTT;
```

SCOTT 用户要导出或导入非同名模式的对象,还需要具有 IMP_FULL_DATABASE 权限。代码如下:

```
SQL>GRANT IMP_FULL_DATABASE TO SCOTT;
```

授权成功后,在控制台输入导入命令,由于是在不同的用户方案之间导入,所以可输入如下代码:

```
C:\> impdp scott/tiger dumpfile = TCJ_20170612.dmp LOGFILE = TCJ_20170612.log
directory=dumpdir table_exists_action=replace remap_schema=xsgladmin:scott
```

执行过程如图 13-27 所示。注意:执行过程中由于 XSGLADMIN 的 TCJ 表是带约束的,所以如果没有提前设置约束无效,在导入过程中导入 TCJ 表虽会成功,但是会提示违反约束条件的错误。实际应用中,在导入前可以设置禁止相关的约束,等导入成功后再启用相应的约束。导入成功后,使用 SCOTT 用户登录,发现 SCOTT 用户下多了一张成绩表 TCJ。

### 2)导入用户方案

**案例分析**　使用 XSGLADMIN_20170612.dmp 导出文件将 XSGLADMIN 用户的方案导入 XSGL 数据库。

在导入方案信息之前,先删除 XSGLADMIN 用户的方案中的 TCJ 表,然后进行导入,代码如下。由于在执行过程中可能会有约束和索引的建立,所以在导入时加上 exclude = constraint exclude=index,表示忽略索引和约束。

```
C:\>impdp XSGLADMIN/manager@XSGL DIRECTORY=dumpdir DUMPFILE=XSGLADMIN_20170612.
dmp table_exists_action=replace exclude=constraint exclude=index
```

执行过程如图 13-28 所示。

### 3)导入表空间

```
C:\>impdp system/manager DIRECTORY=dumpdir DUMPFILE=XSGLdataspace_20170612.dmp
REMAP_TABLESPACE=XSGLdataspace:USERS
```

417

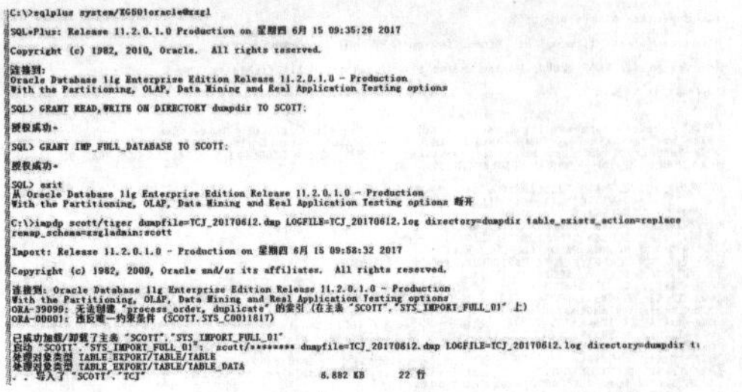

图 13-27  IMPDP 导入成绩表到 SCOTT 用户

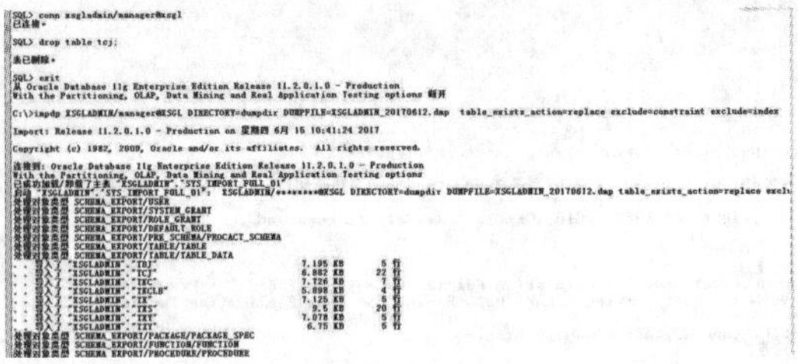

图 13-28  IMPDP 导入 XSGLADMIN 用户的方案

执行过程如图 13-29 所示。

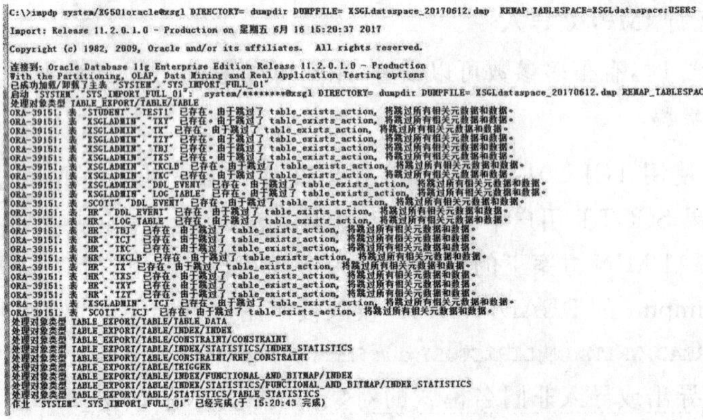

图 13-29  IMPDP 导入表空间

4）导入数据库

**案例分析**  使用 FULL_DATABASE.DMP 导出文件导入数据库。

为了验证数据库是否完全导入，首先删除数据库中的用户 student。删除代码如下：

```
SQL> DROP USER student CASCADE
```

然后输入导入数据库的代码，代码如下：

```
C:\> impdp system/XG501oracle@XSGL   DIRECTORY=dumpdir DUMPFILE= full_database_
20170612.dmp   FULL=Y NOLOGFILE=Y
```

执行过程结果如图 13-30 所示。

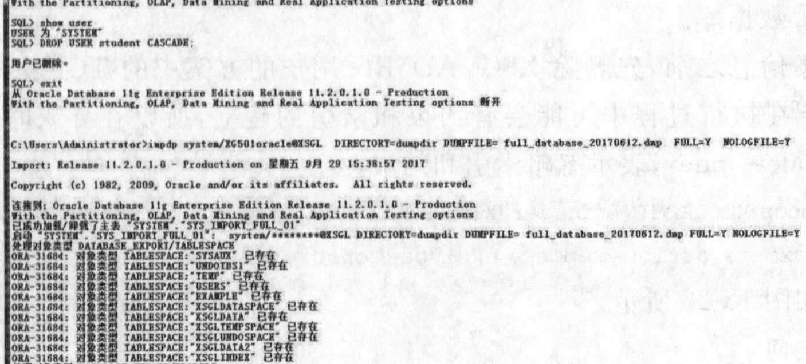

图 13-30  IMPDP 导入数据库

数据库导入成功后,再次登录数据库,查询用户的信息,发现 stydebt 用户已经还原。

**3. 参数文件方式运行 IMPDP 导入**

**案例分析** 用参数文件导入 XSGLADMIN 的方案对象的成绩 TCJ 表到 SCOTT 方案中。

在 C:\oracle 中建立参数文件 C:\oracle\impdp_TCJ.txt。参数文件内容如下:

```
DIRECTORY =dumpdir
DUMPFILE =TCJ_20170613.dmp
REMAP_SCHEMA =XSGLADMIN:SCOTT
TABLES = (TCJ)
```

首先将 SCOTT 用户下的 TCJ 表删除掉,然后导入如下的代码。

```
C:\> IMPDP  xsgladmin/manager@xsgl parfile=C:\oracle\impdp_TCJ.txt
```

导入成功后,再次登录 SQL * Plus,发现 SCOTT 用户下的 TCJ 已经建立,并且数据行也已经恢复。

# 习 题 13

**一、选择题**

1. 在非归档日志方式下操作的数据库禁用了( )。

 A. 归档日志 B. 联机日志 C. 日志写入程序 D. 日志文件

2. 以下哪种备份方式需要在完全关闭数据库进行?( )

 A. 无归档日志模式下的数据库备份 B. 归档日志模式下的数据库备份

 C. 使用导出实用程序进行逻辑备份 D. 以上都不对

3. ( )方式的导出会从指定的表中导出所有数据。

 A. 分区 B. 表 C. 全部数据库 D. 表空间

4. ( )参数用于确定是否要导入整个导出文件。

 A. CONSTRAINTS B. TABLES

 C. FULL D. FILE

5. 下列哪个命令是用于 Oracle 中数据导出?( )

 A. EXP B. IMP C. INPUT D. OUTPUT

6. Oracle 提供的( ),能够在不同硬件平台上的 Oracle 数据库之间传递数据。

 A. 归档日志运行模式

 B. RECOVER 命令

 C. 恢复管理器(RMAN)

 D. EXPORT 和 IMPORT 工具

**二、问答题**

1. 解释归档和非归档模式之间的不同和它们各自的优缺点。

2. 简述物理备份和逻辑备份的区别和各自的特点。

3. 简述冷备份和热备份的特点。

4. 数据泵的优势有哪些?

5. RMAN 的特点和作用是什么?

# 参 考 文 献

[1] 高翠芬,赵永霞.数据库原理与应用实践教程[M].武汉:华中科技大学出版社,2017.

[2] 赵永霞,高翠芬,熊燕.数据库原理与应用[M].武汉:华中科技大学出版社,2017.

[3] 孙风栋,王澜.Oracle 11g 数据库基础教程[M].北京:电子工业出版社,2014.

[4] 郑阿奇.Oracle 实用教程(Oracle 11g 版)[M].4 版.北京:电子工业出版社.2015.

[5] 盖国强.深入浅出 Oracle DBA 入门、进阶与诊断案例[M].北京:人民邮电出版社,2006.

[6] 姚瑶.Oracle Database 11g 应用与开发教程[M].北京:清华大学出版社,2013.

[7] BRYLA B.Oracle Database 12c DBA 官方手册[M].8 版.明道洋,译.北京:清华大学出版社,2016.

[8] 本杰明·罗森维格,艾琳娜·拉希莫夫.Oracle PL/SQL 实例精解(原书第 5 版)[M].卢涛,译.北京:机械工业出版社,2016.

[9] 林树泽,卢芬.Oracle 11g R2 DBA 操作指南[M].北京:清华大学出版社,2013.

[10] 丁士锋.Oracle 数据库管理从入门到精通[M].北京:清华大学出版社,2014.

[11] 王路群.Oracle 10g 管理及应用[M].北京:中国水利水电出版社,2007.

[12] 唐远新,曲卫平,李晓峰.Oracle 数据库实用教程[M].2 版.北京:中国水利水电出版社,2009.

[13] 马晓玉,孙岩,孙江玮,等.Oracle 10g 数据库管理应用与开发[M].北京:清华大学出版社,2007.

[14] 王海亮,于三禄,王海凤,等.精通 Oracle 10g 系统管理[M].北京:中国水利水电出版社,2005.